计 算 机 科 学 丛 书

原书第2版

算法基础

Python和C#语言实现

[美] 罗德·斯蒂芬斯（Rod Stephens） 著

余青松 江红 余靖 译

Essential Algorithms

A Practical Approach to Computer Algorithms Using Python and C# Second Edition

机械工业出版社
China Machine Press

图书在版编目（CIP）数据

算法基础：Python 和 C# 语言实现（原书第 2 版）/（美）罗德·斯蒂芬斯（Rod Stephens）著；余青松，江红，余靖译．—北京：机械工业出版社，2020.12（2021.11 重印）
（计算机科学丛书）

书名原文：Essential Algorithms: A Practical Approach to Computer Algorithms Using Python and C#, Second Edition

ISBN 978-7-111-67185-5

I. 算…　II. ① 罗…　② 余…　③ 江…　④ 余…　III. ① 计算机算法－高等学校－教材 ② 软件工具－程序设计－高等学校－教材　③ C++ 语言－程序设计－高等学校－教材
IV. TP301.6

中国版本图书馆 CIP 数据核字（2021）第 000615 号

本书版权登记号：图字　01-2020-1334

本书是一本算法入门教程，第 2 版添加了 Python 语言的代码示例，更加易于学习。书中不仅介绍了重要的经典算法，而且阐述了通用的问题求解技巧，帮助读者在理解算法性能的基础上学会将算法灵活地应用于新问题。其中，算法部分包括数值算法，数组、链表、树、网络等数据结构算法，排序和查找算法，以及网络算法；问题求解技巧包括分而治之法、递归法、分支定界法、贪婪算法、启发式算法等。此外，书中还分析了一些 IT 公司的编程面试问题，帮助读者掌握解题方法。

本书配有 Python 和 C# 语言的源代码，包含大量练习题及参考答案，适合高等院校计算机相关专业的学生学习，也适合业界技术人员参考。

出版发行：机械工业出版社（北京市西城区百万庄大街 22 号　邮政编码：100037）

责任编辑：曲　熠　　　　责任校对：殷　虹
印　　刷：北京捷迅佳彩印刷有限公司　　　　版　　次：2021 年 11 月第 1 版第 2 次印刷
开　　本：185mm×260mm　1/16　　　　印　　张：26.5
书　　号：ISBN 978-7-111-67185-5　　　　定　　价：119.00 元

客服电话：（010）88361066　88379833　68326294　　　　投稿热线：（010）88379604
华章网站：www.hzbook.com　　　　读者信箱：hzjsj@hzbook.com

译者序

本书是一本由浅入深、循序渐进的计算机算法入门教程，主要面向三类读者：学生、专业程序员和 IT 面试者。

- 学习程序设计的学生可以使用本书学习算法。
- 专业程序员可以使用本书中描述的算法和技术解决工作中遇到的问题。
- 准备参加面试的程序员可以使用本书学习算法技巧。

本书详细阐述了许多重要的经典算法，重点阐述了如何通过分析算法来理解算法的性能，并指出不同算法所适用的场景，从而帮助读者选择最适合某个特定程序的算法。本书描述的一些实用算法包括：

- 数值算法（例如随机化、因子分解、素数问题、数值积分）。
- 常见数据结构算法（例如数组、链表、树、网络）。
- 高级数据结构算法（例如堆、平衡树、B 树），排序和查找（例如插入排序、选择排序、线性查找、二分查找）。
- 网络算法（例如最短路径、生成树、拓扑排序、流量计算）。

本书深入阐述了许多通用问题的求解技巧，以帮助读者掌握创建新算法的技能。本书涉及的问题求解技巧包括：

- 暴力破解算法或者穷举搜索算法。
- 分而治之法。
- 回溯法。
- 递归法。
- 分支定界法。
- 贪婪算法。
- 爬山算法。
- 最低成本算法。
- 启发式算法。

本书还提供了读者在面试中可能遇到的一些算法问题的处理技巧，这可以帮助读者解决众多面试难题。即使读者不能使用算法技巧来解决每一个难题，也至少证明读者熟悉解决某些问题的方法。

本书对算法设计的描述是基于伪代码的，强烈建议读者使用自己喜欢的程序设计语言实现尽可能多的算法，甚至采用多种程序设计语言实现算法，以了解不同程序设计语言对算法运行结果的影响。

本书提供了大量的练习题，读者可以通过练习题探索如何修改算法以适用于新的场景，从而进一步理解算法的基本思想并掌握应用技巧。

本书英文版是计算机算法方面的畅销书，配备了丰富的学习资源。在官方网站（http://www.wiley.com/go/essentialalgorithms2e）中，免费提供了书中算法的源代码实现（包括 Python

实现和 C# 实现），读者可下载并参考。

本书由华东师范大学余青松、江红和余靖共同翻译。衷心感谢本书的编辑曲熠积极帮我们筹划翻译事宜并认真审阅翻译稿件。翻译也是一种再创作，同样需要艰辛的付出，感谢朋友、家人以及同事的理解和支持。感谢我们的研究生刘映君、余嘉昊、刘康、钟善毫、方宇雄、唐文芳、许柯嘉等对译稿的认真通读及指正。

在本书翻译的过程中，我们力求忠于原著，但由于时间和学识有限，且本书涉及多个领域的专业知识，故书中的不足之处在所难免，敬请诸位同行、专家和读者指正。

余青松　江红　余靖

2020 年 11 月

前　言

算法是高效率编程的秘诀。算法用于描述如何排序记录、搜索数据项、计算诸如素数因子之类的数值、寻找街道路网中两点之间的最短路径，以及通过通信网络确定所允许的最大信息流。好算法和坏算法之间的区别在于：面对同一个问题，使用好算法可能意味着几秒就可以解决问题，而使用坏算法则需要几小时的时间，甚至永远解决不了问题。

研究算法有助于我们建立一个解决特定问题的实用方法工具包，同时可以帮助我们了解在不同的情况下哪些算法更有效，这样我们就可以选择最适合某个特定程序的算法。一个算法可能在一组数据上性能表现优越，但对于其他数据则性能表现糟糕。因此，了解如何选择最适合特定场景的算法十分关键。

更为重要的是，通过研究算法，我们可以学习解决问题的通用技巧并将其应用于其他问题，即使我们了解的所有算法中并不存在任何一个适合当前场景的算法。这些技巧可以让我们以不同的方式看待新问题，这样我们就可以创建属于自己的特定算法来解决问题，同时满足意想不到的需求。

学习和研究算法除了可以帮助我们解决实际工作中遇到的问题外，还可以帮助我们找到称心如意的职位。许多大型科技公司，例如微软、谷歌、雅虎、IBM，都希望程序员能够理解算法，并掌握相关的问题求解技术。在面试时，一些公司还会重点考察求职者的算法编程和解决逻辑问题的能力。

当然，好的面试官并不期望应聘者能够解决所有的难题。事实上，当应聘者没能解决难题的时候，他们可能会更好地了解应聘者。最好的面试官并不是想知道应聘者提供的答案，而是想看看应聘者如何处理一个不熟悉的问题。他们想看看应聘者在面试时是否会就此放弃并提出这个问题不适用于工作面试。或者，应聘者可以分析问题，并提出一个合理的推理路线，使用算法方法来解决问题。"天哪，我不知道。也许我会上网搜索"是一个糟糕的回答，而"似乎递归的分而治之方法可能奏效"是一个不错的回答。

本书是一本易于阅读的计算机算法入门教程，阐述了许多重要的经典算法，并指出不同算法所适用的场景。本书阐述了如何通过分析算法来理解算法的性能，最重要的是，本书将教授用于帮助读者自行创建新算法的技能。

本书描述的一些实用算法包括：

- 数值算法，例如随机化、因子分解、素数问题、数值积分。
- 常见数据结构的操作方法，例如数组、链表、树、网络。
- 高级数据结构的用法，例如堆、平衡树、B 树。
- 排序和查找。
- 网络算法，例如最短路径、生成树、拓扑排序、流量计算。

本书阐述的通用问题求解技巧包括：

- 暴力算法或者穷举搜索算法
- 分而治之法
- 回溯法

- 递归法
- 分支定界法
- 贪婪算法和爬山算法
- 最低成本算法
- 限制范围
- 启发式算法

为了帮助读者掌握算法，本书提供了练习题。读者可以借助这些练习题来探索如何修改算法以适用于新的场景。练习也有助于读者掌握算法中的主要技术。

最后，本书还提供了读者在面试中可能遇到的一些算法问题的处理技巧。算法技巧可以帮助读者解决众多面试难题。即使读者不能使用算法技巧来解决每一个难题，也至少证明读者熟悉解决某些问题的方法。

为什么要研究算法

研究算法主要有以下几个原因。首先，算法提供了有用的工具，我们可以使用这些工具来解决特定的问题，例如排序或者查找最短路径。即使我们所采用的程序设计语言中包含直接采用某种算法来处理任务的工具，理解这些工具的工作原理也会有帮助。例如，理解数组和列表排序算法的工作原理，将有助于我们决定在程序中采用哪些适合的数据结构。

其次，算法也教授我们一些方法，以及如何将这些方法应用到其他具有相同数据结构的问题上。算法提供了一系列可以应用于其他问题的技术，如递归、分而治之、蒙特卡罗模拟、链表数据结构、网络遍历等，它们广泛适用于各种各样的问题。

再次，研究算法可以锻炼我们的大脑，这或许是最重要的原因。就像力量训练可以帮助足球运动员或者棒球运动员锻炼肌肉一样，研究算法可以培养我们解决问题的能力。职业运动员在比赛中可能不需要仰卧举重，类似地，程序员可能不需要在项目中实现简单的排序算法。然而，无论是参加体育比赛还是编写程序，多加练习都有助于提高我们的能力。

最后，研究算法具有很强的趣味性，可以使人获得满足感，有时还会令人喜出望外。当我将一堆数据存储到程序中，并渲染出一个真实的三维场景时，结果总是令我惊喜连连。即使经过几十年的研究，当一个特别复杂的算法产生了正确的结果时，我仍然能感受到胜利的喜悦。当所有的程序片段能够完美地结合起来解决一个特别具有挑战性的问题时，我感觉至少世界上有些事情是正确并且值得的。

算法的选择

本书选取的每一种算法都是基于以下一个或者多个原因：

- 该算法非常有用，经验丰富的程序员应该理解该算法的工作原理，以及如何在程序中正确使用该算法。
- 该算法展示了重要的算法编程技术，该技术可以应用于其他问题的求解过程。
- 该算法通常会被计算机科学专业的学生研究，因此该算法或其使用的技术可能会出现在技术面试中。

通过阅读本书并完成章末练习，读者将在算法技术方面打下良好的基础，并学会解决自己面临的程序设计问题。

读者对象

本书主要面向三类读者：专业程序员、正在为工作面试做准备的程序员、学习程序设计的学生。

专业程序员会发现，本书中描述的算法和技术有助于他们解决在工作中遇到的问题。即使读者遇到的问题不能使用本书中的算法直接解决，研究这些算法也会给读者提供全新的视角，从而帮助读者洞察问题，找到新的解决方案。

正在为工作面试做准备的程序员可以使用本书学习算法技巧。读者参加的面试中可能不会包括本书中描述的任何一个具体问题，但有可能包括十分相似的问题，因此读者可以使用在本书中学到的技巧来解决问题。即使不能完整地求解一个问题，但是只要读者能发现某个数据结构与算法中使用的数据结构相似，就可以提出类似的策略，这样也可以得到一定程度的加分。

基于前面阐述的原因，所有学习程序设计的学生都应该学习算法。本书阐述的基本都是简单、优雅和强大的算法，但这些算法并不都是十分常见的，所以读者自己并不一定会有什么偶然的机会去发现这些算法。递归法、分而治之法、分支定界法，以及如何使用众所周知的数据结构，对于任何对程序设计感兴趣的人而言都是不可或缺的知识。

注意：就我个人而言，我研究算法纯粹是为了享受！算法对我而言就等同于填字游戏或者数独游戏。我非常享受成功实现一个复杂的算法并观察其运行结果所带来的成就感！

在聚会上，算法也是不错的开场白："对于标签设置和标签修正最短路径算法，请问您有何高见呢？"

如何充分利用本书

读者可以通过阅读本书来了解一些新的算法和技术，但是要想真正掌握这些算法，则需要切实使用它们。读者需要使用某种程序设计语言来实现算法。同时，还需要对算法进行试验和修正，并在旧问题上尝试算法的新变体。关于如何使用本书中的算法，本书中的练习题和面试问题可以为读者提供一些新方法。

为了充分利用本书，强烈建议读者使用最喜欢的程序设计语言实现尽可能多的算法，甚至采用多种程序设计语言实现算法，以了解不同程序设计语言对算法运行结果的影响。读者应该完成本书中的练习题，至少需要撰写解决练习题的纲要。最理想的情况是使用某种程序设计语言实现这些算法。书中的每一道练习题都有其被选中的原因，在仔细研究这些问题之前，读者可能不会意识到这一点。这些练习题可能会引导读者走上正确之路，路上趣味无穷，但限于篇幅，本书无法展开阐述。

最后，建议读者查阅一些互联网上的面试题，并尝试解决这些问题。在很多面试中，面试者并不需要真正给出解决方案，但是至少应该提出解题思路。当然，如果读者有足够的时间来给出解决方案，将会有更大的收获。

学习算法是一项需要实际动手操作的实践活动。读者应该勇于放下书本，使用编译器编写一些实际的代码！

本书网站

本书有两个网站：Wiley 出版社的官网和作者本人的网站。这两个网站都包含本书的源代码。

本书 Wiley 出版社的官网地址为 www.wiley.com/go/essentialalgorithms2e。读者也可以访问 www.wiley.com，然后按书名或者书号（ISBN 978-1-119-57599-3）搜索本书并获取所有源代码。

C# 程序采用帕斯卡命名法的大小写命名约定。例如，第 9 章练习题 4 中展示汉诺塔问题图形解决方案的程序名为 `GraphicalTowerOfHanoi`。与之对应的 Python 程序则使用下划线小写命名规范，其对应的程序名为 `graphical_tower_of_hanoi.py`。

本书作者的网站地址为 http://www.CSharpHelper.com/algorithms2e.html。

本书的组织结构

以下简要介绍本书的内容。

第 1 章阐述了分析算法时必须理解的基础概念，讨论了算法和数据结构之间的区别，引入了大 O 符号，并描述了各种实际考虑比理论运行时间计算更重要的情形。

第 2 章阐述了处理数值的几种算法，这些算法用于随机化数值和数组、计算最大公约数和最小公倍数、执行快速指数运算、判断一个数值是否是素数等。其中一些算法还涉及有关自适应数值积分算法和蒙特卡罗模拟的重要技术。

第 3 章阐述了链表数据结构，这些灵活的结构可以用来存储结构随时间增长、收缩和变化的列表。这些基本概念对于构建其他链接数据结构（例如树和网络）也很重要。

第 4 章阐述了特殊的数组算法和数据结构，例如三角矩阵和稀疏数组，它们可以节省程序时间和内存。

第 5 章阐述了让程序以先进先出（FIFO）或者后进先出（LIFO）的顺序存储和检索数据项的算法与数据结构。这些数据结构在其他算法中很有用，可以用于模拟真实场景，例如商店的结账队列。

第 6 章阐述了排序算法，展示了各种实用的算法技术。不同的排序算法适用于不同类型的数据，并且具有不同的理论运行时间，所以理解这些排序算法非常有好处。这些算法也是已知的具有精确理论性能边界的算法，因此特别值得研究。

第 7 章阐述了可以用来对排序列表进行搜索的算法，演示了二分查找算法和插值查找算法等重要技术。

第 8 章阐述了哈希表的数据结构。哈希表数据结构使用额外的内存，使程序能够非常快速地定位特定的数据项。哈希表充分展示了在许多项目中非常重要的时间和空间权衡策略。

第 9 章阐述递归算法，即自己调用自己的算法。有些问题具有自然递归属性，因此递归技术可以简化问题的求解。不幸的是，递归有时会导致问题，因此本章还描述了在必要时如何避免使用递归。

第 10 章阐述了高度递归的树数据结构，这些结构对于存储、操作和研究分层数据非常有用。树还可以在特殊场景中使用，例如求解算术表达式。

第 11 章阐述了随着时间的推移如何保持树的平衡性。通常，树结构会变得又高又细，这会破坏树算法的性能。平衡树通过确保树不会增长得太高和太细来解决这个问题。

第 12 章阐述试图解决可建模为一系列决策问题的算法。这些算法经常用于求解非常困难的问题，所以往往只给出近似解而非最优解。然而，这些算法具有很大的灵活性，因而可以被应用于各种各样的问题。

第 13 章阐述了基本网络算法，例如访问网络中的所有节点、检测网络中的回路、创建生成树和通过网络查找路径。

第 14 章阐述了高级网络算法，例如用于安排相关任务的拓扑排序、图着色、网络克隆、为员工分配工作等。

第 15 章阐述了操作字符串的算法，其中一些算法（例如搜索子字符串）内置于大多数程序设计语言中，不需要定制编程就可以直接使用。其他算法（例如括号匹配和查找字符串之间的差异）则需要一些额外的工作，同时也涉及一些有用的技术。

第 16 章阐述了如何对信息进行加密和解密，涵盖加密的基础知识，并描述了几种有趣的加密技术，例如维吉尼亚加密算法、分组加密算法和公开密钥加密算法。本章不涉及现代加密算法的所有细节，例如数据加密标准（DES）和高级加密标准（AES），因为这些加密算法更适合在专门讨论加密的书籍中阐述。

第 17 章阐述了计算机科学中最重要的两类问题：P 问题（可以在确定的多项式时间内解决的问题）和 NP 问题（可以在不确定的多项式时间内解决的问题）。本章描述了这两类计算复杂性问题，并给出了验证一个问题属于 P 问题还是 NP 问题的方法，以及计算机科学中最深刻的问题——P 问题是否等价于 NP 问题。

第 18 章阐述了在多个处理器上运行的算法。几乎所有的现代计算机都包含多个处理器，而且未来的计算机将包含更多的处理器，因此这些算法对于充分发挥计算机的潜能是不可或缺的。

第 19 章阐述了一些技巧和技术，可以用于攻克程序员面试过程中所遇到的难题。本章还包括一个网站列表，其中包含大量的面试题，读者可以用来练习。

附录包含各章末尾练习题的参考答案。

此外，为了帮助读者从书中获取更多的知识，并更好地理解书中的内容，本书设计了以下几种模块。

精彩的附加资料

包含额外的信息和主题。

警告：包含与上下文直接相关的信息，提醒读者必须牢记。

注意：包含与当前讨论内容相关的注解、技巧和提示等。

阅读本书的准备工作

为了阅读本书并理解算法，读者不需要任何特殊装备，只是可能需要眼镜和咖啡。然而，如果读者希望真正掌握本书的内容，则需要在实际的程序设计语言环境中实现尽可能多的算法。读者选择使用哪种程序设计语言并不重要。无论使用哪种程序设计语言实现算法细节，都将帮助读者更好地理解算法，以及掌握使用该特定语言所需的特定处理方法。

当然，如果读者打算使用某种程序设计语言实现算法，则需要一台计算机和相应的开发环境。

本书配套网站中包含一些示例代码，读者可以下载源代码，并使用 Visual Studio 2017 执行 C# 代码，或者使用 Python 3.7 执行 Python 代码。如果读者想运行这些程序，则需要在计算机上安装 C# 2017 或者 Python 3.7，然后就可以正常运行这些程序了。

运行任何版本的 Visual Studio 都需要有一台速度较快的现代化计算机，并且配有大容量的硬盘和内存。例如，500GB 的硬盘对我来说绰绰有余，况且硬盘的价格相对而言比较便宜，建议读者为自己的计算机购买并配置大一点的硬盘。

当然，读者可以在配置较低的系统上运行 Visual Studio。但是，使用低配的计算机可能会使运行速度非常缓慢，其体验会令人沮丧。Visual Studio 需要占用较多的内存，所以如果读者的计算机性能存在问题，可以考虑扩展内存容量。

使用免费的 Visual Studio Community Edition 可以运行本书提供的 C# 程序，因此不需要安装其他昂贵的 Visual Studio 版本。读者可以通过以下网址获取更多的信息并免费下载 Visual Studio：https://visualstudio.microsoft.com/downloads。

读者可以通过以下网址下载 Python：https://www.python.org/downloads/。Python 3.7 或者更高版本应该能够运行本书的 Python 示例程序。除了在本地系统上安装 Python 外，还可以在云中运行。例如，Google Colaboratory（https://colab.research.google.com）是一个免费的环境，该云环境允许用户在任何 Android 设备上运行 Python 程序。

本书构建示例程序的系统环境是 Windows 10，因此如果读者在其他平台（例如 Linux、OS X 或者云）上运行 Python，可能会存在一些差异。遗憾的是，如果读者在其他平台环境中遇到问题，我就爱莫能助了，只能靠读者自己来解决问题。

算法的运行性能也取决于用于运行示例程序的环境和设备的速度。如果读者不确定某个程序的性能，可以从尝试小规模问题开始；理解了程序的行为后，再去尝试大规模问题。例如，在尝试解决一个包含 100 个数据项的划分问题（在世界末日来临之前，可能无法运行完成）之前，请先尝试彻底解决一个包含 10 个数据项的划分问题（这个问题应该运行得很快）。

作者的联系方式

如果读者有任何问题、意见或者建议，欢迎随时发送电子邮件至 RodStephens@csharp-helper.com。我无法保证解决读者所有的算法问题，但会尽力给读者指明解决问题的正确方向。

致谢

感谢 Ken Brown、Devon Lewis、Gary Schwartz、Pete Gaughan、Jim Minatel、Athiyappan Lalitkumar，以及 Wiley 出版社的相关人员，是他们的大力帮助使本书得以顺利出版。

感谢多年的朋友 John Mueller，作为技术编辑，他的工作使得本书中的信息更加准确。（书中存在的任何错误全部由我负责，与他无关。）

同时，也感谢 Sunil Kumar 对本书第 1 版提出了宝贵的反馈意见。

作者简介

罗德·斯蒂芬斯（Rod Stephens）原本是一名数学家，但在麻省理工学院学习时，他开始对算法着迷。他选修了麻省理工学院开设的所有算法课程，从此开启了实现复杂算法的生涯。

在职业生涯中，罗德涉足过各种各样的应用领域，包括电话交换、计费管理、维修调度、税务处理、废水处理、音乐会门票销售、地图绘制、职业足球运动员培训等。

罗德曾连续 15 年被评为微软 Visual Basic 最有价值专家（MVP），并教授程序设计导论课程。他编写了 30 多本教材，这些教材被翻译成世界各地的语言。他还撰写了 250 多篇杂志文章，内容涉及 C#、Visual Basic、Visual Basic for Applications、Delphi 和 Java。

罗德的 C# 辅助学习网站（http://www.csharphelper.com）非常受欢迎，每年的访问量以百万计，其中包含为 C# 程序员提供的提示、技巧和示例程序。他的 VB 辅助学习网站（http://www.vb-helper.com）也为 Visual Basic 程序员提供了类似的参考资料。

罗德的联系方式为 RodStephens@csharphelper.com。

目　录

Essential Algorithms: A Practical Approach to Computer Algorithms Using Python and C#, Second Edition

⊖ 附录为在线资源，请访问华章网站 www.hzbook.com 搜索本书并下载。——编辑注

算法基础

在开始学习算法之前，需要先了解一下相关的背景知识。首先，我们需要知道，算法简而言之就是完成某种任务的方法。算法定义了以某种方式执行任务的步骤。

上述定义看起来很简单，但是我们并不会编写算法来执行非常简单的任务。例如，我们不会编写如何访问数组中第四个元素的指令，而是假设这是数组定义的一部分，并且知道如何进行具体的操作（假设读者熟悉如何使用所讨论的程序设计语言）。

通常，我们只为复杂的任务编写算法。算法阐释了如何找到一个复杂代数问题的求解方案。例如，如何在包含数千条街道的网络中寻找最短路径；或者如何找到数百项投资的最佳组合，以获得最大利润。

本章将解释有关算法的一些基本概念，读者应该理解这些概念，以便更好地学习并掌握算法。读者有可能会产生一种冲动，即跳过本章，直接研究特定的算法。但建议读者至少应该略读本章的内容，并且重点关注“大*O*符号”一节的内容。因为只有充分理解算法的运行性能，才能理解算法执行任务时消耗时间的差异：以秒为单位的运行时间，以小时为单位的运行时间，或者永远不可能执行完成。

1.1 方法

为了掌握一个算法，仅仅简单地遵循其步骤远远不够。读者还需要了解以下内容：

- **算法的行为**：算法的目的是寻找“最好”的解，还是仅仅寻找一个“好”的解？是否存在多个“最好”的解？选择这一个“最好”的解而不是其他解的理由是什么？
- **算法的速度**。算法的运行速度是快还是慢？是否在通常情况下算法的运行速度很快，但有时会因为某些输入数据而使算法的运行速度很慢？
- **算法的内存需求**。算法需要多少内存？其内存需求量是否合理？算法是否需要数十亿兆字节的内存（超出了目前计算机所能提供的内存容量）？
- **算法使用的主要技术**。是否可以重用这些技术来解决类似的问题？

本书涵盖了上述所有主题。书中并没有尝试以数学精度涵盖每种算法的每一个细节，而是使用一种直观的方法来解释算法及其性能，不过并没有对性能进行严格的细节分析。尽管关于算法的数学证明可能很有趣，但也可能会令人困惑，并且会占用大量篇幅。大多数程序员并不需要掌握特别详尽的细节。总而言之，本书主要是面向那些需要完成工作任务的程序员。

本书的章节根据相关的主题对算法进行了分组。有些主题基于算法执行的任务（排序、搜索、网络算法），有些主题基于算法使用的数据结构（链表、数组、哈希表、树），有些主题基于算法使用的技术（递归、决策树、分布式算法）。在较高的层次上看，这些分组似乎是任意的，但是当读者研读这些算法时，就会发现它们是有机地结合在一起的。

除了上述主题类别之外，许多算法还具有跨越章节的潜在联系。例如，树算法（第10、11和12章）通常属于高度递归（第9章）。链表（第3章）可以用于构建数组（第4章）、哈希表（第8章）、堆栈（第5章）和队列（第5章）。引用和指针的思想用于构建链表（第3章）、树（第10、11和12章）和网络（第13和14章）。阅读本书时，应注意这些共同脉络。

1.2 算法和数据结构

*算法*是执行特定任务的方法。*数据结构*是一种存储数据的方式，有助于求解特定的问题。数据结构可以是一种在数组中排列值的方式，或者一个以特定模式（例如一棵树、一张图、一个网络，或者更奇特的东西）连接各个数据项的链表。

算法通常与数据结构紧密相关。例如，第15章中描述的编辑距离算法，使用网络来确定两个字符串的相似程度。该算法与网络数据结构紧密相连。如果没有该数据结构，将无法正常实现算法。反之，该算法构建并使用网络数据结构，因此如果没有该算法，网络数据结构就毫无用处，甚至没有构建的必要。

通常，一个算法被描述为“建立一个特定的数据结构，然后采用某种方式使用该数据结构”。如果没有数据结构，那么算法就不可能存在；如果不打算在程序中使用该算法，那么构建相应的数据结构也就没有意义。

1.3 伪代码

为了使本书中描述的算法具有更好的普遍性，我们首先用直观的自然语言术语描述算法。基于算法的高级描述，读者应该能够在大多数程序设计语言中实现该算法。

然而，算法的实现常常包含一些琐碎的细节，这些细节会使得实现过程变得困难。为了便于处理这些细节，许多算法也使用伪代码进行描述。*伪代码*是一种类似于程序设计语言的文本，但并不是真正的程序设计语言。这样做的目的是为读者提供在代码中实现算法所需的结构和细节，而无须将算法局限于特定的程序设计语言。理想情况下，读者可以将伪代码转换为可以在计算机上运行的实际代码。

以下代码片段显示了计算两个整数的最大公约数（GCD）的算法的伪代码示例：

```
// 求 a 和 b 的最大公约数
// GCD(a, b) = GCD(b, a Mod b)
Integer: Gcd(Integer: a, Integer: b)
    While (b != 0)
        // 计算余数
        Integer: remainder = a Mod b

        // 计算 GCD(b, remainder)
        a = b
        b = remainder
    End While

    // GCD(a, 0) 的结果是 a
    Return a
End Gcd
```

mod 运算符

模运算符（在伪代码中写成 Mod）表示除法后的余数。例如，“13 Mod 4”的结果是1，因为13除以4等于3，余数为1。

语句“13 Mod 4”通常读作“13 mod 4”或者“13 modulo 4”。

伪代码以注释开头。注释以字符 // 开头，并扩展到行的末尾。第 1 行实际代码是算法的声明。此算法称为 Gcd 并返回整数（Integer）结果。算法接收两个名为 a 和 b 的参数，这两个参数都是整数。

注意：执行任务的代码块（可以返回结果）被称为例程、子例程、方法、过程、子过程或者函数。

声明语句后的代码以缩进方式表示，以表明代码是方法的一部分。方法体中的第 1 行是一个 While 循环。只要 While 语句中的条件保持为 true，就会一直执行 While 语句下面缩进的代码。

While 循环以 End While 语句结束。严格意义上，这条语句并不是必需的，因为缩进显示了循环结束的位置，但 End While 语句会提醒用户什么样的语句块将结束。

该方法使用 Return 语句退出。此算法返回一个值，因此 Return 语句指示算法应该返回什么值。如果算法不返回任何值，例如其目的是处理值或者构建数据结构，则 Return 语句后面不会跟返回值，或者该方法可能没有 Return 语句。

本例中的伪代码与实际程序设计代码非常接近。其他示例可能包含用自然语言描述的指令或者值。在这些情况下，指令被括在尖括号（< >）中，表示我们需要将自然语言指令翻译成程序代码。

通常情况下，在声明一个参数或者变量时（在 Gcd 算法中，包括参数 a 和 b 以及变量 remainder），其数据类型在参数或变量的前面给出，并且紧跟一个冒号，例如 Integer: remainder。对于简单整数循环变量，可以省略数据类型，例如 For i = 1 To 10。

与某些程序设计语言不同的另一个特点是，伪代码的 For 循环可以包括一个 Step 语句，该语句指示循环变量在每次循环后的更改值。For 循环以一句 Next i 语句（其中 i 是循环变量）结束，以提醒用户结束哪个循环。

例如，请阅读以下伪代码：

```
For i = 100 To 0 Step -5
    // 执行具体的操作 ...
Next i
```

上述伪代码等价于以下 C# 代码：

```
for (int i = 100; i >= 0; i -= 5)
{
    // 执行具体的操作 ...
}
```

上述两段代码均等价于以下 Python 代码：

```
for i in range(100, -1, -5):
    # 执行具体的操作 ...
```

本书中使用的伪代码根据需要使用 If-Then-Else 语句、Case 语句和其他语句。根据读者掌握的实际程序设计语言的知识背景，建议读者熟悉这些语句的含义。伪代码中所需的任何其他内容都是使用自然语言描述的。

本书中的许多算法都编写为有返回结果的方法或者函数。方法的声明以返回结果所具有的数据类型开头。如果某个方法执行某个任务，但并没有返回结果，则该方法没有数据类型。

以下伪代码包含两个方法：

```
// 返回输入值的两倍
Integer: DoubleIt(Integer: value)
    Return 2 * value
End DoubleIt

// 以下方法执行某些操作，但不返回任何值
DoSomething(Integer: values[])
    // 此处为执行操作的代码
    ...
End DoSomething
```

方法 DoubleIt 接收一个整数作为参数并返回一个整数值。代码将输入值加倍并返回结果。方法 DoSomething 将名为 values 的整数数组作为参数。该方法执行任务，但不返回结果。例如，该方法可能随机化或者排序数组中的元素。(注意，本书假设数组以索引 0 开头。例如，包含 3 个元素的数组的索引为 0、1 和 2。)

伪代码应该是直观并且易于理解的，但是如果读者发现书中某些内容不容易理解，欢迎在本书的论坛 www.wiley.com/go/essentialalgorithms2e 上提问，或者发送电子邮件至 RodStephens@csharphelper.com，我会为读者指引正确的方向。

伪代码的一个缺点是没有编译器来检测错误。作为对基本算法的检查，本书为读者提供一些了可供参考的实际代码实现，许多算法和练习题的 C# 和 Python 代码，均可以在本书的网站上下载。

1.4　算法的特点

一个好的算法必须具有三个特点：正确性、可维护性和高效性。

显而易见，如果一个算法不能解决它所针对的问题，则没有多大用处。如果一个算法不能给出正确的答案，则没有什么使用价值。

注意：有趣的是，有些算法虽然只在某些时候能产生正确的答案，但仍然有用。例如，一个算法可以以一定的概率反馈给用户一些信息。在这种情况下，用户可以多次重复运行该算法，以确保答案的正确性。在第 2 章中描述的费马素性检验就是这种算法。

如果一个算法不具备可维护性，在程序中使用它便会存在风险。如果一个算法是简单、直观、优雅的，则可以确信其产生的结果的正确性；并且如果结果不正确，还可以修正算法。如果算法是复杂、难以理解且令人困惑的，那么实现它可能会比较困难；如果出现错误，修改这些错误将更加困难。如果一个算法很难理解，又该如何判断其产生的结果的正确性呢？

注意：这并不意味着研究复杂和困难的算法没有用处。即使我们在实现一个算法时遇到困难，仍然可以在尝试中学到很多东西。随着时间的推移，我们的算法直觉和技巧将会提高，曾经觉得复杂的算法会变得更容易处理。但是，我们必须始终全面测试所有算法，以确保产生正确的结果。

大多数开发人员在提高效率上花费了很多精力，效率当然非常重要。如果一个算法能够产生正确的结果，并且易于实现和调试，但是需要运行 7 年的时间才能完成，或者需要的内存超过计算机所能提供的极限，那么该算法仍然没有多大用处。

为了研究算法的性能，计算机科学家会讨论其性能如何随着问题的规模大小而变化。如

果将算法正在处理的值的数目加倍，运行时间是否会随之加倍？还是会变为原来的 4 倍？运行时间是否会随指数级别增长，以至于忽然间就需要数年时间才能运行完成？

读者也可以就内存使用或算法所需的任何其他资源提出相同的问题。如果将问题的规模大小加倍，所需的内存量是否也需要加倍？

在不同的情况下，读者也可以对算法的性能提出同样的问题。算法的性能在最坏的情况下会如何表现？最坏情况发生的概率有多大？如果基于大量随机数据运行该算法，其平均性能又会如何？

为了了解问题规模与算法性能之间的关系，计算机科学家使用了大 O 符号，这将在下一节中进行讨论。

1.4.1 大 O 符号

大 O 符号使用一个函数来描述当问题规模变得很大时，最坏情况下算法的性能与问题规模之间的关系（有时也被称为程序的渐近性能）。函数写在大写字母 O 后面的括号内。

例如，$O(N^2)$ 表示一个算法的运行时间（或者内存使用量，或者我们正在测量的任何东西）随着输入规模 N 的平方的增加而增加。如果我们将输入规模加倍，则运行时间大约变为原来的 4 倍。类似地，如果将输入规模变为原来的 3 倍，则运行时间将变为原来的 9 倍。

注意：$O(N^2)$ 通常读作"N 的平方阶"。例如，第 6 章中所描述的快速排序算法具有 N 的平方阶的最坏性能。

计算一个算法的大 O 符号有以下 5 条基本规则：

1. 如果算法对一个数学函数 f 执行一系列的步骤 $f(N)$ 次，那么该算法将执行 $O(f(N))$ 个步骤。

2. 如果算法先对函数 f 执行 $O(f(N))$ 个步骤的第一次操作，然后对函数 g 执行 $O(g(N))$ 个步骤的第二次操作，那么该算法的总性能是 $O(f(N) + g(N))$。

3. 如果算法的时间消耗为 $O(f(N) + g(N))$，且当 N 很大时，如果函数 $f(N)$ 大于 $g(N)$，则该算法的性能可以简化为 $O(f(N))$。

4. 如果算法执行 $O(f(N))$ 个步骤的操作，并且对于该操作中的每个步骤均执行另外 $O(g(N))$ 个步骤，那么该算法的总性能是 $O(f(N)\times g(N))$。

5. 忽略常数倍数。如果 C 是常数，则 $O(C\times f(N))$ 与 $O(f(N))$ 相同，$O(f(C\times N))$ 与 $O(f(N))$ 相同。

这些规则的阐述比较正式，都涉及 $f(N)$ 和 $g(N)$，但是这些规则非常易于使用。如果依然感到困惑不解，请仔细阅读以下几个示例，可以帮助我们更容易地理解这些规则。

1.4.1.1 规则 1

如果算法对一个数学函数 f 执行一系列的步骤 $f(N)$ 次，那么该算法将执行 $O(f(N))$ 个步骤。

阅读以下使用伪代码编写的用于查找数组中最大整数的算法：

```
Integer: FindLargest(Integer: array[])
    Integer: largest = array[0]
    For i = 1 To <largest index>
        If (array[i] > largest) Then largest = array[i]
    Next i
    Return largest
End FindLargest
```

算法 FindLargest 以整数数组作为参数，并返回整数值结果。该算法首先将变量 largest（最大值）设置为数组中的第一个值。

然后循环遍历数组中的其余值，将每个值与最大值 largest 进行比较。如果发现一个大于 largest 的值，程序会将 largest 设置为等于该值。循环结束后，算法返回最大值 largest。

对于一个包含 N 个元素的数组，该算法对数组的每一个元素都实施了一次比较大小的检测操作，因此具有 $O(N)$ 的性能。

注意：通常，算法将大部分时间消耗在循环上。如果不使用某种循环结构，使用固定数量的代码行只能执行少量有限的步骤。研究一个算法的循环结构，可以了解运行算法总共需要多少时间。

1.4.1.2　规则 2

如果算法先对函数 f 执行 $O(f(N))$ 个步骤的第一次操作，然后对函数 g 执行 $O(g(N))$ 个步骤的第二次操作，那么该算法的总性能是 $O(f(N) + g(N))$。

如果重新阅读上一节中的 FindLargest 算法，我们会发现一些操作步骤实际上并不在循环中。以下伪代码显示了相同的步骤，并在右侧的注释中显示了运行时间：

```
Integer: FindLargest(Integer: array[])
    Integer: largest = array[0]                          // O(1)
    For i = 1 To <largest index>                         // O(N)
        If (array[i] > largest) Then largest = array[i]
    Next i
    Return largest                                       // O(1)
End FindLargest
```

此算法在进入循环之前执行一个设置步骤，然后在完成循环之后再执行一个步骤。这两个步骤都具有性能 $O(1)$（它们都只是单个步骤），因此算法的总运行时间实际上是 $O(1 + N + 1)$。使用代数化简，结果可以重写为 $O(2 + N)$。

1.4.1.3　规则 3

如果一个算法的时间消耗为 $O(f(N) + g(N))$，且当 N 很大时，如果函数 $f(N)$ 大于 $g(N)$，则该算法的性能可以简化为 $O(f(N))$。前面的示例表明，FindLargest 算法的运行时间为 $O(2 + N)$。当 N 增大时，函数 N 大于常量 2，所以 $O(2 + N)$ 可以简化为 $O(N)$。

当问题规模变得非常大时，忽略较小的函数使我们有精力关注算法的渐近行为。忽略较小的函数还允许我们忽略相对较小的准备工作和清理任务。如果算法花费了一些时间来构建简单的数据结构，然后执行复杂的计算，则当准备时间比主计算的时间少得多时，就可以忽略准备时间。

1.4.1.4　规则 4

如果一个算法执行 $O(f(N))$ 个步骤的操作，并且对于该操作中的每个步骤均执行另外 $O(g(N))$ 个步骤，那么该算法的总性能是 $O(f(N)\times g(N))$。

考虑以下算法，该算法用于确定一个数组中是否包含任何重复元素。（请注意，这不是检测重复数据项的最有效的方法。）

```
Boolean: ContainsDuplicates(Integer: array[])
    // 遍历数组的所有元素
    For i = 0 To <largest index>
        For j = 0 To <largest index>
            // 检查两个元素是否相同
```

```
            If (i != j) Then
                If (array[i] == array[j]) Then Return True
            End If
        Next j
    Next i
    // 如果程序运行到此处，则不存在重复元素
    Return False
End ContainsDuplicates
```

此算法包含两个嵌套循环。外部循环遍历数组的 N 个元素，因此外部循环需要 $O(N)$ 个步骤。对于外部循环的每次循环，内部循环也迭代遍历数组中的 N 个元素，因此内部循环也需要 $O(N)$ 个步骤。因为一个循环嵌套在另一个循环中，所以其组合性能是 $O(N \times N) = O(N^2)$。

1.4.1.5 规则 5

忽略常数倍数。如果 C 是常数，则 $O(C \times f(N))$ 与 $O(f(N))$ 相同，$O(f(C \times N))$ 与 $O(f(N))$ 相同。

重新阅读前一节中的 `ContainsDuplicates` 算法，我们会发现内部循环实际上执行了 1 到 2 个步骤。内部循环执行一条 `If` 测试以查看索引 `i` 和 `j` 是否相同，如果它们不同，则会比较 `array[i]` 和 `array[j]`。算法还可能返回值 `True`。

如果忽略 `Return` 语句的额外步骤（最多只发生一次），并且假设算法执行了两个 `If` 语句（大多数情况下都是这样），那么内部循环将执行 $O(2 \times N)$ 个步骤。因此，该算法的总体性能为 $O(N \times 2 \times N) = O(2 \times N^2)$。

规则 5 允许我们忽略常量因子 2，因此运行时间为 $O(N^2)$。这条规则可以回溯到大 O 符号的真正目标：了解当 N 增加时算法的性能。在这种情况下，假设 N 变为原来的 2 倍。

如果将值 $2 \times N$ 代入表达式 $2 \times N^2$ 中，则结果如下：

$$2 \times (2 \times N)^2 = 2 \times 4 \times N^2 = 8 \times N^2$$

结果是原始值 $2 \times N^2$ 的 4 倍，因此运行时间变为原来的 4 倍。

接下来用规则 5 简化的运行时间 $O(N^2)$ 来尝试同样的方法。将 $2 \times N$ 代入表达式，可以得到以下结果：

$$(2 \times N)^2 = 4 \times N^2$$

结果是原始值 N^2 的 4 倍，因此运行时间变为原来的 4 倍。

无论使用公式 $2 \times N^2$ 还是仅仅使用 N^2，结果都是相同的：若问题规模变为原来的 2 倍，则运行时间变为原来的 4 倍。这里的关键要素不是常数，而是运行时间随着输入 N 的平方而增加。

注意：必须牢记的是，大 O 符号只是为了理解算法的理论行为。在实践中的运行结果可能不同。例如，假设一个算法的性能为 $O(N)$，但如果不忽略常量，则实际执行的步骤数大约为 $100\,000\,000 + N$。除非 N 真的很大，否则可能无法非常有把握地忽略常量。

1.4.2 常用的运行时间函数

在研究算法的运行时间时，经常会遇见一些函数。以下各节给出一些最常见函数示例。这些函数示例还为我们提供了一些视角，以便判断具有某种性能（例如，$O(N^3)$）的算法是否合理。

1.4.2.1 1

一个具有 $O(1)$ 性能的算法，无论问题规模有多大，其运行时间都是恒定的。这类算法往往执行相对琐碎的任务，因为它们甚至不能在 $O(1)$ 时间内检查所有的输入。

例如，在快速排序算法 quicksort 的某个执行点，需要从数组中选择一个值。理想情况下，这个数值应该在数组中所有值的中间位置，但是没有一种简单的方法来判断哪一个数值可能正好位于中间位置。(例如，如果数值在 1 和 100 之间均匀分布，则 50 将是一个很好的分割数。) 下面的算法显示了解决此问题的一种常见方法：

```
Integer: DividingPoint(Integer: array[])
    Integer: number1 = array[0]
    Integer: number2 = array[<数组的最后索引位置>]
    Integer: number3 = array[<数组的最后索引位置> / 2]

    If (<number1 位于 number2 和 number3 之间>) Then Return number1
    If (<number2 位于 number1 和 number3 之间>) Then Return number2
    Return number3
End MiddleValue
```

此算法在数组的开始、结束和中间位置选取值，然后对这些值进行比较，并返回位于其他两个值之间的元素。这可能不是从整个数组中挑选出来的最佳元素，但是绝大多数情况下也不会是最坏的选择。由于这个算法只执行若干固定步骤，所以具有 $O(1)$ 性能，并且该算法的运行时间与输入 N 的数量无关（当然，这个算法并不真正独立存在，这只是更复杂算法的一小部分）。

1.4.2.2 Log*N*

性能为 $O(\log N)$ 的算法通常在每一步将必须处理的数据项分成固定比例的部分。

例如，图 1.1 显示了一个已排序的完全二叉树。这是一个二叉树（binary tree），因为每个节点最多有两个分支。这是一个完全树（complete tree），因为每一层（可能最后一层除外）都是完全满的，并且最后一层中的所有节点都位于树的左侧（左子树）。这是一个排序树（sorted tree），因为每个节点的值至少和它的左子节点一样大，且不大于它的右子节点。(第 10 章将讨论更多有关树的内容。)

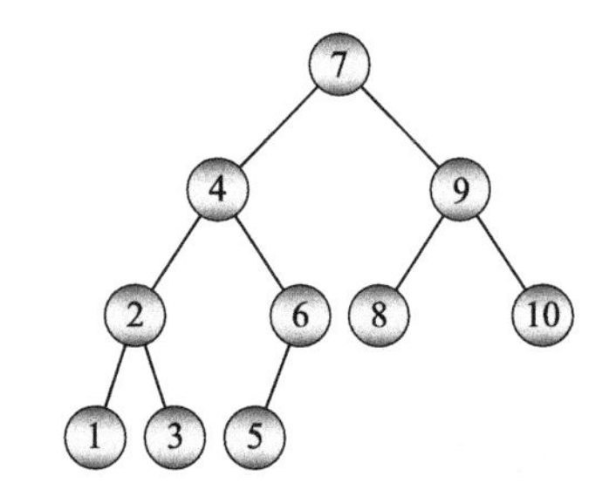

图 1.1 搜索一个完满二叉树需要 $O(\log N)$ 个步骤

对数

对数是乘幂的逆运算，一个数在某个对数基上的对数，是满足基的乘幂结果为该数的指数。例如，$\log_2(8)$ 的结果是 3，因为 $2^3 = 8$，这里 2 是对数的基。

通常在算法中，对数的基是 2，因为输入被重复地分成两组。稍后我们将讨论，在大 O 符号中，对数的基并不十分重要，因此通常会被忽略。

下面的伪代码显示了一种搜索图 1.1 所示树以查找特定数据项的方法：

```
Node: FindItem(Integer: target_value)
    Node: test_node = <root of tree>

    Do Forever
```

```
        // 如果超出树的范围，则目标值不存在
        If (test_node == null) Then Return null

        If (target_value == test_node.Value) Then
            // test_node 存储目标值
            // 这就是要查找的节点
            Return test_node
        Else If (target_value < test_node.Value) Then
            // 移动到左子树
            test_node = test_node.LeftChild
        Else
            // 移动到右子树
            test_node = test_node.RightChild
        End If
    End Do
End FindItem
```

在第 10 章中将详细介绍树的算法，但是接下来的讨论可以帮助我们了解算法的要点。

算法声明并初始化变量 test_node，使其指向树顶部的根。（传统上，计算机程序中的树的根绘制在顶部，这与现实世界中的树相反。）然后算法进入一个无限循环。如果 test_node 为空，则目标值不在树中，因此算法返回空值。

注意：null（空值）是一个特殊的值，可以将其分配给通常应指向对象（例如树中的节点）的变量。空值 null 表示"此变量不指向任何内容"。

如果 test_node 存储的是目标值，则 test_node 就是我们正在寻找的节点，因此算法返回该值。

如果 target_value 小于 test_node 中的值，则算法将 test_node 设置为其左子树。（如果 test_node 位于树的底部，则其 LeftChild 值为 null，并且算法在下次遍历循环时处理这种情况。）

如果 target_value 大于 test_node 中的值，则算法将 test_node 设置为其右子树。（如果 test_node 位于树的底部，则其 RightChild 值为 null，并且算法在下次遍历循环时处理这种情况。）

变量 test_node 在树中向下移动，最终结果是要么查找到目标值，要么超出树的范围（当 test_node 为 null 时）。

理解这个算法的性能转换为这样的一个问题：判断算法在查找到 target_value 或者超出树的范围之前，test_node 在树中必须向下移动的距离是多少。

有时算法运气较好，会马上找到目标值。例如，如果图 1.1 中的目标值是 7，算法将在一步内找到目标值并停止。即使目标值不在根节点，例如如果目标值是 4，程序在停止之前可能只需要检查树的一小部分。

然而，在最坏的情况下，算法需要从上到下搜索整棵树。事实上，树的大约一半节点是底部没有子节点的节点。如果树是一个完满的完全树，每个节点正好有 0 个或者 2 个子节点，那么底层将正好容纳树的一半节点。这意味着如果我们在树中搜索随机选择的值，算法将不得不在大多数时间穿越树的大部分高度。

接下来问题是"这棵树有多高"？高度为 H 的完满完全二叉树有 $2^{H+1}-1$ 个节点。从另一个角度来看，包含 N 个节点的完满完全二叉树具有高度 $\log_2(N+1)-1$。由于该算法在最坏（和平均）情况下从上到下搜索树，并且树的高度约为 $\log_2(N)$，因此该算法的运行时间为

$O(\log_2 N)$。

在这一点上，对数的一个奇特特性发挥了作用。可以使用以下公式将对数从以 A 为基的对数转换为以 B 为基的对数：

$$\log_B(x) = \log_A(x)/\log_A(B)$$

设 $B = 2$，可以使用此公式将值 $O(\log_2 N)$ 转换为任何以 A 为基的对数：

$$O(\log_2(N)) = O(\log_A(N)/\log_A(2))$$

对于任何给定的值 A，值 $1/\log_A(2)$ 是常量，而大 O 符号忽略常量倍数，因此这意味着对于任意对数基 A，$O(\log_2(N))$ 与 $O(\log_A(N))$ 等价。基于上述讨论，运行时间通常写为 $O(\log N)$，而不指明对数的基（也不使用括号，使其更加整洁）。

该算法是许多具有 $O(\log N)$ 性能的算法的典型代表。在每个步骤中，算法将需要处理的数据项分成两个大小大致相等的组。

因为对数的基在大 O 符号中并不重要，所以算法使用哪一个分数来划分它正在处理的数据项也不重要。此示例在每个步骤中将数据项分成两半，这在许多对数算法中很常见。但是，如果算法在每个步骤中取数据项数目的 1/10，则数据处理的速度相对较快；或者如果算法在每个步骤中取数据项数目的 9/10，则数据处理的速度相对较慢。无论何种情况，算法仍然具有 $O(\log N)$ 性能。

对数函数 $\log(N)$ 随着 N 的增加而相对缓慢地增长，因此具有 $O(\log N)$ 性能的算法通常速度足够快，因此具有实用性。

1.4.2.3 Sqrt*N*

一些算法具有 $O(\text{sqrt}(N))$ 性能（其中 sqrt 是平方根函数），但并不常见，本书没有涉及。这类函数增长很慢，但比 $\log(N)$ 稍快一些。

1.4.2.4 *N*

在“规则 1”中描述的 `FindLargest` 算法具有 $O(N)$ 性能。请参阅“规则 1”中的说明，以理解该算法为什么具有 $O(N)$ 性能。

函数 N 的增长速度比 $\log(N)$ 和 $\text{sqrt}(N)$ 都快，但还不算是很快，因此大多数具有 $O(N)$ 性能的算法在实际应用中运行良好。

1.4.2.5 *N*log*N*

假设一个算法遍历其问题集中的所有数据项，然后在每个循环中针对该数据项执行某种 $O(\log N)$ 的计算。在这种情况下，该算法具有 $O(N\times\log N)$ 或者 $O(N\log N)$ 性能。换而言之，算法在每个操作步骤针对问题中的每个数据项都执行操作，则该算法也具有 $O(N\log N)$ 性能。

例如，假设我们构建了一个包含 N 个数据项的排序树（如前所述），还有一个包含 N 个值的数组，我们想知道数组中的哪些值位于排序树中。一种实现算法是：先循环遍历数组中的值；针对数组中的每个值，使用前面描述的方法在树中搜索该值。算法检查 N 个数据项，并针对每个数据项执行 $\log(N)$ 个步骤，因此总运行时间为 $O(N\log N)$。

许多通过数据项与数据项之间的相互比较来工作的排序算法通常具有 $O(N\log N)$ 的运行时间。事实上，可以证明，任何通过数据项与数据项之间的相互比较来进行排序的算法都必须至少执行 $O(N\log N)$ 个步骤，因此这是通过比较数据项进行排序的算法能够获得的最佳性能。其中一些算法仍然比其他算法快，因为大 O 符号忽略了常量。一些不使用数据项与数据项之间的相互比较进行排序的算法可以更快地实现排序。第 6 章将详细讨论不同运行时间的排序算法。

1.4.2.6　N^2

如果一种算法在所有的输入项上循环，然后在每个输入项上再次循环所有的输入项，则该算法具有 $O(N^2)$ 性能。例如，“规则 4”一节描述的 `ContainsDuplicates` 算法的运行时间为 $O(N^2)$。有关该算法的说明和分析请参见“规则 4”中的内容。

当然，有些算法具有 N 的其他乘幂的性能，例如 $O(N^3)$ 和 $O(N^4)$，很明显这些算法比 $O(N^2)$ 慢。如果一个算法的运行时间涉及 N 的任何一个多项式，则该算法被称为*多项式运行时间*。例如，$O(N)$、$O(N^2)$、$O(N^6)$ 甚至 $O(N^{4000})$ 都是多项式运行时间。

多项式运行时间非常重要，因为在某种意义上这些问题仍然可以求解。接下来描述的指数和阶乘运行时间增长得非常快，因此具有这些运行时间的算法只适用于非常少量的输入规模。

1.4.2.7　2^N

指数函数（例如 2^N）增长非常快，因此只适用于小问题规模。具有这些运行时间的算法通常需要寻找最佳的输入规模。例如，在*背包问题*中，给定一组对象，每个对象都有一个重量和一个价值。同时给定一个可以承载指定重量的背包。我们可以在背包里放一些重的东西，也可以放很多轻的东西。挑战的目标是如何选择若干物品，使得背包中物品的总价值最大，并且重量不超过背包所能承载的指定重量。

乍一看这似乎是一个简单的问题，但是已知的寻找最佳可能解决方案的唯一算法本质上要求检查所有物品的每一个可能组合。要想知道到底有多少种组合也是可能的，因为一个物品要么在背包中，要么不在背包中，因此每个物品都有两种可能。如果把所有物品的可能性相乘，则结果有 $2 \times 2 \times \cdots \times 2 = 2^N$ 种组合方式。有时候我们不必尝试每一个可能的组合。例如，如果添加第一个物品就可以完全填满背包，则不需要添加任何包含第一个物品和另一个物品的组合方式。但是一般而言，不能排除足够的可能性以显著缩小搜索范围。

对于指数运行时间的问题，通常需要使用*启发式*算法，该算法通常会产生良好的结果，但并不能保证会产生最佳的可能结果。

1.4.2.8　$N!$

阶乘函数（写为 $N!$，读作“N 阶乘”）定义为 $N! = 1 \times 2 \times 3 \times \cdots \times N$，其中 N 大于 0。这个函数的增长速度甚至比指数函数 2^N 还要快得多。通常，具有阶乘运行时间的算法会被用来寻找输入的最佳组合。

例如，在*旅行商问题*（Traveling Salesman Problem，TSP）中，给定了一个城市列表。我们的目标是找到一条路线，访问每一个城市仅仅一次，最后返回起点，要求最小化总行程。

对于城市数量较少的情况，旅行商问题并不困难；但对于城市数量较多的情况，这一问题变得极富挑战性。最明显的方法是尝试各种可能的城市布局。按照该算法，可以选择 N 个可能的城市作为出发的第一个城市。在确定了出发城市后，第二个访问城市则有 $N - 1$ 个可能城市可供选择。然后第三个访问城市有 $N - 2$ 个城市可供选择，以此类推，所以行程安排的总数是 $N \times (N - 1) \times (N - 2) \times \cdots \times 1 = N!$。

1.4.3　运行时间函数的可视化比较

表 1.1 显示了前几节中描述的运行时间函数的具体取值，可以帮助读者观察这些函数增长的速度。

表 1.1　在不同输入值的情况下各个运行时间函数的取值

N	$\log_2(N)$	sqrt(N)	N	N^2	2^N	$N!$
1	0.00	1.00	1	1.00	2	1
5	2.32	2.23	5	25	32	120
10	3.32	3.16	10	100	1 024	3.6×10^{6}
15	3.90	3.87	15	225	3.3×10^{4}	1.3×10^{12}
20	4.32	4.47	20	400	1.0×10^{6}	2.4×10^{18}
50	5.64	7.07	50	2 500	1.1×10^{15}	3.0×10^{64}
100	6.64	10.00	100	1×10^{4}	1.3×10^{30}	9.3×10^{157}
1 000	9.96	31.62	1 000	1×10^{6}	1.1×10^{301}	4.0×10^{2567}
10 000	13.28	100.00	1×10^{4}	1×10^{8}	—	—
100 000	16.60	316.22	1×10^{5}	1×10^{10}	—	—

图 1.2 显示了这些运行时间函数的图形。我们对一些运行时间函数进行了缩放，以便能够在图上完整显示。读者可以很容易地观察到，随着 x 值的增长，哪个运行时间函数增长得最快。如图所示，即使除以 100，阶乘函数也将飞速增长并很快超出绘图范围。

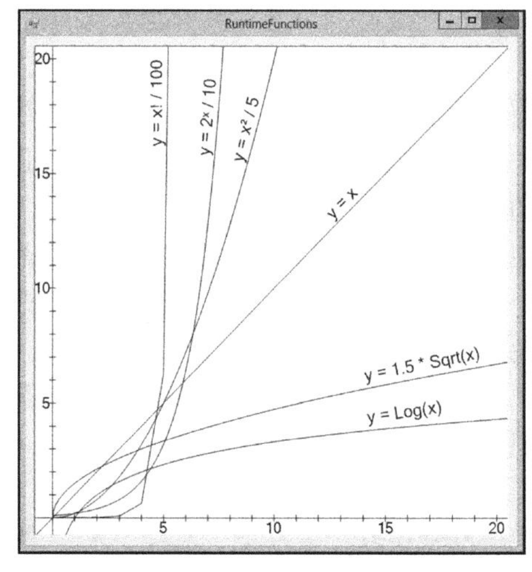

图 1.2　对数、平方根甚至多项式函数以合理的速度增长，但是指数和阶乘函数则以不可置信的速度飞速增长

1.5　实际考虑

虽然理论行为对于理解算法的运行时间很重要，但基于某些原因，实际考虑对实际性能也起着重要作用。

对算法的分析通常认为所有步骤所花费的时间是相同的，即使情况并非如此。例如，创建和销毁新对象所需的时间可能比将整数值从数组的某处移动到数组的另一处要长得多。在这种情况下，使用数组的算法可能优于使用大量对象的算法，即便使用大量对象的算法在大 O 符号中性能更好。

在许多程序设计环境中，还提供对操作系统功能的访问，这些功能比基本算法技术的效率更高。例如，在 insertionsort 算法中，要求将数组中的某些元素向后移动一个位置，以便可以在这些元素之前插入一个新元素。这是一个相当缓慢的处理过程，该算法之所以具有 $O(N^2)$ 性能，很大程度上归因于此。然而，许多程序可以使用一个函数（例如 .NET 程序中的 RtlMoveMemory 函数和 Windows C++ 程序中的 MoveMemory 函数）一次性地移动内存块。程序可以调用这些函数，一次移动所有数组元素值，而不是通过遍历数组一次只移动一个元素，从而使程序运行速度更快。

尽管算法有一定的理论渐近性能，但这并不意味着不能利用具体的程序设计环境提供的工具来提高性能。有一些程序设计环境还提供了一些工具，可以执行与本书中描述的一些算法相同的任务。例如，许多库包含排序子程序，这些子程序可以很好地对数组进行排序。微软的 .NET Framework（C# 和 Visual Basic 均构建在 .NET Framework 上）包含一个 `Array.Sort` 方法，对于该方法使用的实现方法，至少在一般情况下我们自己编写的代码很难超越它的性能。类似地，Python 列表对象包含一个排序方法 `sort`，用于对列表中的元素进行排序。

对于特定的问题，如果存在有关数据的额外信息，有时我们还是可以编写自定义排序程序，使得其性能超越内置排序方法的性能。(例如，请阅读第 6 章中的相关计数排序算法。)

还可以使用特殊用途的库来帮助我们完成某些任务。例如，可以使用网络分析库，而不是编写自己的网络工具。类似地，数据库工具可以为我们节省大量构建树和排序的工作。构建自己的平衡树可能会获得更好的性能，但使用数据库将减少大量的工作。

如果我们采用的程序设计工具包含可以完成这些算法所要执行的任务的函数，请务必使用这些函数。使用库函数的性能一般比自己编写的函数的性能更好，而且使用库函数可以减少代码的调试工作量。

最后要强调的是，对于规模非常大的问题，最好的算法并不总是最快的算法。如果我们正在对一个庞大的数值列表进行排序，`quicksort`（快速排序）算法通常会提供良好的性能。如果我们只对三个数字进行排序，那么一系列简单的 `If` 语句可能会提供更好的性能，而且会简单得多。即使快速排序算法确实能提供更好的性能，但程序是在 1 毫秒还是 2 毫秒内完成排序并没有本质的区别。除非读者计划反复多次执行排序，那么建议最好使用简单的算法而不是复杂的算法（复杂的算法也仅仅可以节省 1 毫秒的时间)，因为简单算法更易于调试和维护。

如果在程序中采用库（如前所述)，可能不需要我们自己编写所有这些算法，但是理解这些算法是如何工作的还是很有用的。如果了解了这些算法，就可以更好地利用实现它们的工具，即使我们不编写这些算法。例如，如果知道关系数据库通常使用 B 树（和类似的树）来存储索引，那么我们将更好地了解预分配和填充因子的重要性。如果我们了解了快速排序算法，就会知道为什么有些人认为 .NET Framework 的 `Array.Sort` 方法不安全。(我们将在第 6 章中讨论这个问题。)

理解这些算法还可以帮助我们将算法应用到其他场景。例如，我们可能不需要使用合并排序算法，但是可以使用该算法的分而治之思路和方法来解决多个处理器上的其他问题。

1.6 本章小结

为了充分利用算法，我们不仅需要了解算法的工作原理，还需要了解算法的性能特征。本章解释了大 O 符号，读者可以用它来研究算法的性能。如果了解了一个算法的大 O 符号运行时间行为，则当改变问题规模的大小时，我们就可以估计运行时间将改变多少。

本章还描述了一些常见的运行时间函数算法。图 1.2 给出了这些运行时间函数的图示化比较，这样我们就可以感受到随着问题规模的增加，每个函数增长速度的快慢。根据经验，在多项式时间内运行的算法通常足够快，足以适用于中等规模的问题。但是，具有指数或者阶乘运行时间的算法会随着问题规模大小的增加而快速增长，因此只能在问题规模相对较小的情况下运行这些算法。

本章我们学习了如何分析算法运行速度，接下来的章节将开始学习一些特定的算法。下一章将讨论数值算法，数值算法不需要复杂的数据结构，因此运行速度通常很快。

1.7　练习题

练习题的参考答案请参见附录。带星号的题目表示有相当难度的练习题。

1. 在“规则 4”一节中描述的 ContainsDuplicates 算法具有运行时间 $O(N^2)$。请阅读以下有关该算法的改进算法：

```
Boolean: ContainsDuplicates(Integer: array[])
    // 遍历数组的所有元素（除了最后一个元素）
    For i = 0 To <largest index> - 1
        // 遍历第 i 个元素后的所有元素
        For j = i + 1 To <largest index>
            // 检查这两个元素是否相等
            If (array[i] == array[j]) Then Return True
        Next j
    Next i

    // 如果程序运行到此处，则不存在重复元素
    Return False
End ContainsDuplicates
```

请问，上述改进算法的运行时间是什么？

2. 表 1.1 显示了问题规模 N 与各种运行时间函数之间的关系。研究这种关系的另一种方法是，研究具有一定速度的计算机在给定时间内可以执行的最大问题规模。例如，假设一台计算机每秒可以执行 100 万个算法步骤。考虑一个在 $O(N^2)$ 时间内运行的算法。在一小时内，计算机可以求解问题规模 $N = 60\ 000$ 的问题（因为 $60\ 000^2 = 3\ 600\ 000\ 000$，这是计算机在一小时内可以执行的步骤数）。

   制作一个表格，显示此计算机可以在 1 秒钟、1 分钟、1 小时、1 天、1 周和 1 年内求解表 1.1 中列出的每个函数的最大问题规模 N。

3. 有时，在大 O 符号中忽略的常数也很重要。例如，假设有两个算法可以完成相同的任务。第一个算法需要 $1500 \times N$ 步，另一个算法需要 $30 \times N^2$ 步。对于不同 N 的值，请问应该选择哪种算法？

*4. 假设有两个算法，一个算法的执行步骤为 $N^3/75 - N^2/4 + N + 10$，另一个算法的执行步骤为 $N/2 + 8$ 步。对于不同 N 的值，请问应该选择哪种算法？

5. 假设一个程序接受 N 个字母作为输入，并生成所有可能的无序字母对。例如，如果输入为 ABCD，则程序生成如下的字母对组合：AB、AC、AD、BC、BD 和 CD。（这里的无序意味着 AB 和 BA 属于相同的字母对。）请问该算法的运行时间是多少？

6. 假设一个算法有 N 个输入，对于一个 $N \times N \times N$ 的立方体的表面，算法为其每个单位正方形生成一个值，请问该算法的运行时间是多少？

7. 假设一个算法有 N 个输入，对于一个 $N \times N \times N$ 的立方体的所有边，算法为其每个单位立方体生成一个值（如图 1.3 所示），请问该算法的运行时间是多少？

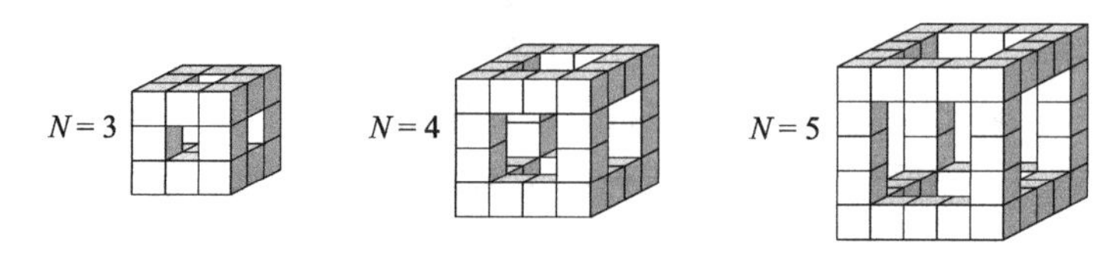

图 1.3　算法为立方体的“框架”生成单位立方体

*8. 假设有一个算法，对于 N 个输入，为图 1.4 所示形状中的每个小立方体生成一个值。假设存在被隐藏立方体，因此图中的形状不是空心的，那么该算法的运行时间是多少？

9. 请问是否存在没有数据结构的算法？是否存在没有算法的数据结构？

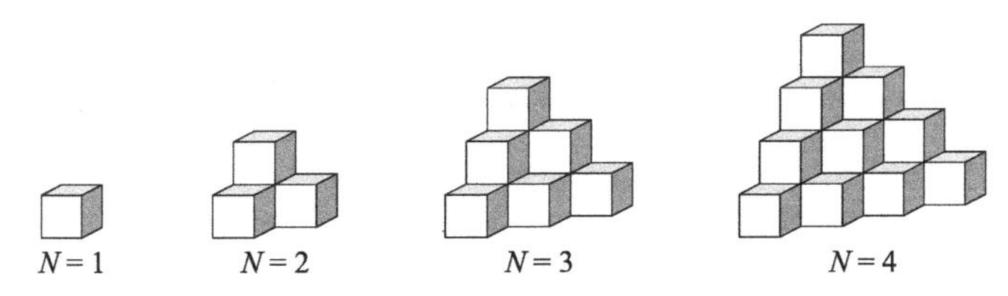

图 1.4 随着 N 的增加，算法逐层增加形状

10. 请阅读以下两种为围栏柱涂漆的算法：

```
Algorithm1()
    For i = 0 To <number of boards in fence> - 1
        <为编号为 i 的板子涂漆>
    Next i
End Algorithm1

Algorithm2(Integer: first_board, Integer: last_board)
    If (first_board == last_board) Then
        // 只有一个板子，为该板子涂漆
        <为编号为 first_board 的板子涂漆>
    Else
        // 存在多个板子
        // 把这些板子分成两组，并递归调用对它们涂漆
        Integer: middle_board = (first_board + last_board) / 2
        Algorithm2(first_board, middle_board)
        Algorithm2(middle_board + 1, last_board)
    End If
End Algorithm2
```

这两个算法的运行时间分别是多少？其中 N 是围栏柱中的板子数目。请问哪一种算法的性能更好？

*11. 可以按以下规则递归定义斐波那契数列：

```
Fibonacci(0) = 1
Fibonacci(1) = 1
Fibonacci(n) = Fibonacci(n - 1) + Fibonacci(n - 2)
```

斐波那契数列从值 1、1、2、3、5、8、13、21、34、55、89 开始。请问 `Fibonacci` 函数与图 1.2 所示的运行时间函数相比，其性能如何？

数值算法

数值算法用于数值计算。数值算法可以执行的任务包括数据随机化、数值的素因子分解、查找最大公约数、计算几何面积，等等。

虽然这些算法并不常用，但它们展示了非常有用的算法技术，例如自适应算法、蒙特卡罗模拟、使用表格存储中间结果。

2.1 数据随机化

随机化在许多应用中起着关键的作用。随机化允许程序模拟随机过程，测试算法以查看算法在随机输入下的行为，并搜索疑难问题的解决方案。2.5 节中所描述的蒙特卡罗积分，就是使用随机选择的点来估算复杂几何区域的面积。

任何随机化算法的第一步都是生成随机数。

2.1.1 随机数生成器

尽管许多程序员在讨论“随机”数生成器，但计算机用于生成随机数的任何算法都不是真正随机的。如果我们了解了算法的细节及其内部状态，那么就可以正确地预测算法所生成的“随机”数。

为了获取真正不可预测的随机性，我们需要使用计算机程序之外的随机源。例如，我们可以使用辐射探测器测量来自放射性样本的粒子，从而生成随机数。因为没有人能准确地预测粒子何时出现，所以其结果是真正的随机数。

其他可能的真正随机性的来源包括掷骰子、分析无线电波中的静电以及研究布朗运动。Random.org 通过测量大气噪声以生成随机数（访问网站 https://www.random.org，可以获得真正的随机数）。生成随机数的另一种方法是使用硬件随机数生成器（Hardware Random Number Generator，HRNG）。有关该方法的更多信息，可以在互联网上搜索或者查看维基百科网站 https://en.wikipedia.org/wiki/Hardware_random_number_generator。

令人遗憾的是，由于这些类型的真随机数生成器（True Random-Number Generator，TRNG）相对比较复杂，且速度较慢，所以大多数应用程序使用速度更快的伪随机数生成器（PseudoRandom Number Generator，PRNG）。对于大多数应用程序来说，如果这些数值在某种意义上“足够随机”，程序仍然可以使用这些随机数并获得良好的结果。

2.1.1.1 生成随机数

一种简单并且通用的伪随机数生成方法是线性同余生成器（linear congruential generator），它利用如下关系生成随机数：

$$X_{n+1} = (A \times X + B) \text{ Mod } M$$

其中 A、B 和 M 是常量。

值 X_0 用于初始化生成器，因此使用不同的初值 X_0，将产生不同的随机数序列。用于初始化伪随机数生成器的值（如本例中的 X_0）被称为种子（seed）。

由于数值序列中的所有值都是 M 的模，所以在最多 M 个数值之后，生成器将生成一个与之前生成的数值相同的数值，而数值序列从该点开始重复。

作为一个简单示例，假设 $A = 7$、$B = 5$ 和 $M = 11$。如果初始值 $X_0 = 0$，则上述公式将生成以下数值序列：

$$X_0 = 0$$
$$X_1 = (7\times 0 + 5) \text{ Mod } 11 = 5$$
$$X_2 = (7\times 5 + 5) \text{ Mod } 11 = 40 \text{ Mod } 11 = 7$$
$$X_3 = (7\times 7 + 5) \text{ Mod } 11 = 54 \text{ Mod } 11 = 10$$
$$X_4 = (7\times 10 + 5) \text{ Mod } 11 = 75 \text{ Mod } 11 = 9$$
$$X_5 = (7\times 9 + 5) \text{ Mod } 11 = 68 \text{ Mod } 11 = 2$$
$$X_6 = (7\times 2 + 5) \text{ Mod } 11 = 19 \text{ Mod } 11 = 8$$
$$X_7 = (7\times 8 + 5) \text{ Mod } 11 = 61 \text{ Mod } 11 = 6$$
$$X_8 = (7\times 6 + 5) \text{ Mod } 11 = 47 \text{ Mod } 11 = 3$$
$$X_9 = (7\times 3 + 5) \text{ Mod } 11 = 26 \text{ Mod } 11 = 4$$
$$X_{10} = (7\times 4 + 5) \text{ Mod } 11 = 33 \text{ Mod } 11 = 0$$

由于 $X_{10} = X_0 = 0$，因此系列将从 X_{10} 开始重复。

虽然数值系列 0、5、7、10、9、2、8、6、3、4 看起来相当随机，但是现在我们了解了程序用来生成数值的方法，因此如果有人告诉我们该方法的当前数字，就可以正确地预测接下来的数字。

一些 PRNG 算法使用多个具有不同常数的线性同余生成器，然后从每一步生成的值中进行选择，这样使数字看起来更具有随机性，同时可以增长序列的重复周期。虽然这样处理可以使程序产生更多貌似随机的结果，但这些方法产生的结果仍然不是真正的随机数。

注意：大多数程序设计语言都有内置的 PRNG 方法，我们可以直接使用这些方法而不用自己编写代码。这些内置的随机数生成方法通常速度很快，而且在重复之前会产生很长的数值序列。所以对于大多数应用程序，我们可以简单地使用这些方法，而不用自己编写伪随机数生成器。

PRNG 的一个特性（有时可以说是优点）是，我们可以使用特定的种子值来重复生成相同的“随机”值序列。这看起来似乎是一个缺点，因为这意味着数值更容易预测。但是，能够重复使用相同的数值系列，可以简化一些程序的调试过程。

能够生成重复数值序列的另一个优点是，允许一些应用程序以非常紧凑的形式存储复杂的数据。例如，假设程序需要使用一个对象在地图上完成冗长而复杂的伪随机遍历。一种方法是由程序生成遍历的步骤，并保存遍历的所有坐标以便随后可以重新绘制路线。另一种方法是保存一个种子值，然后，每当需要绘制遍历路径时，程序可以使用种子来重新初始化 PRNG，使得其每次产生相同的遍历路径。

图 2.1　即使是仅有细微差别的种子值也会生成完全不同的随机树

C# 程序 `RandomTrees` 和 Python 程序 `random_trees` 使用种子值来表示随机树，如图 2.1 所示。在“Seed”

文本框中输入种子值，并单击按钮“Go”，将生成一棵随机树。即使两个种子值相差1，程序也将产生完全不同的结果。

这两个程序均使用用户输入的种子值来生成绘图参数，例如，树在每一步所创建的分支数量，每个分支相对于父分支而言所弯曲的角度，每个分支比父分支短多少，等等。读者可以从本书的网站上下载这两个程序，阅读并分析代码的实现细节。

运行程序时，如果两次输入的种子值相同，则两次生成的随机树相同。

密码安全的随机数生成器

所有的线性同余生成器都有一个重复周期，因此不能用于面向密码的应用。

例如，假设我们使用PRNG为消息中的每个字母生成一个值，然后将值添加到该字母中，从而实现消息加密。例如，字母A+3应该是D，因为D在字母表中是A后面的第3个字母。如果一个字母加上一个值到达最后的字母Z，则回绕到字母A，例如，Y+3=B。

只要数值序列是随机的，这种加密技术就可以很好地实现加密任务。但是，线性同余生成器的种子值是有限的。要破解这些代码，我们只需要尝试使用所有可能的种子值来解密消息。对于每种可能的解密结果，程序可以通过查看字母的分布情况，以判断结果是否与真实文本相似。如果选错了种子值，则每个字母出现的频率应该大致相等。如果选对了种子值，则一些字母（比如E和T）会比其他字母（比如J和X）出现的频率高得多。如果字母分布很不均匀，我们就有可能猜对种子的值。

这看起来可能工作量巨大，但在现代计算机上，运行该破解算法并不困难。假设种子值是一个32位的整数，那么只存在大约40亿个可能的种子值。以现代计算机的速度，可以在几秒钟内或者最多几分钟内检查完所有可能的种子值。

密码安全的伪随机数生成器（Cryptographically Secure Pseudorandom Number Generator，CSPRNG）使用更复杂的算法来生成难以预测的数字，并在不进入循环的情况下生成更长的随机数序列。密码安全的伪随机数生成器通常有更大的种子值。简单的伪随机数可能使用32位种子值，而密码安全的伪随机数生成器则可能使用3072位长的种子值来初始化算法。

CSPRNG很有趣，而且生成的随机数非常“随机”，但是也存在一些缺点。首先，这些生成器算法很复杂，所以比简单的随机数生成器算法要慢。其次，这些生成器算法可能不允许我们手动执行所有的初始化，因此可能无法轻易地生成可重复的序列。如果我们希望多次使用相同的序列，就应该使用更简单的PRNG。幸运的是，大多数算法并不使用CSPRNG算法，我们倾向于使用更简单的算法。

2.1.1.2 确保公平性

通常程序需要使用一个公平的伪随机数生成器。公平的伪随机数生成器（fair PRNG）是指以相同的概率产生所有可能的输出值。不具备公平性的伪随机数生成器被称为有偏差的伪随机数生成器（biased PRNG），例如，正面朝上的硬币有三分之二的概率是有偏差的。

许多程序设计语言都包括生成指定范围值的随机数的方法。但是，如果我们需要编写代码将PRNG的值转换到一个特定的范围，则需要谨慎对待，必须保证以一种公平的方式进行转换。

线性同余生成器生成的数在 0（包含）和 M（不包含）之间，其中 M 为随机数生成器公式中的模：

$$X_{n+1} = (A \times X_n + B) \text{ Mod } M$$

通常，程序需要一个不在 0 到 M 范围内的随机数。将随机数生成器生成的数值映射到 Min 到 Max 范围的一个显而易见的方法（该方法具有缺陷性）是使用以下等式：

$$\text{result} = \text{Min} + \text{number Mod (Max} - \text{Min} + 1)$$

例如，要获得一个 1 到 100 之间的值，我们可以使用下列计算公式：

$$\text{result} = 1 + \text{number Mod } (100 - 1 + 1)$$

上述公式存在的问题是，某些值出现的概率比其他值出现的概率要大。

为了分析原因，我们可以考虑一个简单的小示例，其中 $M = 3$、Min = 0、Max = 1。如果随机数生成器具有公平性，则将以大致相等的概率生成值 0、1 和 2。如果将这 3 个值代入前一个方程，将得到表 2.1 所示的值。

表 2.1　PRNG 的值和取模后的结果

生成器的值	结果
0	0
1	1
2	0

在表 2.1 中，结果 0 出现的频率是结果 1 的两倍，因此最终结果是有偏差的。在实际的 PRNG 中，模 M 的值很大，因此偏差问题不是很突出，但仍然会存在。另一种更好的方法是将 PRNG 生成的值转换为 0 到 1 之间的分数，然后乘以所需的范围，计算公式如下所示：

$$\text{result} = \text{Min} + (\text{number} \div M) \times (\text{Max} - \text{Min})$$

把伪随机值从一个范围转换为其他范围的另一种简单方法是舍弃目标范围之外的值。在前面的示例中，我们可以使用有限的 PRNG 生成一个 0 到 2 之间的值。如果结果为 2，由于它在目标范围之外，因此丢弃这一结果，继续获得下一个随机数。

以一个稍微现实的情况为例，假设我们想给 4 个朋友中的某一位送一块饼干。我们有一个六面骰子，在这种情况下，我们可以简单地反复滚动骰子，直到得到 1 到 4 之间的值为止。

2.1.1.3　从有偏差的数据源中获得公平

即使 PRNG 不具备公平性，也存在产生公平数值的方法。例如，假设我们认为抛掷硬币存在不公平性。我们无法得知硬币是正面还是反面的概率，但我们怀疑概率不是 0.5。在这种情况下，以下算法将产生一个公平的抛硬币结果：

```
Flip the biased coin twice.
    If the result is {Heads, Tails}, return Heads.
    If the result is {Tails, Heads}, return Tails.
    If the result is something else, start over.
```

让我们分析其原因。假设一枚有偏差的硬币出现正面的概率是 P，则出现反面的概率是 $1 - P$。那么出现正面后出现反面的概率是 $P \times (1 - P)$。同样，出现反面后出现正面的概率是 $(1 - P) \times P$。这两个概率是一样的，所以该算法返回正面或者反面的概率是一样的，故结果是公平的。

如果连续2次抛掷一枚有偏差的硬币，结果是一个正面接着一个正面（即连续两个正面），或者一个反面接着一个反面（即连续两个反面），则需要重复该算法。如果运气不好，或者硬币的偏差非常大，则可能需要多次重复这个算法才能得到一个公平的结果。例如，如果 $P = 0.9$，则81%的情况下，抛掷该硬币2次的结果会出现连续2个正面；1%的情况下，其结果会出现连续2个反面。这意味着结果是有偏差的，因此大约82%的时间需要重复算法。

警告：在实际应用中，使用一枚有偏差的硬币来产生公平的硬币抛掷结果可能用处不大。但这种情况很好地利用了概率，因此会成为一个有趣的面试问题，值得我们花点时间去理解。

我们可以使用类似的方法来扩展PRNG的值的范围。例如，假设我们想给5位朋友中的1位朋友一块饼干，而唯一的随机性来源是一枚质地均匀的硬币。在这种情况下，我们可以抛掷硬币3次，把结果当作一个二进制数，其中正面代表1，反面代表0。例如，{heads, tails, heads}对应于二进制中的值101，其对应的十进制值是5。如果得到的结果超出了期望的范围（在本例中，{heads, heads, heads}给出的结果是二进制111，或者十进制7，这比在场的朋友总人数要多），那么我们将丢弃该结果，并重新尝试。

总之，程序设计语言自带的PRNG对于大多数程序来言，已经足够满足需求。如果我们需要更好的随机性，则可能需要考虑使用CSPRNG。使用一枚质地均匀的硬币从1到100之间随机选择一个数字，或者使用有偏差的信息源来生成公平数字，这些方法一般适用于少数特别的情况，或者会出现在面试问题中，一般现实生活中则较少用到。

2.1.2　随机化数组

将数组中的元素进行随机化是程序中十分常见的任务。事实上，Python的`random`模块中包含了一个函数`shuffle`（混排），用于实现列表中元素的随机化排列。

例如，假设一个调度程序需要将员工分配到不同的轮班岗位。如果程序按照员工姓名的字典序分配，或者按员工数据库中出现的顺序分配，或者按其他静态顺序进行分配，那么总是被分配到夜班的员工将会抱怨。

有些算法可以使用随机性来防止最坏情况的发生。例如，标准的快速排序算法通常运行效果良好，但是如果要排序的值在最开始已经处于排序状态了，那么算法执行效果就不佳。避免这种情况的一种方法是在排序之前随机化要排序的值。

以下算法是一种随机化数组的方法：

```
RandomizeArray(String: array[])
    Integer: max_i = <array 的索引上限 >
    For i = 0 To max_i - 1
        // 选择数组在索引位置 i 的元素
        Integer: j = <i 和 max_i 之间的随机值 >
        < 交换 array[i] 和 array[j]>
    Next i
End RandomizeArray
```

该算法访问数组中每个位置的元素一次，所以它的运行时间为 $O(N)$。对于大多数应用程序来而言，其运行速度非常快。

请注意，重复执行该算法多次，结果并不会使数组“更加随机化”。就像我们洗一副扑克牌，开始时互相靠近的纸牌往往会保持互相靠近（尽管可能会相隔一段距离），因此我们往往需要几次洗牌才能得到一个比较合理的随机结果。该算法通过一次遍历就可以完全随机化数组元素，因此重复运行只会浪费时间。

与随机化数组类似的任务是从无重复的数组中选择一定数量的随机项。例如，假设你想赠送 5 本书给读者（我偶尔也会举行类似活动），总共有 100 位读者申请样书。随机选择 5 名读者的一种方法是，将这 100 名读者的姓名放入一个数组中，然后随机化该数组，最后将样书赠送给随机列表中的前 5 名读者。由于任何姓名出现在任何 5 个获胜位置的概率都是相同的，所以抽签是公平的。

一个公平随机化的数组

关于这个算法，另一个需要考虑的重点是它是否可以产生公平的排列。换而言之，一个元素被安排在所有位置上的概率是否相同？例如，如果开始位于第 1 个位置的元素，有 50% 的概率被安排在第 1 个位置，则结果不能令人满意。

正如前言中所述，本书的宗旨是避免罗列冗长的数学证明。因此若读者对此不感兴趣，可以跳过以下讨论——我可以保证该随机算法是公平的。然而，如果读者拥有概率方面的背景知识，则会发现下面的讨论非常有趣。

对于数组中的特定元素，考虑该元素被放置在位置 k 的概率。一个元素要被放置在位置 k，则它必须没有被放置在位置 $1, 2, 3, \cdots, k-1$，这样才能被放置在位置 k。

定义 P_{-i} 为该元素没有被放置在位置 i 的概率，前提是它之前没有被放置在位置 $1, 2, \cdots, i-1$。另外，将 P_k 定义为该元素被放置在位置 k 的概率，前提是它没有被放置在位置 $1, 2, \cdots, k-1$。那么该元素被放置在位置 k 的总概率是 $P_{-1} \times P_{-2} \times P_{-3} \times \cdots \times P_{-(k-1)} \times P_k$。

P_1 等于 $1/N$，因此 $P_{-1} = 1 - P_1 = 1 - 1/N = (N-1)/N$。

第 1 个元素的位置被安排好之后，剩下 $N-1$ 个元素可以被安排到位置 2。因此 P_2 等于 $1/(N-1)$，并且 $P_{-2} = 1 - P_2 = 1 - 1/(N-1) = (N-2)/(N-1)$。

一般而言，$P_i = 1/(N-(i-1))$，并且，$P_{-i} = 1 - P_i = 1 - 1/(N-(i-1) = (N-(i-1)-1)/(N-(i-1)) = (N-i)/(N-i+1)$。

如果把 P_{-i} 代入公式 $P_{-1} \times P_{-2} \times P_{-3} \times \cdots \times P_{-(k-1)} \times P_k$，则结果为：

$$\frac{N-1}{N} \times \frac{N-2}{N-1} \times \frac{N-3}{N-2} \times \cdots \times \frac{N-(k-1)}{N-(k-1)+1} \times \frac{1}{(N-(k-1))}$$

仔细观察该公式，可以发现每一元素的分子和下一元素的分母相同，因此可以约掉。全部约掉化简后，公式简化为 $1/N$。

结果表明，无论 k 是什么值，一个元素被放置在位置 k 的概率都是 $1/N$，所以这种排列是公平的。

2.1.3　生成非均匀分布

有些程序需要生成非均匀分布的伪随机数。这些程序通常用于模拟其他形式的随机数生成器。例如，一个程序可能希望生成 2 到 12 之间的数字，以模拟两个六面骰子的投掷结果。我们不能简单地选择 2 到 12 之间的伪随机数，因为这样得到每个数的概率与投掷两个骰子得到数的概率不一致。其解决方案实际上是通过生成 1 到 6 之间的两个随机数字，并将它们相加来模拟投掷两个骰子。

有时，我们可能希望选择具有特定概率的随机项。例如，我们可能要选择三种颜色中的一种。如果想选择概率为25%的红色，概率为30%的绿色，概率为45%的蓝色，一种方法是选择一个介于0和1之间的随机值，然后循环遍历从随机值中减去每一个的概率。当结果降到零或者更低时，选择相应的颜色。实现该算法的伪代码如下所示：

```
// 从数组中选择给定概率的元素
Item: PickItemWithProbabilities(Item: items[],
        Float: probabilities[])
    Float: value = <PRNG value where 0 <= value < 1>
    For i = 0 To items.Length - 1
        value = value - probabilities[i]
        If (value <= 0) Then Return items[i]
    Next i
End PickItemWithProbabilities
```

上述算法要求各个元素和概率数组必须具有相同的长度。概率数组中的所有值加起来也必须等于1。

2.1.4 随机行走

从标题的名称我们可以猜出，随机行走（random walk）是随机生成的路径。通常路径由具有固定长度的步骤组成，这些步骤沿某种网格（例如矩形或者六边形网格）移动路径。以下伪代码显示了一种在矩形网格上随机行走时生成点的方法：

```
Point[]: MakeWalk(Integer: num_points)
    Integer: x = <开始位置点的X坐标>
    Integer: y = <开始位置点的Y坐标>

    List Of Point: points
    points.Add(x, y)

    For i = 1 To num_points - 1
        direction = random(0, 3)
        If (direction == 0) Then          // 向上
            y -= step_size
        Else If (direction == 1) Then     // 向右
            x += step_size
        Else If (direction == 2) Then     // 向下
            y += step_size
        Else                              // 向左
            x -= step_size
        End If

        points.Add(x, y)
    Next i

    Return points
End MakeWalk
```

此方法将变量x和y设置为起点的坐标，可能位于绘图区域的中心。然后进入一个循环，在这个循环中选取一个介于0和3之间的随机整数，并使用该值将点（x，y）向上、向下、向左或者向右移动。循环结束后，该算法返回随机行走产生的坐标点。

图2.2显示了使用此算法创建随机行走的C#示例程序（RandomWalk）的运行结果。

可以在其他网格上创建类似的随机行走。例如，可以通过随机选择如图2.3所示的方向，在三角形网格上创建随机行走。

2.1.4.1 自回避随机行走

自回避随机行走（random self-avoiding walk）也称为非自相交行走（non-self-intersecting walk），是不允许与自身相交的随机行走。通常是指在有限的网格上持续行走，直到无法再移动为止。

图 2.4 显示了 C# 示例程序（`SelfAvoidingWalk`）在 6×6 网格上的随机自回避行走的结果。随机自回避行走从带圆圈的节点开始，直到无路可走，即没有未访问的相邻节点。

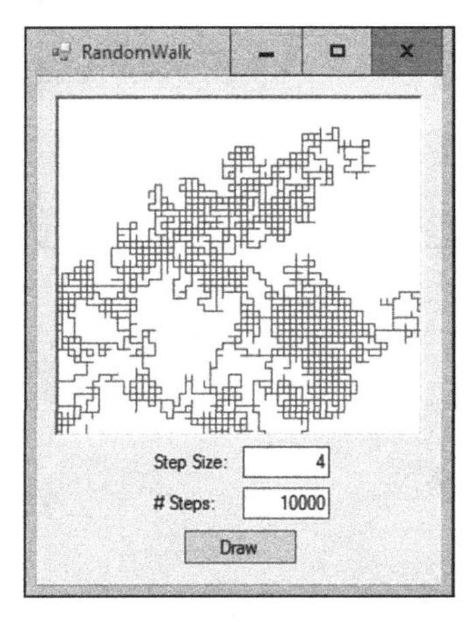

图 2.2 此算法在正方形网格上创建随机行走

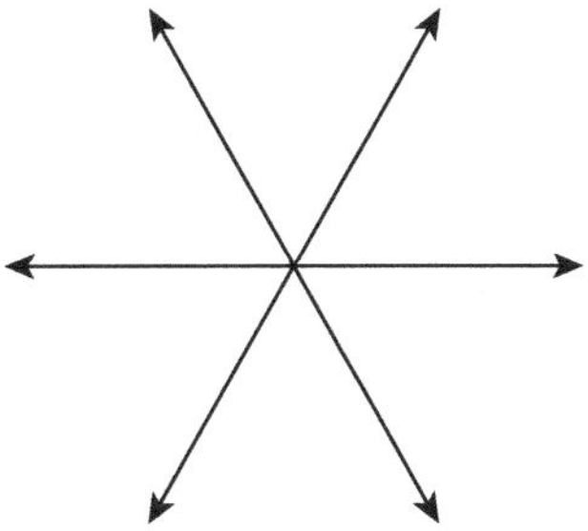

图 2.3 这些随机方向在三角形网格上创建随机行走

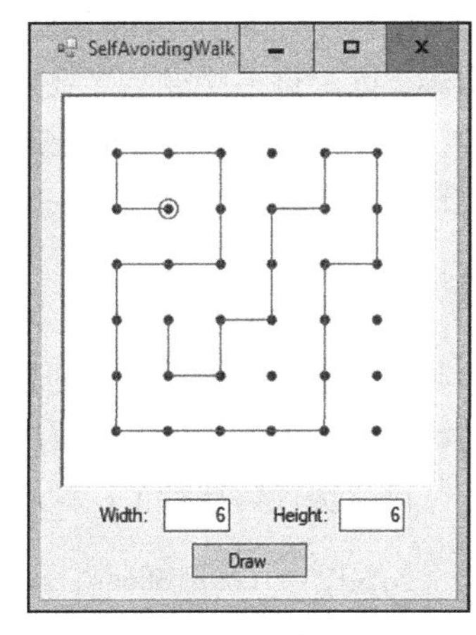

图 2.4 一条只访问每个节点一次的自回避随机行走

该算法与用于构建随机行走的算法相似，只是仅允许随机行走移动到未访问的网格节点。自回避随机行走算法的伪代码如下所示：

```
Point[]: SelfAvoidingWalk(Integer: num_points)
    Integer: x = <开始位置点的 X 坐标>
    Integer: y = <开始位置点的 Y 坐标>

    List Of Point: points
    Points.Add(x, y)

    For i = 1 To num_points - 1
        List Of Point: neighbors = <(x, y) 的未访问的相邻节点>
        If (neighbors Is Empty) Then Return points
        <随机移动到下一个未访问的相邻节点>
    Next i

    Return points
End SelfAvoidingWalk
```

在每一步中，自回避随机行走算法都会创建当前行走节点的未访问相邻节点列表（`neighbors`）。如果列表 `neighbors` 为空，则随机行走无法继续，因此返回迄今为止随机行走的所有节点。如果列表 `neighbors` 不为空，则算法将随机移动到一个相邻节点并继续随机行走。

2.1.4.2 实现自回避完全随机行走

图 2.4 所示的自回避随机行走最终被卡住，因此未能访问网格中的所有节点。自回避完

全随机行走（complete random self-avoiding walk）是一个可以访问网格中所有节点的随机行走。C#示例程序（CompleteSelfAvoidingWalk）绘制的自回避完全随机行走结果如图2.5所示。

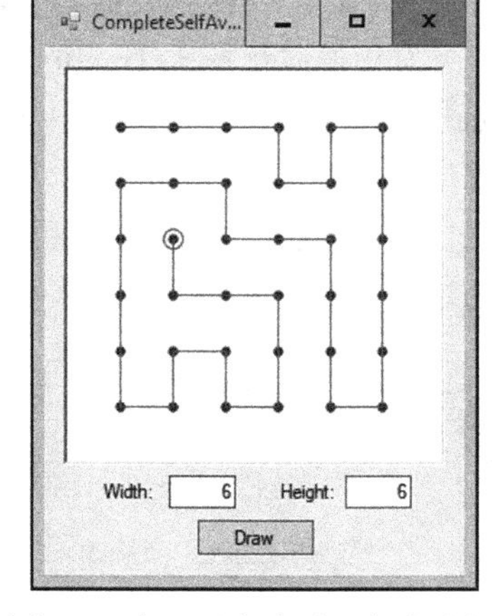

图2.5　自回避完全随机行走访问网格中每一个节点

注意：根据网格的大小和所选择的起始点，可能无法找到自回避完全随机行走路径。例如，尝试在2行3列的网格中，从中间列中的某个点开始随机行走，结果不能实现完全的随机行走。

相对于前面所述的随机行走，实现完全的随机行走有些困难，因为许多路径会导致死胡同，从而无法继续行走。例如，图2.4中所示的随机行走从带圆圈的节点开始，然后随机地四处移动，直到到达一个四周均无未访问相邻节点的点为止。

为了避免陷入死胡同，算法必须能够消除错误的决策。即要求算法能够撤销以前的移动，以便返回到可以完全行走的状态。在程序中消除错误决策的策略称为回溯（backtracking）。

以下伪代码显示了一种用于构建自回避完全随机行走的回溯方法：

```
Point[]: CompleteSelfAvoidingWalk(Integer: num_points)
    Integer: x = <开始位置点的X坐标>
    Integer: y = <开始位置点的Y坐标>

    List Of Point: points
    Points.Add(x, y)

    ExtendWalk(points, num_points)

    Return points
End CompleteSelfAvoidingWalk

// 扩展目前为止行走的路径
// 如果找到一个完全路径，则返回True
Boolean: ExtendWalk(Point[] walk, Integer: num_points)
    If (points.Length == num_points) Then Return True

    List Of Point: neighbors = <(x, y)的未访问的相邻节点>
    If (neighbors Is Empty) Then Return False
    <随机化neighbors>

    For Each neighbor In neighbors
        <把neighbor添加到points列表>
        If (ExtendWalk(points, num_points) Then Return True
        <从points列表中移除neighbor>
    Next i

    Return False
End ExtendWalk
```

算法`CompleteSelfAvoidingWalk`创建一个随机行走节点列表，并将起点添加到列表中。然后调用方法`ExtendWalk`，尝试扩展迄今为止创建的随机行走节点列表以使其成为完全的随机行走。

方法 ExtendWalk 首先检查当前随机行走节点列表的长度。如果随机行走节点列表已经包含 num_points 个步骤，则它是一个完全的随机行走，因此该方法返回 True，以指示该方法找到了一个完全的随机行走。

如果随机行走未完成，则该方法将生成一个节点列表（未访问的相邻节点列表），这些节点与随机行走的当前节点 (x, y) 相邻，并且尚未被访问。如果该节点列表为空，则无法扩展当前随机行走，因此该方法返回 False，以指示不可能从该初始节点实现任何完全的随机行走。

如果未访问相邻节点列表不为空，则该方法随机化该列表并循环遍历列表。该方法尝试将每个相邻节点添加到随机行走节点列表中，并调用 ExtendWalk 来查看是否可以将新的部分随机行走节点列表扩展为完全的随机行走节点列表。如果存在一个 ExtendWalk 调用返回 True，则该方法找到了解决方案，因此当前对 ExtendWalk 的调用也返回 True。

如果某个特定的相邻节点无法导致完全随机行走，则该方法将该点从随机行走节点列表中移除，然后再次尝试下一个相邻节点进行行走。

如果不存在任何相邻节点可以导致完全随机行走，那么从开始节点的行走就不可能实现完全随机行走，因此该方法返回 False。

2.2　查找最大公约数

两个整数的最大公约数（Greatest Common Divisor，GCD）是指可以整除这两个整数的最大整数。例如，GCD(60, 24) 的结果是 12，因为 12 是可以同时整除 60 和 24 的最大整数。（GCD 看起来像是一个奇怪的函数，但实际上它在加密程序中非常有用，这些加密在商业中被广泛使用，以保证商业通信中信息的安全性。）

注意： 如果 GCD(A, B) = 1，则 A 和 B 被称为互为素数或者互为质数。下一节将介绍一种求解最大公约数的算法。再后面的章节将展开阐述，以帮助我们寻找与最大公约数相关的方程。

2.2.1　计算最大公约数

获取两个整数的最大公约数的一种方法是，将这两个整数进行因子分解，然后找出两者共同的因子。然而，大约在公元前 300 年，希腊数学家欧几里得在他的著作《几何原本》中阐述了一种效率更高的方法。

该算法现代版本的伪代码如下所示。由于该算法基于欧几里得的研究成果，因此也被称为欧几里得算法。

```
Integer: GCD(Integer: A, Integer: B)
    While (B != 0)
        Integer: remainder = A Mod B
        // GCD(A, B) = GCD(B, remainder)
        A = B
        B = remainder
    End While
    Return A
End GCD
```

例如，求解 GCD(4851, 3003) 的步骤如表 2.2 所示，表中显示了每个步骤中 A、B 和 A Mod B 的值。

表 2.2　求解 GCD(4851, 3003) 的各步骤的值

A	B	A Mod B	A	B	A Mod B
4 851	3 003	1 848	693	462	231
3 003	1 848	1 155	462	231	0
1 848	1 155	693	231	0	
1 155	693	462			

当 B 变为 0 时，变量 A 中保存的值（上述示例中为 231）就是 GCD 的结果。要验证结果，请注意 4851 = 231×21，1848 = 231×8，所以 231 能整除这两个整数。而值 21 和 8 没有公共因子（它们互为质数），因此 231 是能同时整除 4851 和 1848 的最大整数。

该算法速度很快，因为在 While 循环中，每两次迭代中 B 的值至少减少 1/2。因为 B 的大小每两次迭代至少减少 1/2，所以算法的运行时间为 $O(\log B)$。

神奇的 GCD 算法

这是关于神奇的 GCD 算法的数学证明。不感兴趣的读者可以跳过。

欧几里得算法的关键是 $GCD(A, B) = GCD(B, A \text{ Mod } B)$。

为了理解上述等式为什么成立，首先需要明确模运算符的定义。如果余数 $R = A \text{ Mod } B$，那么对于某个整数 m，$A = m \times B + R$。如果 g 是 A 和 B 的 GCD，那么 g 可以整除 B，所以它也应该可以整除 $m \times B$。因为 g 可以整除 A，并且 $A = m \times B + R$，所以 g 也应该可以整除 $m \times B + R$。因为 g 可以整除 $m \times B$，所以它也应该可以整除 R。

结果证明了 g 同时整除 B 和 R。公式 $g = GCD(B, R)$ 表明，g 是可以同时整除 B 和 R 的最大整数。证明如下。

假设 G 是一个比 g 大的整数，G 可以同时整除 B 和 R。则 G 也可以整除 $m \times B + R$。由于 $A = m \times B + R$，所以 G 也可以整除 A。这意味着 g 不是 $GCD(A, B)$。这与 $g = GCD(A, B)$ 的假设相矛盾。因为假设 $G > g$ 导致矛盾，所以一定不存在这样的 G，因此 g 就是 $GCD(A, B)$。

对速度的需要

在欧几里得算法中，通过 While 循环，每两次迭代中 B 的值至少减少 1/2。为了理解其原因，假设第 k 次迭代过程中，A、B 和 R 的值分别为 A_k、B_k 和 R_k，并假设对某个整数 m_1，$A_1 = m_1 \times B_1 + R_1$。在第 2 次迭代中，$A_2 = B_1$，$B_2 = R_1$。

如果 $R_1 \leqslant B_1/2$，那么 $B_2 \leqslant B_1/2$，结果 B 的值减少了一半。

假设 $R_1 > B_1/2$。在第 3 次迭代中，$A_3 = B_2 = R_1$，$B_3 = R_2$。根据定义，$R_2 = A_2 \text{ Mod } B_2$，这等价于 $B_1 \text{ Mod } R_1$。我们已假设 $R_1 > B_1/2$，所以 R_1 除以 B_1 正好一次，结果余数为 $B_1 - R_1$。因为我们假设 $R_1 > B_1/2$，我们已知 $B_1 - R_1 \leqslant B_1/2$。重新计算公式：

$$B_1 - R_1 = B_1 \text{ Mod } R_1 = A_2 \text{ Mod } B_2 = R_2 = B_3$$

因此，$B_3 \leqslant B_1/2$，结果 B 的值再次减少了一半。

2.2.2 最大公约数算法的扩展应用

GCD 算法除了用于计算能整除两个整数 A 和 B 的最大整数外，还在一个名为裴蜀恒等式（或称贝祖恒等式，Bézout's identity）的有趣定理中发挥了重要作用。裴蜀恒等式定理指出，对于任意两个整数 A 和 B，存在其他两个整数 X 和 Y，满足等式 $A \times X + B \times Y = \text{GCD}(A, B)$。例如，GCD(210, 154) = 14。设 $X = 3$，$Y = -4$，则裴蜀恒等式为 $210 \times 3 + 154 \times (-4) = 14$。

注意：裴蜀恒等式是以法国数学家艾蒂安·裴蜀（Étienne Bézout，1730—1783 年）的名字命名的，他证明了该多项式的恒等性。早期的法国数学家克劳德－加斯帕·巴歇·德·梅齐里亚克（Claude-Gaspard Bachet de Méziriac，1581—1638 年）曾讨论过整数的恒等式，但是裴蜀获得了有关该恒等式的所有名誉。

我们可以使用扩展的欧几里得 GCD 算法来求解满足裴蜀恒等式的整数 X 和 Y。扩展的 GCD 算法在每个迭代计算步骤中定义了 4 个变量值。值 Q 和 R 是一个数除以另一个数后得到的商和余数。余数在欧几里得算法中扮演 A 和 B 的角色。通过将先前值的组合乘以当前值 Q，可以计算 X 和 Y 的值。

以下公式显示了如何初始化 R、X 和 Y 的初值：

$$R_0 = A \quad X_1 = 0$$
$$R_1 = B \quad Y_0 = 0$$
$$X_0 = 1 \quad Y_1 = 1$$

下面的公式用于计算算法后续步骤中的 Q、R、X 和 Y：

$$R_i = R_{i-2} \ \% \ R_{i-1}$$
$$Q_i = R_{i-2} \ / \ R_{i-1}$$
$$X_i = X_{i-2} - Q_i \times X_{i-1}$$
$$Y_i = Y_{i-2} - Q_i \times Y_{i-1}$$

这里，符号 / 表示整数除法，整数除法会舍弃余数。符号 % 表示模运算符。

当 R_i 等于 0 时，算法停止，X 和 Y 的当前值，即 X_{i-1} 和 Y_{i-1}，就是满足裴蜀恒等式的值。R_{i-1} 的值保存 GCD。

让我们举例展示一下算法的具体计算步骤，假设 $A = 210$ 和 $B = 154$。下表显示了算法在各迭代计算步骤中 Q、R、X 和 Y 的值：

迭代步骤	*Q*	*R*	*X*	*Y*
0		210	1	0
1		154	0	1
2	210/154 = 1	210%154 = 56	1 – 1×0 = 1	0 – 1×1 = –1
3	154/56 = 2	154%56 = 42	0 – 2×1 = –2	1 – 2×–1 = 3
4	56/42 = 1	56%42 = **14**	1 – 1×–2 = **3**	–1 – 1×3 = **–4**
5	42/14 = 3	42%14 = 0		

在第 5 步迭代计算中，R_5 等于 0，因此算法停止运行。R_4 的值是 14（表中用粗体表示），即 GCD(210, 154) 的结果。X_4 和 Y_4 的值分别是 3 和 –4（表中用粗体表示）。下面的公式显示了把这些值代入裴蜀恒等式中的结果：

$$210 \times 3 + 154 \times (-4) = 14$$

扩展GCD算法的伪代码只是实现了前文中所描述的算法，这里不再赘述。

2.3　计算乘幂

有时程序需要计算一个整数的乘幂。如果指数值较小，则计算并不困难。例如，7^3很容易通过$7×7×7 = 343$来计算。然而，对于指数值较大的乘幂（例如，$7^{102\,187\,291}$），则上述方法的计算速度将非常缓慢。

注意： 计算指数值较大的乘幂时速度可能会很慢。如果不是因为这种大指数运算在一些重要的密码学中被使用，人们可能并不会太在意其运算速度。

幸运的是，存在一种更快的算法来执行这种操作。该算法依据如下事实：我们可以快速计算一个数的2次幂。例如，假设存在值A^1（等于A）。基于A^1，我们可以计算A^2，因为$A^2 = A^1×A^1$。类似地，我们可以计算A^4，因为$A^4 = A^2×A^2$。然后我们可以计算A^8，因为$A^8 = A^4×A^4$，依此类推。

至此，我们发现了如何快速计算一些大指数的乘幂的方法，可以考虑如何进行组装，以计算任意指数的乘幂。为此，我们先讨论指数的二进制表示。在二进制表示中，各个位数上的数字分别对应于A的乘幂，如A^0、A^1、A^2、A^4等。

例如，假设我们要计算A^{18}。指数18的二进制表示是10010。从右到左读取二进制数字，这些数字分别对应于A^0、A^1、A^2、A^4和A^8的值。我们可以使用A的特殊乘幂来计算A^{18}。在这种情况下，$A^{18} = 0×A^0 + 1×A^1 + 0×A^2 + 0×A^4 + 1×A^8$。

上述讨论就是快速计算乘幂算法的基础。我们可以计算A的满足指数为2的指数值的乘幂，然后使用指数的二进制数字来决定使用哪些值相乘以得到最终结果。该算法的伪代码如下所示：

```
// 快速计算乘幂
Integer: Exponentiate(Integer: value, Integer: exponent)
    Integer: result = 1
    Integer: factor = value
    While (exponent != 0)
        If (exponent Mod 2 == 1) Then result *= factor
        factor *= factor
        exponent /= 2
    End While

    Return result
End Exponentiate
```

该算法首先将`result`的初值设置为1。开始时，`result`保存`value`的第0次幂的值，而任何`value`的第0次幂的结果都是1。该算法还将`factor`设置为等于`value`。`factor`用于表示`value`的乘幂值。最开始时，`factor`保存`value`的第1次幂的值。

然后，代码进入一个循环，循环迭代执行直到指数为零为止。在循环中，算法使用模运算符来检查指数是否为奇数。如果指数是奇数，那么其二进制表示以1结束。在这种情况下，算法将`result`乘以`factor`的当前值，以作为`value`乘幂的结果。

然后，该算法将`factor`与其自身相乘，以表示提升到下一个2次幂的`value`。算法还将指数除以2以消除其最低有效二进制数位。当指数为零时，算法返回结果。

算法的循环对指数中的每个二进制位执行一次迭代。如果指数是P，则有$\log_2(P)$个二进制位，所以算法的运行时间为 $O(\log P)$。这表明该算法运行速度非常快，足够计算出一些非常大的指数的乘幂值。例如，如果 P 是 100 万数量级，则 $\log(P)$ 大约是 20，所以这个算法大约需要执行 20 个迭代步骤。

此算法的一个局限是，当指数值比较大时，计算的乘幂结果值会变得非常大。即使是像 7^{300} 这样的“较小”的乘幂值，其结果也有 254 个十进制数位。这意味着，如果所要计算的乘幂值较大，那么把得到的大数据结果与其他数据相乘速度会很慢，且会占用相当大的空间。

注意：C# 语言包含一个数据类型 BigInteger，可以用于计算非常大的整数值。要使用 BigInteger，需要在程序中引用命名空间 System.Numerics。另外，在代码中还可能需要包含指令 using System.Numerics，以简化使用 BigInteger 数据类型的代码。

幸运的是，这类大乘幂值的最常见应用是密码学算法，它们以模的形式执行所有操作。虽然模数可以较大，但仍然需要限制数字的大小。例如，如果模数有 100 位，则两个 100 位数字的乘积不会超过 200 位。然后我们使用模数来缩减结果，得到一个不超过 100 位的数字。使用模数来缩减每个数字会使每一步运行速度变慢，但这意味着我们可以计算几乎无限大的值。

注意：在 C# 中，BigInteger 数据类型有一个 ModPow 方法，可以执行这种类型的乘幂运算。在 Python 中，内置的 pow 函数允许包含第 3 个参数，该参数指示这种类型的乘幂运算所使用的模。

2.4 处理素数

众所周知，*素数*（prime number，或称质数）是大于 1 的自然数（大于 0 的整数），其唯一因子是 1 及其自身。*合数*（composite number）是大于 1 的非素数的自然数。

素数在某些应用程序中扮演着重要的角色，在这些应用程序中，素数的特殊性质使得某些操作更容易或者更困难。例如，某些类型的密码使用两个大素数的乘积来提供安全性。事实上，很难将两个大素数的乘积重新分解为因子，这正是保证算法安全的原因。

以下各节讨论用于素数处理的常用算法。

2.4.1 查找素数因子

查找一个正整数 N 的素数因子的最简单的方法是尝试用这个数除以 2 到 $N-1$ 之间的所有整数（因子）。当正整数可以被某个因子整除时，保存该因子，然后用 N 除以该因子，并继续尝试更多可能的因子。请注意，在继续之前，我们需要再次尝试相同的因子，因为该正整数可能存在多次被同一因子整除的情况。例如求 127 的素因子，可以尝试将 127 除以 2, 3, 4, 5, …, 126。

该算法的伪代码如下所示：

```
List Of Integer: FindFactors(Integer: number)
    List Of Integer: factors
    Integer: i = 2
    While (i < number)
        // 抽取因子 i
        While (number Mod i == 0)
            // i 是一个因子，把它添加到因子列表 factors 中
            factors.Add(i)
```

```
            // 用该数除以 i
            number = number / i
        End While

        // 检查下一个可能的因子
        i = i + 1
    End While

    // 如果 number 留下任何值，该值也是一个因子
    If (number > 1) Then factors.Add(number)

    Return factors
End FindFactors
```

如果数字为 N，则此算法的运行时间为 $O(N)$。通过以下讨论的三个关键点，我们可以极大地改进此算法：

- 不需要测试这个数是否可以被 2 以外的任何其他偶数整除，因为如果该数可以被任何偶数整除，它也可以被 2 整除。这意味着我们只需要先检查该数是否可以被 2 整除，然后检查奇数，而不需要检查所有可能的因子。这样处理可以将运行时间减少大约一半。
- 只需要检查这个数的平方根以内的因子。如果 $n = p \times q$，则 p 或者 q 必须小于或等于 $\text{sqrt}(n)$。如果两者都大于 $\text{sqrt}(n)$，则它们的乘积大于 n。如果我们检查了直到 $\text{sqrt}(n)$ 的可能因子，则将找到较小的因子，当我们将 N 除以该因子时，将找到另一个因子。这样处理可以将运行时间减少到 $O(\text{sqrt}(n))$。
- 每次将该数除以一个因子，我们可以更新需要检查的可能因子的上限。

基于上述讨论的关键点，改进算法的伪代码如下所示：

```
List Of Integer: FindFactors(Integer: number)
    List Of Integer: factors

    // 抽取因子 2
    While (number Mod 2 == 0)
        factors.Add(2)
        number = number / 2
    End While

    // 检查奇数因子
    Integer: i = 3
    Integer: max_factor = Sqrt(number)
    While (i <= max_factor)
        // 抽取因子 i
        While (number Mod i == 0)
            // i 是一个因子，把它添加到因子列表 factors 中
            factors.Add(i)

            // 用该数除以 i
            number = number / i

            // 设置新的上限
            max_factor = Sqrt(number)
        End While
```

```
        // 检查下一个可能的奇数因子
        i = i + 2
    End While

    // 如果 number 留下任何值，该值也是一个因子
    If (number > 1) Then factors.Add(number)

    Return factors
End FindFactors
```

注意：上述改进的素数因子分解算法的运行时间为 $O(\text{sqrt}(N))$，其中 N 是待分解的正整数。因此，对于相对较小的数来说，算法运行速度相当快。但如果 N 变得非常大，即使 $O(\text{sqrt}(N))$ 也会很慢。例如，如果 N 的长度为 100 位，则 sqrt(N) 的长度为 50 位。如果 N 恰好是素数，则即使是一台高速计算机，也无法在合理的时间内尝试所有可能的因子。这正是一些密码算法可以保证安全的原因。

尝试所有小于一个数的可能因子的方法称为试除法（trial division）。还有其他的因子分解方法，如轮式因子分解法（wheel factorization）和各种域筛选法。有关这些算法的详细信息，请读者搜索互联网，或者查看网页 https://en.wikipedia.org/wiki/Integer_factorization 以及 http://mathforum.org/library/drmath/view/65801.html。这些算法都取决于数字的大小及其因子，因此数字的大小可以帮助我们了解素数因子分解的困难程度。

2.4.2 查找素数

假设应用程序需要选择一个大素数（这是一些加密算法的另一项任务）。查找素数的一种方法是使用前一节中描述的算法来测试一组数字，以检查它们是否是素数。对于相对较小的数字，该算法可行；但是对于较大的数字，算法运行的速度之慢可能令人望而却步。

埃拉托斯特尼筛法（sieve of Eratosthenes）是一种简单的方法，可以用于查找给定范围内的所有素数。对于相对较小的数字，该算法非常有效。但该算法需要构建一张表，表中包含所要检查的每个数字的条目。因此，如果数字太大，则该算法使用的内存开销将超出合理范围。

埃拉托斯特尼筛法的基本思想是创建一个表，其中包含对应于 2 到上限之间的每一个数字的条目。首先把 2 的所有倍数都划掉（不包括 2 本身）。然后，从 2 开始，通过该表查找下一个没有划掉的数字（在本例中是 3），并把这个值的所有倍数都划掉（不包括这个值本身）。注意，有些值可能之前已经被划掉了，因为它们也是 2 的倍数。重复这个步骤，找到下一个没有被划掉的值，划掉它的倍数，直到达到上限的平方根。最后，表中任何没有被划掉的数字都是素数。该算法的伪代码如下所示：

```
// 查找 2 到 max_number（包括）之间的所有素数
List Of Integer: FindPrimes(long max_number)
    // 为所有的数分配一个数组
    Boolean: is_composite = New Boolean[max_number + 1]

    // "划掉"2 的倍数
    For i = 4 to max_number Step 2
        is_composite[i] = true
    Next i
```

```
    // "划掉"迄今为止查到的素数的倍数
    Integer: next_prime = 3
    Integer: stop_at = Sqrt(max_number)
    While (next_prime <= stop_at)
        // "划掉"该素数的倍数
        For i = next_prime * 2 To max_number Step next_prime Then
            is_composite[i] = true
        Next i

        // 移动到下一个素数，跳过偶数
        next_prime = next_prime + 2
        While (next_prime <= max_number) And (is_composite[next_prime])
            next_prime = next_prime + 2
        End While
    End While

    // 把素数复制到一个列表中
    List Of Integer: primes
    For i = 2 to max_number
        If (Not is_composite[i]) Then primes.Add(i)
    Next i

    // 返回找到的素数列表
    Return primes
End FindPrimes
```

可以证明，该算法的运行时间为 $O(N \times \log(\log N)$。但证明方法超出了本书的范围。

2.4.3 素性检验

2.4.1 节描述的算法用于因子分解。确定一个数是否是素数的一种方法是使用该算法来尝试将其因子化，如果算法没有找到任何因子，那么这个数就是素数。

如前所述，针对相对较小的数字，该算法很有效。但是，如果数字包含 100 位，则程序必须执行的步骤数是一个 50 位的数字。即使是最快的计算机也不能在有限的时间内执行如此多的操作。(每秒执行 1 万亿个步骤的计算机，需要 3×10^{30} 年以上的时间。)

一些密码算法需要使用大素数，因此这种测试数字是否为素数的方法不具备实用性。幸运的是，存在其他的算法。费马素性检验（Fermat primality test）是这些算法中比较简单的算法之一。

“费马小定理”指出，如果 p 是素数，且 $1 \leqslant n < p$，则 n^{p-1} Mod $p = 1$。换而言之，如果先求 n 的 $p-1$ 次幂，然后把结果除以 p，结果余数是 1。例如，假设 $p = 11$，$n = 2$，则 n^{p-1} Mod $p = 2^{10}$ Mod 11 = 1024 Mod 11。而 $1024 = 11 \times 93 + 1$，因此 1024 Mod 11 = 1，结果符合预期。

注意，即使 p 不是素数，也可能满足 n^{p-1} Mod $p = 1$。在这种情况下，值 n 被称为费马谎言者（Fermat liar），因为它错误地暗示 p 是素数。如果 n^{p-1} Mod $p \neq 1$，则值 n 被称为费马证人（Fermat witness），因为它证明了 p 不是素数。

可以证明，对于自然数 p，1 到 p 之间的数至少有一半是费马证人。换而言之，如果 p 不是素数，并且在 1 和 p 之间选取一个随机数 n，则 n 是费马证人（即 n^{p-1} Mod $p \neq 1$）的概率为 0.5。当然，如果运气不佳的话，我们随机选择的值 n 也可能是费马谎言者。但是，如果我们多次重复测试，可以增加选择到一个值 n 为费马证人（如果存在）的机会。

可以证明，在每次测试中，都存在 50% 的机会选到费马证人。所以，如果 p 通过了 k 次测试，那么不走运地选择费马谎言者的概率是 $1/2^k$。换而言之，存在 $1/2^k$ 的概率，p 实际上是一个假装成素数的合数。例如，如果 p 通过了 10 次测试，则 p 不是素数的概率为 $1/2^{10}\approx0.000\ 98$。如果我们希望增加确定性，可以重复测试 100 次。如果 p 通过了所有 100 次测试，则不是素数的概率仅有 $1/2^{100}\approx7.8\times10^{-31}$。

实现上述算法的伪代码如下所示，该算法用于确定一个数字是否是素数：

```
// 当 p（可能）是素数时，返回 true
Boolean: IsPrime(Integer: p, Integer: max_tests)
    // 总共执行 max_tests 次测试
    For test = 1 To max_tests
        <从 1 到 p（不包括）中随机抽取一个伪随机值 n>
        If (n^(p-1) Mod p != 1) Then Return false
    Next test

    // 该值 p 可能是一个素数
    // (p 不为素数的概率仅为 1/2^max_tests)
    Return true
End IsPrime
```

注意：上述算法是概率算法的一个示例，概率算法能以一定的概率产生正确的结果。虽然算法仍然有一定的出错可能性（很小），但是我们可以重复测试，直到达到想要的确定程度。

如果 p 值很大（这正是该算法所针对的问题），使用乘法计算 n^{p-1} 可能需要一定的时间。幸运的是，在 2.3 节中，我们已经讨论了如何使用快速指数运算算法来快速执行乘幂。

一旦知道如何判断一个数是否（可能）是素数，接下来可以编写一个算法来选择素数。

```
// 返回一个 max_digits 位的（可能）素数
Integer: FindPrime(Integer: num_digits, Integer: max_tests)
    Repeat
        <随机选择一个 num_digits 位的伪随机数 p>
        If (IsPrime(p, max_tests)) Then Return p
End FindPrime
```

2.5 计算数值积分

数值积分（numerical integration）有时也称为求积分（quadrature）或者数值求积分（numeric quadrature），是使用数值技术来逼近函数定义的曲线下的面积的过程。通常，函数只有一个变量，所以其形式为 $y = F(x)$，结果是二维区域面积。但是，有些应用可能需要计算由函数 $z = F(x, y)$ 定义的曲面下的三维体积。我们还可以计算由高维函数定义的面积。

如果这个函数很容易理解，我们可以用微积分来计算精确的面积。不幸的是，有时候无法计算出函数的反导数。例如，函数的方程可能非常复杂；或者可能是一些物理过程产生的数据，因此我们不知道函数的方程。在这种情况下，我们无法使用微积分方法，但可以使用数值积分方法。

存在若干用于计算数值积分的方法。最简单明了的方法是牛顿－柯特斯公式（Newton-Cotes formula），它使用一系列多项式来逼近函数。最基本的牛顿－柯特斯公式是矩形法则和梯形法则。

2.5.1　矩形法则

矩形法则（rectangle rule）使用一系列均匀宽度的矩形来逼近曲线下的面积。C# 示例程序（RectangleRule）使用矩形法则计算数值积分（源代码可以在本书的官网上下载），结果如图 2.6 所示。该程序还使用微积分来计算曲线下区域的精确面积，以便比较使用矩形法则计算数值积分的结果差异。

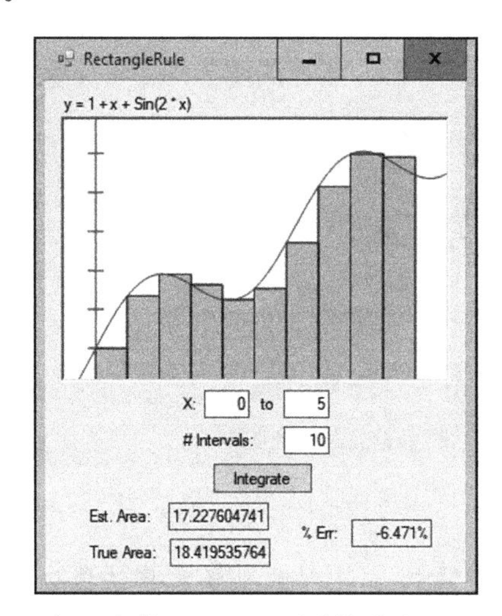

图 2.6　RectangleRule 示例程序使用矩形法则计算曲线 $y = 1 + x + \sin(2x)$ 下的近似面积

使用矩形法则计算数值积分的算法的伪代码如下所示：

```
Float: UseRectangleRule(Float: function(), Float: xmin, Float: xmax,
  Integer: num_intervals)
    // 计算矩形的宽度
    Float: dx = (xmax - xmin) / num_intervals

    // 累加各矩形的面积
    Float: total_area = 0
    Float: x = xmin
    For i = 1 To num_intervals
        total_area = total_area + dx * function(x)
        x = x + dx
    Next i

    Return total_area
End UseRectangleRule
```

该算法简单地将该区域划分为等宽矩形，高度等于矩形左边缘的函数值。然后通过循环，把各矩形的面积累加在一起。

2.5.2　梯形法则

从图 2.6 中可以观察到，矩形法则并没有精确地拟合曲线，从而在计算总面积时产生了误差。我们可以使用更多、更窄的矩形来减少误差。在上一个示例中，将矩形的数目从 10 增加到 20，可以将误差从大约 –6.5% 降低至 –3.1%。

另一种策略是使用梯形代替矩形来拟合曲线。C# 示例程序（TrapezoidRule）使用梯形法则计算数值积分（源代码可以在本书的官网上下载），结果如图 2.7 所示。

使用梯形法则计算数值积分的算法的伪代码如下所示：

```
Float: UseTrapezoidRule(Float: function(), Float: xmin, Float: xmax,
  Integer: num_intervals)
    // 计算梯形的宽度
    Float: dx = (xmax - xmin) / num_intervals

    // 累加各梯形的面积
    Float: total_area = 0
    Float: x = xmin
    For i = 1 To num_intervals
     total_area = total_area + dx * (function(x) + function(x + dx)) / 2
     x = x + dx
    Next i

    Return total_area
End UseTrapezoidRule
```

梯形法则算法与矩形法则算法的唯一区别在于累加每个切片面积的语句。梯形法则算法使用梯形的面积公式：面积 = 宽度 × 平行边长度的平均值。我们可以把矩形法则看作使用从每个矩形的一条边跳到另一条边的阶梯函数来逼近曲线。梯形法则使用线段逼近曲线。

牛顿 - 科特斯公式的另一个例子是*辛普森法则*（Simpson's rule），它使用 2 阶多项式来逼近曲线。还有其他方法使用更高阶的多项式来更好地逼近曲线。

2.5.3 自适应积分算法

前面描述的数值积分方法的一种改进方法是*自适应积分算法*（adaptive quadrature），在该算法中，程序检测其近似方法可能产生较大误差的区域，并在这些区域中细化改进其方法。例如，重新观察图 2.7。在曲线接近直线的区域，梯形非常接近曲线。在曲线急剧弯曲的区域，梯形的拟合度不高。使用自适应积分算法的程序会寻找梯形不能很好地拟合曲线的区域，并在这些区域使用更多的梯形以提高拟合度。

C# 示例程序（AdaptiveMidpointIntegration）使用自适应积分算法的梯形法则计算数值积分，结果如图 2.8 所示。

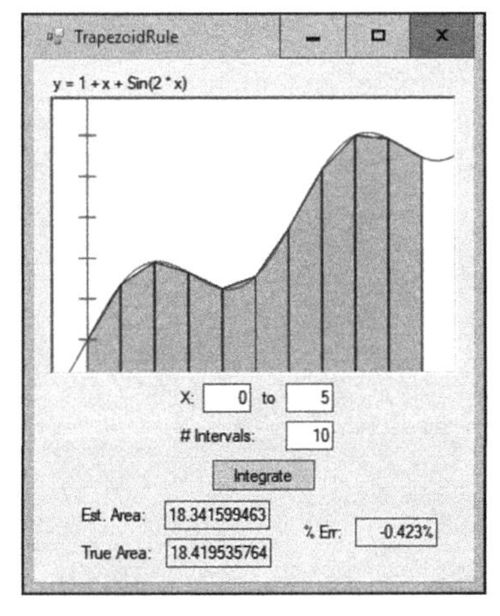

图 2.7 TrapezoidRule 示例程序使用梯形法则获取比矩形法则更精确的拟合面积

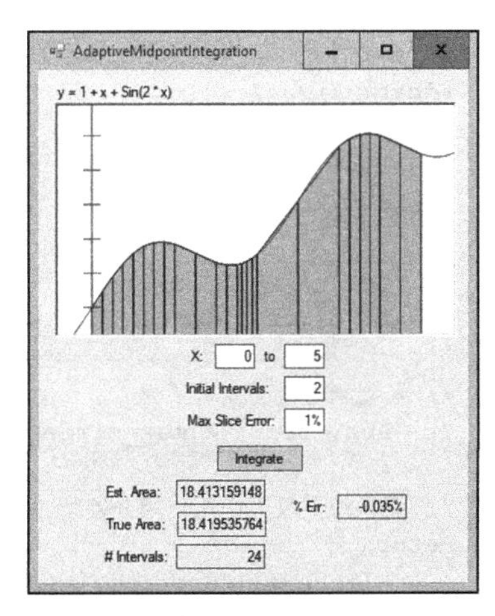

图 2.8 AdaptiveMidpointIntegration 示例程序使用自适应梯形法则获取比 TrapezoidRule 示例程序更精确的拟合面积

在计算一个切片的面积时，该程序首先使用一个梯形来近似它的面积。然后将切片分成两部分，并使用两个较小的梯形来计算它们的面积。如果较大的梯形面积与两个较小梯形面积之和的差值大于一定百分比的阈值，则程序将切片分成两部分，并以相同的方式计算各部分的面积。

自适应积分算法的梯形法则计算数值积分算法的伪代码如下所示：

```
// 使用自适应中点梯形法则计算数值积分
Float: IntegrateAdaptiveMidpoint(Float: function(),
  Float: xmin, Float: xmax, Integer: num_intervals,
Float: max_slice_error)
    // 计算初始梯形的宽度
    Float: dx = (xmax - xmin) / num_intervals
    double total = 0
    // 累加各梯形的面积
    Float: total_area = 0
    Float: x = xmin
    For i = 1 To num_intervals
        // 累加该切片的面积
        total_area = total_area +
            SliceArea(function, x, x + dx, max_slice_error)
        x = x + dx
    Next i

    Return total_area
End IntegrateAdaptiveMidpoint

// 返回指定切片的面积
Float: SliceArea(Float: function(),Float: x1, Float: x2,
  Float: max_slice_error)
    // 分别计算位于终点 (endpoints) 和中点 (midpoint) 处的函数值
    Float: y1 = function(x1)
    Float: y2 = function(x2)
    Float: xm = (x1 + x2) / 2
    Float: ym = function(xm)

    // 分别计算大切片和两个小切片的面积
    Float: area12 = (x2 - x1) * (y1 + y2) / 2.0
    Float: area1m = (xm - x1) * (y1 + ym) / 2.0
    Float: aream2 = (x2 - xm) * (ym + y2) / 2.0
    Float: area1m2 = area1m + aream2

    // 比较大切片与两个小切片的面积之和
    Float: error = (area1m2 - area12) / area12

    // 检查两者是否差别不大
    If (Abs(error) < max_slice_error) Then Return area1m2

    // 如果差别较大，则继续分割切片，并重新计算比较
    Return
        SliceArea(function, x1, xm, max_slice_error) +
        SliceArea(function, xm, x2, max_slice_error)
End SliceArea
```

运行 AdaptiveMidpointIntegration 程序时，如果初始值仅从两个切片开始，程

序会将它们分成 24 个切片（如图 2.8 所示），并估算曲线下面积的误差在 −0.035% 以内。如果使用 24 个等宽切片运行 TrapezoidRule 程序，则结果误差为 −0.072%，大约是自适应积分算法程序的 2 倍。这两个程序使用相同数量的切片，但自适应积分算法程序可以更合理地安排切片的位置。

C# 示例程序 AdaptiveTrapezoidIntegration 使用不同的方法来决定何时将切片分割为子切片。该程序在切片的起始 x 值处计算函数的二阶导数，并将区间分割为二阶导数值加一个子切片。例如，如果二阶导数是 2，则程序将切片分成 3 个子切片。（切片数量的公式可以任意选择，使用不同的公式可能会得到更好的结果。）

注意：函数的导数表示函数在任何给定点的斜率。函数的二阶导数则表示斜率的变化率，或者曲线弯曲的速度。较高的二阶导数意味着曲线弯曲相对较大，因此程序 AdaptiveTrapezoidIntegration 使用更多的切片。

当然，如果无法计算出曲线的二阶导数，则无法使用这种方法。在任何情况下，程序 AdaptiveMidpointIntegration 似乎都能很好地计算数值积分，因此最终我们可以选择使用该方法。

自适应技术广泛应用于许多算法中，因为它们可以产生更好的结果，而不会在不需要该技术的地方浪费时间。C# 示例程序 AdaptiveGridIntegration 使用自适应技术来估算阴影区域的面积，结果如图 2.9 所示。图 2.9 中的阴影区域包括垂直椭圆和水平椭圆的并集，减去椭圆内三个圆所覆盖的区域。

该程序将整个图像分割成单独的方框，并在方框内定义点网格。在图 2.9 中，程序使用一个 4 行和 4 列的点网格。对于网格中的每个点，程序将确定该点位于阴影区域的内部还是外部。

如果方框中的任何点都不在阴影区域内，程序将假定方框不在阴影区域内并忽略该方框。如果方框中的每个点都位于阴影区域内，程序将认为该方框完全位于阴影区域内，并将方框的面积添加到阴影区域的估算面积中。如果方框中的某些点位于阴影区域内，而某些点位于阴影区域外，程序会将该方框细分为较小的方框，并使用相同的技术计算较小方框的面积。

在图 2.9 中，程序 AdaptiveGridIntegration 绘制了其划分的方框，以便我们可以观察其结果。结果表明，程序在阴影区域边缘附近划分的方框，比在该区域内部或者外部划分的方框要多。该例子总共划分了 19 217 个方框，主要集中在其拟合的区域的边缘。

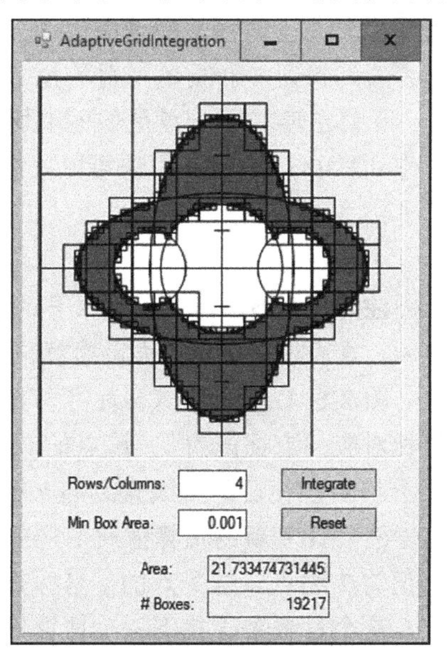

图 2.9 AdaptiveGridIntegration 示例程序使用自适应积分算法来估算阴影区域的面积

2.5.4 蒙特卡罗积分法

蒙特卡罗积分法（Monte Carlo integration）是求解数值积分的另一种方法。程序在一个区域内均匀地生成一系列伪随机点，并确定每个点是否均位于目标区域内。然后，程序使用目标区域内的点的百分比来估计该区域的总面积。例如，假设生成的点位于

20×20 的正方形内，因此其面积为 400 平方单位。如果 37% 的伪随机点位于阴影区域内，则该阴影区域的面积约为 0.37×400 = 148 平方单位。

C# 示例程序 `MonteCarloIntegration` 使用蒙特卡罗积分求解与示例程序 `AdaptiveGridIntegration` 相同的阴影区域的面积，结果如图 2.10 所示。

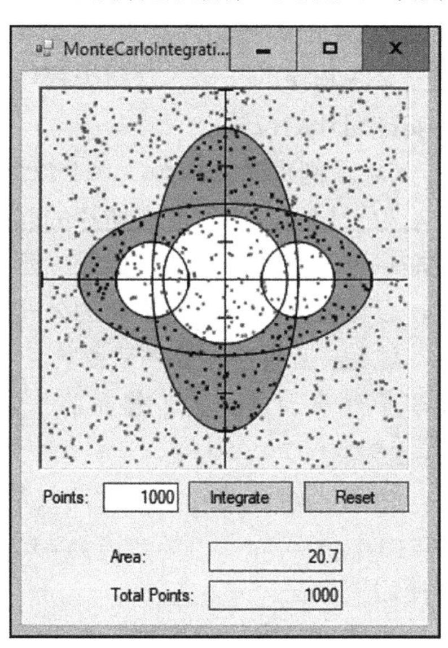

图 2.10　位于阴影区域的点以黑色显示，在阴影区域之外的点以灰色显示

蒙特卡罗积分法通常比梯形积分法和自适应积分法更容易产生误差。然而，有时蒙特卡罗积分法更容易实现，因为它不需要我们了解正在测量的形状的本质。我们只需在形状上生成点，然后检查有多少点命中目标。

注意：本章介绍了如何使用伪随机值计算面积，然而，使用蒙特卡罗模拟（Monte Carlo simulation）方法，还可以解决许多其他的问题。在蒙特卡罗模拟方法中，首先生成若干伪随机值，然后计算满足某个条件的随机值的个数在总随机值个数中所占的百分比。

2.6　方程求解

程序有时候需要求一个方程与 x 轴相交的位置。换而言之，给定一个方程 $y = f(x)$，我们希望找到满足 $f(x) = 0$ 的 x 值。这样的 x 值称为方程的根（root）。

牛顿迭代法（Newton's method），有时也称为牛顿 – 拉夫逊法（Newton-Raphson method），是一种连续地逼近方程的根的方法。该方法开始时猜测根的一个初值 X_0。如果 $f(X_0)$ 与 0 相差较大，则该算法使用与 X_0 点处函数相切的直线与 x 轴的交点处的 x 坐标作为根的新猜测值 X_1。然后，算法从新猜测值 X_1 开始重复上述过程。算法继续沿函数的切线查找新的估算值，直到找到一个值 X_k，满足 $f(X_k)$ 与 0 足够接近。

该算法唯一的难点是如何求切线。通过简单的微积分，我们可以求得函数 $f(x)$ 的导数，记作 $\mathrm{d}f/\mathrm{d}x(x)$。因此，算法可以根据以下公式，沿函数的切线更新根的估算值：

$$X_{i+1} = X_i = -\frac{f(X_i)}{f'(X_i)}$$

注意：然而，阐述函数求导的方法超出了本书的范围。有关详细信息，读者可以在网上搜索，或者参阅微积分方面的教科书。

图 2.11 以图形方式显示了算法的过程。与初始猜测值相对应的点标记为 1。该点的 y 值远远大于 0，因此算法沿与函数相切的直线直到与 x 轴相交，求得新的估算值。然后计算新的估算值所对应的函数值，即图 2.11 中标记为 2 的点。这个点的 y 坐标也离 0 很远，所以算法重复这个过程来寻找下一个估算值，在图 2.11 中标记为 3。该算法再次重复该过程以找到标记为 4 的点。点 4 的 y 坐标接近 0，因此算法停止运行。

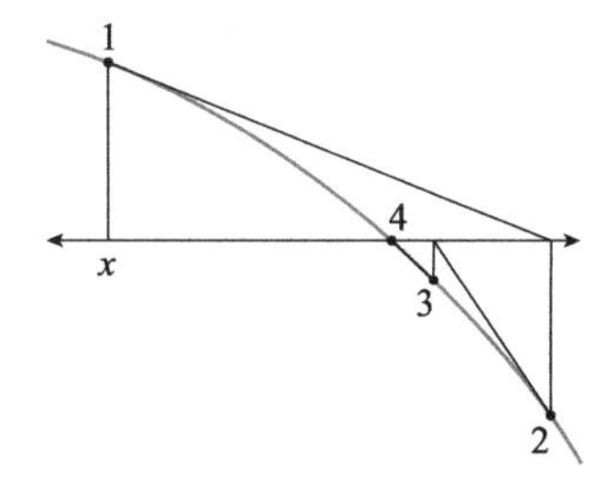

图 2.11　牛顿迭代法使用与函数相切的直线与 x 轴交点处的 x 坐标作为函数的根

实现该算法的伪代码如下所示：

```
// 使用牛顿迭代法，求函数 f(x) 的一个根
Float: NewtonsMethod(Float: f(), Float: dfdx(), Float: initial_guess,
  Float: maxError)

    float x = initial_guess
    For i = 1 To 100  // 如果无法收敛，则迭代 100 步后停止
        // 计算当前点
        float y = f(x)

        // 如果结果误差小于阈值，则算法停止运行
        if (Math.Abs(y) < maxError) break

        // 更新估算值 x
        x = x - y / dfdx(x)
    Next i

    Return x
End NewtonsMethod
```

该算法接收 4 个参数：函数 $y = f(x)$、函数的导数 dfdx、根的初始猜测值、最大可接受误差。

首先，代码将变量 x 设置为初始猜测值，然后进入一个 For 循环，循环最多迭代 100 次。通常，算法会很快找到解。但有时候，如果函数具有右曲率，则算法会发散，从而不会收敛到 0，或者在两个不同的估算值之间来回跳跃。选择最多迭代 100 次，可以保证程序不会死循环。

在 For 循环中，算法计算 f(x) 函数值。如果结果与 0 的误差超过阈值 maxError，则算法将更新 x，并继续尝试下一次迭代。

注意，有些函数有多个根。在这种情况下，需要重复使用 FindZero 算法，并使用不同的初始猜测来查找不同的根。

C# 示例程序 NewtonsMethod（可以在本书的官网上下载）的运行结果如图 2.12 所示。该程序使用牛顿迭代法三次来求解函数 $y = x^3/5 - x^2 + x$ 的三个根。图 2.12 中的圆圈显示了程序搜索每个根时采用的初始猜测值。

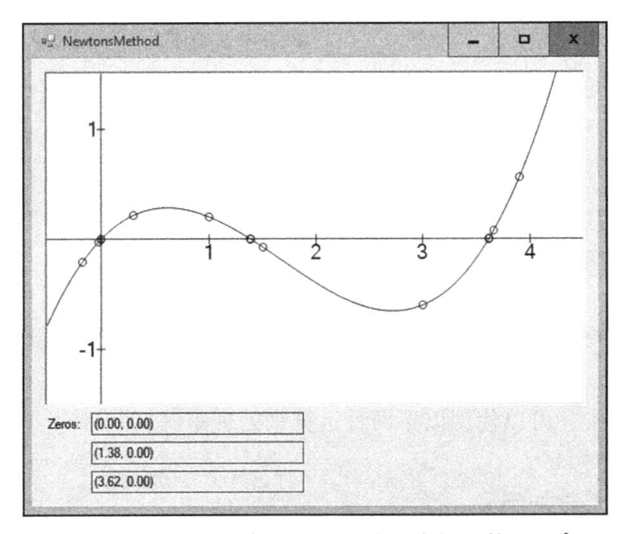

图 2.12　NewtonsMethod 示例程序使用牛顿迭代法求解函数 $y = x^3/5 - x^2 + x$ 的三个根

2.7 高斯消元法

上一节讨论的方程求解算法用于求使方程 $y=f(x)$ 等于 0 的 x 值。高斯消元法（Gaussian elimination）是一种求解线性方程组的类似技术。高斯消元法尝试求解一个 x 值，以使以下方程组中的所有方程式同时成立：

$$
\begin{aligned}
&A_{11}\cdot x_1+A_{12}\cdot x_2+\cdots+A_{1n}\cdot x_n=C_1\\
&A_{21}\cdot x_1+A_{22}\cdot x_2+\cdots+A_{2n}\cdot x_n=C_2\\
&\cdots\\
&A_{n1}\cdot x_1+A_{n2}\cdot x_2+\cdots+A_{nn}\cdot x_n=C_n
\end{aligned}
$$

其中，所有的 A 值和 C 值都是方程中的常量。作为一个具体的例子，考虑以下方程组：

$$
\begin{aligned}
2x_1+4x_2+6x_3&=-2\\
3x_1+6x_2+7x_3&=2\\
6x_1+10x_2+4x_3&=1
\end{aligned}
$$

目标是求得同时满足所有三个方程的 x_1、x_2 和 x_3 的值。

注意：高斯消元法是以德国数学家和物理学家约翰·卡尔·弗里德里希·高斯（Johann Carl Friedrich Gauss）命名的。这项技术有着悠久的历史，最早可以追溯到公元 179 年，当时它被撰写在一本中国数学教科书中。这项技术被描述和改进了很多次，包括高斯在 1810 年的描述和改进。由于该方法的历史复杂性，直到 20 世纪 50 年代，它才正式被命名为高斯消元法。

如果我们把方程表示成一个增广矩阵，则更易于处理。在增广矩阵中，每行中的第一项为方程式的系数（A 值），额外的最后 1 列为 C 的值。上述方程的增广矩阵如下所示：

$$
\begin{bmatrix}
2 & 4 & 6 & -2\\
3 & 6 & 7 & 2\\
6 & 10 & 4 & 1
\end{bmatrix}
$$

注意：通常人们会画一条垂直线，将包含 C 值的最后一列与包含 A 值的其他列分隔开来。

高斯消元法分为前向消元（forward elimination）和后向代换（back substitution）两个阶段。

2.7.1 前向消元

在前向消元过程中，我们使用两种运算来重新排列矩阵，直到矩阵具有如下所示的上三角形式：

$$
\begin{bmatrix}
* & * & * & \cdots & *\\
0 & * & * & \cdots & *\\
0 & 0 & * & \cdots & *\\
\vdots & \vdots & \vdots & & \vdots\\
0 & 0 & 0 & \cdots & *
\end{bmatrix}
$$

矩阵左下角的数据项都是 0。其他数据项是任意数字（用星号表示），可以为 0，也可以不为 0。

在前向消元过程中，可以使用以下两种运算来处理矩阵：

- 交换两行的位置。
- 将一行的非零倍数加到另一行。

这两种运算都将保留方程的真实性。如果方程组的解 x 值满足原始方程，那么它们也满足矩阵的修正方程。例如，考虑前面讨论的增广矩阵，如下所示：

$$\begin{bmatrix} \mathbf{2} & 4 & 6 & -2 \\ 3 & 6 & 7 & 2 \\ 6 & 10 & 4 & 1 \end{bmatrix}$$

我们首先使用第一行中的第一个数据项（以粗体突出显示）将该列中较低行中的数据项归零。第一行的第一个数据项是 2，第二行的第一个数据项是 3。通过将第一行乘以 $-3/2 = -1.5$，然后将其加到第二行，计算结果如下：

$$\begin{bmatrix} 2 & 4 & 6 & -2 \\ 3-1.5\times2 & 6-1.5\times4 & 7-1.5\times6 & 2-1.5\times(-2) \\ 6 & 10 & 4 & 1 \end{bmatrix} = \begin{bmatrix} 2 & 4 & 6 & -2 \\ 0 & 0 & -2 & 5 \\ 6 & 10 & 4 & 1 \end{bmatrix}$$

接下来，我们执行类似的操作，将最后一行的第一个数据项归零。这次，我们将第一行乘以 $-6/2 = -3$，并将其加到最后一行，计算结果如下所示：

$$\begin{bmatrix} 2 & 4 & 6 & -2 \\ 0 & 0 & -2 & 5 \\ 6-3\times2 & 10-3\times4 & 4-3\times6 & 1-3\times(-2) \end{bmatrix} = \begin{bmatrix} 2 & 4 & 6 & -2 \\ 0 & 0 & -2 & 5 \\ 0 & -2 & -14 & 7 \end{bmatrix}$$

至此，我们已经把第一行后面第一列中的数据项归零了。接下来处理第二列，目标是将第二行下面第二列中的数据项归零。不幸的是，要做到这一点，我们需要将第二行乘以 2/0。这是个问题，因为数学上一个数除以零没有意义。

注意：实际上，一个数除以一个接近 0 的数就可能导致错误。如果除数接近零，除法的结果可能会导致算术溢出错误。为了防止这种情况，如果值接近零，则交换行。

在这种情况下，如果下一个要用于将列归零的数据项已经是 0，则将该行与该列中没有 0 的后面的任意一行交换。在本例中，第三行第二列的数据项为 −2，因此我们交换第二行和第三行，结果如下所示：

$$\begin{bmatrix} 2 & 4 & 6 & -2 \\ 0 & -2 & -14 & 7 \\ 0 & 0 & -2 & 5 \end{bmatrix}$$

注意：有时，我们可能会发现后面的行在试图归零的列中没有非零项。在这种情况下，方程组没有唯一解。

现在列中有一个非零项，可以使用它继续前向消元。在本例中，最后一行的第二列中已经有一个 0，因此矩阵是上三角形式的矩阵。接下来，我们可以继续进行后向代换。

2.7.2 后向代换

在后向代换过程中，我们从下到上遍历矩阵，以找到满足方程组的 x 值。每次检查一行时，都会求得一个 x 值。然后可以在上面的行中插入已知的 x 值，以求解下一个 x 的值。作为一个具体示例，我们讨论前一节的上三角形式的增广矩阵：

$$\begin{bmatrix} 2 & 4 & 6 & -2 \\ 0 & -2 & -14 & 7 \\ 0 & 0 & -2 & 5 \end{bmatrix}$$

该矩阵的最后一行表示的方程如下所示：

$$0x_1 + 0x_2 - 2x_3 = 5$$

由于前 2 个系数是 0，所以可以消除它们的 x 项，方程可化简为 $-2x_3 = 5$。通过将方程的两边同时除以 -2，我们可以很容易求得 $x_3 = -2.5$。因此我们求得了方程组的第一个 x 值！

接下来，我们处理上一行的内容。增广矩阵第二行表示的方程如下所示：

$$0x_1 - 2x_2 - 14x_3 = 7$$

由于我们已知 $x_3 = -2.5$，把该值代入方程中，结果如下：

$$0x_1 - 2x_2 - 14 \cdot (-2.5) = 7$$

继续化简方程，结果如下：

$$-2x_2 = 7 - 35 = -28$$

将方程的两边同时除以 -2，结果 $x_2 = 14$。

我们继续处理上一行的内容，即增广矩阵的第一行，其表示的方程如下所示：

$$2x_1 + 4x_2 + 6x_3 = -2$$

把已知的 x_3 和 x_2 代入方程，结果如下：

$$2x_1 + 4 \cdot 14 + 6 \cdot (-2.5) = -2$$

化简方程，结果如下：

$$2x_1 = -2 - 4 \cdot 14 - 6 \cdot (-2.5) = -2 - 56 + 15 = -43$$

把方程的两边同时除以 2，结果 $x_1 = -21.5$。

原始方程组的完全解为：$x_1 = -21.5, x_2 = 14, x_3 = -2.5$。如果我们把这些值代入原始方程组中，可以验证结果正确。

2.7.3　算法实现

高斯消元法是求解线性方程组的一种优雅的、直接的、系统化的方法。不足之处在于，它要求我们执行一系列相对简单的步骤，所以很可能会犯一些小的算术错误。而这正是计算机处理的优越性所在，因为计算机可以快速执行任意数量的简单算术运算而不会出错。

高斯消元法的伪代码如下所示：

```
// 求解线性方程组的根
Item: GaussianEliminate(Float: As[,], Float: Cs[])
    <使用每行每列的 A 值和 C 值构建增广矩阵>
    <使用前向消元法（行操作）将矩阵转换为上三角形式的矩阵>
    <执行后向代换法获取满足方程组的解 X>
End GaussianEliminate
```

算法的细节包括一些冗长但相对简单的循环序列，以执行具体的计算。

2.8　最小二乘法拟合

最小二乘法拟合（least squares fit）试图找到一个函数 $y = f(x)$ 来拟合一系列数据值的集合。该方法拟合的结果之所以被称为最小二乘法拟合，是因为它求出了数据点和函数中相应点之间距离的平方和的最小值。

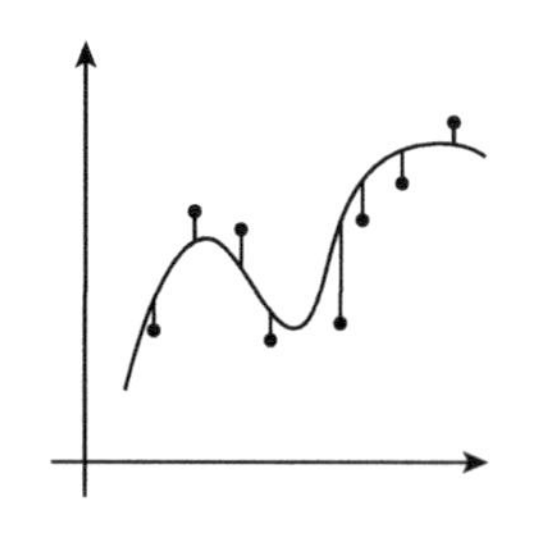

图 2.13　最小二乘法拟合求出了数据点和函数中相应点之间距离的平方和的最小值

图 2.13 显示了一个逼近一组数据值的函数。垂直线

表示数据点与函数上对应点之间的距离。最小二乘法拟合尝试一系列不同的函数，从而找到使这些垂直距离的平方和最小的函数。

计算最小二乘法拟合有些复杂，主要是因为它涉及很多项。幸运的是，这些项通常相对简单。虽然许多项组合在一个大的公式中比较复杂，但单独处理这些项并不困难。并且，求解最小二乘法拟合需要一些微积分知识，但只涉及比较简单的微积分。所以读者应该能够理解下面的讨论，即使对求导有些生疏。

下面将介绍两种最小二乘法拟合方法。在第一种方法中，拟合数据的函数是一条直线。在第二种方法中，拟合数据的函数是任意次数的多项式。

2.8.1 线性最小二乘法

在线性最小二乘法拟合（linear least squares fit）中，我们的目标是寻找一条直线，使数据点与直线之间垂直距离的平方和最小。与图 2.13 所示的情况相同，这里使用直线代替曲线。

我们可以使用方程式 $y = mx + b$ 表示一条直线，其中 m 是直线的斜率，b 是直线在 y 轴的截距（直线与 y 轴的交点）。假设有一组数据 $(x_0, y_0), (x_1, y_1), \cdots, (x_n, y_n)$，则其中某个点 (x_i, y_i) 与直线的距离为 $y_i - (mx_i + b_i)$，其距离的平方为 $(y_i - (mx_i + b_i))^2$。把所有点与直线的距离的平方相加，得到如下方程式：

$$E = (y_0 - (mx_0 + b))^2 + (y_1 - (mx_1 + b))^2 + \cdots + (y_n - (mx_n + b))^2$$

使用数学求和符号 Σ，上述方程式可以简化为：

$$E = \Sigma(y_i - (mx_i + b))^2$$

其中求和符号 Σ 表示对所有的 $i = 0, 1, 2, \cdots, n$ 进行值求和。

这两种形式的方程式看起来都有些复杂，因为其中包含两个变量（m 和 b）以及许多 x_i 和 y_i 的值。但是，这些 x_i 和 y_i 的值是数据的一部分，它们仅仅是具体的数值，例如 6 和 −13 等。

接下来需要使用微积分进行求解。为了求出这个方程式的最小值，我们需要对变量 m 和 b 求偏导，令导数为 0，然后求解出变量 m 和 b。

误差方程对变量 m 的偏导数公式如下：

$$\frac{\partial E}{\partial m} = \sum 2 \cdot (y_i - (m \cdot x_i + b)) \cdot (-x_i)$$

对公式进行化简，结果为：

$$\begin{aligned}\frac{\partial E}{\partial m} &= \sum 2 \cdot (-y_i \cdot x_i + m \cdot x_i^2 + b \cdot x_i) \\ &= 2(m\sum x_i^2 + b\sum x_i - \sum(y_i - x_i))\end{aligned}$$

误差方程对变量 b 的偏导数公式如下：

$$\frac{\partial E}{\partial b} = \sum 2 \cdot (y_i - (m \cdot x_i + b)) \cdot (-1)$$

对公式进行化简，结果为：

$$\begin{aligned}\frac{\partial E}{\partial b} &= \sum 2 \cdot (-y_i + m \cdot x_i + b) \\ &= 2(m\sum x_i + b\sum 1 - \sum y_i)\end{aligned}$$

这些新方程式看起来并不简单，但我们知道只有数据项 m 和 b 是变量，所有的 x_i 和 y_i 都是由数据点给出的具体数值。为了使方程更容易处理，我们做如下替换：

$$S_x = \sum x_i$$
$$S_{xx} = \sum x_i^2$$
$$S_{xy} = \sum x_i \cdot y_i$$
$$S_y = \sum y_i$$
$$S_1 = \sum 1$$

如果我们把这些值代入偏导数公式并令它们等于 0，得到结果如下：

$$2(m \cdot S_{xx} + b \cdot S_x - S_{xy}) = 0$$
$$2(m \cdot S_x + b \cdot S_1 - S_x) = 0$$

接下来我们可以求解这两个方程组的变量 m 和 b，结果如下：

$$m = \frac{(S_{xy} \cdot S_1 - S_x \cdot S_y)}{(S_{xx} \cdot S_1 - S_x \cdot S_x)}$$
$$b = \frac{(S_{xy} \cdot S_x - S_y \cdot S_{xx})}{(S_x \cdot S_x - S_1 \cdot S_{xx})}$$

所有的 S 项都很容易从数据值中计算出来，因此可以求解变量 m 和 b，以最小化误差的平方。

计算线性最小二乘拟合算法的伪代码如下所示：

```
Float[]: FindLinearLeastSquaresFit(Point[]: points)
    <计算和 Sx、Sxx、Sxy、Sy 和 S1>
    <使用 S 值计算 m 和 b>
End FindLinearLeastSquaresFit
```

上述伪代码用于执行前面描述的计算。

2.8.2 多项式最小二乘法

线性最小二乘法拟合使用一条直线来拟合一组数据点。多项式最小二乘法（polynomial least squares fit）则使用形式为 $A_0 \cdot x^0 + A_1 \cdot x^1 + A_2 \cdot x^2 + \cdots + A_d \cdot x^d$ 的多项式来拟合一组数据点。

多项式的次数（degree）是多项式中 x 的最大次幂。例如，前面列举的多项式是 d 次多项式。我们可以选择某次多项式来拟合数据。一般来说，次数高的多项式会更加精确地拟合数据点，尽管它们可能意味着虚假的高精度。例如，一个 $d-1$ 次多项式可以精确地拟合 d 个数据点，但它可能需要到处摆动才能做到这一点。图 2.14 显示了一个 5 次多项式，它精确地拟合了 6 个数据点。

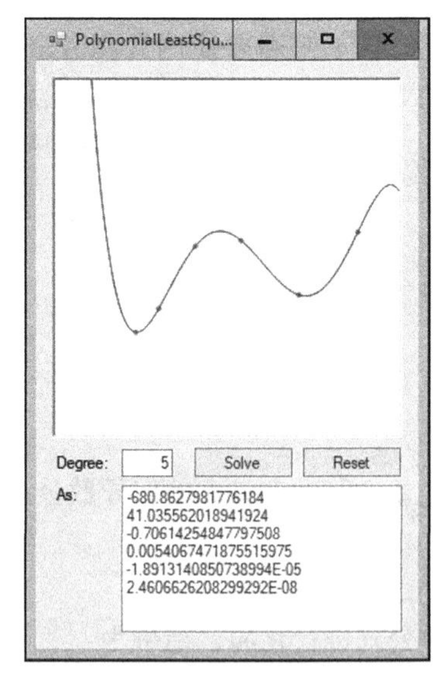

图 2.14　一个高次数的多项式会非常精确地拟合一组数据点，但是可能存在误导

通常情况下，最好选择能够很好地处理数据的最小次多项式。图 2.15 显示了与图 2.14 所示相同的数据点，但这次采用 3 次多项式进行拟合，结果可能更好地表示了数据。

我们发现求解多项式的拟合方式与线性拟合方式相同：

误差函数对 A 值求偏导，令导数为零，然后求出 A 值。多项式最小二乘法拟合的误差函数如下所示：

$$E = \sum(y_i - (A_0x_i^0 + A_1x_i^1 + A_2x_i^2 + \cdots + A_nx_i^d))^2$$
$$= \sum(y_i - A_0x_i^0 - A_1x_i^1 - A_2x_i^2 - \cdots - A_dx_i^d)^2$$

其中的数学求和符号 Σ 对所有的数据点 (x_i, y_i) 求和。

下一步的工作是求这个公式对变量 A 的偏导。这是一个相当复杂的公式，似乎求偏导会很困难。然而，对于给定的变量 A，公式中涉及该变量的项并不多，所以大部分项在偏导数中变为零。误差方程对变量 A_k 的偏导数公式如下：

$$\frac{\partial E}{\partial A_k} = \sum 2(y_i - A_0x_i^0 - A_1x_i^1 - A_2x_i^2 - \cdots - A_nx_i^d)(-x_i^k)$$

对公式进行化简，结果如下：

$$\frac{\partial E}{\partial A_k} = 2(\sum y_ix_i^k - A_0\sum x_i^k - A_1\sum x_i^{k+1} - A_2\sum x_i^{k+2} - \cdots - A_d\sum x_i^{k+d})$$

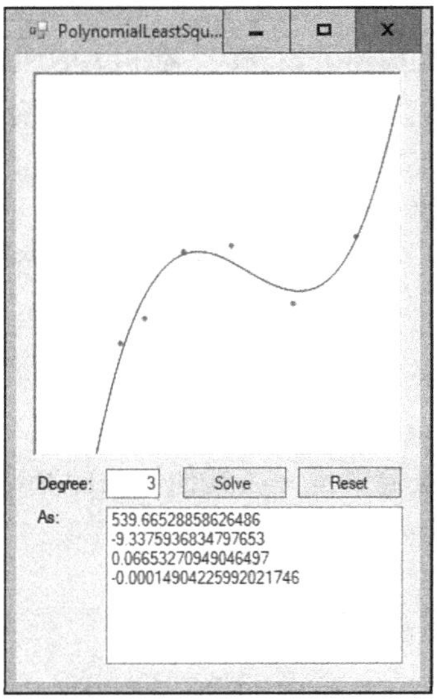

这个公式看起来也很复杂，但是如果我们仔细观察，会发现大多数项都是可以用数据点 (x_i, y_i) 计算得到的总和。例如，在对 A_k 的偏导中，A_2 项是 x_i 值的 $k+2$ 次方的乘幂之和。如果我们把这些项替换为值 $S, S_0, S_1, \cdots, S_d$，则公式可以简化为：

图 2.15　使用最小次多项式更好地拟合了数据

$$\frac{\partial E}{\partial A_k} = 2(S - A_0S_0 - A_1S_1 - \cdots - A_dS_d)$$

至此，我们有 $n+1$ 个线性方程以及 $n+1$ 个未知数（从 A_0 到 A_d）。为了完成这个问题的求解，我们把方程设为零，然后使用高斯消元法来求解每个 A_i 的值。

当我们令偏导数为 0 时，可以在方程式两边同时除以 2，然后把 A 项移动到等号的另一边，结果得到以下方程式：

$$A_0S_0 + A_1S_1 + \cdots + A_dS_d = S$$

这正是在前面章节的高斯消元法中使用的格式。

基于上述讨论，求解多项式最小二乘法拟合一组数据点的算法的伪代码如下所示：

```
// 求解多项式最小二乘法拟合一组数据点
Float[]: FindPolynomialLeastSquaresFit(Point[]: points)
    <计算和 S, S0, S1, ..., Sn>
    <使用各个 S 值为线性方程组构建系数>
    <使用高斯消元法求解方程组并返回所有的 A 值>
End FindPolynomialLeastSquaresFit
```

2.9 本章小结

一些数值算法（例如随机化）广泛应用于各种各样的应用程序中，其他的算法（例如求素数因子、求最大公约数等）则应用范围有限。如果我们的程序不需要寻找最大公约数，那么 GCD 算法可能帮助不大。

然而，这些算法所展示的技术和概念在许多其他情况下非常有用。例如，某个算法中采用概率的思想，这在许多应用中都非常重要。这个思路可以帮助我们设计出其他无法完全确定的算法（这常常会成为面试难题）。

本章阐述了公平性和偏差的概念，这是与所有随机算法（例如蒙特卡罗积分算法，本章也描述了该算法）都相关的两个重要概念。

本章还阐述了自适应积分算法技术，该技术使程序的大部分工作集中在最相关的区域，而较少关注那些易于处理的部分。这种使程序把更多的时间用于解决问题中最重要部分的思路，广泛适用于许多算法。

许多数值算法（例如GCD、费马素性检验、矩形法则和梯形法则、蒙特卡罗积分法等），都不需要复杂的数据结构。与此相反，本书中描述的大多数其他算法都需要专门的数据结构来生成结果。

下一章将解释一种数据结构：链表。虽然链表并不是本书涉及的最复杂的数据结构，但链表是许多其他算法的基础。此外，链表的概念也是其他数据结构（例如树和网络）的基础。

2.10 练习题

练习题的参考答案请参见附录。带星号的题目表示有相当难度的练习题。

1. 编写一个算法，使用一个均匀的六面骰子来生成抛掷硬币的结果。
2. 在2.1.1.3节中描述了使用有偏差的硬币产生公平抛掷结果的方法：抛掷硬币两次。然而，有时候抛掷两次并不能产生有效的结果，因此我们需要重复硬币的抛掷过程。假设抛掷硬币时，结果四分之三的情况下是正面，四分之一的情况下是反面。在这种情况下，抛掷硬币两次不能产生有效结果的可能性有多大？
3. 再次考虑上一题中描述的硬币问题。这一次我们假设硬币实际上是均匀的，但是我们仍然使用从一个有偏差的硬币中产生公平抛掷结果的算法。在这种情况下，抛掷两次硬币不能产生有效结果的可能性有多大？
4. 编写一个算法，使用一个有偏差的六面骰子生成1到6之间的公平值。这个算法的效率如何？
5. 编写一个算法，从包含N个元素的数组中选取M个随机值（其中$M \leqslant N$）。请问算法的运行时间是多少？对于本书中描述的示例（我们希望将样书赠送给从100名候选读者中挑选出来的5位），如何使用该算法？如果有10000名候选读者呢？
6. 编写一个算法，在一个扑克牌游戏程序中，向每位玩家发5张牌。一种方式是依次给每位玩家发1张牌，直到每位玩家有5张牌；另一种方式是一次给每位玩家发5张牌。请问两种方式之间有区别吗？
7. 编写一个程序，模拟抛掷两个六面骰子，并绘制一个条形图，显示抛掷结果中每个值（点数）出现的次数。将每个值出现的次数与在许多试验中期望的两个公平骰子每个值出现的次数进行比较。在结果符合预期分布之前，请问总共需要进行多少次试验？
8. 在完全自回避随机行走算法中，关键的回溯步骤是什么？换而言之，回溯究竟发生在什么地方？
9. 构建一个完全自回避随机行走算法时，如果算法不随机化相邻节点列表，结果会如何？这会改变算法的性能吗？
10. 在欧几里得算法中，如果初值$A < B$，则结果如何？
11. 整数A和B的最小公倍数（Least Common Multiple，LCM）是可以同时被A和B整除的最小整数。如何使用GCD算法计算LCM？
12. 如何更改快速求幂算法，以实现模块化（modular）快速求幂？

*13. 编写一个程序，计算一系列伪随机数对的GCD，并将GCD算法所需运行的步骤数与这两个数字的平均值进行图形化比较。结果是否满足对数关系？

14. 下面的伪代码显示了埃拉托斯特尼筛法如何“划掉”素数 next_prime 的倍数：

```
// "划掉"该素数的倍数
For i = next_prime * 2 To max_number Step next_prime Then
    is_composite[i] = true
Next i
```

“划掉”的第一个值是 next_prime * 2。但是我们知道，这个值已经被划掉了，因为它是 2 的倍数；算法做的第一件事就是划掉了 2 的倍数。如何修改此循环，以避免重新访问该值和许多已被“划掉”的其他值？

*15. 在一个奇合数（称为卡迈克尔数，Carmichael number）的无限集合中，每一个相对较小的素数都是费马谎言者。换而言之，如果 p 是一个奇数，对于每一个 n，当 $1 < n < p$ 并且 $\text{GCD}(p, n) = 1$ 时，n 是一个费马谎言者，则 p 是一个卡迈克尔数。编写一个算法，输出 1 到 10 000 之间的卡迈克尔数及其素因子。

16. 使用矩形法则时，某些矩形的一部分区域会落在曲线上方，从而增大估算面积；而某些矩形的一部分区域会落在曲线下方，从而减小估算面积。如果在矩形的中点使用函数的值而不是在矩形的左边缘使用函数的值，请问结果会如何？编写一个程序来验证我们的假设。

17. 请编写一个使用自适应蒙特卡罗积分的程序。该程序是否会更有效呢？

18. 编写一个算法（伪代码）用于执行蒙特卡罗积分，以计算三维形状的体积。

19. 如何使用牛顿迭代法求两个函数相交的点？

20. 能否使用除直线和多项式以外的函数来表示最小二乘法？

21. 如果只有两个数据点并且它们具有相同的 x 坐标，那么线性最小二乘法的计算结果会怎样？是什么导致了这种行为？

22. 请问哪条直线最适合具有相同 x 坐标的两个数据点？这条直线与练习题 21 的答案有什么关系？

链　表

链表可能是我们将构建的最简单的数据结构。但是，用来构建链表的一些概念也可以用于构建本书中所描述的最复杂的数据结构。为了使用链表，除了查找、插入和删除节点的方法外，我们还需要了解节点和链接。我们可以使用这些相同的概念来构建复杂的网络、树和平衡树。

本章主要阐述使用链表需要掌握的基本概念。后面的章节（特别是第 4、5、8 和 10 到 14 章）将进一步展开讨论。

3.1 基本概念

链表（linked list）由通常称为节点（或者单元，cell）的对象构建。节点的类包含链表必须存储的任何数据以及指向另一个节点的*链接*（link）。链接只是指向节点类的另一个对象的引用或者指针。通常，节点类中用于链接的指针字段称为 `Next`。

例如，下面的代码显示了 C# 中 `IntegerCell` 类的定义。该节点包含一个整数值和指向链表中下一个 `IntegerCell` 对象的指针。

```
class IntegerCell
{
    public int Value;
    public IntegerCell Next;
}
```

链表通常以图形化方式表示，矩形框表示节点，箭头表示链接。为了表示不指向任何内容的链接，我们使用 ☒。（在程序设计语言中，不指向任何内容的链接相对应的指针值表示为 `nothing`、`null`、`none` 或者其他一些特定于语言的值，以指示指针不指向任何内容。）

除了链表本身之外，程序还需要一个指向链表的变量，以便代码能够引用链表。通常，这个变量被命名为 `top`，代表链表的顶部。变量 `top` 可以是节点类型的变量，也可以是指向链表中第一个节点的指针。

图 3.1 显示了两个包含数字 31、72、47 和 9 的链表。在图 3.1 上面的链表中，程序有一个名为 `top` 的变量，它是指向链表第一个节点的指针。在图 3.1 下面的链表中，程序的 `top` 变量是链表中的第一个节点。两个链表都以一个包含 × 的框结尾，该框表示空指针。

链表是用于存储随着时间增长或者收缩的节点的有效方式。若要添加新节点，只需将其添加到链表的开头或者结尾。与之对比，数组的大小是固定的，因此如果需要添加额外的数据项，则可能需要很大的系统开销。

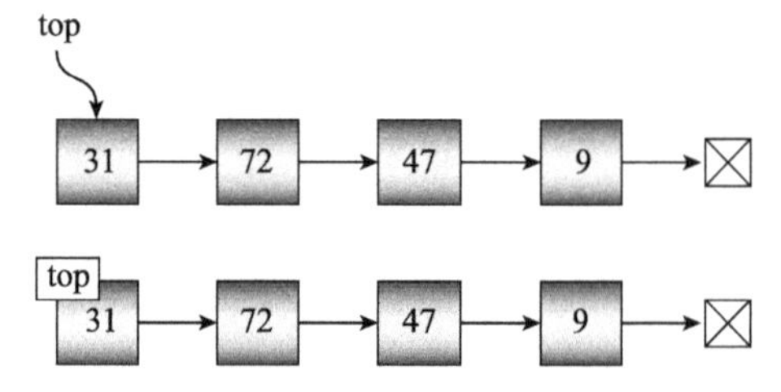

图 3.1　这两个链表都存储数值 31、72、47 和 9

接下来的章节将阐述一些可以用于操作链表的算法。其中许多算法使用图形化描述，这些图形有效地显示了执行操作之前和操作之后的链表。

3.2 单向链表

在单向链表（singly linked list）中，每个节点通过单个链接连接到下一个节点。图 3.1 所示的链表是单向链表。

为了使用链表，我们需要一组算法来遍历链表、向链表中添加节点、在链表中查找节点和从链表中删除节点。以下各节描述了一些我们可能会使用到的算法。

3.2.1 遍历链表

假设一个程序已经建立了一个链表，那么遍历其所有的节点就相对容易。下面的算法演示了如何遍历链表中的节点，并使用某种方法处理节点中的值。本例使用 Print 方法来打印节点的值，当然也可以使用对节点执行某些操作的其他方法来替换 Print。

```
Iterate(Cell: top)
    While (top != null)
        Print(top.Value)
        top = top.Next
    End While
End Iterate
```

注意：这些算法假设参数 top 是按值传递的，因此代码可以在不更改调用代码中 top 值的情况下对其进行修改。

此算法以 While 循环开始，只要顶部节点指针 top 不为空（null），就执行该循环。在循环体中，算法通过调用 Print 方法来打印 top 节点的值。然后将 top 设置为指向链表中的下一个节点。此过程一直循环，直到 top 被设置为链表末尾的空指针，则 While 循环停止。

此算法处理链表中的每个节点，因此如果该链表包含 N 个节点，则其运行时间为 $O(N)$。

3.2.2 查找节点

在链表中查找指定节点的问题就是遍历链表，并在找到指定节点时停止遍历。以下算法用于在某个链表中查找并返回包含目标值的节点：

```
Cell: FindCell(Cell: top, Value: target)
    While (top != null)
        If (top.Value == target) Then Return top
        top = top.Next
    End While

    // 如果程序运行到此处，则表明目标在链表中不存在
    Return null
End FindCell
```

算法进入一个 While 循环，只要 top 不为空，就执行该循环。在循环体中，算法将 top 节点的值与目标值进行比较。如果值匹配，则算法返回 top。如果值不匹配，则算法将移动 top 指向链表中的下一个节点。

如果遍历完链表，top 变为空，则表明目标值在链表中不存在，因此算法返回空值。（或者，算法可能抛出异常或引发某种错误，具体取决于所采用的程序设计语言。）

接下来的章节将讨论，如果指针指向链表中要处理的节点的前一个节点，那么处理该节

点将更加简单。以下算法用于查找包含目标值的节点的前一个节点：

```
Cell: FindCellBefore(Cell: top, Value: target)
    // 如果链表为空，则目标值不存在
    If (top == null) Return null

    // 查找目标值
    While (top.Next != null)
        If (top.Next.Value == target) Then Return top
        top = top.Next
    End While

    // 如果程序运行到此处，则表明目标在链表中不存在
    Return null
End FindCellBefore
```

该算法的伪代码与前一版本类似，但有两处不同。首先，算法必须在开始之前检查 top 是否不为空，以便算法可以安全地执行 top.Next。如果 top 为空，则 top.Next 未定义，实现该算法的程序将运行失败并可能崩溃。

如果 top 不为空，算法将像以前一样进入 While 循环，但这次算法将检查 top.Next.Value 而不是 top.Value。当算法找到目标值时，top 指向保存目标值的节点之前的节点，算法返回 top。

3.2.3 使用哨兵

如果仔细研究前面的算法，我们会发现有一种情况下该算法会出错。如果链表中的第一个节点包含目标值，则在该节点之前没有节点，因此算法无法返回该节点。算法要检查的第一个值位于链表的第二个节点中，并且算法不会反向检查。

处理这种情况的一种方法是添加特殊用途的代码，该代码显式地在第一个节点中查找目标值，然后单独处理该情况。程序需要将这种情况作为一个特例来处理，因而会增加复杂性。处理这种情况的另一种方法是在链表的开头创建一个哨兵（sentinel）。哨兵是一个节点，属于链表的一部分，但不包含任何有意义的数据。哨兵仅仅用作占位符，以便算法可以引用位于第一个节点之前的节点。如果使用哨兵，修改前面的 FindCellBefore 算法后，其伪代码如下所示：

```
Cell: FindCellBefore(Cell: top, Value: target)
    // 查找目标值
    While (top.Next != null)
        If (top.Next.Value == target) Then Return top
        top = top.Next
    End While

    // 如果程序运行到此处，则表明目标在链表中不存在
    Return null
End FindCellBefore
```

此版本的算法不需要检查 top 是否为空。因为链表总是至少有一个哨兵，所以 top 不可能为空。这意味着 While 循环可以直接开始。

此版本的算法从检查链表中第一个节点的值开始，而不是第二个节点，这样它就可以检测第一个节点包含目标值的情况。如果第一个节点包含目标值，此版本的算法可以返回第一

个节点之前的节点，即哨兵节点。因此，使用该算法的程序不需要定制代码来处理目标值位于链表开头的特殊情况。

在搜索目标值时，最好情况下，该算法可能会立刻找到目标值。但在最坏的情况下，在找到目标值之前，可能需要搜索大部分链表。如果目标值不在链表中，则算法需要搜索链表中的所有节点。如果链表包含 N 个节点，则此算法的运行时间为 $O(N)$。

虽然哨兵会占有一些空间，但它消除了特殊用途代码，使算法更简单、更优雅。以下章节中均假设链表具有哨兵。

3.2.4 在顶部添加节点

链表的用途之一是提供一个用于存储节点的数据结构。这种类型的数据结构与数组类似，但我们可以在需要的时候对其空间进行扩展。

将节点添加到链表的最简单方法是在哨兵之后放置一个新节点。以下算法在链表的开头添加新节点：

```
AddAtBeginning(Cell: sentinel, Cell: new_cell)
    new_cell.Next = sentinel.Next
    sentinel.Next = new_cell
End AddAtBeginning
```

算法首先设置新节点的 Next 指针指向链表中哨兵之后的第一个节点，然后设置哨兵的 Next 指针指向新节点。将新节点放置在哨兵之后，使其成为链表中的第一个节点。图 3.2 显示了在链表顶部添加新节点之前和之后的链表。

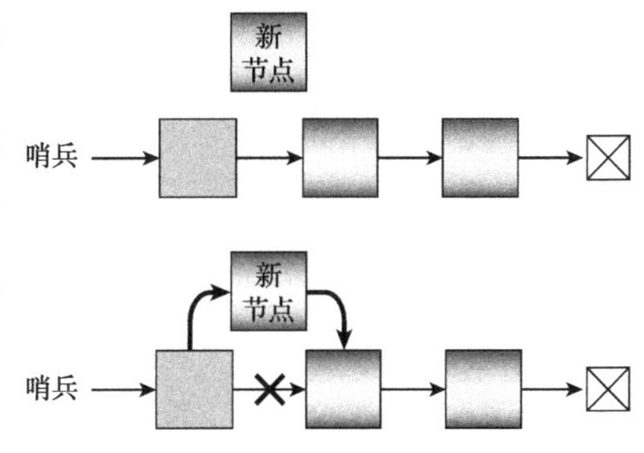

图 3.2　为了在链表顶部添加一个新节点，设置新节点的 Next 指针指向链表中原有的 top 节点，然后设置哨兵的 Next 指针指向新节点

该算法只执行两个步骤，所以不管链表包含多少节点，其运行时间都是 $O(1)$。

3.2.5 在尾部添加节点

相比在链表的顶部添加一个节点，在链表的尾部添加一个节点要困难一些，因为算法必须首先遍历链表，然后才能找到最后一个节点。实现在链表尾部添加新节点的算法的伪代码如下所示：

```
AddAtEnd(Cell: sentinel, Cell: new_cell)
    // 查找最后一个节点
    While (sentinel.Next != null)
    sentinel = sentinel.Next
    End While
    // 在尾部添加新节点
    sentinel.Next = new_cell
    new_cell.Next = null
End AddAtEnd
```

算法首先遍历链表，直到找到最后一个节点。然后设置最后一个节点的 Next 指针指向新节点，最后将新节点的 Next 指针设置为指向空。如果链表没有设置哨兵，算法会更混乱。那样的话，如果列表为空而哨兵指向 null，则必须使用特殊代码来处理此情况。

图 3.3 以图形方式显示了算法的流程。

此算法必须遍历整个链表，因此如果链表包含 N 个节点，则其运行时间为 $O(N)$。

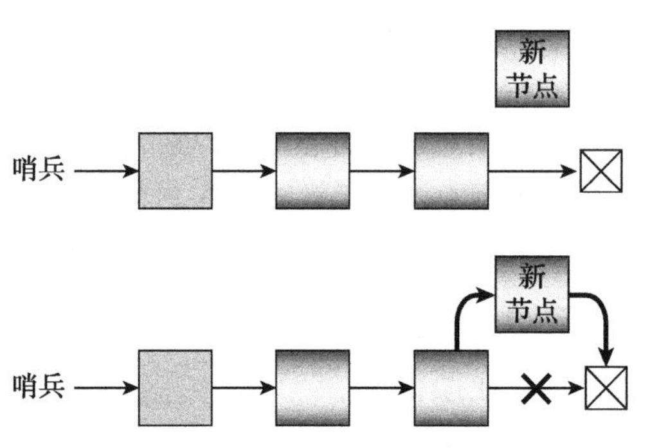

图 3.3　为了在链表尾部添加一个新节点，首先找到最后一个节点，然后设置最后一个节点的 Next 指针指向新节点，最后将新节点的 Next 指针设置为指向 null

3.2.6　在指定节点后插入节点

前两小节阐述了如何在链表的顶部或者尾部添加节点，但有时可能需要在链表的中间插入一个节点。假设我们希望在节点 after_me 的后面插入一个新节点，实现该算法的伪代码如下所示：

```
InsertCell(Cell: after_me, Cell: new_cell)
    new_cell.Next = after_me.Next
    after_me.Next = new_cell
End InsertCell
```

此算法首先设置新节点的 Next 指针指向 after_me 的下一个节点，然后设置 after_me 的 Next 指针指向新节点。图 3.4 以图形方式显示了算法的流程。

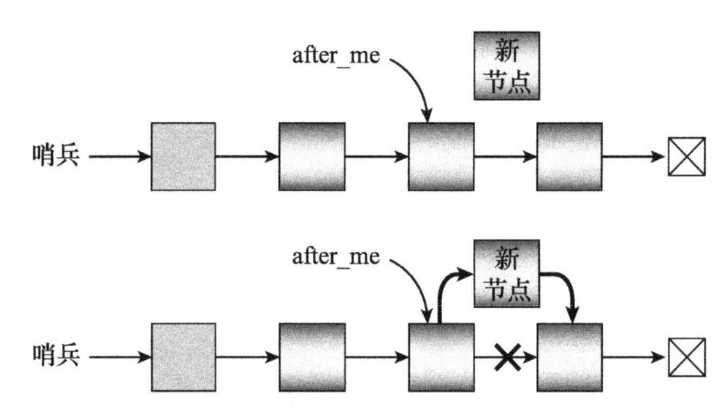

图 3.4　在给定节点后插入一个新节点的运行时间是 $O(1)$

这个算法只需要两步，所以其运行时间为 $O(1)$。但是，如果需要查找要插入的节点（after_me），则查找时间为 $O(N)$。例如，如果要在包含目标值的节点之后插入新节点，则必须先找到包含目标值的节点。

3.2.7　删除节点

要删除目标节点，只需设置目标节点的上一个节点的 Next 指针指向目标节点的下一个节点。下面的伪代码显示了一种算法，实现删除节点（after_me）后面的一个节点的算法的伪代码如下所示：

```
DeleteAfter(Cell: after_me)
    Cell: target = after_me.Next
    after_me.Next = target.Next
End DeleteAfter
```

图 3.5 以图形方式显示了算法的流程。

Python、C# 和 Visual Basic 等程序设计语言使用自动内存管理，因此被删除节点的内存最终会自动回收。在一些其他程序设计语言中，例如 C 和 C++，我们可能需要执行额外的工作来确保释放被删除节点所占用的内存。例如，在 C++ 中，我们需要释放被删除的目标节点所占用的内存，对应算法的伪代码如下所示：

```
DeleteAfter(Cell: after_me)
    Cell: target_cell = after_me.Next
    after_me.Next = after_me.Next.Next
    free(target_cell)
End DeleteAfter
```

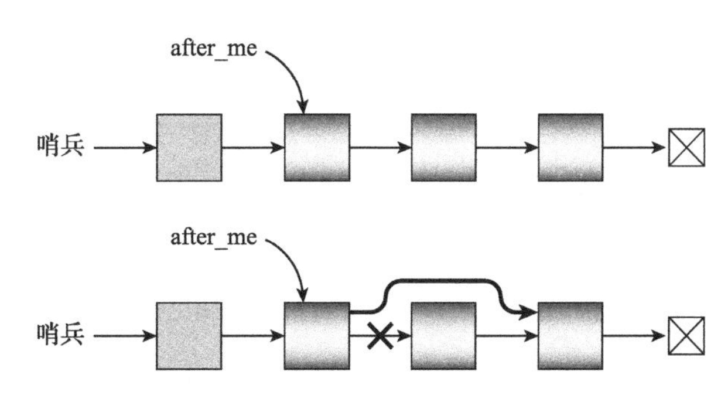

图 3.5　为了删除链表中的某个节点，首先设置其前一个节点的 Next 指针指向目标节点（即要删除的节点）之后的节点

销毁链表的方法也取决于具体的程序设计语言。在 Python、C# 和 Visual Basic 中，程序只需将对链表的所有引用设置为空，垃圾回收器最终会回收链表。在 C++ 等语言中，需要显式地释放每个节点，即需要遍历链表，释放每个节点，其实现的伪代码如下所示：

```
DestroyList(Cell: sentinel)
    While (sentinel != null)
        // 保存指向下一个节点的指针
        Cell: next_cell = sentinel.Next

        // 释放当前节点
        free(sentinel)

        // 移动到下一个节点
        sentinel = next_cell
    End While
End DestroyList
```

如何释放资源取决于所使用的程序设计语言，所以本书后续章节将不再赘述。需要注意的是，当我们从数据结构中删除节点或者其他对象时，可能需要做一些额外的工作。

3.3　双向链表

在双向链表（doubly linked list）中，节点包含指向链表中前一个节点和后一个节点的指针。指向前一个节点的指针通常称为 Prev 或者 Previous。

通常会在双向链表的顶部和尾部分别设置哨兵，以方便程序从链表的任意一端进行处理。例如，这可以保证从任意一端添加或者删除节点的运行时间为 $O(1)$。带有顶部哨兵和尾部哨兵的双向链表的示意图如图 3.6 所示。

处理双向链表的算法与处理单向链表的算法类似，但需要额外处理另一个指针链接。例如，在双向链表中给定节点后插入新节点的算法的伪代码如下所示：

```
InsertCell(Cell: after_me, Cell: new_cell)
    // 更新 Next 指针链接
    new_cell.Next = after_me.Next
    after_me.Next = new_cell

    // 更新 Prev 指针链接
    new_cell.Next.Prev = new_cell
    new_cell.Prev = after_me
End InsertCell
```

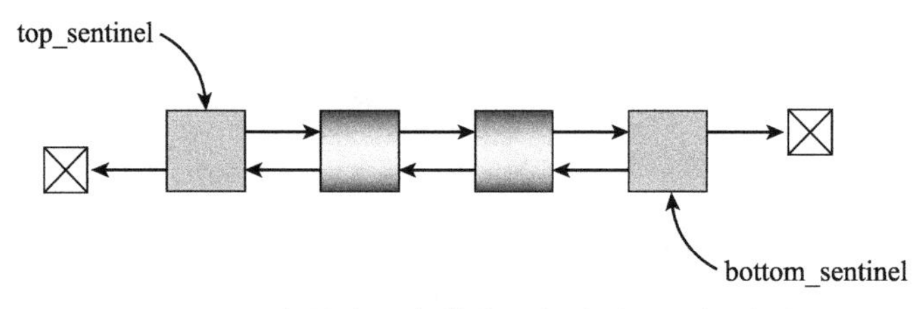

图 3.6　双向链表通常带有顶部哨兵和尾部哨兵

双向链表算法中唯一需要注意的地方是需要及时跟踪节点指针链接的更新。例如，在前面的算法中，倒数第 2 条语句设置 Prev 指针应该指向新节点。如果我们尝试使用以下语句来执行此操作：

```
after_me.Next.Prev = new_cell
```

然而，执行该语句时，由于 after_me.Next 指针已经更新指向新节点，因此结果不满足预期。所以算法需要使用 new_cell.Next。图 3.7 以图形方式显示了算法的流程。

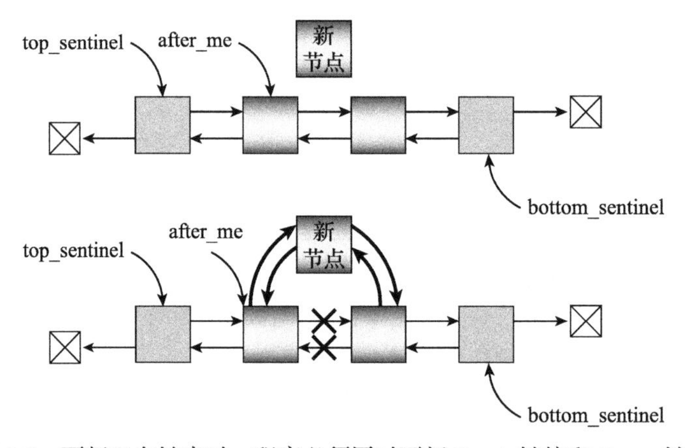

图 3.7　更新双向链表时，程序必须同时更新 Next 链接和 Prev 链接

3.4　有序链表

有时，需要保证链表中的节点按顺序排列。当我们向链表中添加新节点时，首先需要搜索链表以找到该节点所属的位置，然后更新相应的链接以将其插入有序链表中。在有序链表中插入一个新节点的算法的伪代码如下所示：

```
// 在有序链表中插入一个节点
InsertCell(Cell: sentinel, Cell: new_cell)
    // 首先查找要插入的节点所在的位置
    While (sentinel.Next != null) And
```

```
        (sentinel.Next.Value < new_cell.Value)
        sentinel = sentinel.Next
    End While

    // 在 sentinel 节点后插入新节点
    new_cell.Next = sentinel.Next
    sentinel.Next = new_cell
End InsertCell
```

在最坏的情况下，此算法在找到新节点的正确位置之前，可能需要遍历整个链表。因此，如果链表包含 N 个节点，则其运行时间为 $O(N)$。

虽然不能提高算法的理论运行时间，但是通过添加尾部哨兵，可以使算法在实践中更简单、速度稍快。如果将尾部哨兵的值设置为比可以存储在节点中的任何值都要大，则可以省略测试语句 `sentinel.Next != null`。因为我们知道代码最终会为新节点找到一个位置，即使它刚好位于尾部哨兵之前。

例如，如果节点包含使用 ASCII 字符的名称，则可以将尾部哨兵的值设置为 ~，因为 ~ 字符按词典顺序排在任何有效名称之后。如果节点包含整数，则可以将尾部哨兵的值设置为最大可能的整数值。(在大多数 32 位系统上，该值为 2 147 483 647。Python 可以表示任意大的整数，因此我们只需选择一个大于可能希望存储在链表中的任何值的值即可。)

以下伪代码为上述算法的改进算法。假设尾部哨兵的值比其他所有节点的值都大。

```
// 在有序链表中插入一个节点
InsertCell(Cell: sentinel, Cell: new_cell)
    // 首先查找要插入的节点所在的位置
    While (sentinel.Next.Value < new_cell.Value)
          sentinel = sentinel.Next
    End While

    // 在 sentinel 节点后插入新节点
    new_cell.Next = sentinel.Next
    sentinel.Next = new_cell
End InsertCell
```

3.5　自组织链表

自组织链表（self-organizing linked list）是一种使用某种启发式方法重新排列其节点以提高预期访问时间的链表。例如，如果程序多次在链表中搜索特定节点，则建议将该节点移到链表的顶部，以更方便地查找到该节点。

注意：启发式算法是一种可能但不能保证产生好结果的算法。例如，一个关于不会拿到超速罚单的启发性建议是，车速大于道路限速的数值最好不要超过 5 英里 / 小时。虽然我们可能还是会被开罚单，但也很有可能不会被开罚单。(但千万别把我的话当作法律建议！如果你得到了一张罚单，千万不能怪罪到我身上！）在本书的后续章节中，我们将学到更多关于启发式算法的知识。

如果将链表中的节点编号为 1, 2, …, N，并且假设查找到第 i 个节点的概率为 P_i，则需要遍历链表才能找到一个节点的预期搜索步骤数的计算公式如下所示：

$$\text{Expected Search Length} = 1 \cdot P_1 + 2 \cdot P_2 + 3 \cdot P_3 + \cdots + N \cdot P_N$$

如果需要查找任意节点的概率相同，则所有的概率 P_i 的值均为 $1/N$，因此预期的搜索步骤数为：

$$\text{Expected Search Length} = \frac{1}{N} + \frac{2}{N} + \frac{3}{N} + \cdots + \frac{N}{N}$$
$$= \frac{1}{N}\Sigma i = \frac{N(N+1)}{2N} = \frac{N+1}{2}$$

此值仅取决于链表的长度，因此与节点的排列方式无关。因为 P_i 值都是相同的，所以为了能够找到一个任意给定的节点，我们需要搜索的步骤数平均为链表长度的一半。

相反，如果 P_i 值不同，那么将访问概率更大的节点移到链表的前面是非常有意义的。如果我们预先知道 P_i 的值，就可以以最佳方式排列链表。不幸的是，通常只有在执行一些搜索之后，我们才知道实际的概率值。

自组织链表会在其处理过程中重新排列节点，以尝试改进节点的顺序。以下各节介绍了自组织链表重新排列节点以缩短搜索时间的几种方法。

3.5.1 前移方法

在*前移*（Move To Front，MTF）*方法*中，链表将最近访问的节点移到链表的前面。将一个节点移动到链接的前面只需要几个步骤，因此处理相对快速和容易。频繁被访问的节点将倾向于放置在链表顶部附近，而那些访问频率较低的节点则通常位于链表尾部附近。

这种方法的一个缺点是，不常访问的节点偶尔会被移动到链表的前面，从而减慢后续搜索的速度，直到它被重新安排回到链表的后面。尽管如此，这种链表还是可以通过少量的处理，大大地提供访问效率。

3.5.2 交换方法

交换方法（swap method）或者*置换方法*（transpose method）将最近访问的节点与其前一个节点进行交换，以便经常访问的节点逐渐移动到链表的前面。交换链表中的两个节点只需几个步骤，因此该方法快速而简单。这种方法还可以防止不常访问的节点跳到链表的前面，从而减慢以后的搜索速度。

这种方法的一个缺点是节点向前移动的速度缓慢。这意味着频繁访问的节点可能需要很长时间才能移动到链表的前面，因此在节点达成有效排列之前可能需要一段时间。与之对比，如果只执行少量的搜索，则前移方法可能会给出更好的结果。

3.5.3 计数方法

在*计数方法*（count method）中，我们可以跟踪每个节点被访问的次数。搜索指定节点时，会增加其计数，然后在链表中向前移动，直到该节点位于计数较小的任何节点之前。随着时间的推移，这些节点将接近最佳排列，即按概率排序。

这种方法的一个缺点是需要额外的存储空间来保存节点的计数。而且，在链表中移动一个节点到多个位置，比简单地将其移动到链表中的第一个位置或者将其与一个相邻节点交换需要更多的操作。

尽管重新排列链表可能需要相对大量的工作，但这些节点很快就会进入最佳位置，之后，这些节点通常不需要再重新排列。

3.5.4 混合方法

前移方法、交换方法和计数方法，在链表生命周期的不同时段有不同的行为。例如，前移方法相对较快地对节点的顺序进行了较大的调整，但是后续搜索不太常用的节点时可能会弄乱排列。交换方法可以产生更好的排列，但速度较慢。计数方法能够产生一个很好的排列，但需要额外的存储空间。

我们也许能够结合多种方法，以产生更好的整体效果。例如，首先可以使用前移策略将最常用的访问节点快速移动到链表的前面；然后可以切换到交换策略，以更缓慢地调整链表。另一种混合方法是，开始使用前移方法，同时更新节点的计数器。在执行足够的搜索以获得有用的统计数据之后，可以根据节点的计数对其进行排列，然后切换到计数策略。

C# 示例程序 `SelfOrganizingLists` 的结果如图 3.8 所示。在搜索一个包含 100 个值的链表 100 万次之后，我们可以观察到，前移方法生成的链表比无排列链表的搜索速度要快，交换方法生成的链表搜索速度更快，而计数方法生成的链表搜索速度最快。

图 3.8 中程序的三个单选按钮，分别用于确定节点访问频率的概率分布。如果选中“Equal”(均匀）单选按钮，则以相等的概率选择所有节点。如果选中“Linear”（线性）单选按钮，则节点的概率与其值成正比。例如，值为 10 的节点的访问概率是值为 1 的节点的 10 倍。如果选中“Quadratic”（二次方）单选按钮，则所选节点的概率等于其平方除以所有节点值的平方的总和。例如，选择值为 17 的节点的概率为 17×17 除以所有节点值的平方的总和。

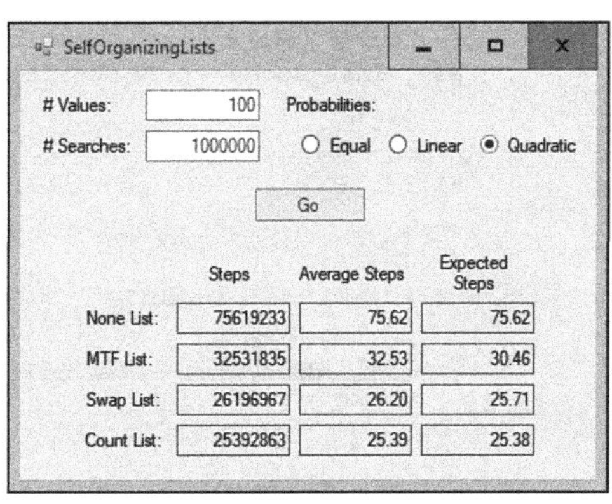

图 3.8 自组织链表比固定链表搜索速度快得多

3.5.5 伪代码

实现上述几种自组织链表重新排列节点的方法的伪代码如下所示：

```
// 查找一个节点，并重新排列链表
Item: FindItem(Value: value)
        <查找节点>
        <使用某种自组织策略重新排列链表>
        <返回节点>
End FindItem
```

我们可以使用本章前面描述的算法来查找节点。对于前移方法或者交换方法，我们可以查找链表中目标节点的前一个节点，以便更容易地实现节点的移动或者交换。对于计数方法，我们可以使用双向链表，以便根据需要轻松地将找到的节点交换到链表的前面。

要在 C#、Python 或者其他面向对象程序设计语言中实现该算法，可以创建一个自组织链表父类，该类提供基本的链表方法，用于添加和删除节点；其 `Find` 方法可以调用在父类中不执行任何操作的 `Rearrange`（重新排列）方法。然后，前移方法、交换方法和计数方法的子类可以重写 `Rearrange` 方法，以重新构造合适的链表。这种设计模式使得父类包含尽可能多的共享代码，而子类只需要包含特定于其排列策略的代码。

3.6 链表算法

到目前为止，本章已经描述了构建和维护链表的算法。我们讨论了在链表的顶部、尾部和内部添加节点的算法，在链表中查找和删除节点的算法，以及生成自组织链表的算法。以下各节介绍以其他方式操作链表的算法。

3.6.1 复制链表

一些算法需要重新排列链表。例如，接下来的两节将描述对链表中的节点进行排序的算法。如果要保持原始链表的完整性，则必须先复制该链表，然后再排序。复制一个单向链表的算法的伪代码如下所示：

```
// 复制一个链表
Cell: CopyList(Cell: old_sentinel)
    // 为新链表创建一个哨兵
    Cell: new_sentinel = New Cell()

    // 跟踪最后复制的节点
    Cell: last_added = new_sentinel

    // 跳过哨兵
    Cell: old_cell = old_sentinel.Next

    // 复制节点
    While (old_cell != null)
        // 创建一个新的节点
        last_added.Next = New Cell

        // 移动到新节点
        last_added = last_added.Next

        // 设置新节点的值
        last_added.Value = old_cell.Value

        // 准备复制下一个节点
        old_cell = old_cell.Next
    End While

    // 以空节点结束
    last_added.Next = null

    // 返回新链表的哨兵
    Return new_sentinel
End CopyList
```

这个算法简单直接，但它包含一个值得注意的特性。算法使用变量 `last_added` 来跟踪最近添加到链表新副本中的节点。若要将新节点复制到新链表中，算法将 `last_added.Next` 设置为新节点对象，这样就将新对象添加到新链表的末尾。然后，算法更新 `last_added` 以指向新节点，并将原节点的值复制到新节点中。

这样处理的结果使得链表在尾部而不是顶部增长。这类似于只要跟踪链表中的最后一个节点，就可以很容易地将节点添加到链表的末尾，具体请参见练习题 1。

3.6.2 插入排序

第 6 章将讨论很多排序算法，在本节我们将讨论两种排序算法：插入排序（insertionsort）和选择排序（selectionsort）。

插入排序算法的基本思想是从输入列表中获取一个数据项，并将其插入到排序输出列表（最初是空的）中的适当位置。插入排序算法的伪代码如下所示。其中要排序的数据项存储在包含顶部哨兵的单向链表中。

```
// 使用插入算法对链表进行排序
Cell: Insertionsort(Cell: old_sentinel)
    // 为排序后的链表创建一个哨兵
    Cell new_sentinel = New Cell()
    new_sentinel.Next = null

    // 跳过输入链表中的哨兵
    old_sentinel = old_sentinel.Next

    // 重复以下操作，直到所有的数据项都插入到新的排序后的链表中为止
    While (old_sentinel != null)
        // 获取下一个要插入的节点
        Cell: next_cell = old_sentinel

        // 设置 old_sentinel 指向下一次循环要处理的节点
        old_sentinel = old_sentinel.Next

        // 查找当前处理的节点在排序后的链表中的插入位置
        Cell: after_me = new_sentinel
        While (after_me.Next != null) And
              (after_me.Next.Value < next_cell.Value)
              after_me = after_me.Next
        End While

        // 把当前处理的节点插入排序后的链表中
        next_cell.Next = after_me.Next
        after_me.Next = next_cell
    End While

    // 返回排好序的链表
    return new_sentinel
End Insertionsort
```

该算法首先创建一个用于保存排序输出结果的空链表。然后遍历未排序的输入链表的节点。对于每个输入节点，算法检查不断增长的排序后的链表，并查找新节点的插入位置。最后在该插入位置插入当前处理的节点。

通过调用 3.2.6 节描述的 `InsertCell` 算法，可以进一步简化算法的实现代码。

算法的最佳情况发生在输入链表中的节点最初是按从大到小的顺序排列时。在这种情况下，每次算法处理一个新节点时，该节点的值都小于已添加到排序列表中的所有节点的值。这意味着新节点属于排序列表的顶部，因此运行时间为 $O(1)$。这也表明，对事先已经排好序的节点进行“排序”，其总的运行时间为 $O(N)$。

算法的最坏情况发生在输入链表中的节点最初按从小到大的顺序排列时。在这种情况下，每次算法处理一个节点时，该节点的值比已经移动到新的排序后的链表中的所有节点值都大，因此我们需要将其插入链表的尾部。因此运行时间为 $1 + 2 + 3 + \cdots + N = N\times(N - 1)/2 = O(N^2)$。

在平均情况下，当节点最初随机排列时，算法可以快速插入一些节点，但后续插入其他

节点则需要更长的时间。结果是，算法的运行时间仍然是 $O(N^2)$，但在实际运行中，一般不会出现最坏情况。

许多其他排序算法的运行时间通常为 $O(N\log N)$ 时间，因此该算法的 $O(N^2)$ 性能相对较慢。这使得该算法不适用于大型列表。然而，对于小型列表，其运行速度非常快。并且，该算法可以处理链表，而其他许多算法不能处理链表。

3.6.3 选择排序

选择排序算法的基本思想是搜索输入列表中所包含的最大数据项，然后将其添加到不断增长的排序后列表的前面。对于一个包含整数的单向链表的选择排序算法的伪代码如下所示。

```
// 使用选择排序对整数链表进行排序
Cell: Selectionsort(Cell: old_sentinel)
    // 为排序后的链表创建一个哨兵
    Cell: new_sentinel = New Cell
    new_sentinel.Next = null

    // 重复处理，直到旧的链表为空
    While (old_sentinel.Next != null)
        // 查找旧链表中的最大数据项
        // best_after_me 节点将指向最大数据项的前一个节点
        Cell: best_after_me = old_sentinel
        Integer: best_value = best_after_me.Next.Value

        // 开始检查下一个数据项
        Cell: after_me = old_sentinel.Next
        While (after_me.Next != null)
            If (after_me.Next.Value > best_value) Then
                best_after_me = after_me
                best_value = after_me.Next.Value
            End If
            after_me = after_me.Next
        End While

        // 从未排序链表中移除最大数据项所在的节点
        Cell: best_cell = best_after_me.Next
        best_after_me.Next = best_cell.Next

        // 把最大项节点添加到排序后的链表的顶部
        best_cell.Next = new_sentinel.Next
        new_sentinel.Next = best_cell
    End While

    // 返回排序后的链表
    Return new_sentinel
End Selectionsort
```

通过提取算法中在输入链表中查找最大节点的代码，并将该代码重构为一个新的算法，然后在此算法中调用新算法，可以简化此算法。

当输入链表包含 K 个数据项时，在链表中找到最大数据项需要 K 步。将最大数据项添加到排序后的链表只需少数操作步骤。随着算法的执行，输入链表将逐渐缩小。因此，如果原

始链表包含 N 个节点，则总的运行时间为 $N + (N - 1) + \cdots + 2 + 1 = N\times(N - 1)/2 = O(N^2)$，这与插入排序算法的运行时间相同。

3.7 多线链表

在单向链表中，节点具有指向链表中下一个节点的链接。在双向链表中，每个节点都有指向链表中其前和其后的节点的链接。双向链表使用两个链接，提供两种在其节点间移动的方法：向前移动或者向后移动。

当然，我们还可以在链表的节点中添加其他链接，以提供在节点间的其他移动方式。例如，假设我们创建一个用于保存太阳系行星信息的 `Planet` 类。我们可以给 `Planet` 类定义一个名为 `NextDistance` 的字段，用于连接到下一个离太阳最近的行星。根据 `NextDistance` 链接，我们可以按以下顺序列出各行星：水星、金星、地球、火星、木星、土星、天王星和海王星（如果读者是冥王星的粉丝，也可以选择冥王星）。

类似地，我们还可以添加其他链接字段以列出按质量、直径和其他特征排序的行星。通过由一组链接定义的节点的每条路径称为线（thread）。

使用单线链表非常简单，可以把它看作单向链表，尽管同时可视化所有线可能会造成混乱。例如，图 3.9 显示了一个有 3 条线的行星链表。细线链接访问按距离（与太阳之间的间距）排列的行星，虚线链接访问按质量排列的行星，粗线链接访问按直径排列的行星。

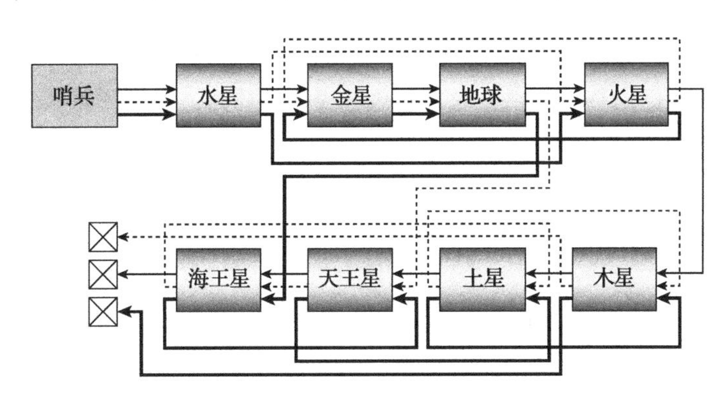

图 3.9 同时可视化一个多线链接中的所有线可能会造成混乱

注意：其他数据结构也可以具有多线属性。例如，一棵树也可以提供多线链接，以允许程序按自定义的顺序访问树的节点。

3.8 循环链表

循环链表（circular linked list）是最后一个节点的链接指向链表中第一个节点的链表。图 3.10 显示了一个循环链表。

循环链表适用于需要无限循环遍历节点序列的情况。例如，操作系统可能会循环遍历一个进程列表，从而为每个进程分配一个执行的时间片。如果启动一个新进程，可以将其添加到列表中的任何位置，例如添加到哨兵之后，这样该新进程就有机会立即执行。

另一个例子是，一个游戏可以无限循环地遍历一个由若干对象组成的列表，允许每个对象在屏幕上移动。同样，新对象可以添加到列表的任何位置。

图 3.11 显示了一个包含环路的链表，但该环路不包含该链表的所有节点。

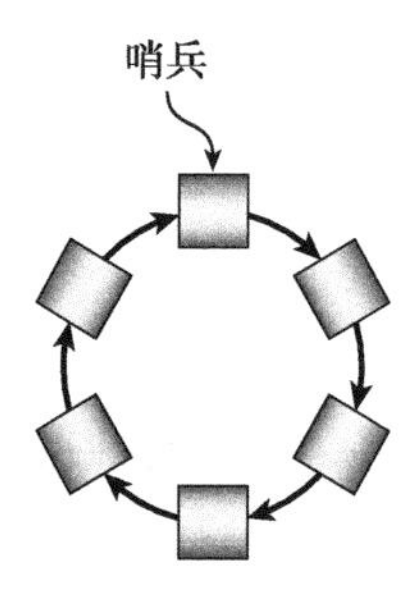

图 3.10 循环链表使程序能方便地无限循环遍历一系列对象

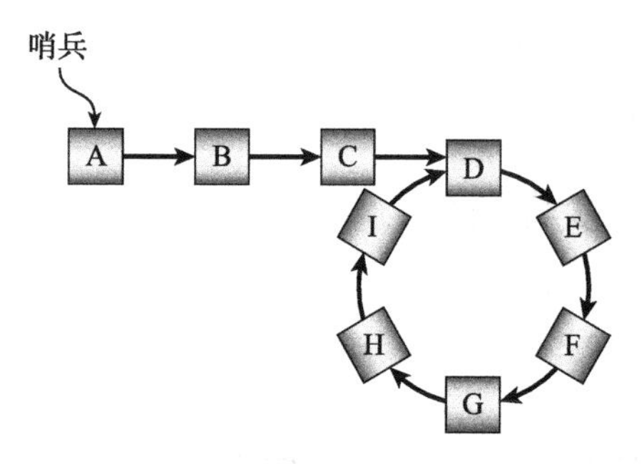

图 3.11 一个包含环路的链表，但该环路不包含该链表的所有节点

图 3.10 所示的链表非常有意思，主要是因为它给我们带来了两个发人深省的问题。第一，如何判断链表是否包含这样的环路？第二，如果链表包含这样的环路，我们如何找到环路的起始位置，从而在该处断开环路以“修复”链表？这个问题基本上等同于“如何找到链表的尾部位置”的问题。在图 3.11 中，我们可以将列表的尾部定义为节点 I，因为它是在开始重复遍历链表之前访问的最后一个节点。

以下章节描述了一些用于回答上述问题的有趣算法。

3.8.1 标记节点

判断链表是否存在环路的最简单方法是遍历其节点，并且在访问时标记每个节点。如果我们遇到一个已经标记的节点，则可以判断该链表存在环路，并且环路从该节点开始。以下伪代码显示了此算法：

```
// 如果链表中存在环路，则返回 true
// 如果链表中存在环路，则断开环路
Boolean: HasLoopMarking(Cell: sentinel)
    // 假设不存在环路
    Boolean: has_loop = false

    // 遍历链表
    Cell: cell = sentinel
    While (cell.Next != null)
        // 检查是否已经访问过下一个节点
        If (cell.Next.Visited)
            // 该节点是环路的起始位置
            // 断开环路
            cell.Next = null
            has_loop = true
            <中断并跳出 While 循环>
        End If

        // 移动到下一个节点
        cell = cell.Next

        // 标记该节点已经被访问
        cell.Visited = true
    End While

    // 重新遍历链表以清除访问标志
```

```
        cell = sentinel
        While (cell.Next != null)
            cell.Visited = false
            cell = cell.Next
        End While

        // 返回结果
        Return has_loop
    End HasLoopMarking
```

C# 示例程序 BreakLoopMarking（可以在本书官网上下载）演示了该算法的实现。此算法必须遍历链表两次，一次将节点的 Visited 标志设置为 true，另一次将其重置为 false。因此，如果列表包含 N 个节点，则该算法需要 $2 \times N$ 个步骤，即其运行时间为 $O(N)$。

该算法还要求每个节点增加一个字段 Visited，因此需要 $O(N)$ 空间。链表已经占用了 $O(N)$ 空间来保存节点及其链接，所以问题不大，但是必须承认的是，这个算法的确有一些内存开销。

注意：标记节点是一种简单的技术，这种技术对于其他数据结构，特别是网络也很有用。第 13 章和第 14 章中描述的一些算法也将使用标记技术。

通常，类似的问题有一个额外的要求，即不允许更改节点类的定义。在这种情况下，意味着我们不能添加字段 Visited。接下来讨论的算法满足该附加限制要求。

3.8.2　使用哈希表

哈希表将在第 8 章中详细描述。到目前为止，我们只需要知道哈希表可以快速存储数据项、检索数据项，并判断哈希表中是否存在指定的数据项。

算法遍历链表，将每个节点添加到哈希表中。访问一个节点时，算法会检查哈希表以查看哈希表中是否已经包含该节点。如果正在访问的节点已经在哈希表中，则链表包含从该节点开始的环路。以下伪代码显示了此算法：

```
    // 如果链表中存在环路，则返回 true
    // 如果链表中存在环路，则断开环路
    Boolean: HasLoopHashTable(Cell: sentinel)
        // 创建一个哈希表
        Hashtable: visited

        // 遍历链表
        Cell: cell = sentinel
        While (cell.Next != null)
            // 检查是否已经访问过下一个节点
            If (visited.Contains(cell.Next))
                // 该节点是环路的起始位置
                // 断开环路并返回 true
                cell.Next = null
                Return true
            End If

            // 把当前节点添加到哈希表中
            visited.Add(cell)

            // 移动到下一个节点
            cell = cell.Next
        End While
```

```
    // 如果程序运行到此处，则不存在环路
    Return false
End HasLoopHashTable
```

C#示例程序BreakLoopHashtable（可以在本书官网上下载）演示了该算法的实现。此算法遍历链表中的节点一次，因此如果列表包含N个节点，则此算法将执行N个步骤，故其运行时间为$O(N)$。

此算法还需要哈希表。为了获得最佳性能，哈希表必须有超出存储值所需空间的额外空间。如果链表包含N个节点，则哈希表必须具有容纳N个以上数据项的空间。一个可以容纳$1.5\times N$个数据项的哈希表将提供良好的性能，并且仍然使用$O(N)$空间。

此算法遵守不允许修改节点类的限制，但它使用了额外的存储空间。以下各节介绍一些不使用额外存储就可以检测环路的算法。

3.8.3 链表回溯

链表回溯算法（list retracing algorithm）使用两个对象来遍历链表。首先，启动第一个对象（称为leader）进行正常遍历。每当该对象访问一个新的节点时，算法都会启动第二个对象（称为tracer）进行遍历。如果tracer在到达节点leader之前先到达节点leader.Next，则链表中包含环路。

例如，重新观察图3.11所示的链表，假设leader指向节点I，那么tracer在到达节点I之前，会先到达节点leader.Next（即节点D），这表明链表中存在一个从节点D开始到节点I结束的环路。以下伪代码显示了此算法：

```
// 如果链表中存在环路，则返回true
// 如果链表中存在环路，则断开环路
Boolean: HasLoopRetracing(Cell: sentinel)
    // 遍历链表
    Cell: cell = sentinel
    While (cell.Next != null)
        // 检查是否已经访问了下一个节点
        Cell: tracer = sentinel
        While (tracer != cell)
            If (tracer.Next == cell.Next)
                // 该节点是环路的开始节点
                // 断开环路，并返回true
                cell.Next = null
                Return true
            End If
            tracer = tracer.Next
        End While

        // 移动到下一个节点
        cell = cell.Next
    End While

    // 如果程序运行到此处，则不存在环路
    Return false
End HasLoopRetracing
```

C#示例程序BreakLoopRetrace（可以在本书官网上下载），演示了该算法的实现。假设链表中包含N个节点，当算法中的cell对象检查链表中的第K个节点时，tracer

对象必须遍历到链表的第 K 个节点，因此必须完成 K 步。这意味着算法的运行时间是 $1+2+3+\cdots+N=N\times(N-1)/2=O(N^2)$。

该算法比前两个算法慢，但是与前两个算法不同的是，它所需要的唯一额外空间是用于遍历链表的两个节点指针。

3.8.4 链表反转

与前面的链表回溯算法一样，*链表反转算法*（list reversal algorithm）仅使用少量额外空间来保存一些指针。然而，该算法的运行时间为 $O(N)$。

此算法遍历链表，反转每个节点的 `Next` 链接，使其指向链表中该节点之前的节点，而不是该节点之后的节点。如果算法到达链表的哨兵，那么链表包含环路。如果算法到达了 `null` 链接，但是并没有到达哨兵节点，则链表不包含环路。

当然，遍历链表并反转链接会破坏原来的链接。为了恢复原来的链接，算法第二次遍历链表，并再次反转链接，使它们指回原来的位置。

为了理解算法的工作原理，请仔细观察图 3.12。图 3.12 顶部位置的图显示了原始列表。算法从节点 A 开始遍历链表，并反转链表。图 3.12 中间位置的图显示了当遍历到节点 I 处时，反转链接的结果。图中反转后的链接使用粗线表示。接下来，算法沿着链接从节点 I 到节点 D。随后沿着反转后的链接从节点 D 到节点 C、B 和 A。沿着这些链接遍历时，算法将再次反转这些链接，结果如图 3.12 底部位置的图所示。图中反转了两次的链接使用虚线表示。

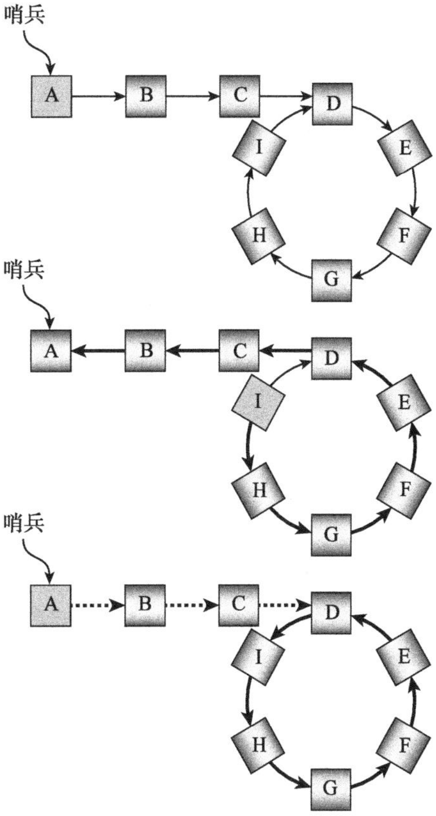

图 3.12 算法通过反转链表中的链接可以检测到环路

至此，算法返回到链表的第一个节点，从而判断该链表存在环路。注意，新的链表与原始链表结构相同，除了环路中的链接被反转。最后，算法重新遍历链表并反转链接，从而恢复链表的原始链接。

因为该算法需要遍历链表两次，因此有必要把遍历操作封装到一个独立的方法中，然后在算法中调用两次方法即可。反转链表链接的算法的伪代码如下所示：

```
// 反转链表一次，然后返回链表的新顶部
Cell: ReverseList(Cell: sentinel)
    Cell: prev_cell = null
    Cell: curr_cell = sentinel
    While (curr_cell != null)
        // 反转当前节点的链接
        Cell: next_cell = curr_cell.Next
        curr_cell.Next = prev_cell

        // 移动到下一个节点
```

```
        prev_cell = curr_cell
        curr_cell = next_cell
    End While

    // 返回最后访问的节点
    Return prev_cell
End ReverseList
```

上述伪代码遍历链表，同时反转节点的链接，并返回最后访问的节点，这就是反向链表中的第一个节点。以下算法使用前面的伪代码来判断链表是否包含环路：

```
// 如果链表中存在环路，则返回 true
Boolean: HasLoopReversing(Cell: sentinel)

    // 如果链表为空，则不存在环路
    If (sentinel.Next == null) Then Return false

    // 遍历链表，反转链接
    Cell: new_sentinel = ReverseList(sentinel)

    // 再次遍历链表，反转链接以恢复最初的链接
    ReverseList(new_sentinel)

    // 如果反转后的链表与原始链表的开始节点相同，则存在环路
    If (new_sentinel == sentinel) Then Return true
    Return false
End HasLoopReversing
```

算法调用 `ReverseList` 方法来反转链表并获取反转链表的第一个节点。然后再次调用 `ReverseList` 来重新反转链表，将链接还原为其原始值。如果哨兵与反向链表中的第一个节点相同，则算法返回 `true`。如果哨兵与反向链表中的第一个节点不同，则算法返回 `false`。

算法遍历链表两次，一次反转链接，一次还原链接，所以其性能为 $2 \times N = O(N)$。该算法的运行时间为 $O(N)$，并且不需要额外的空间。不幸的是，算法只能检测环路，不提供断开环路的方法。下一个算法解决了这个问题，尽管它是到目前为止最复杂的算法。

3.8.5 龟兔赛跑算法

龟兔赛跑算法（tortoise-and-hare algorithm），或称*弗洛伊德环路查找算法*（Floyd's cycle-finding algorithm），是罗伯特·弗洛伊德（Robert Floyd）于19世纪60年代发明的一种查找链表中是否存在环路的算法。这个算法本身并不复杂，但解释起来有些困难，所以如果读者对算法的数学原理不感兴趣，可以跳过以下内容，直接去研读伪代码。

该算法首先创建两个名为 `tortoise`（龟）和 `hare`（兔）的对象，从链表的开始位置以不同的速度在链表中移动。乌龟每一步移动1个节点，兔子每一步移动2个节点。

如果兔子到达了 `null` 链接，则链表有一个尾部，即不存在环路。如果链表中存在一个环路，则兔子最终会进入环路，并一直在环路中绕圈。与此同时，乌龟缓慢地前行，直到最终也到达环路。至此，乌龟和兔子都在环路中。

设 T 为乌龟进入环路前经过的步数，设 H 为 T 步后从环路开始位置到兔子位置的距离，如图3.13所示。设 L 为环路中的节点数。

在图 3.13 中，$T = 4$，$H = 4$，$L = 5$。因为兔子的移动速度是乌龟的 2 倍，所以在移动 T 个节点后到达环路。然后，它在环路中再次移动 T 个节点到达图 3.13 所示的位置。这导致了以下的重要事实 1。

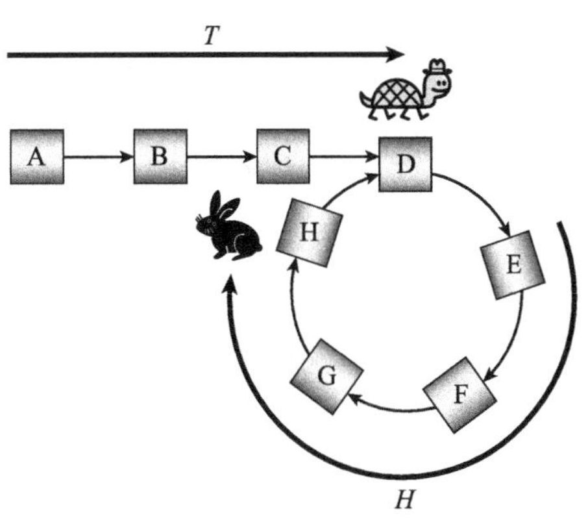

图 3.13　T 为乌龟进入环路前经过的步数，H 为从开始位置到兔子所在位置的距离

注意，如果 L 比 T 小很多，则兔子可能绕着环路跑了好几圈。例如，如果 T 是 102，L 是 5，则乌龟在 102 步后到达环路。兔子在 51 步后到达环路，接下来的 50 步（100 个节点）绕环路运行 20 圈，然后在环路内再移动一步（两个节点）。在这种情况下，$H = 2$。

下一个问题是，兔子什么时候能赶上乌龟？当乌龟进入环路时，兔子领先前面 H 个节点，如图 3.13 所示。因为乌龟和兔子位于同一个环路中，所以可以认为兔子在乌龟后面的 $L - H$ 个节点。因为每当乌龟移动一个节点时，兔子会移动两个节点。这表明，兔子将在 $L - H$ 步后赶上乌龟。在图 3.13 中，$H = 4$ 且 $L = 5$，因此兔子将在 $5 - 4 = 1$ 步后赶上乌龟，它们都将位于节点 E。

这就意味着在龟兔相遇的时候，乌龟在环路中共移动了 $L - H$ 个节点。当两个动物相遇时，它们离环路开始位置的距离为 $L - (L - H) = H$ 个节点。这就是重要事实 2。

重要事实 1

如果在环路中移动了 T 个节点，则结果离开始位置 H 个节点。

重要事实 2

当兔子赶上乌龟时，两个动物离环路开始位置的距离为 H 个节点。

现在，如果乌龟从相遇的节点再移动 H 个节点，则乌龟将位于环路的起始位置，因此我们就能确定环路开始的节点。不幸的是，我们并不知道 H 的值，因此无法把乌龟移动 H 步。然而，从“重要事实 1”中，我们知道如果乌龟在环路中移动了 T 个节点，结果是乌龟距离它开始的位置 H 个节点。在这种情况下，乌龟将位于环路的起点。

不幸的是，我们同样不知道 T 的值，因此无法将乌龟移动 T 步。然而，如果我们让兔子从环路的开始位置一次移动一个节点，而不是两个节点（或许兔子绕了环路那么多圈因此累了呢），则兔子经过 T 个节点后也将到达环路的开始位置。这意味着经过 T 个节点后，兔子和乌龟将在环路的开始位置相遇。

该算法的伪代码如下所示：

```
1. 创建一个在链表中移动的乌龟，一步移动 1 个节点。创建一个在链表中移动的兔子，一步移动 2 个节点。
2. 如果兔子移动到一个空链接，则链表不存在环路，算法终止。
3. 否则，当兔子赶上乌龟后，从链表开始位置重新启动兔子的移动，这次兔子每一步移动一个节点。乌龟继
   续每一步移动一个节点。
4. 当乌龟和兔子再次相遇时，它们位于环路的开始位置。让兔子停留在环路的开始位置好好休息，让乌龟继
   续沿环路移动。当乌龟的 Next 指针指向兔子停留的位置时，乌龟位于环路的终点。
5. 通过设置乌龟所处位置节点的 Next 指针为 null，可以断开环路。
```

警告：我从来没有遇到过真正需要使用龟兔算法的程序。如果我们足够仔细的话，一般不会创建包含意外环路的链表。然而，检测链表是否存在环路循环的问题似乎是程序员面试中常见的烧脑问题，所以有必要了解这个解决方案。

3.8.6 双向链表中的环路

在双向链表中检测环路很容易。如果存在环路，则在某个位置，`Next` 指针将跳回之前访问过的那一部分链表。该节点的 `Prev` 指针指向之前访问过的一个节点，而不是指向创建环路的节点。所以，要检测环路，只需遍历链表，对于每个节点，验证 `cell.Next.Prev == cell`。

上述讨论假设链表中的节点形成了一个正常的双向链表，如果存在环路，则该环路是一个简单的环路。如果 `Next` 和 `Prev` 链表完全不同步，则此方法虽然能检测出问题，但无法帮助我们修复问题。这种情况更多的是两条线通过同一个节点，而不是一个带有环路的双向链表。

3.9 本章小结

本章阐述有关链表的概念及其应用，包括单向链表、双向链表以及多线链表。本章还阐述了基本的链表操作算法，例如添加、查找和删除节点。最后描述了一些更先进的算法，以管理自组织链表，并检测和删除链表中的环路。

这些使用指针的操作，都是后面涉及树、平衡树、网络和其他链接数据结构的章节的预备知识。实际上，下一章将使用链接数据结构来实现稀疏数组。

3.10 练习题

练习题的参考答案请参见附录。带星号的题目表示有相当难度的练习题。

1. 在 3.2.5 节给出了一个 $O(N)$ 算法，用于在单向链表的尾部添加节点。如果保留另一个指向链表中最后一个节点的变量 `bottom`，则在链表尾部添加节点的运行时间为 $O(N)$。请编写程序以实现该算法。这种方法会使得在链表的头部或者尾部添加节点、查找节点和删除节点的其他算法复杂化吗？编写一个算法，从这种链表中删除一个节点。
2. 编写一个算法，在一个未排序的整数单向链表中查找最大数据项。
3. 编写一个算法，在双向链表的顶部添加一个数据项。
4. 编写一个算法，在双向链表的尾部添加一个数据项。
5. 比较练习题 3 和练习题 4 编写的算法与 3.3 节中的 `InsertCell` 算法，我们会发现它们十分相似。请改写为练习题 3 和 4 编写的算法，以调用 `InsertCell` 算法，而不是直接更新链表的链接。
6. 编写一个算法，从双向链表中删除指定节点。并绘制算法执行过程的示意图。
7. 假设有一个包含姓名的有序的双向链表。请设计一种提高搜索性能的算法，实现从尾部哨兵而不是顶部哨兵开始的搜索。请问该算法是否会优化运行时间？
8. 编写一个算法，在一个有序的双向链表中插入一个节点，其中顶部和尾部的哨兵分别保存最小和最大可能的值。
9. 编写一个算法，判断一个链表是否有序。
10. 编写一个类似于图 3.14 所示的程序，比较使用选择排序算法

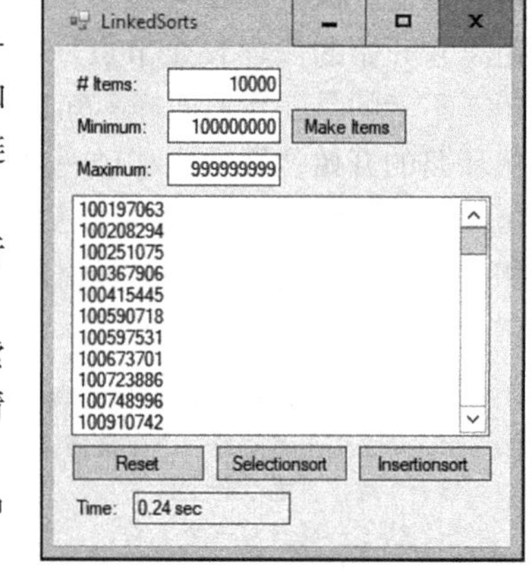

图 3.14 本程序比较选择排序算法和插入排序算法的性能

和插入排序算法对链表节点进行排序所需的时间。哪个算法的速度更快？

11. 选择排序算法和插入排序算法的运行时间均为 $O(N^2)$。请解释为什么实际运用中选择排序算法的运行时间相对较长？

12. 执行选择排序算法和插入排序算法后，输入链表的状态是什么？是否可以设计一个算法，确保执行两种算法后，输入链表保持不变？

13. 编写一个程序，按 3.7 节所述建立一个表示行星的多线链表。允许用户单击单选按钮或者从组合框中选择按不同路径的排序方式显示行星。（提示：创建一个 `Planet` 类，包含字段 `Name`、`DistanceToSun`、`Mass`、`Diameter`、`NextDistance`、`NextMass` 和 `NextDiameter`。然后创建一个 `AddPlanetToList` 方法，按排序顺序将一个行星添加到不同路径中。）

*14. 编写一个类似于图 3.8 所示的 `SelfOrganizingLists` 程序。尝试使该程序绘制图表，对于不同的链表类型和概率分布，当增加搜索次数时，显示其平均预期步骤。

15. 交换自组织链表移动节点的速度较慢，因此在数据项移动到正确位置之前，它的效果不如 MTF 链表。在交换链表开始优于 MTF 链表之前，使用为练习题 14 编写的程序来确定具有 100 个数据项的链表所需的搜索次数。

*16. 编写一个程序，实现龟兔赛跑算法。

数　组

数组是十分常用的数据结构之一。数组具有直观、易用等特点，并且大多数程序设计语言都能很好地支持数组。事实上，数组是如此的普遍，并且众所周知，以至于读者可能认为在一本有关算法的教科书中，是否有讨论数组的必要性。大多数应用程序以相对简单的方式使用数组，但是特殊用途的数组在某些情况下可能很有用，因此本书有必要展开对数组的阐述。

本章将介绍一些算法技术，我们可以使用这些技术来创建具有非零下界的数组，节省内存空间，并且比正常情况下更快地操作数组。

注意：Python 语言中并没有数组数据类型，但是列表在大多数情况下可以实现数组的功能。Python 也没有多维列表，但是可以使用列表的列表。例如，二维数组中元素存储在位置 [i, j] 处，而使用列表的列表时，元素存储在位置 [i][j] 处。

4.1　基本概念

数组（array）是一个连续的内存块，程序可以通过使用索引下标（每个维度一个索引）来访问数组。我们可以将数组视为程序用于存储值的盒子的排列。

图 4.1 显示了一维、二维和三维数组。程序可以定义更高维的数组，但无法使用图形可视化方法显示高维数组。

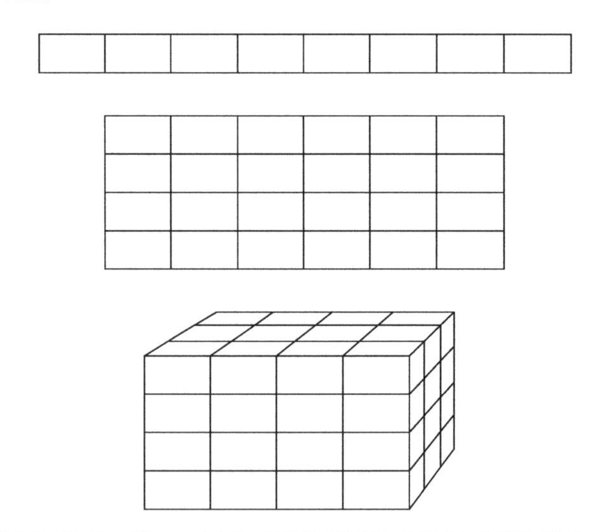

图 4.1　我们可以将一维、二维和三维数组视为程序用于存储值的盒子的排列

通常，程序将一个变量声明为一个数组，该数组具有一定数量的维度，并且每个维度具有特定的上下界。例如，下面的代码显示了 C# 程序如何声明和分配一个名为 numbers 的数组，该数组包含 10 行 20 列的数据：

```
int[,] numbers = new int[10, 20];
```

在 C# 中，数组的下界是 0，所以这个数组的行索引范围是从 0 到 9，列索引范围是从 0 到 19。

注意：以下 Python 代码分配了一个列表的列表，我们可以像使用 C# 数组一样使用列表的列表：

```
numbers = [[0 for c in range(num_columns)] for r in range(num_rows)]
```

这与前面的 C# 数组不完全一致，但是可以使用类似的索引来获取和设置元素。

在计算机内部，程序分配足够的连续内存区域来保存数组的数据。从逻辑上讲，内存看起来像一长串字节，程序将数组的索引映射到这一系列字节中对应的位置，如下所示：

- 对于一维数组，从数组索引到内存项的映射很简单：索引 `i` 映射到数组元素 `i`。
- 对于二维数组，程序可以使用两种方法之一来映射数组元素：行优先顺序或者列优先顺序。
    - 对于行优先顺序（row-major order），程序将数组第一行的各个元素映射到第一组内存位置，然后再将数组第二行的各个元素映射到第一组内存位置之后。程序继续每次映射一行数组元素，直到映射完所有的数组元素。
    - 对于列优先顺序（column-major order），程序将数组第一列的各个元素映射到第一组内存位置，然后再将数组第二列的各个元素映射到第一组内存位置之后。以此类推。

图 4.2 显示了行优先顺序和列优先顺序的映射示意图。

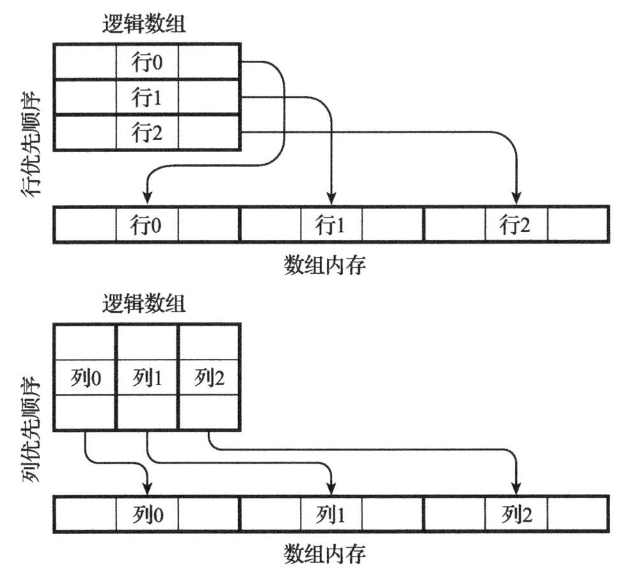

图 4.2　程序可以按照行优先顺序和列优先顺序将数组各元素映射到内存中对应的位置

对于高维数组，我们可以拓展行优先顺序和列优先顺序的思想。例如，按行优先顺序存储三维数组时，程序将映射数组的第 1 个二维“切片”（其中第三个维度的索引为 0）。程序会像映射通常二维数组一样，按行优先顺序映射该切片。然后，将类似地映射第 2 个切片（其中第三个维度的索引为 1）。依此类推，映射其余的切片。

另一种方法是将其视为映射三维数组的算法。假设我们已经定义了映射二维数组的 `Map2DArray` 方法。以下算法使用 `Map2DArray` 映射三维数组：

```
For i = 0 To <数组第三维主坐标的上界>
    Map2DArray(<第三维坐标设置为 i 的数组>)
Next i
```

类似地，我们可以使用此算法来定义映射具有更多维度的数组的算法。

通常，程序如何将数组元素映射到内存位置与程序的工作方式无关，没有必要了解细节。程序代码处理数组元素，并不需要知道这些数组元素的存储方式。但是，在尝试创建用户自定义的数组映射数据结构以实现三角形数组时，了解按行优先顺序和按列优先顺序的工作方式就显得尤为有用。（三角形数组将在 4.4 节中讨论。）

4.2 一维数组

涉及一维数组（或称线性数组，linear array）的算法往往非常简单，几乎是微不足道的。不过，在程序员面试中，常常会出现有关数组的问题，因此本节有必要对一维数组进行概括讨论。线性数组还涉及对堆栈和队列等我们更感兴趣的数据结构所使用操作的知识点，因此为了内容的完整性，本节将讨论这些操作。

4.2.1 查找数组元素

第 7 章将讨论一些有趣的算法，用于在排序数组中查找目标元素。但是，如果数组中的元素并未排序，则查找数组元素需要执行*线性搜索*（linear search）或者*穷举搜索*（exhaustive search）。算法将检查数组中的每个元素，直到找到目标元素，或者断定该元素不在数组中。以下算法用于查找目标元素：

```
Integer: IndexOf(Integer: array[], Integer: target)
    For i = 0 to array.Length - 1
        If (array[i] == target) Return i
    Next i

    // 目标元素在数组中不存在
    Return -1
End IndexOf
```

在最坏的情况下，目标项可能是数组中的最后一个元素。如果数组有 N 个元素，则算法将检查所有数组元素。这使得算法的运行时间为 $O(N)$。如果目标项不在数组中，也会出现最坏的情况。在这种情况下，算法必须检查所有 N 个元素，以得出该目标项不存在的结论。

当在数组中搜索某个元素时，有些元素位于数组的头部附近，有些元素位于数组的尾部附近。搜索第 1 个元素需要 1 个步骤，搜索第 2 个元素需要 2 个步骤，以此类推。查找数组的所有元素总共需要的步骤数为 $1 + 2 + 3 + \cdots + N = N\times(N + 1)/2$。如果将其除以搜索次数 N，则得到在数组中查找一个元素的平均步骤数：$(N + 1)/2$。这意味着在数组中查找一个元素的平均运行时间为 $O(N)$。

4.2.2 查找最大值、最小值和平均值

如果数组包含数值，则我们可能需要查找数组中的最小值、最大值和平均值。与查找数组元素的情况一样，在查找这些值时，我们必须检查数组中的每个元素。以下算法用于查找整数一维数组的最小值、最大值和平均值：

```
Integer: FindMinimum(Integer: array[])
    Integer: minimum = array[0]
    For i = 1 To array.Length - 1
        If (array[i] < minimum) Then minimum = array[i]
    Next i
    Return minimum
End FindMinimum

Integer: FindMaximum(Integer: array[])
    Integer: maximum = array[0]
    For i = 1 To array.Length - 1
        If (array[i] > maximum) Then maximum = array[i]
    Next i
    Return maximum
End FindMaximum

Float: FindAverage(Integer: array[])
    Integer: total = 0
    For i = 0 To array.Length - 1
        total = total + array[i]
    Next i
    Return total / array.Length
End FindMaximum
```

与查找特定数据项的算法一样，这些算法必须访问数组中的每个元素，因此它们的运行时间为 $O(N)$。

4.2.3 查找中值

如果需要，我们也可以使用类似于前面算法的代码来计算其他统计值，例如标准偏差和方差。中值（median，也称中位数）的计算则相对有些复杂。中值是若干值按顺序排列时位于中间位置的值，例如，值 {3, 1, 7, 8, 4, 8, 9} 的中值是 7，因为比 7 小的有 3 个值（1, 3, 4），比 7 大的也有 3 个值（8, 8, 9）。

遍历数组一次，并不会提供计算中值所需的全部信息。因为在某种意义上，需要更多有关值的全局信息来查找中值。我们无法通过一次检查一个值来调整一个“运行状态中的”(running) 中值。

查找中值的一种方法是检查列表中的每个值。对于每个测试值，重新遍历所有值，并跟踪那些大于或者小于测试值的值。如果找到一个测试值，比该值小的数据项的数目与比该值大的数据项的数目相等，则该测试值为中值。实现计算中值的算法的伪代码如下所示：

```
Integer: FindMedian(Integer: array[])
    For i = 0 To array.Length - 1
        // 查找比 array[i] 大和小的数据项的个数
        Integer: num_larger = 0
        Integer: num_smaller = 0
        For j = 0 To array.Length - 1
            If (array[j] < array[i]) Then num_smaller++
            If (array[j] > array[i]) Then num_larger++
        Next j

        If (num_smaller = num_larger) Then
            Return array[i]
```

```
        End If
    Next i
End FindMedian
```

这个算法有一些缺点。例如，算法不能处理多个数据项具有相同值的情况，如{1, 2, 3, 3, 4}。算法也不能处理元素个数为偶数的数组，因为元素个数为偶数的数组没有元素位于中间位置。如果一个数组有偶数个元素，则该数组的中值被定义为最中间两个元素的平均值。例如，{1, 4, 6, 9}的中值是$(4 + 6)/2 = 5$。

该算法效率不高，但其运行时间值得分析。如果数组包含N个值，则外部循环`For i`执行N次。对于外部循环的每个迭代，内部循环`For j`执行N次。这意味着内部循环中的步骤执行次数为$N \times N = N^2$，即算法的运行时间为$O(N^2)$。

查找中值的一个更快的算法是先对数组进行排序，然后通过查看排序后数组中间的值，直接查找中值。第6章将描述若干排序算法，对包含N个元素的数组进行排序的运行时间为$O(N\log N)$，这比$O(N^2)$快得多。

4.2.4 查找众数

另一个无法只通过遍历数组一次就能得到的统计值是众数。**众数**（mode）是出现次数最多的值。例如，如果数组包含值{A, C, A, B, E, B, C, F, B, G}，则众数为B，因为B出现的次数比其他值出现的次数要多。

查找众数的方法有若干种。例如，我们可以循环遍历数组。对于每个数组元素，我们可以再次遍历所有的数组元素，并计算该数组元素出现的次数，从而查找出现次数最多的数组元素。由于该方法使用两个嵌套循环，每个循环覆盖N个数组元素，因此该方法具有运行时间$O(N^2)$。

查找众数的第二种方法是使用第6章中描述的运行时间为$O(N\log N)$的排序算法对数组进行排序。然后，通过遍历数组，跟踪相邻匹配数据项的最长元素。以下伪代码使用此方法查找众数：

```
Integer: FindModeSort(Data: array[])
    <对数组进行排序>

    // 跟踪最长重复数据项
    Integer: best_run_start = -1
    Integer: best_run_length = 0

    Integer: run_start = 0
    Data: current_value = array[0]
    For i = 1 To array.Length - 1
        If (array[i] != current_value) Then
            // 发现一个新的值
            Integer: run_length = i - run_start
            If (run_length > best_run_length) Then
                best_run_start = run_start
                best_run_length = run_length
            End If

            // 保存新值
            current_value = array[i]
        End If
    Next i
```

```
    // 检查上一个重复长度
    Integer: run_length = array.Length - run_start
    If (run_length > best_run_length) Then
        best_run_start = run_start
        best_run_length = run_length
    End If

    // 返回位于最长重复项起始位置的数据项
    Return array[best_run_start]
End FindModeSort
```

此算法使用变量 `run_start` 来跟踪当前重复数据项开始位置的索引。算法使用变量 `current_value` 来跟踪当前运行的值。请注意，这些值可能不是数值。平均值、中值等量值只对数值定义有意义，但众数则适用于字符串或者任何其他类型的数据。

在初始化 `run_start` 和 `current_value` 之后，算法循环遍历数组。每次遇到新值时，算法都会计算当前重复数据项的长度，如果当前重复数据项是最长重复项，则更新“`best_run_start`”(最长重复项的起始位置）和“`best_run_length`”(最长重复项的长度）的值。在完成循环之后，算法会检查数组的最后重复数据项（如果众数位于数组的末尾)。算法结束时，返回最长重复数据项的起始位置。

该算法对数组的值进行排序的运行时间为 $O(N\log N)$，遍历数组的运行时间为 $O(N)$，因此总运行时间为 $O(N + N\log N) = O(N\log N)$。

不幸的是，此算法只有在可以对数组中的元素进行排序时才有效。如果数组中的元素不可排序，例如它们是 `Customer`（客户）对象，则需要使用其他的方法。

查找众数的第三种方法仅适用于相对较小范围整数值的数组，例如包含 10 000 个元素（其值位于 0 到 100 之间）的数组。该算法使用的技术与第 6 章中描述的计数算法 `countingsort` 所使用的技术相似。算法分配一个新数组来保存数组中每个元素出现的次数。以下伪代码显示了算法的处理过程：

```
Integer: FindModeCounts(Data: array[])
    // 创建一个数组，用于保存元素的计数
    Integer: counts[] = New Integer[<maximum value> + 1]

    // 跟踪最大的计数值
    Integer: best_value = -1
    Integer: best_count = 0

    // 遍历数组，对元素进行计数
    For Each value In array
        // 递增当前值的计数值
        counts[value]++

        // 检查该计数值是否为最大值
        If (counts[value] > best_count) Then
            best_value = value
            best_count = counts[value]
        End If
    Next value

    Return best_value
End FindModeCounts
```

此算法首先创建一个 counts（计数）数组，该数组需要容纳原数组中值的范围（即该数组的大小为原数组中最大的值）。然后遍历数组并更新每个值的计数。如果计数大于存储在 best_count 变量中的值，则代码将更新 best_count。在算法完成值的计数之后，代码将返回其找到的最佳值。

这个算法只需循环遍历数组中的值一次，所以其运行时间为 $O(N)$。它比前一个算法速度快，但是需要额外的内存来构建 counts 数组。这正是算法中常见的空间 / 时间权衡的示例。

查找众数的第四种方法使用类似于第 8 章中描述的哈希表。哈希表允许我们将值与键快速关联。建立哈希表后，我们可以查找键的关联值，就像在字典中查找单词的定义一样。

注意：在 C# 和 Python 中，字典是哈希表的一种实现。

哈希表的优点是几乎可以使用任何值作为键。前一个算法仅适用于当数组中的值是有限范围整数的情况。而新算法将适用于所有情况，即使值的范围很大，或者值不是整数，或者数据项不可排序。下面的伪代码演示了该算法的工作原理：

```
Integer: FindMode(Data: array[])
    // 创建一个哈希表，用于保存数据项的计数
    HashTable<Data>: counts[] = New HashTable<Data>

    // 跟踪最大的计数值
    Integer: best_value = -1
    Integer: best_count = 0

    // 遍历数组，对数据项进行计数
    For Each value In array
        // 递增当前值的计数值
        counts[value]++

        // 检查该计数值是否为最大值
        If (counts[value] > best_count) Then
            best_value = value
            best_count = counts[value]
        End If
    Next value

    Return best_value
End FindMode
```

此算法与 FindModelCounts 算法基本相同，只是它将数据项的计数存储在哈希表而不是数组中。与前面的算法一样，该算法循环遍历数组一次。

在主循环的每次迭代中，算法都使用哈希表。如果哈希表设计合理，那么它的查找时间应该为 $O(1)$，因此算法的总运行时间为 $O(N)$。然而，哈希表会占用额外的空间。如果一个数组包含 M 个不同的值，那么哈希表需要 $O(M)$ 个额外的内存来保存这些值。这是前一个算法演示的空间 / 时间权衡的另一个示例。

4.2.5　插入数组元素

如果底层程序设计语言支持数组扩展，那么在线性数组的末尾添加一个元素非常容易，只需扩展数组并在末尾插入新元素即可。

在数组中的其他位置插入一个元素则比较困难。以下算法在线性数组中的指定位置插入

一个新元素：

```
InsertItem(Integer: array[], Integer: value, Integer: position)
    <调整数组大小，在末尾增加一个元素>

    // 把目标位置后的所有元素向后移动一个位置
    // 为新元素腾出空间
    For i = array.Length - 1 To position + 1 Step -1
        array[i] = array[i - 1]
    Next i

    // 插入新元素
    array[position] = value
End InsertItem
```

注意，这个算法的 `For` 循环从数组的尾部开始，并向数组的头部移动。这使得数组的最后一个元素首先被移动到新增加的空间，然后前一个元素依次移动到后一个元素的位置。

注意：插入操作在 Python 中非常简单，只需使用 `list` 的 `append` 方法在列表末尾添加一个新的数据项，或者使用其 `insert` 方法在列表的中间添加一个数据项。

如果数组最初包含 N 个元素，则此算法的 `For` 循环执行了 `N - position` 次。在最坏的情况下，当我们在数组的开头（`position = 0`）添加一个元素时，循环执行 N 次，所以算法的运行时间是 $O(N)$。

注意：许多程序设计语言都提供移动内存块的方法，这种方法可以实现多个元素更快地向下移动一个位置。

实际上，在线性数组中插入元素并不常见，但是在数组中移动元素以便为新的元素腾出空间的技术在其他算法中很有用。

4.2.6 删除数组元素

从数组中删除索引为 k 的元素和添加一个元素一样困难。代码首先将位置 k 之后的所有元素向前移动一个位置。然后，算法调整数组的大小以删除最后一个未使用的元素的空间。

在最坏的情况下，当我们从数组中删除第一个元素时，算法需要移动数组中的所有元素。这意味着其运行时间为 $O(N)$。

注意：在某些情况下，可能会将元素标记为未使用，而不是实际删除该元素。例如，如果数组中的值是对象的引用或者指针，则可以将删除的元素设置为空。这种技术在哈希表中特别有用，因为调整数组大小和重新生成哈希表将非常耗时。

但是，如果将很多元素标记为未使用，则数组最终可能会充满未使用的元素。随后，如果要查找一个元素，则需要检查许多空位置。因此，在某些情况下，我们可能需要压缩数组以删除空元素。

4.3 非零数组下界

许多程序设计语言要求数组在每个维度中使用 0 作为索引下界。例如，线性数组的索引范围可以是 0 到 9，但不能是 1 到 10 或者 101 到 200。

有时，将数组的维度处理为具有非零数组下界会更加方便。例如，假设我们正在编写一个销售计划，该计划需要记录 2000 年到 2010 年期间 10 名 ID 介于 1 和 10 之间的员工的销售情况。在这种情况下，最好按如下方式声明数组：

```
Double: sales[1 to 10, 2000 to 2010]
```

在诸如C#和Python这样的程序设计语言中，数组的下界必须为0，因此不支持上述声明方式。但是我们可以将非零的数组下界转换成以0开始的数组下界，转换方法非常简单。以下两节说明如何针对二维数组或者多维数组来使用非零数组下界。

注意：许多程序设计语言提供创建下界非零的数组的特性。例如，Python的NumPy库可以创建多维非零数组下界的数组对象，而C#的`Array`类也可以构建具有非零数组下界的数组。

4.3.1 二维数组

对于任何给定数量的维度，管理非零数组下界的数组并不困难。重新考虑上述示例，我们需要创建一个按员工ID和年份进行索引的数组，其中员工ID的范围是1到10，年份的范围是2000到2010。这些范围包括10个员工ID的值和11个年份值，因此程序将分配一个包含10行和11列的数组，如下面的伪代码所示：

```
Double: sales[10, 11]
```

若要访问`y`年份员工`e`的数组元素，可以按如下方式计算实际数组中的行和列：

```
row = e - 1
column = y - 2000
```

现在，程序只需处理数组元素`array[row, column]`（或者Python语言的`array[row][column]`）。

上述方法非常简单，但我们还可以通过将数组包装到类中，进一步简化其操作。我们可以创建一个构造函数来给对象赋予其维度的边界。然后该构造函数可以存储数组下限，以便随后计算位于存储数组中的相应行和列。

在某些程序设计语言中，我们甚至可以将`get`和`set`方法（Python中的`__getitem__`和`__setitem__`）设置为类的索引器，因此可以将对象视为数组。例如，在C#中，可以使用以下代码设置和获取数组中的值：

```
array[6, 2005] = 74816
MessageBox.Show("In 2005 employee 6 had " +
    array[6, 2005].ToString() + " in sales."
```

具体的实现细节取决于特定的程序设计语言，这里不再赘述。读者可以从本书的官站上下载C#示例程序`TwoDArray`和Python示例程`two_d_array`，查看C#语言和Python语言中的实现细节。

4.3.2 高维数组

如果已知数组的维度，则上一节中描述的方法可以很好地工作。不幸的是，将这种技术推广到任意数量的维度有些困难，因为对于N个维度，我们需要分配一个N维数组来保存数据。虽然我们可以创建单独的类来处理两个、三个、四个和更多维度，但最好的方法是设计一个通用的方法。

我们可以按行优先顺序将值打包到一维数组中，而不是存储在二维数组中。（前文曾讨论过按行优先顺序的存储原理。）首先要分配一个足够大的数组来容纳所有的元素。如果有 *N* 行和 *M* 列，则分配一个包含 *N*×*M* 个元素的数组。

```
Double: values[N * M]
```

若要在此数组中查找元素的位置，首先按前述的方法计算行和列。如果数组元素对应于员工 ID `e` 和年份 `y`，则行和列由以下内容给出：

```
row = e - <employee ID lower bound>
column = y - <year lower bound>
```

计算出元素所处的行和列后，我们需要在 `values` 数组中查找其索引。要查找该索引，首先需要知道在该元素之前有多少个完整行。如果元素的行号为 `r`，则在该元素之前有 `r` 个完整行，它们的编号为 `0, 1, …, r - 1`。因为每行中都有 `<row size>` 个元素，这意味着在这一行之前，这些行中包含 `r×<row size>` 个元素。

计算出该元素之前完整行占用的元素数目之后，我们还需要知道在该元素所在的行中，位于该元素之前有多少个元素。如果此元素的列号为 `c`，则其所在行的前面有 `c` 个元素，即 `0, 1, …, c - 1`，它们在 `values` 数组中占据 `c` 个位置。因此，`values` 数组中位于该元素之前的元素总数由以下公式给出：

```
index = row × <row size> + column
```

这样，我们就可以获取该元素的值 `values[index]`。这种技术比前面章节中描述的技术稍微复杂些，但更容易泛化以适应于不同维度的数组。

假设我们需要创建一个 *N* 维数组，各维度的下界存储在数组 `lower_bounds` 中，各维度的上界存储在数组 `upper_bounds` 中。首先，为一维数组分配足够的空间以存储其所有的值。一个简单的方法是把各维度的上界值减去下界值，从而得出各维度的“宽度”，然后把这些结果“宽度”相乘，即得出需要创建的一维数组的长度。计算一维数组长度的算法的伪代码如下：

```
Integer: ArraySize(Integer: lower_bounds[], Integer: upper_bounds[])
    Integer: total_size = 0
    For i = 0 To lower_bounds.Length - 1
        total_size = total_size * (upper_bounds[i] - lower_bounds[i])
    Next i
    Return total_size
End ArraySize
```

接下来，把数组的元素映射到一维数组的对应位置，这稍微有些复杂。回顾上一个示例中把行和列映射为一维数组 `values` 中索引的算法。算法首先确定当前处理元素的前面包含多少个完整的行，把完整的行数乘以每行的元素个数，然后计算当前处理元素所在行的前面有多少个元素。

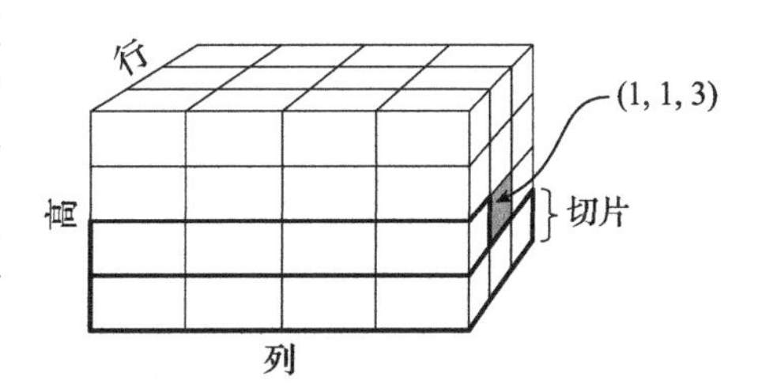

图 4.3　要将一个元素映射到数组 `values` 某个索引位置的第一步是确认位于该元素前面的完整“切片”个数

针对三维数组的处理并不会增加太大难度。图 4.3 显示了一个 4×4×3 的三维数组，各维度分别标记为高（height）、行（row）和列（column）。其

中坐标为 (1, 1, 3) 的元素显示为灰色。

要把坐标为 (1, 1, 3) 的元素映射到数组 `values` 的某个索引位置，首先确认位于该元素之前的完整“切片”个数。因为该元素的高坐标为 1，所以在数组中该元素前面有一个完整的切片。一个完整切片的大小为 <row size> × <column size>。如果该元素的坐标为 (h, r, c)，则其前面完整切片所占用的元素个数为：

```
index = h × <row size> × <column size>
```

接下来我们需要确认该元素前面完整的行所包含的元素个数。在本示例中，该元素的行为 1，因此在数组 `values` 中其前面包含一个完整行。如果该元素的行坐标为 `r`，则我们需要把 `r` 乘以行的大小，然后加到索引上。

```
index = index + r × <row size>
```

最后，我们需要加上该元素在所属行中前面包含的元素个数。如果该元素位于列 `c`，则加上 `c`。

```
index = index + c
```

我们可以拓展该技术以处理更高维度的数组。为了更容易处理数组 `values` 中的索引，我们可以创建一个 `slice_sizes` 以保存各维度切片的大小。如果是三维数组的情况，则这些值分别为 <row size> × <column size>、<column size> 和 1。

为了处理高维数组，我们可以通过把当前维度的大小乘以下一个维度切片大小的方法计算切片大小。例如，对于一个四维数组，其下一个切片的大小为 <height size> × <row size> × <column size>。

基于上述讨论背景，我们可以尝试完成算法。假设数组 `bounds` 保存 *N* 维数组各维度的下界值和上界值，则初始化数组的算法的伪代码如下所示：

```
InitializeArray(Integer: bounds[])
    // 获取数组上下界
    Integer: NumDimensions = bounds.Length / 2
    Integer: LowerBound[NumDimensions]
    Integer: SliceSize[NumDimensions]

    // 初始化数组下界和切片大小 SliceSize
    Integer: slice_size = 1
    For i = NumDimensions - 1 To 0 Step -1
        SliceSize[i] = slice_size

        LowerBound[i] = bounds[2 * i]
        Integer: upper_bound = bounds[2 * i + 1]
        Integer: bound_size = upper_bound - LowerBound[i] + 1
        slice_size *= bound_size
    Next i

    // 为所有的数组元素分配存储空间
    Double: Values[slice_size]
End InitializeArray
```

算法通过把数组 `bounds` 的元素个数除以 2 的方法求得数组的维度。算法创建一个数组 `LowerBound`，用于保存各维度的下界值；同时创建一个数组 `SliceSize`，用于保存各维度的切片大小。

接下来，算法设置 slice_size 为 1。这是最高维度的切片大小，对应于前一个示例中的列。算法接着从最高维度到维度 0 遍历各维度。（对应于前一个示例中从列到行到高的遍历。）算法设置 slice_size 为当前切片的大小，并保持维度的下界值。接着，算法把当前维度的大小与 slice_size 相乘，从而求得下一个较小维度的切片大小。

当算法完成所有维度的遍历之后，slice_size 的值为数组所有维度大小的乘积，即数组中的总元素个数，因此代码使用这个总元素个数来分配数组 Values 的大小，用于存储数组的值。

以下非常简单的伪代码使用数组 LowerBound 和 SliceSize，把数组 indices 中的多个索引映射到数组 Values 的单个索引：

```
Integer: MapIndicesToIndex(Integer: indices[])
    Integer: index = 0
    For i = 0 to indices.Length - 1
        index = index +
            (indices[i] - LowerBound[i]) * SliceSize[i]
    Next i
    Return index
End MapIndicesToIndex
```

首先，算法把 index 初始化为 0。然后遍历数组的维度，对于每一个维度，把该维度的切片数量乘以该维度的大小，然后把结果加到变量 index 中。当算法完成所有维度的遍历之后，index 的值就是该元素在数组 Values 中的索引。

通过将算法封装在类中，可以使算法的使用更加容易。构造函数可以告知对象要使用哪些维度。根据程序设计语言的不同，我们或许能够利用 get 方法和 set 方法这些访问器，以便程序可以将对象当作实际的数组进行访问。

读者可以从本书的官网上下载示例程序 NDArray 和 n_d_array，以查看这个算法的 C# 和 Python 实现。

4.4　三角形数组

一些应用程序可以使用三角形数组而不是普通的矩形数组来节省空间。在三角形数组（triangular array）中，对角线一侧的值具有一些默认值，例如 0、null 或者空白。在上三角形数组（upper-triangular array）中，实际值位于对角线上以及其上。在下三角形数组（lower-triangular array）中，非默认值位于对角线上以及其下。例如，图 4.4 显示了一个下三角形数组。

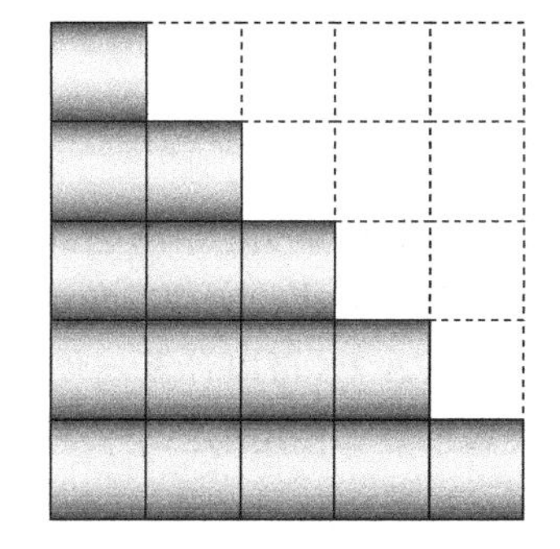

图 4.4　在下三角形数组中对角线上方的值具有默认值

例如，连通矩阵（connectivity matrix）表示某种网络中节点之间的连接。该网络可能是航空公司的飞行网络，用于指示哪些机场连接到其他机场。如果存在从 i 机场到 j 机场的航线，则数组的元素 connected[i, j] 设置为 true。假设如果存在从 i 机场到 j 机场的航线，则也存在从 j 机场到 i 机场的航线，则 connected[i, j] = connected[j, i]。在这种情况下，不需要同时存储 connected[i, j] 和 connected[j, i] 的值，因为它们的值相同。在这种情况下，程序可以通过将连通矩阵存储在三角形数组中来节省空间。

注意：也许没有必要创建一个 3×3 的三角形数组，因为只需要保存三个元素。事实上，也没有必要创建一个 100×100 的三角形数组，因为只需要保存 4960 个条目，其占用的内存空间仍然不多。使用三角形数组要比使用常规数组复杂得多。然而，一个 10 000×10 000 的三角形数组将节省大约 5000 万个元素的空间，这是很大的内存空间，因此创建并使用三角形数组非常有意义。

建立一个三角形数组并不困难。只需将数组的值打包成一维数组，跳过不应包含的元素。挑战在于如何确定一维数组的容量大小，以及如何将行和列映射到一维数组的索引中。

表 4.1 显示了不同大小的三角形数组所需的元素个数。通过仔细研究表 4.1，我们会发现一个规律。第 N 行的元素个数为第 $N-1$ 行的元素个数加上 N。

表 4.1 三角形数组中的元素个数

行数	元素数	行数	元素数
1	1	5	15
2	3	6	21
3	6	7	28
4	10		

如果仔细研究一下三角形数组，我们会发现，三角形数组包含的行数与对应的正方形数组相同，但三角形数组包含的元素个数大约是对应的正方形数组元素个数的一半。一个包含 N 行的正方形数组包含 N^2 个元素，因此对应的三角形数组中的元素个数的计算公式中应该包含 N^2。如果从一个一般的二次方程 $A \times N^2 + B \times N + C$ 开始，并代入表 4.1 中的值，则可求解出 A、B 和 C 的值，并且发现计算三角形数组中元素个数的公式为 $(N^2 + N)/2$。

这就解决了第一个挑战问题。要构建一个包含 N 行的三角形数组，需要创建一个包含 $(N^2 + N)/2$ 个元素的一维数组。

第二个挑战问题是如何将行和列映射到一维数组的索引中。要查找 r 行 c 列的元素在一维数组中的索引位置，我们需要计算出在一维数组中位于该元素之前的元素个数。为了解决这个问题，我们可以观察图 4.5 中所示的数组，并计算 (3, 2) 处元素之前的元素个数。

该元素之前的完整行在图中使用粗线条表示。这些完整行包含的元素个数等同于 3 行三角形数组中的元素个数，前面我们已经讨论过其计算方法。目标位置 (3, 2) 处元素前面的非完整行的元素个数是该元素同一行的左边包含的元素个数。在该示例中，目标元素位于第 2 列，因此在同一行的左边包含 2 个元素。

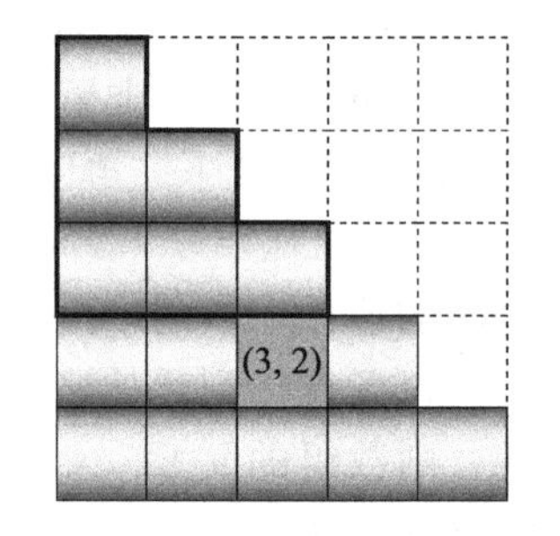

图 4.5 要查找元素在一维数组中的索引位置，我们需要计算出在一维数组中位于该元素之前的元素个数

一般情况下，计算三角形数组 r 行 c 列位置的元素映射到一维数组索引的计算公式为 $((r-1)^2 + (r-1))/2 + c$。基于上述两个公式，实现三角形数组非常简单。使用第一个公式 $(N^2 + N)/2$，可以计算出创建一个 N 行三角形数组所分配的元素个数。使用第二个公式 $((r-1)^2 + (r-1))/2 + c$，可以把三角形数组的行和列索引映射到一维数组的索引中。

我们可以通过在类中封装三角形数组来简化操作。如果可以为类设置 `get` 和 `set` 索引器，则程序可以将三角形数组对象视为常规数组。

最后一个要处理的细节是，三角形数组类应该如何处理对数组中不存在的元素的请求。例如，如果程序试图访问位于下三角形数组中缺失的上半部分的元素 (1, 4)，三角形数组类应该如何处理？根据应用程序的要求，我们可以返回默认值，或者切换行和列并返对应的值，或者抛出异常。

4.5 稀疏数组

如果数组不需要保存对角线以上的值，那么使用三角形数组可以让程序节省内存空间。如果一个数组只在很少的位置保存元素，那么我们可以设计算法，以节省更多的内存空间。

例如，再次考虑一个用于存储航空公司航线的连通数组，在位置 [i, j] 处的元素值为 true，表示在城市 i 和城市 j 之间有航班。该航空公司可能只有连接 200 个城市的 600 个航班。在这种情况下，包含 40 000 个元素的数组中只有 600 个非零值。即使航班是对称的（对于每个 i - j 航班，都有一个 j - i 航班），并且将连接信息存储在一个三角形数组中，这个包含 20 100 个元素的三角形数组也只有 300 个非零元素。该数组几乎有 99% 的空间未使用。

稀疏数组（sparse array）通过不存储缺失的元素，可以比三角形数组节省更多的空间。为了获取某个元素的值，程序将搜索数组中的元素。如果该元素存在，程序将返回其值。如果该元素缺失，程序将返回数组的默认值（对于本连通数组的示例，默认值为 false）。

实现稀疏数组的一种方法是创建链表的链表。第一个链表包含有关行的信息，其每个节点指向另一个包含该行的列的信息的链表。我们可以使用两个节点类构建一个稀疏数组：ArrayRow 类表示行，ArrayEntry 类表示行中的值。ArrayRow 类用于存储行号、指向下一个 ArrayRow 对象的引用或者指针，以及指向该行中第一个 ArrayEntry 的引用。下面的伪代码显示了 ArrayRow 类的结构：

```
ArrayRow:
    Integer: RowNumber
    ArrayRow: NextRow
    ArrayEntry: RowSentinel
```

ArrayEntry 类用于存储元素的列号、数组中元素保存的值，以及指向该行中下一个 ArrayEntry 对象的引用。以下伪代码显示了 ArrayEntry 类的结构，其中 T 是数组存储数据的类型：

```
ArrayEntry:
    Integer: ColumnNumber
    T: Value
    ArrayEntry: NextEntry
```

为了使添加行和删除行更容易，行链表可以从哨兵开始，行中的每个值链表也从哨兵开始。图 4.6 显示了一个稀疏数组，哨兵用加粗字体标出。

为了更容易确定稀疏数组中是否缺少某个值，ArrayRow 对象按 RowNumber 递增的顺序进行存储。在链表中搜索特定的行号时，如果遇到一个行号更大的 RowNumber 对象，那么可以判断要查找的行号不在数组中。同样，ArrayEntry 对象按 ColumnNumber 递增的顺序进行存储。

注意，图 4.6 中垂直对齐的 ArrayEntry 对象不一定表示相同的列。第一行中的第一个 ArrayEntry 对象可能表示第 100 列，而第二行中的第一个 ArrayEntry 对象可能表示第 50 列。

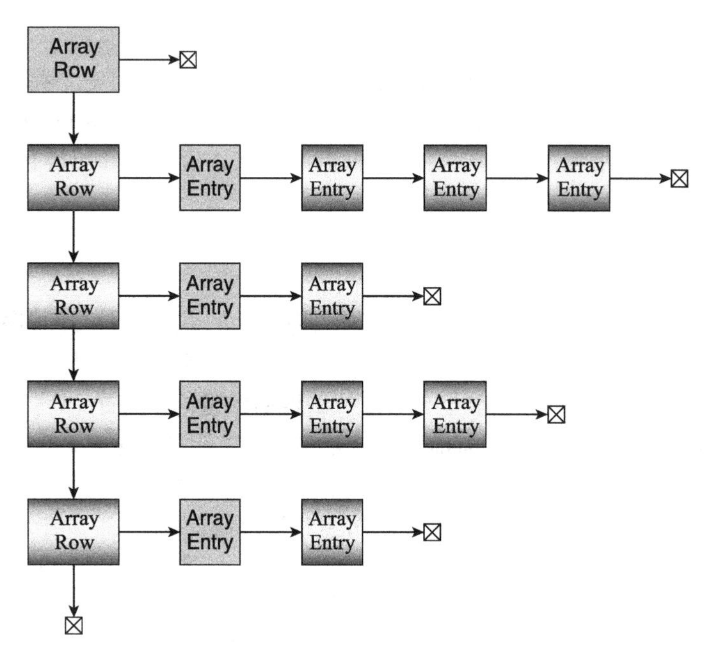

图 4.6　如果每个链表都从哨兵开始，则增加和删除节点会比较容易

图 4.6 所示的排列方式看起来很复杂，但实际使用并不是很复杂。为了查找特定值，请向下查看行列表，直到找到右边一行。然后查看该行的值列表，直到找到所需的列。如果找不到行或者列，则该值不在数组中。

这种排列方式需要一些额外的 ArrayRow 对象和哨兵，这些对象和哨兵并不包含值，但是如果数组确实是稀疏的，那么其存储效率仍然要优于三角形数组。例如，在最坏的情况下，稀疏数组每行包含一个值。在这种情况下，一个 $N \times N$ 的数组将使用 $N+1$ 个 ArrayRow 对象和 $2 \times N$ 个 ArrayEntry 对象。在这些对象中，只有 N 个对象包含实际的值，其余的是哨兵或者用于在数组中导航的对象。包含数组值的对象的比例是 $N/(N+1+2 \times N) = N/(3 \times N+1)$，结果近似为 1/3。我们可以将其与前面描述的三角形数组（其中几乎 99% 是空的）进行比较。

针对图 4.6 所示的数据结构，我们还需要编写算法来执行三种数组操作。

- 获取给定行和列的数组元素值，或者如果值不存在，则返回默认值。
- 在给定的行和列上设置一个数组元素值。
- 删除给定行和列上的数组元素值。

如果我们首先定义用于查找特定行和列的方法，那么这些算法的实现将更加容易。

4.5.1　查找行或列

为了更方便地查找值，我们可以定义如下的 FindRowBefore 方法。该方法将 ArrayRow 对象定位在目标行的位置之前。如果目标行不在数组中，则此方法返回目标行应该所处位置之前的 ArrayRow。

```
ArrayRow: FindRowBefore(Integer: row, ArrayRow: array_row_sentinel)
    ArrayRow: array_row = array_row_sentinel
    While (array_row.NextRow != null) And
          (array_row.NextRow.RowNumber < row))
```

```
        array_row = arrayRow.NextRow
    End While

    Return array_row
End FindRowBefore
```

该算法首先将变量 array_row 设置为稀疏数组的行哨兵。然后重复移动 array_row 到链表中的下一个 ArrayRow 对象，直到下一个对象为空或者其 RowNumber 大于或等于要查找的目标行号。

如果下一个对象为空，则算法达到了链表的尾部，并且没有查找到目标行号。如果该行存在的话，其位置位于当前的 array_row 对象之后。如果下一个对象的 RowNumber 值等于目标行号，则算法查找到目标行。如果下一个对象的 RowNumber 值大于目标行号，则目标行在数组中不存在。如果该行存在的话，其位置为当前的 array_row 对象之后。

同样，我们可以定义 FindColumnBefore 方法，以查找目标列在某行中的位置之前的 ArrayEntry 对象。

```
FindColumnBefore(Integer: column, ArrayEntry: row_sentinel)
    ArrayEntry: array_entry = row_sentinel
    While (array_entry.NextEntry != null) And
          (array_entry.NextEntry.ColumnNumber < column))
        array_entry = array_entry.NextEntry
    Return array_entry
End FindColumnBefore
```

如果数组包含 N 个 ArrayRow 对象，则 FindRowBefore 方法的运行时间为 $O(N)$。如果行包含最多 M 个非默认值的元素，则 FindColumnBefore 方法的运行时间为 $O(M)$。这两个方法的精确运行时间取决于稀疏数组中非默认值的数量和分布。

4.5.2 获取元素的值

一旦我们定义了 FindRowBefore 方法和 FindColumnBefore 方法，则从稀疏数组中获取某个元素值就相对简单。

```
GetValue(Integer: row, Integer: column)
    // 查找行
    ArrayRow: array_row = FindRowBefore(row)
    array_row = array_row.NextRow
    If (array_row == null) Return default
    If (array_row.RowNumber > row) Return default

    // 在目标行中查找列
    ArrayEntry: array_entry =
        FindColumnBefore(column, array_row.RowSentinel)
    array_entry = array_entry.NextEntry
    If (array_entry == null) Return default
    If (array_entry.ColumnNumber > column) Return default
    Return array_entry.Value
End GetValue
```

算法 FindRowBefore 把 array_row 设置为目标行的前一行。然后把 array_row 移动到下一行，理想状态下是目标行。如果 array_row 指向空或者错误的行，则 GetValue 方法返回数组的默认值。

如果算法找到正确的行，则使用 FindColumnBefore 方法查找并设置 array_entry 为目标列的前一个对象。然后把 array_entry 移动到下一列，理想状态下是目标列。如果 array_entry 为空或者错误的列，则 GetValue 方法同样返回数组的默认值。如果算法运行到此处，则表示查找到正确的 ArrayEntry 对象，因此返回该对象的值。

该算法调用 FindRowBefore 和 FindColumnBefore 方法。如果数组包含 N 行非默认值，每行最多包含 M 个非默认值，则 GetValue 的总运行时间为 $O(N + M)$。相对于一般数组或者三角形数组的运行时间 $O(1)$，稀疏数组的时间开销要大得多，但其空间开销要小得多。

这与本章前面介绍的查找众数的算法所演示的空间 / 时间权衡正好相反。这一次，算法通过降低速度来节省空间。

4.5.3　设置元素的值

设置某个元素的值类似于查找某个元素的值，不同之处在于，如果需要，算法必须能够向数组插入新的行或者新的列。

```
SetValue(Integer: row, Integer: column, T: value)
    // 如果要设置的值为默认值
    // 则删除该元素，而不是设置值
    If (value == default)
        DeleteEntry(row, column)
        Return
    End If

    // 查找目标行之前的行
    ArrayRow: array_row = FindRowBefore(row)

    // 如果目标行不存在，则插入该行
    If (array_row.NextRow == null) Or
       (array_row.NextRow.RowNumber > row)
    Then
        ArrayRow: new_row
        new_row.NextRow = array_row.NextRow
        array_row.NextRow = new_row

        ArrayEntry: sentinel_entry
        new_row.RowSentinel = sentinel_entry
        sentinel_entry.NextEntry = null
    End If

    // 移动到目标行
    array_row = array_row.NextRow

    // 查找目标列之前的列
    ArrayEntry: array_entry =
        FindColumnBefore(column, array_row.RowSentinel)

    // 如果目标列不存在，则插入该列
    If (array_entry.NextEntry == null) Or
       (array_entry.NextEntry.ColumnNumber > column)
    Then
        ArrayEntry: new_entry
```

```
        new_entry.NextEntry = array_entry.NextEntry
        array_entry.NextEntry = new_entry
    End If

    // 移动到目标数据项
    array_entry = array_entry.NextEntry

    // 设置数组元素值
    array_entry.Value = value
End SetValue
```

算法首先检查在数组中设置的值。如果该值是默认值，则应将其从数组中删除，以缩小数组的大小。为此，算法调用 DeleteEntry 方法（将在下一节阐述）并返回。如果新值不是默认值，则算法调用 FindRowBefore 方法来查找目标行之前的行。如果 FindRowBefore 返回的行之后的行不是目标行，那么该算法要么到达行列表的末尾，要么在下一行位于目标行之后。在这两种情况下，算法都会在前面的行和后面的行之间插入一个新的 ArrayRow 对象。

图 4.7 显示了上述处理过程。在左边的链表中，缺少目标行，但它应该位于图中所显示的虚线椭圆的地方。

为了插入新的 ArrayRow 对象，算法首先创建新对象，并设置其 NextRow 引用指向 array_row.NextRow，设置 array_row.NextRow 指向新建的对象。然后为新行创建一个新的行哨兵。

处理完成之后，链表如图 4.7 的右侧，array_row 的 NextRow 引用指向新对象。找到目标行（并在必要时创建它）之后，该算法调用 FindColumnBefore 方法来查找表示目标列的 ArrayEntry 对象。如果该对象不存在，则算法创建该对象并将其插入 ArrayEntry 对象的链表中，就像前面讨论的在必要时插入 ArrayRow 一样。最后，算法将变量 array_entry 移动到列对应的 ArrayEntry 中，并设置其值。

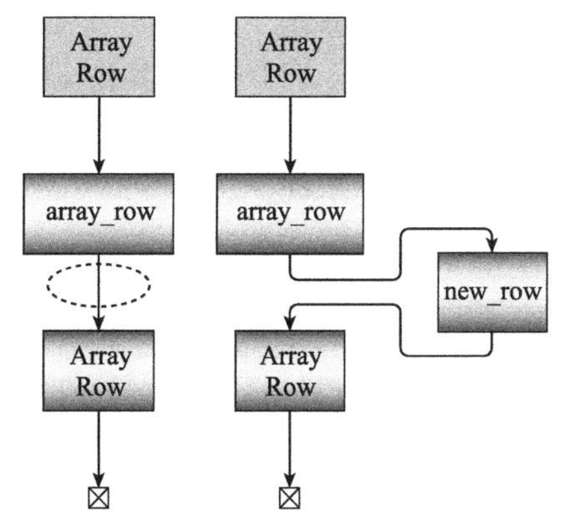

图 4.7　如果目标行缺失，则 SetValue 方法插入一个新的 ArrayRow

算法 SetValue 有可能会调用算法 DeleteEntry（将在下一节中阐述）。该算法调用 FindRowBefore 和 FindColumnBefore 方法。如果 SetValue 算法不调用 DeleteEntry，它将调用 FindRowBefore 和 FindColumnBefore 方法。在这两种情况下，该方法都直接或者间接地调用 FindRowBefore 和 FindColumnBefore 方法。

假设数组包含 N 行非默认值，而每行最多包含 M 个非默认值。在这种情况下，FindRowBefore 和 FindColumnBefore 方法使得 SetValue 算法的总运行时间为 $O(N+M)$。

4.5.4　删除数组元素

删除数组元素的算法与获取或者设置元素值的方法基本相同。

```
DeleteEntry(Integer: row, Integer column)
    // 查找位于目标行之前的行
    ArrayRow: array_row = FindRowBefore(row)
```

```
    // 如果目标行不存在，则无须删除操作
    If (array_row.NextRow == null) Or
            (array_row.NextRow.RowNumber > row)
                Return

    // 在下一行查找目标列之前的项
    ArrayRow: target_row = array_row.NextRow
    ArrayEntry: array_entry =
        FindColumnBefore(column, target_row.RowSentinel)

    // 如果目标项不存在，则无须删除操作
    If (array_entry.NextRow == null) Or
            (array_entry.NextRow.ColumnNumber > column)
                Return

    // 删除目标列
    array_entry.NextColumn = array_entry.NextColumn.NextColumn

    // 如果目标行存在其他列，则操作完成
    If (target_row.RowSentinel.NextColumn != null) Return

    // 删除空的目标行
    array_row.NextRow = array_row.NextRow.NextRow
End DeleteEntry
```

首先，该算法调用 FindRowBefore 来查找目标行之前的行。如果目标行不存在，算法不需要删除任何内容，因此算法直接返回。接下来，该算法调用 FindColumnBefore 来查找目标行中目标列之前的列。如果目标列不存在，算法也不需要删除任何内容，所以算法直接返回。至此，算法已经在目标项所在的行的链表中找到目标项之前的 ArrayEntry 对象。算法通过设置前一个元素的 NextColumn 引用指向目标元素的后一个元素，从而从链表中删除目标项。

图 4.8 显示了该算法的操作流程。顶部的链表是原始链表。变量 array_entry 引用目标项之前的元素。为了删除目标项，该算法将 array_entry 的 NextColumn 引用指向目标项的下一个元素。

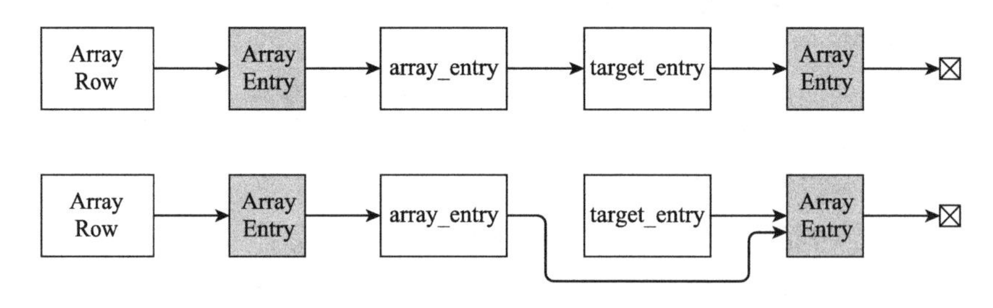

图 4.8　为了删除目标元素，该算法将目标项前一项的 NextColumn 引用指向目标项的下一个元素

该算法不改变目标项的 NextColumn 引用，该引用仍然引用下一个元素，但是程序中不存在指向目标项的引用，所以它实际上被删除了。

注意：当此算法删除行对象或者列对象时，必须释放该对象的内存。根据实现算法所使用的具体程序设计语言，这可能需要额外的操作。例如，C++ 程序必须显式地调用 free 函数释放被删除对象所占用的空间，使其占用的内存可供重用。

有些程序设计语言则采用其他方法。例如，C#、Visual Basic 和 Python 使用自动垃圾收集机制，因此下一次垃圾收集器运行时，系统将自动释放程序不能再访问的所有对象。

从行链表中删除目标项之后，算法将检查行的 ArrayRow 哨兵。如果哨兵的 NextColumn 引用不为空。则该行仍然保存其他列，因此算法已完成，并返回结果。

如果目标行不再包含任何元素，则算法将该空行从 ArrayRow 对象的链表中删除，就像删除目标列元素一样。

删除算法调用 FindRowBefore 和 FindColumnBefore 方法。如果数组有 N 行包含非默认值，而每行最多包含 M 个非默认值，则 DeleteEntry 方法的总运行时间为 $O(N+M)$。

4.6 矩阵

数组的一个应用是表示矩阵。如果使用常规数组，那么在矩阵上执行操作非常容易。例如两个矩阵的相加运算，只需把对应的元素相加即可。

注意：如果读者不熟悉矩阵和矩阵运算，建议阅读“Math Is Fun”网站（https://www.mathsisfun.com/algebra/matrix-introduction.html）上的文章。有关矩阵的更深入讨论，可以参考维基百科中有关“Matrix”的词条（https://en.wikipedia.org/wiki/Matrix(mathematics)）。

以下的伪代码展示了如何实现存储在常规二维数组中的两个矩阵的加法运算：

```
AddArrays(Integer: array1[], Integer: array2[], Integer: result[])
    For i = 0 To < 维度 1 的最大界 >
        For j = 0 To < 维度 2 的最大界 >
            result[i, j] = array1[i, j] + array2[i, j]
        Next i
    Next i
End AddArrays
```

下面的算法展示了如何实现两个常规二维矩阵的乘法运算：

```
MultiplyArrays(Integer: array1[], Integer: array2[], Integer: result[])
    For i = 0 To < 维度 1 的最大界 >
        For j = 0 To < 维度 2 的最大界 >
            // 计算 [i, j] 处的结果
            result[i, j] = 0
            For k = 0 To < 维度 2 的最大界 >
                result[i, j] = result[i, j] +
                    array1[i, k] * array2[k, j]
            Next k
        Next j
    Next i
End MultiplyArrays
```

这些算法也可以使用三角形数组或者稀疏数组，但是效率不高，因为算法检查两个输入数组中的每一个元素，即使这些元素不存在。例如，在一个三角形数组中，当 j > i 时，所有的值 [i, j] 都不存在，所以这些元素的加法或者乘法运算具有特殊的含义。如果缺失的元素被假定为 0，那么将它们相加或者相乘，不会对运算结果有影响。（如果假定这些元素为其他默认值，那么将它们相加或者相乘，结果将得到一个非三角形数组，因此我们可能需要将数组中的所有元素完全相加或者相乘。）

因此，算法不应该考虑三角形数组和稀疏数组的每个元素，而应该只考虑实际存在的元素。对于三角形数组，处理并不太复杂。本书将把两个三角形数组的加法和乘法算法作为练习题留给读者完成。

对于稀疏数组来说，其实现方法更加复杂，但是潜在的时间节省甚至更大。例如，当我们把两个稀疏矩阵相加时，不需要迭代任何一个输入数组中都不存在的行和列。实现两个稀疏矩阵加法运算的算法的伪代码如下所示：

```
AddArrays(SparseArray: array1[], SparseArray: array2[],
          SparseArray: result[])
    // 获取指向矩阵的行链表的指针
    ArrayRow: array1_row = array1.Sentinel.NextRow
    ArrayRow: array2_row = array2.Sentinel.NextRow
    ArrayRow: result_row = result.Sentinel

    // 对两个输入矩阵的所有行进行迭代
    While (array1_row != null) And (array2_row  != null)
        If (array1_row.RowNumber < array2_row.RowNumber) Then
            // array1_row 的 RowNumber 较小，复制该行到结果矩阵
            <copy array1_row's row to the result>
            array1_row = array1_row.NextRow
        Else If (array2_row.RowNumber < array1_row.RowNumber) Then
            // array2_row 的 RowNumber 较小，复制该行到结果矩阵
            <copy array2_row's row to the result>
            array2_row = array2_row.NextRow
        Else
            // 两个输入行的 RowNumber 相同
            // 把两个输入行的值相加，结果写入结果矩阵
            <add the values in both array1_row and array2_row to the
             result>
            array1_row = array1_row.NextRow
            array2_row = array2_row.NextRow
        End If
    End While

    // 复制两个输入矩阵所有的剩余元素到结果矩阵
    If (array1_row != null) Then
        <copy array1_row's remaining rows to the result>
    End If
    If (array2_row != null) Then
        <copy array2_row's remaining rows to the result>
    End If
End AddArrays
```

类似地，我们可以编写一个算法，实现两个稀疏矩阵的乘法运算，而无须检查所有不存在的行和列。本书也把它留作练习题。

按列优先顺序的稀疏矩阵

在某些算法中，按列优先访问稀疏矩阵中的元素可能比按行优先访问更方便。例如，将两个二维矩阵相乘时，我们将第一个矩阵行中的元素乘以第二个矩阵列中的元素。

为了使其更简单，我们可以使用类似的技术，即使用链表来表示列，而不是行。如果需要同时以行和列的顺序访问稀疏矩阵，可以同时使用这两种表示方式。结果类似于一个多线链表。

4.7　本章小结

常规数组具有简单、直观、易于使用等特点，但对于某些应用程序来说，它们可能很笨拙，而使用具有非零数组下界的数组可能更加自然。通过使用 4.3 节描述的方法，我们可以有效地实现。

常规数组在某些应用中效率不高。如果一个数组仅在其左下角保存元素值，则可以使用三角形数组来保存数组，结果可以节省大约一半的内存空间。如果一个数组中包含的元素更少，那么使用稀疏数组可以节省更多的空间。

具有非零下界的数组、三角形数组和稀疏数组比大多数程序设计语言提供的常规数组更复杂，但在某些情况下，它们提供了更大的便利和更大的内存节省。

数组提供对其包含的元素的随机访问。数组允许我们通过其在数组中的索引位置，获取或者设置数组中的任何元素。

下一章将阐述两种不同的容器：堆栈和队列。与数组一样，这些数据结构是包含数据项的集合。与数组的不同之处在于，堆栈和队列的随机访问行为对插入和删除数据项的方法有很大的限制。

4.8　练习题

练习题的参考答案请参见附录。带星号的题目表示有相当难度的练习题。

1. 编写一个算法，计算一维数值数组的样本方差，其中包含 N 个元素的数组的样本方差定义为：

$$S = \frac{1}{N}\sum_{i=0}^{N-1}(x_i - \bar{x})^2$$

其中，$\bar{x}$ 是数组元素各值的平均值，求和符号 Σ 表示当 i 从 0 到 $N-1$ 变化时，将所有 x_i 值相加。

2. 编写一个算法，计算一维数组的样本标准差，其中样本标准差定义为样本方差的平方根。
3. 编写一个算法，查找一个有序一维数组的中值。(确保算法能够处理包含偶数或者奇数个元素的数组。)
4. 如果在一维数组中出现次数最多的值不只有一个，那么所有这些值都是众数。例如，在数值 {A, B, A, C, A, B, B} 中，A 和 B 都出现了 3 次，所以它们都是众数。请问本章描述的众数查找算法该如何处理这个问题？如何修改众数查找算法以返回所有的众数？
5. 算法 `FindModeCounts` 会在每次增加一个计数时检查该计数是否为新的最大计数。请问当所有计数器计数完成后再进行比较，效率是否更高？
6. 算法 `FindModeCounts` 使用一个 `counts` 数组在 $O(N)$ 时间内查找数组的众数。请与算法 `FindModeSort` 相比较，假设算法 `FindModeSort` 使用了排序方法（例如计数排序 `countingsort`，其排序运行时间为 $O(N)$）。
7. 算法 `FindModeCounts` 仅适用于值的范围相对有限且从 0 开始的情况。如果范围不是从 0 开始（例如，如果值的范围是从 1000 到 2000），请问应该如何修改算法？
8. 4.2.6 节阐述了如何从线性数组中删除元素。请使用伪代码编写该算法。
9. 本章讨论的三角形数组有时被称为下三角形数组，因为值存储在数组的左下角。如何修改数据结构以生成值存储在右上角的上三角形数组？
10. 如何修改本章中描述的下三角形数组，使其成为“左上角”数组（其中的元素存储在数组的左上角）？请问数组中元素的行和列之间的关系是什么？
11. 假设我们定义一个矩形（非正方形）数组的主对角线为从左上角开始，向下和向右扩展，直到到达数组的底部或右边缘。请编写一个算法，将数组主对角线上以及以下的元素用 1 填充，主对角线上的元素用0填充。

12. 考虑一个矩形数组的对角线，它从第一行的最后一列开始，向左和向下扩展，直到到达数组的底部或左边缘。编写一个算法，用1来填充数组对角线上以及以上的元素，用0来填充对角线以下的元素。
13. 编写一个算法，用该元素到数组最近边（左、右、顶或底）的距离填充矩形数组中的每个元素。

*14. 推广三角形数组的构造方法，创建一个包含元素 `value[i, j, k]`（其中，j≤i，k≤j）的三维四面体数组，请问如何将这个方法拓展到更高的维度？

15. 如何创建一个稀疏三角形数组？
16. 编写一个算法，实现两个三角形数组的加法运算。
17. 编写一个算法，实现两个三角形数组的乘法运算。
18. 本章给出了两个稀疏矩阵的加法运算的伪代码实现。请扩展该算法以提供详细信息来代替尖括号<>内的指令。（提示：可能需要创建一个独立的 `CopyEntries` 方法，以实现将元素从一个链表复制到另一个链表，并创建一个独立的 `AddEntries` 方法来将具有相同行号的两行中的元素合并在一起。）
19. 编写一个高级算法，实现两个默认值为0的稀疏矩阵的高效乘法运算。

堆栈和队列

堆栈和队列是相对简单的数据结构，它们以先入先出或者后进先出的顺序存储对象。堆栈和队列可以根据需要扩展以容纳额外的数据项，就像链表一样（具体请参见第 3 章）。事实上，我们可以使用链表来实现堆栈和队列。

我们还可以使用堆栈和队列来模拟类似的真实场景，例如银行或者超市的服务队列。但是，堆栈和队列通常用于存储对象，以供稍后介绍的其他算法（例如最短路径算法）使用。

本章将介绍堆栈和队列。我们将阐述什么是堆栈和队列，解释堆栈和队列相关术语，并描述可以用来实现堆栈和队列的方法。

5.1 堆栈

堆栈（stack）是一种数据结构，按“后进先出”（Last-In-First-Out，LIFO，通常读作“life-oh”）顺序添加和删除数据项。由于这种后进先出的行为，堆栈有时被称为 LIFO 列表或者 LIFO。

堆栈类似于桌子上的一堆书。我们可以把一本书放在这堆书的最上面，也可以把最上面的那本书从这堆书里拿出来，但是我们不可能把一本书从这堆书的中间或底部抽出来而不让整堆书翻倒。

堆栈也类似于自助餐厅里一堆弹簧承载的盘子。如果我们把盘子加到架子上，弹簧就会压缩，使最顶部的盘子与台面平齐。如果我们移开一个盘子，弹簧就会弹出，所以现在放在上面的盘子仍然与台面保持平齐。图 5.1 显示了这种堆栈。

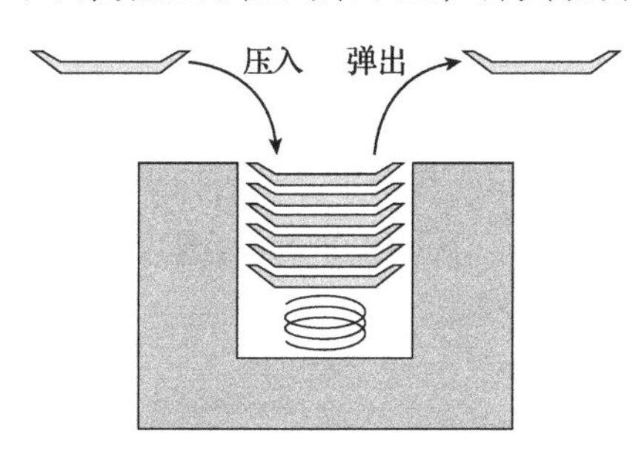

图 5.1 堆栈类似于自助餐厅里一堆盘子

由于这种堆栈将盘子向下推入台面，因此这种数据结构有时也称为向下堆栈（pushdown stack）。向堆栈中添加对象称为将对象压入（pushing）到堆栈中，从堆栈中移除对象称为将对象弹出（popping）堆栈。堆栈类通常提供 `Push` 和 `Pop` 方法，以实现向堆栈中添加数据项和从堆栈中移除数据项。

注意：Python 列表甚至提供了一个 `pop` 方法。该方法可以将要从列表中删除的数据项的索引作为参数。如果省略了索引，则该方法将删除并返回列表中的最后一个数据项，就像堆栈一样。Python 列表不提供 `push` 方法，但是 `append` 方法执行与 `push` 相同的操作。

C# 的 `Stack` 类和 Python 列表之间的一个重要区别是它们添加和移除数据项的位置。C# 的 `Stack` 类的 `Push` 和 `Pop` 方法在列表的头部添加和删除数据项。与之相反，Python 列表的 `append` 和 `pop` 方法在列表的尾部添加和移除数据项。

如果只通过 `Push` 和 `Pop` 方法访问堆栈中的数据项，则两种实现没有区别。但是，如果我们要检查堆栈中的数据项，则会有所不同。这两种堆栈以相反的顺序存储各自的数据项。例如，如果使用本章后面描述的算法按递增顺序对数据项排序，则数据项实际上将按递减顺序出现在 Python 列表中。

以下各节描述了实现堆栈的一些常见方法。

5.1.1　链表堆栈

使用链表很容易实现堆栈。Push 方法只是在列表顶部添加一个新节点，而 Pop 方法则从列表中删除顶部节点。以下伪代码显示了将数据项压入链表堆栈的算法：

```
Push(Cell: sentinel, Data: new_value)
    // 创建一个保存新值的节点
    Cell: new_cell = New Cell
    new_cell.Value = new_value

    // 把新节点添加到链表
    new_cell.Next = sentinel.Next
    sentinel.Next = new_cell
End Push
```

以下伪代码显示了从链表堆栈中弹出数据项的算法：

```
Data: Pop(Cell: sentinel)
    // 先确认是否存在可弹出的数据项
    If (sentinel.Next == null) Then <throw an exception>

    // 获取顶部节点的值
    Data: result = sentinel.Next.Value

    // 从链表中移除顶部节点
    sentinel.Next = sentinel.Next.Next

    // 返回结果
    Return result
End Pop
```

图 5.2 显示了算法的处理流程。图中上部显示程序将字母 A、P、P、L 和 E 压入堆栈后的堆栈。中间的图显示了新字母 S 被压入堆栈后的堆栈。图中下部显示了从堆栈中弹出 S 之后的堆栈。

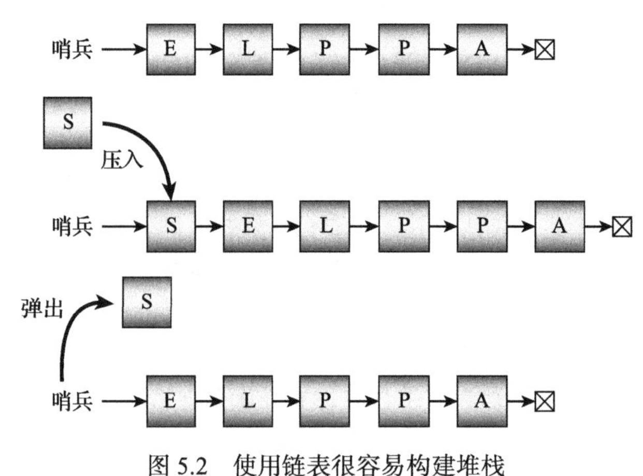

图 5.2　使用链表很容易构建堆栈

注意： 有关链表的详细信息，请参阅第 3 章。

对于链表，压入和弹出数据项的运行时间均为 $O(1)$，因此两个操作都非常快。除了节点之间的链接外，链表不需要额外的存储空间，因此链表也能节省空间。

5.1.2 数组堆栈

使用数组实现堆栈几乎和使用链表实现堆栈一样简单。为数组分配足够大的空间，以容纳希望压入堆栈中的所有数据项，然后使用变量跟踪堆栈中的下一个空位置。以下伪代码显示了将数据项压入基于数组的堆栈中的算法：

```
Push(Data: stack_values [], Integer: next_index, Data: new_value)
    // 确认存在用于添加一个数据项的空间
    If (next_index == <length of stack_values>) Then
        <throw an exception>

    // 添加一个新的数据项
    stack_values[next_index] = new_value

    // 递增 next_index
    next_index = next_index + 1
End Push
```

以下伪代码显示了从基于数组的堆栈中弹出数据项的算法：

```
Data: Pop(Data: stack_values[], Integer: next_index)
    // 确认存在可弹出的数据项
    If (next_index == 0) Then <throw an exception>

    // 递减 next_index
    next_index = next_index - 1

    // 返回堆栈顶部的值
    Return stack_values[next_index]
End Pop
```

图 5.3 以图形方式显示算法的处理流程。图中上部显示算法将字母 A、P、P、L 和 E 压入堆栈后的堆栈。中间的图显示了将新字母 S 压入堆栈后的堆栈。图中下部显示了从堆栈中弹出 S 之后的堆栈。

针对基于数组的堆栈，添加和删除数据项的运行时间均为 $O(1)$，因此这两个操作都非常快。从数组中设置值和获取值通常比在链表中创建新的节点要快，因此基于数组的堆栈可能比使用链表的堆栈稍快。基于数组的堆栈也不需要额外的内存来存储单元之间的链接。

但是，与链表堆栈不同，基于数组的堆栈需要额外的空间来容纳新的数据项。所需的额外空间大小取决于具体的应用程序，以及是否提前了解堆栈中可能需要放入多少数据项。如果不知道需要在数组中存储多少数据项，可以根据需要调整数组的大小，但这需要额外的时间开销。如果需要调整数组大小，当数组中包含 N 个数据项时，则将这些数据项复制到重新调整大小的数组中需要 $O(N)$ 个步骤。

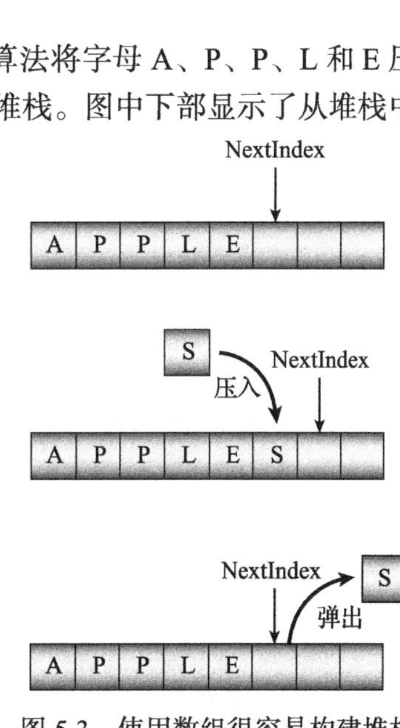

图 5.3　使用数组很容易构建堆栈

根据堆栈的使用方式，为额外的数据项留出空间可能非常低效。例如，假设一个算法偶尔需要在堆栈中存储 1000 个数据项，但大多数情况下只存储少数数据项。在这种情况下，大部分时间数组将占用比所需更多的空间。但是，如果我们知道堆栈只需要容纳少数数据项，则基于数组的堆栈将十分有效。

5.1.3　双堆栈

假设一个算法需要使用两个堆栈，并且对这两个堆栈的组合大小有一定的限制。在这种情况下，我们可以将这两个堆栈存储在一个数组中，每端一个，并且都朝中间生长，如图 5.4 所示。

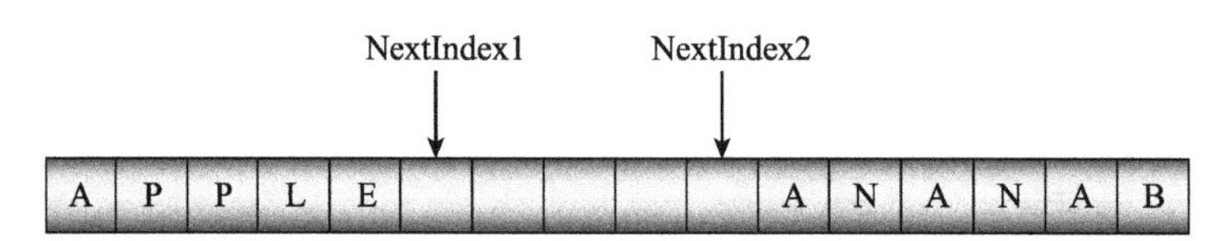

图 5.4　如果对两个堆栈的组合大小有一定的限制，则可以共享一个数组

下面的伪代码展示了一个数组中包含两个堆栈的压入数据项和弹出数据项的算法。为了简化算法，Values 数组以及 NextIndex1 和 NextIndex2 变量存储在 Push 方法之外。

```
Data: StackValues[<max items>]
Integer: NextIndex1, NextIndex2

// 初始化数组
Initialize()
    NextIndex1 = 0
    NextIndex2 = <length of StackValues> - 1
End Initialize

// 添加一个数据项到顶部的堆栈
Push1(Data: new_value)
    // 确认存在用于添加一个数据项的空间
    If (NextIndex1 > NextIndex2) Then <throw an exception>

    // 添加新的数据项
    StackValues[NextIndex1] = new_value

    // 递增 NextIndex1
    NextIndex1 = NextIndex1 + 1
End Push1

// 添加一个数据项到底部的堆栈
Push2(Data: new_value)
    // 确认存在用于添加一个数据项的空间
    If (NextIndex1 > NextIndex2) Then <throw an exception>

    // 添加一个新的数据项
    StackValues[NextIndex2] = new_value

    // 递减 NextIndex2
    NextIndex2 = NextIndex2 - 1
End Push2
```

```
// 从顶部的堆栈移除一个数据项
Data: Pop1()
    // 确认存在可弹出的数据项
    If (NextIndex1 == 0) Then <throw an exception>

    // 递减 NextIndex1
    NextIndex1 = NextIndex1 - 1

    // 返回顶部的值
    Return StackValues[NextIndex1]
End Pop1

// 从底部的堆栈移除一个数据项
Data: Pop2()
    // 确认存在可弹出的数据项
    If (NextIndex2 == <length of StackValues> - 1)
    Then <throw an exception>

    // 递增 NextIndex2
    NextIndex2 = NextIndex2 + 1

    // 返回顶部的值
    Return StackValues[NextIndex2]
End Pop2
```

5.1.4 堆栈算法

许多算法使用堆栈数据结构，例如，第 13 章中描述的一些最短路径算法。以下各节描述了可以使用堆栈实现的其他一些算法。

5.1.4.1 反转数组

使用堆栈反转数组很简单。只需将数组的每个数据项压入堆栈，然后将其弹出即可。由于堆栈的后进先出性质，这些数据项以相反的顺序返回。以下伪代码显示了此算法：

```
ReverseArray(Data: values[])
    // 把数组的所有元素值一次压入堆栈
    Stack: stack = New Stack
    For i = 0 To <length of values> - 1
        stack.Push(values[i])
    Next i

    // 从堆栈中依次弹出数据项到数组中
    For i = 0 To <length of values> - 1
        values[i] = stack.Pop()
    Next i
End ReverseArray
```

如果数组包含 N 个数据项，则此算法需要 $2 \times N$ 个步骤，因此其运行时间为 $O(N)$。

5.1.4.2 列车车厢分类

假设一列列车包含开往几个不同目的地的车厢，然后列车进入了一个火车转运站。在列车离开转运站之前，我们需要使用备用轨道（holding track）对车厢进行分类，以便将驶往同一目的地的车厢组合在一起。

图 5.5 显示了一列从左侧输入轨道（input track）进入的列车，包含开往城市 3、2、1、

3和2的车厢。列车可以移动到备用轨道上，并将其最右边的车厢移动到备用轨道上任何车厢的左端。稍后，列车可以返回到备用轨道，并将车辆从备用轨道的左端移回列车的右端。最终目标是对车厢按目的地进行分类。

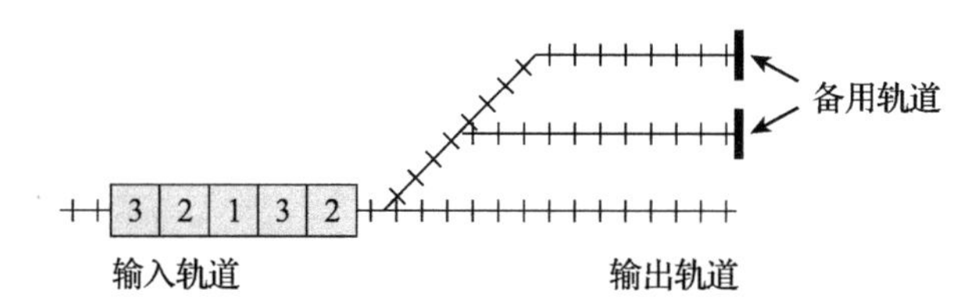

图5.5 使用堆栈对火车转运站的列车车厢按目的地进行分类

针对该问题，我们可以使用堆栈进行建模。一个堆栈表示进入的列车，其Pop方法从列车的右侧移除一个车厢，Push方法把一个车厢移动到列车的末尾。其他的堆栈表示备用轨道和输出轨道。它们的Push方法用于移动一个车厢到轨道的左侧，Pop方法用于从轨道的左侧移除一个车厢。

以下伪代码展示了程序如何使用堆栈对如图5.5所示的列车车厢进行分类建模。其中，堆栈train表示输入轨道上的列车，track1和track2是备用轨道，output是右侧的输出轨道。

```
holding1.Push(train.Pop())  // Step 1: Car 2 to holding 1.
holding2.Push(train.Pop())  // Step 2: Car 3 to holding 2.
output.Push(train.Pop())    // Step 3: Car 1 to output.
holding1.Push(train.Pop())  // Step 4: Car 2 to holding 1.
train.Push(holding2.Pop())  // Step 5: Car 3 to train.
train.Push(holding1.Pop())  // Step 6: Car 2 to train.
train.Push(holding1.Pop())  // Step 7: Car 2 to train.
train.Push(output.Pop())    // Step 8: Car 1 to train.
```

图5.6显示了算法的处理流程。每个步骤中移动的车厢使用粗线框标识。箭头表示车厢移动的目标。

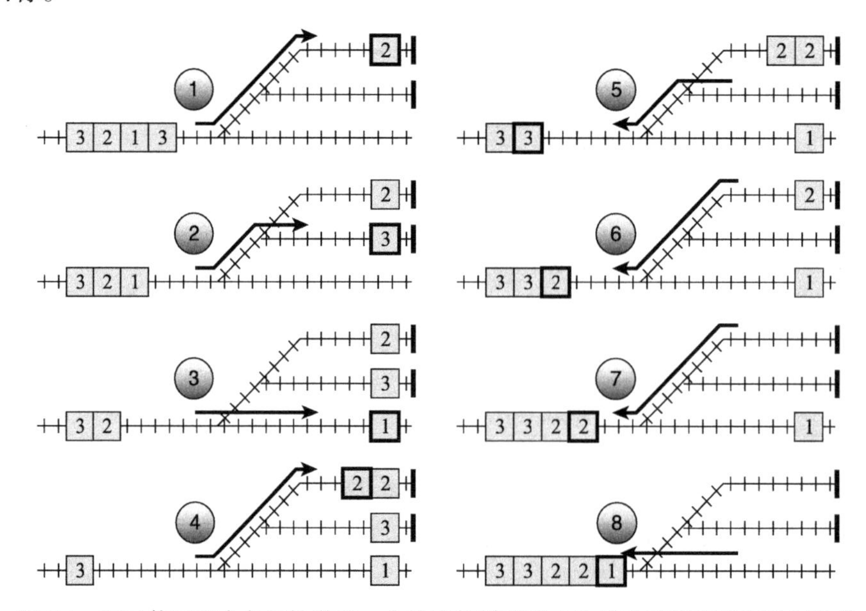

图5.6 通过使用两个备用轨道和一个输出轨道以及8次移动对列车车厢进行分类

注意：在现实世界的火车转运站中，可能需要同时使用更多的备用轨道来对包含更多车厢的多列火车进行分类，这些备用轨道可能以独特的配置连接。所有这些因素使得这个问题比这个简单的示例复杂得多。

当然，在现实世界的火车转运站中，每一步都需要排列列车车厢，这可能需要几分钟时间。因此，找到一个尽可能移动步骤少的解决方案是非常重要的。

5.1.4.3 汉诺塔

汉诺塔问题（也称为梵天塔，或者卢卡斯塔）如图 5.7 所示，有三根柱子。一根柱子上有一堆大小不同的圆盘，从最小到最大排列。目标是将所有圆盘从一个柱子移动到另一根柱子上。要求一次只能移动一个圆盘，并且不能将半径较大的圆盘放在半径较小的圆盘上。

我们可以使用三个堆栈，以一种相当明显的方式来模拟这个问题。每个堆栈代表一根柱子，可以使用数字来表示圆盘的半径。下面的伪代码展示了程序如何使用堆栈来模拟将图 5.7 中左侧柱子上的圆盘移动到中间柱子上的过程：

```
peg2.Push(peg1.Pop())
peg3.Push(peg1.Pop())
peg3.Push(peg2.Pop())
peg2.Push(peg1.Pop())
peg1.Push(peg3.Pop())
peg2.Push(peg3.Pop())
peg2.Push(peg1.Pop())
```

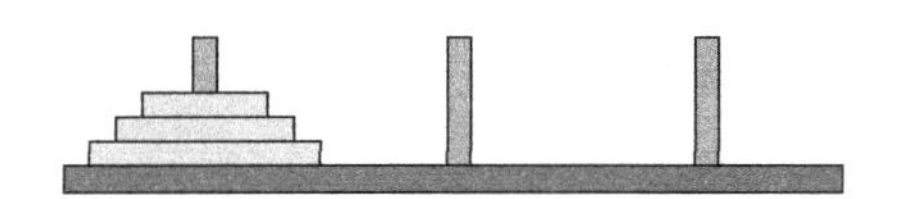

图 5.7　汉诺塔问题的目标是把所有圆盘从一个柱子移动到另一根柱子上，但是不能将半径较大的圆盘放在半径较小的圆盘上

图 5.8 图示化地显示了算法的处理流程。

注意：在图 5.8 所示的示例中，仅使用 3 个圆盘，因此解决方案可以很容易地容纳在一张示意图中。一般而言，移动 N 个圆盘所需的次数是 $2^N - 1$，因此需要移动的次数随着 N 的增加而快速增长。

这个问题是法国数学家爱德华·卢卡斯（Edouard Lucas，1842—1891）提出的。传说中（可能是卢卡斯杜撰的），有一座印度寺庙，里面有三根大柱子和 64 个金盘。寺庙的和尚们按照大圆盘位于小圆盘之下的规则把所有的圆盘从一根柱子移动到另一根柱子。

坏消息是，当和尚们完成移动之时，就是世界末日。好消息是，移动的次数 $2^{64} - 1$（大于 1.8×10^{19}）是非常漫长的时间。如果和尚们每秒钟移动一个圆盘，则总共需要耗时 5850 亿年。

汉诺塔问题的解决方案之一是一个经典的递归示例，因此我们将在第 9 章中对其进行更详细的讨论。

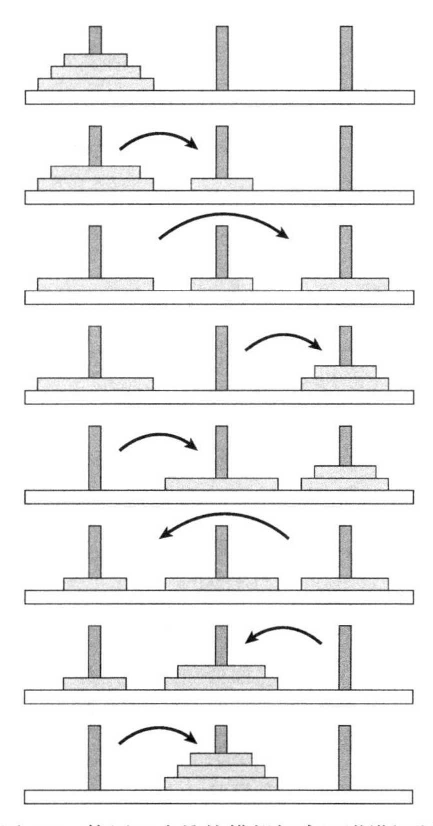

图 5.8　使用三个堆栈模拟解决汉诺塔问题

5.1.4.4 堆栈插入排序

我们将在第 6 章重点讨论排序算法，但第 3 章中简单地解释了如何使用链表实现插入排序。插

入排序背后的基本思想是从输入列表中获取一个数据项，并将其插入排序输出列表中的适当位置（该列表最初为空）。第3章解释了如何使用链表实现插入排序，但我们也可以使用堆栈实现插入排序算法。

原始堆栈分为两部分来保存数据项。堆栈中最下面的数据项已经被排序，而堆栈顶部附近的数据项尚未被排序。最初，所有的数据项都未被排序，因此它们都位于堆栈的“未排序”部分。

算法使用第二个堆栈作为临时堆栈。对于原始堆栈中的每个数据项，该算法将从堆栈中弹出顶部的数据项并将其存储在一个变量中。然后，算法将所有其他未排序的数据项“移动”到临时堆栈上。这里的“移动”是指算法从一个堆栈弹出一个值并将其压入另一个堆栈。

接下来，算法开始将已排序的数据项移动到临时堆栈中，直到找到新的数据项在已排序项中所属的位置。此时，算法将新的数据项插入原始堆栈，然后将所有的数据项从临时堆栈移回原始堆栈。算法重复此过程，直到所有的数据项都添加到堆栈的已排序部分。

使用堆栈实现插入算法的伪代码如下所示：

```
// 对堆栈中的数据项进行排序
StackInsertionsort(Stack: items)
    // 创建一个临时堆栈
    Stack: temp_stack = New Stack
    Integer: num_items = <number of items>
    For i = 0 To num_items - 1
        // 定位到下一个数据项
        // 弹出并获取第一个数据项
        Data: next_item = items.Pop()

        <把尚未排序的数据项“移动”到临时堆栈 temp_stack,
         此时存在 (num_items - i - 1) 个未排序的数据项>

        <把已经排序的数据项依次移动到临时堆栈,
         直到我们找到当前处理的数据项 next_item 所属的排序位置>

        <把当前处理的数据项 next_item 添加到所属的排序位置>

        <把堆栈 temp_stack 中的数据项“移动”回原始堆栈>
    Next i
End StackInsertionsort
```

对于每个数据项，此算法将未排序数据项“移动”到临时堆栈。接下来，算法将一些已排序的数据项移到临时堆栈，然后将所有数据项“移动”回原始堆栈。在不同的步骤中，必须移动的未排序数据项的数目为 $N, N-1, N-2, \cdots, 2, 1$，因此移动的数据项的总数为 $N+(N-1)+(N-2)+\cdots+2+1=N\times(N+1)/2=O(N^2)$。这意味着算法的运行时间为 $O(N^2)$。

5.1.4.5 堆栈选择排序

第3章除了描述链表插入排序外，还解释了如何使用链表实现选择排序。选择排序背后的基本思想是搜索未排序的数据项，找到最大的数据项，然后将其移动到已排序输出列表的前端。第3章阐述了如何使用链表实现选择排序，但我们也可以使用堆栈实现选择排序算法。

与插入排序算法一样，原始堆栈也采用两个部分分别保存数据项。堆栈中最下面的数据项已经被排序，而靠近堆栈顶部的数据项则尚未被排序。最初，所有的数据项都未被排序，因此它们都位于堆栈的“未排序”部分。

算法使用第二个堆栈作为临时堆栈。对于原始堆栈中的每个位置，算法将所有尚未排序的数据项移动到临时堆栈中，并跟踪最大的数据项。

在将所有未排序的数据项移到临时堆栈后，算法将找到的最大数据项压入原始堆栈的正确位置。然后，将所有未排序的数据项从临时堆栈“移动”回原始堆栈。算法重复此过程，直到所有数据项都添加到堆栈的已排序部分。

使用堆栈实现选择排序算法的伪代码如下所示：

```
// 对堆栈中的数据项进行排序
StackSelectionsort(Stack: items)
    // 创建一个临时堆栈
    Stack: temp_stack = New Stack

    Integer: num_items = <number of items>
    For i = 0 To num_items - 1
        // 定位到下一个数据项
        // 查找位于排序位置 i 的数据项

        < 把尚未排序的数据项“移动”到临时堆栈 temp_stack，并跟踪最大值。
          把具有最大值的数据项存储在变量 largest_item 中。
          此时，存在 (num_items - i - 1) 个未排序的数据项 >

        < 把具有最大值的数据项添加到原始堆栈中前面已排序项的尾部 >

        < 把未排序的数据项从临时堆栈 temp_stack“移动”。原始堆栈，
          跳过已经处理的具有最大值的数据项 largest_item>
    Next i
End StackSelectionsort
```

对于每个数据项，此算法将未排序数据项“移动”到临时堆栈，将最大的数据项添加到原始堆栈的已排序部分，然后将其余未排序的数据项从临时堆栈“移动”回原始堆栈。对于数组中的每个位置，算法必须移动未排序的数据项两次。在不同的步骤中，有 $N, N-1, N-2, \cdots, 2, 1$ 个可移动的数据项，因此需要移动的数据项总数为 $N+(N-1)+(N-2)+\cdots+2+1=N\times(N+1)/2=O(N^2)$。这意味着算法的运行时间为 $O(N^2)$。

5.2 队列

队列是一种数据结构，按“先进先出”（First-In-First-Out，FIFO，通常读作“fife-oh”）的顺序添加和删除其中的数据项。由于这种先进先出的行为，队列有时被称为 FIFO 列表或者 FIFO。

队列类似于商店的结账队列。顾客加入队列的末尾，然后等候服务。当顾客排到队伍最前面时，收银员才会为顾客结账（收取顾客的钱和给顾客收据）。

通常，将数据项添加到队列的方法称为入队（Enqueue），从队列中删除数据项的方法称为出队（Dequeue）。以下各节描述了实现队列的一些常见的方法。

5.2.1 链表队列

使用链表很容易实现队列。为了更方便地从队列中删除最后一个数据项，队列应该使用双向链表。Enqueue 方法只需在链表顶部添加一个新节点，Dequeue 方法则从链表中删除

尾部节点。以下伪代码显示了把一个数据项加入链表队列中的入队算法：

```
Enqueue(Cell: top_sentinel, Data: new_value)
    // 创建一个保存新值的节点
    Cell: new_cell = New Cell
    new_cell.Value = new_value

    // 把新节点添加到链表中
    new_cell.Next = top_sentinel.Next
    top_sentinel.Next = new_cell
    new_cell.Prev = top_sentinel
End Enqueue
```

以下伪代码显示了把一个数据项从链表队列中移除的出队算法：

```
Data: Dequeue(Cell: bottom_sentinel)
    // 确认是否存在可出队的数据项
    If (bottom_sentinel.Prev == top_sentinel) Then <throw an exception>

    // 获取尾部节点的值
    Data: result = bottom_sentinel.Prev.Value

    // 从链表中移除尾部的节点
    bottom_sentinel.Prev = bottom_sentinel.Prev.Prev
    bottom_sentinel.Prev.Next = bottom_sentinel

    // 返回结果
    Return result
End Dequeue
```

注意：有关链表的详细信息，请参阅第3章。

使用双向链表队列，一个数据项的入队和出队操作的运行时间均为$O(1)$，因此这两个操作都相当快。除了节点之间的链接外，链表不需要额外的存储空间，因此链表队列也能节省空间。

5.2.2 数组队列

使用数组实现队列比使用链表实现队列稍微复杂一些。为了跟踪正在使用的数组位置，我们可以使用两个变量：变量`Next`标记数组中下一个未使用的位置；变量`Last`标记数组中已使用的最长位置。但是，如果仅仅在数组的一端存储数据项并从另一端删除数据项，则占用的空间会在数组中向下移动。

例如，假设队列包含8个数据项，并使用数组实现。考虑以下一系列的入队和出队操作：

```
Enqueue(M)
Enqueue(O)
Enqueue(V)
Dequeue()    // Remove M.
Dequeue()    // Remove O.
Enqueue(I)
Enqueue(N)
Enqueue(G)
Dequeue()    // Remove V.
Dequeue()    // Remove I.
```

图 5.9 显示了上述一系列操作的示意图。最初，变量 Next 和 Last 引用同一个数据项。这表示队列为空。在一系列的入队和出队操作之后，只有两个空位置可以用于添加新的数据项。之后，将无法向队列中添加新的数据项。解决这个问题的一种方法是，当变量 Next 超越数组边界时，扩展数组的大小。不幸的是，这将使数组随着时间的推移而增大，Last 数据项之前的所有空间都将被闲置。

解决这个问题的另一种方法是，当变量 Next 超越数组边界时，将数组的所有数据项“移动”回数组的开头。这种方法虽然可行，但速度相对较慢。

解决这个问题的一种更有效的方法是，构建一个*循环数组*（circular array），在循环数组中，将最后一个数据项视为紧跟在第一个数据项之前。现在，当变量 Next 超越数组边界时，它会回绕到第一个位置，程序可以在那里存储新的数据项。图 5.10 显示了一个循环队列，其中包含值 M、O、V、I、N 和 G。

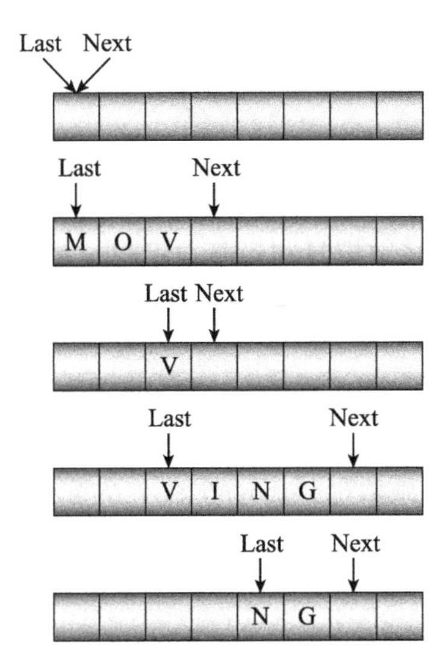

图 5.9 基于数组的数据项的入队和出队将使占用的空间在数组中向下移动

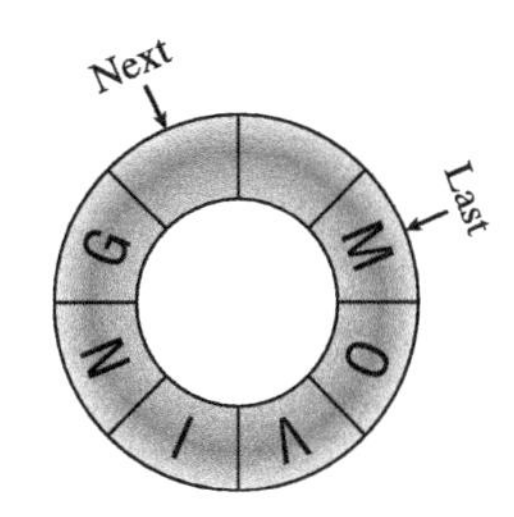

图 5.10 在循环队列中将数组最后一个数据项视为紧跟在第一个数据项之前

然而，循环数组确实带来了新的挑战。当队列为空时，变量 Next 与 Last 指向同一个位置。如果向队列中添加了足够多的数据项，变量 Next 会一直在数组中循环，并再次赶上 Last，因此没有明显的方法来判断队列是空的还是满的。

我们可以使用以下几种方法来处理这个问题。例如，可以跟踪队列中的数据项个数，或者跟踪队列中未使用的空间数，再或者跟踪添加到队列中和从队列中移除的数据项个数。C# 示例程序 CircularQueue（可以从本书的官网上下载）通过始终保持数组的一个位置为空来处理这个问题。如果我们向图 5.10 所示的队列中再添加一个值，那么当 Next 刚好在 Last 之前时，队列将被视为已满，即使有一个空的数组数据项。

下面的伪代码展示了示例程序用于将数据项添加到队列中的算法：

```
// 用于管理队列的变量
Data: Queue[<queue size>]
Integer: Next = 0
Integer: Last = 0
```

```
// 把一个数据项添加到队列中
Enqueue(Data: value)
    // 确认是否存在添加一个数据项的空间
    If ((Next + 1) Mod <queue size> == Last) Then <throw an exception>

    Queue[Next] = value
    Next = (Next + 1) Mod <queue size>
End Enqueue
```

下面的伪代码展示了用于将数据项从队列中移除的算法：

```
// 将一个数据项从队列中移除
Data: Dequeue()
    // 确认是否存在可移除的数据项
    if (Next == Last) Then <throw an exception>

    Data: value = Queue[Last]
    Last = (Last + 1) Mod <queue size>

    Return value
End Dequeue
```

循环数组队列还存在一个问题：当队列已满时如何处理。如果队列已满，那么在需要添加更多数据项时，需要我们分配一个较大的存储数组，将数据复制到新数组中，然后使用新数组代替旧数组。这种处理方法可能需要耗费一些时间，所以一开始时应该尽量给数组分配足够的空间。

5.2.3　特殊队列

队列是相当特殊的数据结构，但是有些应用程序使用更加特殊的队列，包含如下两种：优先级队列（priority queue）和双端队列（deque）。

5.2.3.1　优先级队列

在优先级队列中，每个数据项都有一个优先级，出队方法将移除优先级最高的数据项。原则上，高优先级数据项被优先处理。

实现优先级队列的一种方法是保持队列中的数据项按优先级排序。例如，可以使用插入排序算法的原理来保持数据项的顺序。向队列中添加新的数据项时，我们可以搜索队列，直到找到该数据项所属的位置，并将其放置在该位置。从队列中移除一个数据项时，只需从队列中移除顶部的节点。使用这种方法，将一个数据项加入队列所需要的运行时间为 $O(N)$，而将一个数据项从队列中移除所需要的运行时间为 $O(1)$。

实现优先级队列的另一种方法是按照入队的顺序将数据项添加到队列中，然后从队列中移除数据项时让出队方法搜索优先级最高的数据项。使用这种方法，将一个数据项加入队列需要的运行时间为 $O(1)$，而将一个数据项从队列中移除所需要的运行时间为 $O(N)$。

使用链表队列可以相当方便地实现这两种方法。6.2.1 节描述的堆数据结构提供了实现优先级队列的更有效的方法。基于堆的优先级队列实现入队和出队的运行时间为 $O(\log N)$。

5.2.3.2　双端队列

双端队列（deque，通常发音为“deck”）允许我们向队列的任一端添加数据项，或者从队列的任一端移除数据项。

当我们对有关数据项的优先级信息有所了解后，就会理解双端队列在算法中的有用性。

例如，我们可能知道有些数据项具有较高的优先级，而有些数据项则具有较低的优先级，但我们可能并不知道每个数据项确切的相对优先级。在这种情况下，可以将高优先级的数据项添加到双端队列的一端，将低优先级的数据项添加到双端队列的另一端。

使用双向链表很容易构建双端队列。

5.3 二项堆

我们可以使用链表构建一个简单的优先级队列，但是需要保持列表排序（速度很慢），或者在需要时查找列表以找到具有最高优先级的数据项（速度也很慢）。**二项堆**（binomial heap）则允许我们以相对较快的速度插入新的数据项以及移除优先级最高的数据项。

二项堆是由包含堆的值的**二项树**（binomial tree）组成的集合。为了便于重新排列树，堆通常将树根存储在一个链表中。我们希望使用链表哨兵来简化链表的管理。

注意：若干不相交的树的集合，例如二项堆所用的树，有时称为森林（forest）。

第 10 章和第 11 章将展开阐述更多有关树的内容，这里为了讨论优先级队列，就先讨论一下二项堆。

5.3.1 二项树的定义

我们可以使用以下规则递归定义二项树：

1. 具有 0 阶的二项树是单个节点。

2. 具有 k 阶的二项树具有 k 个子节点，这些子节点是具有 $k-1, k-2, \cdots, 1, 0$ 阶的二项子树的根，从左到右依次排列。

图 5.11 显示了 0 阶到 3 阶的二项树。虚线显示 3 阶二项树包含三个分别为 2 阶、1 阶和 0 阶的子二项树。

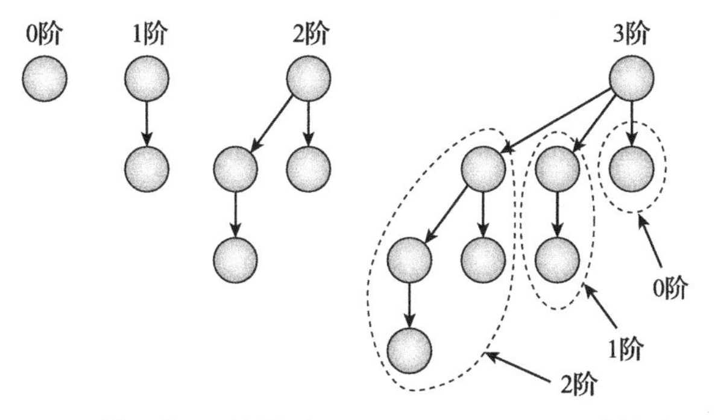

图 5.11 一棵 k 阶二项树包含 $k-1, k-2, \cdots, 1, 0$ 阶的子二项树

注意：这些树被称为二项树，因为树中某一级别的节点数由二项式公式给出。如果一棵树有 n 阶，那么它的第 d 层有 $\binom{n}{d}$ 个节点。值 $\binom{n}{d}$ 通常读作“从 n 中选 d”，定义为：

$$\binom{n}{d} = \frac{n!}{d!(n-d)!}$$

例如，考虑图 5.11 中所示的 3 阶二项树。以下公式用于计算 3 阶二项树的 4 个层级（编号从 0 到 3）分别所包含的节点数目。

$$\binom{3}{0}=\frac{3!}{0!(3-0)!}=\frac{6}{1(3)!}=\frac{6}{6}=1$$

$$\binom{3}{1}=\frac{3!}{1!(3-1)!}=\frac{6}{1(2)!}=\frac{6}{2}=3$$

$$\binom{3}{2}=\frac{3!}{2!(3-2)!}=\frac{6}{2(1)!}=\frac{6}{2}=3$$

$$\binom{3}{3}=\frac{3!}{3!(3-3)!}=\frac{6}{6(0)!}=1$$

重新观察图 5.11，我们可以发现 3 阶二项树的 4 个层级分别包括 1、3、3 和 1 个节点。

二项树有一些有趣的特性。k 阶树包含 2^k 个节点，其高度为 k。（树的高度是根节点与树最深的叶节点之间的链接数。）

对于构建二项堆而言，二项树特别重要的一个特性是可以组合 2 个 k 阶树，通过使其中一棵 k 阶树的根成为另一棵 k 阶树的根的子树的方法，从而生成一棵 $k+1$ 阶的新树。图 5.12 显示了如何将两棵 2 阶二项树组合成一棵 3 阶二项树。

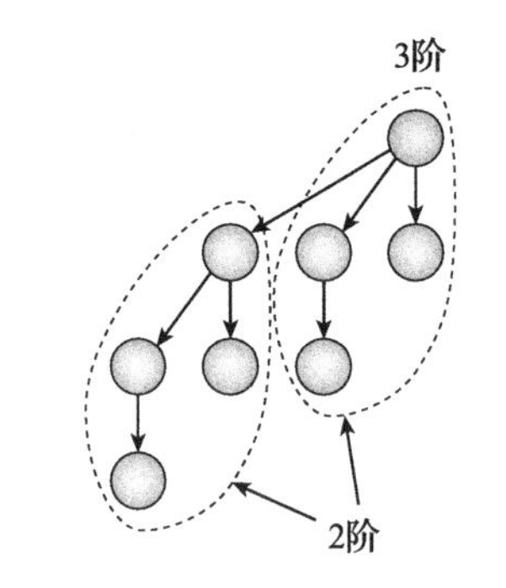

图 5.12　将一棵 2 阶树（位于左边的虚线圆圈中）的根作为另一棵 2 阶树（位于右边的虚线圆圈中）的根的子树，可以生成一棵 3 阶树

5.3.2　二项堆的定义

二项堆包含遵循以下 3 个附加属性规则的二项树组成的森林：

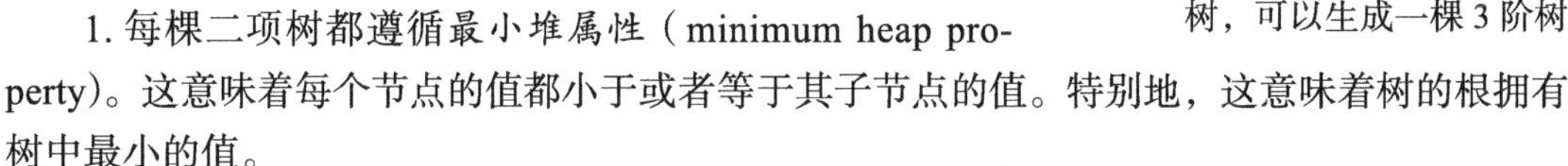

1. 每棵二项树都遵循最小堆属性（minimum heap property）。这意味着每个节点的值都小于或者等于其子节点的值。特别地，这意味着树的根拥有树中最小的值。

2. 森林最多包含一棵给定阶的二项树。例如，森林可能包含 0 阶、3 阶和 7 阶的二项树，但不能包含第二棵 3 阶二项树。

3. 森林里的二项树是按其阶排列的，所以阶最小的树排在第一位。

第一条属性规则使得在森林中找到值最小的节点非常容易，我们只需遍历所有的树，并选择最小的根值。

注意：上述讨论假设优先级较高的数据项具有较小的值，例如，值 1 可能表示最高优先级，值 2 可能表示第二优先级。如果我们认为较大的数值具有较高的优先级，只需要反过来即可。

第二条属性规则确保二项堆不会增长太宽，以免在需要查找最小元素时检查太多的树。

实际上，堆中值的数量唯一地决定了树的数量和树的阶！因为 k 阶二叉树包含 2^k 个节点，所以可以使用值的二进制表示形式来确定其必须包含哪些树。例如，假设一个堆包含 13 个节点。13 的二进制表示是 1101，因此堆必须包含一棵 3 阶树（包含 8 个节点）、一棵 2 阶树（包含 4 个节点）和一棵 0 阶树（包含 1 个节点）。

上述分析表明，包含 N 个节点的二项堆最多可以包含 $1+\log_2(N)$ 棵子树，因此二项堆的宽度有限。

至此，我们完成有关二项树和二项堆背景知识的讨论。以下各节说明如何使用二项堆构建优先级队列所涉及的关键操作。

5.3.3 合并树

如前所述，我们可以通过使一棵二项树的根成为另一棵二项树的根的子树来合并两棵具有相同阶的树。这里唯一的技巧是需要维持最小堆属性规则。为此，只需使用值较小的根节点作为父节点，以使其成为新树的根。

以下伪代码展示了算法的基本思想。这里我们假设树中的节点包含在 BinomialNode 对象中。每个 BinomialNode 对象都有一个指向节点的同级节点的 NextSibling 字段和一个指向节点的第一个子节点的 FirstChild 字段。

```
// 合并两棵同阶的二项树
BinomialNode: MergeTrees(BinomialNode: root1, BinomialNode: root2)
    If (root1.Value < root2.Value) Then
        // 将 root1 作为父节点
        root2.NextSibling = root1.FirstChild
        root1.FirstChild = root2
        Return root1
    Else
        // 将 root2 作为父节点
        root1.NextSibling = root2.FirstChild
        root2.FirstChild = root1
        Return root2
    End If
End MergeTrees
```

算法首先比较树的根节点的值。如果 root1 的值较小，算法将 root2 设为 root1 的子节点。为此，首先将 root2 的下一个同级节点设置为 root1 的当前第一个子节点。然后将 root1 的第一个子节点设置为 root2，因此 root2 是 root1 的第一个子节点，其 NextSibling 指针指向 root1 的其他子节点。然后，算法返回新树的根。

如果 root2 的值小于 root1 的值，则算法执行相同的步骤，只是两个根的角色互换。

图 5.13 显示了算法的处理流程。左侧两棵树中的根节点的值分别为 24 和 16。因为 16 较小，所以该节点成为新树的根，值为 24 的节点成为该节点的子节点。

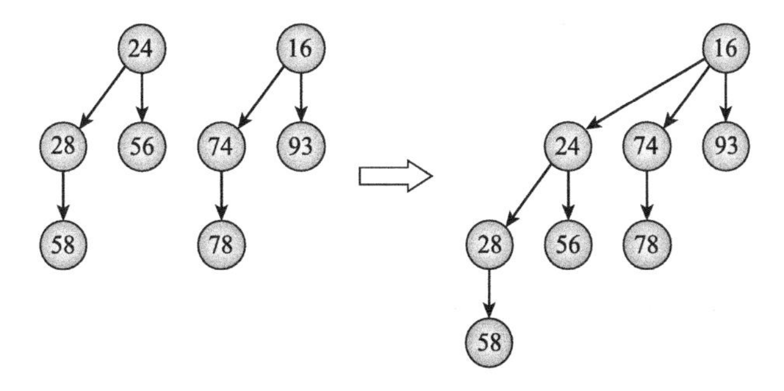

图 5.13　通过使一棵二项树的根成为另一棵二项树的根的子树来合并两棵具有相同阶的树

注意，新树满足最小堆属性规则。

5.3.4 合并堆

合并两个二项堆是维护二项堆所需的最重要、最有趣和最复杂的操作。这个过程分两个阶段进行。首先，合并树列表。然后，合并具有相同阶的树。

5.3.4.1 合并树列表

在合并两个堆的第一个阶段，我们将每个堆中的树合并到一个列表中，其中的树按递增顺序排序。因为每个堆按顺序存储树，所以可以同时循环遍历两个树列表，并按顺序将树移动到合并列表中。

下面的伪代码展示了算法的基本思想。在这里，我们假设堆由 BinomialHeap 对象表示，这些对象具有 RootSentinel 属性，指向堆森林中的第一棵树。

```
// 合并两个堆的树列表
List Of BinomialTree: MergeHeapLists(BinomialHeap: heap1,
  BinomialHeap: heap2)
    // 使得列表保存所有的合并根
    BinomialNode: mergedListSentinel = New BinomialNode(int.MinValue)
    BinomialNode: mergedListBottom = mergedListSentinel

    // 移除堆的所有列表哨兵
    heap1.RootSentinel = heap1.RootSentinel.NextSibling
    heap2.RootSentinel = heap2.RootSentinel.NextSibling

    // 按升序将两个堆中的所有根合并到一个列表中
    While ((heap1.RootSentinel != null) And
           (heap2.RootSentinel != null))
        // 查看哪个根具有较小的阶
        BinomialHeap moveHeap = null
        If (heap1.RootSentinel.Order <= heap2.RootSentinel.Order) Then
            moveHeap = heap1
        Else
            moveHeap = heap2
        End If

        // 移动所选的根
        BinomialNode: moveRoot = moveHeap.RootSentinel
        moveHeap.RootSentinel = moveRoot.NextSibling
        mergedListBottom.NextSibling = moveRoot
        mergedListBottom = moveRoot
        mergedListBottom.NextSibling = null
    End While

    // 添加剩下的所有其他根
    If (heap1.RootSentinel != null) Then
        mergedListBottom.NextSibling = heap1.RootSentinel
        heap1.RootSentinel = null
    Else If (heap2.RootSentinel != null) Then
        mergedListBottom.NextSibling = heap2.RootSentinel
        heap2.RootSentinel = null
    End If

    // 返回合并的列表哨兵
    Return mergedListSentinel
End MergeHeapLists
```

此算法首先将每个堆的 RootSentinel 值设置为堆中的第一棵实际的树。只要两个堆都包含树，代码就会比较堆中的第一棵树（它们在各自堆中具有最小阶），并将较小阶的树移动到合并列表中。在其中一个堆的所有树被遍历完成之后，该算法将另一个堆的剩余树添加到合并列表的末尾。

图 5.14 显示了合并前的两个堆。图 5.15 显示了合并后的树列表。

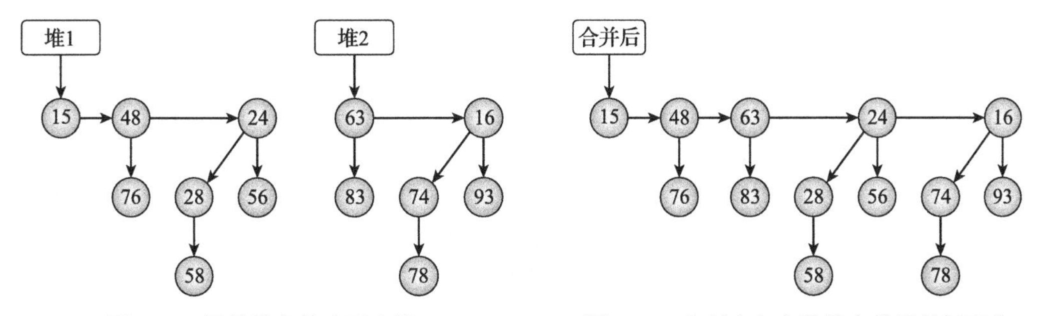

图 5.14　目的是合并这两个堆

图 5.15　此列表包含堆的合并后的树列表

如果仔细观察图 5.15 中合并后的树列表，就会发现它违反了第二个堆属性规则，即一个堆不能包含多棵具有相同阶的树。此列表包含两棵 1 阶树和两棵 2 阶树。因此我们进入合并过程的第二阶段——合并具有相同阶的树。

5.3.4.2　合并树

在合并两个堆的第二个阶段，我们合并具有相同阶的树。图 5.15 所示的合并列表中的树按其阶进行排序。这意味着，如果有任何具有相同阶的树，则它们在列表中彼此相邻。

为了合并树，我们可以遍历树列表以查找具有相同阶的相邻树。当我们找到一对匹配的树时，只需将一棵树的根设置为另一棵树的根的子树，如前一小节所述。不幸的是，这里有一个陷阱。当合并两棵 k 阶树时，将创建一棵 $k+1$ 阶树。如果列表碰巧包含了 $k+1$ 阶的另外两棵树，那么现在一行中有三棵相同阶的树。在这种情况下，只需保留第一棵（新）树，并将剩下的两棵树合并为一棵新的 $k+2$ 阶树。

下面的伪代码展示了如何合并相邻的同阶树：

```
// 遍历树列表，合并具有相同阶的根
MergeRootsWithSameOrder(BinomialNode: listSentinel)
    BinomialNode: prev = listSentinel
    BinomialNode: node = prev.NextSibling
    BinomialNode: next = null
    If (node != null) Then next = node.NextSibling

    While (next != null)
        // 确认是否需要将当前节点与下一节点合并
        If (node.Order != next.Order) Then
            // 移动以考虑下一对节点
            prev = node
            node = next
            next = next.NextSibling
        Else
            // 从列表中删除它们
            prev.NextSibling = next.NextSibling
```

```
            // 合并节点和下一节点
            node = MergeTrees(node, next)

            // 在老的根节点处插入新的根
            next = prev.NextSibling
            node.NextSibling = next
            prev.NextSibling = node

            // 如果一行有 3 对匹配,
            // 跳过第一对，这样在下一次
            // 遍历时可以合并后两对树。
            // 否则，在下一次遍历中再次
            // 考虑节点 node 和下一节点 next
            If ((next != null) And
                (node.Order == next.Order) And
                (next.NextSibling != null) And
                (node.Order == next.NextSibling.Order))
            Then
                prev = node
                node = next
                next = next.NextSibling
            End If
        End If
    End While
End MergeRootsWithSameOrder
```

该算法使用三个变量来跟踪其在合并树列表中的位置。变量 node 指向算法正在处理的树。变量 prev 和 next 指向链表中 node 之前和之后的树。

然后，算法进入一个循环，只要 next 不为空就一直执行。如果 node 指向的树和 next 指向的树的阶不同，则算法分别递增变量 prev、node 和 next，以检查下一对树。如果 node 指向的树和 next 指向的树具有相同的阶，则算法调用前面描述的 MergeTrees 方法来合并这两棵树。这可能会创建一个与下两棵树有相同阶的新树。如果是这样的话，算法会分别递增变量 prev、node 和 next，以便在下一次遍历 While 循环期间合并另两棵树。如果合并操作并没有在一行中创建三棵相同阶的树，则算法将保留 prev、node 和 next，以便该 node 指向新树。在下一次遍历循环期间，算法将新树与下一棵树进行比较，如果它们具有相同的阶，则将这两棵树合并。

图 5.16 至图 5.18 显示了 MergeRootsWithSameOrder 算法的工作原理。图 5.16 显示了合并树列表，其中包含一些具有相同阶的树。当算法循环遍历列表时，图 5.16 中虚线椭圆内的树的阶均为 1，因此算法将它们合并为 2 阶树。图 5.17 显示了新列表。

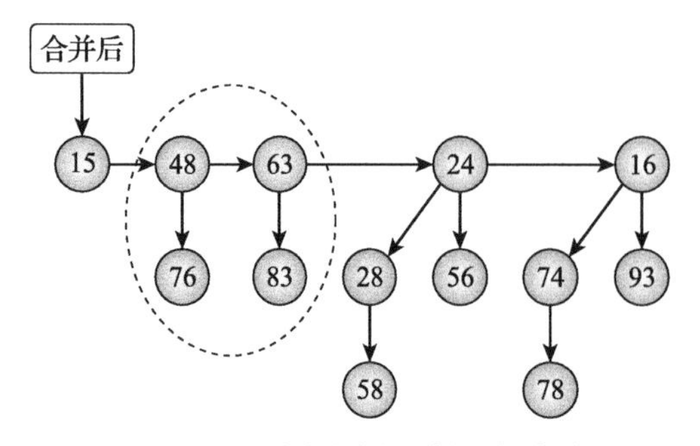

图 5.16　具有相同阶的树必须合并

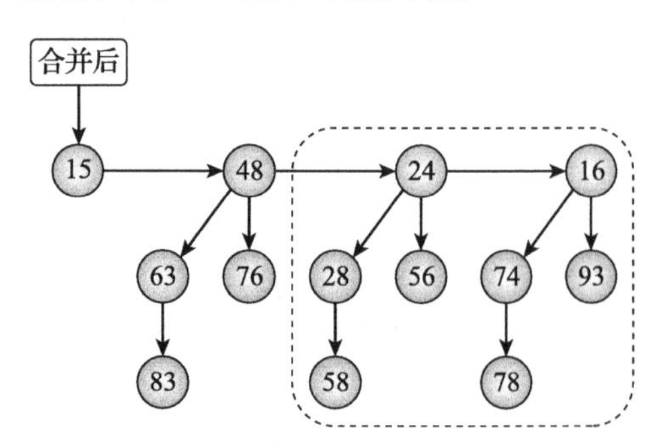

图 5.17　在列表的同一行中包含三棵 2 阶树

当算法合并两棵1阶树后，发现列表中现在包含了三棵2阶树。算法跳过第一棵树，合并其后的第二棵树和第三棵树，如图5.17中的虚线框选范围。图5.18显示了最后合并好的列表。

回想一下，这个算法的重点是合并两个二项堆。MergeHeapLists算法合并了它们的树列表，然后MergeRootsWithSameOrder算法合并列表中具有相同阶的任何树。此时，树列表满足二项堆属性规则，因此可以用来构建新的合并堆。在下面的小节中，我们将讨论如何使用这个过程来实现最终的堆特性：向堆中添加一个数据项，并从堆中移除具有最小值（优先级最高）的数据项。

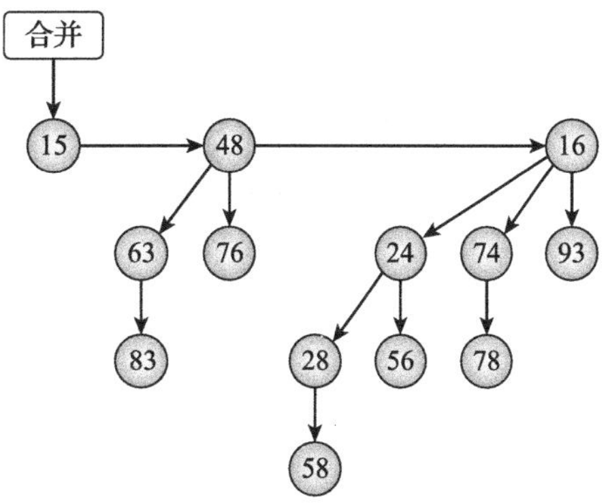

图5.18　最后合并好的列表

5.3.5 入队操作

理解合并堆的方法之后，向堆中添加数据项就相对容易了。只需创建一个包含新数据项的新堆，然后将新堆与现有堆合并。下面的伪代码演示如何执行此操作：

```
Enqueue(Integer: value)
    // 如果堆为空，则直接添加该值
    If (RootSentinel.NextSibling == null) Then
        RootSentinel.NextSibling = New BinomialNode(value)
    Else
        // 创建一个新的堆，包含该新值
        BinomialHeap newHeap = New BinomialHeap()
        newHeap.Enqueue(value)

        // 合并新创建的堆
        MergeWithHeap(newHeap)
    End If
End Enqueue
```

此算法检查堆的树列表以查看它是否为空。如果树列表为空，算法将创建包含新值的新的单节点（0阶）树，并将其添加到列表顶部。如果树列表不为空，则该算法创建一个包括新的单个数据项的堆，然后将其与现有堆合并。

5.3.6 出队操作

理解合并树列表的方法之后，移除值最小的数据项也非常容易。首先，找到具有最小值的数据项并从树列表中移除包含该数据项的树。接下来，将要删除的树的子树添加到新堆中，并将新堆与原来的堆合并。下面的伪代码更详细地给出了这些步骤：

```
// 从堆中移除最小值
Integer: Dequeue()
    // 查找包含最小值的根节点
    BinomialNode: prev = FindRootBeforeSmallestValue()

    // 从树列表中移除包含最小值的树
    BinomialNode: root = prev.NextSibling
    prev.NextSibling = root.NextSibling
```

```
    // 创建一个新的堆，包含移除的树的子树
    BinomialHeap: newHeap = New BinomialHeap()
    BinomialNode: subtree = root.FirstChild
    While (subtree != null)
        // 把该子树添加到新的堆的根列表
        BinomialNode: next = subtree.NextSibling
        subtree.NextSibling = newHeap.RootSentinel.NextSibling
        newHeap.RootSentinel.NextSibling = subtree
        subtree = next
    End While

    // 合并新创建的堆
    MergeWithHeap(newHeap)

    // 返回移除的根的值
    Return root.Value
End Dequeue
```

此算法查找具有最小值的树根。因为每棵树都满足最小堆属性规则，则该数据项就是整个堆中具有最小值的数据项。接下来，算法从树列表中删除该树。然后，算法创建一个新堆，并循环遍历删除的树的子树，将它们添加到新堆中。二项树的子树是按树的阶递增顺序来存储的，因此只需将它们添加到新堆的树列表的顶部，就可以很容易地按递增的顺序将它们添加到新堆中。

在将子树添加到新堆中之后，算法调用 MergeWithHeap 方法，将新创建的堆与原来的堆合并。最后，代码返回找到的最小项。

5.3.7 运行时间分析

二项堆上运行时间最长的操作是遍历堆的树列表，因此其运行时间取决于该列表的长度。我们前面讨论过，如果堆包含 N 个数据项，那么树列表最多可以容纳 $1 + \log_2(N)$ 棵树，因此遍历列表所需的时间最多为 $O(\log N)$。

更准确地，要把一个数据项入队，我们将创建一个包含该数据项的新堆，然后将新堆与现有堆合并。要合并堆，所需的运行时间为 $O(\log N)$。然后，循环遍历合并的树列表，以合并具有相同阶的树，所需的运行时间同样为 $O(\log N)$。因此插入一个数据项的总运行时间为 $O(\log N) + O(\log N) = O(\log N)$。

要把一个数据项出队，首先遍历堆的树列表以查找最小值的根，所需的运行时间为 $O(\log N)$。然后删除该树并将其子树添加到新堆中。删除的树最多包括 $O(\log N)$ 棵子树，因此最多需要的运行时间为 $O(\log N)$。最后，我们合并这两个堆所需的运行时间为 $O(\log N)$，因此总运行时间为 $O(\log N) + O(\log N) + O(\log N) = O(\log N)$。

插入数据项的最坏情况是 $O(\log N)$，但从长远来看，平均时间较短，因为耗时的操作往往会减少以后操作所需的时间。例如，假设一个堆包含 15 个数据项。请记住，数据项的数量唯一地决定堆中树的数量和顺序。如果堆包含 15 个数据项，则包含 4 棵树，其阶分别为 0、1、2 和 3。当我们添加另一个数据项时，新的数据项将强制所有这些树合并为一个包含 16 个数据项的 4 阶树。该操作将执行完整的 $O(\log N)$ 步骤，因为堆最初包含 $O(\log N)$ 棵树。但是，在这之后，堆只包含一棵树，因此将来的插入将快得多。

这种对长期操作性能的研究称为摊销分析（amortized analysis）。结果表明，在二项堆中插入数据项的摊销运行时间是 $O(1)$。

5.4 本章小结

本章介绍堆栈和队列，这两种数据结构通常被其他算法用于存储数据项。在堆栈中，数据项添加到数据结构的某一“端”中，然后按后进先出的顺序从同一“端”中移除。在队列中，数据项添加到数据结构的某一“端”中，然后按先进先出的顺序从另一“端”移除。

只要不耗尽空间，我们可以使用数组轻松地构建堆栈。如果使用链表构建堆栈，则无须担心空间不足。

我们也可以使用数组来构建队列，尽管在这种方法中，数据项会在数组中移动，直到到达末尾，并且我们还需要调整数组的大小。但我们可以用循环数组来解决这个问题。我们还可以使用双向链表来构建队列，从而避免这些问题。

使用堆栈和队列，我们可以实现在 $O(N^2)$ 时间内对数据项进行排序，尽管这些算法通常用作堆栈和队列的练习题，而不是高效的排序算法。下一章描述了一些排序算法，它们提供了更好的性能，其中一些排序算法的运行时间为 $O(N\log N)$，另一些排序算法的运行时间甚至达到 $O(N)$。

本章还阐述了二项堆，这是本书迄今为止描述的最复杂的数据结构。二项堆允许我们在 $O(\log N)$ 时间内从堆中添加数据项和移除数据项。这使得二项堆成为构建优先级队列的有效方法。

5.5 练习题

练习题的参考答案请参见附录。带星号的题目表示有相当难度的练习题。

1. 使用双堆栈时，当其中一个堆栈已满时，变量 `NextIndex1` 和 `NextIndex2` 之间的关系是什么？
2. 编写一个算法，将一个堆栈作为输入，返回包含相同数据项但顺序相反的新堆栈。
3. 编写一个程序，使用堆栈实现插入排序算法。
4. 对于每个数据项，堆栈插入排序算法将未排序的数据项移动到临时堆栈。接下来，算法将一些已排序的数据项移到临时堆栈，然后将所有数据项移回原始堆栈。算法真的需要将所有数据项移回原始堆栈吗？请问可以通过修改这个步骤来提高算法的性能吗？这对算法的大 O 运行时间有什么影响？
5. 请问堆栈插入排序算法是否适用于“列车车厢分类”？
6. 编写一个程序，使用堆栈实现选择排序算法。
7. 请问堆栈选择排序算法是否适用于“列车车厢分类”？
8. 编写一个程序，实现一个优先级队列。
9. 编写一个程序，实现一个双端队列。

*10. 以一家银行为例，客户排成一个队列并由多个出纳员提供服务（见图 5.19）。后来的顾客排在队列的末端，当顾客到达队列的最前面时，下一个空闲的出纳员将会为顾客服务。我们可以用一个“多头队列”（multiheaded queue）来模拟由多个出纳员提供服务的普通队列。

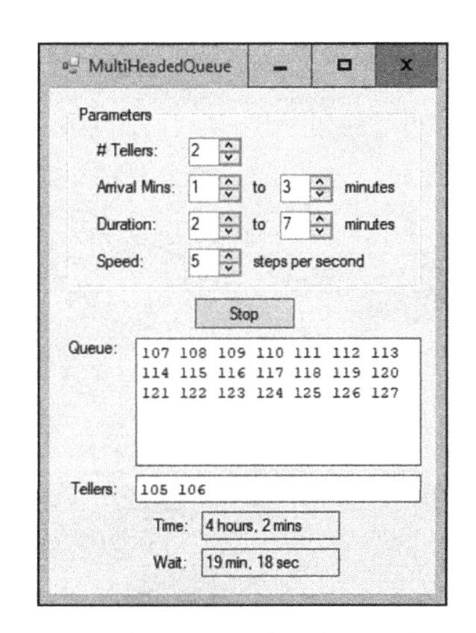

图 5.19 在银行队列中，客户排成一个队列并由下一个空闲的出纳员提供服务

编写一个类似于图 5.19 所示的程序来模拟银行中的多头队列。允许用户控制并调整出纳员的数量、客户到达的时间间隔、每个客户停留的时间以及模拟服务的速度。用户指定参数后，运行模拟服务以查看队列的行为。请问，出纳员的数量如何影响平均等待时间？

11. 编写一个程序，使用队列实现插入排序算法。
12. 编写一个程序，使用队列实现选择排序算法。

*13. 编写一个程序，实现二项堆。

排　序

在算法教科书中，通常会花大量篇幅详细阐述排序算法，主要有以下几个原因：

- 排序算法非常有趣，并且可以展示一些有用的算法技术，例如递归、分而治之、堆和树等。
- 排序算法之所以被广泛深入地研究，是因为其属于为数不多的已知精确运行时间的算法。可以证明，使用比较方法对 N 个数据项进行排序的算法的最快运行时间为 $O(N\log N)$。的确有几种排序算法达到了这种性能，因此在某种意义上它们是最优的。
- 排序算法非常有用。当数据以各种方式排好序时，几乎所有的数据都更实用，因此排序算法在许多应用中扮演着重要的角色。

本章将介绍几种不同的排序算法。有些排序算法（例如插入排序算法、选择排序算法和冒泡排序算法）相对简单，但速度较慢。其他的排序算法（例如堆排序算法、快速排序算法和合并排序算法）则更复杂，但速度更快。还有一些排序算法（例如计数排序算法、和鸽巢排序算法）不使用比较来对数据项进行排序，因此它们可以打破 $O(N\log N)$ 的性能瓶颈，在合适的情况下，以惊人的速度实现快速排序。

以下各节按算法的运行时间性能对排序算法进行分类。

注意：许多编程库（例如 C# 和 Python）都包含排序工具，而且通常运行得非常快。实际运用中，我们可能希望使用这些工具来节省编写和调试排序代码的时间。然而，了解排序算法的工作原理仍然十分重要，因为有时候我们可以通过自己编写算法来实现比内置工具更好的效果。例如，对于非常小的列表，一个简单的冒泡排序算法可能胜过一个更复杂的语言库例程。如果要排序的数据具有某种正确的特性，则计数排序算法通常可以胜过程序设计语言内置的排序工具。

6.1　$O(N^2)$ 算法

$O(N^2)$ 算法相对较慢，但非常简单。事实上，它们的简单性有时会使其在非常小的数组上优于更快但更复杂的排序算法。

6.1.1　数组的插入排序算法

第 3 章描述了一个插入排序算法，针对链表中的数据项进行排序。第 5 章描述了使用堆栈和队列的插入排序算法。插入排序的基本思想是从输入列表中提取一个数据项，并将其插入排序输出列表中的适当位置（该列表最初为空）。

第 3 章阐述了如何在链表中实现插入排序操作。同样，我们可以使用相同的步骤对数组进行排序。以下伪代码显示了用于数组的插入排序算法：

```
Insertionsort(Data: values[])
   For i = 0 To <length of values> - 1
       // 把第 i 个数据项移动到数组中已排序的部分
       <查找满足条件 j < i 并且 values[j] > values[i]
         的第一个索引位置 j>
       <把该数据项移动到位置 j>
   Next i
End Insertionsort
```

当代码循环遍历数组中的数据项时，索引 i 将已排序的数据项与未排序的数据项分离开来。索引小于 i 的数据项已排序，索引大于或者等于 i 的数据项尚未排序。当索引 i 的取值从 0 变化到数组中的最后一个索引时，代码将索引 i 处的数据项移动到数组中已排序部分的正确位置。

为了确定数据项的位置，代码会查看已经排序的数据项，并找到第一个大于新 values[i] 的数据项。然后代码将 values[i] 移动到新位置。不幸的是，这可能是一个耗时的步骤。假设数据项的新索引应该是 j，在这种情况下，代码必须把索引 j 和 i 之间所有数据项向右移动一个位置，以便在位置 j 为数据项腾出空间。

图 6.1 显示了算法的关键步骤。图的顶部显示原始的未排序数组。在图的中间位置，前面的 4 个数据项（粗体显示）已经排序，算法准备将下一个数据项（值为 3）插入数组的已排序部分。算法搜索已排序的数据项，直到确定值 3 应该插入到值 5 之前。在图的底部，算法将值 5、6 和 7 移到右侧，以便为值 3 腾出空间。算法插入值 3，并继续 For 循环，以便将下一个数据项（值为 2）插入数组中的正确位置。

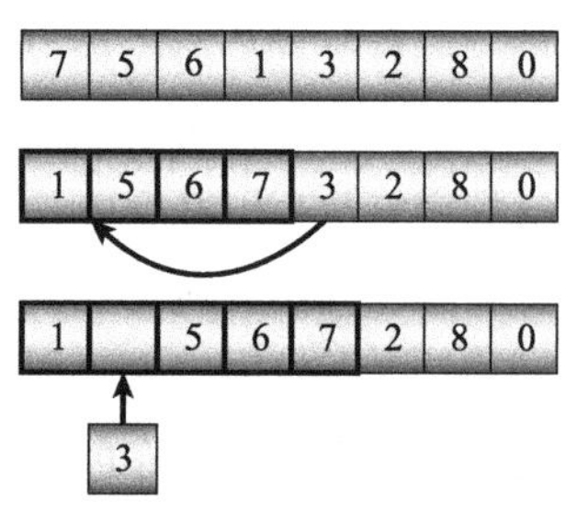

图 6.1　插入排序算法将数据项插入数组的已排序部分

该算法对原始数组中的数据项进行排序，因此不需要任何额外的存储（除了一些控制循环和移动数据项的变量）。

如果数组包含 N 个数据项，算法将检查数组中的所有 N 个位置。对于每个位置 i，算法必须搜索数组中先前已排序的数据项，以找到第 i 个数据项的新位置。然后，算法必须把该位置和索引 i 之间所有的数据项向右移动一个位置。如果要将数据项 i 移动到位置 j，则需要 j 个步骤才能找到新的位置 j，然后需要 i - j 个步骤才能将数据项移到另一个位置，从而产生总共 i 个步骤。这意味着总共需要 i 个步骤才能将数据项 i 移动到新位置。

把数据项放置在正确位置所需的所有步骤相加，总的运行时间如下：

$$1 + 2 + 3 + \cdots + N = (N^2 + N)/2$$

这意味着算法的运行时间为 $O(N^2)$。算法的运行时间并不是很快，但对于比较小的数组（少于 10 000 个左右的数据项）来说，其速度已经足够快。插入算法也是一个相对简单的算法，所以对于非常小的数组，有时候它可能比更复杂的算法更快。要使此算法优于更复杂的算法，数组到底应该有多小取决于系统。通常，此算法仅对包含少于 5 个或者 10 个数据项的数组更快。

6.1.2　数组的选择排序算法

在第 3 章中，除了描述链表的插入排序算法外，我们还描述了链表的选择排序算法。类似地，第 5 章描述了使用堆栈和队列的选择排序算法。

选择排序算法的基本思想是搜索输入列表中包含的最小数据项，然后将其添加到不断增长的排序列表的末尾。以下伪代码显示了用于数组的选择排序算法：

```
Selectionsort(Data: values[])
    For i = 0 To <length of values> - 1
        // 查找属于位置 i 的数据项
        <查找索引 j >= i 的最小数据项>
        <交换 values[i] 和 values[j]>
    Next i
End Selectionsort
```

代码循环遍历数组以查找尚未添加到数组已排序部分的最小数据项，然后将最小的数据项与位置 i 中的数据项交换。

图 6.2 显示了算法的关键步骤。图的顶部显示原始的未排序数组。在图的中部，前 3 个数据项（粗体部分）已经排序，算法正在准备将下一个数据项交换到该位置。该算法搜索未排序的数据项，找到最小值的数据项（在本例中为 3）。然后，算法将具有最小值的数据项交换到下一个未排序的位置。图的底部显示了将新的数据项移动到数组已排序部分后的数组。接下来，算法继续 For 循环，将下一个数据项（值为 5）添加到数组中不断增长的排序部分。

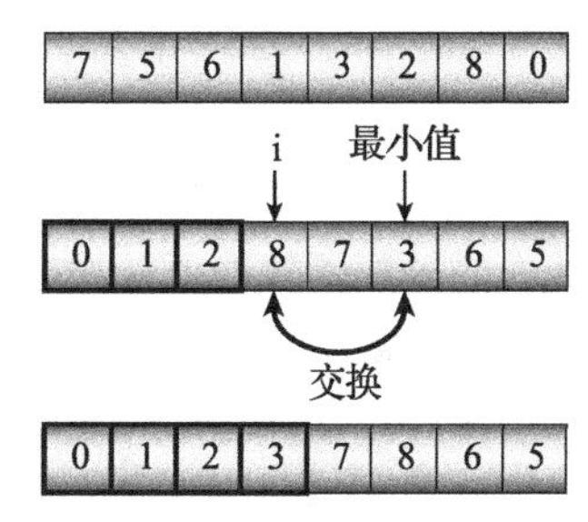

图 6.2　选择排序算法将未排序列表中的最小数据项移动到不断增长的排序列表的末尾

与插入排序算法一样，选择排序算法对原始数组中的数据项进行排序，因此不需要任何额外的存储（除了一些控制循环和移动数据项的变量）。

如果数组包含 N 个数据项，算法将检查数组中所有 N 个位置。对于每个位置 i，它必须搜索尚未排序的 $N-i$ 个数据项，以查找属于位置 i 的数据项。然后，算法以较小的固定步骤将数据项交换到其最终所属位置。将移动所有数据项的步骤相加，可以获得以下运行时间：

$$(N-1)+(N-2)+\cdots+2+1=(N^2+N)/2$$

这意味着算法的运行时间为 $O(N^2)$，这与插入排序算法的运行时间相同。

与插入排序算法一样，选择排序算法对于比较小的数组（少于 10 000 个左右的数据项）来说足够快。选择排序也是一个非常简单的算法，因此对于非常小的数组（通常是 5 到 10 个数据项），它有时可能比更复杂的算法要快。

6.1.3　冒泡排序算法

冒泡排序（bubblesort）基于一个显而易见的事实：如果数组没有排序，那么一定存在两个无序的相邻元素。冒泡算法通过反复遍历整个数组，交换无序的数据项，直到不存在无序的需要交换的相邻数据项为止。以下伪代码显示了冒泡算法的实现：

```
Bubblesort(Data: values[])
    // 重复下列过程，直到数组已排序
    Boolean: not_sorted = True
    While (not_sorted)
        // 假设没有找到需要交换的相邻数据项对
        not_sorted = False

        // 查找数组中无序的相邻数据项对
        For i = 0 To <length of values> - 1
```

```
            // 检查第 i 个数据项和第 i - 1 个数据项是否不满足顺序
            If (values[i] < values[i - 1]) Then
                // 交换两个无序的相邻数据项
                Data: temp = values[i]
                values[i] = values[i - 1]
                values[i - 1] = temp

                // 数组处于尚未排序状态
                not_sorted = True
            End If
        Next i
    End While
End Bubblesort
```

代码使用一个名为 not_sorted 的布尔变量来跟踪它是否在最近一次遍历数组过程中交换了两个无序的相邻数据项。只要 not_sorted 是 true，算法就继续循环遍历数组，查找无序的相邻数据项对并交换它们。

图 6.3 显示了算法的一个示例流程。最左边的数组差不多快排好序了。在第一次遍历数组的过程中，算法发现数据项 6 和 3 的顺序不正确（6 应该在 3 之后），因此交换数据项 6 和 3 以获得值的第二个排列。在数组的第二次遍历过程中，算法发现数据项 5 和 3 的顺序不正确，于是交换数据项 5 和 3 以得到第三次值的排列。在第三次遍历过程中，算法发现数据项 4 和 3 的顺序不正确，因此交换数据项 4 和 3，在图的最右边给出了排列。该算法执行一次数组遍历过程，结果没有找到需要交换的无序相邻数据项对，因此算法结束。

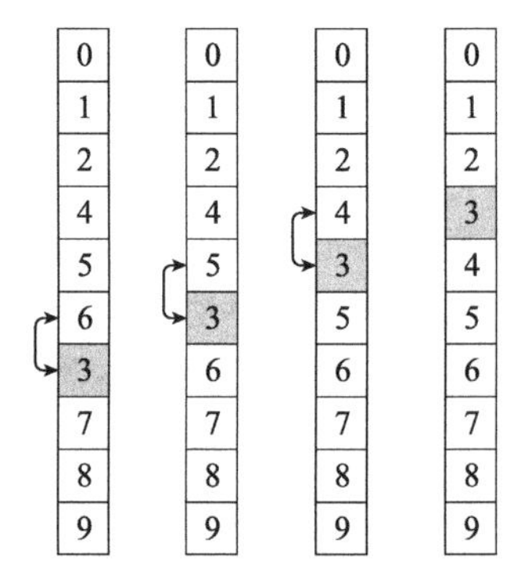

图 6.3 在冒泡排序算法中，数组下面的数据项慢慢向上“冒泡”到正确的位置

事实上，在排序过程中，数据项 3 像气泡一样缓慢上升到正确的位置，因此该算法被称为冒泡排序算法。

每次遍历数组时，至少有一个数据项到达其最终位置。在图 6.3 中，数据项 6 在第一次遍历时到达最终位置，数据项 5 在第二次遍历时到达最终位置，数据项 3 和数据项 4 在第三次遍历时到达最终位置。

如果数组中包含 N 个数据项，并且在每次遍历数组时至少有一个数据项到达其最终位置，则该算法最多需要执行 N 次遍历。（如果数组最初按相反的顺序排序，则算法需要执行所有 N 次遍历过程。）每次遍历过程需要 N 个步骤，因此总运行时间为 $O(N^2)$。

与插入排序算法和选择排序算法一样，冒泡排序算法的速度相当慢，但可以为小列表（少于 1000 个数据项）提供可以接受的性能。对于非常小的列表（5 个左右的数据项），它有时比复杂的算法运行速度更快。

我们可以对冒泡排序算法进行一些改进。首先，在图 6.3 中，值为 3 的数据项开始时位于其最终正确位置下方。然而，如果一个数据项一开始就位于其最终位置之上，情况会如何呢？在这种情况下，算法会发现该数据项位置不对，并将其与下面的数据项交换，然后再考虑这个数据项。如果该数据项的位置仍然不正确，则算法会再次交换它。该算法继续在列表中向下交换该数据项，直到它在数组的一次完整遍历中到达最终位置。我们可以基于上述原理，通过交替向下和向上遍历数组来加速算法。向下遍历快速移动数组中位于过高位置的数据项，向上遍历则快速移动数组中位置过低的数据项。这种向上和向下版本的冒泡排序算法，有时被称为鸡尾酒摇摆式排序（cocktail shaker sort）算法。

其次，基于某些数据项可能会同时进行多次交换的事实，我们可以进一步改进冒泡算法。例如，在一次向下遍历过程中，一个值较大的数据项（称为 K）在到达一个比它更大的数据项位置之前，可能会被交换多次，并且这个较大的数据项 K 会终止本次向下遍历的过程。为了避免多次交换以稍微缩短时间，我们可以把数据项 K 存储在一个临时变量中，并在数组中向上移动其他数据项，直到找到 K 的所属位置。然后把 K 放在那个位置，并且继续遍历数组。

最后，还可以对冒泡算法做进一步改进。假设一个最大的数据项（称为 L）不在其最终位置。在一次向下遍历的过程中，算法到达该数据项（可能事先进行了其他交换），然后向下交换列表，直到该数据项到达其最终位置。在数组的下一个遍历过程中，没有任何数据项可以与 L 交换，因为 L 位于其最终位置。这意味着算法可以在到达数据项 L 时结束其数组遍历过程。

一般而言，算法可以在到达上一次交换的最后一次交换位置时结束对数组的遍历。如果我们跟踪向下和向上遍历的最后一次交换，则可以缩短每次遍历的时间。

图 6.4 显示了上述三种针对冒泡算法的改进。在数组的第一次向下遍历过程中，算法将数据项 7 与数据项 4、5、6 和 3 交换。它将值 7 保存在一个临时变量中，因此在到达最终位置之前不需要将其保存回数组中。

在把 7 放置到 3 之后，算法继续在数组中移动，并且没有发现任何其他需要交换的数据项，因此算法知道数据项 7 及其之后的那些数据项均处于最终位置，不需要再次检查。如果靠近数组顶部的某个数据项大于 7，则第一次遍历过程将会把它交换到 7 之下。在图 6.4 中部，已经位于最终位置的数据项标记为灰色，表明在后续的遍历过程中不需要再检查它们。

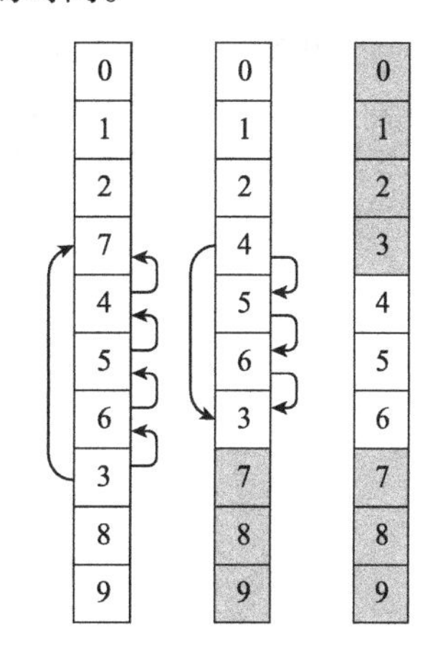

图 6.4　改进的冒泡排序加快了排序速度，但是仍然具有 $O(N^2)$ 的性能

算法确定数据项 7 及其之后的那些数据项处于其最终位置，因此开始第二次遍历，把数据项 7 之前的第一个数据项（即数据项 3）向上移动。算法将数据项 3 与数据项 6、5 和 4 交换，这次将数据项 3 保存在一个临时变量中，直到它到达最终位置。

现在，数据项 3 和数组中位于其前面的那些数据项处于其最终位置，因此它们在图 6.4 中的最后一个图中被标记为灰色。然后，算法在数组中进行最后一次向下遍历，从值 4 开始，到值 6 结束。在此过程中不发生交换，因此算法结束。

这些改进使得冒泡排序算法在实践中运行速度更快。（在一次测试中，针对 10 000 个数据项进行排序，未改进的冒泡排序算法的运行时间为 2.50 秒，而改进后的冒泡排序算法的运行时间为 0.69 秒。）但是，改进后的冒泡排序算法的性能仍然为 $O(N^2)$，因此我们使用冒泡排序算法时，依然存在列表大小的限制。

6.2　$O(N\log N)$ 算法

$O(N\log N)$ 算法比 $O(N^2)$ 算法要快得多（至少针对较大的数组而言）。例如，如果 N 为 1000，则 $N\log N$ 小于 1×10^4，而 N^2 为 1×10^6，大约慢 100 倍。二者的性能差异使得在日常

编程实践中 $O(N\log N)$ 算法更加实用（至少针对较大的数组而言）。

6.2.1　堆排序算法

堆排序（heapsort）算法使用一个称为堆的数据结构，该算法还演示了一种在数组中存储完全二叉树的有用技术。

6.2.1.1　存储完全二叉树

二叉树（binary tree）是每个节点最多连接两个子节点的树。在一棵完全树（complete tree，二叉树或者其他树）中，树的所有层都被完全填充，除了最后一层，其中所有节点都位于左边。

图 6.5 显示了一棵包含 12 个节点的完全二叉树。树的前三层已经完全填充。第四层包含位于树左侧的 5 个节点。

7
1
10
4
6
9
2
11
3
5
12
8

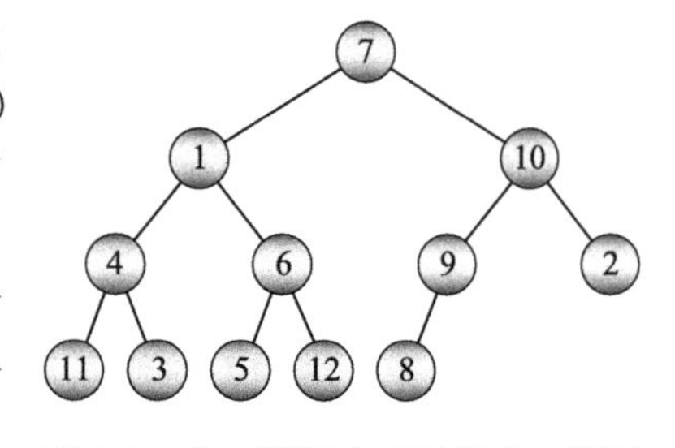

图 6.5　在一棵完全二叉树中，除了最后一层，树的每一层都被完全填充

完全二叉树具有一个有用的特性，我们可以使用一个简单的公式轻松地将它们存储在数组中。首先将根节点放在索引 0 处。然后，将索引为 `i` 的节点的子节点放置在索引 `2×i + 1` 和 `2×i + 2` 处。

如果一个节点的索引为 `j`，则其父节点的索引为 ⌊`(j - 1) / 2`⌋，其中 ⌊⌋ 表示将结果截断为下一个最小整数。换而言之，即向下取整。例如，⌊2.9⌋的结果为 2，⌊2⌋的结果也为 2。

图 6.5 所示的树在数组中的存储示意图如图 6.6 所示。各数据项的索引显示在顶部。

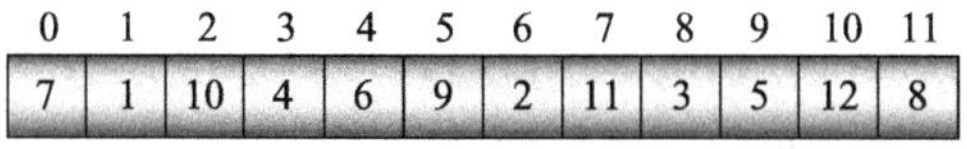

0 1 2 3 4 5 6 7 8 9 10 11
7 1 10 4 6 9 2 11 3 5 12 8

图 6.6　我们可以轻而易举地将一棵完全二叉树存储在数组中

例如，值 6 位于索引位置 4，因此其子节点应位于索引位置 $4\times2+1=9$ 和 $4\times2+2=10$，分别对应于值 5 和值 12。我们可以查看图 6.5 中所示的树，发现这些值正是其子节点。

如果任一子节点的索引大于数组中最大的索引，则该节点在树中没有该子节点。例如，值 9 的索引为 5。它的右子节点的索引为 $2\times5+2=12$，结果超出了数组的范围。如果查看图 6.5，我们将发现值为 9 的节点没有右子节点。

举一个计算节点的父节点的示例，我们考虑值为 12（索引位置为 10）的节点。其父节点的索引为 $\lfloor(10-1)/2\rfloor=\lfloor4.5\rfloor=4$。索引位置 4 处的值是 6。如果查看图 6.5 所示的树，我们将发现值为 12 的节点的父节点正是值为 6 的节点。

6.2.1.2　定义堆

堆是一棵完全二叉树，其中每个节点保存的值不小于其子节点中的值，如图 6.7 所示。图 6.5 所示的完全二叉树不是堆，因为其根节点的值是 7，而它的右子节点的值是 10，子节点的值比父节点的值大。

15
11
10
7
5
9
2
6
4
3
1
8

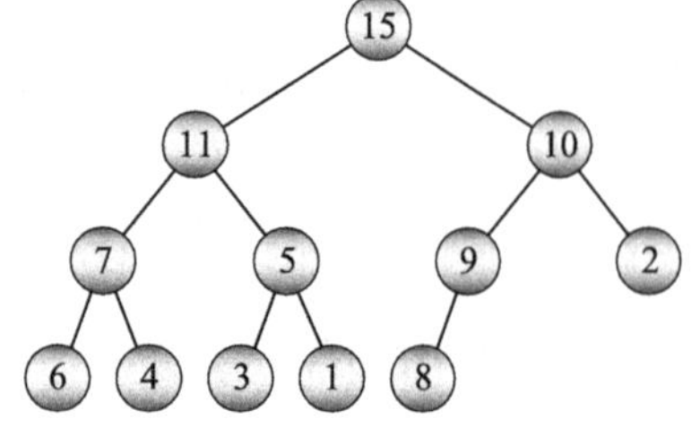

图 6.7　堆中每个节点的值不小于其子节点中的值

构建堆时，可以一次添加一个节点，从包含单个节点的树开始。因为单个节点没有子节点，所以它满足堆属性

规则。

现在，假设我们已经构建了一个堆，并且希望向其中添加一个新节点。我们在树的末尾添加新节点。要保证添加节点后的树仍然是完全二叉树，新节点的添加位置是固定的，即在树的底层节点的右侧。

现在将新节点的值与其父节点的值进行比较。如果新节点的值大于其父节点的值，则两者交换。因为添加新节点之前的树是一个堆，所以我们知道父节点的值大于其另一个子节点的值（如果它有一个子节点的话）。通过把较大的子节点值与其父节点的值进行交换，我们可以保留堆属性。

但是，我们已经更改了父节点的值，因此可能会破坏更高位置的树的堆属性。因此，需要向上移动树到父节点，将其值与其父节点的值进行比较，并在必要时交换值。之后继续向上移动树，必要时交换值，直到到达满足堆属性的节点为止。此时，这棵树又变成了一个堆。

将值 12 添加到图 6.7 所示的树中的过程如图 6.8 所示。添加新节点后的新堆如图 6.9 所示。

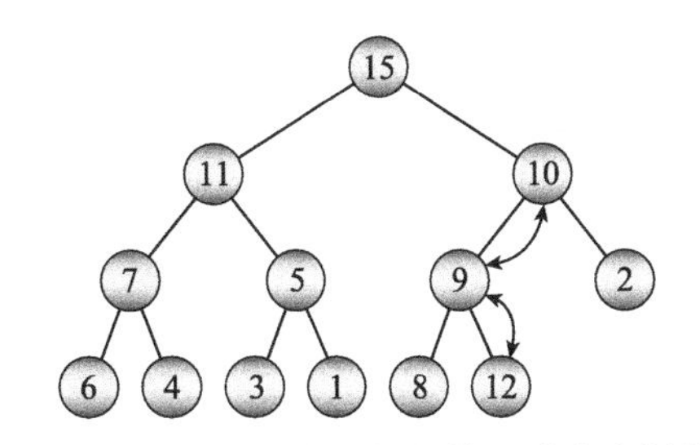

图 6.8　为了在堆中添加新值，首先在树的末尾添加该值，然后根据需要将其上移以确保满足堆属性

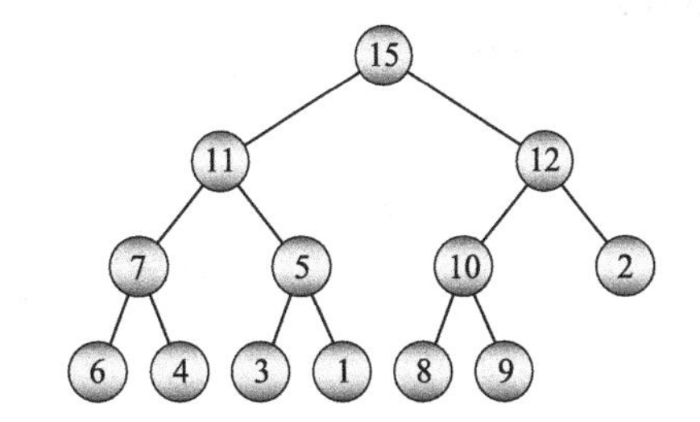

图 6.9　将值向上移动到满足堆属性的某个节点后得到的树又变成了一个堆

将堆存储在数组中使这个过程变得特别容易，因为当我们需要在树的末尾添加一个新节点时，它已经在数组中的正确位置了。当我们在一个数组中存储一个完全二叉树时，下一个数据项位于右边树的底层。在数组中，这是在树中最后一个节点之后的位置。这意味着我们不需要对树中下一个数据项的放置位置采取任何行为，要做的事情就是遍历树并交换子节点的值和父节点的值以恢复堆属性。

下面的伪代码展示了将数组转换为堆的算法：

```
MakeHeap(Data: values[])
    // 依次将数据项添加到堆中
    For i = 0 To <length of values> - 1
        // 从新的数据项开始处理，直到根节点为止
        Integer: index = i
        While (index != 0)
            // 查找父节点的索引
            Integer: parent = (index - 1) / 2

            // 如果满足条件 child <= parent,
            // 则完成操作并终止 While 循环
            If (values[index] <= values[parent]) Then Break

            // 交换父节点和子节点
            Data: temp = values[index]
```

```
            values[index] = values[parent]
            values[parent] = temp

            // 移动到父节点
            index = parent
        End While
    Next i
End MakeHeap
```

回顾第5章，优先级队列（priority queue）是按优先级顺序返回对象的队列。堆非常适用于创建优先级队列，因为树中最大的数据项始终位于根节点。如果使用数据项的优先级来构建堆，则优先级最高的数据项位于顶部。若要从优先级队列中移除数据项，只需删除根节点中的数据项。

不幸的是，移除根的操作会破坏堆，因为如果没有根，就不再是一棵树。幸运的是，有一个简单的方法可以对其进行修改：将树中的最后一个数据项移到根。

这样做也会破坏树的堆属性，但是我们可以使用类似于构建堆的方法来修正。如果新的根节点的值小于其任何子节点的值，则将其与较大的子值交换。交换之后，在这个节点上修复了堆属性，但可能在子节点所在的层破坏了堆属性，所以需要继续向下移动到某个节点并重复这个过程。继续将节点向下交换，直到找到堆属性已满足的位置或者到达树的底部。

以下伪代码显示了从堆中删除数据项并恢复堆属性的算法：

```
Data: RemoveTopItem (Data: values[], Integer: count)
    // 保存顶部数据项，以供后用
    Data: result = values[0]

    // 把最后一个数据项移动到根节点
    values[0] = values[count - 1]

    // 恢复堆属性
    Integer: index = 0
    While (True)
        // 查找子节点的索引
        Integer: child1 = 2 * index + 1
        Integer: child2 = 2 * index + 2

        // 如果子节点的索引越界，
        // 则使用父节点的索引
        If (child1 >= count) Then child1 = index
        If (child2 >= count) Then child2 = index

        // 如果满足堆属性，
        // 则完成操作，并终止While循环
        If ((values[index] >= values[child1]) And
            (values[index] >= values[child2])) Then Break

        // 获取较大值的子节点的索引
        Integer: swap_child
        If (values[child1] > values[child2]) Then
            swap_child = child1
        Else
            swap_child = child2
```

```
        // 把父节点与较大的子节点交换
        Data: temp = values[index]
        values[index] = values[swap_child]
        values[swap_child] = temp

        // 移动到子节点
        index = swap_child
    End While

    // 返回从根节点中移除的值
    return result
End RemoveTopItem
```

该算法以树的大小作为参数，因此可以找到堆在数组中结束的位置。算法首先保存根节点的值，以便以后可以返回最高优先级值。然后将树中的最后一个数据项移动到根节点。

该算法将变量 index 设置为根节点的索引，然后进入无限 While 循环。在循环中，算法计算当前节点的子节点的索引。如果这些索引中的任何一个越界，则将其设置为当前节点的索引。在这种情况下，稍后比较节点的值时，会将当前节点的值与自身进行比较。因为任何值都大于或者等于自身，所以比较结果满足堆属性，并且缺失的节点不会参与交换。

算法在计算子索引后，检查堆属性此时是否满足要求。如果满足堆属性，则算法将从 While 循环中中断。(如果两个子节点都缺失，或者一个子节点缺失，而另一个子节点满足堆属性，则 While 循环也将结束。)

如果不满足堆属性，则算法将 swap_child 设置为包含较大值的子节点的索引，并将父节点的值与该子节点的值交换。然后，算法更新变量 index 以指向向下移动的交换子节点，并继续向下移动检查是否满足堆属性。

6.2.1.3 实现堆排序算法

前面我们讨论了如何构建和维护堆，在此基础上，实现堆排序算法就非常容易。算法建立一个堆，然后反复交换堆中的第一个和最后一个数据项，并重新构建堆（不包括最后一个数据项）。在每次遍历过程中，算法都会从堆中移除一个数据项，并将其添加到数组的末尾，数组中的数据项按顺序排列。

实现堆排序算法的伪代码如下所示：

```
Heapsort(Data: values)
    <把数组转换为堆>

    For i = <length of values> - 1 To 0 Step -1
        // 交换根节点和最后一个节点
        Data: temp = values[0]
        values[0] = values[i]
        values[i] = temp

        <假设将第 i 个位置的数据项从堆中移除，因此堆包含 i - 1 个数据项。
         把新的根值向下交换，以恢复树的堆属性>
    Next i
End Heapsort
```

该算法首先将值数组转换为堆。然后，重复地移除最大的顶部数据项，并将其移动到堆的末尾。算法将堆中的数据项数量减少一个，并恢复堆属性，使新定位的数据项按正确的顺序排序，并位于堆的末尾之外。

处理完成后，该算法从堆中按从大到小的顺序移除数据项，并将它们放置在不断缩小的堆的末尾。这使得数组以最小到最大的顺序保存值。

堆排序算法所需空间的计算非常容易。该算法将所有数据存储在原始数组中，只使用固定数量的额外变量来计算和交换值。如果数组包含 N 个数据项，则算法使用的空间开销为 $O(N)$。

堆排序算法所需运行时间的计算稍显复杂。为了构建初始堆，算法将每个数据项添加到一个不断增长的堆中。每次添加一个数据项时，算法都会将该数据项放在树的末尾，并向上交换该数据项，直到树再次成为一个堆。因为树是一棵完全二叉树，其高度为 $O(\log N)$，所以通过树向上移动数据项最多需要执行 $O(\log N)$ 个步骤。该算法执行添加数据项和恢复堆属性的步骤共 N 次，因此构建初始堆的总运行时间为 $O(N\log N)$。

为了完成排序，算法将从堆中移除每个数据项，然后还原堆属性。算法通过将堆中的最后一个数据项与根节点交换，然后通过树向下交换新根，直到堆属性恢复为止。树的高度为 $O(\log N)$，因此运行时间为 $O(\log N)$。算法重复此步骤 N 次，因此所需的运行时间为 $O(N\log N)$。

将构建初始堆所需的时间和完成排序所需的时间相加，可以得到堆排序算法的总运行时间为 $O(N\log N) + O(N\log N) = O(N\log N)$。

堆排序算法是一个优雅的“就地排序”算法，不需要额外的存储空间。堆排序算法还演示了一些有用的技术，包括堆技术以及数组中存储完全二叉树的技术。

虽然堆排序算法的运行时间为 $O(N\log N)$，但相对于使用比较排序的算法而言，几乎可以说是最快的速度。在下一节中描述的快速排序算法，通常其运行速度还会稍微快一些。

6.2.2 快速排序算法

快速排序算法（quicksort algorithm）使用分而治之的策略。算法将数组划分为两部分，然后递归地调用自身对两部分进行排序。实现该算法的伪代码（高级描述）如下所示：

```
Quicksort(Data: values[], Integer: start, Integer: end)
    <从数组中选择一个分割项。称之为分割值(divider)>

    <把小于 divider 的数据项移动到数组的前面，
     把大于或等于 divider 的数据项移动到数组的后面，
     假设 middle 为 divider 所放置位置的索引 >

    // 对数组的前后两个部分进行递归排序
    Quicksort(values, start, middle - 1)
    Quicksort(values, middle + 1, end)
End Quicksort
```

例如，图 6.10 的顶部显示了一个要排序的值数组。在本示例中，我们选择了第一个值 6 作为分割值（divider）。

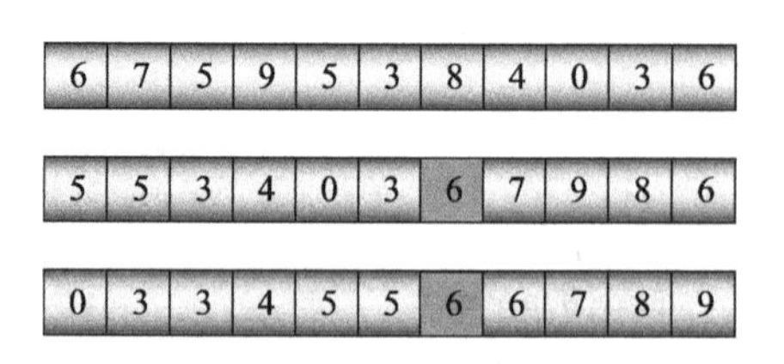

图 6.10　选择值 6 作为分割值，将数组划分为两部分，然后，算法递归调用分别对这两部分进行排序

在图 6.10 的中部显示的数组中，小于分割值 6 的值已经移动到数组的前面，大于或者等于分割值 6 的值已经移动到数组的后面。分割项位于索引 6 处，图中显示为全灰底。注意，另一个数据项的值也是

6，它在数组中位于分割值之后。

然后，算法递归地调用自己，以便在分割值之前和分割值之后对数组的两部分分别进行排序。排序结果显示在图 6.10 的底部。

在讨论实现细节之前，让我们先研究一下算法的运行时间行为。

6.2.2.1　分析快速排序算法的运行时间

首先，我们考虑一种特殊情况。在这种情况下，每一步分割值都将数组中对应的部分分成两个完全相等的部分。图 6.11 显示了这种情况。

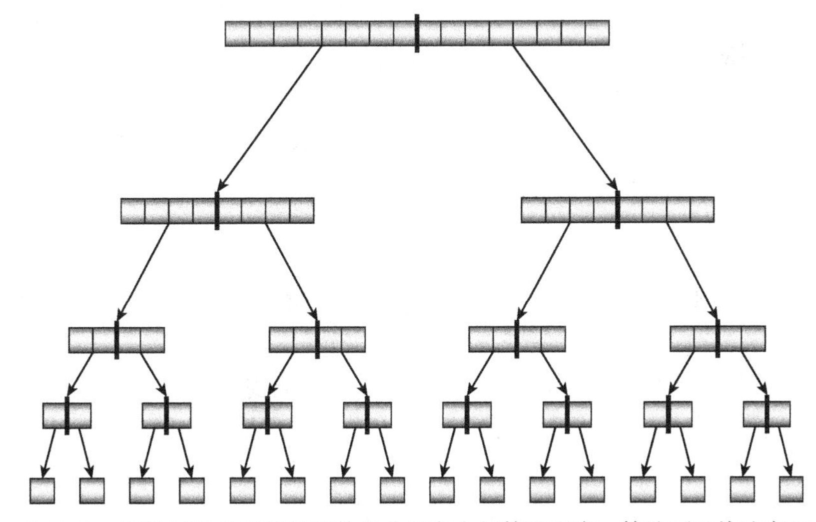

图 6.11　如果每次分割值都将数组分成完全相等的两半，算法可以快速实现

图 6.11 所示树中的每个“节点”表示对快速排序算法的调用。节点中间的粗线显示了如何将数组分成两个相等的部分。节点外的两个箭头表示快速排序算法调用自身两次来处理这两个部分。

树底部的节点表示对单个数据项排序的调用。因为包含单个数据项的列表已经排序，所以这些调用只是返回而不执行任何操作。在递归调用到达树的底部之后，开始返回调用它们的方法，因此控制将返回树的上方。

如果数组最初包含 N 个数据项，并且完全均匀地划分这些数据项，那么快速排序调用树的高度为 $\log N$。如图 6.11 所示。

每次调用快速排序算法都必须检查正在排序的数组片段中的所有数据项。例如，调用图 6.11 中由一组四个框（数据项）表示的快速排序需要检查这四个框（数据项）以进一步划分其值。

原始数组中的所有数据项存在于树的每一层，因此树的每一层都包含 N 个数据项。如果将快速排序调用在树的每一层所必须检查的数据项相加，结果为 N 个数据项。这意味着在任何层上调用快速排序算法都需要 N 个步骤。树的高度是 $\log N$，每层需要 N 个步骤，因此算法的总运行时间是 $O(N\log N)$。

所有这些分析都假设快速排序算法在每一步将数组分成两个大小相等的部分。实际上，这基本上是不可能实现的。然而，在大多数情况下，分割值或多或少会位于被分割数据项的中间。一般不会在正中间，但也不会靠近边缘。例如，在图 6.10 中，分割值 6 接近但不完全位于数组的中间。如果分割值通常位于它要分割的值的大概中间位置，那么在预期的情况下，快速排序算法仍然具有 $O(N\log N)$ 性能。

在最坏的情况下，假设分割值小于数组中要分割部分中的任何其他数据项。如果在算法开始时数据项已经排序，则会发生这种情况。（如果数组中的所有数据项都具有相同的值，也会出现最坏的情况。）在这种情况下，没有一个数据项进入数组的左侧部分，所有其他数据项（除分割值外）进入数组的右侧部分。第一个递归调用立即返回，因为它不需要对任何数据项进行排序，但第二个递归调用必须处理几乎所有的数据项。如果对快速排序算法的第一次调用必须对 N 个数据项进行排序，则该递归调用必须对 $N-1$ 个数据项进行排序。

如果分割值总是小于正在排序的数组部分中的其他数据项，则调用该算法对 N 个数据项进行排序，然后对 $N-1$ 个数据项进行排序，然后对 $N-2$ 个数据项进行排序，依此类推。在这种情况下，图6.11所示的调用树将又高又细，其高度为 N。

在树的第 i 层调用快速排序算法必须检查 $N-i$ 个数据项。将所有调用必须检查的数据项相加，结果为 $N+(N-1)+(N-2)+\cdots+1=N\times(N+1)/2$，即 $O(N^2)$，因此算法的最坏情况是 $O(N^2)$。

除了讨论算法的运行时间性能外，我们还应该考虑其所需的空间。这在一定程度上取决于用于将数组分成两半的方法，但也取决于算法的递归深度。如果递归调用序列太深，程序将耗尽堆栈空间并崩溃。

对于图6.11中所示的树，快速排序算法递归地调用自身，其调用深度达到 $\log N$。在预期的情况下，这意味着程序的调用堆栈深度将为 $O(\log N)$ 级别。这对大多数计算机来说应该不构成问题。即使数组包含10亿个数据项，$\log N$ 也只有30个，调用堆栈应该能够处理30个递归方法调用。然而，对于在最坏情况下创建的细高树，递归的深度为 N。很少有程序能够用10亿个递归调用安全地构建调用堆栈。

通过仔细选择分割值，可以避免出现最坏的情况，使算法在合理的时间内以合理的递归深度运行。下一节将介绍一些实现此目标的策略。后面的章节还将描述如何把数组分成两半的两种方法。最后一节讨论的快速排序将总结在实践中使用快速排序算法的问题。

6.2.2.2　选择分割值

选择分割值的一种方法是简单地使用正在排序的数组中的第一个数据项。这是快速、简单且通常有效的方法。不幸的是，如果数组最初是已排序状态或者按相反顺序排序状态，则结果是最坏的情况。如果数据项是随机排列的，那么不大可能发生最坏的情况。但是对于某些应用程序，数组所有元素最初可能已经排序或者处于基本排序状态，这似乎也是合理的。

一种解决方案是在调用快速排序之前随机化数组。如果数据项是随机排列的，则这种方法不太可能每次都选择一个不好的分割值，从而导致最坏的行为。第2章阐述了如何在 $O(N)$ 时间内随机化数组，这样就不会增加快速排序的预期运行时间 $O(N \log N)$，至少在大 O 符号中如此。然而，在实际应用中，随机化一个大数组仍然需要相当长的时间，因此大多数程序员不会采用这种方法。

另一种方法是检查要排序的数组中的第一个、最后一个和中间数据项，并使用这三个值按大小排序后位于当中的那个值作为分割值。虽然这不能确保分割值不接近这一数组中的最大或最小数据项，但它确实降低了这种可能性。

最后一种方法是从要排序的数组部分中选择一个随机索引，然后使用该索引处的值作为分割值。几乎不可能每一个这样的随机选择都会产生坏的分割值并导致最坏的行为。

6.2.2.3　使用堆栈实现快速排序算法

选择分割值后，我们需要将这些数据项分割为两个部分，分别放置在数组的前面和后面。一种简单的方法是将小于分割项的数据值移动到一个堆栈，将大于或等于分割值的数据项移动到另一个堆栈。实现该算法的伪代码如下所示：

```
Stack of Data: before = New Stack of Data
Stack of Data: after = New Stack of Data

// 假设分割值被移动到 values[start]
// 基于分割值把所有的数据项分别压入两个堆栈：before 和 after
For i = start + 1 To end
    If (values[i] < divider) Then before.Push(values[i])
    Else after.Push(values[i])
Next i

<把堆栈 before 中的数据项弹出并移动到数组>
<把分割值移动到数组>
<把堆栈 after 中的数据项弹出并移动到数组>
```

至此，算法可以递归调用自己，对分割值两边的数组分别进行排序。

6.2.2.4　“就地”实现快速排序算法

使用堆栈将数组中的数据项分成两组（如前一节所述）非常容易，但需要为堆栈分配额外的空间。如果在算法开始时分配堆栈，然后让算法的每个调用都共享相同的堆栈，而不是创建它们自己的堆栈，则可以节省一些时间，但这仍然需要为堆栈保留 $O(N)$ 内存。

通过额外的处理，我们可以将数据项分成两组，而不需要使用任何额外的存储空间。实现该方法的伪代码如下所示：

```
<把分割值移动并交换到数组的最开头>
<从数组中移除分割值。该操作使得数组的开头为空，可以用于放置其他数据项>

Repeat:
    <从后往前搜索数组，查找数组中小于 divider 的数据项>
    <把该数据项移动到空位置。此时，该数据项的位置为空>
    <从前往后搜索数组，查找数组中大于或等于 divider 的数据项>
    <把该数据项移动到空位置。此时，该数据项的位置为空>
```

此代码使用数组的第一个数据项作为分割值，将该数据项放在临时变量中，并将其从数组中移除，从而留下一个空位置。然后，算法从后往前搜索数组，直到找到小于分割值的数据项，并将该数据项从当前位置移除，移动到数组中的空位置。把该数据项从其原始位置移除，将产生一个新的空位置。

接下来，算法从上一个空位置处（现在填充了新移动的数据项）向数组的后面搜索，直到找到一个大于分割值的数据项。并将该数据项移动到当前空位置，在该数据项原来所在的位置产生一个新的空位置。

代码继续在待排序的数组部分前后来回搜索，将数据项移动到先前移动的数据项留下的空位置中，直到正在搜索的两个区域在中间某个地方相遇。该算法将分割值存放在空位置中，该位置现在位于两个部分之间，并递归地调用以对这两个部分分别进行排序。

该步骤比较复杂，但实际的代码并不长。如果我们仔细研究，应该能理解其工作原理。

```
<从后往前搜索数组，查找数组中小于 divider 的数据项>
```

```
    < 把该数据项移动到空位置。此时，该数据项的位置为空 >

    < 从前往后搜索数组，查找数组中大于或等于 divider 的数据项 >
    < 把该数据项移动到空位置。此时，该数据项的位置为空 >
```

实现完整的快速排序算法的详细伪代码如下所示：

```
// 对数组的指定部分进行排序
Quicksort(Data: values[], Integer: start, Integer: end)
    // 如果列表只剩下一个数据项，则排序完成
    If (start >= end) Then Return

    // 使用第一个数据项作为分割值
    Integer: divider = values[start]

    // 把小于 divider 的数据项移动到数组的前面
    // 把大于或等于 divider 的数据项移动到数组的后面
    Integer: lo = start
    Integer: hi = end
    While (True)
        // 自位置 hi 开始，从后向前搜索数组，
        // 查找小于 divider 的数据项
        // 把该数据项移动到空位置，此时，原来该数据项所处的位置为空位置
        While (values[hi] >= divider)
            hi = hi - 1
            If (hi <= lo) Then < 终止外层的 While 循环 >
        End While
        If (hi <= lo) Then
            // 左右两部分已经在中间位置相遇，因此处理完成
            // 把 divider 放置在此处，
            // 然后终止 While 循环
            values[lo] = divider
            < 终止外层的 While 循环 >
        End If

        // 把查找到的值移动到左边
        values[lo] = values[hi]

        // 自位置 lo 开始，从前向后搜索数组，
        // 查找大于或等于 divider 的数据项
        // 把该数据项移动到空位置，此时，原来该数据项所处的位置为空位置
        lo = lo + 1
        While (values[lo] < divider)
            lo = lo + 1
            If (lo >= hi) Then < 终止外层的 While 循环 >
        End While
        If (lo >= hi) Then
            // 左右两部分已经在中间位置相遇，因此处理完成
            // 把 divider 放置在此处，
            // 然后终止 While 循环
            lo = hi
            values[hi] = divider
            < 终止外层的 While 循环 >
        End If

        // 把查找到的值移动到右边
```

```
            values[hi] = values[lo]
        End While

        // 递归调用以对左右两个部分分别进行排序
        Quicksort(values, start, lo - 1)
        Quicksort(values, lo + 1, end)
    End Quicksort
```

该算法首先检查数组是否包含一个或更少的数据项。如果是，那么数组已经完成排序，所以算法直接返回。如果数组中要排序的部分至少包含两个数据项，则算法将第一个数据项保存为分割值。如果你愿意，也可以使用其他分割值选择方法。只需将所选择的分割值交换到所处理数组的开头，以便算法可以在以下步骤中查找到该分割值。

接下来，算法使用变量 `lo` 和 `hi` 分别保存左半部分数组的最大索引和右半部分数组的最小索引。算法使用这些变量来跟踪放在数组左右两个部分中的数据项。这些变量还交替跟踪每一步后的空位置。

然后，该算法进入一个无限 `While` 循环，该循环一直持续到数组的左右两部分增长到彼此相遇为止。在外部 `While` 循环中，算法从索引 `hi` 开始反向搜索数组，直到找到应该在左半部分数组中的数据项为止。算法将该数据项移动到分割值留下的空位置中。接下来，算法从索引 `lo` 开始正向搜索数组，直到找到应该在右半部分数组的数据项为止。算法将该数据项移动到先前移动的数据项留下的空位置中。

该算法继续在数组中向后和向前来回搜索，直到两个部分相遇。在这个相遇点上，算法将分割值放在两个部分之间，并递归地调用以对这两个部分分别进行排序。

6.2.2.5　快速排序算法的应用

如果我们采用“就地”方法实现数据项的分割（而不是使用堆栈或者队列），则快速排序算法不使用任何额外的存储空间（除了几个变量之外）。

和堆排序算法一样，快速排序算法的预期性能为 $O(N\log N)$，尽管在最坏的情况下快速排序算法的性能为 $O(N^2)$。堆排序算法在所有情况下都具有 $O(N\log N)$ 性能，因此在某种意义上更加安全、优雅和可靠。然而，在实际应用中，快速排序算法通常比堆排序算法的速度快，因此它是许多程序员首选的排序算法。

相对于堆排序算法，快速排序算法除了具有更快的运行速度之外，还有另一个优势：快速排序算法可以实现并行化处理。假设一台计算机有多个处理器（现在这种情况越来越多），每次将数组分割成两部分后，算法都可以使用不同的处理器对这两部分进行排序。理论上，高度并行的计算机可以使用 $O(N)$ 个处理器在 $O(\log N)$ 时间内对包含 N 个数据项的列表进行排序。实际上，大多数计算机的处理器数量相当有限（例如，2 个或者 4 个），因此运行时间将除以处理器数量，加上一些额外的用来管理不同执行线程的时间开销。这不会改变大 O 运行时间，但在实际应用中应该可以提高性能。

因为快速排序在最坏的情况下具有 $O(N^2)$ 性能，所以语言库中提供的快速排序算法的实现可能是不安全的。如果该算法使用一个简单的分割值选择策略，例如选择第一个数据项，则攻击者可能会创建一个数组，按照提供最差性能的顺序保存各个数据项。攻击者可能会通过将该数组传递给我们的程序并破坏计算机的性能，从而发起拒绝服务（DOS）攻击。大多数程序员不用担心这种可能性，但如果出现该问题，我们可以使用随机分割值选择策略的解决方案。

6.2.3 合并排序算法

和快速排序算法一样，合并排序（mergesort）算法也使用了一种分而治之的策略。快速排序算法选择一个分割值并将这些数据项分成两组（分别包含比分割值大和比分割值小的数据项），而合并排序算法则是将这些数据项分成包含相同数量的两部分，然后递归地调用自己来对这两部分进行排序。当递归调用返回时，算法将两个已排序的部分合并到一个组合的已排序列表中。

合并排序算法的伪代码如下所示：

```
Mergesort(Data: values[], Data: scratch[], Integer: start, Integer: end)
    // 如果数组仅包含一个数据项，则已经排序完成
    If (start == end) Then Return

    // 把数组分割成左右两个部分
    Integer: midpoint = (start + end) / 2

    // 递归调用 Mergesort，分别对左右两个部分进行排序
    Mergesort(values, scratch, start, midpoint)
    Mergesort(values, scratch, midpoint + 1, end)

    // 合并两个已经排序的部分
    Integer: left_index = start
    Integer: right_index = midpoint + 1
    Integer: scratch_index = left_index
    While ((left_index <= midpoint) And (right_index <= end))
        If (values[left_index] <= values[right_index]) Then
            scratch[scratch_index] = values[left_index]
            left_index = left_index + 1
        Else
            scratch[scratch_index] = values[right_index]
            right_index = right_index + 1
        End If
        scratch_index = scratch_index + 1    End While

    // 最后复制左右两半中剩余的所有数据项
    For i = left_index To midpoint
        scratch[scratch_index] = values[i]
        scratch_index = scratch_index + 1
    Next i
    For i = right_index To end
        scratch[scratch_index] = values[i]
        scratch_index = scratch_index + 1
    Next i

    // 把结果复制回原来的值数组中
    For i = start To end
        values[i] = scratch[i]
    Next i
End Mergesort
```

该算法的参数包括：要排序的值数组 `values[]`，开始索引 `start`，结束索引 `end`，以及一个数组 `scratch[]`（用于合并已排序的两部分数组）。

算法首先检查数组中要排序的部分是否包含一个或者更少的数据项。如果是这样，那么

数组中的该部分已经处于排序状态，所以算法直接返回。如果数组中要排序的部分至少包含两个数据项，则算法将计算位于数组中该部分中间的数据项的索引，并递归调用自身对其左右两个部分进行排序。

递归调用返回后，算法将两个已排序的部分合并。算法循环遍历这两个已排序的部分，将左右两个部分中较小的数据项复制到数组 scratch 中。当左右两个部分中任意一个的数据项复制完成后，算法从另一个中复制剩余的数据项。

最后，算法将合并的数据项从数组 scratch 复制回原始值数组 values。

注意：当然，存在在不使用 scratch 数组的情况下合并已排序的两部分的方法，但是该方法更加复杂和缓慢，所以大多数程序员使用 scratch 数组。

图 6.11 所示的“调用树”显示了当数组中的值完全平衡时对快速排序的调用，因此算法在每一步都将数据项等分为两部分。由于合并排序算法在每一步都会将数据项分成完全相等的两半，因此相对于快速排序算法而言，图 6.11 更适用于合并排序算法。

前文针对快速排序算法的运行时间分析同样也适用于合并排序算法，因此该算法的运行时间同样为 $O(N\log N)$。与堆排序算法一样，合并排序算法的运行时间并不依赖于数据项的初始排列，因此其运行时间始终为 $O(N\log N)$，并且不像快速排序算法一样出现灾难性的最坏情况。

与快速排序一样，合并排序算法也支持并行处理。当递归调用合并排序算法时，可以在不同的处理器上执行这些调用。但是，这需要一些协调，因为原始调用必须等到两个递归调用完成之后才能合并它们的结果。相比之下，快速排序算法则可以简单地告诉递归调用对数组的特定部分进行排序，而且不需要等到这些调用返回。

当要排序的数据不能一次性同时全部放入内存时，合并排序算法特别有用。例如，假设一个程序需要对 100 万个客户记录进行排序，每个记录占用 1MB 空间。一次性将所有这些数据加载到内存中需要 10^{18} 字节的内存，即 1000TB，这远远超过了大多数计算机配置的内存容量。

幸运的是，合并算法并不需要一次分配海量的内存。算法甚至不需要查看数组中的任何数据项，直到算法对自身的递归调用返回之后。然后，算法以线性方式遍历两个已排序的部分并将它们合并。线性地移动这些数据项可以减少计算机在内存和磁盘之间交换数据的需要。当快速排序算法将数据项移动到数组的两个部分时，它会从数组中的一个位置跳到另一个位置，从而增加内存和磁盘之间的数据交换，并大大降低算法的速度。

当大型数据集存储在磁带机上时，合并排序算法更为有用，如果磁带机继续前进，很少倒带，则工作效率最高。(对无法载入内存的数据进行排序称为外部排序（external sorting）。)专门针对磁带机版本的合并排序算法对磁带机更为有效。这些算法十分有趣，但不再常用，所以这里不再赘述。

注意：有关磁带驱动器上外部排序的一些有趣背景，请参见 https://en.wikipedia.org/wiki/Merge_sort#Use_with_tape_drives。有关磁带机的详细信息，请参见 https://en.wikipedia.org/wiki/Tape_drive。

对大量数据集进行排序的一种更常见的方法是只对数据项的键进行排序。例如，客户记录可能占用 1MB，但客户的名称可能只占用 100 字节。程序可以创建一个单独的索引，将名称与记录的编号相匹配，然后仅对名称进行排序。然后，即使我们有 100 万个客户，对他们的名字进行排序也只需要大约 100MB 的内存，这是一台计算机可以提供的合理的内存容量。(第 11 章将阐述 B 树和 B+ 树，数据库系统经常使用它们以这种方式实现记录主键的存储和排序。)

稳定的排序算法

稳定的排序算法（stable sorting algorithm）是保持相同值的数据项的原始相对位置的算法。例如，假设一个程序正在按成本（Cost）属性对 Car 对象进行排序，并且 Car 对象 A 和 B 具有相同的成本价值。如果对象 A 最初位于数组中的对象 B 之前，那么在一个稳定的排序算法对象中，对象 A 仍然位于排序数组中的对象 B 之前。

如果要排序的数据项是值类型（例如整数、日期或者字符串），则具有相同值的两个数据项是等效的，因此排序是否稳定无关紧要。例如，如果数组包含两个值为 47 的数据项，那么在排序数组中，哪个 47 排在前面并不重要。

相反，我们可能会关心 Car 对象是否有必要重新排列。例如，稳定排序允许我们多次排列数组以获得按多个键排序的结果（例如汽车示例中的 Maker 和 Cost）。

合并排序算法很容易实现为一个稳定的排序（前面描述的算法是稳定的）。它也很容易实现并行化处理，所以该算法适用于多个 CPU 的计算机。有关在多个 CPU 上实现合并算法的信息，请参阅第 18 章。

虽然快速排序算法通常速度更快，但合并排序算法仍然具有一些优势。

6.3　小于 $O(N\log N)$ 的算法

在本章的前面，我们讨论过使用比较方法对 N 个数据项排序的最快算法的运行时间为 $O(N\log N)$。堆排序算法和合并排序算法实现了该性能极限，在预期的情况下快速排序算法也实现了该性能极限，所以读者可能认为有关排序算法的讨论到此画上了完美的句号。然而，这里存在一个漏洞，即“使用比较方法”。如果使用比较方法以外的技术进行排序，则可以超越 $O(N\log N)$ 的性能极限。

以下各小节将描述一些排序算法，它们的运行时间小于 $O(N\log N)$。

6.3.1　计数排序算法

计数排序（countingsort）算法是一种特殊的排序算法，如果要排序的值是位于相对较小范围内的整数，则该算法可以很好地工作。例如，如果需要对 0 到 1000 之间的 100 万个整数进行排序，计数排序算法可以提供惊人的快速性能。

计数排序算法的基本思想是计算数组中每个值所在数据项的数量。然后，很容易将每个值按照所需次数的顺序复制回数组中。计数排序算法的伪代码如下所示：

```
Countingsort(Integer: values[], Integer: max_value)
    // 创建一个数组，用于保存计数
    Integer: counts[0 To max_value]

    // 初始化用于保存计数的数组
    //（有些程序设计语言中的数组不需要初始化操作）
    For i = 0 To max_value
        counts[i] = 0
    Next i
```

```
    // 统计每个值所在数据项的数量
    For i = 0 To <length of values> - 1
        // 把给定值的计数加 1
        counts[values[i]] = counts[values[i]] + 1
    Next i

    // 把值复制回数组
    Integer: index = 0
    For i = 0 To max_value
        // 复制值 i 到数组，共复制 counts[i] 次
        For j = 1 To counts[i]
            values[index] = i
            index = index + 1
        Next j
    Next i
End Countingsort
```

其中，参数 `max_value` 给出数组中的最大值。（如果不将其作为参数传入，则可以修改算法，通过遍历数组查找其最大值。）

设 M 为计数数组（`counts`）中的数据项个数（因此 M = `max_value + 1`），设 N 为值数组（`values`）中的数据项个数。如果采用的程序设计语言没有自动初始化计数数组为 0 的功能，则算法将花费 M 个步骤初始化该数组，然后需要 N 个步骤来统计数组 `values` 中值的计数。

该算法通过将值复制回原始数组来完成排序。每个值复制一次，因此复制部分将执行 N 个步骤。如果 `counts` 中存在值为 0 的数据项，则程序还将花费一些时间跳过这些数据项。在最坏的情况下，如果所有的值都是相同的，那么 `counts` 数组的内容主要是 0，则跳过值为 0 的数据项需要 M 个步骤。

这使得总运行时间为 $O(2\times N + M) = O(N + M)$。如果 M 与 N 相比相对较小，则该算法比堆排序算法和前面描述的其他排序算法给出的运行时间 $O(N\log N)$ 要小得多。

在一次测试中，对 100 万个 0 到 1000 之间的值进行排序，快速排序算法的时间为 4.29 秒，但计数排序算法的运行时间仅为 0.03 秒。请注意，对于快速排序来说，这是一个糟糕的情况，因为这些值包含许多重复项。100 万个 0 到 1000 之间的值，大约每个值有 1000 个重复项，快速排序算法不能很好地处理大量重复项。

使用相同的测试集，堆排序算法的运行时间大约为 1.02 秒。相对于快速排序算法，堆排序算法有所改进，但仍然比计数排序算法要慢得多。

6.3.2　鸽巢排序算法

与计数排序算法一样，当要排序的值位于相对较小范围内时，则鸽巢排序（pigeonhole sort）算法可以很好地工作。计数排序算法为每个给定值计算相应数据项的数量。为此，算法使用这些值作为计数数组的索引。不幸的是，如果正在排序的数据项不是整数，那么计数排序算法将无法工作，因此我们不能将非整数用作索引。

鸽巢排序算法的工作原理是将数据项放在与其“键”值相对应的鸽巢中。鸽巢排序算法使得复杂数据项的排序（相对于简单的数值而言）变得更容易。例如，假设要按单词的长度对一组单词进行排序。计数排序算法会创建一个数组，其中包含每个长度的单词数，但是如何将其转换成有序的单词列表则没有显而易见的方法。相比之下，鸽巢排序算法将相同长度

的单词分组在同一个鸽巢中，因此更容易将它们排序。

下面的伪代码展示了鸽巢排序算法的工作原理。该算法假设我们已经定义了一个具有 Value 和 Next 属性的 Cell 类，我们可以使用这些属性在每个鸽巢中构建一个值的链表。

```
PigeonholeSort(Integer: values[], Integer: max)
    // 创建鸽巢
    Cell: pigeonholes[] = new Cell[max + 1]

    // 初始化链表
    For i = 0 To max
        pigeonholes[i] = null
    Next i

    // 移动数据项到对应的鸽巢中
    For Each value in values
        // 把当前数据项添加到其对应的鸽巢中
        Cell: cell = new Cell(value)
        cell.Next = pigeonholes[value]
        pigeonholes[value] = cell
    Next value

    // 把数据项复制回值数组 values
    Integer: index = 0
    For i = 0 To max
        // 把鸽巢 i 中的数据项复制回值数组 values
        Cell: cell = pigeonholes[i]
        While (cell != null)
            values[index] = cell.Value
            index++
            cell = cell.Next
        End While
    Next i
End PigeonholeSort
```

其中，参数 values 提供要排序的值。参数 max 给出了值数组所能容纳的最大值。这里我们假设值是从零开始的整数。如果要排序的值位于下限值和上限值之间，则必须相应地调整代码。如果这些值是非数值的，例如字符串，那么我们需要使用某种算法将每个值映射到其对应的鸽巢中。

该算法首先创建指向 Cell 对象的指针鸽巢数组，并将其初始化为空。然后循环遍历这些数据项，并将每个数据项添加到其鸽巢链表的顶部。然后，代码循环遍历这些鸽巢，并将每个链表中的数据项复制回 values 数组。

为了分析算法的运行时间，假设 values 数组包含 N 个数据项，这些数据项包括 M 个可能值的范围。该算法使用 $O(M)$ 步初始化其鸽巢链表。然后循环遍历这些值，并以 $O(N)$ 步将这些值添加到其对应的鸽巢中。

该算法通过再次遍历鸽巢来完成排序，这次遍历将数据项移回值数组 values。算法花费 $O(M)$ 个步骤检查每个链表是否为空。在此阶段，算法还必须将每个数据项移回 values 数组，这需要 $O(N)$ 个步骤，因此最后阶段的总步骤是 $O(M + N)$。

这意味着算法的总运行时间为 $O(M) + O(N) + O(M + N) = O(M + N)$。如果值 N 的个数

与值 M 的范围大小大致相同，则该值可以简化为 $O(N)$，这比 $O(N\log N)$ 要快得多。

6.3.3 桶排序算法

计数排序算法和鸽巢排序算法适用于需要排序的值的范围相对较小的情况，而桶排序算法还适用于需要排序的值跨越很大范围的情况。

桶排序算法（bucketsort algorithm，也称为 binsort）的工作原理是将数据项分成多个桶。它通过递归调用桶排序算法或者使用其他算法对桶进行排序。然后，按顺序将桶中存储的内容合并在一起，复制回原始数组。实现桶排序算法的伪代码如下所示：

```
Bucketsort(Data: values[])
    <创建桶>
    <分配数据项到对应的桶>
    <对桶中的数据项进行排序>
    <把桶中的值按顺序收集在一起，复制回原始数组>
End Bucketsort
```

假设包含 N 个数据项的数组中的值是合理均匀分布的，如果使用 M 个桶，并且每个桶平均分配值的范围，那么我们可以期望每个桶大约有 N/M 个数据项。

例如，考虑图 6.12 顶部显示的数组，它包含 10 个值在 0 到 99 之间的数据项。在分配数据项到桶的步骤中，算法将数据项移动到存储桶中。在本例中，每个桶包含 20 个值：0 到 19，20 到 39，依此类推。在排序步骤中，算法对每个桶的值进行排序。收集步骤将存储在桶中的值进行合并以生成最终排序结果。

存储桶可以是堆栈、链表、队列、数组或者任何其他合适的数据结构。

如果原始数组包含 N 个分布相当均匀的数据项，那么将它们分布到存储桶中需要 N 个步骤乘以在存储桶中放置一个数据项所需的时间。通常这种映射可以在恒定的时间内完成。例如，假设这些数据项是 0 到 99 之间的整数，如图 6.12 所示。我们可以将值为 v 的数据项放入编号为 $\lfloor v/20 \rfloor$ 的存储桶中。我们可以在恒定的时间内计算出这个数值，因此分配数据项需要 $O(N)$ 个步骤。

如果我们使用 M 个存储桶，则对每个桶进行排序预期需要 $F(N/M)$ 个步骤，其中 F 是用于对桶进行排序的排序算法的运行时间函数。把结果值乘以桶的数量 M，则对所有桶排序的总运行时间为 $O(M \times F(N/M))$。

对存储桶排序后，将其值重新收集到数组中需要 N 个步骤才能移动所有值。如果许多桶是空的，则可能需要额外的 $O(M)$ 步来跳过空桶，但如果 $M < N$，则整个操作需要 $O(N)$ 步骤。

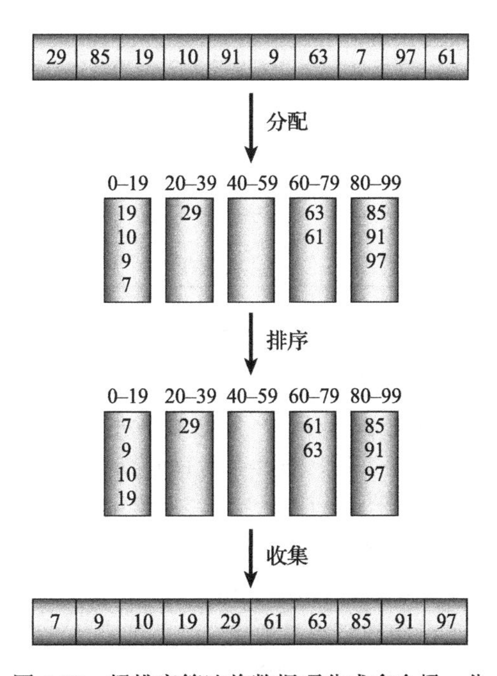

图 6.12　桶排序算法将数据项分成多个桶，分别对桶中数据排序，然后，按顺序将桶中内容合并得到最终排序结果

将这三个阶段所需的时间相加，得到的总运行时间为 $O(N) + O(M \times F(N/M)) + O(N) = O(M \times$

$F(N/M)$)。如果 M 是 N 的固定百分比，则 N/M 是一个常量，因此 $F(N/M)$ 也是一个常量，因此总运行时间可以化简为 $O(N + M)$。

在实际应用中，M 和 N 的比例不能太小，这样算法才能有效地运行。如果要对 1000 万条记录进行排序，并且只使用 10 个存储桶，则需要对每个平均包含 100 万个数据项的存储桶进行排序，导致算法的效率不高。

相比之下，如果 M 等于 N，那么每个存储桶应该只包含几个数据项，并且对它们进行排序应该花费少量的恒定时间。在这种情况下，算法的运行时间 $O(N + M)$ 可以简化为 $O(N)$，因此算法的运行速度非常快。

与计数排序算法和鸽巢排序算法不同，桶排序算法的性能不依赖于值的范围。桶排序算法的性能取决于使用的桶数。

6.4 本章小结

本章描述的排序算法演示了不同的技术，并且具有不同的特性。表 6.1 总结了这些排序算法所采用的技术、运行时间以及适用范围。

表 6.1 算法特性

算法名称	运行时间	采用技术	适用范围
插入排序	$O(N^2)$	插入	非常小的数组
选择排序	$O(N^2)$	选择	非常小的数组
冒泡排序 / 鸡尾酒摇摆式排序	$O(N^2)$	双向遍历，限制目标边界	非常小的数组，大部分已排序的数组
堆排序	$O(N\log N)$	堆，在数组中存储完全树	未知分布的大数组
快速排序	期望值 $O(N\log N)$ 最坏情况 $O(N^2)$	分而治之，交换数据项到位置，随机化以避免最坏情况	重复值不多的大数组，并行计算排序
合并排序	$O(N\log N)$	分而治之，合并，外部排序	未知分布的大数组，海量数据，并行计算排序
计数排序	$O(N + M)$	计数	值范围有限的整数大数组
鸽巢排序	$O(N + M)$	鸽巢	值范围有限的大数组
桶排序	$O(N + M)$	存储桶	合理均匀分布的大数组

这些算法展示了各种有用的技术，并为解决各种各样的问题提供了良好的性能，但是有关排序算法还有许多课题值得进一步讨论和研究。除了本章介绍的排序算法，还存在许多其他排序算法。有些是对这些算法的微小修改，而另一些则使用完全不同的方法。第 10 章将讨论树，树也非常适用于数据排序。读者可以在互联网上搜索有关其他排序算法的信息。

虽然本章解释了几种对数据进行排序的方法，但我们并没有解释对数据进行排序的目的。简而言之，对数据进行排序通常是为了方便数据的使用。例如，查看按余额排序的客户账户，可以更容易地确定需要特别关注哪些账户。

对数据进行排序的另一个很好的原因是，更容易在已排序的数据中找到指定的数据项。例如，如果我们按客户的姓名对其进行排序，则更容易找到指定的客户。下一章将讨论在已排序的数据集中查找并获取指定值的方法。

6.5 练习题

练习题的参考答案请参见附录。带星号的题目表示有相当难度的练习题。

1. 编写一个程序，实现插入排序算法。
2. 插入排序算法中的 `For i` 循环从 0 循环到数组的最后一个索引。如果从 1 开始而不是从 0 开始会发生什么？这会改变算法的运行时间吗？
3. 编写一个程序，实现选择排序算法。
4. 如果针对选择排序算法实现对应于练习题 2 中描述的更改，结果会发生什么变化？它会改变算法的运行时间吗？
5. 编写一个程序，实现冒泡排序算法。
6. 将 6.1.3 节描述的针对冒泡算法的第一个和第三个改进（向下和向上遍历，并跟踪最后一个交换）添加到为练习题 5 构建的程序中。
7. 编写一个程序，使用基于数组的堆构建优先级队列，这样就不需要调整数组的大小。为数组分配固定大小（可能是 100 个数据项）的容量，然后跟踪堆使用的数据项的数量。（为了实现队列的实用性，不能只存储优先级。可以使用两个数组，一个存储字符串值，另一个存储相应的优先级。按优先级排列数据项。）（进一步的拓展练习可以使用类来存储具有优先级的数据项，并将优先级队列封装到第二个类中。）
8. 向基于堆的优先级队列中添加数据项和从中移除数据项的运行时间分别是多少？
9. 编写一个程序，实现堆排序算法。
10. 是否可以把堆排序算法中保存完全二叉树的技术推广到存储一个完全 d 阶树？给定一个节点的索引 p，请问它的各个子树节点的索引各是多少？它的父树节点的索引是多少？
11. 编写一个程序，使用堆栈实现快速排序算法。（读者可以使用自己的程序设计环境提供的堆栈，也可以构建自己的堆栈。）
12. 编写一个程序，使用队列而不是堆栈实现快速排序算法。（读者可以使用自己的程序设计环境提供的队列或者自行构建队列。）请问使用队列而不是堆栈实现快速排序算法，具有什么优点或者缺点吗？
13. 编写一个程序，使用“就地”分区实现快速排序。为什么这个版本的快速排序算法比使用堆栈或者队列版本的排序算法要快？
14. 如果数据项最初是排序状态，或者按相反顺序排序状态，或者数据项包含许多重复项，则快速排序算法可能会出现最坏情况下的行为。如果选择随机分割项，可以避免前两个问题。请问应该如何避免第三个问题？
15. 编写一个程序，实现计数排序算法。
16. 如果数组的值在 100 000 到 110 000 之间，分配一个包含 110 001 个元素的计数数组，其索引为 0 到 110 000，将大大降低计数排序的速度，特别是如果数组包含相对较少的数据项。在这种情况下，应该如何修改计数排序算法以获得良好的性能？
17. 编写一个程序，实现鸽巢排序算法。
18. 如果一个数组包含 N 个数据项，值的范围从 0 到 $M-1$，那么如果使用 M 个桶，则桶排序会发生什么情况？
19. 编写一个程序，实现桶排序算法。允许用户指定数据项的数量、最大数据项的值和桶的个数。
20. 请解释在选择桶排序算法中使用的桶的数量时应考虑的空间 / 时间权衡。
21. 对于以下数据集，哪些排序算法可以正常工作，哪些不行？

    a. 10 个浮点值。

b. 1000 个整数。

c. 1000 个名称。

d. 100 000 个整数，值介于 0 到 1000 之间。

e. 100 000 个整数，值介于 0 到 10 亿之间。

f. 100 000 个名称。

g. 100 万个浮点值。

h. 100 万个名称。

i. 100 万个均匀分布的整数。

j. 100 万个非均匀分布的整数。

查 找

前一章讲述了如何对数据进行排序。快速排序和堆排序等算法可以实现对大量数据的快速排序。而类似计数排序和桶排序等算法，则可以针对某些特殊的情况，对数据进行尽可能快的排序。

有序数据的优点之一是可以让我们相对快速地查找到特定的数据项。例如，我们可以在很短时间内，从包含数以万计单词的字典中找到特定的单词，这是因为所有单词都是按顺序排列的。（想象一下，如果字典中的单词没有按顺序排序，试图找到一个单词无异于大海捞针！）

本章将讲述用于在有序数组中查找特定数据的算法。

注意：本章描述的算法基于简单的数组，而不是更专业的数据结构。特殊的数据结构（例如树），可以让我们更快速地查找到具有特定值的数据项。第 10 章将讨论使用树的查找算法。

一些程序设计语言的库包括查找工具，用于搜索并定位有序数组中的数据项。例如，.NET Framework 中的 `Array` 类提供了一个 `BinarySearch` 方法。程序设计语言库中提供的查找方法通常速度很快，因此在编程实践中，我们可能希望使用这些工具来节省编写和调试搜索代码的时间。

然而，了解查找算法的工作原理仍然十分重要，因为有时候我们甚至可以做得比工具更好。例如，插值查找算法比二分查找算法快得多。

7.1 线性查找算法

从字面上看，*线性查找*（linear search）或者*穷举搜索*（exhaustive search）只是简单地循环遍历数组中的数据项，以搜索目标项。图 7.1 显示了搜索值 77 的线性查找过程。

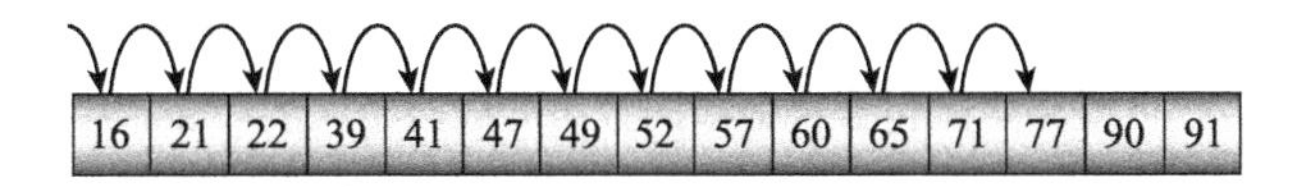

图 7.1 线性查找过程检测数组中的每个数据项直至找到目标项

与二分查找算法和插值查找算法不同，线性查找算法适用于链表数据结构，因为在链表中我们无法像在数组中那样轻松地从列表的一部分跳到另一部分。

线性查找算法也适用于未排序的列表。但是，如果列表已经排序，则算法可以在遇到大于目标值的数据项时停止。即如果目标值不在列表中，算法可以提前终止并节省一些时间。

实现线性查找算法的伪代码如下所示：

```
// 在有序数组中查找目标项的索引
// 如果目标项在数组中不存在，返回 -1
Integer: LinearSearch(Data values[], Data target)
    For i = 0 To <length of values> - 1
        // 检查当前数据项是否为目标项
        If (values[i] == target) Then Return i
```

```
        // 检查当前数据项是否大于目标项
        If (values[i] > target) Then Return -1
    Next i

    // 如果代码执行到此处，表明目标项不在数组中
    Return -1
End LinearSearch
```

此算法可能需要遍历整个数组以得出一个数据项不存在的结论，因此其最坏情况下运行时间为 $O(N)$。

即使在平均情况下，算法的运行时间也是 $O(N)$。如果将搜索数组中每个数据项所需的步骤数相加，将得到 $1 + 2 + 3 + \cdots + N = N\times(N + 1)/2$。如果除以 N 得到所有 N 个数据项的平均搜索时间，则得到 $(N + 1)/2$，结果仍然是 $O(N)$。

线性查找算法比二分查找算法或者插值查找算法慢得多，但它的优点是适用于链表和未排序的列表。

7.2　二分查找算法

二分查找算法（binary search algorithm）使用分而治之策略快速缩小数组中可能包含目标值的部分。该算法跟踪目标项在数组中可能具有的最大索引和最小索引。最初，这些边界（称为 min 和 max）分别设置为 0 和数组中最大的索引。

然后，算法计算介于 min 和 max 之间的中间位置的索引（称为 mid）。如果目标值小于数组 mid 位置的值，则算法重置 max 为 mid，以重新开始搜索数组的左半部分。如果目标值大于数组 mid 位置的值，算法将重置 min 为 mid，以重新开始搜索数组的右半部分。如果目标值等于数组 mid 位置的值，则算法返回索引 mid。图 7.2 显示了搜索值 77 的二分查找过程。

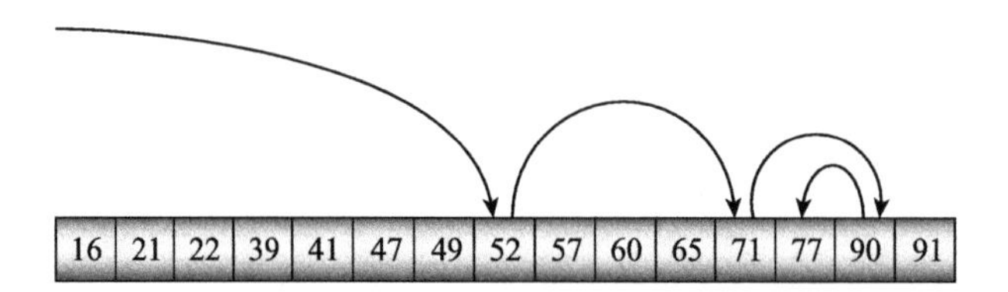

图 7.2　二分查找过程重复将可能包含目标项的数组分成两半，然后在相应的一半中继续搜索

实现二分查找算法的伪代码如下所示：

```
// 在有序数组中查找目标项的索引
// 如果目标项在数组中不存在，返回 -1
Integer: BinarySearch(Data values[], Data target)
    Integer: min = 0
    Integer: max = <length of values> - 1
    While (min <= max)
        // 查找中间的分割项
        Integer: mid = (min + max) / 2

        // 判断目标值位于左侧还是右侧，以确定继续搜索左侧还是右侧
        If (target < values[mid]) Then max = mid - 1
        Else If (target > values[mid]) Then min = mid + 1
        Else Return mid
    End While
```

```
    // 如果代码执行到此处，表明目标项不在数组中
    Return -1
End BinarySearch
```

在每个步骤中，此算法都将可能包含目标的数据项数量减半。如果数组包含 N 个数据项，那么在 $O(\log N)$ 步骤之后，可能包含目标的数组部分只包含一个数据项，因此算法要么找到该数据项，要么得出结论认为目标项不在数组中。结果表明二分查找算法的运行时间为 $O(\log N)$。

7.3 插值查找算法

在每个步骤中，二分查找算法都会检查它正在搜索的数组部分中间的数据项。相比之下，插值查找（interpolation search）算法则使用目标项的值来猜测它在数组中的可能位置，从而获得更快的搜索时间。

例如，假设数组包含 1000 个取值在 1 到 100 之间的数据项。如果要查找的目标值是 30，那么它应该位于从最小值到最大值的 30% 左右的位置，因此我们可以猜测该数据项可能在索引 300 附近。根据数组中数值的分布，这可能不完全正确，但应该相当接近目标项的位置。图 7.3 显示了搜索值 77 的插值查找过程。

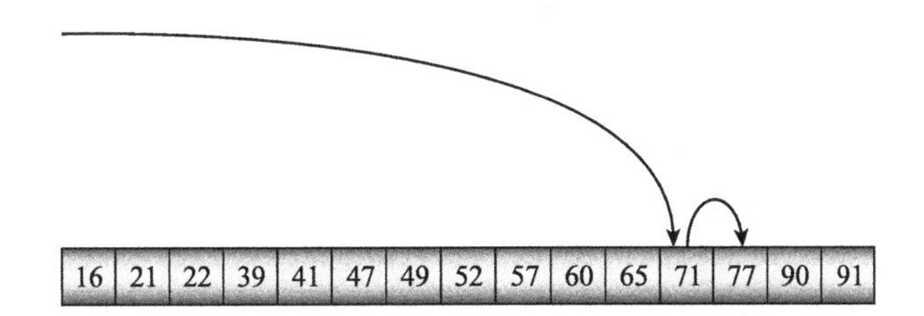

图 7.3　插值查找过程使用目标项的值计算其应该位于数组的哪一部分

实现插值查找算法的伪代码如下所示：

```
Integer: InterpolationSearch(Data values[], Data target)
    Integer: min = 0
    Integer: max = values.Length - 1
    While (min <= max)
        // 计算分割项
        Integer: mid = min + (max - min) *
            (target - values[min]) / (values[max] - values[min])

        If (values[mid] == target) Then Return mid

        <设置 min 或者 max 为 mid，以进一步搜索左侧或者右侧>
    End While

    Return -1
End InterpolationSearch
```

上述高级描述留下了一些有待解决的问题。计算结果 `mid` 可能导致数组越界，或者 `mid` 值不在 `min` 和 `max` 之间。这些问题的解决将作为本章练习题 6 的一部分。

此算法最困难的部分是计算 `mid` 的语句。算法将 `mid` 的值设置为当前值的 `min` 加上 `min` 和 `max` 之间距离的缩放值，预期缩放比例为目标 `target` 应位于值 `values[min]` 和

values[max] 之间距离的缩放比例。例如，如果 values[min] 为 100，values[max] 为 200，目标 target 值为 125，则可以使用以下计算来确定在何处查找目标值：

```
(target - values[min]) / (values[max] - values[min]) =
(125 - 100) / (200 - 100) =
25 / 100 =
0.25
```

结果，新的 mid 值为从 min 到 max 的中间四分之一位置。

在最坏的情况下，如果数据分布极不均匀，并且我们正在寻找最坏的目标值，则此算法具有 $O(N)$ 性能。如果分布合理均匀，则预期性能为 $O(\log(\log N))$。（然而，证明的过程超出了本书的范围。）

7.4　多数投票算法

投票算法本质上是一种有特殊用途的查找算法。*多数投票问题*（majority voting problem）的目标是确定一个序列的多数项（出现次数超过一半的数据项）。例如，假设我们调查了 30 名学生，询问他们喜欢巧克力冰淇淋、草莓冰淇淋还是香草冰淇淋。多数投票问题要求我们确定多数意见。

注意，可能不存在多数项。例如，假设 14 个学生喜欢巧克力冰淇淋，6 个学生喜欢草莓冰淇淋，10 个学生喜欢香草冰淇淋。在这种情况下，没有一种选择获得超过半数（学生总数的一半人数——15 人）的选票，因此没有多数票。

实现多数投票算法的一种明显方法是，循环遍历数据项列表并使用计数器记录每个数据项被选择的次数。如果有 M 个可能的值（巧克力冰淇淋、草莓冰淇淋和香草冰淇淋），并且列表包含 N 个数据项（在本例中，30 个学生给出了 30 个结果），则此算法需要 $O(N)$ 时间遍历结果，并使用 $O(M)$ 空间保存计数器。

在 $O(N)$ 个步骤中，每一步还需要一些时间来找到合适的计数器。例如，如果使用哈希表存储计数器，则计数器的查找将相对比较快。如果将计数器存储在数组或者链表中，则查找对应的计数器并递增值，其速度将较慢。

该算法具有简单直观的优点。当没有任何数据项的个数超过半数时，算法还可以找到投票结果的众数（*众数*（mode）是出现次数最多的结果）。例如，如果 14 个学生选择巧克力冰淇淋，6 个选择草莓冰淇淋，10 个选择香草冰淇淋，那么这个算法可以相当容易地确定巧克力冰淇淋是众数，即使它没有得到大多数选票。

Boyer-Moore 多数投票算法是一种有趣的算法，该算法实现了只需要 $O(1)$ 空间就可以在 $O(N)$ 时间内找到多数项。为了找到多数项，该算法使用两个变量：用于保存结果的 Majority 和用于保存计数器的 Count。下面的伪代码演示了该算法的工作原理：

```
Outcome: BoyerMooreVote(List<Outcome> outcomes)
    Outcome: majority = ""
    Integer: counter = 0
    For Each outcome In outcomes
        If (counter == 0) Then
            majority = outcome
            counter = 1
        Else If (outcome == majority) Then
            counter++
```

```
        Else
            counter--
        End If
    Next outcome

    Return majority
End BoyerMooreVote
```

算法首先将变量 counter 初始化为 0，然后循环遍历数据项列表。在检查一个数据项时，如果当前 counter 为 0，则算法将当前数据项保存到变量 majority 中，并将 counter 设置为 1。

如果在检查一个数据项时 counter 不为 0，则算法将新的数据项与存储在变量 majority 中的数据项进行比较。如果新的数据项与 majority 匹配，则算法将递增 counter，实质上为该数据项投下另一票。

如果在检查一个数据项时 counter 不为 0，并且新的数据项与 majority 完全不同，则算法将递减 counter，实质上为 majority 减去一票。

算法完成后，变量 majority 中保存结果。如果有多数项，则结果正确。如果没有多数项，则算法返回一些内容，但结果不能保证是众数。

为了理解算法的工作原理，假设多数项是 m。在算法的任何步骤中，如果变量 majority 中当前的值为 m，则将值 C 定义为 counter 中的值，否则让 C 为 counter 中的值的负数。遍历列表时，如果当前项匹配 m，算法会增加 C；如果当前项不匹配 m，则算法会减少 C。

因为 m 是多数项，算法递增 C 的次数必须大于递减 C 的次数，所以当算法完成时，C 为正。这种情况只有当 majority 为 m 时才会发生，所以 m 必须在算法完成时为多数项。

7.5 本章小结

表 7.1 显示了不同 N 值的 N、$\log N$ 和 $\log(\log N)$ 的值，以便比较线性查找算法、二分查找算法和插值查找算法的运行速度。

表 7.1 算法特性

N	$\log_2 N$	$\log_2(\log_2)N$
1 000	10.0	3.3
1 000 000	19.9	4.3
1 000 000 000	29.9	4.9
1 000 000 000 000	39.9	5.3

线性查找算法仅适用于相对较小的数组。表 7.1 表明，即使对于非常大的数组，二分查找算法的效率也非常高。二分查找算法可以在大约 40 步内搜索包含 1 万亿个数据项的数组。

插值查找算法适用于可以在计算机上合理存储的任何规模的数组，它只需大约五步就可以搜索一个包含 1 万亿个数据项的数组。事实上，在插值搜索需要大于 9 步的预期步数之前，数组需要容纳 1×10^{154} 个以上的数据项。

但是，插值查找所需要的具体步数取决于值的分布。有时算法很幸运，只需一两步就能找到目标。其他时候，可能需要四到五步。然而，平均情况下，其速度非常快。

Boyer-Moore 多数投票算法是一种非常奇特的算法，因为有时候会产生正确的结果，有时候并不能确定结果是否正确。

7.6 练习题

练习题的参考答案请参见附录。带星号的题目表示有相当难度的练习题。

1. 编写一个程序，实现线性查找算法。
2. 编写一个程序，使用递归方法实现线性查找算法。与非递归的版本相比，递归版本的线性查找算法具有哪些优点和缺点？
3. 编写一个程序，基于链表实现线性查找算法。
4. 编写一个程序，实现二分查找算法。
5. 编写一个程序，使用递归方法实现二分查找算法。与非递归的版本相比，递归版本的二分查找算法具有哪些优点和缺点？
6. 编写一个程序，实现插值查找算法。
7. 编写一个程序，使用递归方法实现插值查找算法。与非递归的版本相比，递归版本的插值查找算法具有哪些优点和缺点？
8. 第 6 章中描述的哪种排序算法使用了类似于插值搜索的技术？
9. 如果数组包含重复项，本章中描述的二分查找算法和插值查找算法不能保证返回目标项的第一个示例。请问如何修改算法以返回目标项的第一个匹配项？修改版本的运行时间是多少？
10. 在 Boyer-Moore 多数投票算法中，如果结果 M 恰好在结果列表中出现一半的次数，会发生什么？读者能列出两个例子吗？一个导致算法返回 M，另一个返回其他值？
11. Boyer-Moore 多数投票算法总是返回一个结果，但是如果不存在多数项，结果就不能保证是列表中出现次数最多的数据项。在不改变 $O(N)$ 运行时间和 $O(1)$ 内存需求特性的情况下，如何修改该算法以判断结果是否确实是一个多数项？

哈　希　表

第 7 章阐述了二分查找算法，该算法用于查找排序列表中的指定数据项，其运行时间为 $O(\log N)$。该算法反复检查目标列表的中间测试项，通过将测试项与目标项进行比较，然后根据测试项是否大于或者小于目标项，递归检查列表的左半部分或者右半部分。

第 7 章还阐述了插值搜索算法，该算法使用数学计算来预测目标项的位置，运行时间为 $O(\log(\log N))$，这比二分查找算法要快得多，几乎不可思议。

插值搜索算法比二分查找算法快得多的原因在于，它使用数据的特殊结构通过计算而不是通过比较来查找值。第 6 章中描述的计数排序算法、鸽巢排序算法和桶排序算法也可以实现快速排序和查找。

同样，哈希表（hash table）也是基于数据的结构实现快速定位值。哈希表不是将数据项存储在已排序的列表中，而是允许我们计算数据项在表中的位置并直接将其存储在表中。

注意：Python 版本的哈希表是一个字典。

在 C# 中，我们可以使用 HashTable 类存储带有键的弱类型对象。Dictionary 类是一个强类型哈希表，其中项和键的数据类型必须被定义。因为 Dictionary 中的对象具有已知的数据类型，所以 Dictionary 能够比非特定的 HashTable 提供更快的性能。

C# 和 Python 中的字典都允许我们使用键查找数据项。程序设计语言的内置字典类性能良好，因此可以在程序中选择使用。本章介绍这些类使用的一些方法以及如何在代码中实现自定义哈希表。

我们先讨论有关哈希表的一个简单示例，假设我们有一家包含 20 名员工的小公司，并且希望通过员工 ID 来查找员工的信息。存储员工信息的一种方法是创建一个包含 100 个数据项的数组，然后把 ID 为 N 的员工信息存在数组中 N mod 100 的索引位置。例如，ID 为 2190 的员工信息，将保存在数组的索引位置 90；ID 为 2817 的员工信息，将保存在索引位置 17；ID 为 3078 的员工信息，将保存在索引位置 78。

要查找特定的员工，只需计算 ID mod 100 并查看相应的数组元素。其运行时间为 $O(1)$，速度甚至比插值搜索还要快。

然而，在实际应用场景中，事情并没有那么简单。如果我们有大量的员工，最终结果可能会导致两个不同的员工 ID 映射到相同的索引位置。例如，如果两个员工的 ID 分别为 2817 和 1317，则它们都会映射到数组中的索引位置 17。

不过，将值映射到表中的思想是一个很好的开端，这正是哈希表背后的基本概念。接下来的章节将展开阐述什么是哈希表，并解释如何在程序中实现哈希表。

8.1　哈希表的基本概念

哈希表将数据映射到数据结构中的位置。通常，哈希表将关键值（例如 ID 或者名称）与更大的记录（例如员工或者客户记录）相关联。因为哈希列表将键与值相关联，所以它们有时被称为关联数组（associative array），或者偶尔也被称为字典（dictionary）。

映射“键”值以供哈希表使用的过程称为*哈希*（hashing，也称散列）。一个设计良好的哈希函数会将键值分散开来，这样它们就不会位于表中的同一位置。特别是，键值通常是相似的，因此一个设计良好的哈希函数会将相似的键值映射到表中不同的位置。

例如，假设要将客户记录存储在哈希表中，然后按客户姓名查找客户信息。如果两个客户的姓氏分别是 Richards 和 Richardson，那么理想情况下哈希函数应该将它们映射到两个不同的位置。为了实现该目的，哈希函数通常会生成一个看起来没有规律的值，就好像键值被切碎成散列一样。

如果我们在一个哈希表中放入足够多的值，最终可能会发生两个键的哈希值相同的情况，这种现象称为*冲突*（collision）。发生这种情况时，我们需要一个*冲突解决策略*（collision-resolution policy）来决定如何操作。通常，冲突解决策略会将键映射到表中的一系列新位置，直到找到空位置为止。

哈希表的*填充百分比*（fill percentage，表中包含数据项的空间所占的百分比）决定发生冲突的概率。向填充百分比为 95% 的哈希表中添加新键，其发生冲突的可能性远远大于向填充百分比为 10% 的哈希表中添加新键。

综上所述，哈希表具有如下特征：

- 哈希表是一种储存数据的数据结构。
- 哈希函数把“键”映射为哈希表数据结构中的位置。
- “冲突解决策略”指定“键”发生冲突时采取的操作。

为了满足实用性，所设计的哈希表必须至少满足两个功能：添加新的数据项和定位之前存储的数据项。另一个有用但某些哈希表没有提供的功能是删除哈希键。

调整哈希表的大小

最终哈希表可能会被填满，或者至少其填充百分比达到了产生的冲突会影响性能的程度。在这种情况下，需要一个调整大小（resize）的算法来确定何时以及如何调整以使哈希表变大。

我们也可以包含一个算法来确定何时以及如何使哈希表变小。例如，如果一个哈希表可以容纳 100 万个数据项，但当前只包含 10 个数据项，则我们可能希望减小该哈希表以回收未使用的空间。

调整哈希表大小的一个简单方法是创建一个所需大小的新哈希表，然后将旧的哈希表数据结构中的所有数据项重新哈希到新哈希表中。一些类型的哈希表（例如具有链接的哈希表）提供了其他方法，但是这个方法应该适用于几乎所有的哈希表。

不同类型的哈希表使用不同的方法来提供这些特性，以下章节介绍一些构建哈希表的常用方法。

8.2　链接哈希表

具有*链接*（chaining）的哈希表使用名为*存储桶*（bucket）的数据项集合来保存键值。每个存储桶是一个链表的顶部，链表中包含映射到该存储桶的数据项。

通常，存储桶排列在一个数组中，因此我们可以使用一个简单的哈希函数来确定键的存储桶。例如，假设我们有 N 个存储桶，并且键是数值的，那么可以将键 K 映射到存储桶 K

mod N。图 8.1 显示了一个链接哈希表。

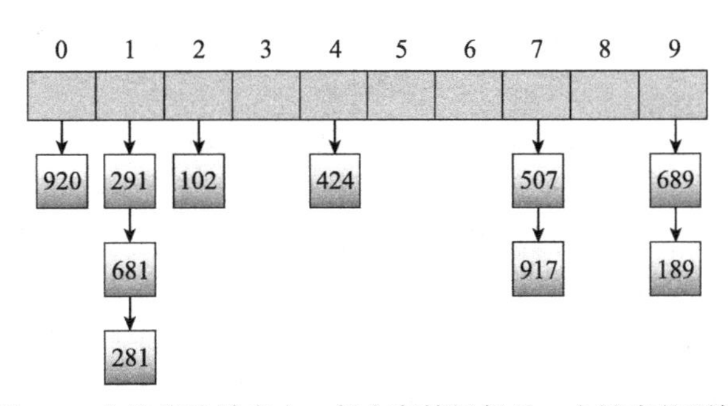

图 8.1　在链接哈希表中，每个存储桶都是一个链表的顶部

为了向哈希表中添加一个键，可以使用哈希函数将该键映射到一个存储桶，然后向存储桶的链表中添加一个新的节点。对键进行散列以找到其存储桶需要 $O(1)$ 个步骤。将值添加到链表的顶部需要 $O(1)$ 个步骤，因此添加数据项的操作非常快。

但是在实际运用中，哈希表不能包含重复的键。这意味着，在向存储桶添加新的数据项之前，应该验证该数据项是否已经存在。如果哈希表使用 B 个存储桶，总共包含 N 个数据项，并且这些数据项分布均匀合理，那么每个存储桶的链表大约包含 N/B 个数据项。如果我们需要验证一个键是否存在于哈希表中，则需要检查该键存储桶中的大约 N/B 个数据项。所有这些都意味着向哈希表中添加数据项总共需要 $O(1) + O(N/B) = O(N/B)$ 个步骤。

注意：如果链表按顺序保存键，则可以使在链接哈希表中搜索数据项的速度更快一些。在有序的链表中，如果一个键不存在，我们只需要搜索一个大于目标键的值，而不是遍历列表直到末尾。虽然运行时间仍然是 $O(N/B)$，但实际运行速度会稍快。

为了找到一个数据项，我们需要将数据项的键进行散列，以确定其对应的存储桶，然后遍历该存储桶的链表，直到找到该数据项或者到达列表的末尾。如果到达列表的末尾，则可以断定该数据项不在哈希表中。与向哈希表添加数据项时的情况一样，这需要 $O(N/B)$ 个步骤。

链接哈希表很容易支持删除的操作。若要删除数据项，首先也需要将数据项的键进行散列，以确定其对应的存储桶。然后从存储桶的链表中删除该数据项。对数据项进行散列需要 $O(1)$ 个步骤，删除数据项需要 $O(N/B)$ 个步骤，因此总的运行时间为 $O(N/B)$。

链接哈希表可以根据需要进行扩大和缩小，因此通常不需要调整它的大小。但是，如果链表太长，则查找数据项和删除数据项将需要很长时间。在这种情况下，我们可能希望扩大哈希表，使其包含更多的存储桶。重新哈希一个哈希表时，我们知道不会添加任何重复项，因此不需要遍历每个存储桶的链表以检查是否存在重复项。这允许我们在 $O(N)$ 时间内对所有数据项进行重新散列。

8.3　开放寻址哈希表

链接哈希表突出的优点之一是可以保存任意数量的值而不改变存储桶的数量。但是链接哈希表也有一些缺点，例如，如果在存储桶中放置了太多的数据项，则搜索存储桶可能需要非常长的时间。虽然我们可以通过添加更多的存储桶来减少搜索时间，但是可能会导致很多空的存储桶，它们会占用空间，并且哈希表无法使用这些空存储桶。

另一种构建哈希表的策略称为*开放寻址*（open addressing）方法。在开放寻址哈希表中，值存储在一个数组中，某种计算充当哈希函数，将值映射到数组中的索引位置。例如，如果哈希表使用包含 M 个数据项的数组，一个简单的哈希函数可能会将键值 K 映射到数组位置 $K \bmod M$。

开放寻址哈希表的不同实现版本使用不同的哈希函数和冲突解决策略。但是，在所有情况下，冲突解决策略都会在数组中为值生成一系列位置。如果某个值被映射到一个已经在使用的位置，算法将尝试另一个位置。如果该位置也在使用中，则算法会继续重试。该算法继续尝试新的位置，直到找到一个空位置或者得出无法找到一个空位置为止。

算法尝试获取某个值的索引位置序列称为该值的*探测序列*（probe sequence）。对于可能在哈希表中也可能不在哈希表中的值，探测序列的平均长度可以很好地估计哈希表的效率。理想情况下，平均探测序列长度应该仅为 1 或者 2。如果哈希表变得太满，平均探测序列可能会变得很长。

根据冲突解决策略，即使哈希表的数组中有空的数据项，探测序列也可能无法为一个数据项找到空位置。如果在访问每个数据项之前，探测序列本身就有重复，则某些数据项可能会保持未使用状态。

为了在哈希表中定位一个数据项，算法跟随值的探测序列进行查找，直到发生以下三种情况之一。第一，如果探测序列找到了数据项，那么任务就完成了。第二，如果探测序列在数组中找到一个空的数据项，则该数据项不存在。（否则，数据项将被放置在空位置。）

第三种可能性是探测序列可以访问 M 个数据项，其中 M 是数组的大小。在这种情况下，算法可以得出该值不存在的结论。探测序列可能不会访问数组中的每个数据项，但是在访问 M 个数据项之后，我们知道探测序列要么已经访问了所有数据项，要么不太可能找到目标值。探测序列甚至可能在一个循环之后重复访问相同的位置。在任何情况下，该值都不可能存在；因为如果该值存在，则将使用相同的探测序列添加到数组中。

在哈希表的填充百分比合理的情况下，开放寻址方法速度非常快。如果平均探测序列长度仅为 1 或者 2，则添加数据项和定位数据项的运行时间均为 $O(1)$。

虽然开放寻址哈希表的速度很快，但也存在一些缺点。最明显的问题是，如果哈希表的数组太满，则其性能就会下降。在最坏的情况下，如果数组包含 N 个数据项并且完全满了，则需要 $O(N)$ 时间来确定某个数据项不在数组中。即使查找存在的数据项，其速度也可能非常缓慢。

如果数组太满，我们可以调整它的大小，使其变大，从而减小哈希表的填充百分比。为此，可创建一个新数组并将数据项重新散列到其中。如果新数组相当大，则重新散列每个数据项需要的运行时间为 $O(1)$，总运行时间为 $O(N)$。

以下章节将讨论开放寻址哈希表的另一个重要问题：删除数据项。

8.3.1　删除数据项

尽管开放寻址哈希表允许我们快速地添加数据项和查找数据项（至少在数组不太满的情况下），但不允许我们像链接哈希表一样快速删除数据项。数组中的数据项可能是另一个数据项探测序列的一部分。如果删除该数据项，则会中断另一个数据项的探测序列，这样就无法再找到第二个值。

例如，假设 A 和 B 都映射到数组中的同一索引 I_A。首先把数据项 A 添加到索引 I_A 处，因此当我们尝试添加数据项 B 时，算法将转到其探测序列中的第二个位置 I_B。

现在，假设我们删除了数据项 A。然后，如果我们尝试查找数据项 B，则首先查看索引 I_A。因为该数据项现在为空，所以我们错误地认为数据项 B 不存在。

解决此问题的一种方法是将数据项标记为已删除，而不是将数组的数据项重置为空值。例如，如果数组包含 32 位整数，我们可以使用值 –2 147 483 648 表示数据项没有值，使用 –2 147 483 647 表示该值已被删除。

当我们搜索一个值时，如果找到已删除的值，则继续搜索。当在哈希表中插入新值时，如果在探测序列中找到新值，则可以将其放在之前删除的数据项中。

这种方法的一个缺点是，如果我们先添加然后删除了许多数据项，则表中可能会充满已删除的数据项。这将使搜索数据项变慢。在最坏的情况下，如果数组中完全充满了当前和已删除的数据项，则可能需要搜索整个数组以查找某个数据项或者断定该数据项不存在。

如果我们删除了许多数据项，则可以重新散列当前值，并重置已删除的数组位置，使其保留特殊的空值。如果数组包含 N 个数据项，并且具有合理的填充百分比，则该处理的运行时间为 $O(N)$。

8.3.2 线性探测

在线性探测（linear probing）中，冲突解决策略向每个位置添加一个常量，称为步长（stride，通常设置为 1），以生成探测序列。每次算法将步长加 1 时，算法使用该结果对数组的大小进行取模运算，因此探测序列有可能会回绕到数组的开头。

例如，假设哈希表的数组包含 100 个数据项，哈希规则如下：N 映射到 N mod 100 的位置。因此值 2197 的探测序列将访问位置 97、98、99、0、1、2 等。图 8.2 显示了用于插入值 71 的线性探测序列。

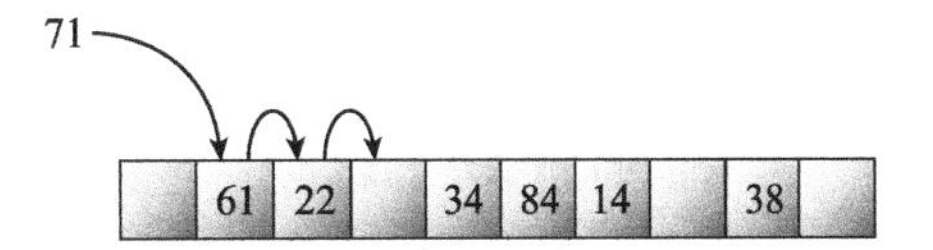

图 8.2　在线性探测中，算法向每个位置添加一个常量以生成一个探测序列

在图 8.2 的情况下，当我们要添加数据项 71 时，该哈希表已经包含多个值。这个哈希表的数组有 10 个数据项，所以 71 映射到 71 mod 10 = 1 位置。但是该位置已经包含值 61，因此算法将移动到该值的探测序列中的下一个位置：位置 2。该位置也被占用，因此算法继续移动到探测序列中的下一个位置：位置 3。这个位置是空的，所以算法把 71 放在那里。

这种方法的优点是非常简单，探测序列最终将访问数组中的每个位置。因此，只要数组中还有空的位置，算法就可以插入一个数据项。但是，该方法有一个称为*主群集*（primary clustering）的缺点，即添加到表中的数据项趋向于群集，从而形成大块的连续数组数据项，并且这些数据项都已满。这是一个问题，因为它会导致冗长的探测序列。如果尝试添加一个新的数据项并将其散列到群集的任一数据项中，则直到遍历完整个群集，该数据项的探测序列也不会在群集中找到该数据项的空位置。

C# 示例程序 `LinearProbing` 演示了主群集，结果如图 8.3 所示。这个哈希表的数组可以存储 101 个数据项，当前包含了 50 个值。如果这些数据项在数组中均匀分布，则哈希表中每个数据项的探测序列长度为 1。不在哈希表中的数据项的探测序列长度为 1 或者 2，这取决于初始哈希是否将数据项映射到已占用的位置。

然而，在图 8.3 中，程序显示哈希表的平均探测序列长度为 2.42，这比均匀分布的结果稍高。负荷系数越高，情况就越糟。

注意：图 8.3 所示的程序是练习题 8.3 的解决方案。更多信息请参见附录。

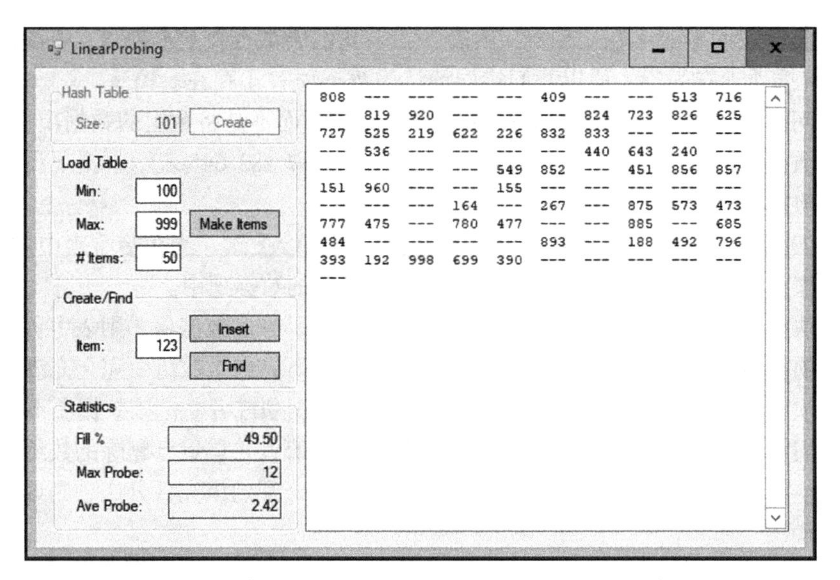

图 8.3　使用线性探测的哈希表趋向于生成主群集

为了了解群集是如何形成的，请考虑一个可以包含 N 个数据项的空哈希表。如果我们在哈希表中添加一个随机数，其位于任何给定位置的可能性为 $1/N$。假设该随机数最终位于位置 K。

现在假设我们向表中添加另一个随机数。这个数据项也有可能映射到位置 K，在这种情况下，线性探测将把数据项映射到位置 $K + 1$。这个数据项也有 $1/N$ 的机会直接映射到位置 $K + 1$。因此该数据项有 $2/N$ 的可能性最终会映射到位置 $K + 1$，从而形成一个小群集。

随着时间的推移，将形成更多的群集。群集越大，新数据项添加到群集末尾的概率就越大。最终，群集将不断扩展，直到合并并形成更大的群集。很快这个数组就会充满了群集和长探测序列。

以下两小节将描述减少主群集效应的方法。

8.3.3　二次探测

线性探测产生群集的原因是，映射到群集内任何位置的数据项最终都位于群集的末尾，从而使群集变大。防止这种情况的一种方法是*二次探测*（quadratic probing）。该算法通过向位置添加尝试创建探测序列的位置数的平方（而不是添加恒定步长）来创建探测序列。

换而言之，如果由线性探测创建的探测序列为 $K, K + 1, K + 2, K + 3, \cdots$，则由二次探测创建的探测序列为 $K, K + 1^2, K + 2^2, K + 3^2, \cdots$。

现在，如果两个数据项映射到同一个群集中的不同位置，它们将遵循不同的探测序列，因此它们不一定会添加到群集中。

图 8.4 显示了一个示例。最初，哈希表有一个包含 5 个数据项的群集。值 71 具有探测序列 $1, 1 + 1^2 = 2, 1 + 2^2 = 5, 1 + 3^2 = 10$，因此该值不会添加到群集中。值 93 最初映射到同一个群集，但具有探测序列 $3, 3 + 1^2 = 4, 3 + 2^2 = 7$，因此该值也不会添加到群集中。

C# 示例程序 `QuadraticProbing` 使用二次探测将随机值存储在哈希表中，结果如图 8.5 所示。如果我们将图 8.5 与图 8.3 进行比较，将发现二次探测比线性探测给出的平均探测序列长度更短。在示例中，线性探测给出的平均探测序列长度为 2.42，而二次探测给出的平均探测序列长度仅为 1.92。

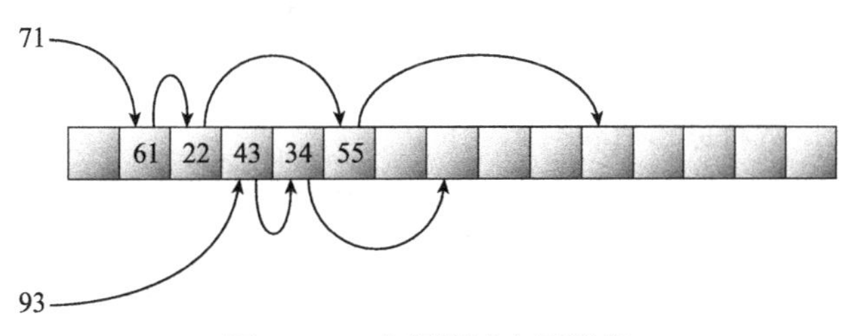

图 8.4　二次探测减少了群集

注意：图 8.5 所示的程序是练习题 8.4 的解决方案。更多信息请参见附录。

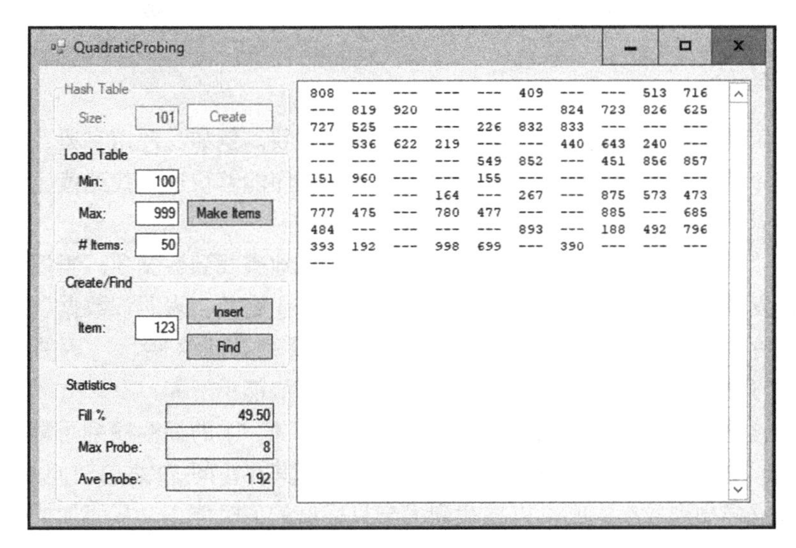

图 8.5　二次探测比线性探测给出的平均探测序列长度更短

二次探测减少了主群集，但也会受到二级群集的影响。在*二级群集*（secondary clustering）中，映射到数组中相同初始位置的值遵循相同的探测序列，因此会创建群集。这个群集是通过数组展开的，但是仍然会导致映射到相同初始位置的数据项的探测序列变长。

二次探测还有一个缺点，就是即使表中只剩下若干空位置，也可能无法为值找到空位置。由于二次探测序列在数组中跳得越来越远，可能会跳过一个空位置从而无法定位。

8.3.4　伪随机探测

伪随机探测与线性探测类似，只是步长是由初始映射位置的伪随机函数给出的。换而言之，如果一个值最初映射到位置 K，那么它的探测序列是 $K, K + p, k + 2\times p, \cdots$，其中 p 由 K 的伪随机函数确定。

像二次探测一样，伪随机探测可以防止主群集。与二次探测类似，伪随机探测也会产生二级群集，因为映射到相同初始位置的值遵循相同的探测序列。伪随机探测也可能跳过一些未使用的数据项，即使哈希表未完全满，也无法插入数据项。伪随机探测的结果与二次探测的结果类似，我们只是使用了不同的方法来构建探测序列。

8.3.5　双重哈希

二次探测和伪随机探测会产生二级群集的原因在于，映射到相同初始位置的值随后遵循相同的探测序列。如果使映射到同一位置的值遵循不同的探测序列，则可以减少这种影响。

双重哈希类似于伪随机探测。但是，它没有使用初始位置的伪随机函数来创建步长值，而是使用第二个哈希函数将原始值映射到步长。

例如，假设值 A 和 B 最初都映射到位置 K。在伪随机探测中，伪随机函数 F_1 生成步长 $p = F_1(K)$。然后两个值都使用探测序列 $K, K + p, K + 2\times p, K + 3\times p, \cdots$。与之对比，双重哈希使用伪随机哈希函数 F_2 将原始值 A 和 B 映射到两个不同的步长值 $p_A = F_2(A)$ 和 $p_B = F_2(B)$。两个探测序列的起始值是相同的 K，但之后将不同。

双重哈希消除了主群集和二级群集。然而，像伪随机探测一样，双重哈希可能会跳过一些未使用的数据项，从而使得即使哈希表并没有完全满也无法插入数据项。

8.3.6 有序哈希

在某些应用程序中，值被散列一次，然后被多次查找。例如，使用字典、通讯簿或者产品查找表的程序可能会遵循此方法。在这种情况下，程序能够快速查找到值比快速插入值更重要。

如果对链接列表进行排序，则链接哈希表可以更快地查找到数据项。当搜索一个数据项时，如果算法发现一个大于目标项的数据项，则可以停止查找，表明该数据项不存在。类似地，可以按顺序对哈希表进行排序。假设值 K 的探测序列访问值 V_1、V_2 等的数组位置，其中所有 V_i 都小于 K。换而言之，K 的探测序列中的所有值都小于 K。

请注意，这些值不必严格按递增顺序排列。例如，值 71 的探测序列可能会遇到值 61、32 和 71。只要 32 的探测序列不遵循相同的路径，保证其在访问 32 之前访问 61 即可。

如果可以这样排列数组，则可以在找到大于目标值的值时停止，从而加快搜索数据项的速度。在有序哈希表中查找数据项的伪代码如下所示：

```
// 返回给定键在数组中的索引位置，如果不存在，则返回 -1
Integer: FindValue(Integer: array[], Integer: key)
    Integer: probe = <键的探测序列的初始位置>

    // 无限循环
    While true
        // 检查是否查找到了数据项
        If (array[probe] == key) Then Return probe

        // 检查是否查找了一个空位置
        If (array[probe] == EMPTY) Then Return -1

        // 检查是否跳过了该数据项应该存在的位置
        If (array[probe] > key) Then Return -1

        // 尝试探测序列中的下一个位置
        probe = <键的探测序列中的下一个位置>
    End While
End FindValue
```

到目前为止所描述的哈希表中数据项的排列顺序取决于数据项的添加顺序。例如，假设一个哈希表的数组有 10 个数据项，哈希函数将值 K 映射到 K mod 10。如果将值 11、21、31、41 添加到哈希表中，它们将按该顺序存储在位置 1 到 4 中。但是，如果按顺序 41、31、

21、11 添加相同的数据项，它们将存储在相同的位置，但顺序相反。

假设我们可以按排序顺序（从小到大）将值添加到哈希表中。然后，当我们添加一个值时，如果哈希表已经在新值的探测序列中保存了某个值，那么它们必须小于新值，因为我们是按排序顺序添加这些值的。这意味着每个探测序列必须正确排序，以便我们可以快速搜索哈希表。

不幸的是，我们通常无法按排序顺序将数据项添加到哈希表中，因为我们在开始时并不知道该顺序。例如，在很长一段时间内，一次只能向哈希表中添加若干数据项。幸运的是，有一种方法可以创建有序哈希表，而不管我们以何种方式添加数据项。

为了添加数据项，依旧遵循其探测顺序。如果我们发现一个空位置，则插入该数据项以完成添加数据项。如果找到包含大于新值的值，则将其替换为新值，然后重新散列较大的值。

当我们重新散列较大的值时，可能会遇到另一个甚至更大的值。如果发生这种情况，请将要散列的数据项放到新位置，并重新散列较大的值。继续此过程，直到找到当前散列处理的任何数据项的空位置。实现上述过程的伪代码如下所示：

```
AddItem(Integer: array[], Integer: key)
    Integer: probe = <键的探测序列的初始位置>

    // 无限循环
    While true
        // 检查是否查找到一个空位置
        If (array[probe] == EMPTY) Then
            array[probe] = key
            Return
        End If

        // 检查是否查找到一个大于 key 的值
        If (array[probe] > key) Then
            // 把 key 放置在该位置，并重新散列另一个值
            Integer: temp = array[probe]
            array[probe] = key
            key = temp
        End If

        // 尝试探测序列中的下一个位置
        probe = <key 的探测序列中的下一个位置>
    End While
End AddItem
```

While 循环中的最后步骤是将 probe 设置为当前键的探测序列中的下一个位置。对于线性探测、伪随机探测和双重哈希，即使我们将要散列的 key 值切换为更大的值，也可以找出探测序列中的下一项。例如，使用双重哈希，我们可以将第二个哈希函数应用于新的 key 值，以查找新探测序列的步长。然后，我们可以使用新的步长从该点开始跟踪新数据项的探测序列。

但这对二次探测不起作用，因为我们需要知道算法搜索新键的探测序列到那个点有多远。此方法有效的原因是我们只将值替换为较小的值。如果将有序探测序列中的值替换为较小的值，则探测序列仍然是有序的。

唯一仍待处理的值是我们正在重新散列的新的更大的值。当我们重新散列该值时，它最

终会处于使其探测序列有序的位置。

8.4　本章小结

哈希表允许我们快速地存储值和定位值。如果哈希表的填充百分比相当低，则查找给定的数据项时可能只需要很少几次计算。

但是，保持一个合理的填充百分比是很重要的，因为如果哈希表太满，它的性能就会受到影响。填充百分比越低，性能越好，但需要额外的空间，而这些空间不用于保存数据，因此在某种意义上是浪费的。填充百分比过高会降低性能并增加哈希表变满的风险，从而需要调整哈希表的大小，而这可能需要相当长的时间和内存开销。

这是一个在算法中常见的空间 / 时间权衡的示范例子。通过使用额外的空间，可以提高算法的性能。

有序哈希提供了另一种权衡。如果我们在构建哈希表之前花费了额外的时间保证哈希表处于有序状态，则后续的搜索速度要快得多。当插入一个值时，程序可能会发现一个大于它正在插入的值的值。在这种情况下，程序会交换这两个值，并继续散列较大的值。一种实现方法是递归：让插入算法调用自身。下一章将详细讨论递归，涵盖递归的正确使用方法和错误使用方法，并解释当深层调用堆栈或者频繁的值重新计算导致问题的时候，如何从程序中删除递归。

8.5　练习题

练习题的参考答案请参见附录。带星号的题目表示有相当难度的练习题。

对于要求构建哈希表的练习题，请创建一个类似于图 8.6 的接口应用。图中的示例将每个数据项的值设置为其键值，前面加上一个 v，这样我们就可以知道该数据项是一个字符串。每个数据项的显示格式为 [key:value]。

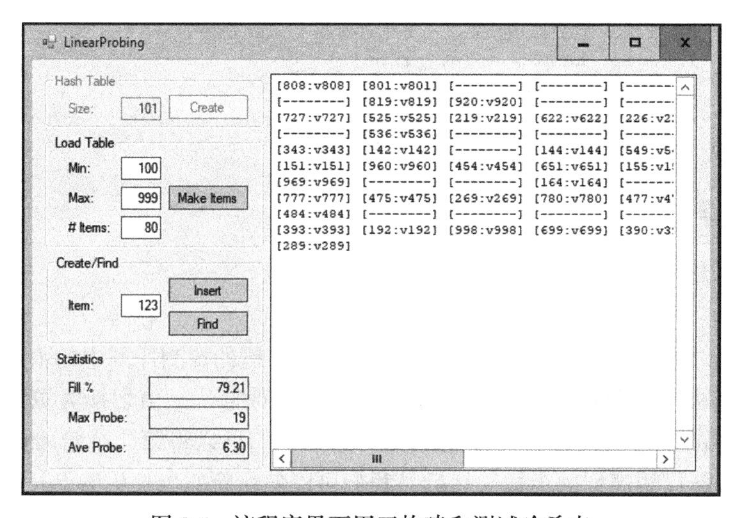

图 8.6　该程序界面用于构建和测试哈希表

Create 按钮用于创建一个新的哈希表。Make Items 按钮允许我们一次向哈希表中添加许多随机数据项。Insert 按钮和 Find 按钮用于添加或者查找单个数据项。每次更改哈希表或者其数据后，显示链接算法的每个存储桶的键的数量或者开放寻址算法的填充百分比。当我们试图找到用于填充哈希表的最小值和最大值之间的所有值时，也显示最大探测长度和平均探测长度。

1. 编写一个程序，实现链接哈希表。
2. 修改练习题 1 中编写的程序，使用有序的链表。假设哈希表使用 10 个存储桶保存 100 个数据项，请比较两个程序的平均探测长度。
3. 当哈希表使用 10 个存储桶，并分别包含 50、100、150、200 和 250 个数据项时，为练习题 1 和 2 构建的程序绘制图，显示其平均探测序列长度。请问从图中可以推断出什么结论？
4. 编写一个程序，构建一个使用线性探测的开放寻址哈希表。
5. 编写一个程序，构建一个使用二次探测的开放寻址哈希表。
6. 编写一个程序，构建一个使用伪随机探测的开放寻址哈希表。
7. 编写一个程序，构建一个使用双重散列的开放寻址哈希表。
8. 如果存在空位置，则线性探测总可以为一个值找到空位置，但是二次探测、伪随机探测和双重散列都可能跳过空位置，并在哈希表存在空位置的时候却得出表已满的结论。如何选择哈希表大小 N 以防止二次探测、伪随机探测和双重散列运算得出哈希表已满的结论（即使哈希表未满）？
9. 编写一个程序，构建一个使用有序二次散列的开放寻址哈希表。
10. 编写一个程序，构建一个使用有序双重散列的开放寻址哈希表。
11. 为了查看不同开放寻址算法的比较结果，请绘制图表，显示为练习题 4、5、6、7、9 和 10 构建的程序的平均探测序列长度。假设哈希表包含 101 个数据项，绘制当表包含 50、60、70、80 和 90 个值时的平均探测序列长度。请问可以从图中推断出什么结论？
12. 假设哈希表使用具有排序链表的存储桶。为了插入一个键，需要搜索该键的存储桶以验证该键不存在。如果表使用 B 个存储桶并包含 N 个数据项，则平均大约需要 $O(N/B/2)$ 个步骤。验证该键不存在后，需要将其插入链表中的正确位置，这也需要 $O(N/B/2)$ 个步骤。为什么这比当链表未排序时插入数据项所需的 $O(N/B)$ 步骤要快？
13. 假设我们希望将链表哈希表所使用的存储桶的数量加倍。请问应该如何把存储桶一分为二？如果链表处于排序状态，应该如何处理？
14. 假设我们使用的是一个开放地址哈希表，并用一个特殊值标记删除的数据项，例如 –2 147 483 647。插入新的数据项时，如果找到了标记为已删除的位置，则可以将其放置在该位置中。现在假设我们添加和删除了许多数据项，结果哈希表中充满了标记项。在这种情况下，为什么会减慢插入新数据项的速度？
15. 在使用线性探测的开放寻址哈希表中，如果哈希表最初是空的，那么两个随机值位于相邻位置从而形成一个小群集的概率是多少？
16. 在开放寻址的有序哈希表中插入数据项时，有时会在数据项的探测序列中找到一个较大的值。在这种情况下，我们可以存放新的数据项，并重新散列较大的值。请问我们应该如何确定这个过程最终会停止？在此过程中可能移动的最大数据项数量是多少？
17. 在有序哈希表中，如果算法找不到空位置来添加新的数据项（即使表未满），会发生什么情况？

递　　归

递归（recursion）就是方法自己调用自己。递归可以是直接递归（当方法直接调用自身时）或者间接递归（当第一个方法调用其他方法，而其他方法再调用第一个方法时）。递归也可以是单重递归（当方法调用自身一次时）或者多重递归（当方法多次调用自身时）。

递归算法可能会让人困惑，因为人们一般不会自然地进行递归思考。例如，为了粉刷围栏，可能会从一端开始粉刷，直到到达另一端为止。而将围栏分成左右两半，然后通过递归粉刷每一半围栏来解决问题的递归方法则不太直观。

然而，有些问题具有自然递归属性。这些问题的结构允许递归算法轻松跟踪其进度并找到解决方案。例如，树是自然递归的，因为树枝可以分成小树枝，再分成更小的树枝，等等。因此，构建、绘制和搜索树的算法通常是递归的。

本章将阐述一些自然递归的有用算法，其中一些算法本身非常实用，但是学习如何使用递归通常比学习如何解决单个问题更为重要。一旦理解了递归，我们就可以在很多程序设计环境中发现其应用场景。然而，递归并不总是最好的解决方案，因此本章还将解释如何在递归可能导致性能下降时从程序中删除递归。

9.1　基本算法

有些问题具有自然递归解。以下各节描述了几种自然递归算法，用于计算阶乘、查找斐波那契数、解决棒料切割问题，以及在汉诺塔问题中移动圆盘。这些相对简单的算法演示了递归算法的重要概念。一旦理解了这些概念，我们就可以继续学习本章其他小节中描述的更复杂的算法了。

9.1.1　阶乘

自然数 N 的阶乘记作 $N!$，我们可以递归地定义 `factorial` 函数，如下所示：

$$0! = 1$$

$$N! = N \times (N - 1)!$$

例如，下面的公式显示了如何使用此定义计算 3!：

$$3! = 3\times2! = 3\times2\times1! = 3\times2\times1\times0! = 3\times2\times1\times1$$

根据阶乘的定义，实现阶乘的简单递归算法的伪代码如下所示：

```
Integer: Factorial(Integer: n)
    If (n == 0) Then Return 1
    Return n * Factorial(n - 1)
End Factorial
```

首先，如果输入值 `n` 等于 0，则算法返回 1。这对应于定义阶乘函数的第一个公式，该公式称为基本情况（base case）。基本情况表示算法不递归调用自身的情况。

注意：特别强调，任何递归算法都有一个基本情况，以防止无限死循环地递归调用自己。

否则，如果输入不是 0，算法返回 `n` 乘以 `n - 1` 的阶乘。这个步骤对应于定义阶乘函数的第二个公式。

阶乘算法是一个简单的递归算法，但是它展示了所有递归算法必须具备的两个重要特性。

- 每次执行该方法时，都会将当前问题简化为同一问题的较小实例，然后调用自身来解决较小的问题。在本例中，该方法把计算 `n!` 的问题简化为计算 `(n - 1)!` 然后乘以 `n`。
- 递归最终必须停止。在本例中，输入参数 `n` 随着每次递归调用而减小，直到 `n` 等于 0。此时，算法到达其基本情况，结果返回 1，并且不递归地调用自身，因此停止递归调用过程。

值得注意的是，即使是这个简单的算法也会产生问题。如果程序调用 `Factorial` 方法，并将参数 -1 传递给它，则递归永远不会结束。相反，该算法开始以下一系列计算：

$$-1! =$$
$$-1 \times -2! =$$
$$-1 \times -2 \times -3! =$$
$$-1 \times -2 \times -3 \times -4! = \cdots$$

为了防止这种情况，一些程序员采用的一种方法是将算法中的第一条语句更改为 `If (n <= 0) Then Return 1`。如果用一个负参数值调用该算法，则结果直接返回 1。

注意：从软件工程的角度来看，这可能不是最好的解决方案，因为在程序调用算法时存在一个隐藏的问题：并没有定义负数的阶乘，但算法的结果却返回误导值 1。

若要快速检测调用代码中的问题，最好显式检查该参数值，以确保该值至少为 0。如果参数小于 0，则会引发错误或者抛出异常。

分析递归算法的运行时间性能有时候十分复杂，但对于这个特定的算法来说很容易。对于输入参数 N，阶乘算法调用自己 $N + 1$ 次，分别用于计算 $N!, (N - 1)!, (N - 2)!, \cdots, 0!$。对算法的每次调用都会执行少量的固定操作，因此其总运行时间为 $O(N)$。

由于算法调用自身 $N + 1$ 次，递归的最大深度也为 $O(N)$。在某些程序设计环境中，递归的最大可能深度会受到限制，因此这可能会导致问题。

严重的栈空间问题

通常，计算机为程序分配两个内存区域：栈和堆。

栈用于存储有关方法调用的信息。当代码调用一个方法时，有关调用的信息被存放在栈上。当方法返回时，该信息将从栈中弹出，因此程序可以在调用该方法的点之后立即恢复执行（栈与第 5 章中描述的堆栈类型相同）。为到达特定执行点而调用的方法列表称为调用栈（call stack）。

堆是程序用来创建变量和执行计算的另一块内存区域。

通常，栈比堆小得多。栈通常对于普通程序来说足够大，因为程序代码通常不包括调用其他方法到非常大的深度。然而，递归算法有时会创建非常深的调用栈并耗尽栈空间，从而导致程序崩溃。

因此，除了研究递归算法的运行时间和内存需求外，还需要评估递归算法所要求的最大递归深度。

`factorial` 函数增长得很快，所以在正常程序中对 N 的大小有一个实际的限制。例如，$20! \approx 2.4 \times 10^{18}$，而 21! 的结果则超出了 64 位长整数的范围。如果程序从不计算大于 20 的阶乘，则递归的深度只有 20，因此调用栈空间应该没有问题。

如果我们确实需要计算更大的阶乘，可以使用其他可以保存更大值的数据类型。例如，64 位双精度浮点数可以容纳 $170! \approx 7.3 \times 10^{306}$。某些数据类型（如 .NET 的 `BigInteger` 类型和 Python 的整数类型）可以容纳任意大的数字。在这些情况下，递归的最大深度可能会产生问题。9.5.1 节解释了如何防止这种深层递归，以避免耗尽堆栈空间并导致程序崩溃。

9.1.2 斐波那契数

斐波那契数（以意大利数学家比萨的列奥纳多（Leonardo of Pisa，约 1170—1250 年）命名，后来被称为斐波那契）由以下公式定义：

$$\text{Fibonacci}(0) = 0$$

$$\text{Fibonacci}(0) = 1$$

$$\text{Fibonacci}(n) = \text{Fibonacci}(n-1) + \text{Fibonacci}(n-2),\ n > 1$$

要计算一个新的斐波那契数，需要把前面两个斐波那契数的值相加。例如，前 12 个斐波那契数分别是 0、1、1、2、3、5、8、13、21、34、55、89。

注意：有些人定义 Fibonacci(0) = 1 和 Fibonacci(1) = 1。结果与上述定义相同，但跳过了第一个值 0。

根据斐波那契数的递归定义，实现斐波那契数的递归算法的伪代码如下所示：

```
Integer: Fibonacci(Integer: n)
    If (n <= 1) Then Return n
    Return Fibonacci(n - 1) + Fibonacci(n - 2);
End Fibonacci
```

如果输入 `n` 为 0 或者 1，则算法返回结果 0 或者 1。（如果输入参数值小于等于 1，则算法只返回输入值。）否则，如果输入参数值大于 1，则算法分别使用 `n - 1` 和 `n - 2` 作为输入参数调用自身，将结果相加并返回。

这种递归算法相当容易理解，但速度很慢。例如，为了计算 Fibonacci(6)，程序必须计算 Fibonacci(5) 和 Fibonacci(4)。但在计算 Fibonacci(5) 之前，程序必须先计算 Fibonacci(4) 和 Fibonacci(3)。这里 Fibonacci(4) 被计算了两次。随着递归的继续，必须多次计算相同的值。对于较大的 N 值，Fibonacci(N) 会多次计算相同的值，这使得程序要花费很长的时间。

图 9.1 显示了 Fibonacci 算法在计算 Fibonacci(6) 时的调用树。树中的每个节点都表示对算法的调用，并以指定的数字作为参数。例如，该图显示了对顶部节点中 Fibonacci(6) 的调用将调用 Fibonacci(5) 和 Fibonacci(4)。如果仔细查看该示意图，我们可以发现调用树中充满了重复的调用。例如，Fibonacci(0) 计算了 5 次，Fibonacci(1) 计算了 8 次。

该算法的运行时间分析比阶乘算法复杂，因为该算法是多重递归。为了理解运行时间，假设 $T(N)$ 是算法在输入 N 上的运行时间。如果 $N > 1$，算法计算 Fibonacci($N-1$) 和 Fibonacci($N-2$)，并执行额外的步骤来求这两个值的和，然后返回结果。这意味着 $T(N) = T(N-1) + T(N-2) + 1$。

该计算结果略大于 $T(N-1) + T(N-2)$。如果忽略末尾的常数 1，这与 `Fibonacci` 函数的定义相同，因此算法的运行时间至少与函数本身一样大。

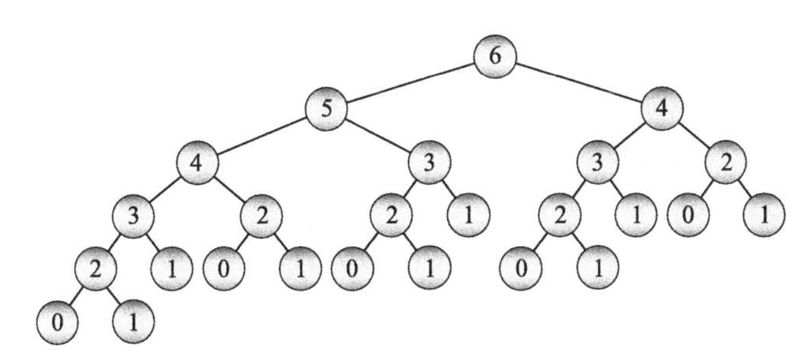

图 9.1 斐波那契数的调用树中充满了重复的调用

虽然 Fibonacci 函数的增长速度小于阶乘函数，但它的增长速度仍然很快。例如，Fibonacci(92)≈7.5×10^{18}，而 Fibonacci(93) 则超出了长整数的范围。这意味着我们可以计算出 Fibonacci(92)，最大递归深度为 92，这对于大多数程序设计环境不应该是一个问题。

然而，斐波那契算法的运行时间增长很快。在我的计算机上，计算 Fibonacci(44) 需要一分钟以上的时间，所以计算更大的斐波那契函数值无论如何都是不切实际的。（别担心，我们还没有束手无策。本章稍后将讨论有关如何计算更大的斐波那契数的技术和方法。）

9.1.3 棒料切割问题

在*棒料切割问题*（rod-cutting problem）中，目标是将一根木制或者金属棒切割成小段。不同长度的片段具有不同的价值，所以我们需要确定切割棒料的最佳方法，以最大化其总价值。

注意：棒料切割问题假设整个棒料和切割后的片段都具有整数长度。我们还假设不同片段的价值是整数，不过也可以使用浮点值，而不影响解的正确性。

例如，假设不同长度的片段的价值如下表所示：

长度	1	2	3	4	5	6	7	8
价值	1	5	8	9	10	17	17	20

现在假设原来的棒料有 10 英寸长。我们可以把它切成 10 个 1 英寸的片段。每一个 1 英寸的片段的价值为 1，因此被分割的棒料的总价值为 $10\times1 = 10$。另一个分割办法是把棒料分成 2 个 5 英寸的片段。每一个 5 英寸的片段的价值为 10，所以被分割的棒料的总价值为 $2\times10 = 20$。

分割棒料的方法还有其他很多种。例如，我们可以把棒料分割成 1 + 2 + 7、3 + 3 + 4、4 + 6，或者任何其他长度加起来为 10 的组合。

下面介绍了三种方法，它们都可以用于求解最佳组合，以最大化总价值。

9.1.3.1 暴力破解法

在*暴力破解法*（brute-force）中，我们只需检查每一个可能的切割组合，并计算它们的价值，然后选择一个给出最佳结果的组合。如果棒料最初的长度是 N，那么就有 $N-1$ 个地方可以进行切割。在每一个地方，我们可以选择切割或者不切割，所以有 2^{N-1} 个可能的切割方法组合。

在暴力破解法方案中，我们将检查所有 2^{N-1} 个可能的切割方法，分别计算它们的总价值并选择最佳切割。因为这需要检查 2^{N-1} 个可能的解决方案，所以其运行时间为 $O(2^N)$。

这种方法包括一些重复的切割方法。例如，切割方法1 + 1 + 8、1 + 8 + 1和8 + 1 + 1会产生相同结果的分段。然而，即使我们消除了重复项，可能的切割方法的数量仍然是指数级别的，因此这是一个相对缓慢的解决方案。

9.1.3.2　递归方法

有很多方式可以列举出在暴力破解方法中使用的所有切割方法。一种方法是使用递归。为了避免尝试遍历给定长度棒料的所有可能切割位置，我们可以检查每个可能的单次切割位置，然后再递归地找到该切割位置两边两个部分各自的最佳切割位置。

例如，假设原始棒料的长度为10。我们可以考虑的单次切割方法包括0 + 10、1 + 9、2 + 8、3 + 7、4 + 6、5 + 5。我们不需要考虑任何其他单次切割方法，因为它们对应于上述切割方法的相反顺序。例如，我们不需要考虑切割方法7 + 3，因为其结果与切割方法3 + 7相同。

对于每一个单次切割，我们都会递归地考虑分割这两部分的最佳方法。例如，当检查切割方法4 + 6时，我们通过递归调用方法分别求得长度为4和长度为6的棒料的最佳切割方法。

基于上述讨论，我们可以编写一个算法，使用递归来寻找最佳切割方案。假设values是一个数组，其中给出了不同长度的片段的价值。例如，values[2]是长度为2的片段的价值。下面的伪代码展示了寻找最佳切割的递归方法：

```
FindOptimalCuts(Integer: length, List Of Integer: values,
    Output Integer: bestValue, Output List Of Integer: bestCuts)

    // 假设不进行切割
    bestValue = values[length]
    bestCuts = New List Of Integer()
    bestCuts.Add(length)

    // 尝试单次切割
    For i = 1 to length / 2
        // 按长度 i 和 length-i 进行切割
        Integer: value1, value2
        List Of Integer: cuts1, cuts2
        FindOptimalCuts(i, values, Output value1, Output cuts1)
        FindOptimalCuts(length - i, values,
            Output value2, Output cuts2)

        // 检查是否有改进
        If (value1 + value2 > bestValue) Then
            bestValue = value1 + value2
            bestCuts = cuts1
            cuts1.AddRange(cuts2)
        End If
    Next i
End FindOptimalCuts
```

该算法首先考虑棒料未被切割的情况，在这种情况下，整个棒料的价值为values[length]。接下来，该算法循环遍历单次切割的第一个片段的可能长度。如前一节所述，代码只需要检查第一个片段长度在1到length/2之间的切割，因为其他切割是这些切割方法的相反顺序。

每次循环遍历时，算法都会递归地调用自己，以找到左右两个片段的最佳切割方法。如果两个价值之和大于当前最佳值，则算法将保存新值。在检查了所有可能的单次切割之后，算法返回找到的最大值。

图 9.2 显示了当初始棒料长度为 5 时的算法调用树。注意，调用是成对的，分别对应于单次切割后左右两个部分的求解。

如果研究图 9.2 所示的调用树，我们会发现其中包含了大量的重复。例如，对于长度为 3 的片段，该算法被调用 2 次；对于长度为 2 的片段，该算法被调用 5 次；对于长度为 1 的片段，该算法被调用 14 次。

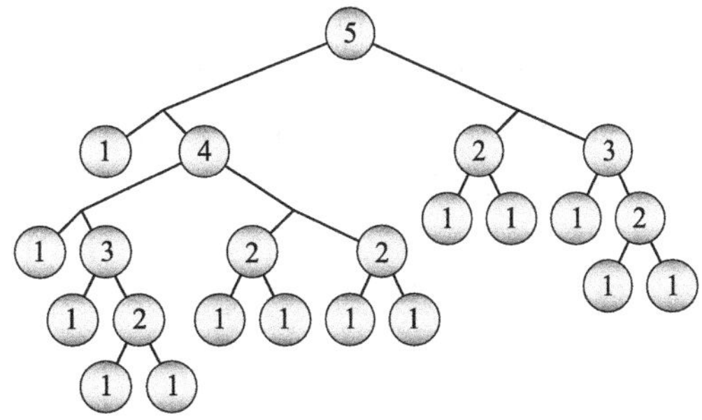

图 9.2 对 `RecursiveFindOptimalCuts` 算法的调用是成对的

这个问题与破坏递归斐波那契数计算性能的问题如出一辙。事实上，如果将图 9.2 中的调用树与图 9.1 中计算 Fibonacci(5) 的调用树的各个分支进行比较，我们会发现这里的问题更大。我的计算机大约需要 15 秒来解决一个长度为 30 的棒料切割的问题，所以这个算法太慢，无法计算更长棒料切割的最佳价值。

9.1.4 汉诺塔

第 5 章介绍了汉诺塔问题，其中一根柱子上有一堆圆盘。目的是将圆盘从一根柱子移动到另一根柱子，要求一次只能移动一个圆盘，并且不能将半径较大的圆盘放在半径较小的圆盘上。图 9.3 显示了汉诺塔的侧视图。

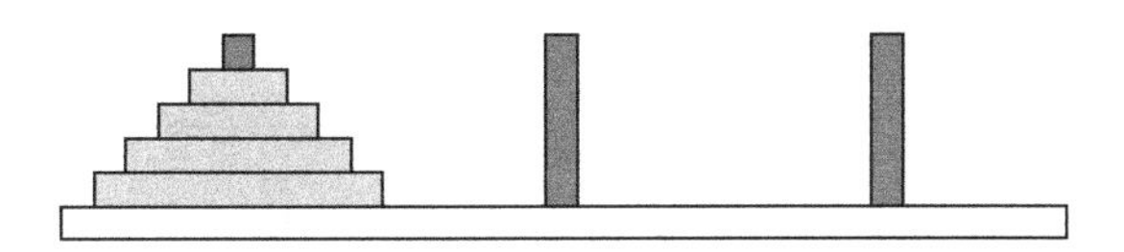

图 9.3 在汉诺塔问题中，目的是将圆盘从一根柱子移动到另一根柱子，但是不能将半径较大的圆盘放在半径较小的圆盘上

试图从整体上解决这个难题非常复杂，但存在一个简单的递归解决方案。我们换个角度，不从整体上解决这个问题，而是减少问题的规模，然后递归地解决问题的每一部分。以下伪代码使用此方法提供了一个简单的递归解决方案：

```
// 把柱子 from_peg 顶部的 n 个圆盘移动到柱子 to_peg
// 如果需要，可以使用另一个柱子临时放置圆盘
TowerOfHanoi(Peg: from_peg, Peg: to_peg, Peg: other_peg, Integer: n)
    // 使用递归方法把柱子 from_peg 顶部的 n - 1 个圆盘移动到柱子 other_peg
    If (n > 1) Then TowerOfHanoi(from_peg, other_peg, to_peg, n - 1)

    // 把柱子 from_peg 上的最后一个圆盘移动到柱子 to_peg
    <Move the top disk from from_peg to to_peg.>

    // 使用递归方法把柱子 other_peg 顶部的 n - 1 个圆盘移动到柱子 to_peg
    If (n > 1) Then TowerOfHanoi(other_peg, to_peg, from_peg, n - 1)
End TowerOfHanoi
```

首先需要对算法有信心——这似乎是在问算法是如何运作的。第一步将前 $n-1$ 个圆盘从原来的柱子移动到不是目标柱子的另一根柱子上。我们通过递归调用 `TowerOfHanoi` 算法来实现这一点。对此，我们如何知道这个算法是有效的，并且能够处理更小的问题呢？

答案在于，如果需要移动越来越小的圆盘堆，该方法会递归地重复调用自身。在递归调

用序列的某个点上，调用该算法只移动一个圆盘。这样算法就不用递归地调用自己了。算法就只是移动圆盘并返回。

关键是每个递归调用都用来解决一个规模更小的问题。最后，问题的规模非常小，算法可以在不递归调用自身的情况下解决问题。当每次递归调用返回时，算法的调用实例移动一个圆盘，然后再次递归地调用自身，将较小的圆盘堆移动到其最终的目标柱子上。

图 9.4 显示了将圆盘堆从第一根柱子移动到第二根柱子所需的一系列步骤。第一步递归地将除底部圆盘以外的所有圆盘从第一根柱子移动到第三根柱子。第二步将底部圆盘从第一根柱子移动到第二根柱子。最后一步递归地将圆盘从第三根柱子移动到第二根柱子。

图 9.5 显示了将由三个圆盘组成的圆盘堆从第一根柱子移动到第二根柱子所需的完整移动步骤。

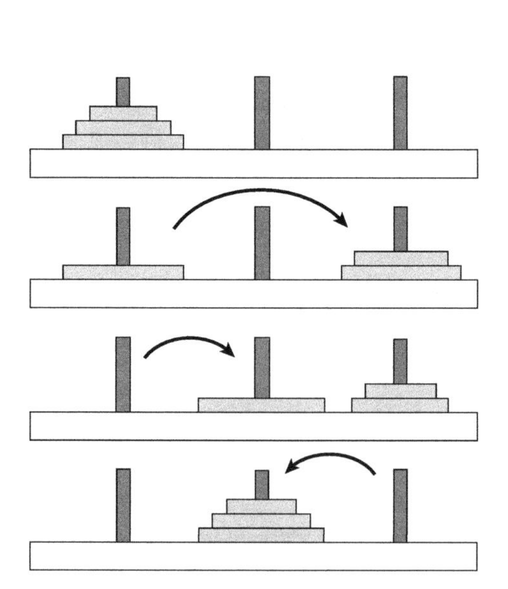

图 9.4　为了移动 n 个圆盘，首先递归地将除底部圆盘以外的所有圆盘移动到临时柱子上，然后将底部圆盘移动到目标柱子上，最后递归地将临时柱子上的 $n-1$ 个圆盘移动到目标柱子上

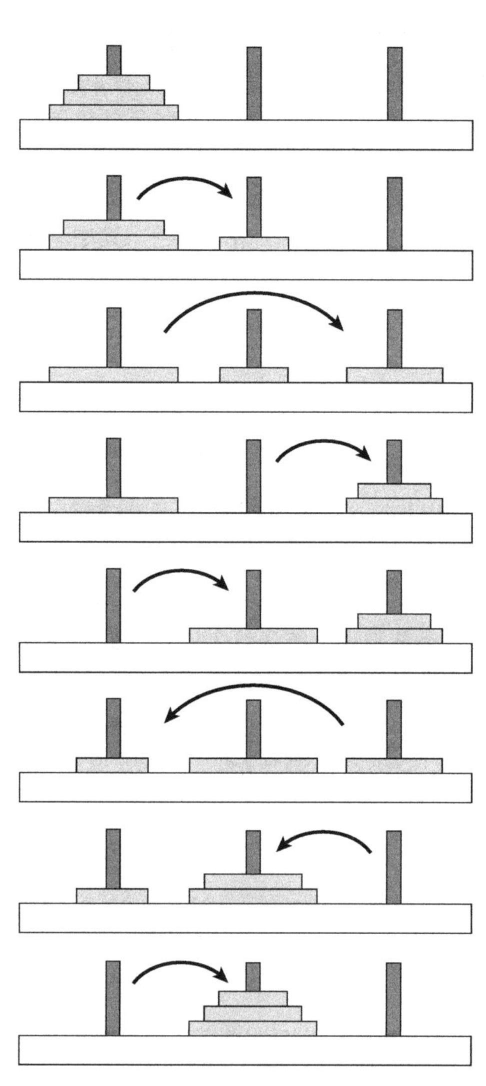

图 9.5　将三个圆盘从第一根柱子移动到第二根柱子所需的完整移动步骤

为了分析算法的运行时间，设 $T(N)$ 为将 N 个圆盘从一根柱子移动到另一根柱子所需的步骤数。显然 $T(1) = 1$，因为将单个圆盘从一根柱子移动到另一根柱子只需要一个步骤。

对于 $N > 0$，$T(N) = T(N - 1) + 1 + T(N - 1) = 2 \times T(N - 1) + 1$。如果忽略额外的常量 1，则 $T(N) = 2 \times T(N - 1)$，因此该函数的运行时间为 $O(2^N)$。

为了从另一个角度看这个问题，我们可以制作一个类似于表 9.1 的表格，列出不同 N 所需的步数。在表格中，对于 $N > 1$ 的每个值都是使用公式 $T(N) = 2 \times T(N - 1) + 1$ 从上一个值计算出来的。如果研究这些值，我们会发现 $T(N) = 2^N - 1$。

表 9.1　汉诺塔问题的运行时间

N	$T(N)$	N	$T(N)$
1	1	6	63
2	3	7	127
3	7	8	255
4	15	9	511
5	31	10	1 023

与斐波那契数算法一样，当输入参数为 N 时，该算法的最大递归深度也是 N。当 N 增加时，该算法的运行时间增长得非常快，因此运行时间限制了有效的问题规模大小，而这通常发生在递归的最大深度之前。

9.2　图形算法

一些有趣的图形算法利用递归产生复杂的图形，这些算法的代码量通常非常少，但它们可能比前几节中描述的基本算法更令人困惑。

9.2.1　科赫曲线

科赫曲线（以瑞典数学家海里格·冯·科赫（Helge von Koch，1870—1924 年）命名）是一种特殊的*自相似分形图形*（self-similar fractal）的很好示例。在自相似分形图形中，曲线的片段与曲线整体相似。这些分形从一个*起始图形*（initiator）开始，起始图形是一条决定分形基本形状的曲线。在每一级递归中，部分或者所有的起始图形被替换为*生成器图形*（generator），生成器图形是起始图形适当缩放、旋转和转换后的版本。在下一级递归中，生成器图形的各个部分随后同样被类似地替换为生成器的新版本。

最简单的科赫曲线使用线段作为起始图形。然后，在每个递归级别中，用四个长度为原始段长度三分之一的线段替换该段。第一段同原始线段的方向一致，下一段旋转 60°，第三段旋转 120°，最后一段同原始线段的方向一致。图 9.6 显示了该曲线的起始图形（顶部）和生成器图形（底部）。

在下一级递归中，程序把生成器中的每个线段替换为一个新的生成器副本。图 9.7 显示了递归级别为 0 到 5 的科赫曲线。

通过观察图 9.7 中的图形，我们可以理解为什么该曲线被称为自相似曲线。因为曲线的一部分看起来就像整个曲线的微缩版本。

设 `pt1`、`pt2`、`pt3`、`pt4` 和 `pt5` 为图 9.6 底部生成器图形的各线段之间的连接点。下面的伪代码展示了如何绘制科赫曲线：

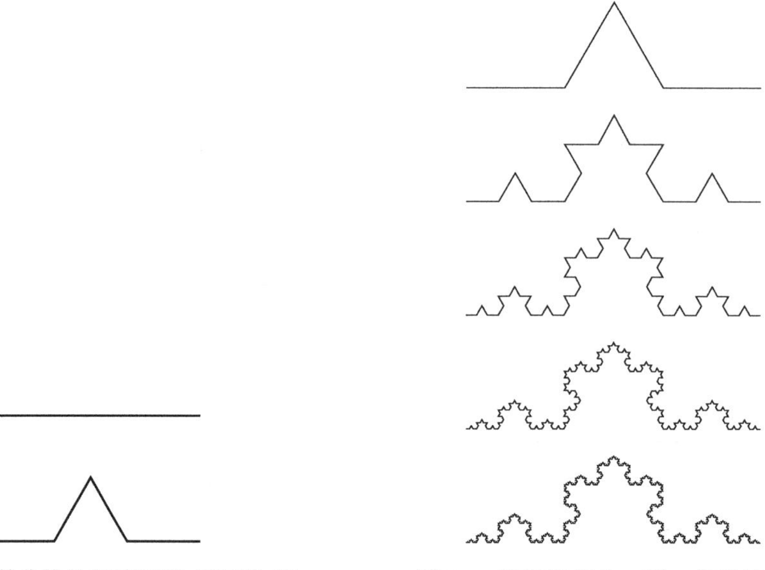

图 9.6　科赫曲线的起始图形（顶部）和生成器图形（底部）

图 9.7　递归级别为 0 到 5 的科赫曲线

```
// 绘制一条科赫曲线，深度为 depth
// 从点 pt1 开始，线段长度为 length，选择方向为 angle
DrawKoch(Integer: depth, Point: pt1, Float: angle, Float: length)
    If (depth == 0) Then
        <绘制一条线段>
    Else
        <计算其余点 pt2、pt3 和 pt4 的位置>
        // 递归绘制曲线的各部分
        DrawKoch(depth - 1, pt1, angle, length / 3);
        DrawKoch(depth - 1, pt2, angle - 60, length / 3);
        DrawKoch(depth - 1, pt3, angle + 60, length / 3);
        DrawKoch(depth - 1, pt4, angle, length / 3);
    End If
End DrawKoch
```

如果 depth（深度）为 0，则算法直接从点 pt1 开始，沿方向 angle 绘制一条长度为 length 的线段。（绘制线段的具体方法取决于所采用的程序设计环境。）

如果 depth 大于 0，算法将先计算点 pt2、pt3 和 pt4 的位置。然后从点 pt2 开始，沿方向 angle 绘制一条长度为原始线段长度的三分之一的线段。从 pt2 处的新端点开始，向左旋转 60°，并绘制一条长度为原始线段长度的三分之一的线段。从 pt3 的新端点开始，向右旋转 120°（比原始角度大 60°），并绘制一条长度为原始线段长度的三分之一的线段。最后，从最后一个端点 pt4 开始，沿原始角度绘制一条长度为原始线段长度的三分之一的线段。

如果深度大于 0，则算法递归调用自身四次。设 $T(N)$ 为算法用于深度 N 的步数，则 $T(N) = 4 \times T(N - 1) + C$，其中 C 为常数。如果忽略常数，则 $T(N) = 4 \times T(N - 1)$。因此算法的运行时间为 $O(N^4)$。

绘制深度 N 的科赫曲线所需的最大递归深度只有 N，就像斐波那契数算法和汉诺塔算法一样，该算法的运行时间增长得很快，递归的最大深度应该不成问题。

如果将三条科赫曲线的边连接起来，使其起始图形形成一个三角形，则结果称为科赫雪花（Koch snowflake）。图 9.8 显示了 3 阶科赫雪花的图形。

9.2.2　希尔伯特曲线

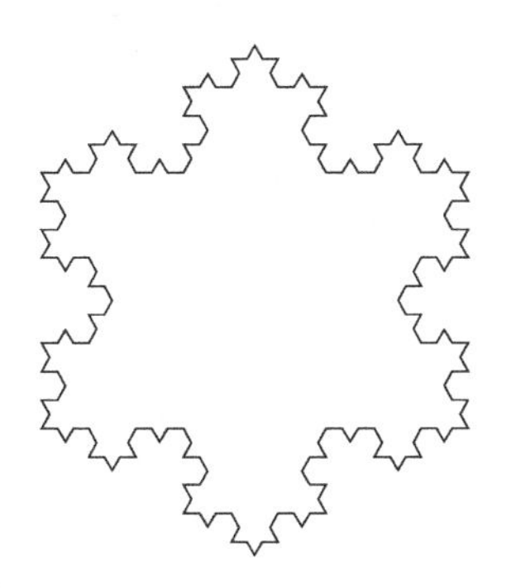

图 9.8　三条科赫曲线连接起来形成科赫雪花

像科赫曲线一样，希尔伯特曲线从一个简单的起始图形曲线开始。为了实现更深层次的递归，该算法将起始图形分成若干片段，并把这些片段替换为适当旋转后的较小版本的希尔伯特曲线。（希尔伯特曲线以德国数学家大卫·希尔伯特（David Hilbert，1862—1943 年）的名字命名。）

图 9.9 显示了 0 阶、1 阶和 2 阶希尔伯特曲线。在 1 阶曲线和 2 阶曲线中，连接低阶曲线的线是灰色的，这样我们就可以观察如何连接各个部分以构建较高阶的曲线。

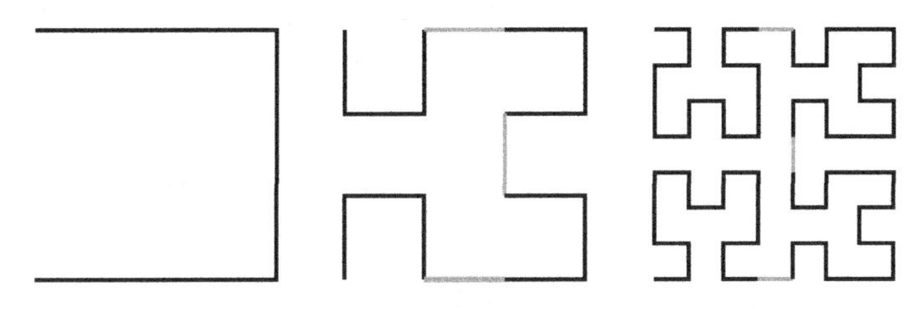

图 9.9　高阶希尔伯特曲线由 4 个互连的较低阶的曲线构成

实现一种非常简单的希尔伯特曲线算法的伪代码如下所示：

```
// 绘制希尔伯特曲线，初始移动方向为 <dx, dy>
Hilbert(Integer: depth, Float: dx, Float: dy)
    If (depth > 0) Then Hilbert(depth - 1, dy, dx)
    DrawRelative(dx, dy)
    If (depth > 0) Then Hilbert(depth - 1, dx, dy)
    DrawRelative(dy, dx)
    If (depth > 0) Then Hilbert(depth - 1, dx, dy)
    DrawRelative(-dx, -dy)
    If (depth > 0) Then Hilbert(depth - 1, -dy, -dx)
End Hilbert
```

该算法假定程序已定义了当前绘图位置。`DrawRelative` 方法从当前位置开始绘制一条线段到相对于该位置的新点，并更新当前位置。例如，如果当前位置是（10，20），则语句 `DrawRelative(0, 10)` 将在（10，20）和（10，30）之间绘制一条线段，并将新的当前位置设置为（10，30）。

如果递归深度大于 0，则该算法递归调用自身以绘制具有较低递归级别的曲线版本，并切换 `dx` 和 `dy` 参数，以便较小的曲线旋转 90°。如果比较图 9.9 所示的 0 阶和 1 阶曲线，可以看到在 1 阶曲线开始处绘制的 0 阶曲线是旋转的。

接下来，程序绘制一条线段，将第一条较低阶的曲线连接到下一条曲线。然后，算法再次调用自身以绘制下一条子曲线。这一次保持 `dx` 和 `dy` 在它们的原始位置，这样第二条子曲线就不会旋转。接着，算法绘制另一条连接线段，然后调用自己，再次将 `dx` 和 `dy` 保持在它们的原始位置，这样第三条子曲线就不会旋转。最后，算法绘制另一条连接线段，并最后一次调用自己。这次将 `dx` 替换为 `-dy`，将 `dy` 替换为 `-dx`，这样较低阶的曲线将旋转 -90°。

9.2.3 谢尔宾斯基曲线

与科赫曲线和希尔伯特曲线一样，谢尔宾斯基曲线（以波兰数学家瓦克·谢尔宾斯基（Wacław Sierpiński，1882—1969 年）的名字命名）通过使用其自身的低阶副本绘制高阶曲线。然而，与其他曲线不同的是，绘制谢尔宾斯基曲线的最简单方法是使用四个相互调用的间接递归例程，而不是一个单独的例程。

图 9.10 显示了 0 阶、1 阶、2 阶和 3 阶谢尔宾斯基曲线。在 1 阶、2 阶和 3 阶曲线中，连接较低阶曲线的线是灰色的，这样我们就可以看到如何连接各个部分以构建较高阶曲线。

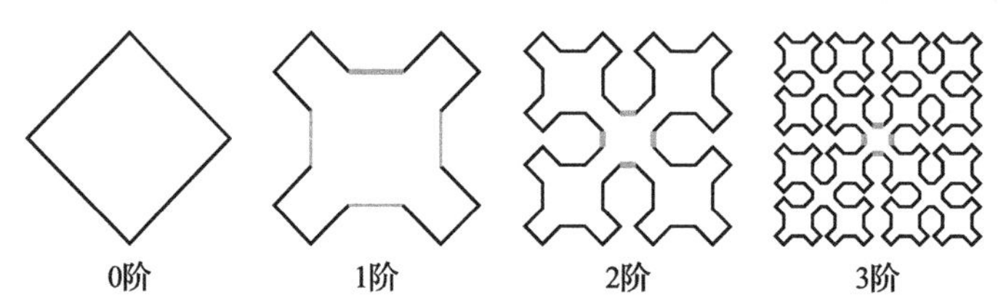

图 9.10　谢尔宾斯基曲线由 4 个较低级别的曲线构建而成

图 9.11 显示了 1 阶谢尔宾斯基曲线的各个部分。曲线由四条边组成，这四条边由不同的例程绘制，并且通过线段连接。这四个例程分别绘制沿当前绘图位置的右、下、左和上方向移动的曲线。例如，右例程绘制一系列线段，使绘图位置向右移动。在图 9.11 中，连接线段显示为灰色。

为了绘制一段曲线的高阶版本，该算法将该段曲线分解为具有较低阶的较小片段。例如，图 9.12 显示了如何通过四个 1 阶图形来创建一个 2 阶图形。如果研究图 9.10，我们可以找出创建其他部分的方法。

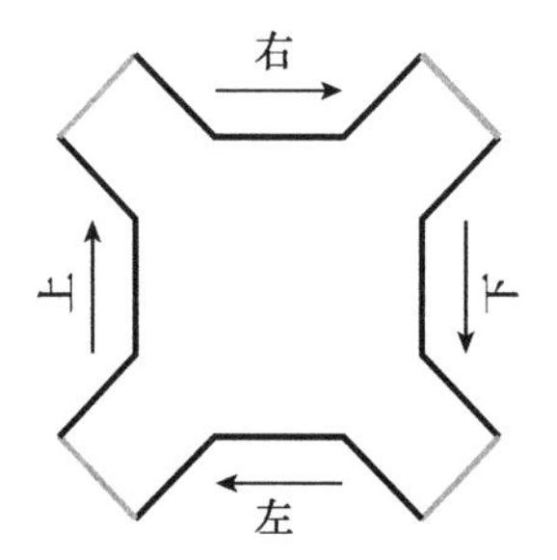

图 9.11　1 阶谢尔宾斯基曲线由向右、向下、向左和向上方向的线段构成

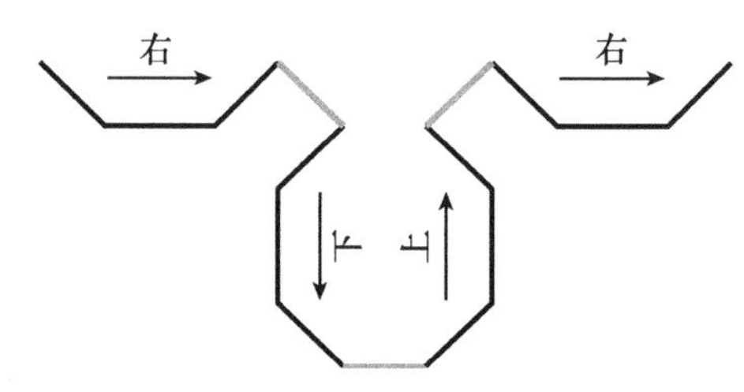

图 9.12　2 阶右曲线由向右、向下、向上和向右的线段构成

实现谢尔宾斯基曲线的主算法的伪代码如下所示：

```
// 绘制谢尔宾斯基曲线
Sierpinski(Integer: depth, Float: dx, Float: dy)
    SierpRight(depth, dx, dy)
    DrawRelative(dx, dy)
    SierpDown(depth, dx, dy)
    DrawRelative(-dx, dy)
    SierpLeft(depth, dx, dy)
    DrawRelative(-dx, -dy)
    SierpUp(depth, dx, dy)
    DrawRelative(dx, -dy)
End Sierpiński
```

算法调用 SierpRight、SierpDown、SierpLeft 和 SierpUp 方法来绘制曲线的片段。在这些调用之间，算法调用 DrawRelative 来绘制连接曲线各部分的线段。与希尔伯特曲线一样，DrawRelative 方法从当前位置到相对于该位置的新点绘制线段，并更新当前位置。这些对 DrawRelative 的调用是算法实际执行所有绘制操作的唯一步骤。

实现 SierpRight 算法的伪代码如下所示：

```
// 在顶部向右绘制
SierpRight(Integer: depth, Float: dx, Float: dy)
    If (depth > 0) Then
        depth = depth - 1

        SierpRight(depth, dx, dy)
        DrawRelative(dx, dy)
        SierpDown(depth, dx, dy)
        DrawRelative(2 * dx, 0)
        SierpUp(depth, dx, dy)
        DrawRelative(dx, -dy)
        SierpRight(depth, dx, dy)
    End If
End SierpRight
```

我们可以在图 9.12 中跟踪此方法的进度。首先，该方法调用 SierpRight 来绘制一段以较小递归深度向右移动的曲线。然后向下并向右边绘制一条线段，以连接到曲线的下一段。

下一步，该方法调用 SierpDown 来绘制一段以较小递归深度向下移动的曲线。然后向右边绘制一条线段，以连接到曲线的下一段。然后，该方法调用 SierpUp 来绘制一段以较小递归深度向上移动的曲线。然后向上并向右边绘制一条线段，以连接到曲线的下一段。最后，该方法调用 SierpRight 来绘制一段以较小递归深度向右移动的曲线。

有关绘制谢尔宾斯基曲线的其他方法，将作为留给读者的练习题。因为谢尔宾斯基曲线算法多次彼此调用，所以是多重递归算法，并且是间接递归算法。从零开始设计谢尔宾斯基曲线的非递归解决方案有一定的困难。

近似路由

希尔伯特曲线和谢尔宾斯基曲线是空间填充曲线（space-filling curve）的两个示例。直观地说，空间填充曲线是在有限范围内，任意接近它所覆盖区域中的每个点的曲线。例如，假设我们在 $-1 \leqslant x, y \leqslant 1$ 的正方形区域中绘制希尔伯特曲线。如果选择矩形中的任意一点，那么对于足够高的递归级别，希尔伯特曲线将在该点的任何所需距离内通过。（我的一位老数学教授曾经说过："对于所选择的任何距离，曲线都将通过接近该点距离的十亿分之一！"）

这样的空间填充曲线提供了一种简单的近似路由方法。假设我们需要参观某个城市的一组景点。如果在城市地图上画一条希尔伯特曲线或者谢尔宾斯基曲线，那么我们可以按照曲线绘制的顺序访问各景点。（我们不需要沿着曲线驾车，只需要用曲线来生成景点访问顺序。）

结果可能不是最优的，但可能会相当不错。我们可以把它作为旅行商问题（TSP）的基础。旅行商问题将在第 17 章中阐述。

9.2.4 垫圈图案

垫圈（gasket）是另一种自相似分形图形。为了绘制垫圈，我们可以从绘制几何形状（例如三角形或者正方形）开始。如果所需的递归深度为0，则该方法只需要填充形状。如果所需的深度大于0，则该方法将形状细分为更小的相似形状，然后递归调用自身以绘制一些形状，但不是全部形状。

例如，图9.13显示了深度为0到3的三角形垫圈，这些垫圈通常被称为谢尔宾斯基垫圈（也称为谢尔宾斯基筛或谢尔宾斯基三角形）。

图9.14所示为一个方形垫圈，通常被称为谢尔宾斯基地毯。（是的，以同一个谢尔宾斯基命名。谢尔宾斯基以谢尔宾斯基曲线而闻名，他研究了许多类似的图形形状，其中若干图形都以他的名字命名。）

图9.13 为了创建谢尔宾斯基筛，将三角形分成4部分并且递归地为三个角上的三角形填充颜色

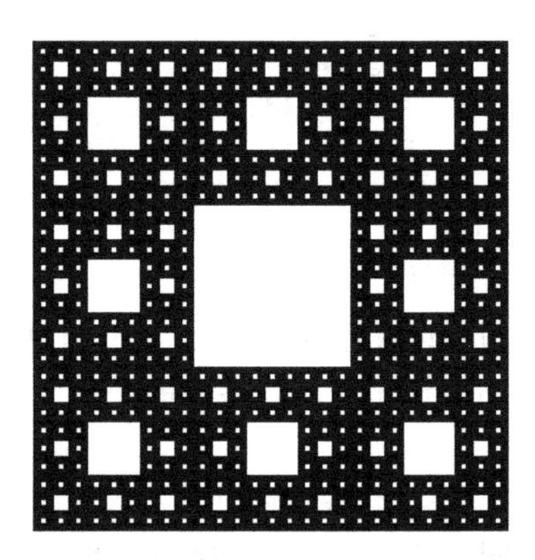

图9.14 为了创建谢尔宾斯基地毯，将正方形划分9个小正方形，移除正当中的小正方形，并且递归地为其他8个小正方形填充颜色

为谢尔宾斯基垫圈算法和谢尔宾斯基地毯算法编写详细实现伪代码，将作为本章结尾的练习题10和练习题11。

9.2.5 天际线问题

在天际线问题（skyline problem）中，给定一组具有公共基线的矩形，我们需要获取它们的轮廓。在图9.15中，左边为一组矩形，右边为对应的天际线。小圆圈表示天际线移动到新高度的位置。以下两小节将讨论解决天际线问题的不同方法。

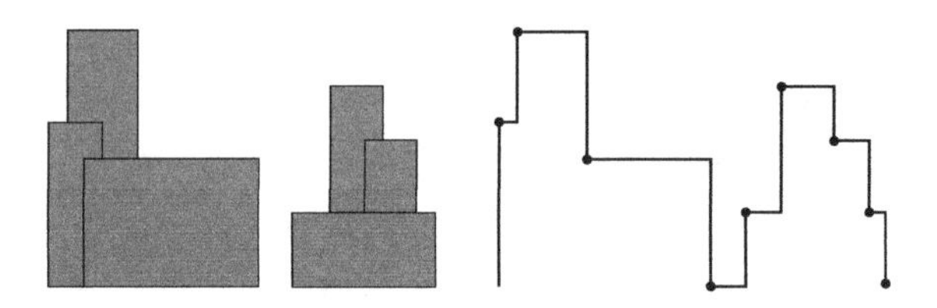

图9.15 天际线问题所形成的轮廓类似于城市摩天大楼的轮廓线

9.2.5.1 活动列表算法

解决天际线问题的一个相对简单的方法是，创建一个`HeightChange`对象来表示矩形

开始或者结束的位置。然后，我们可以根据这些对象的 X 坐标对它们进行排序，并按从左到右的顺序遍历这些对象。每次处理一个 HeightChange 对象时，都会相应地更新天际线的当前高度。例如，如果天际线的当前高度低于新 HeightChange 对象的高度，则可以增加天际线的当前高度。

不幸的是，如果新的高度低于天际线的当前高度，我们需要进行一些额外的处理工作。在这种情况下，我们需要知道哪些矩形已经开始但尚未完成。天际线的新高度将是所有“活动”矩形中最大的高度。例如，考虑图 9.15 左边的一组矩形。当最高的矩形结束时，天际线的新高度应该是短而宽的矩形的高度，因为该矩形已经开始但尚未完成。

我们可以通过多种方式跟踪活动矩形。最简单的方法之一是在到达开始 HeightChange 对象时，把每个矩形添加到活动列表中。当需要找到最高的活动矩形时，只需循环遍历列表。稍后，当到达活动矩形的结尾 HeightChange 对象时，将其从列表中移除。

如果有 N 个矩形，则算法需要 $O(N)$ 个 HeightChange 对象来表示矩形开始和结束的位置。对这些对象进行排序需要 $O(N\log N)$ 个步骤。

然后，该算法处理 $O(N)$ 个有序对象。每次对象的高度小于天际线的当前高度时，都需要搜索活动对象列表。该列表一次最多可以容纳 $O(N)$ 个对象，因此该步骤最多可以包含 $O(N)$ 个步骤。由于该算法对 $O(N)$ 对象执行 $O(N)$ 次搜索，因此处理的总运行时间为 $O(N^2)$。

根据上面的分析，构建天际线的总运行时间为 $O(N) + O(N\log N) + O(N^2) = O(N^2)$。实现天际线算法的伪代码如下所示：

```
List<Point>: MakeSkyline(List<Rectangle>: rectangles)
    <使用 HeightChange 对象来表示
     每个矩形开始和结束的位置>
    <将 HeightChange 对象放置在一个名为 changes 的列表中>
    <对 changes 列表进行排序>

    <空列表 activeTops 用于存放活动矩形>
    Integer: currentY = <地面高度>
    For Each change In changes
        // 查看是否是建筑的开始或者结束
        If (change.Starting) Then
            // 开始一个新建筑
            <添加新的坐标点以增加天际线的高度>
        Else
            // 结束一个建筑
            <从活动列表中删除这个矩形(建筑)>
            <查找最高的活动矩形>
            <将新的坐标点添加到天际线中以移动到该建筑的高度>
        End If
    Next change

    Return <天际线坐标点>
End MakeSkyline
```

注意：该算法讨论的高度和我们思考的方式一致，如图 9.15 所示。然而，在大多数程序设计语言中，Y 坐标通常向下增加。这意味着算法中描述“查找最高的活动矩形”时，实际上需要寻找上边缘具有最小 Y 坐标的矩形。

在实际应用中，该算法相对简单、快速，但其运行时间仍然需要 $O(N^2)$。

该算法执行的最耗时的操作之一是找到当前活动的最高矩形。因为矩形存储在一个简单的列表中，所以该任务需要 $O(N)$ 个步骤。如果将活动矩形存储在优先级队列而不是列表中，则可以在单个步骤中查找最高的数据项，再加上 $O(\log N)$ 个步骤来重新排列队列。基于这种改进的算法，算法的运行时间变为 $O(N) + O(\log N) + O(N\log N) = O(N\log N)$。

9.2.5.2 分而治之算法

上一小节中描述的算法按从左到右的顺序处理 `HeightChange` 对象。算法相当简单，但是需要在任何给定步骤中检测活动的矩形。因为可能有许多活动矩形，所以这个过程可能需要很长时间。

另一种策略是使用分而治之的方法，类似于合并排序算法中使用的方法。该方法无须按顺序处理矩形的边，而是将矩形分成两组，递归地为两组矩形分别创建天际线，然后合并这两个天际线。

这种方法最困难的部分是合并两个天际线。例如，考虑图 9.16 中左侧显示的矩形，假设算法在右边创建了两个天际线，一个对应于颜色较浅的矩形集，另一个对应于颜色较深的矩形集。

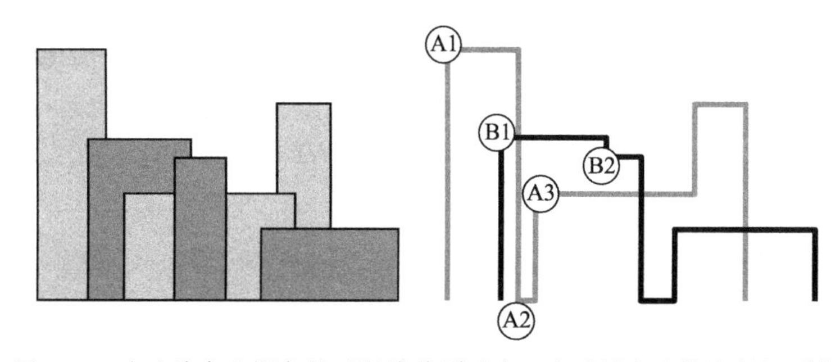

图 9.16 右边浅色和深色的天际线分别对应于左边浅色和深色的矩形集

要合并这两个天际线，先创建三个变量：一个变量用于跟踪新合并的天际线的高度，另两个变量用于跟踪较小天际线的左边缘。最初，左边缘变量表示天际线上最左边的点，在图中标记为 A1 和 B1。(图中的标签显示了天际线高度变化的位置。)

算法比较左边缘变量的 X 坐标，发现 A1 点的 X 坐标较小。合并天际线变量的当前高度为 0，因此算法将其更新为点 A1 的高度。算法还将颜色较浅的天际线的左边缘变量移动到该天际线上的下一个点，即点 A2。

该算法再次比较左边缘变量，即图中的点 A2 和 B1。点 B1 有较小的 X 坐标，所以算法使用 B1 点。B1 点的高度小于其他天际线的高度，因此算法不会更改合并天际线的高度。

这就是这个算法比前一个算法有优势的地方。在前一个算法的对应点上，程序需要搜索一个活动矩形列表，以查找当前最高的矩形。新算法一次只需考虑两个部分天际线。

在处理 B1 点之后，算法将颜色较深的天际线的左边缘变量移动到 B2 点。然后处理点 A2 和 B2。点 A2 位于左边，并且该点的高度小于颜色较深的天际线的高度，因此该算法将合并天际线的高度移动到颜色较深的天际线的高度。之后，算法继续追踪穿过颜色一深一浅两个天际线的路径，直到两个天际线全部处理完成为止。

以下伪代码显示了 `MakeSkyline` 主方法，该方法实现了除合并步骤以外的算法：

```
// 创建天际线的坐标点
List<Point>: MakeSkyline(List<Rectangle>: rectangles,
  Integer: mini, Integer: maxi)
```

```
    // 检查是否需要处理单个矩形
    If (mini == maxi) Then
    <创建并返回表示单个矩形的天际线>
    End If
    // 处理颜色一深一浅的两个天际线
    Integer: midi = (mini + maxi) / 2
    List<Point>: skyline1 = MakeSkyline(rectangles, mini, midi)
    List<Point>: skyline2 = MakeSkyline(rectangles, midi + 1, maxi)

    // 合并天际线，然后返回结果
    Return MergeSkylines(skyline1, skyline2)
End MakeSkyline
```

此方法的参数 rectangles 用于保存定义天际线的矩形。参数 mini 和 maxi 给出了调用 MakeSkyline 需要处理的矩形的最小索引和最大索引。

如果 mini 等于 maxi，那么该方法就是为一个矩形创建一个天际线。在这种情况下，只需构建一个矩形天际线并返回结果。如果 mini 不等于 maxi，那么该方法将变量 midi 设置为 mini 和 maxi 的平均值。然后，将矩形分成两组，并递归地调用自己以分别为这两组创建各自的天际线。当递归调用返回时，该方法调用 MergeSkylines 方法来合并两个天际线，然后返回合并的结果。

实现 MergeSkylines 方法的伪代码如下所示：

```
// 合并两个天际线
List<Point>: MergeSkylines(List<Point>: skyline1,
  List<Point>: skyline2)
    List<Point>: results = new List<Point>()

    <设置 index1 和 index2 等于最左天际线坐标点的索引>
    <设置 y1 和 y2 等于地面的 Y 坐标>
    <设置 currentY 等于地面的 Y 坐标>
    While (index1 < skyline1.Length) Or (index2 < skyline2.Length)
        <比较每个天际线的下一个点>
        <将合适的点添加到结果天际线中>
        <更新 currentY、index1 和 index2>
    End While

    // 添加剩余的所有点
    For i = index1 To skyline1.Length - 1
        <添加 skyline1[index1] 到结果天际线中>
        index1++
    Next i
    For i = index2 To skyline2.Length - 1
        <添加 skyline2[index2] 到结果天际线中>
        index2++
    Next i

    Return results
End MergeSkylines
```

此方法首先执行一些初始化，然后进入一个循环，只要两个输入天际线中都有未合并的点，就执行该循环。在循环中，算法比较两个天际线的左边缘点和 currentY 值，以确定结果天际线的正确高度。然后算法会相应地更新 index1、index2 和 currentY。

在处理完一个输入天际线之后，将另一个天际线的剩余点添加到结果天际线。然后返回结果。

该算法的结构与合并排序算法相似，其运行时间同样为 $O(N\log N)$。实际上，这个算法和前一个算法都很快，除非使用大量矩形进行测试，否则差异并不明显。在一组测试中，两种算法都能够在不到一秒钟的时间内为 100 000 个矩形构建一个天际线。如果有 500 000 个矩形，则差别就很明显。此时，分而治之算法大约需要 0.57 秒，而活动列表算法大约需要 16.79 秒。

9.3　回溯算法

回溯算法（backtracking algorithm）使用递归搜索复杂问题的最佳解。这些算法递归地构建部分测试解决方案来解决问题。当发现一个测试解决方案不能导致可用的最终解决方案时，算法会回溯，放弃该测试解决方案并继续从之前的测试解决方案中搜索。

当可以增量地构建部分解决方案时，回溯非常有用，并且我们有时可以快速确定部分解决方案不能导致完整的解决方案。在这种情况下，我们可以停止改进该部分解决方案，返回到前一个部分解决方案，然后从那里继续搜索。常用回溯算法的伪代码如下所示：

```
// 探索当前解决方案
// 如果无法扩展到全局解决方案，则返回 false
// 如果递归调用 LeadsToSolution 查找到一个完整解决方案，则返回 true
Boolean: LeadsToSolution(Solution: test_solution)
    // 如果我们可以判断该部分解决方案不能导致完整的解决方案，则返回 false
    If <test_solution 测试解决方案不能解决问题 > Then Return false

    // 如果是一个完整的解决方案，则返回 true
    If <test_solution 测试解决方案是完整的解决方案 > Then Return true

    // 扩展部分解决方案
    Loop < 对测试解决方案进行所有可能的扩展 >
        < 扩展测试解决方案 >

        // 递归查看是否产生解决方案
        If (LeadsToSolution(test_solution)) Then Return true

        // 该扩展不能产生解决方案，撤销更新
        < 撤销扩展 >
    End Loop

    // 如果程序运行到这里，则说明该部分解决方案
    // 并不能导致完整的解决方案
    Return false
End LeadsToSolution
```

LeadsToSolution 算法将跟踪部分解决方案所需的任何数据作为参数。如果部分解决方案能导致完整的解决方案，则返回 true。

算法首先测试部分解决方案，看它是否无效。如果测试解决方案到目前为止还不能得到可行解，则算法返回 false。LeadsToSolution 的调用实例放弃此测试解决方案，并继续处理其他解决方案。

如果到目前为止测试解决方案看起来是有效的，那么算法会循环遍历所有可能的方法，以便将解决方案扩展为完整的解决方案。对于每个扩展，算法递归地调用自身以查看扩展的解决方案是否有效。如果递归调用返回 `false`，则说明该扩展解决方案不起作用，因此算法撤销该扩展，并重新尝试使用新的扩展解决方案。

如果算法尝试对测试解决方案进行所有可能的扩展后，还是找不到可行的解决方案，则返回 `false`，以便 `LeadsToSolution` 的调用实例可以放弃此测试解决方案。

我们可以将寻求解决方案看作通过假设的决策树进行的搜索。树中的每个分支对应于试图解决问题的特定决策。例如，一个最优的象棋博弈树将包含在博弈中给定点上每一个可能移动的分支。如果我们可以使用相对快速的测试来判别部分解决方案无法生成完整解决方案，那么可以在不彻底搜索树的情况下修剪树的相应分支。这样可以从树上移除大块区域，从而节省很多时间。（有关决策树的概念将在第 12 章中进一步描述。）

以下两节将描述两个具有自然回溯算法的问题：八皇后问题和骑士巡游问题。通过研究这些具体问题的算法，我们可以更容易地理解这里关于常用回溯算法的描述。

9.3.1　八皇后问题

在八皇后问题中，目标是将 8 个皇后放在国际象棋的棋盘上，保证它们中的任何一个都不能攻击任何其他皇后。换而言之，任意两个皇后不能在同一行、同一列或者同一条对角线中。图 9.14 显示了 8 皇后问题的一个解决方案。

解决这个问题的一个办法是在棋盘上按全排列的方式排列 8 个皇后，然后判断满足条件的排列。不幸的是，总共有 $\binom{64}{8}=4\,426\,165\,368$ 种组合方式。虽然我们可以枚举所有这些组合方式，但将耗费很长的时间。

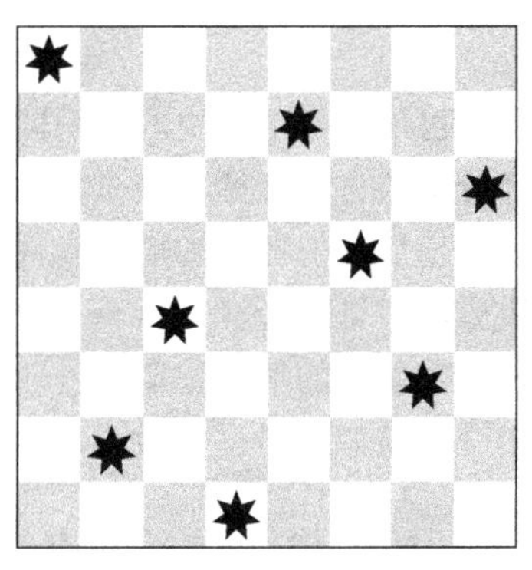

图 9.17　在八皇后问题中，目标是将 8 个皇后放在棋盘上，保证它们中的任何一个都不能攻击任何其他皇后

组合的计算

由于可以在国际象棋棋盘 64 个方格的任何一个方格中放置 8 个皇后，所以存在数量众多的组合方式。每个皇后是一样的，所以在一个给定的位置使用哪个皇后并不重要。这意味着可能的排列数量，与从 64 个方格中选择 8 个方格的方法数量相同。

从 n 个无重复项集合中选择 k 项的计算公式为二项式系数，记作 $\binom{n}{k}$，读作“从 n 中选择 k 项”。我们可以使用以下公式计算该值：

$$\binom{n}{k}=\frac{n!}{k!(n-k)!}$$

例如，从一组 5 个项的集合中选择任意 3 个项（无重复）的组合方式的计算公式如下所示：

$$\binom{5}{3}=\frac{5!}{3!(5-3)!}=\frac{5!}{3!2!}=\frac{120}{6\times 2}=10$$

从 n 个项的集合中选择 k 个项（允许重复，即允许在选择中多次选择同一项）的计算公式如下所示：

$$\binom{n+k-1}{k}$$

例如，从一组5个项目中选择任意3个项（有重复）的组合方式的计算公式如下所示：

$$\binom{5+3-1}{3}=\binom{7}{3}=\frac{7!}{3!(7-3)!}=\frac{7!}{3!4!}=\frac{5040}{6\times 24}=35$$

在八皇后问题中，在国际象棋棋盘上选择8个没有重复（不能在同一个位置放置两个以上的皇后）的位置的组合方式的计算公式如下所示：

$$\binom{64}{8}=\frac{64!}{8!(64-8)!}=\frac{64!}{8!56!}=4\,426\,165\,368$$

回溯可以很好地解决八皇后问题，因为它允许我们排除某些可能性。例如，我们可以从一个部分解决方案开始，在棋盘的左上角放置一个皇后。我们可以试着在第一个皇后的右边再加一个皇后，但我们知道不允许把两个皇后放在同一行。这意味着我们可以消除所有以下的解决方案，即左上角的前两个皇后相邻。该程序可以在添加第二个皇后之前回溯到该点，并搜索更有希望的解决方案。

乍一看这似乎是一个微不足道的改善。毕竟，我们知道一个解决方案中不能有两个皇后并排在左上角。然而，一个棋盘上有8个皇后，存在 $\binom{62}{6}=61\,474\,519$ 种可能性，所以一个回溯步骤可以节省检查6100多万个可能性的处理过程。

事实上，如果第一个皇后放在左上角，那么没有其他皇后可以放在同一行、同一列或者同一条对角线上。也就是说，共有21个地方不能放置第二个皇后。消除所有这些部分解决办案，结果可以节省差不多13亿个可能性的排列。

稍后的测试将继续从处理中删除其他部分解决方案。例如，在我们将第二个皇后放置在合法的地方之后，它会进一步限制第三个皇后的放置位置。下面的伪代码演示了如何使用回溯算法来解决八皇后问题：

```
Boolean: EightQueens(Boolean: spot_taken[,],
 Integer: num_queens_positioned)
    // 检查测试解决方案是否已经不合法
    If (Not IsLegal(spot_taken)) Then Return false

    // 检查我们是否已经放置完毕所有 8 个皇后
    If (num_queens_positioned == 8) Then Return true

    // 扩展部分解决方案
    // 为下一个皇后尝试所有可能的位置
    For row = 0 to 7
```

```
        For col = 0 to 7
            // 检查这个位置是否已经被占用
            If (Not spot_taken[row, col]) Then
                // 在这个位置放置一个皇后
                spot_taken[row, col] = true

                // 递归查看该方法是否可以导致一个解决方案
                If (EightQueens(spot_taken, num_queens_positioned + 1))
                    Then Return true

                // 扩展并没有导致一个解决方案
                // 撤销更新
                spot_taken[row, col] = false
            End If
        Next col
    Next row

    // 如果程序运行到此处，说明不可能找到一个有效的解决方案
    Return false
End EightQueens
```

该算法以二维布尔数组 spot_taken 作为参数。如果在行 row 和列 col 的位置放置了一个皇后，则数组元素 spot_taken[row, col] 为 true。算法的第二个参数 num_queens_positioned 指定测试解决方案中放置了多少个皇后。

该算法首先调用 IsLegal 来检查目前的测试解决方案是否合法。IsLegal 方法（此处未显示）只需循环遍历 spot_taken 数组，查看同一行、同一列或者同一条对角线中是否有两个皇后。

接下来，算法将 num_queens_positioned 与皇后总数 8 进行比较。如果所有 8 个皇后都已定位，则此测试解决方案是完整的解决方案，因此算法返回 true。(spot_taken 数组在该点之后不会被修改，因此当对 EightQueens 的第一次调用返回时，该数组保存解决方案。)

如果这不是一个完整的解决方案，算法将循环遍历所有行和列。对于每一个行 / 列对，算法检查 spot_taken 以查看该位置是否已包含一个皇后。如果该位置不包含皇后，算法会将下一个皇后放置在该处，并递归地调用自身，以查看扩展的解决方案是否会导致完整的解决方案。

如果递归调用返回 true，则找到了一个完整的解决方案，因此该调用也返回 true。如果递归调用返回 false，则扩展的解决方案不会产生完整的解决方案，因此算法会将皇后从新位置移除并尝试下一个可能的位置。如果算法为下一个皇后尝试所有可能的位置后都不起作用，则此测试解决方案（在添加新皇后之前）无法得到完整的解决方案，因此算法返回 false。

我们可以使用一些有趣的方法来改进这个算法的性能。详见本章结尾的练习题 13 和练习题 14。

9.3.2 骑士巡游问题

在骑士巡游问题（knight’s tour problem）中，目标是让一个骑士访问国际象棋棋盘上的每个位置，且每个位置仅访问一次。如果最终位置离起始位置只有一步之遥，则认为巡游路

线是闭合的（closed），并且骑士可以立即重新开始巡游。非闭合的巡游路线为开放（open）路线。

注意：友情提示，国际象棋中骑士的走棋规则为，水平或者垂直移动两个方格，然后从当前位置垂直移动一个方格，如图 9.18 所示。

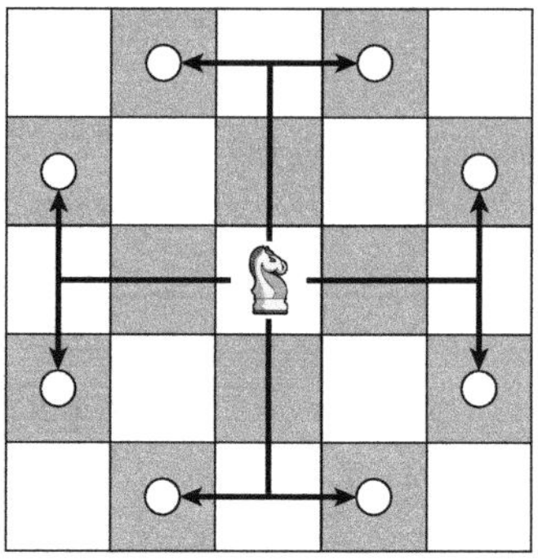

图 9.18　在国际象棋中骑士可以移动到的 8 个位置（如果不出界）

下面的伪代码显示了骑士巡游问题的回溯解决方案：

```
// 将骑士移动到位置 [row, col]，然后递归地尝试其他移动
// 如果找到了一个有效的解决方案，则返回 true
Boolean: KnightsTour(Integer: row, Integer: col,
 Integer: move_number[,], Integer: num_moves_taken)
    // 将骑士移动到这个位置
    num_moves_taken = num_moves_taken + 1
    move_number[row, col] = num_moves_taken

    // 检查是否到访过棋盘上 64 个位置中的每一个位置
    If (num_moves_taken == 64) Then Return true

    // 构建数组以确定与该位置
    // 相关的所有合法移动
    Integer: dRows[] = { -2, -2, -1, 1, 2, 2, 1, -1 }
    Integer: dCols[] = { -1, 1, 2, 2, 1, -1, -2, -2 }

    // 尝试下一个移动的所有合法位置
    For i = 0 To 7
        Integer: r = row + d_rows[i]
        Integer: c = col + d_cols[i]
        If ((r >= 0) And (r < NumRows) And
            (c >= 0) And (c < NumCols) And
            (move_number[r, c] == 0))
        Then
            // 本次移动合法并且有效。移动骑士
            // 并且递归尝试其他巡游方法
            If (KnightsTour(r, c, move_number, num_moves_taken))
                    Then Return true
        End If
    Next i

    // 本次巡游无效，撤销
    move_number[row, col] = 0

    // 如果程序运行到此处，表明没有找到有效的解决方案
    return false
End KnightsTour
```

该算法的参数包括：骑士下一步应该移动的行（row）和列（col），两维数组 move_number 给出了骑士访问每个位置时的移动次数以及到目前为止的移动次数。

该算法首先记录骑士移动到当前位置，并增加移动的次数。如果移动次数是 64，那么骑士已经完成了对棋盘的巡游，因此算法返回 true 表示成功。

如果巡游未完成，算法将初始化两个数组，以表示从当前位置开始的可能移动。例如，数组中的第一个元素是 -2 和 -1，表示骑士可以从棋盘的当前位置（row， col）移动到

(row - 2, col - 1)。

接下来，算法循环遍历从位置 (row, col) 开始的所有可能的移动位置。如果棋盘上的一个移动还没有被测试骑士访问过，算法会递归地调用自己，看这个移动是否会导致完整的解决方案。

如果从当前位置的任何可能移动都不会导致完整的解决方案，则算法将设置 move_number[row, col] = 0，然后撤销当前移动，并返回 false 以指示将骑士移动到位置 (row, col) 不会生成解决方案。

不幸的是，骑士巡游问题的约束条件并不像八皇后问题那么容易。在八皇后问题中，我们很容易判断一个新的位置是否能受到另一个皇后的攻击，因此该位置是否适合放置新的皇后。在这种情况下，我们可以不考虑那个位置。皇后也会攻击许多位置，因此会显著地限制后来的皇后可以放置的位置。

在骑士巡游问题中，骑士可以到达的任何位置，如果还没有被访问过，都会给出一个新的测试解决方案。在某些情况下，我们可能很容易得出结论，认为测试解决方案行不通，例如，如果棋盘上有一个未访问的位置，与任何其他未访问的位置的距离均超过一步，这种情况下的测试解决方案就极有可能行不通。

事实上，很难在早期消除测试解决方案，这意味着算法在发现解决方案不可行之前，通常会跟踪测试解决方案很长一段时间。一个骑士有多达 8 个合法的移动，所以潜在的巡游路线的上限是 8^{64}，或者大约是 6.3×10^{57}。我们可以研究一下棋盘上的位置，以便更好地估计出潜在的巡游路线的数量（例如，位于边角位置的骑士只有两种可能的移动方案），但在任何情况下，潜在巡游路线的数量都是一个巨大的数字。

所有这些意味着，对于一个普通的 8×8 棋盘来说，很难解决骑士的巡游问题。在一组测试中，一个程序在 6×6 的棋盘上很快解决了这个问题，在 7×6 的棋盘上大约在 2 秒钟内解决了这个问题。在 7×7 的棋盘上，超过 1 个小时程序还没有解决这个问题。

虽然只使用回溯法来解决骑士巡游问题非常困难，但是如果采用一种特别的启发式方法则可以非常好地解决这个问题。*启发式*（heuristic）算法是一种经常能产生好结果但不能保证产生最好结果的算法。例如，一种启发式的驾驶方法可能是在预期的基础上再增加 10% 的行程时间以允许交通延误。这样做不能保证总是准时，但会增加准时的概率。

早在 1823 年，H. C. von Warnsdorff 就提出了一个非常有效的骑士巡游问题的启发式算法。在每一步中，算法都应该为下一个可能的移动做出这样的选择：从当前位置出发，可能移动的选项次数最少。

例如，假设骑士所处位置只有两种可能的移动方式。如果骑士按照第一种方式移动，那么它的下一步移动将有 5 个可能的位置。如果骑士按照第二种方式移动，那么它的下一步移动只有一个可能的移动位置。在这种情况下，启发式算法认为应该先尝试第二种移动方式。

这种启发式算法效果非常好，可以在 75×75 的棋盘上找到一个无回溯的完整巡游。（在我的测试中，程序几乎立即在 57×57 的棋盘上找到了一个解决方案，然后在 58×58 的棋盘上由于堆栈溢出而崩溃。）

9.4 组合与排列

选择（selection）或*组合*（combination）是一组对象的子集。例如，在集合 {A, B, C} 中，子集 {A, B} 是一个选择。集合 {A, B, C} 的所有两项选择包括 {A, B}、{A, C} 和 {B, C}。

在选择中，数据项的顺序无关紧要，因此 {A, B} 被认为与 {B, A} 相同。我们可以认为这类似于餐馆的点餐，选择奶酪三明治和牛奶就像选择牛奶和奶酪三明治一样。

相反，排列（permutation）是从集合中抽取的数据项子集的有序排列。排列与组合类似，但数据项的顺序很重要。例如，(A, B) 和 (B, A) 是从集合 {A, B, C} 中抽取的两个数据项的排列。从集合 {A, B, C} 中抽取的两个数据项的所有排列包括 (A, B)、(A, C)、(B, A)、(B, C)、(C, A) 和 (C, B)。（注意，本书使用花括号表示无序的组合，使用圆括号表示有序的排列。）

是否允许重复项是决定在特定类型的组合或者排列中所包含的数据项的另一个因素。例如，在集合 {A, B, C} 中，允许重复项的两个数据项的组合不仅包括 {A, B}、{A, C}、{B, C}，而且还包括 {A, A}、{B, B} 和 {C, C}。

一种特殊的排列情况是全排列，全排列包含集合中的所有数据项，但不允许重复，是所有数据项的可能排列。例如对于集合 {A, B, C}，全排列包括 (A, B, C)、(A, C, B)、(B, A, C)、(B, C, A)、(C, A, B) 和 (C, B, A)。许多人认为集合的排列是这种全排列的组合，而不是更一般的情况。在更一般的情况下，我们可能从集合中选择部分数据项，并且可能允许重复项。

以下各节介绍可以用于生成包含（或不包含）重复项的组合和排列的算法。

9.4.1　基于循环的组合

在编写程序时，如果知道要从集合中选择多少个数据项，则可以使用一系列 For 循环轻松生成数据的组合。例如，以下伪代码生成从一组五个数据项中允许重复地选取任意三个数据项的所有组合：

```
// 生成允许重复项的 3 个数据项的组合
List<string>: Select3WithDuplicates(List<string> items)
    List<string>: results = New List<string>
    For i = 0 To <数据项中的最大索引>
        For j = i To <数据项中的最大索引>
            For k = j To <数据项中的最大索引>
                results.Add(items[i] + items[j] + items[k])
            Next k
        Next j
    Next i
    Return results
End Select3WithDuplicates
```

此算法将字符串列表作为参数。然后，算法使用三个 For 循环来选择构成每个组合的三个选项。

每个循环都从前一个循环计数器的当前值开始。例如，第二个循环以等于 i 的 j 开头。这意味着选择的第二个字母将不是数据项中第一个字母之前的字母。例如，如果集合包含字母 A、B、C、D 和 E，并且所选内容中的第一个字母是 C，则第二个字母将不是 A 或者 B。这将使所选内容中的字母按字母顺序排列，并防止算法同时选择 {A, B, C} 和 {A, C, B}（因为这两个是相同的集合）。

在最内部的循环中，算法将每个循环变量选择的数据项组合起来，生成包含所有三个选项的输出。

修改此算法以不允许重复项很简单。只需在下一个循环中从大于外部循环当前值的值加 1 处开始循环即可。以下伪代码显示了修改后的算法（修改的内容以粗体突出显示）：

```
// 生成不允许重复项的 3 个数据项的组合
List<string>: Select3WithoutDuplicates(List<string> items)
    List<string>: results = new List<string>()
    For i = 0 To <数据项中的最大索引>
        For j = i + 1 To <数据项中的最大索引>
            For k = j + 1 To <数据项中的最大索引>
                results.Add(items[i] + items[j] + items[k])
            Next k
        Next j
    Next i
    Return results
End Select3WithoutDuplicates
```

在修改的算法中，每个循环的起始值都比前一个循环的当前值大 1，因此循环不能选择与前一个循环相同的数据项，从而防止重复项。

9.4.2 允许重复项的组合

前一节中描述的算法中存在一个问题，要求我们在编写代码时首先确定将选择多少个数据项，但有时候这是无法事先确定的。如果我们不知道原始集合中有多少数据项，则可以由程序计算出来。但是，如果不知道要选择多少数据项，则无法确定使用多少重 For 循环进行编程。

我们可以采用递归方法来解决这个问题。每次调用算法都负责向结果中添加一个组合项。然后，如果结果中并没有包含足够的组合项，则算法会递归调用自身以进行更多组合。组合完成后，算法会对其执行某些操作，例如打印选定项的列表。

以下伪代码显示了一个递归算法，该算法生成允许重复项的组合：

```
// 生成允许重复项的组合
SelectKofNwithDuplicates(Integer: index, Integer: selections[],
  Data: items[], List<List<Data>> results)
   // 检查是否已经向组合中添加了最后一个数据项
   If (index == <Length of selections>) Then
       // 把结果添加到结果列表
       List<Data> result = New List<Data>()
       For i = 0 To <selections 的最大索引>
           result.Add(items[selections[i]])
       Next i
       results.Add(result)
   Else
       // 获取可以用于下一次组合的最小值
       Integer: start = 0     // 第一次使用该值
       If (index > 0) Then start = selections[index - 1]

       // 下一次选择
       For i = start To <items 的最大索引>
           // 把数据项 i 添加到组合 selections 中
           selections[index] = i
           // 递归添加其他组合
           SelectKofNwithDuplicates(index + 1, selections,
               items, results)
       Next i
   End If
End SelectKofNwithDuplicates
```

该算法包括如下参数：

- 参数 index 给出此递归调用应设置的组合中的数据项索引。如果 index 为 2，则对算法的调用将填充 selections[2]。
- 参数 selections 是一个数组，用于保存选定数据项的索引。例如，如果 selections 包含两个值为 2 和 3 的数据项，则组合包含索引为 2 和 3 的数据项。
- 参数 items 是应该从中进行组合的数据项的数组，即原始集合。
- 参数 results 是表示所有组合的数据项列表的列表。例如，如果组合是 {A, B, D}，则 results 存放一个包含 A、B 和 D 的索引的列表。

当算法启动时，它会检查所选组合中数据项的索引。如果此索引大于 selections 数组的长度，则组合已完成，因此算法将其添加到结果列表中。

如果组合未完成，算法将确定 items 数组中可用于选择下一个组合选项的最小索引。如果对算法的调用是填充 selections 数组中的第一个位置，则可以使用 items 数组中的任何值，因此 start 设置为 0。如果此调用不是用于设置 selections 数组中的第一数据项，则算法将 start 设置为所选最后一个值的索引。

例如，假设原始集合 items 是 {A, B, C, D, E}，并且调用了算法来填充第三个选项。另外，假设前两个选项的索引分别为 0 和 2，即当前组合是 {A, C}。在这种情况下，算法将 start 设置为 3，因此算法检查的下一个位置的数据项索引为 3 或者更大。结果算法在 D 和 E 之间进行选择。

以这种方式设置 start 可以使所选内容中的数据项保持顺序。在本例中，这意味着所选内容中的数据项始终按字母顺序排列。这就防止了算法选择两个相同的组合，例如 {A, C, D} 和 {A, D, C}，这两个组合相同，其中的数据项相同，只是数据项的顺序不同而已。

设置了 start 之后，算法将从 items 数组的索引 start 开始循环一直到最后一个索引。对于循环中的每一个值，算法将该值放置在 selections 数组中以将相应的数据项添加到组合中，然后递归地调用自身以将值分配给 selections 数组中的其他数据项。

9.4.3 不允许重复项的组合

为了生成没有重复项的组合，只需将以前的算法稍作修改。原算法将 start 变量设置为上次添加到 selections 数组的那个索引，而修改后的算法是将 start 变量设置为比该索引大 1。这将阻止算法再次选择相同的值。

以下伪代码显示了修改后的新算法（修改的内容显示为粗体）：

```
// 生成不允许重复项的组合
SelectKofNwithoutDuplicates(Integer: index, Integer: selections[],
 Data: items[], List<List<Data>> results)
   // 检查是否已经向组合中添加了最后一个数据项
   If (index == <Length of selections>) Then
      // 把结果添加到结果列表
      List<Data> result = New List<Data>()
      For i = 0 To < selections 的最大索引 >
          Result.Add(items[selections[i]])
      Next i
```

```
        results.Add(result)
    Else
        // 获取可以用于下一个组合的最小值
        Integer: start = 0 // 第一次使用这个值
        If (index > 0) Then start = selections[index - 1] + 1

        // 下一次选择
        For i = start To <items 的最大索引 >
            // 把数据项 i 添加到组合 selections 中
            selections[index] = i

            // 递归添加其他组合
            SelectKofNwithoutDuplicates(
                index + 1, selections, items, results)
        Next i
    End If
End SelectKofNwithoutDuplicates
```

该算法的工作原理与原算法相同。但在修改后的算法中，组合中每个数据项的选择都必须在集合中前面选择的数据项之后。例如，假设集合是 {A, B, C, D}，算法已经选择 {A, B} 作为部分组合，现在调用算法进行第三次选择。在这种情况下，算法只考虑 B 之后的数据项，即 C 和 D。

9.4.4 允许重复项的排列

生成排列的算法与前面生成组合的算法类似。以下伪代码显示了生成允许重复项的排列的算法：

```
// 生成允许重复项的排列
PermuteKofNwithDuplicates(Integer: index, Integer: selections[],
 Data: items[], List<List<Data>> results)
    // 检查是否完成了排列任务
    If (index == <selections 的长度 >) Then
        // 将结果添加到结果列表
        List<Data> result = New List<Data>()
        For i = 0 To <selections 的最大索引 >
            Result.Add(items[selections[i]])
        Next i
        results.Add(result)
    Else
        // 下一次排列
        For i = 0 To <Largest index in items>
            // 将数据项 i 添加到 selections 中
            selections[index] = i

            // 递归调用下一步排列任务
            PermuteKofNwithDuplicates(index + 1, selections, items, results)
        Next i
    End If
End PermuteKofNwithDuplicates
```

此算法与之前生成具有重复项的组合算法的主要区别在于，此算法在进行排列任务时循环遍历所有的数据项，而不是从一个起始值开始循环。这允许算法按任意顺序选取数据项，因此算法可以生成所有排列。

允许重复项的排列数量

假设我们正在对 n 个数据项中的任意 k 个项进行排列，并且允许重复项。对于某个排列中的每一个数据项，算法可以从 n 个数据项中选择任何一个。算法做出 k 个独立的选择（换而言之，当前选择不依赖于之前的选择），所以存在 $n \times n \times \cdots \times n = n^k$ 个可能的排列。

在特殊情况下，如果要生成选择 n 个数据项中所有 n 个项的排列，则共有 n^n 个排列结果。

正如我们可以定义不允许重复项的组合一样，也可以定义不允许重复项的排列。

9.4.5 不允许重复项的排列

要生成没有重复项的排列，只需对前面的算法稍作修改。算法不允许为每个排列任务选择所有的数据项，而是排除已使用的任何数据项。

以下伪代码显示了修改后的新算法（修改的内容显示为粗体）：

```
// 生成不允许重复项的排列
PermuteKofNwithoutDuplicates(Integer: index, Integer: selections[],
 Data: items[], List<List<Data>> results)
    // 检查是否完成了排列任务
    If (index == <selections 的长度 >) Then
        // 将结果添加到结果列表
        List<Data> result = New List<Data>()
        For i = 0 To <selections 中的最大索引 >
            Result.Add(items[selections[i]])
        Next i
        results.Add(result)
    Else
        // 下一次排列
        For i = 0 To <Largest index in items>
            // 确保数据项 i 从未被使用过
            Boolean: used = false
            For j = 0 To index - 1
                If (selections[j] == i) Then used = true
            Next j

            If (Not used) Then
                // 将数据项 i 添加到 selections 中
                selections[index] = i

                // 递归调用下一步排列任务
                PermuteKofNwithoutDuplicates(
                    index + 1, selections, items, results)
            End If
        Next i
    End If
End PermuteKofNwithoutDuplicates
```

修改后的算法与之前算法的唯一不同之处在于，此版本的算法在添加数据项之前检查该数据项是否尚未在排列中使用。

不允许重复项的排列数量

假设我们正在对 n 个数据项中的任意 k 个项进行排列，不允许重复项。对于排列中的第一个数据项，算法可以选择 n 个数据项中的任何一个。对于排列中的第二个数据项，算法可以选择剩余的 $n-1$ 个数据项中的任何一个。把每一步的选择数相乘，结果得到可能的排列总数：$n\times(n-1)\times(n-2)\times\cdots\times(n-k+1)$。

在 $k=n$ 的特殊情况下，为了生成选择所有 n 个没有重复项的数据项排列，这个公式变为 $n\times(n-1)\times(n-2)\times\cdots\times1=n!$。这是大多数人认为的一个集合的排列数。

9.4.6 轮询调度算法

轮询调度（round-robin scheduling）算法是一种特殊的排列方式。对于两个队（或者两个运动员）之间的对抗赛运动，循环锦标赛（round-robin tournament）是指每个队与其他所有队分别比赛一次的锦标赛。循环赛日程表（round-robin schedule）由一系列回合赛组成，在这些回合赛中，每一队与另一队比赛。如果球队的数量是奇数，那么每轮有一支球队会“轮空”。

循环赛日程表安排的结果是一组非常具体的团队排列。为了尽可能缩短赛程，两队之间不会进行第二次交锋，任何一队都不会有超过一次的轮空。在每轮比赛中，一个队要么与一个新队交锋，要么轮空。如果参赛队伍的数量 N 是偶数，则没有轮空，因此每队需要进行 $N-1$ 轮比赛，才能完成与其他 $N-1$ 队的交锋。如果 N 是奇数，那么每队需要进行 N 轮比赛，才能完成与其他 $N-1$ 队的交锋，其中包含一轮轮空。

例如，以下列表显示了 5 个队伍的循环赛日程表安排。

第 1 轮：

- 队伍 1 对抗队伍 4
- 队伍 2 对抗队伍 3
- 队伍 5 轮空

第 2 轮：

- 队伍 5 对抗队伍 3
- 队伍 1 对抗队伍 2
- 队伍 4 轮空

第 3 轮：

- 队伍 4 对抗队伍 2
- 队伍 5 对抗队伍 1
- 队伍 3 轮空

第 4 轮：

- 队伍 3 对抗队伍 1
- 队伍 4 对抗队伍 5
- 队伍 2 轮空

第 5 轮：

- 队伍 2 对抗队伍 5

- 队伍3对抗队伍4
- 队伍1轮空

一种安排循环赛日程表的方法是，尝试所有可能的随机分配，直到找到一个可行的方案。但我们可以想象，该方法将非常缓慢。

以下各章节将描述一种更好的方法，称为*多边形方法*（polygon method）。基于要安排的是奇数个参赛队伍还是偶数个参赛队伍，该方法的工作原理有所不同，所以我们将针对这两种情况分别阐述。

9.4.6.1 参赛队伍的数量为奇数

使用多边形方法对N个（N为奇数）参赛队伍安排循环赛日程表时，先绘制一个N边正多边形，分别把每支队伍放置在正多边形的一个顶点上。然后绘制水平线，连接具有相同Y坐标的队伍。例如，图9.19显示了标记为A、B、C、D和E的5个队伍的正多边形。

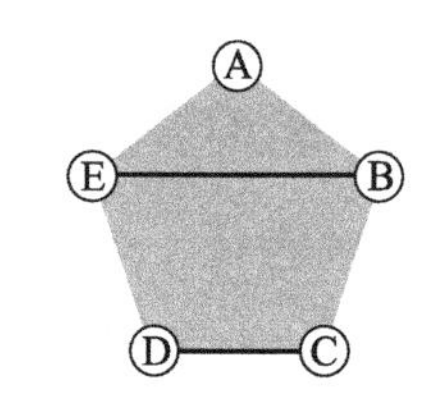

图9.19 在多边形方法中，水平线表示一轮锦标赛中两个队的赛事安排

水平线定义了比赛第一轮的赛事安排。在图9.19中，两根水平线分别表示E队与B队比赛、D队与C队比赛，多边形顶部的A队在该轮比赛中轮空。现在将直线绕多边形的中心旋转一个位置，即显示出第二轮的赛事安排。继续旋转这些线，直到它们定义了所有的比赛赛程。

更准确地说，如果有N个队伍，则多边形有N条边，比赛赛程包括N个回合，我们将直线旋转$N-1$次，并且在每轮比赛之间将直线旋转360°/N。图9.20显示了5个队伍多边形方法的直线旋转。直线旋转5 − 1 = 4次，每次旋转360°/5 = 72。

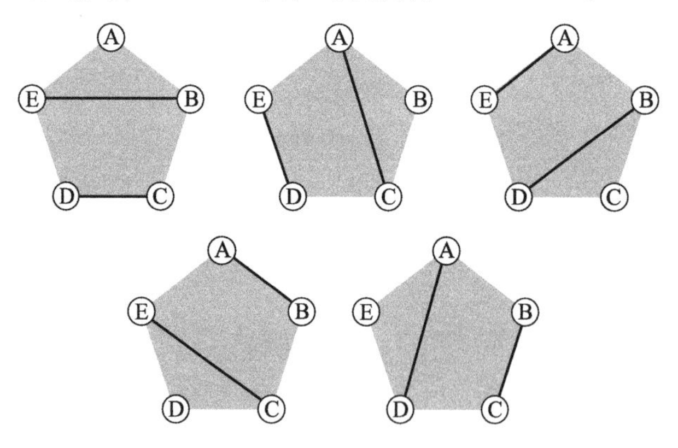

图9.20 对于N个队伍，每轮比赛之间直线旋转360°/N

如图9.20所示的直线旋转产生如下循环赛日程表。

第1轮：

- B对抗E
- C对抗D
- A轮空

第2轮：

- A对抗C

- D 对抗 E
- B 轮空

第 3 轮：

- A 对抗 E
- B 对抗 D
- C 轮空

第 4 轮：

- A 对抗 B
- C 对抗 E
- D 轮空

第 5 轮：

- A 对抗 D
- B 对抗 C
- E 轮空

很显然，采用该方法产生了一种循环赛日程表。读者可能会提出疑问：“这个赛程安排表是否合理并且最佳？”有效且最佳的赛程安排表需要满足下列要求：

- 在每一轮比赛中，每一支队伍只与另一支队伍比赛，或者轮空。
- 每支队伍只能有一次轮空。
- 任何两支队伍不会交锋两次。

在多边形方法中，连线的构造方式保证满足第一个要求。参赛队伍的数量是奇数，所以总是有一支队伍不在连线上，即该队伍轮空。每一支队伍都与一条直线相连，所以只与一个对手比赛。

第二个要求也得到满足，因为每次旋转连线时，总有一支不同的队伍并不在连线上，即轮空。因为有 N 次安排，每支队伍都有一次轮换，即每支队伍有一次轮空。

另一种方法是让连线保持静止，然后旋转队伍。(是旋转顶点还是连线只是一个透视问题，二者的结果完全一致。) 在这种情况下，每支队伍都会在一轮比赛中位于多边形的顶端，即轮空。不管从哪个角度去理解，结果表明每一支队伍恰好有一次轮空，所以第二个要求得到了满足。

第三个要求有点复杂。由于每次旋转产生不同的连线，这些连线不会重复或者反射，因此第三个要求也得到了满足。例如，在图 9.20 所示的正五边形中，包含了 B 队和 E 队之间的一条连线，随后的直线旋转则不包括这两个队之间的连线。

我们知道没有重复的连线，因为每一轮连线都会以不同的角度旋转。在 K 轮之后，连线旋转 $360° \times K/N$。其中 $K < N$，所以这个旋转角度总是小于 360°，即连线并没有旋转到它们原来的角度。

还有一种情况需要考虑：旋转角度可能是 180°。在这种情况下，连线将是其原始位置的镜像。例如，图 9.20 中的第一个正五边形中包括从 E 队到 B 队的一条连线。如果我们将连线旋转 180°，则结果将包含从 B 队到 E 队的一条线，这表示重复的比赛。

幸运的是，这种情况并不会发生，因为 N 是奇数。在 K 轮之后，连线以 $360° \times K/N$ 的角度旋转。如果该角度为 180°，则为 $360° \times K/N = 180°$。求解这个 N 的方程，结果为 $N = 2K$。因为 K 是一个整数，这意味着 N 是偶数，这与我们假设的 N 是奇数相矛盾。这意味

着只要 N 是奇数，K 的值不会使连线旋转 180°。下一节将解释如何在 N 为偶数时安排锦标赛。

9.4.6.2　参赛队伍的数量为偶数

在了解了如何为奇数个参赛队伍安排循环赛日程表之后，为偶数个队伍安排循环赛日程表就十分容易。我们只需移除其中一支队伍，并按前一节所述的方法安排其余队伍。然后用移除的队伍替换轮空，即安排移除的队伍和轮空的队伍比赛即可。

例如，假设我们希望为 6 个队伍（分别标记为 A 到 F）安排锦标赛。首先为 A 到 E 的五个队建立一个赛程表，然后安排“轮空”的队伍与 F 比赛。

9.4.6.3　算法的实现

前面的章节阐述了多边形方法的工作原理。幸运的是，我们实际上不需要绘制一堆多边形来实现该方法。我们可以将这些队伍放置在一个折半环绕数组中，如图 9.21 所示。

我们可以观察数组中的元素如何映射到多边形的顶点。在图 9.21 中，行对应于图 9.20 中顶点的水平行，因此它们提供了队伍的配对。例如，图 9.21 中的第一行（不包括顶部的奇数队伍 A，A 轮空）表示队伍 I 和队伍 B 比赛。

下一轮时，旋转数组中的队伍，将最后一个队伍回绕到第一个位置。图 9.22 显示了第二轮中的数组。

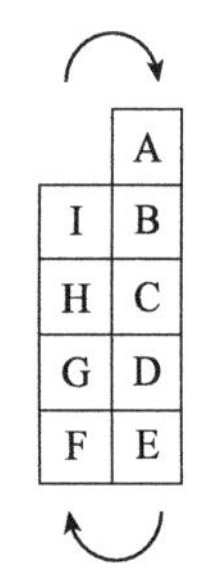

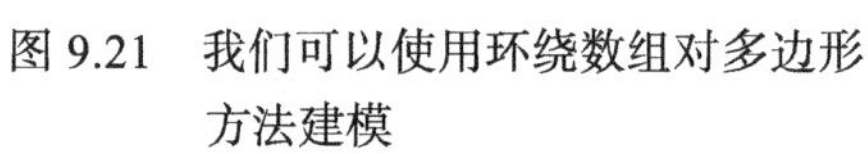
图 9.21　我们可以使用环绕数组对多边形方法建模

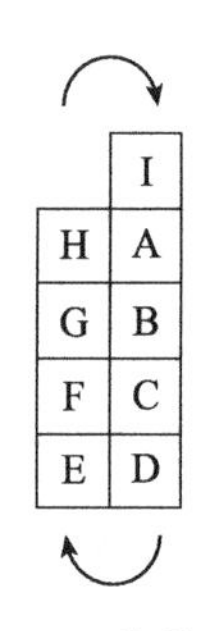

图 9.22　每一轮后，将数组中所有的队伍下移一个位置，并将最后一个队伍回绕到第一个位置

理解多边形方法的工作原理占据了一些篇幅，但其实现算法却非常精简。下面的伪代码展示了为奇数个参赛队伍安排循环锦标赛赛程的算法。类 `MatchUp` 仅用于包含两个相互比赛的队伍。（在 C# 和 Python 中，可以使用元组代替类。）

```
// 计算若干参赛队伍之间的循环锦标赛的赛程安排
List Of List Of MatchUp: ScheduleRoundRobinOdd(
  List Of String: teams, String: bye_team)
    Integer: num_teams = <teams 的长度>
    Integer: mid = num_teams / 2

    // 循环
    List Of List Of MatchUp: schedule = New List Of List Of MatchUp()
    For i = 0 to num_teams -1
        // 保存当前赛程安排
        List Of MatchUp: round = New List Of MatchUp()
        For j = 1 to mid
            round.Add(New MatchUp(teams[j], teams[num_teams - j]))
        Next j
```

```
        round.Add(New MatchUp(teams[0], bye_team))
        schedule.Add(round)

        // 旋转
        teams.Insert(0, teams[num_teams - 1])
        teams.RemoveAt(num_teams)
    Next i

    return schedule
End ScheduleRoundRobinOdd
```

该算法首先计算参赛队伍的数量，以及数组中间位置的索引。代码假设整数除法向下舍入，因此中点索引 mid 是环绕数组第一列中最后一支队伍的位置。例如，在图 9.21 中，mid 是队伍 E 的索引。然后，算法创建一个列表来保存循环锦标赛的参赛回合，并进入一个循环来生成参赛回合。

在循环中，算法创建一个列表来保存当前参赛回合的参赛队伍。然后，算法循环遍历数组中的行，如图 9.21 所示，并将对抗的两支参赛队伍保存在 round 列表中。这是算法中最复杂的部分，其基本功能就是做记录。

在处理完参赛回合的配对之后，该算法为奇数参赛队伍（图 9.21 中的 A 组）添加另一个配对。算法将该队伍与 bye_team 参数中的队伍配对。参数 bye_team 的值是一支参赛队伍，或者一个表示轮空的特殊值（例如 null、None 或字符串 BYE）。（我们很快就会了解其工作原理。）在构建完循环之后，算法会将其添加到 schedule 列表中。

接下来，算法旋转数组。为此，算法会将最后一个参赛队伍的副本添加到 teams 列表的开头，然后从列表中删除最后一个参赛队伍。如果参赛队伍存储在队列中，则此操作很简单。我们可以简单地将第一个数据项出队，并在队列的末尾将其入队。如果参赛队伍存储在一个数组中，那么我们需要将每个参赛队伍移动到新的位置。

下面的伪代码演示了如何使用 ScheduleRoundRobinOdd 方法为任意数量的参赛队伍构建赛程安排：

```
// 计算若干参赛队伍之间的循环锦标赛的赛程安排
List Of List Of MatchUp: ScheduleRoundRobin(List Of String: teamList)
    // 拷贝队伍的列表
    List Of String: teams = <copy of teamList>

    // 检查参赛队伍的数量为奇数还是偶数
    String: byeTeam = "BYE"
    If (teams.Count % 2 == 0) Then
        // 如果参赛队伍的数量为偶数，则使用第一个数据项作为 bye 队伍
        byeTeam = teams[0]
        teams.RemoveAt(0)
    End If

    // 安排比赛赛程
    return ScheduleRoundRobinOdd(teams, byeTeam)
End ScheduleRoundRobin
```

该算法为参赛队伍的列表创建一个副本，并在副本上工作。然后算法确定参数队伍的列表中是否包含偶数或者奇数个参赛队伍。如果参赛队伍的数量是奇数，则将变量 bye_team 设置为字符串 BYE。如果参赛队伍的数量是偶数，则将变量 bye_team 设置为第一支参赛

队伍，并将该队伍从参赛队伍的列表中移除。

然后，算法调用 ScheduleRoundRobinOdd 来为参数队伍的列表生成一个比赛赛程安排。算法将 bye_team 变量传递给算法 ScheduleRoundRobinOdd，以便可以将未匹配的参赛队伍与原始参数队伍中的第一支参赛队伍或者名为 BYE 的特殊队伍配对。

最后，算法 ScheduleRoundRobin 通过 ScheduleRoundRobinOdd 返回比赛赛程安排。

9.5 递归的删除

有些问题使用递归算法进行求解更容易理解。例如，汉诺塔问题的递归解决方案简单又优雅。

遗憾的是，递归算法有一些不足之处。有时使用递归算法虽然容易理解，但其效率却不高。例如，生成斐波那契数的递归算法要求程序多次计算相同的值。这使得计算速度大大减慢，以至于计算超过第 50 个左右的斐波那契数时就超出了一般计算机的运算能力。

还有一些递归算法则会导致一系列递归方法的深度调用，从而耗尽调用堆栈。使用 Warnsdorff 启发式方法的骑士巡游问题就会导致调用堆栈溢出的问题。在我使用的计算机上，启发式算法可以求解高达 57×57 的棋盘的骑士巡游问题，但对于更大的棋盘，则会耗尽调用堆栈（至少在 C# 程序中会导致调用堆栈溢出）。

幸运的是，我们可以实施一些行为来解决这些问题。以下章节描述了一些可以用于重构递归或者移除递归从而提高性能的方法。

9.5.1 尾部递归的删除

某个递归算法在返回之前，若最后的操作语句是调用自身，就会发生*尾部递归*（tail recursion）。例如，考虑以下阶乘算法的实现：

```
Integer: Factorial(Integer: n)
    If (n == 0) Then Return 1

    Integer: result = n * Factorial(n - 1)
    Return result
End Factorial
```

该算法首先检查是否需要递归调用自己，或者是否可以简单地返回值 1。如果算法必须调用自身，则先调用自己，并把调用自己的返回结果乘以 n，然后返回该结果。

我们可以使用循环结构，将此递归版本的算法转换为非递归版本的算法。在循环中，算法执行原始算法执行的操作任务。在循环结束之前，算法应该将其参数设置为递归调用期间的值。如果算法返回一个值，就像阶乘算法一样，我们需要创建一个变量来跟踪其返回值。当循环迭代时，为递归调用设置参数，因此算法执行递归调用所做的操作任务。

循环应该在最初结束递归的条件出现时结束。对于阶乘算法，停止条件是 n == 0，因此使用该条件控制循环。当算法递归调用自身时，它将参数 n 减少 1，因此非递归版本也应该在循环结束之前将 n 减少 1。

以下伪代码显示了阶乘算法的新的非递归版本：

```
Integer: Factorial(Integer: n)
    // 使用一个变量跟踪返回的值
    // 将该变量初始化为 1，然后将其与返回值相乘
    // (如果我们不进入循环，则结果为 1)
    Integer: result = 1

    // 开始一个由递归停止条件来控制的循环
    While (n != 0)
        // 根据"递归"调用保存结果
        result = result * n

        // 准备"递归"
        n = n - 1
    Loop

    // 返回累乘结果
    Return result
End Factorial
```

由于包含了大量的注释，该算法的代码量看起来比实际要长得多。

删除尾部递归非常简单，一些编译器可以自动执行此操作以减少调用堆栈空间的需求。当然，阶乘算法的主要问题不是递归的深度，而是结果变得太大，从而无法存储在固定大小的数据类型中。尾部递归对于其他算法仍然有用，并且通常会提高性能，因为检查 While 循环的退出条件通常比执行递归方法的调用要快。

9.5.2　动态规划

不幸的是，尾部递归不适合于斐波那契数算法。原因有二：首先，斐波那契数算法是多重递归算法，因此尾部递归并不真正适用；其次，更重要原因在于，斐波那契数算法的问题不是递归的深度太大，而是重复计算了过多的中间结果，从而导致计算结果需要很长时间。

解决该问题的一个办法是在计算时记录中间结果值，这样算法就不需要以后重复进行计算。下面的伪代码显示了实现方法的算法：

```
// 计算斐波那契数
Integer: FibonacciValues[100]

// 目前为止计算出来的最大值
Integer: MaxN

// 设置 Fibonacci[0] 和 Fibonacci[1] 的值
InitializeFibonacci()
    FibonacciValues[0] = 0
    FibonacciValues[1] = 1
    MaxN = 1
End InitializeFibonacci

// 返回第 n 个斐波那契数
Integer: Fibonacci(Integer: n)
    // 如果还未计算该值，则计算之
    If (MaxN < n) Then
        FibonacciValues[n] = Fibonacci(n - 1) + Fibonacci(n - 2)
```

```
        MaxN = n
    End If

    // 返回计算的结果
    Return FibonacciValues[n]
End Fibonacci
```

该算法首先声明一个全局可见的 FibonacciValues 数组来保存计算值。变量 MaxN 跟踪数组中存储了 Fibonacci(N) 的最大值 N。接下来，算法定义了一个名为 Initialize-Fibonacci 的初始化方法。在调用 Fibonacci 函数之前，程序必须调用此方法来设置前两个斐波那契数的值。

Fibonacci 函数将 MaxN 与其输入参数 n 进行比较。如果程序尚未计算第 n 个斐波那契数，则递归调用自身来计算该值，将其存储在 FibonacciValues 数组中，并更新 MaxN。接下来，算法直接返回存储在 FibonacciValues 数组中的值。此时，算法确定值在数组中，或许之前就已经存在，也或许是前面几行代码计算并设置了该值。

在这个程序中，每个斐波那契数只计算一次。之后，算法只是在数组中查找该值，而不是递归地重复计算该值。

注意： 这种方法称为动态规划（dynamic programming）。这项技术在 20 世纪 50 年代发明时可能看起来是动态的，但与其他基本上可以随时重新规划的神经网络、遗传算法和机器学习技术等现代技术相比，它似乎完全是静态的。

该方法通过避免大量重复计算中间值，来解决原来的斐波那契数递归算法的问题。在我的计算机上，原来的递归算法可以在一分钟内计算出 Fibonacci(44)，但计算更大的斐波那契数则超出了合理的时间范围。改进的新算法几乎可以立即计算出 Fibonacci(92)，但在 C# 语言中无法计算 Fibonacci(93)，因为结果超出了 64 位长整数的范围。如果在 C# 中使用 BigInteger 数据类型，或者在 Python 中使用整数类型，算法可以轻松地计算 Fibonacci(100) 或者更大值。

9.5.3 自底向上编程

动态规划使斐波那契数算法运行速度更快，但并没有消除递归。动态规划允许程序计算更大的值，但这也意味着可以进入更深层次的递归并耗尽调用堆栈空间。

为了解决这个问题，我们需要删除递归。我们可以通过思考以下特殊程序的工作原理来寻求解决方案。

为了计算特定值 Fibonacci(n)，程序首先递归地计算 Fibonacci($n-1$), Fibonacci($n-2$), …, Fibonacci(2)。然后在 FibonacciValues 数组中查找 Fibonacci(1) 和 Fibonacci(0)。

每次递归调用结束时，算法都将其值保存在 FibonacciValues 数组中，以便调用堆栈的算法可以使用这些值。为了实现这一点，算法按递增顺序将新值保存到数组中。当递归调用结束时，依次把 Fibonacci(2), Fibonacci(3), …, Fibonacci(n) 保存在 Fibonacci-Values 数组中。

了解了算法的工作原理之后，我们可以通过使算法遵循类似的步骤以递增顺序创建斐波那契数来删除递归。算法将使用自底向上的方法计算斐波那契数，而不是从最高级别调用 Fibonacci(n) 开始。首先计算最小值 Fibonacci(2)，然后依次向上计算。实现该算法的伪代码如下所示：

```
// 返回第n个斐波那契数
Integer: Fibonacci(Integer: n)
    If (n > MaxN) Then
        // 计算位于Fibonacci(MaxN)和Fibonacci(n)之间的值
        For i = MaxN + 1 To n
            FibonacciValues[i] = Fibonacci(i - 1) + Fibonacci(i - 2)
        Next i

        // 更新MaxN
        MaxN = n
    End If

    // 返回计算结果
    Return FibonacciValues[n]
End Fibonacci
```

在该版本的算法中，要计算某个斐波那契数，首先从预计算该斐波那契数所需的所有斐波那契数开始，最后返回该斐波那契数。

9.5.4 删除递归的通用方法

前面几节解释了如何删除尾部递归，如何使用动态规划保存先前计算的中间值，以及如何从斐波那契数算法中删除递归，但没有给出在其他情况下删除递归的通用算法。例如，希尔伯特曲线算法是多重递归的，因此不能使用尾部递归删除方法。我们也许可以绞尽脑汁设计一个非递归的版本，但实现非常困难。

删除递归的一种更通用的方法是模拟程序在执行递归时所做的操作。在进行递归调用之前，程序将其当前状态的信息存储在调用堆栈中。然后，当递归调用返回时，程序将从调用堆栈中弹出保存的信息，以便可以从停止的地方继续执行。

为了模拟此行为，我们将算法分成每次递归调用之前的各个节（section），并将其分别命名为 1、2、3 等。然后，创建一个名为 `section` 的变量，该变量指示算法下一步应该执行哪一节。最初将此变量设置为 1，以便算法从代码的第一节开始。

创建一个 `While` 循环，当 `section` 大于 0 时，重复执行。接下来，将算法的所有代码移到 `While` 循环中，并将其放入一系列 `If-Else` 语句中。使每条 `If` 语句将变量 `section` 与节编号进行比较，如果相匹配，则执行相应的代码。（如果采用的程序设计语言支持使用 `Switch` 或者 `Select Case` 语句，则可以使用它们来代替一系列的 `If-Else` 语句。）当算法进入某一节的代码时，递增变量 `section`，以便算法知道下次循环时执行下一个节代码。

当算法通常递归调用自己时，将所有参数的当前值推送到调用堆栈上。另外，将 `section` 推送到堆栈上，这样算法在从模拟递归返回时就知道要执行哪一节的代码。更新模拟递归应使用的所有参数。最后，设置 `section = 1`，从代码的第一节开始模拟递归调用。

本章前面介绍的原始希尔伯特曲线算法，把每次递归分成几个节的算法的伪代码如下所示：

```
Hilbert(Integer: depth, Float: dx, Float: dy)
    // 节1
    If (depth > 0) Then Hilbert(depth - 1, dy, dx)
```

```
    // 节 2
    DrawRelative(dx, dy)
    If (depth > 0) Then Hilbert(depth - 1, dx, dy)

    // 节 3
    DrawRelative(dy, dx)
    If (depth > 0) Then Hilbert(depth - 1, dx, dy)

    // 节 4
    DrawRelative(-dx, -dy)
    If (depth > 0) Then Hilbert(depth - 1, -dy, -dx)

    // 节 5
End Hilbert
```

将上面的算法转换为非递归版本的伪代码如下所示：

```
// 绘制希尔伯特曲线
Hilbert(Integer: depth, Float: dx, Float: dy)
    // 创建堆栈存储递归前的信息
    Stack<Integer> sections = new Stack<int>();
    Stack<Integer> depths = new Stack<int>();
    Stack<Float> dxs = new Stack<float>();
    Stack<Float> dys = new Stack<float>();

    // 确定接下来执行哪一节的代码
    Integer: section = 1

    While (section > 0)
        If (section == 1) Then
            section = section + 1
            If (depth > 0) Then
                sections.Push(section)
                depths.Push(depth)
                dxs.Push(dx)
                dys.Push(dy)
                // Hilbert(depth - 1, gr, dy, dx)
                depth = depth - 1
                float temp = dx
                dx = dy
                dy = temp
                section = 1
            End If
        Else If (section == 2) Then
            DrawRelative(gr, dx, dy)
            section = section + 1
            If (depth > 0) Then
                sections.Push(section)
                depths.Push(depth)
                dxs.Push(dx)
                dys.Push(dy)
                // Hilbert(depth - 1, gr, dx, dy)
                depth = depth - 1
                section = 1
            End If
        Else If (section == 3) Then
```

```
            DrawRelative(gr, dy, dx)
            section = section + 1
            If (depth > 0) Then
                sections.Push(section)
                depths.Push(depth)
                dxs.Push(dx)
                dys.Push(dy)
                // Hilbert(depth - 1, gr, dx, dy)
                depth = depth - 1
                section = 1
            End If
        Else If (section == 4) Then
            DrawRelative(gr, -dx, -dy)
            section = section + 1
            If (depth > 0) Then
                sections.Push(section)
                depths.Push(depth)
                dxs.Push(dx)
                dys.Push(dy)
                // Hilbert(depth - 1, gr, -dy, -dx)
                depth = depth - 1
                float temp = dx
                dx = -dy
                dy = -temp
                section = 1
            End If
        Else If (section == 5) Then
            // 从递归返回
            // 如果没有任何数据弹出，则表明已经到了栈顶
            If (sections.Count == 0) Then section = -1
            Else
                // 弹出之前的参数
                section = sections.Pop()
                depth = depths.Pop()
                dx = dxs.Pop()
                dy = dys.Pop()
            End If
    End While
End Hilbert
```

这个版本的算法代码量有些大，因为它包含若干重复的代码片段，用于将值推送到堆栈上，更新参数，并从堆栈中弹出值。

这项技术对希尔伯特曲线算法没有太大帮助，因为8级或者9级希尔伯特曲线将填充计算机屏幕上的每个像素，所以没有必要进行更深层次的递归。然而，掌握什么时候需要删除深层递归，仍然是一种非常有用的技术。

9.6 本章小结

递归是一种强大的技术。有些问题是自然递归的，针对自然递归问题，递归算法通常比非递归算法更容易设计。例如，使用递归算法更容易求解汉诺塔问题。递归算法还可以用于生成有趣的分层图形，例如，只需要很少的代码，就可以创建自相似的曲线和垫圈图案。

递归允许我们实现回溯算法，并解决需要重复某些步骤未知次数的问题。例如，如果知

道在编写代码时需要选择多少数据项，那么生成组合或者排列就很容易。但如果事先不知道要选择多少数据项，则使用递归生成解决方案更容易实现。

尽管递归算法非常有用，但有时会带来问题。如果滥用递归算法，可能会使程序多次重复相同的计算，简单的斐波那契数算法实现就是一个最好的例子。深层递归调用也会耗尽调用堆栈空间，从而导致程序崩溃。在这种情况下，可以从程序中删除递归以提高性能。

除了本章涉及的若干递归应用实例之外，强大的递归算法适用于许多其他应用场景。递归算法特别适用于自然递归的数据结构，例如接下来的三章内容中所描述的树。

9.7 练习题

练习题的参考答案请参见附录。带星号的题目表示有相当难度的练习题。

本章的一些练习题涉及图形程序设计技术。具体如何构建程序取决于我们所采用的程序设计环境。有些练习题还需要图形程序设计经验，比较难的练习题使用星号标注。

其他程序，例如八皇后问题和骑士巡游问题，既可以用图形方式实现，也可以只使用文本输出。读者可以尝试先实现文本输出，然后以图形方式输出来实现程序。

1. 编写一个程序，实现原始的阶乘递归算法。在你自己的计算机上尝试实验，请问在合理的时间空间范围内能计算出多大的阶乘？
2. 编写一个程序，实现原始的斐波那契数递归算法。在你自己的计算机上尝试实验，请问在10秒内能计算出多大的斐波那契数？
3. 编写一个程序，实现汉诺塔算法。要求结果以A-->B的文本形式显示一系列圆盘移动操作，其中A-->B表示将顶部圆盘从柱子A移动到柱子B。例如，下面是移动三个圆盘的结果：

```
A-->B A-->C B-->C A-->B C-->A C-->B A-->B
```

*4. 编写一个程序，实现汉诺塔算法。要求以图形可视化绘制在不同柱子上移动圆盘的效果。（请参见附录以获得提示。）

*5. 编写一个程序，绘制科赫雪花曲线。请问肉眼可以观测到的曲线之间有较大区别时的最大递归深度是多少？

*6. 在标准科赫雪花曲线中，生成器图形的角度是60°，但我们可以使用其他角度来产生其他有趣的效果。编写一个程序，允许用户指定角度作为参数值，并产生类似于图9.23所示的80°角时的结果。

*7. 编写一个程序，绘制希尔伯特曲线。（请参见附录，以获得有关如何设置 dx 的提示。）

8. 编写一个算法的伪代码，向下、向左、向上绘制谢尔宾斯基曲线。

*9. 编写一个程序，绘制谢尔宾斯基曲线。（请参见附录，以获得有关如何设置 dx 的提示。）

10. 编写绘制谢尔宾斯基垫圈图案的伪代码（详细级别）。

11. 编写绘制谢尔宾斯基地毯图案的伪代码（详细级别）。

*12. 编写一个程序，求解八皇后问题。除了实现算法外，还要求显示皇后的位置数和程序解决问题所需的时间。

*13. 通过跟踪有多少皇后可以攻击棋盘上的一个特定位置来尝试改进八个皇后问题的算法。然后，当我们考虑在棋盘上添加一个皇后时，可以忽略该值不为0的所有位置。使用该改进算法，修改为练习题12编写的程序。

*14. 尝试另一种改进八皇后问题的算法，请注意棋盘上的每一行都必须有一个皇后。修改为练习题13编写的程序，以便

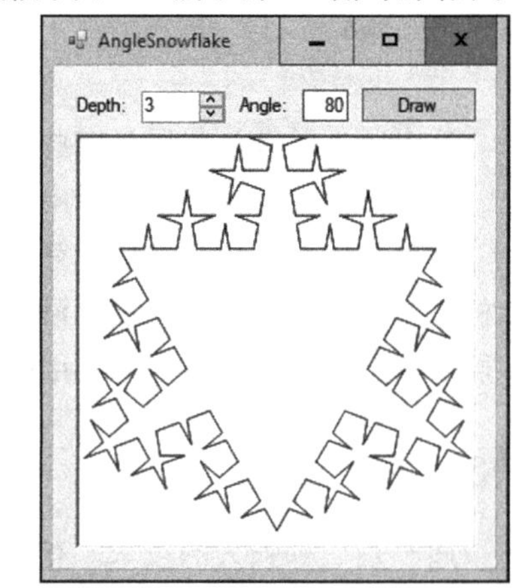

图9.23 给定科赫雪花曲线生成器图形的角为80°，从而产生尖刺的图形效果

对 EightQueens 方法的每次调用都只在下一行搜索新皇后的位置。

15. 比较为练习题 12、13 和 14 编写的程序，对检测皇后位置的数量和所耗费的时间进行比较。

*16. 编写一个程序，使用回溯算法（而不是 Warnsdorff 的启发式算法）来解决骑士巡游问题。由运行用户指定棋盘的宽度和高度。骑士巡游问题有解的最小正方形棋盘（大于 1×1）的大小是多少？程序可以在 10 秒内找到解决方案的最大棋盘的大小是多少？

17. 编写一个程序，使用 Warnsdorff 的启发式方法解决骑士巡游问题。这个程序能处理多大的棋盘？

18. 没有重复项的组合和没有重复项的排列有什么关系？

19. 编写一个程序，实现 SelectKofNwithDuplicates 和 SelectKofNwithoutDuplicates 算法。

20. 编写一个程序，实现 PermuteKofNwithDuplicates 和 PermuteKofNwithoutDuplicates 算法。

21. 编写一个程序，实现非递归阶乘算法。请问在你自己的计算机上，程序可以计算的最大阶乘是什么？

22. 编写一个程序，使用动态规划计算斐波那契数。如果初始值为空表，请问可以计算出的最大斐波那契数是多少？

23. 编写一个程序，实现非递归的自底向上斐波那契数算法的程序。请问使用该程序可以计算出的最大斐波那契数是多少？

24. 非递归斐波那契数算法首先计算该斐波那契数所需的所有较小的斐波那契数，然后在数组中查找值。实际上，算法并不真正需要数组。相反，它可以在需要时计算较小的斐波那契数。这需要稍长的时间，但不需要全局可见的数组。编写一个程序来实现使用这种方法的非递归斐波那契数算法。这是否会改变允许计算的最大斐波那契数？

*25. 编写一个程序，实现非递归希尔伯特曲线算法。

第 10 章

Essential Algorithms: A Practical Approach to Computer Algorithms Using Python and C#, Second Edition

树

本章将阐述有关树的基本概念。树是高度递归的数据结构，可以用于存储分层数据和建模决策过程。例如，树可以存储公司组织结构图或者组成复杂机器（例如汽车）的部件结构图。

本章将介绍如何构建相对简单的树。本章的主要目的是为学习第 11 章和第 12 章中阐述的更复杂的树打下基础。

10.1 有关树的术语

有关树的术语包括来源于家谱、园艺学和计算机科学等领域的大杂烩。树涉及很多术语，但其中许多都是直观的，因为我们可能已经在其他某个领域理解了其含义。

树由*分支*（branch）连接的各个节点（node）组成。通常，节点包含某种类型的数据，而分支则不包含数据。

注意：树是网络（或者图）的一种特殊类型，因此有时网络和图的术语会包含在对树的讨论中。例如，树的分支有时称为链接（link）或者边（edge），尽管这些术语更适合于网络和图。第 13 章和第 14 章将展开讨论更多有关网络的内容。

树中的分支通常是有向的（directed），以便在相互连接的节点之间建立父子关系。通常，分支绘制为从*父节点*（parent node）指向*子节点*（child node）的箭头。具有相同父节点的两个节点有时称为*兄弟节点*（sibling，或者称为同级节点）。

树中的每个节点只有一个父节点，只有唯一的*根节点*（root node）没有父节点。节点的子节点、子节点的子节点等都是该节点的后代（descendant）。节点的父节点、父节点的父节点等，直到根节点都是该节点的祖先（ancestor）。

如果我们把树看作家谱，那么所有这些面向关系的术语都是有意义的。我们甚至可以定义诸如堂/表兄弟姊妹（cousin）、侄子/外甥（nephew）和外/祖父母（grandparent）之类的术语，而不会造成任何混乱，尽管这些术语并不常见。

根据树的类型，节点可以有任意数量的子节点。节点的子节点数称为节点的度（degree）。树的度是其所有节点的度中的最大值。例如，在度为 2 的树（通常称为*二叉树*，binary tree）中，每个节点最多可以有两个子节点。

没有子节点的节点称为*叶子节点*（leaf node）或者*外部节点*（external node）。至少有一个子节点的节点称为*内部节点*（internal node）。

与自然界的树不同，在计算机的世界中，树的数据结构通常是以根在顶部，各个分支向下生长的方式绘制的，如图 10.1 所示。

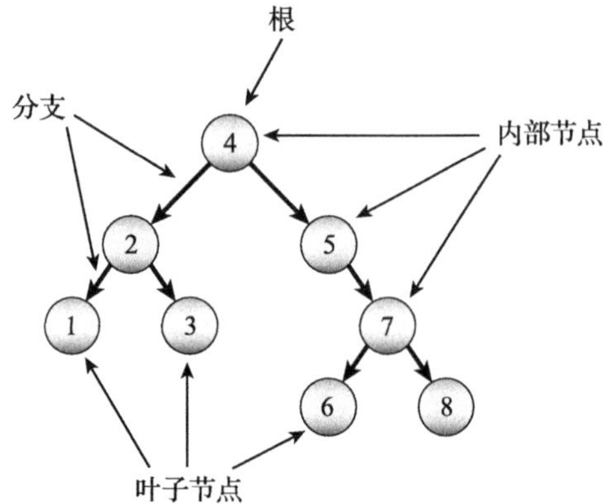

图 10.1　树的数据结构通常是以根在顶部的方式绘制的

上述所有这些定义都直观地解释了什么是树。我们也可以递归地将树定义为：

- 单个根节点
- 根节点通过分支连接到一棵或多棵子树

节点在树中的*层级*（level）或者*深度*（depth）是从节点到根的距离。从另一个角度来看，一个节点的深度是它和根节点之间的链接数。注意，根的层级（深度）是 0。

节点的*高度*（height）是从节点向下经过树到叶子节点的最长路径的长度。换句话说，它是从节点到树底部的距离。树的高度与根节点的高度相同。

基于节点 R 的*子树*（subtree）T 由节点 R 及其所有后代组成。例如，在图 10.1 中，基于节点 5 的子树是包含节点 5、7、6 和 8 的树。

有序树（ordered tree）是一种区分子节点之间顺序的树。例如，许多算法以不同的方式处理二叉树中的左、右子节点。*无序树*（unordered tree）是不区分子节点之间顺序的树。（通常，树是具有顺序的，即使对有的算法而言，一棵树是否有序还是无序是无关紧要的。这是因为节点和分支通常存储在列表、数组或者其他有序的集合中。）

对于任何两个节点，*最小共同祖先*（lowest common ancestor，或*第一个共同祖先* first common ancestor）是最接近这两个节点的祖先节点。另一种思考方法是从一个节点开始向上往根节点方向移动，直到到达第一个同时也是另一个节点的祖先节点。例如，在图 10.1 中，节点 3 和节点 5 的最小共同祖先是根节点 4。注意，两个节点的最小共同祖先可能是这两个节点中的一个。例如，在图 10.1 中，节点 5 和 6 的最小共同祖先是节点 5。

还要注意，树中任何两个节点之间都有一条唯一的路径，该路径不会通过任何分支一次以上。路径从第一个节点开始，沿着树向上移动到两个节点的最小共同祖先，然后沿着树向下移动到第二个节点。

完满树（full tree）是指每个节点要么没有子节点，要么子节点数目与树的度相等。例如，在一个完满二叉树中，每个节点都有 0 个或者 2 个子节点。图 10.1 中所示的树不是完满树，因为节点 5 只有 1 个子节点。

完全树（complete tree）的每一层都是完满的，除了最底层所有的节点都被尽量推到最左边。图 10.2 显示了一个完全二叉树。请注意，此树未满，因为节点 I 只有 1 个子节点。

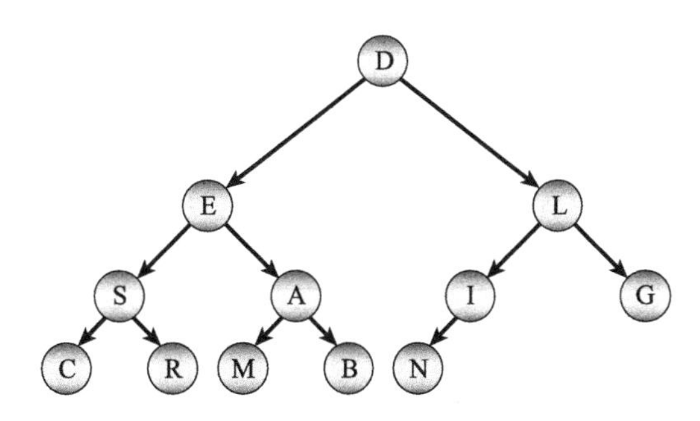

图 10.2　在一棵完全二叉树中，每一层都是完满的，除了最底层所有的节点都被尽量推到最左边

完美树（perfect tree）是满的，所有的叶子节点都在同一层。换而言之，完美树拥有其高度允许的所有子节点。

图 10.3 显示了完满二叉树、完全二叉树和完美二叉树的示例。

前文引入了很多术语，我们在表 10.1 中总结了这些关于树的术语，以加深读者的记忆。

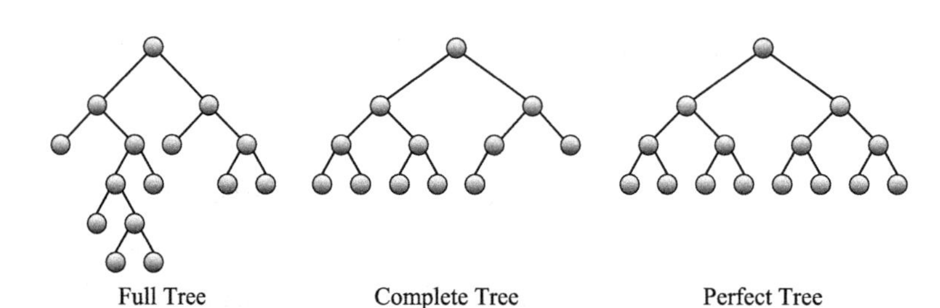

图 10.3 对于给定的树高度，完满二叉树、完全二叉树和完美二叉树包含递增数量的节点

表 10.1 有关树的术语一览表

祖先节点	一个节点的父节点、祖先节点、曾祖节点等，直到根都是节点的祖先节点
二叉树	度为 2 的树
分支	用于连接树中的节点
子节点	子节点连接到树中的父节点。通常，子节点绘制在其父节点的下方
完全树	每一层级都是完全满的树，除了最底层，所有的节点都被尽量向左推
度	节点的度是该节点具有的子节点数。树的度是其所有子节点的度中的最大值
深度	层级
后代节点	节点的子节点、孙节点、曾孙节点等都是节点的后代
外部节点	叶子节点
最小（或者第一）共同祖先	对于任何两个节点，最接近这两个节点的祖先节点
完满树	树中每个节点要么没有子节点，要么子节点数目与树的度相等
高度	节点的高度是从该节点向下经过树到叶子节点的最长路径的长度，树的高度和根的高度相同
内部节点	至少有一个子节点的节点
叶子节点	没有子节点的节点
层级	树节点的层级是它与根节点之间的距离（以链接计数）
节点	在树中保存数据的对象。通过分支连接到其他节点
有序树	区分子节点之间顺序的树
父节点	父节点通过分支连接到其子节点。每个节点都只有一个父节点，但根节点没有父节点。通常，父节点绘制在其子节点之上
完美树	一棵完满的树，所有的叶子都在同一层级
根节点	位于树的顶部，唯一没有父节点的节点
兄弟节点	树中具有相同父节点的两个节点称为兄弟节点（或称为同级节点）
子树	树中包括某个节点及其所有子节点的部分

学习了所有关于树的术语之后，我们接下来开始学习树的一些性质及其用途。

10.2 二叉树的性质

二叉树广泛应用于许多算法中，部分原因是许多问题可以用二叉树来建模，部分原因是二叉树相对容易理解。以下是关于二叉树的一些有用性质：

- 在包含 N 个节点的二叉树中，分支 B 的数量的计算公式为 $B = N - 1$。
- 在高度为 H 的完美二叉树中，其节点数 N 的计算公式为 $N = 2^{H+1} - 1$。
- 反之，在包含 N 个节点的完美二叉树中，其高度 H 的计算公式为 $H = \log_2(N + 1) - 1$。
- 在高度为 H 的完美二叉树中，叶子节点的数量 L 的计算公式为 $L = 2^H$。因为在高度为 H 的完美二叉树中，总的节点数为 $2^{H+1} - 1$。内部节点 I 的计算公式为 $I = N - L = (2^{H+1} - 1) - 2^H = (2^{H+1} - 2^H) - 1 = 2^H \times (2 - 1) - 1 = 2^H - 1$。
- 这意味着在完美二叉树中，几乎一半的节点是叶子节点，几乎一半的节点是内部节点。更准确地说，$I = L - 1$。
- 包含 N 个节点的二叉树中缺失的位置（即可以添加子节点的位置）M 的计算公式为：$M = N + 1$。
- 如果一棵二叉树有 N_0 个叶子节点和 N_2 个度为 2 的节点，那么 $N_0 = N_2 + 1$。换而言之，叶子节点的数目比度为 2 的节点数目多 1 个。

叶子节点和全节点

最后一个性质不是很直观，所以这里加以证明：

1. 设 N 为节点总数，B 为分支总数，N_0、N_1 和 N_2 分别为度为 0、1 和 2 的节点的数量。

2. 考虑到连接节点的分支。除了根节点之外，每个节点都有一个从其父节点连接的分支，因此 $B = N - 1$。

3. 接下来考虑从节点引出的分支。N_0 节点没有引出的分支，N_1 节点有一个引出的分支，N_2 节点有两个引出的分支。这意味着分支的总数 $B = N_1 + 2 \times N_2$。

4. 把 B 的两个方程相比较，结果 $N - 1 = N_1 + 2 \times N_2$。两边同时加上 1，结果 $N = N_1 + 2 \times N_2 + 1$。

5. 把三种类型的节点数目相加，结果 $N = N_0 + N_1 + N_2$。

6. 把 N 的两个方程相比较，结果 $N_1 + 2 \times N_2 + 1 = N_0 + N_1 + N_2$。方程两边同时减去 $N_1 + N_2$，结果 $N_2 + 1 = N_0$。

这些性质通常可以用于简化计算使用树的算法的运行时间。例如，如果一个算法必须从根节点到叶子节点搜索包含 N 个节点的完美二叉树，那我们就可以推算出该算法只需要 $O(\log N)$ 个步骤。

归纳推理

我们可以使用归纳推理法来证明二叉树的许多性质。在归纳推理证明中，首先要为一个小问题建立一个基本情况。然后进行归纳推理步骤，证明如果对于某个值 K 的性质为真，则对于值 $K + 1$ 也必须为真。这两个步骤表明对于所有的值 K，该性质都成立。

例如，考虑前面描述的有关二叉树的第 2 条性质：在高度为 H 的完美二叉树中，节点数 $N = 2^{H+1} - 1$。下面使用归纳推理法进行证明。（这里 H 在归纳证明的一般描述中扮演 K 的角色。）

基本情况

假设有一棵高度为 $H=0$ 的完美二叉树，此树只有一个根节点，没有分支。在这种情况下，节点 N 的数目是 1。注意，$2^{H+1}-1=2^{0+1}-1=2-1=1$，因此，公式 $N=2^{H+1}-1$ 成立。

归纳步骤

假设对于高度为 H 的完美二叉树，该性质成立。高度为 $H+1$ 的完美二叉树包含连接到高度为 H 的两个完美二叉树的根节点。由于我们假设该性质适用于高度为 H 的完美二叉树，因此每个子树中的节点总数为 $2^{H+1}-1$。添加一个根节点意味着高度 $H+1$ 的完美二叉树中包含的节点数为 $2\times(2^{H+1}-1)+1$。重新组织该公式，得到结果 $(2^{(H+1)+1}-2)+1=2^{(H+1)+1}-1$。这就是高度为 $H+1$ 的完美二叉树的节点数公式（只需将 $H+1$ 代入公式中），因此对于高度为 $H+1$ 的完美二叉树，该性质成立。

结果证明了一个高度为 H 的完美二叉树中的节点数为 $2^{H+1}-1$。

如果一个包含 N 个节点的二叉树是胖的（不太高，也不太细），比如是一个完全树，那么它的统计数据就和一个完美二叉树在大 O 表示法上的统计数据相似。例如，如果二叉胖树包含 N 个节点，则它具有 $O(\log N)$ 高度、$O(N\div 2)=O(N)$ 个叶子节点、$O(N\div 2)=O(N)$ 个内部节点，以及 $O(N)$ 个缺失的分支。

这些性质也适用于度较高的二叉胖树，只是对数的底数不同而已。例如，包含 N 个节点的度为 10 的二叉胖树，其高度为 $O(\log_{10}N)$。因为所有的对数底数在大 O 表示法中都是一样的，因此结果与 $O(\log N)$ 一致，尽管在实践中大 O 表示法忽略的常数可能会有很大的不同。

第 11 章描述了平衡树（长得既不太高也不太细）以保证这些属性是真实的。

10.3　树的表示

我们可以使用类来表示树的节点。对于完全树，我们还可以将其存储在数组中。以下两节内容将描述这些方法。

10.3.1　构建常规树

我们可以使用类来表示树的节点，就像使用它们来生成链表中的节点一样。设计类时可以提供保存数据所需的属性，同时使用对象引用来表示节点到其子节点的分支连接。

在二叉树中，我们可以使用名为 LeftChild 和 RightChild 的单独属性分别表示左右两个分支连接。下面的伪代码演示如何创建二叉树的节点类。详细信息将根据所采用的程序设计语言而有所不同。

```
Class BinaryNode
    String: Name
    BinaryNode: LeftChild
    BinaryNode: RightChild

    Constructor(String: name)
        Name = name
    End Constructor
End Class
```

二叉树节点类首先声明一个名为 Name 的公共属性来保存节点的名称。然后，它定义了两个名为 LeftChild 和 RightChild 的属性来分别保存对其左右子节点的引用。类的构造函数将字符串作为参数并将其保存在节点的 Name 属性中。

下面的伪代码展示了如何使用这个类来构建如图 10.1 所示的二叉树：

```
BinaryNode: root = New BinaryNode("4")
BinaryNode: node1 = New BinaryNode("1")
BinaryNode: node2 = New BinaryNode("2")
BinaryNode: node3 = New BinaryNode("3")
BinaryNode: node5 = New BinaryNode("5")
BinaryNode: node6 = New BinaryNode("6")
BinaryNode: node7 = New BinaryNode("7")
BinaryNode: node8 = New BinaryNode("8")
root.LeftChild = node2
root.RightChild = node5
node2.LeftChild = node1
node2.RightChild = node3
node5.RightChild = node7
node7.LeftChild = node6
node7.RightChild = node8
```

在上述代码中，首先创建一个 BinaryNode 对象来表示根节点。然后创建其他 BinaryNode 对象来表示树的其他节点。创建完所有节点后，代码将设置节点的左右子节点引用。

有时，让构造函数将其子节点的引用作为参数可能会更方便。如果其中一个子节点引用未定义，则可以将值 null、None 或者程序设计语言的等效值传递给构造函数。下面的伪代码演示了如果构造函数将子节点引用作为参数时，如何构建同一棵树的方法：

```
BinaryNode: node1 = New BinaryNode("1", null, null)
BinaryNode: node3 = New BinaryNode("3", null, null)
BinaryNode: node1 = New BinaryNode("6", null, null)
BinaryNode: node3 = New BinaryNode("8", null, null)
BinaryNode: node2 = New BinaryNode("2", node1, node3)
BinaryNode: node7 = New BinaryNode("7", node6, node8)
BinaryNode: node5 = New BinaryNode("5", null, node7)
BinaryNode: root = New BinaryNode("4", node2, node5)
```

如果树的度大于 2 或者是无序的（这样就不区分其子节点的顺序），那么通常将子节点引用放在数组、列表或者其他集合中更方便。程序可以循环遍历子节点集合，对每个子节点都执行一些操作，而不需要为每个子节点分别编写单独的代码。

下面的伪代码展示了如何创建一个 TreeNode 类，以允许每个节点包含任意数量的子节点：

```
Class TreeNode
    String: Name
    List Of TreeNode: Children

    Constructor(String: name)
        Name = name
    End Constructor
End Class
```

这个类与前面的类相似，只是将其子节点存储在对 TreeNode 对象的引用列表中，而不是存储在单独的属性中。下面的伪代码显示了另一种创建 TreeNode 类的方法，该类允许节点具有任意数量的子节点：

```
Class TreeNode
    String: Name
    TreeNode: FirstChild, NextSibling
    Constructor(String: name)
        Name = name
    End Constructor
End Class
```

在这个版本中，FirstChild 字段是指向该节点的第一个子节点的链接。NextSibling 字段是指向该节点的下一个兄弟节点（该节点父节点的子节点中的下一个同级节点）的链接。基本上，这个版本将节点的子节点列表设计为节点的链表。

图 10.4 显示了树的这两种表示，其中节点可以有任意数量的子节点。左边的版本通常更容易理解。但是，右侧的版本允许我们将子节点设计为链表，因此更方便重新排列子节点。

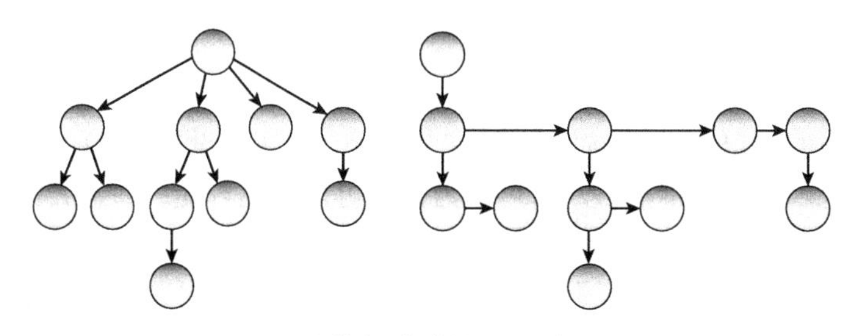

图 10.4　同样一棵树的两种表示方法

在某些情况下，可以设计节点类，允许其构造函数接受父节点作为参数。这种设计方法便于将子节点添加到父节点的子节点列表中。

请注意，上述设计仅具有从节点到其子节点的链接，不包括从节点到其父节点的链接。大多数树算法以自顶向下的方式工作，因此它们在树中从父节点到子节点向下移动。但是，如果确实需要找到节点的父节点，则可以向节点类添加属性 Parent。

大多数树算法将数据存储在每个节点中，但少数树算法将信息存储在分支中。如果需要在树分支中存储信息，可以将信息添加到子节点。实现该方法的伪代码如下所示：

```
Class TreeNode
    String: Name
    List Of TreeNode: Children
    List Of Data: BranchData

    Constructor(String: name)
        Name = name
    End Constructor
End Class
```

在这种情况下，当我们向树中添加节点时，还需要为指向该子节点的树分支添加数据。通常，算法使用树分支数据来决定采用哪条路径遍历一棵树。在这种情况下，算法可以循环遍历节点的子节点，并检查其分支数据以选择适当的路径。

XML 和树

可扩展标记语言（eXtensible Markup Language，XML）是一种表示数据的标记语言。XML 文档是层次结构的，我们可以定义嵌套在其他标记中的标记。

基于 XML 的层次结构，我们很自然地选择树作为其持久性存储的数据结构，也可以将树从一个程序或计算机传输到另一个程序或计算机。例如，我们可以构建一个表示公司组织结构图的大型树，将其保存在 XML 文件中，然后与整个公司的其他程序共享该文件。

有关 XML 的更多信息，请参见 http://en.wikipedia.org/wiki/XML 或 http://www.w3-schools.com/xml/xml:whatis.asp，或者参阅有关 XML 的书籍，例如 Joe Fawcett 等人编著的 *Beginning XML, 5th edition*（Wrox，2012）。

10.3.2 构建完全树

在第 6 章描述的堆排序算法中，我们使用存储在数组中的完全二叉树来表示堆。在堆二叉树中，每个节点的值至少与其所有子节点中的值一样大。图 10.5 显示了一个表示为树并存储在数组中的堆。

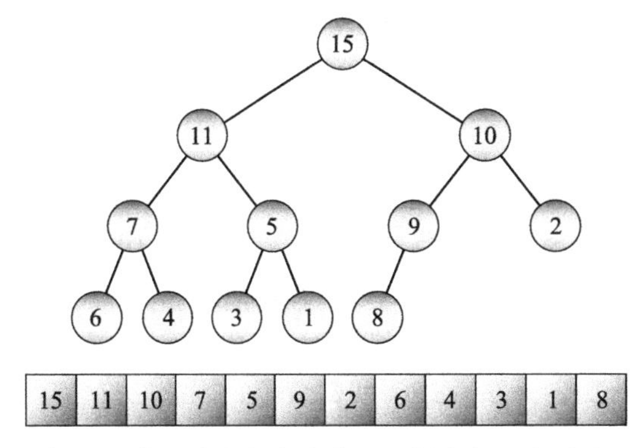

图 10.5 我们可以将堆或者任意完全二叉树方便地存贮在一个数组中

如果一个节点存储在数组的索引 i 处，则其左右两个子节点的索引分别为 $2\times i+1$ 和 $2\times i+2$。相反，如果一个节点存储在数组的索引 j 处，则其父节点的索引为$\lfloor (j-1)\div 2\rfloor$，其中$\lfloor\ \rfloor$表示将结果向下截断为下一个较小的整数。例如，$\lfloor 2.9\rfloor$的结果是 2，$\lfloor 2\rfloor$的结果也是 2。

该方法为在数组中存储完全二叉树提供了一种简洁的格式。但是，使用这种树可能会有点笨拙和混乱，特别是在需要经常调整数组大小的情况下。出于这些原因，我们可能希望坚持使用类来构建树。

注意：本章我们进一步了解了有关树的基本概念，建议读者重新阅读 6.2.1 节，以尝试如何使用类而不是数组来构建堆。

10.4 树的遍历

遍历（traversal）是树中最基本和最重要的操作之一。在遍历中，算法的目标是以某种顺序访问树中的所有节点并对其执行操作。最基本的遍历只是枚举节点，以便我们了解树在遍历中的顺序。

遍历和搜索

许多算法在树中搜索特定的节点。通常，这些搜索就是遍历，我们可以使用任何遍历作为搜索的基础。

第11章描述了一些特殊情况，在这些情况下，我们可以使用树中数据的结构来高效地实现搜索。

二叉树包括四种遍历方法。

- **前序遍历**（preorder）：先访问一个节点，然后再访问其左右子节点。
- **中序遍历**（inorder）：先访问节点的左子节点，再访问该节点，最后访问其右子节点。
- **后序遍历**（postorder）：先访问节点的左右子节点，然后再访问该节点。
- **广度优先遍历**（breadth-first）：这种遍历方法先访问树中给定级别的所有节点，然后再访问较低级别的任何节点。

前序遍历、后序遍历和广度优先遍历对于任何类型的树都是有意义的。中序遍历通常只针对二叉树。因为在回溯以访问树的其他部分之前，前序遍历、中序遍历和后序遍历都深入到树中，所以它们有时被称为*深度优先遍历*（depth-first traversal）。以下章节将详细阐述上述四种遍历方法。

10.4.1 前序遍历

在*前序遍历*（preorder traversal）中，算法先处理一个节点，然后处理其左子节点，再处理其右子节点。例如，考虑图10.6中所示的树，并假设我们编写的算法只是为了在前序遍历中显示树的节点。

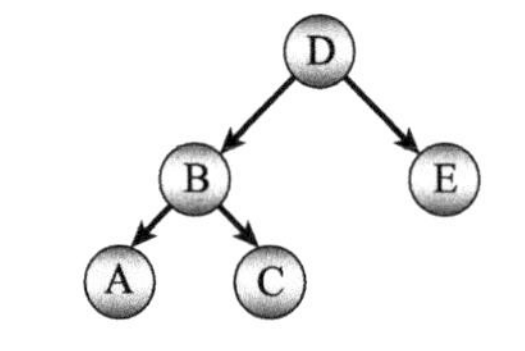

图10.6　采取不同的顺序遍历一棵树的所有节点

为了实现树的前序遍历，算法首先访问根节点，因此它立即输出值D，然后移动到根节点的左子节点，此时算法输出B，然后移动到该节点的左子节点。在此处，算法输出A。该节点没有子节点，因此算法返回到上一个节点B，并访问该节点的右子节点。在那里，算法输出C。该节点也没有子节点，因此算法返回到上一个节点B。由于算法已经访问完该节点的子节点，因此算法再次向上移动树到节点D并访问该节点的右子节点。算法输出下一个节点E。该节点也没有子节点，因此算法返回上一个节点，即根节点。

至此，算法完成了对根的子节点的访问，因此算法完成了遍历。完整的前序遍历顺序是D、B、A、C、E。

请注意，该算法按一种顺序检查或者访问节点，但处理节点以生成不同顺序的输出。下表显示了算法在生成图10.6所示树的前序遍历时遵循的一系列步骤：

1. 访问D
2. 输出D
3. 访问B
4. 输出B
5. 访问A
6. 输出A
7. 访问B
8. 访问C
9. 输出C
10. 访问B
11. 访问D
12. 访问E
13. 输出E
14. 访问D

实现该算法的自然递归实现的伪代码如下所示：

```
TraversePreorder(BinaryNode: node)
    <Process node>
    If (node.LeftChild != null) Then TraversePreorder(node.LeftChild)
    If (node.RightChild != null) Then TraversePreorder(node.RightChild)
End TraversePreorder
```

该算法完美地遵循了前序遍历的定义。算法从处理当前节点开始，在实际应用的程序中，我们可以在这里为每个节点插入所需要执行的代码。例如，可以使用代码将当前节点的标签添加到输出字符串，检查节点以查看是否找到了特定的目标项，或者将节点本身添加到输出列表中。

接下来，算法确定节点是否有左子节点。如果存在左子节点，则算法会递归调用自己来遍历左子节点的子树。然后，该算法重复该步骤，调用自己来遍历右子节点的子树，并完成遍历操作。

该算法非常短小并且简单。为了遍历整棵树，程序只需调用 TraversePreorder，将根节点作为参数传递给它。该算法非常完美，但是我们必须在程序中的某个地方（可能在主程序、代码模块或者辅助类）包含调用该算法的代码。通常，将处理树的代码放在其节点类中更方便。

在 BinaryNode 类中实现的相同算法的伪代码如下所示：

```
Class BinaryNode
    ...
    TraversePreorder()
        <Process this node>
        If (LeftChild != null) Then TraversePreorder(LeftChild)
        If (RightChild != null) Then TraversePreorder(RightChild)
    End TraversePreorder
End Class
```

这与以前的版本几乎相同，区别只是代码在 BinaryNode 对象中运行，所以可以直接访问该对象的 LeftChild 和 RightChild 属性。这使得代码更加简单，并将其很好地封装在 BinaryNode 类中（从而使其更加符合面向对象的特征）。

现在，为了遍历整个树，只需调用根节点的 TraversePreorder 方法。

把方法作为参数传递

在大多数程序设计语言中，可以将对方法的引用作为参数传递给方法。在本例中，这意味着我们可以将要在节点上使用的方法传递给 TraversePreorder 方法。当 TraversePreorder 到达步骤 <Process this node> 时，它将调用作为参数传递给它的方法。

这样，通过向树传递一个适当的节点处理方法，即可以使用 TraversePreorder 方法来执行几乎任何事情。

我们可以使用类似的技术，在其他遍历算法中实现在树的节点上执行任意操作。

尽管本章讨论的是二叉树，但我们也可以为高阶树定义一个前序遍历。唯一的规则是先访问节点，然后再访问其子节点。

10.4.2 中序遍历

在*中序遍历*（inorder traversal）或者*对称遍历*（symmetric traversal）中，算法先处理节点的左子节点，然后处理该节点，最后处理节点的右子节点。对于图 10.6 所示的树，算法从根节点开始并移动到其左子节点 B。要处理节点 B，算法首先移动到该节点的左子节点 A。

节点 A 没有左子节点，所以算法访问节点 A 并输出 A。节点 A 也没有右子节点，所以算法返回到其父节点 B。在处理完节点 B 的左子节点后，算法处理节点 B 并输出 B，然后移动到该节点的右子节点 C。节点 C 没有左子节点，所以算法访问节点 C 并输出 C，节点 C 也没有右子节点，算法返回到其父节点 B。算法完成了节点 B 的右子节点，所以返回到根节点 D。算法完成了 D 的左子节点，所以输出 D，然后移动到它的右子节点 E。节点 E 没有左子节点，因此算法访问节点 E 并输出 E。节点 E 也没有右子节点，因此算法返回到其父节点 D。

完整的中序遍历顺序是 A、B、C、D、E。请注意，这将按顺序输出树的节点。通常，术语*有序树*（sorted tree）意味着树的节点是按照中序遍历的顺序排列的，以便中序遍历可以按顺序遍历树中的节点。此算法在 `BinaryNode` 类中的递归实现的伪代码如下所示：

```
Class BinaryNode
    ...
    TraverseInorder()
        If (LeftChild != null) Then TraverseInorder(LeftChild)
        <Process this node>
        If (RightChild != null) Then TraverseInorder(RightChild)
    End TraverseInorder
End Class
```

该算法遵循中序遍历的定义。算法递归地处理节点的左节点（如果存在），处理节点本身，然后递归地处理节点的右子节点（如果存在）。为了遍历整个树，程序只需调用根节点的 `TraverseInorder` 方法。

与前序遍历不同，没有严格定义如何遍历一个度大于 2 的树。我们可以定义算法，先处理节点的前一半子节点，然后处理节点，最后处理剩余的子节点。不过，这种遍历算法并不常见。

10.4.3 后序遍历

在*后序遍历*（postorder traversal）中，算法先处理节点的左子节点，然后处理其右子节点，最后处理节点。至此，读者应该已经掌握了遍历的技巧，所以应该能够验证图 10.6 中所示的树的后序遍历结果是 A、C、B、E、D。此算法在 `BinaryNode` 类中的递归实现的伪代码如下所示：

```
Class BinaryNode
    ...
    TraverseInorder()
        If (LeftChild != null) Then TraversePostorder(LeftChild)
        If (RightChild != null) Then TraversePostorder(RightChild)
        <Process this node>
    End TraversePostorder
End Class
```

该算法递归地处理节点的左右子节点（如果它们存在），然后处理节点。要遍历整棵树，程序只需调用根节点的 TraversePostorder 方法。

与前序遍历一样，我们可以为度大于 2 的树定义后序遍历。算法只需在访问节点本身之前访问节点的所有子节点。

10.4.4 广度优先遍历

在*广度优先遍历*（breadth-first traversal）或者*水平顺序遍历*（level-order traversal）中，算法先按从左到右的顺序处理树的给定层级上的所有节点，然后再处理下一层级上的节点。对于图 10.6 所示的树，算法首先处理根节点的级别，因此输出 D。

然后，该算法移到下一个层级，并输出 B 和 E。最后，算法处理最底层的层级，输出节点 A 和 C，并完成处理。广度优先遍历的完整结果是 D、B、E、A、C。

与前文阐述的三种遍历算法不同，广度优先遍历并没有自然地遵循树的结构。图 10.6 所示的树没有从节点 E 到节点 A 的链接，因此算法如何从节点 E 移动到节点 A 并不明显。

一种解决方案是将节点的子节点添加到队列中，然后在处理完父节点层级之后再处理该队列。实现此方法的伪代码如下所示：

```
TraverseDepthFirst(BinaryNode: root)
    // 创建一个队列保存子节点以备后续处理
    Queue<BinaryNode>: children = New Queue<BinaryNode>()

    // 将根节点放入队列中
    children.Enqueue(root)

    // 处理队列直至队列为空
    While (children Is Not Empty)
        // 获取队列中的下一个节点
        BinaryNode: node = children.Dequeue()

        // 处理节点
        <Process node>

        // 将节点的子节点添加到队列中
        If (node.LeftChild != null) children.Enqueue(node.LeftChild)
        If (node.RightChild != null) children.Enqueue(node.RightChild)
    End While
End TraverseDepthFirst
```

该算法首先创建一个队列，并将根节点放入其中。然后算法进入一个循环，循环将一直持续到队列为空。在循环中，算法从队列中删除第一个节点，对其进行处理，并将该节点的子节点添加到队列中。

因为队列按先进先出的顺序处理队列中的数据项，所以在处理树中特定层级中的所有节点的子节点之前，都会先处理该层级中的所有节点。由于该算法先将节点的左子节点添加到队列中，然后再添加节点的右子节点，因此特定层级上的节点按从左到右的顺序进行处理。（如果需要严格的证明，读者可以尝试使用归纳推理法证明。）

10.4.5 遍历的应用

其他算法通常使用树遍历算法，实现以不同的顺序访问树的节点。下面的列表列举了一些特定遍历算法的应用场景：

- 如果我们要复制树，则需要先创建每个节点，然后才能创建该节点的子节点。在这种情况下，可以采用前序遍历，因为前序遍历算法在访问其子节点之前访问原始树的节点。
- 前序遍历可以用于计算用*波兰表示法*（Polish notation，或称波兰记法）编写的数学方程。（具体请参见 https://en.wikipedia.org/wiki/Polish_notation。）
- 如果树是排好序的，那么可以使用中序遍历按排序顺序访问其节点。
- 中序遍历可以用于常规数学表达式的求值。10.8.2 节将解释这种方法。
- 广度优先遍历允许我们查找尽可能靠近根的节点。例如，如果我们想在树中找到一个特定的值，并且该值可能出现多次，那么广度优先遍历将允许我们找到最接近根的值。（这种方法在某些网络算法中非常有用，例如某些最短路径算法。）
- 后序遍历可以用于计算用*逆波兰表示法*（reverse Polish notation，或称逆波兰记法）编写的数学方程。（具体请参见 https://en.wikipedia.org/wiki/Reverse_Polish_notation。）
- 后序遍历也可以用于销毁程序设计语言（例如 C 和 C++）中的树，这些程序设计语言没有垃圾收集机制。在这些程序设计语言中，必须先释放节点的内存，然后才能释放可能指向该节点的任何对象。在树中，父节点保存对其子节点的引用，因此必须先释放子节点。后序遍历允许我们以正确的顺序访问节点。

10.4.6　遍历的运行时间分析

前序遍历、中序遍历和后序遍历这三种递归算法都沿着树向下移动到叶子节点。然后，随着递归调用的展开，它们返回到根目录。在算法访问一个节点然后返回到该节点的父节点之后，该算法不再访问该节点。这意味着算法访问每个节点一次。因此，如果一棵树包含 N 个节点，那么这三种遍历方法的运行时间均为 $O(N)$。

另一种方法是意识到这些算法只会穿越每个链接一次。具有 N 个节点的树具有 $N-1$ 个链接，因此算法会跨越 $O(N)$ 个链接，因此这三种遍历方法的运行时间为 $O(N)$。

这三种遍历算法不需要额外的存储空间，因为它们使用树的结构来跟踪遍历中的位置。但是，这三种遍历算法的递归深度等于树的高度。如果这棵树很高的话，可能会导致调用堆栈溢出。

广度优先遍历算法通过队列处理节点。每个节点进入和离开队列一次，因此如果树有 N 个节点，则算法的运行时间为 $O(N)$。

广度优先遍历算法不是递归的，所以不存在递归深度的问题。相反，它需要额外的空间来构建队列。在最坏的情况下，如果树是一个完美二叉树，那么它的底层包含大约一半的节点（参见 10.2 节），因此如果树包含 N 个节点，那么队列一次最多包含 $O(N \div 2) = O(N)$ 个节点。

在更一般的情况下，任意度的树可能由一个根节点组成，每个根节点都有一个子节点。在这种情况下，队列可能需要容纳 $N-1$ 个节点，因此空间需求仍然是 $O(N)$。

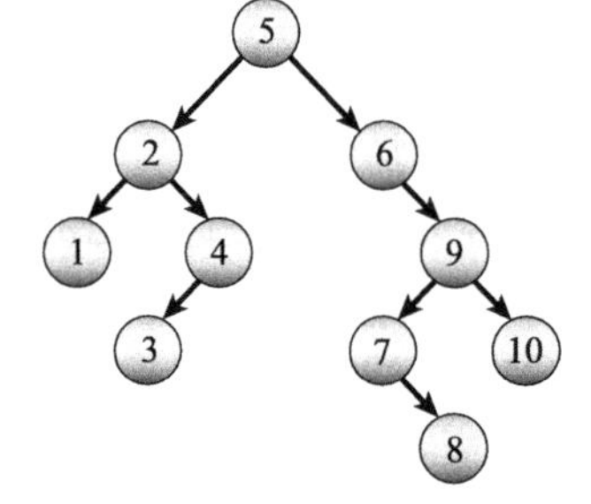

图 10.7　在有序树中，每个节点的值大于其左子节点的值，小于（或等于）其右子节点的值

10.5　有序树

如前所述，有序树的节点被排列成中序遍历的顺序。另一种思考方法是，有序树的每个节点的值大于其左子节点的值，小于（或等于）其右子节点的值。图 10.7 显示了一棵有序树。

为了使用有序树，我们需要实现三种算法分别用于添加、删除和查找节点。

10.5.1 添加节点

创建有序树相当容易。若要向节点的子树添加值，只要将新值与节点的值进行比较，然后根据需要递归地向下移动到其左分支或者右分支。当我们尝试沿着缺失的分支向下移动时，就在缺失的分支处添加新值。

下面的伪代码显示了 BinaryNode 类的算法。代码假设类有一个 Value 属性，用于保存节点的数据。

```
// 将一个节点加入该节点的有序子树中
AddNode(Data: new_value)
    // 查看该新值是否比当前节点的值小
    If (new_value < Value) Then
        // 新值比较小，将其添加到左子树
        If (LeftChild == null) LeftChild = New BinaryNode(new_value)
        Else LeftChild.AddNode(new_value)
    Else
        // 新值大于等于当前节点的值，将其添加到右子树
        If (RightChild == null) RightChild = New BinaryNode(new_value)
        Else RightChild.AddNode(new_value)
    End If
End AddNode
```

该算法将新值与当前节点的值进行比较。如果新值小于当前节点的值，则算法应该将新值放置在左子树中。如果指向左子节点的引用为空，则算法将为当前节点创建一个新的左子节点，并将新值放在该节点。如果左子树不为空，则算法递归调用子节点的 AddNode 方法以将新值放置在左子树中。

如果新值不小于当前节点的值，则算法应该将新值放在右子树中。如果指向右子节点的引用为空，则算法将为当前节点创建一个新的右子节点并将新值放在那里。如果右子树不为空，则算法递归调用子节点的 AddNode 方法以将新值放置在右子树中。

注意：与第 3 章中描述的链表一样，有时在树的顶部使用哨兵将简化算法的实现。对于有序树，如果将根节点的值设置为小于树中可能需要包含的任何值的值，则只需向树中添加节点，而不必担心树是否为空。我们添加的所有节点最终都位于根的右子树中。

此算法的运行时间取决于将数据项添加到树中的顺序。如果所有的数据项最初是以一种合理的随机方式排序的，则树会变得相对较矮和较宽。在这种情况下，如果向树中添加 N 个节点，则树的高度为 $O(\log N)$。当我们向树中添加数据项时，必须搜索到树的底部，这需要 $O(\log N)$ 步骤。添加一个节点需要 $O(\log N)$ 步骤，故创建一棵包含 N 个节点的树所需的总运行时间为 $O(N\log N)$。

随机树的高度

当我们构建一个结构合理（即节点分布基本均衡合理）的比较宽的有序树时，结果是在高度为 $O(\log N)$ 的树中添加 $O(N)$ 个节点，这一点可能并不直观。如果大多数节点都靠近树的顶部，这样在添加大多数节点时树将变得很矮，这将会有什么后果呢？

> 回想一下10.2节中的内容，完美二叉树中大约一半的节点位于树的底部。这意味着，在向树中添加了一半节点之后，我们已经构建了树的所有层（除了最后一层），因此树的高度为 $\log(N) - 1$。现在需要在高度为 $\log(N) - 1$ 的树中添加剩余的一半节点。该部分算法的总步数为 $N/2 \times \log(N) - 1$，结果仍然是 $O(N\log N)$。

如果树中的值最初是随机排列的，则结果会得到一个相当宽的树。但是，如果按特定顺序添加值，则结果会得到一棵又高又细的树。在最坏的情况下，如果按顺序或按相反顺序添加值，则每个节点都有一个子节点，并且会得到一个包含 N 个节点且高度为 N 的树。在这种情况下，添加节点需要 $1 + 2 + 3 + \cdots + N = N \times (N + 1)/2$ 个步骤，因此算法的运行时间为 $O(N^2)$。

我们可以使用 AddNode 算法构建一个名为 treesort 的排序算法。在 treesort 算法中，我们使用前面的 AddNode 算法向有序树添加值。然后使用中序遍历算法按排序顺序输出数据项。如果数据项最初是随机排列的，那么使用 AddNode 算法构建树需要的预期时间为 $O(N\log N)$，而中序遍历需要的时间为 $O(N)$，因此总运行时间为 $O(N\log N + N) = O(N\log N)$。

在最坏的情况下，构建有序树需要的时间为 $O(N^2)$，加上中序遍历所需的时间 $O(N)$，结果总运行时间为 $O(N^2) + O(N) = O(N^2)$。

10.5.2 查找节点

构建有序树后，我们可以在其中搜索指定数据项。例如，节点可能表示员工记录，用于排序的值可能是记录中的员工ID。下面的伪代码显示由 BinaryNode 类提供的方法，用于在有序树中搜索给定的目标值：

```
// 搜索具有给定目标值的节点
BinaryNode: FindNode(Key: target)
    // 如果我们找到了目标值，则返回该节点
    If (target == Value) Then Return <this node>

    // 检查目标值是否在左子树或者右子树中
    If (target < Value) Then
        // 搜索左子树
        If (LeftChild == null) Then Return null
        Return LeftChild.FindNode(target)
    Else
        // 搜索右子树
        If (RightChild == null) Then Return null
        Return RightChild.FindNode(target)
    End If
End FindNode
```

首先，算法检查当前节点的值。如果该值等于目标值，则算法返回当前节点。如果目标值小于当前节点的值，则所需节点位于该节点的左子树中。如果左子节点为空，则算法返回 null，以指示树中不存在该目标项。如果左子节点不为空，则算法递归调用左子节点的 FindNode 方法来搜索左子树。如果目标值大于当前节点的值，则算法将执行类似的步骤来搜索节点的右子树。

如果树包含 N 个节点，并且其分布基本均衡合理，即有序树不太高也不太细，树的高

度为 $O(\log N)$，那么该搜索算法的运行时间为 $O(\log N)$。

10.5.3 删除节点

从有序树中删除节点比添加节点要复杂一些。第一步是找到要删除的节点。上一节阐述了如何在有序树中搜索指定的节点。下一步取决于目标节点在树中的位置。为了了解不同的情况，请考虑图 10.8 所示的树。

如果目标节点是叶子节点，则只需将其删除，树仍将处于有序状态。例如，如果从图 10.8 所示的树中删除节点 89，则会得到图 10.9 所示的树。

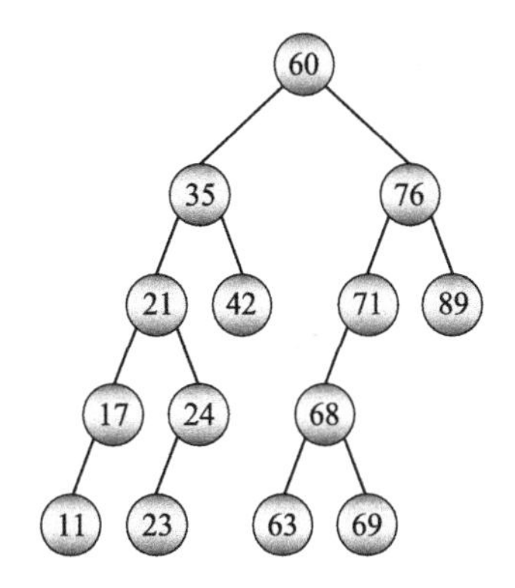

图 10.8 如何从有序二叉树中删除节点取决于目标节点在树中的位置

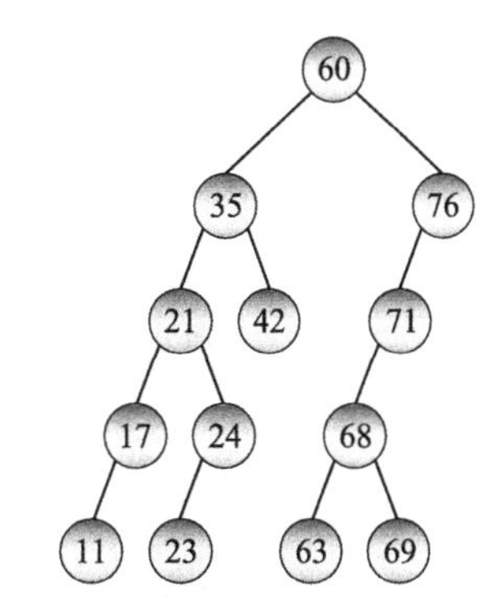

图 10.9 如果从一棵有序二叉树中删除叶子节点，则树仍然是一棵有序二叉树

如果目标节点不是叶子节点且只有一个子节点，则可以用其子节点替换该节点。例如，如果从图 10.9 所示的树中删除节点 71，则会得到图 10.10 所示的树。

最复杂的情况发生在目标节点有两个子节点时。在这种情况下，一般的策略是用左子节点替换节点，但这会导致以下两个子情况。

第一种子情况是，如果目标节点的左子节点没有右子节点，则只需将目标节点替换为其左子节点。例如，如果从图 10.10 所示的树中删除节点 21，则会得到图 10.11 所示的树。

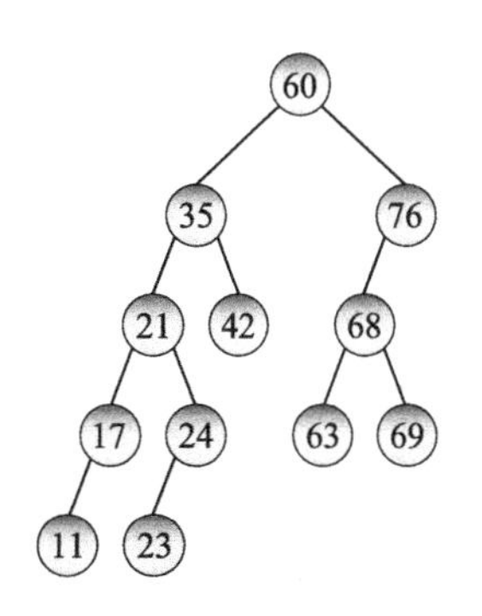

图 10.10 如果删除的是只有一个子节点的内部节点，则直接用其子节点替换该节点

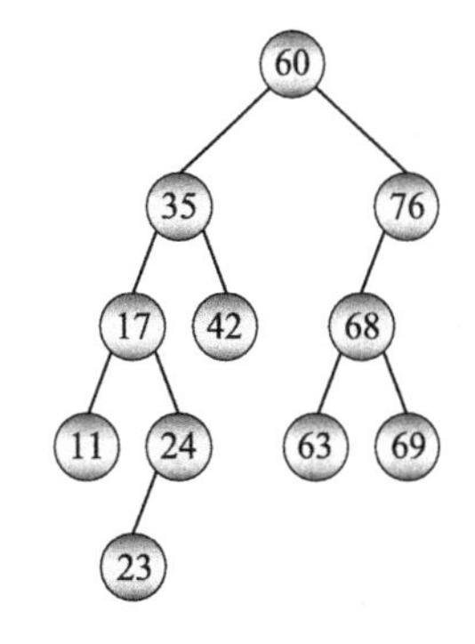

图 10.11 要删除的目标节点有两个子节点并且其左子节点没有右子节点，则只需将目标节点替换为其左子节点

第二种子情况发生在目标节点有两个子节点并且其左子节点还有一个右子节点时。在这

种情况下，向下搜索树，在目标节点的左子节点下面找到最右边的节点。如果该节点没有子节点，只需用它替换目标节点。如果该节点有一个左子节点，请将其替换为其左子节点，然后将目标节点替换为最右的节点。

图 10.12 显示了要删除节点 35 的情况。节点 35 有两个子节点，并且其左子节点（17）有一个右子节点（24）。该算法尽可能地从左子节点（17）通过右子链接向下移动。在本例中，这将到达节点 24，但通常最右边的子节点可以在树的更下面。

若要删除目标节点，算法将最右边的节点替换为其子节点（如果存在），然后将目标节点替换为最右边的节点。在本例中，程序将节点 24 替换为节点 23，然后将节点 35 替换为节点 24，从而生成图 10.12 中右侧的树。

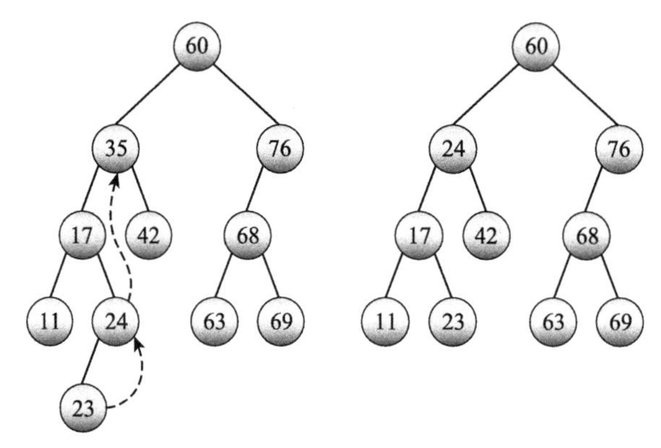

图 10.12 要删除的目标节点有两个子节点并且其左子节点还有一个右子节点的情况是有序二叉树中最复杂的操作

10.6 最小共同祖先

有几种方法可以确定两个节点的最小共同祖先（Lowest Common Ancestor，LCA）。不同的 LCA 算法针对不同类型的树，并且产生不同的期望行为。例如，一些算法适用于有序树；另一些算法要求子节点包含指向父节点的链接；还有一些算法对树进行预处理，以便随后可以更快地查找最小共同祖先。

以下章节将描述几种在不同情况下查找最小共同祖先的算法。

10.6.1 在有序树中查找最小共同祖先

在有序树中，可以使用相对简单的自顶向下算法来查找两个节点的最小共同祖先。从树的根开始，递归地向下移动。在每个节点上，确定两个节点各自所在的子分支。如果两个节点位于同一个分支上，则继续递归跟踪检测。如果两个节点位于不同的子分支上，则当前节点就是最小共同祖先。例如，假设我们希望在图 10.13 所示的有序二叉树中找到节点 3 和 7 的最小共同祖先。

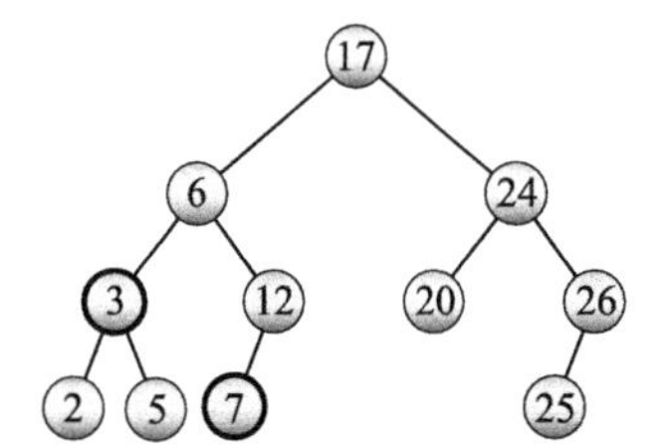

图 10.13 我们可以从一棵有序树的根节点开始向下搜索最小共同祖先

我们首先从根开始，根的值为 17。这个值大于 3 和 7。因此，3 和 7 这两个值都在根节点左边的子分支中，所以我们将跟踪左边的分支。接下来把节点的值 6 与 3 和 17 比较。值 6 大于 3 小于 7，因此该值为最小共同祖先。实现此算法的伪代码如下所示：

```
// 为两个节点搜索最小共同祖先
TreeNode: FindLcaSortedTree(Integer: value1, Integer: value2)
    // 检查是否两个节点位于同一个子分支上
    If ((value1 < Value) && (value2 < Value)) Then
        Return LeftChild.FindLca(value1, value2)
    End If
    If ((value1 > Value) && (value2 > Value)) Then
        Return RightChild.FindLca(value1, value2)
    End If

    // 这就是最小共同祖先
    Return <this node>
End FindLcaSortedTree
```

该算法实现为 TreeNode 类的一个方法。算法将当前节点的值与两个子节点的值进行比较。如果两个目标值都小于当前节点的值，则它们都位于节点的左子树下，因此算法递归地调用左子节点的 FindLcaSortedTree 方法，以检查左子树。类似地，如果两个值都大于当前节点的值，则它们都位于节点的右子树下，因此算法递归地调用右子节点的 FindLcaSortedTree 方法，以检查右子树。

如果目标值并不同时位于同一子树中，则它们位于不同的子树中，或者当前节点包含其中一个值。在这两种情况下，当前节点就是最小共同祖先，因此算法返回当前节点。

10.6.2 使用指向父节点的指针

假设树的节点包含对其父节点的引用。在这种情况下，我们可以使用简单的标记策略来查找两个节点的最小共同祖先。从第一个节点开始，通过指向父节点的指针，依次访问各节点直到根节点，并将各节点标记为已访问。然后从第二个节点出发，通过指向父节点的指针，依次访问各节点，直到到达一个标记为已访问的节点。到达的第一个标记节点就是 LCA。再次从第一个节点出发，通过指向父节点的指针，依次访问各节点直到根节点并重置已访问标记，以使树为下一步操作做好准备。

实现该算法的伪代码如下所示：

```
TreeNode: FindLcaParentPointers(TreeNode: node1, TreeNode: node2)
    # 标记 node1 节点之上的所有节点
    TreeNode: node = node1
    While (node != null)
        node.Marked = True
        node = node.Parent
    End While

    # 搜索 node2 节点之上的所有节点，直到找到一个标记节点
    TreeNode: lca = null
    node = node2
    While (node != null)
        If (node.Marked) Then
            lca = node
            Break
        End If
        node = node.Parent
```

```
    # 取消 node1 节点之上的所有节点的标记
    node = node1
    While (node != null)
        node.Marked = False
        node = node.Parent
    End While

    # 返回最小共同祖先
    Return lca
End FindLcaParentPointers
```

上述实现的伪代码严格遵循前面描述的算法。该算法存在一个缺点，就是需要为 TreeNode 类中的标记字段 Marked 分配额外的存储空间。

10.6.3　使用指向父节点的指针和深度字段

如果 TreeNode 类除了指向父节点的引用之外，还包含一个指示节点在树中的深度的字段 Depth，则我们可以使用该字段来实现另一种查找 LCA 的方法，而无须使用标记。从深度较大的节点开始，沿着父节点向上移动树，直到到达另一个节点的深度。然后同时沿指向父节点的指针，向上移动两个节点，直到两条路径在同一个节点上相交。实现该算法的伪代码如下所示：

```
TreeNode: FindLcaParentsAndDepths(TreeNode: node1, TreeNode: node2)
    // 向上移动两个节点，直到两个节点具有相同的深度
    While (node1.Depth > node2.Depth) node1 = node1.Parent
    While (node2.Depth > node1.Depth) node2 = node2.Parent

    // 向上移动两个节点，直到两个节点匹配
    While (node1 != node2)
        node1 = node1.Parent
        node2 = node2.Parent
    End While

    Return node1
FindLcaParentsAndDepths
```

与前面的方法相比，该算法有如下几个优点。在这个算法中，深度字段 Depth 基本上代替了标记字段 Marked，所以算法不需要额外的空间。另外，该算法的速度稍微快一点，因为不需要将第一个节点的路径追溯到根节点以取消先前标记的节点。算法也只跟踪路径，直到它们相遇，所以不需要一直向上移动到根。

但是，如果希望 TreeNode 类具有标记字段 Marked 以供其他算法使用，则前面的版本可能仍然有一定的使用价值。

10.6.4　常规树

本章描述的第一个 LCA 算法自顶向下搜索有序二叉树来查找两个节点的 LCA。我们还可以使用自顶向下的方法来查找未排序树中两个值的 LCA。

前面的算法将每个节点的目标值与节点的值进行比较，以查看在搜索中应该向下移动到哪个分支。因为新场景中的树是未排序的，对值进行比较后并不能确定向下移动到哪个分支。相反，基本上需要对整棵树执行搜索，以找到包含目标值的节点。上述思想导致了以下

简单的算法：

```
TreeNode: FindLcaExhaustively(Integer: value1, Integer: value2)
    <遍历树以查找从根到 value1 的路径>
    <遍历树以查找从根到 value2 的路径>
    <跟踪这两条路径直至它们分岔>
    <返回同时位于这两条路径上的最后的节点>
FindLcaExhaustively
```

从某种意义上说，该算法是最优的。我们不能确定值在树中的位置，因此在最坏的情况下，可能需要搜索整棵树，然后才能找到目标值。如果树包含 N 个节点，则这是一个 $O(N)$ 算法。

虽然我们不能改变算法的大 O 运行时间，但是我们可以通过同时搜索这两个值并在找到 LCA 时停止的方法，稍微提高算法实际运行时间的性能。其基本思想与算法用于有序树的思想类似。在每个节点上，确定这两个值所在的向下子分支。LCA 是其值位于不同子分支下的第一个节点。

但是，由于此树未排序，因此不能使用节点值来确定哪些子树包含这些节点。相反，我们需要执行子树遍历，但需要小心谨慎。如果在每一步中都要遍历子树，那么最终将多次遍历树的相同部分。

例如，假设目标值靠近树的最右边。在根节点，我们将遍历树的大部分，然后才知道需要向下移动到最右边的子节点。然后在根的右子节点，我们将遍历它的大部分子树，以了解需要向下移动到它的最右边的子节点。结果我们会反复不断地遍历树右边越来越小的部分，直到最终到达 LCA。

如果我们只遍历一次树，但是同时跟踪两个值，则可以避免重复遍历。下面的伪代码演示了这种方法：

```
TreeNode: FindLca(Integer: value1, Integer: value2)
    Boolean: contains1, contains2
    Return ContainsNodes(value1, value2,
        Output contains1, Output contains2)
End FindLca
```

该算法只需调用根节点的 `ContainsNodes` 算法（其伪代码如下所示）即可完成所有实际操作：

```
// 为两个节点查找最小共同祖先
TreeNode: ContainsNodes(Integer: value1, Integer: value2,
    Output Boolean: contains1, Output Boolean: contains2)

    // 假设我们还未找到目标值
    contains1 = (Value == value1)
    contains2 = (Value == value2)
    If (contains1 && contains2) Then Return <this node>

    // 查看哪棵子树包含该节点
    For Each child In Children
        // 检测子节点
        Boolean: has1, has2
```

```
        TreeNode: lca = child.ContainsNodes(value1, value2,
            Output has1, Output has2)

        // 如果找到了最小共同祖先，则返回该值
        If (lca != null) Then Return lca

        // 更新 contains1 和 contains2
        If (has1) Then contains1 = True
        If (has2) Then contains2 = True

        // 如果我们在不同的子树中都找到了这两个值,
        // 那么该节点就是最小共同祖先
        If (contains1 && contains2) Then Return <this node>
    Next child
    Return null
End ContainsNodes
```

该算法使用两个输出参数来跟踪特定节点的子树是否包含目标值。或者，我们也可以使该方法返回一个包含 LCA 和这两个值的元组，而不是使用输出参数。

如果当前节点等于任一目标值，则代码首先将布尔变量 contains1 和 contains2 设置为 true。如果这两个值都是真的，那么这两个值是相同的，它们都等于当前节点的值，所以代码将当前节点作为 LCA 返回。

接下来，代码循环遍历节点的子节点。代码递归地调用 ContainsNodes 算法来查找该子树中的 LCA。递归调用设置 has1 和 has2 变量以指示子树是否包含目标值。

如果递归调用返回 LCA，则算法的当前实例将返回该 LCA。否则，如果递归调用返回空，则算法的当前实例使用 has1 和 has2 更新 contains1 和 contains2。如果 contains1 和 contains2 现在都为 true，则算法返回当前节点作为 LCA。

如果算法完成检查当前节点的所有子节点而未找到 LCA，则返回空。

10.6.5　欧拉环游

前面阐述的 LCA 算法使用树的结构来查找 LCA。其他算法对树进行预处理，以便更容易查找 LCA。一种至少在概念上更容易找到 LCA 的方法是查看树的欧拉环游。

欧拉环游（Euler tour）或欧拉路径（Eulerian path）是一条通过网络的路径，该路径跨越每一条边一次。（Euler 发音为“oiler”。）为了在树中进行欧拉环游，我们可以将每个分支加倍，这样就有一个向上和向下的分支，然后遍历树，如图 10.14 所示。

图 10.14 中的虚线路径显示了欧拉环游。注意，当路径在树中上下移动时，非叶子节点会被多次访问。例如，欧拉环游访问了节点 1 三次：第 1 次在从节点 1 到节点 3 的路径上，第 2 次在从节点 3 经由节点 1 返回到节点 4 的路径上，第 3 次在从节点 4 返回的路径上。访问树的完整路径按以下节点顺序：0, 1, 3, 6, 3, 1, 4, 7, 4, 1, 0, 2, 5, 2, 0。

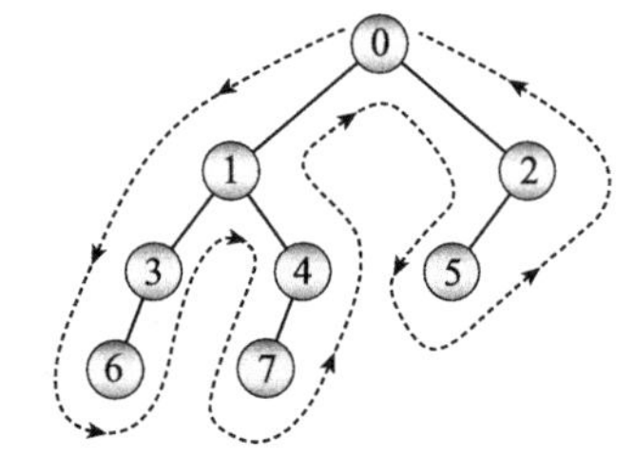

图 10.14　这棵树的欧拉环游以 0, 1, 3, 6, 3, 1, 4, 7, 4, 1, 0, 2, 5, 2, 0 的顺序访问节点

欧拉环游的一个有用特性是，两个节点的 LCA 位于欧拉环游中它们对应的数据项之间。例如，考虑图 10.14 中的节点 3 和 7，并观察它们在欧拉环游中的位置。首先，我们发现，在欧拉环游中，所有对应于节点 3 的数据

项（出现 2 次）都位于对应于节点 7 的数据项（只出现 1 次）之前。如果观察对应于节点 3 的数据项与对应于节点 7 的数据项的区间，则该区间包含节点 3 和 7 的 LCA。例如，最长的这样的区间访问节点 3, 6, 3, 1, 4, 7，其中节点 1 是节点 3 和节点 7 的 LCA。

基于上述观察结果，基于欧拉环游查找 LCA 的算法如下所示：

1. 预处理：
   a. 在节点类中添加 2 个新字段。
      i. 字段 `Depth` 表示节点在树中的深度。
      ii. 字段 `TourLocation` 表示节点在欧拉环游中的第一个位置的索引。
   b. 遍历树，为每个节点设置其属性 `Depth` 的值。
   c. 构建欧拉环游，并保存在一个列表中，包含按访问顺序排列的节点。设置每个节点的属性 `TourLocation` 值为其在欧拉环游中的第一个位置的索引。
2. 为了查找 LCA，在两个节点的 `TourLocation` 值之间循环，检查在欧拉环游中位于二者之间的节点，其中具有最小 `Depth` 的节点就是 LCA。

此算法需要一些预处理，但是扫描欧拉环游比前一节中描述的递归 `ContainsNode` 算法更容易理解。这种方法的一个缺点是，如果修改了树，则需要更新欧拉环游信息。

第 14 章解释了通过网络寻找欧拉路径的方法。

10.6.6 所有节点对的最小共同祖先

查找 LCA 最快和最简单的方法是在数组中查找 LCA。例如，值 `LCA[i, j]` 将返回节点 `i` 和 `j` 的 LCA。下面的伪代码片段显示了如何构建该数组：

```
// 配置数组
Lcas = new TreeNode[numNodes, numNodes]

// 填充数组值
For i = 0 to <number of nodes - 1>
    For j = i to <number of nodes - 1>
        Lcas[i, j] = FindLca(i, j)
        Lcas[j, i] = Lcas[i, j]
    Next j
Next i
```

上述代码片段首先分配数组，然后循环遍历所有节点值对。对于每一组节点对，算法使用其他一些方法（例如欧拉环游）来查找 LCA 并将结果保存到数组中。

构建数组时需要检查节点对的数量为 $O(N^2)$，因此速度相对较慢。这个数组还占用 $O(N^2)$ 内存，因此占用了大量空间。如果修改树，还需要重新构造后者以重新生成数组。所有这些因素都使得该方法不适合较大的树。

欧拉环游方法的关键是在给定欧拉环游区间的值范围内寻找节点的最小深度。在这样的值范围内找到最小值的常见问题称为*区域最小查询问题*（range minimum query problem）。该算法的其他版本使用特殊的技术来快速解决区域最小查询问题，允许算法在仅使用 $O(N)$ 额外存储空间的情况下在常量时间内找到 LCA。不幸的是，这些算法太复杂了，超出了本书的范围。

10.7 线索树

线索（thread）是一个链接序列，允许我们通过线索在树或者网络中的节点间移动，而

不是通过正常的分支或者链接来移动。线索树（threaded tree）是包含一条或者多条线索的树。例如，图 10.15 显示了一棵有线索的树，其中线索由虚线箭头表示。

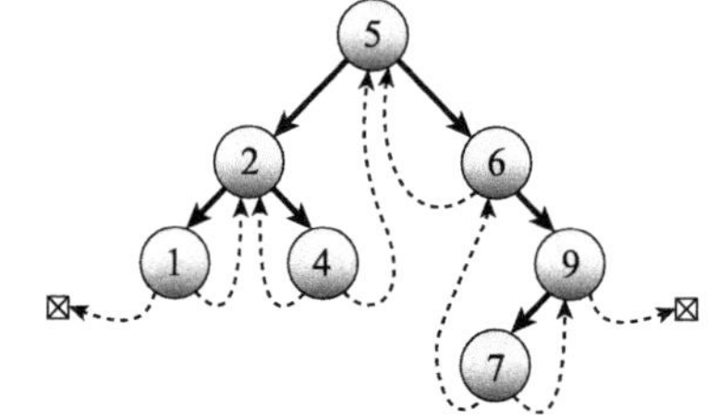

图 10.15　线索树允许我们通过线索而不是通过正常的分支在树中移动

图 10.15 中所示的线索以中序遍历的方式从一个节点指向之前和之后的节点。图中的第一条和最后一条线索没有要指向的节点，因此被设置为空。相比于单独使用分支，线索允许算法更快地执行中序遍历或者反向遍历。

注意：我们可以在树中定义其他线索，但图 10.15 中的示例类型是最常见的。由于树中包括通过中序遍历的向前和向后的线索，这种树有时被称为对称线索树（symmetrically threaded tree）。

注意：注意，图 10.15 中所示的所有节点都有左分支（或左线索）和右分支（或右线索）。如果我们能够以某种方式区别分支和线索，则可以对它们使用相同的引用。例如，给节点类设置两个布尔变量 `HasLeftBranch` 和 `HasRightBranch`，则通过将这些变量设置为 `True`，就可以在子链接中存储线索。

我们甚至可以将这两个布尔值打包为一个字节，并使用字节操作来查看它们是否已被设置。

在实际应用中，也许没有必要为了节省内存，而采用会导致额外复杂性和潜在混乱的设计，除非我们正在使用非常大的树。

为了使用这种线索树，我们需要实现两个算法：构建线索树的算法和遍历线索树的算法。

10.7.1　构建线索树

构建线索树可以从没有分支并且线索设置为空的单个节点开始。创建该节点的方法十分简单。

构建线索树的关键在于向树中添加新节点。添加新节点的方法分为两种情况，具体取决于将新节点添加为其父节点的左子节点还是右子节点。首先，假设将新节点添加作为现有节点的左子节点，如将节点 3 添加为图 10.15 所示树中节点 4 的左子节点。由于新节点的位置不同，它的值比其父节点的值要小。（在本例中，3 是 4 之前的下一个较小值。）这意味着树的遍历中新节点之前的节点是以前在父节点之前的节点。在本例中，节点 3 之前的节点是节点 4 之前的节点——在本例中是 2。创建新节点时，将新节点的左线索设置为父节点的左线索的值。

在树的遍历中，父节点的祖先现在是新节点。父节点的左分支指向新节点，因此父节点不再需要其左线索，我们应该将其设置为空。

新节点的右线索应该指向树遍历中的下一个节点。因为新节点位于父节点，所以应该将新节点的右线索设置为其父节点。在这个例子中，节点 3 的右线索应该指向节点 4。父节点的右子链接或者右线索仍然正确，因此无须更改。图 10.16 显示了添加节点 3 后的更新树。

当添加一个节点作为现有节点的右子节点时，这些步骤是类似的，只是其中左、右分支和线索的角色互换而已。新节点的右线索接受父节点的右线索所具有的值，父节点的右线索设置为空。新节点的左线索指向父节点。图 10.17 显示了图 10.16 中插入新节点 8 后的树。

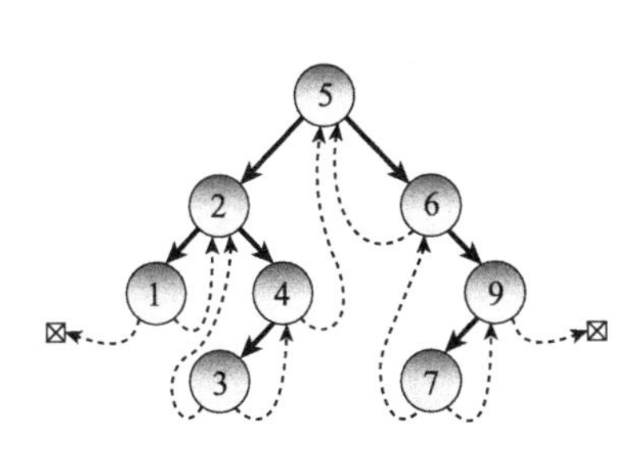

图 10.16 将新节点添加作为现有节点的左子节点时，将新节点的左线索设置为父节点的左线索的值

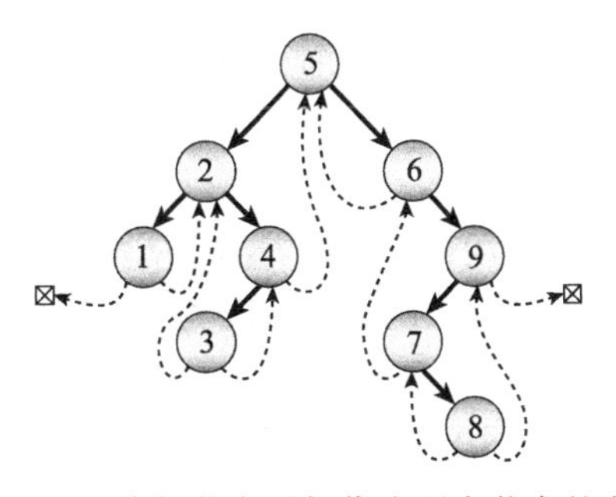

图 10.17 将新节点添加作为现有节点的右子节点时，将新节点的右线索指向父节点的右线索曾经指向的节点

实现将节点插入有序线索树中的算法的伪代码如下所示：

```
// 添加一个节点到本节点的有序树中
AddNode(Data: new_value)
    // 检查新值是否小于本节点的值
    If (new_value < this.Value)
        // 新值比较小，将其添加到左子树
        If (this.LeftChild != null)
        Then this.LeftChild.AddNode(new_value)
        Else
            // 在此处添加新的子节点
            ThreadedNode child = new ThreadedNode(new_value)
            child.LeftThread = this.LeftThread
            child.RightThread = this
            this.LeftChild = child
            this.LeftThread = null
        End If
    Else
        // 新值大于等于本节点的值，将其添加到右子树
        If (this.RightChild != null)
        Then this.RightChild.AddNode(new_value)
        Else
            // 在此处添加新子树
            ThreadedNode child = new ThreadedNode(new_value)
            child.LeftThread = this
            child.RightThread = this.RightThread
            this.RightChild = child
            this.RightThread = null
        End If
    End If
End AddNode
```

算法首先将新值与节点值进行比较。如果新值较小，算法会将其添加到左子树。如果节点有左子节点，则算法递归调用其 AddNode 方法。如果该节点没有左子节点，算法将在此处添加新节点。算法将创建新节点，并将其左线索设置为当前节点的左线索，将其右线索设置为当前节点。然后算法将当前节点的左分支设置为指向新节点，并将当前节点的左线索设置为空。

如果新值大于或等于当前节点的值，则算法执行类似的步骤将新值放置在右子树中。这些步骤与新值小于当前节点值的情况相同，只是左右分支和线索的角色互换而已。

此算法类似于以前将节点添加到有序树的算法。两个版本都递归地向下搜索树以找到新节点的位置。唯一的区别是，这个版本在最终创建新节点时会采取额外的操作来整理线索。

与前一版本一样，使用此方法构建包含 N 个节点的有序线索树，如果值最初是随机排列的，则其运行时间为 $O(N \log N)$。在最坏的情况下，当值最初按顺序排序或者按相反顺序排序时，该算法的运行时间为 $O(N^2)$。

10.7.2 线索树的应用

以下伪代码使用线索树实现中序遍历：

```
InorderWithThreads(BinaryNode: root)
    // 从根节点开始
    BinaryNode: node = root

    // 记住，不管我们是通过分支还是线索到达节点，
    // 都假装是通过分支到达根，因此我们下一步从左边遍历
    Boolean: via_branch = True

    // 一直循环直至遍历完成
    While (node != null)
        // 如果我们通过分支到达这里，
        // 继续沿树的左分支下行到尽可能远的位置
        If (via_branch) Then
            While (node.LeftChild != null)
                node = node.LeftChild
            End While
        End If

        // 处理该节点
        <Process node>

        // 找到下一个需要处理的节点
        If (node.RightChild == null) Then
            // 使用线索
            node = node.RightThread
            via_branch = False
        Else
            // 使用右分支
            node = node.RightChild
            via_branch = True
        End If
    End While
End InorderWithThreads
```

算法首先将变量 node 初始化为根节点。算法还将变量 via_branch 初始化为 True，以指示算法通过分支到达当前节点。以这种方式处理根节点会使算法在下一步移动到树中最左边的节点。然后，算法进入一个循环，循环将继续直到变量 node 在遍历结束时超出树的位置范围。

如果算法通过一个分支到达当前节点，那么不必马上处理该节点。如果该节点有左分支，则该子树下的所有节点的值小于当前节点，因此算法必须首先访问这些节点。为此，该算法将沿着左分支尽可能向下移动。例如，在图 10.15 中，当算法从节点 6 移动到节点 9 时

会发生这种情况。算法必须先下移到节点 7，然后再处理节点 9。

然后，算法处理当前节点。如果节点的右分支为空，则算法跟踪节点的右线索。如果右线索也为空，则算法将 `node` 设置为空，`While` 循环结束。

如果节点有一个右线索，则算法将 `via_branch` 设置为 `False`，以指示算法是通过线索而不是分支到达新节点。在图 10.15 中，这种情况会发生若干次，例如当算法从节点 4 移动到节点 5 时。因为 `via_branch` 为 `False`，算法接下来将处理节点 5。

如果当前节点的右分支不为空，则算法会继续跟踪其右分支并将 `via_branch` 设置为 `True`，以便在下次通过 `While` 循环遍历时沿着该节点的左子树向下移动。

下面的列表描述了该算法遍历图 10.15 所示的树时所采取的步骤：

1. 从根节点开始，并设置 `via_branch` 为 `True`。
2. 由于 `via_branch` 为 `True`，因此沿着左分支到达节点 2，然后到达节点 1。处理节点 1。
3. 沿右线索到达节点 2，并设置 `via_branch` 为 `False`。
4. 由于 `via_branch` 为 `False`，因此处理节点 2。
5. 沿右分支到达节点 4，并设置 `via_branch` 为 `True`。
6. 由于 `via_branch` 为 `True`，因此尝试移动到左分支。由于此处不存在左分支，因此停留在节点 4，并处理节点 4。
7. 沿右线索到达节点 5，并设置 `via_branch` 为 `False`。
8. 由于 `via_branch` 为 `False`，因此处理节点 5。
9. 沿右分支到达节点 6，并设置 `via_branch` 为 `True`。
10. 由于 `via_branch` 为 `True`，因此尝试移动到左分支。由于此处不存在左分支，因此停留在节点 6，并处理节点 6。
11. 沿右分支到达节点 9，并设置 `via_branch` 为 `True`。
12. 由于 `via_branch` 为 `True`，因此沿左分支达到节点 7，并处理节点 7。
13. 沿右线索到达节点 9，并设置 `via_branch` 为 `False`。
14. 由于 `via_branch` 为 `False`，因此处理节点 9。
15. 沿右线索到达 `null`，并设置 `via_branch` 为 `False`。
16. 由于变量 `node` 现在为 `null`，因此 `While` 循环终止。

该算法同样会跟踪所有节点的分支，并且访问每个节点，因此其运行时间为 $O(N)$。但是，算法不需要递归调用回溯到子分支，因此它比普通遍历节省了一点时间。该算法也不使用递归，所以也不存在深层递归调用的问题。与广度优先遍历相比，该算法不需要任何额外的存储空间。

10.8 特殊的树算法

多年来，程序员开发了许多专门的树算法来解决特定的问题。本章不可能描述每一种算法，但以下章节描述了四种特别有趣的算法。它们演示了一些有用的技术：更新树以包含新数据、计算递归表达式、细分几何区域。最后一节讨论在算法研究中众所周知的字符串树（trie）。

10.8.1 动物游戏

在动物游戏中，用户首先设想一个动物。这个程序的简单人工智能尝试猜测该动物是什么。这个程序是一个学习系统，因此随着时间的推移，在猜测用户设想的动物的过程中，结果会变得更好。

这个程序在二叉树中存储有关动物的信息。每个内部节点都有一个“是”或“否”问题，引导程序沿着左分支或右分支向下。叶子节点代表特定的动物。程序在它访问的每个节点上提出问题，并跟随相应的分支，直到到达一个叶子节点，其中包含程序猜测的动物名称。

如果程序猜测的结果有误，则会要求用户键入一个问题，以便区分所猜测的动物和正确的答案之间的差异。然后程序添加了一个包含问题的新内部节点，并使该节点保留正确的动物和错误的动物。图 10.18 显示了一个规模较小的游戏知识树。

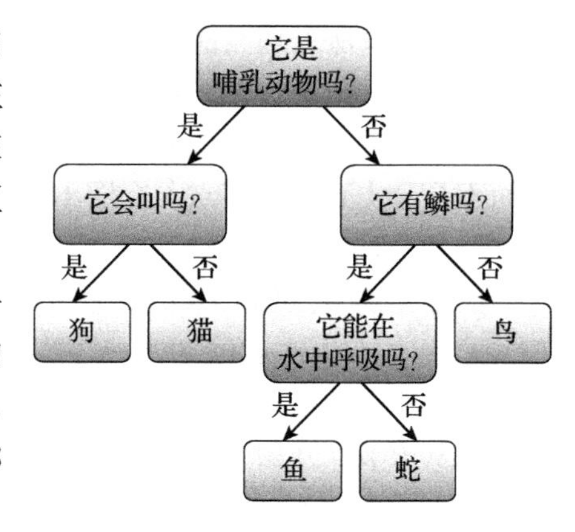

图 10.18　知识树可以区分狗、猫、鱼、蛇和鸟

例如，假设用户设想动物为一条蛇。表 10.2 显示了程序提出的问题和用户给出的答案。

表 10.2　动物游戏尝试猜测蛇

程序问	用户答	程序问	用户答
它是哺乳动物吗?	否	它能在水中呼吸吗?	否
它有鳞吗?	是	它是一条蛇吗?	是

再比如，假设用户设想动物为一只长颈鹿。表 10.3 显示了程序在本例中提出的问题和用户给出的答案。

表 10.3　动物游戏尝试猜测长颈鹿

程序问	用户答	程序问	用户答
它是哺乳动物吗?	是	你设想的动物是什么?	长颈鹿
它会叫吗?	否	我还能提什么问题来区分猫和长颈鹿?	它有长长的脖子吗?
它是一只猫吗?	否	请问对于长颈鹿来说这个问题的回答是“是”吗?	是

然后程序更新它的知识树来保存新的问题和动物。新的知识树如图 10.19 所示。

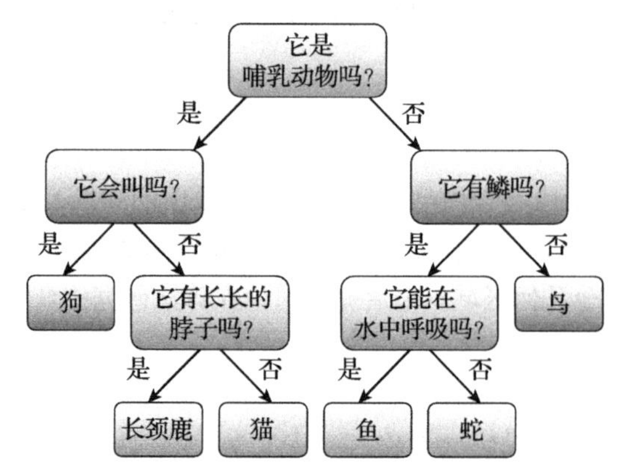

图 10.19　知识树现在可以区分猫和长颈鹿

10.8.2 表达式求值

我们可以使用树对许多问题进行建模。例如，我们可以使用树对数学表达式建模，为每个运算符创建内部节点，为每个操作数创建叶子节点。

数学表达式可以自然地递归分解成子表达式，在对表达式进行整体求值之前，必须对其子表达式求值。例如，考虑表达式 $(6\times14)\div(9+12)$。如果要计算此表达式，必须首先计算子表达式 6×14 和 $9+12$。然后，我们可以将这些计算的结果相除，从而得到最终结果。

为了将此表达式建模为树，我们可以构建子树来表示子表达式，然后将子树与表示组合子表达式的操作（在本例中为 ÷）的父节点连接。图 10.20 显示了对应于表达式 $(6\times14)\div(9+12)$ 的树。

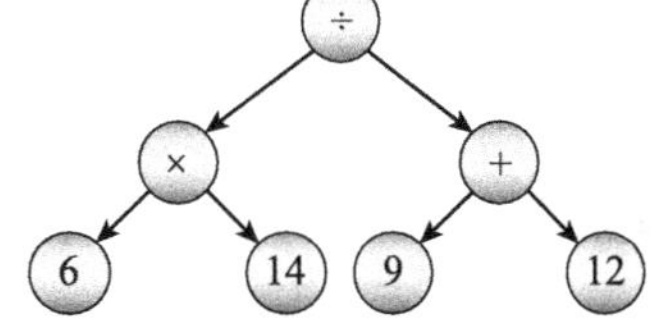

图 10.20 我们可以使用树来计算数学表达式的值

每个内部节点都有表示其操作数的子节点。例如，二元运算符（例如 + 和 /）具有左子节点和右子节点，并且该运算符必须合并子节点的值。我们可以将叶子节点看作将文本值转换为数字值的特殊运算符。在这种情况下，叶子节点必须保存其文本值。

算术节点类唯一缺少的是计算节点的方法。该方法应该检查节点的类型，然后返回适当的结果。例如，如果运算符为 +，则该方法应该递归地使其操作数计算子表达式，然后把其子表达式的结果相加。

以下伪代码创建一个枚举，该枚举定义了节点的运算符类型的值：

```
Enumeration Operators
    Literal
    Plus
    Minus
    Times
    Divide
    Negate
End Enumeration
```

此枚举定义的运算符类型包括：`Literal`（文本值，例如 8）、`Plus`（加法）、`Minus`（减法）、`Times`（乘法）、`Divide`（除法）和 `Negate`（一元求反，例如 -5）。我们还可以添加其他运算符，例如平方根、指数、正弦、余弦和其他运算符。

以下伪代码显示了表示数学表达式树中节点的 `ExpressionNode` 类：

```
Class ExpressionNode
    Operators: Operator
    ExpressionNode: LeftOperand, RightOperand
    String: LiteralText
    // 表达式求值
    Float: Evaluate()
        Case Operator
            Literal:
                Return Float.Parse(LiteralText)
            Plus:
                Return LeftOperand.Evaluate() + RightOperand.Evaluate()
            Minus:
                Return LeftOperand.Evaluate() - RightOperand.Evaluate()
            Times:
```

```
                Return LeftOperand.Evaluate() * RightOperand.Evaluate()
            Divide:
                Return LeftOperand.Evaluate() / RightOperand.Evaluate()
            Negate:
                Return -LeftOperand.Evaluate()
        End Case
    End Evaluate
End ExpressionNode
```

类首先声明其属性。Operator 属性是 Operators 枚举类型的值。LeftOperand 和 RightOperand 属性用于保存指向节点的左子节点和右子节点的链接。如果节点表示一元运算符（例如求反），则仅使用左子节点。如果节点表示文本值，则没有子节点。LiteralText 属性仅用于文本节点。对于文本节点，它包含节点的文本值，例如 12。Evaluate 方法检查节点的 Operator 属性并采取适当的操作。例如，如果 Operator 为 Plus，则该方法调用其左右子节点的 Evaluate 方法，把它们的结果相加，并返回总和。

构建好表达式树之后，对其求值就非常简单，只需调用根节点的 Evaluate 方法即可。

对数学表达式求值最困难的部分是从字符串 (6×14)÷(9 + 12) 构建表达式树。这是一个字符串操作，而不是树操作，因此我们将这个主题推迟到第 15 章。

10.9　区间树

假设我们有一个在一维坐标系中具有起点和终点的区间集合。例如，如果区间代表时间跨度，那么它们的端点将是开始时间和停止时间。日程安排应用程序可能需要搜索一组区间以查看新预约与现有预约是否在时间上重叠。

我们可以把每个区间看作 x 轴上的一个值范围 $[x1, x2]$。确定区间后，我们可能需要找到包含特定 x 坐标的区间。解决这个问题的一种方法是简单地遍历区间并找到包含目标值的区间。如果有 N 个区间，则将需要 $O(N)$ 个步骤。

区间树（interval trees）是用于加速区间查找的数据结构。区间树中的每个节点表示一个中点坐标。节点包含两个子指针，一个子指针指向完全位于中点左侧的区间，另一个子指针指向完全位于中点右侧的区间。节点还包括围绕中点的两个区间列表。其中一个列表按其左端坐标排序，另一个按其右端坐标排序。

例如，考虑图 10.21 所示的线段。深色水平线段表示区间。（请忽略它们的 y 坐标。）灰色点表示区间树中的节点。垂直灰色线段显示围绕节点中心的区间。图 10.22 给出了这棵树的根节点的表示。

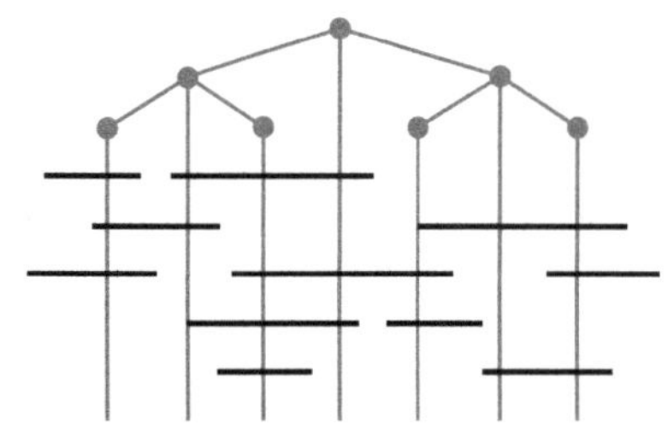

图 10.21　水平线段表示区间，垂直线段显示围绕树节点的区间

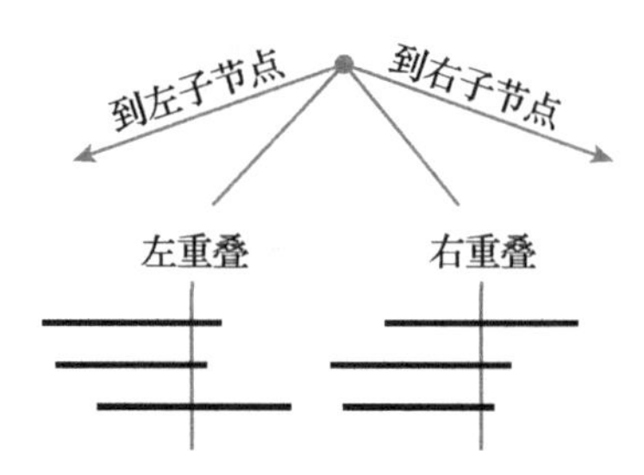

图 10.22　区间树节点包括根据左边缘和右边缘排序的重叠区间列表

该节点包括指向子节点的链接，以及两个列表，其中包含与节点中点重叠的节点。左重

叠列表保存按其左端点排序的区间，右重叠列表保存按其右端点排序的区间。例如，右重叠列表中的第一个区间具有比该列表中其他两个区间更大的右坐标。

以下各节将阐述如何构建和使用区间树。

10.9.1 构建区间树

下面的代码片段显示了如何定义 Interval 类以表示一个区间：

```
Class Interval
    Integer: LeftCoordinate, RightCoordinate

    Constructor(Integer: coordinate1, Integer: coordinate2)
        // 按顺序保存点
        If (coordinate1.X < coordinate2.X) Then
            LeftCoordinate = coordinate1
            RightCoordinate = coordinate2
        Else
            LeftCoordinate = coordinate2
            RightCoordinate = coordinate1
        End If
    End Constructor
End Class
```

Interval 类只存储区间的坐标。它的构造函数保存新区间的坐标，其中 LeftCoordinate 小于 RightCoordinate。

下面的代码片段显示了如何定义 IntervalNode 类的各个字段：

```
Class IntervalNode
    Float: Min, Mid, Max
    List<Interval>: LeftOverlap = New List<Interval>
    List<Interval>: RightOverlap = New List<Interval>
    IntervalNode: LeftChild = null
    IntervalNode: RightChild = null

    Constructor(Float: xmin, Float: xmax)
        Xmin = xmin
        Xmax = xmax
        Xmid = (xmin + xmax) / 2
    End Constructor
    ...
End Class
```

为了方便起见，节点存储它所代表的区间的最小、最大和中间坐标。构造函数存储最小值和最大值，并计算中间值。

为了构建区间树，我们从根节点开始，然后将区间添加到根节点。下面的伪代码显示 IntervalNode 类的 AddInterval 方法，该方法向节点添加新的区间：

```
// 向节点添加一个区间
AddInterval(Interval: interval)
    If <区间位于 Mid 的左边>
        If LeftChild == null Then <Create LeftChild>
        LeftChild.AddInterval(interval)
    Else If <区间位于 Mid 的右边>
```

```
        If RightChild == null Then <Create RightChild>
        RightChild.AddInterval(interval)
    Else
        <将区间添加到左重叠列表>
        <将区间添加到右重叠列表>
    End If
End AddInterval
```

该方法将新区间的坐标与节点的 Mid 值进行比较。如果区间完全位于节点 Mid 值的左侧，则该方法将区间添加到左侧子节点。如果区间完全位于节点 Mid 值的右侧，则该方法将区间添加到右侧子节点。

如果区间跨越 Mid 值，则该方法将其添加到节点的左右重叠列表中。我们既可以按顺序将区间添加到列表中，也可以在完成构建树后，对列表进行排序，排序的运行时间为在 $O(K \log K)$，其中 K 是列表中的数据项个数。

10.9.2 与点相交

以下伪代码显示了区间树如何搜索包含目标坐标值的区间：

```
FindOverlappingIntervals(List<Interval>: results,
  Integer: target)
    // 检查重叠区间
    If (target <= Mid) Then
        <搜索左重叠列表>
    Else
        <搜索右重叠列表>
    End If

    // 检查子节点
    If ((target < Mid) And (LeftChild != null)) Then
        LeftChild.FindOverlappingIntervals(results, target)
    Else If ((target > Mid) And (RightChild != null)) Then
        RightChild.FindOverlappingIntervals(results, target)
    End If
End FindOverlappingIntervals
```

该方法带两个输入参数：与目标坐标重叠的所有区间的结果列表以及目标坐标。该方法首先检查节点的重叠列表，以查看列表中是否存在包含目标值的区间。重叠列表已经排序，所以搜索将相对容易。

例如，如果 target<Mid，则该方法搜索其左重叠列表。该列表中的区间满足条件 RightCoordinate>=Mid，因此如果 LeftCoordinate<=target，则该区间包含目标值。由于区间是按 LeftCoordinate 值升序排列的，所以只需要搜索列表，直到找到满足条件 LeftCoordinate>target 的区间。然后我们可以确定后面的区间也满足 Left-Coordinate>target，因此它们不可能包含目标值。同样的逻辑反过来也适用于右重叠列表。

在该方法搜索了目标值的重叠列表之后，它会根据需要递归地为左子节点或者右子节点调用自己。

10.9.3 与区间相交

上一节解释了如何搜索区间树以查找与目标点重叠的区间。我们还可以使用递归搜索来查找与目标区间重叠的区间。和前一个算法一样，只需遍历树，然后检查可能与目标区间重叠的任何节点。下面的伪代码展示了这种技术：

```
FindOverlappingIntervals(List<Interval>: results,
  Integer: xmin, Integer: xmax)
    // 检查重叠区间
    If (xmax <= Mid) Then
        <搜索左重叠列表>
    Else if (xmin >= Mid) Then
        <搜索右重叠列表>
    Else
        <将所有的节点区间添加到结果列表中>
    End If

    // 检查子节点
    If ((xmin < Mid) && (LeftChild != null)) Then
        LeftChild.FindOverlappingIntervals(results, xmin, xmax);
    End If
    If ((xmax > Mid) && (RightChild != null)) Then
        RightChild.FindOverlappingIntervals(results, xmin, xmax);
    End If
End FindOverlappingIntervals
```

`xmin` 和 `xmax` 参数指定目标区间的最小和最大坐标。算法首先使用这些值来决定其区间是否与目标区间相交。如果 `xmax <= Mid`，则目标区间位于节点中点的左侧。在这种情况下，该方法搜索节点的左重叠列表。如果这些区间中的任何一个左坐标大于目标区间的最大坐标，那么该区间和列表中后面的区间完全位于目标区间的右边，因此它们不与目标区间重叠。这意味着算法可以跳出循环，停止搜索左重叠列表。

图 10.23 显示了一个左重叠列表。深色水平线段表示树中的区间。记住，它们是按左坐标的顺序升序排列的。左上角的灰色线段是目标区间，虚线显示该区间的边缘。算法只需要搜索列表的区间，直到到达左坐标大于目标区间右坐标的区间。在图 10.23 中，列表的倒数第二个区间位于目标区间的右侧，因此算法不需要进一步检查列表。

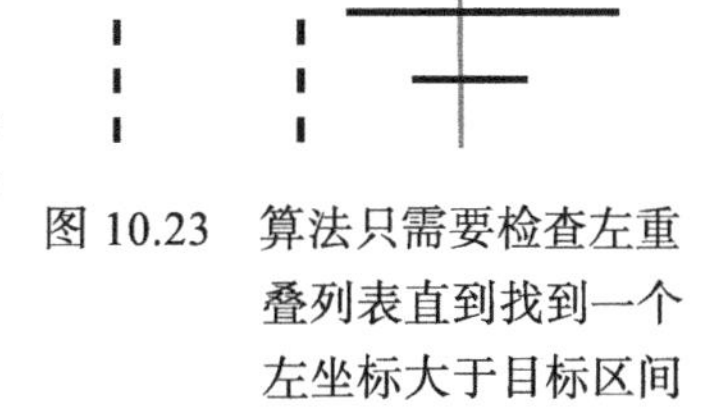

图 10.23　算法只需要检查左重叠列表直到找到一个左坐标大于目标区间右坐标的区间

同样的步骤反过来，则适合于节点右侧的区间。如果 `xmin >= Mid`，则目标区间位于节点中点的右侧。在这种情况下，该方法搜索节点的右侧重叠列表。

如果前两个条件都不为真，则目标区间跨越节点的中点，因此算法将其所有区间添加到结果列表中。

在搜索节点的重叠列表后，算法会处理其子树。如果目标区间的左坐标小于节点的中点，则左子树可能包含与目标重叠的区间。在这种情况下，算法递归地调用自身来检查左子树。类似地，如果目标区间的右坐标大于节点的中点，则算法递归地检查节点的右子树。

此算法与以前搜索与点重叠的区间的算法之间的一个较大差异是递归调用。由于目标点不能同时位于节点中点的左侧和右侧，因此以前的算法只需要搜索节点的一个子树。相比之下，目标区间可以同时位于中点的左侧和右侧，因此新算法可能同时搜索这两棵子树。

10.9.4　四叉树

四叉树（quadtree）是有助于在二维空间中定位对象的树数据结构。例如，假设我们有一个显示数千个送货地点的应用程序。如果用户单击地图，程序需要搜索所有位置以找到与用户单击位置最近的位置。如果位置存储在一个简单的列表中，程序必须执行顺序搜索以找到最近的点。四叉树可以加快搜索效率。

在四叉树中，节点表示二维空间中的矩形。节点包含在其矩形范围内的数据项列表。如果一个四叉树节点包含超过预定数量的数据项，它将被拆分成四个子节点，分别表示父节点的西北、东北、东南和西南四个象限。然后将数据项移动到相应的子节点中。

为了使用四叉树查找具有给定 x 和 y 坐标的数据项，我们从根节点开始。如果四叉树节点有子节点，则使用数据项的坐标来确定包含该数据项的子节点。然后递归地搜索该子数据项。如果我们到达了一个没有子节点的节点，则在该节点包含的数据项列表中搜索目标位置的数据项。

为了了解四叉树可以加快搜索速度的原因，假设刚才描述的应用程序包含一个拥有1500 个位置的列表。线性搜索这个列表平均需要 750 次比较。相反，假设我们将数据项存储在四叉树中，其中每个节点最多可以容纳 100 个数据项。如果节点在地图周围均匀分布，那么四叉树在逻辑上类似图 10.24 所示。

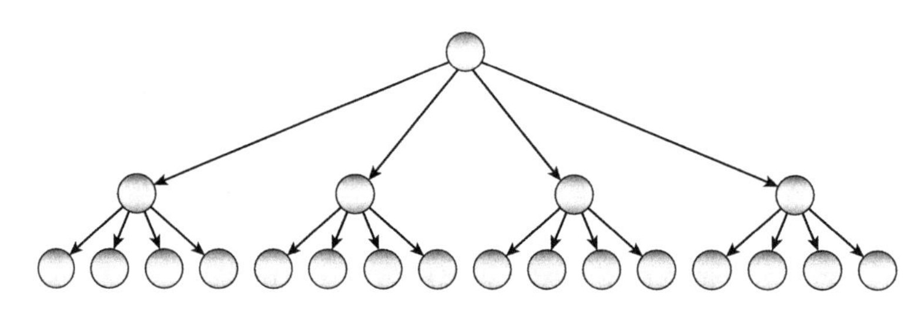

图 10.24　如果每个叶子节点可以存储 100 个数据项并且数据项均匀分布，则四叉树大约可以存储 1600 个数据项

根节点的区域被分成四个象限，每个象限被分成四个更小的象限。表示较小象限的每个叶子节点最多可容纳 100 个数据项。其父节点包含四个叶子节点，因此最多包含 400 个数据项。根节点包含其中四个节点，因此整个树最多可以包含 1600 个数据项。

为了查找用户在该四叉树中单击的数据项，需要确定哪个较大的象限包含该数据项，然后确定较大象限中的哪个较小象限包含该数据项。然后，我们需要在叶子节点中搜索最多100 个数据项。结果是两个象限的测试加上大约 50 个数据项的测试的平均值。象限测试和数据项测试的相对速度可能因实现的不同而有所不同，但速度通常比简单列表所需的 750 个数据项的测试快得多。

如果一个四叉树包含 N 个节点，每个节点最多可以容纳 K 个数据项，并且这些数据项在地图区域中分布合理，则该树的高度约为 $\log_4(N/K)$。在前面的例子中，$N = 1500$，$K = 100$，所以四叉树的高度约为 $\log_4(1500/100) = \log_4(15) \approx 1.95$，这接近于图 10.24 所示的树的高度 2。

图 10.25 显示了可视化四叉树的另一种方法。在图 10.25 中，四叉树包含 200 个数据项，每个四叉树节点最多可以容纳 10 个数据项。（在实际程序中，我们可能希望让每个节点保存更多的数据项，这样它们就不会被频繁拆分。）程序在每个四叉树节点周围绘制一个框，

这样我们就可以看到如何划分区域。

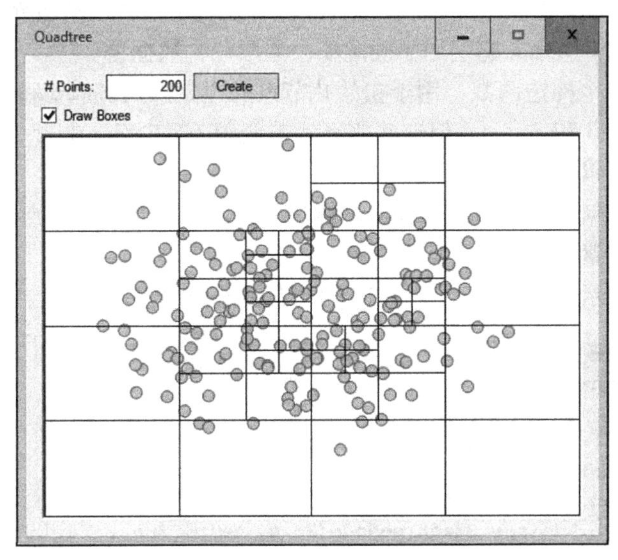

图 10.25 每个框显示一个四叉树节点所在的区域

在图 10.25 所示的树中，整个地图区域被分成四个象限，每个象限被分成更小的象限。一些较小的象限被再次划分，其中一些区域被最后一次划分。

为了管理四叉树，需要使用算法向子树中添加新的数据项，并在子树中查找数据项。我们可能还需要一个算法来绘制数据项，如图 10.25 所示。以下伪代码显示了四叉树节点的基本类定义：

```
Class QuadtreeNode
    // 在四叉树节点中允许的最大数据点数量
    Integer: MaxItems = 10

    // 四叉树节点中的数据项
    List Of Data: Items

    // 区域边界以及中间 X 和 Y 的值
    Float: Xmin, Ymin, Xmid, Ymid, Xmax, Ymax

    // 按照西北、东北、西南、东南顺序排列的子四叉树节点
    QuadtreeNode: Children[]

    // 初始化构造函数
    Constructor(Float: xmin, Float: ymin, Float: xmax, Float: ymax)
        Xmin = xmin
        Ymin = ymin
        Xmax = xmax
        Ymax = ymax
        Xmid = (xmin + xmax) / 2
        Ymid = (ymin + ymax) / 2
    End Constructor
End QuadtreeNode
```

值 MaxItems 表示节点在被分割成象限之前，可以保存的最大数据项数量。属性 Items

包含节点中保存的数据项。如果节点是内部节点，则数据项为空，并且数据项存储在节点的子树中。Xmin、Ymin、Xmax和Ymax值存储由节点表示的区域的边界。Xmid和Ymid值给出区域的中间x和y坐标。它们用于确定哪个象限包含数据项。

这个类提供了一个构造函数，用于初始化节点的边界以及Xmid和Ymid属性。我们可以在需要时计算Xmid和Ymid，但这些值经常被使用（至少对于非叶子节点），因此在构造函数中初始化其值可以节省时间。

以下各节说明如何将数据项添加到四叉树，以及如何在四叉树中查找数据项。

10.9.4.1　添加数据项

下面的伪代码演示了QuadtreeNode如何向其子树中添加新的数据项：

```
// 为本节点添加数据项
AddItem(Item: new_item)
    // 检查四叉树节点是否已满
    If ((Items != null) And (Items.Count >= MaxItems)) Then
        // 拆分四叉树节点
        Children.Add(new QuadtreeNode(Xmin, Ymin, Xmid, Ymid)) // NW
        Children.Add(new QuadtreeNode(Xmid, Ymin, Xmax, Ymid)) // NE
        Children.Add(new QuadtreeNode(Xmin, Ymid, Xmid, Ymax)) // SW
        Children.Add(new QuadtreeNode(Xmid, Ymid, Xmax, Ymax)) // SE

        // 将这些点移动到相应的子树中
        For Each item in Items
            AddItemToChild(point)
        Next item

        // 删除该节点的点列表
        Points = null
    End If

    // 在此处或者合适的子树中添加新的数据项
    If (Items != null)
        Items.Add(new_item)
    Else
        AddItemToChild(new_item)
    End If
End AddItem
```

如果当前节点是一个叶子节点，并且再添加一个数据项后会超过最大容纳项的限制，则该算法通过创建四个子节点来拆分该节点。然后循环遍历这些数据项并调用稍后描述的AddItemToChild方法，将每个数据项移动到相应的子树中。然后，该算法将该节点的属性Items列表设置为空，以指示这是一个内部节点。

如果需要，在拆分节点后，算法会添加新的数据项。如果Items属性不为空，则这是一个叶子节点，因此算法将新的数据项添加到Items列表中。如果Items属性为空，则这是一个内部节点。在这种情况下，算法调用AddItemToChild方法，然后将每个数据项移到相应的子树中。

以下伪代码显示了AddItemToChild方法：

```
// 将一个数据项添加到合适的子树中
AddItemToChild(Item: new_item)
    For Each child in Children
```

```
            If ((new_item.X >= child.Xmin) And
                (new_item.X <= child.Xmax) And
                (new_item.Y >= child.Ymin) And
                (new_item.Y <= child.Ymax))
            Then
                child.AddItem(new_item)
                Break
            End If
        Next child
    End AddItemToChild
```

该算法循环遍历节点的子节点。当它找到具有包含新的数据项位置的边界的子数据项时，算法调用前面描述的子数据项的 AddItem 方法将新的数据项添加到该子节点中。

10.9.4.2 查找数据项

读者可能已经能猜出如何使用四叉树在特定点查找数据项。从根节点开始，确定哪个子节点包含目标点。然后递归地搜索该子节点以查找数据项。

这个方法基本可行，但存在一个陷阱。假设要查找最接近目标点的数据项，但该点靠近两个四叉树节点之间的边缘。在这种情况下，最接近的数据项可能位于不包含目标点的四叉树节点中。

此外，存储在四叉树中的对象可能不是简单的点。它们可能是更复杂的对象，例如圆、线段和多边形。在这种情况下，应该在哪里存储跨越两个或多个四叉树节点之间的边缘数据项？

一种方法是将数据项存储在与对象重叠的每个四叉树节点中，这样不管用户单击哪个区域，算法都能找到该数据项。如果使用这种方法，则需要更改算法以处理二维数据项。例如，搜索算法不能简单地将目标点与数据项的位置进行比较。相反，它必须使用某种方法来查看目标点是否位于数据项中。

这种方法还存在一个问题，它需要在不同的四叉树节点中表示同一对象的重复项。这会浪费空间，填充四叉树节点的速度比本来快得多，因此它们必须更频繁地拆分，结果会使树更深。

另一种方法是用一个特定的点来表示每个数据项，例如其中心点或者左上角点。然后，当需要查找数据项时，搜索四叉树节点，该节点的区域与目标点周围的区域重叠，该区域的大小足以包含最大的可能数据项。

例如，图 10.25 所示的程序存储半径为 5 的圆，这些圆由圆心表示。当搜索位于 (A, B) 处的数据项时，程序将检查与矩形（$A - 5 \leqslant X \leqslant A + 5$ 和 $B - 5 \leqslant X \leqslant B + 5$）相交的区域中所有四叉树节点。修改算法并不复杂，但实现代码会更长一些。

八叉树

八叉树类似于四叉树，但八叉树用于存储三维对象，而不是二维对象。八叉树节点表示三维空间。当一个八叉树的节点中包含太多数据项时，其空间被分成八个子空间，由八个子节点表示，这些数据项分布在子树之间。

10.9.5 字符串树

字符串树（trie 一词来自“retrieval”，但通常发音为“try”）是用于保存字符串的树。

每个内部节点代表一个字母，叶子节点可以表示多个字母。从根到叶子节点的路径对应于字符串。从根到内部节点的部分路径形成较长路径的前缀，因此字符串树有时称为前缀树（prefx tree）。

表示键字符串的路径（无论是以内部节点还是叶子节点结尾）具有关联的值。图 10.26 显示了一棵字符串树，它保存表 10.4 中所示的键和值。

表 10.4　示例字符串树的键和值

键	值
WANE	29
WISP	72
WANT	36

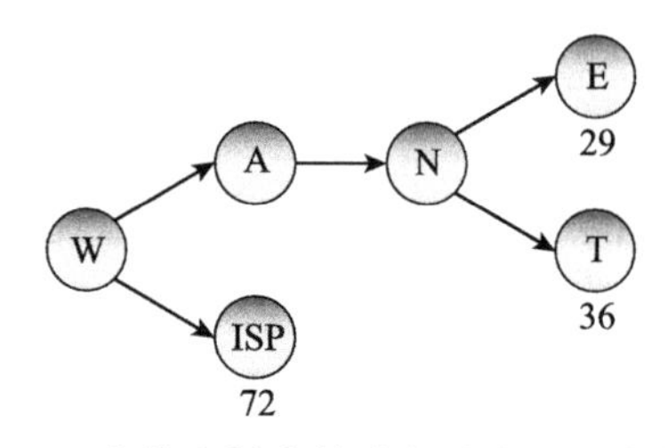

图 10.26　字符串树中的路径对应于一个字符串

例如，考虑从根节点到节点 E 的路径。访问的节点对应于字母 W、A、N 和 E，因此节点表示键 WANE。键 WANE 的值是 29。再例如，考虑根节点到节点 T 的路径。访问的节点对应于字母 W、A、N 和 T，因此该节点表示键 WANT。键 WANT 的值是 36。

注意，节点 N 的路径形成了字符串 WAN，它是 WANE 和 WANT 的前缀。还要注意，叶子节点可以表示多个字母。在本例中，节点 ISP 表示三个字母。从根节点到该节点的路径表示键 WISP，对应的值为 72。

为了向字符串树中添加新的键，可以使用键的字母沿着字符串树中的适当路径进行操作。如果到达一个叶子节点，并且键中还有更多的字母没有展现在当前路径中，则添加一个新的子节点来表示键的其余部分。

例如，假设要将键 WANTED 添加到字符串树。沿着路径穿过节点 W、A、N 和 T。该键仍带有字母 ED，因此添加一个新的叶子节点来保存字母 ED。图 10.27 显示了新的字符串树。

有时，在字符串树中添加一个新的键时，我们会很快地找到它。例如，图 10.27 中所示的字符串树中已经包含表示键 WAN 所需的节点。在这种情况下，我们只需向适当的节点添加一个值，如图 10.28 所示。

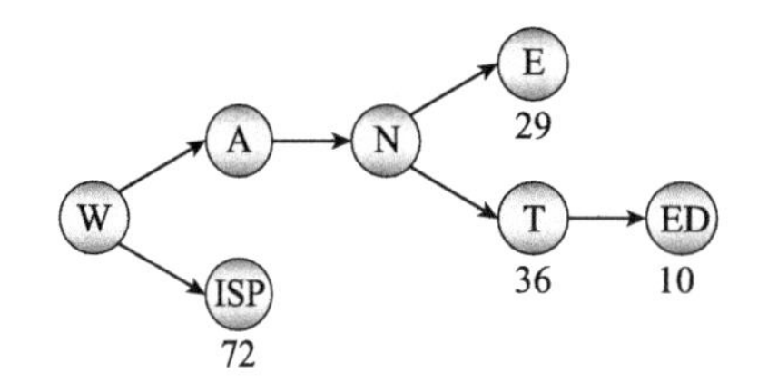

图 10.27　要向字符串树中添加一个比树中相应路径还要长的新键，则添加一个新的叶子节点

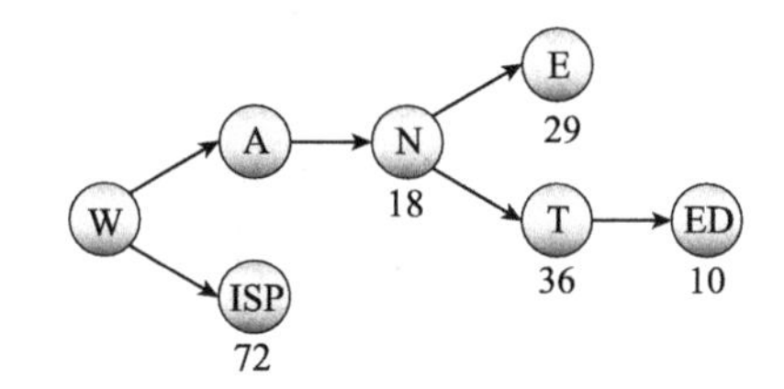

图 10.28　如果字符串树中已经包含了表示新键的节点，则只需为该键的最后节点添加一个值

不需要在每个内部节点中存储一个字母，我们可以通过跟踪从根节点获取的路径来推测节点的字母。例如，可以将节点的子节点存储在数组中，其中 `Children[0]` 是字母 A 的分支，`Children[1]` 是字母 B 的分支，依此类推。

图 10.29 显示了图 10.28 中的字符串树，内部节点字母移动到分支。注意，值为 29 的节

点不需要任何额外的信息，因为它所表示的键完全由节点的路径指定。相反，值为 10 的节点路径只指定字母 W、A、N、T 和 E，因此节点需要存储最终的 D。

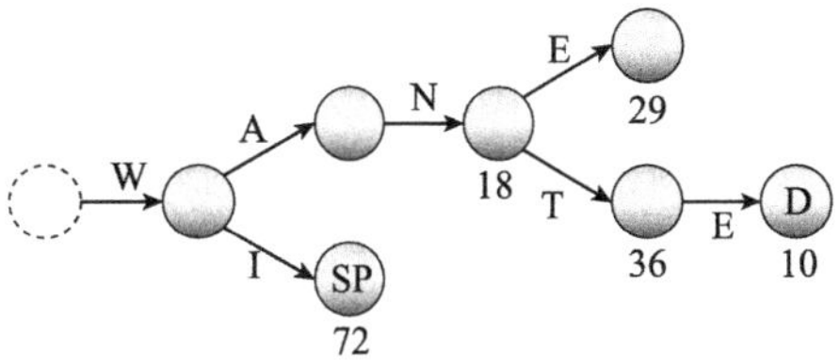

以下两节将阐述如何向字符串树添加数据项，以及在字符串树中查找数据项。

图 10.29　不需要将内部节点的字母存储在每个节点中，我们可以通过跟踪到该节点的路径来推测该节点

10.9.5.1　添加数据项

下面的伪代码演示如何将数据项添加到字符串树。在这段代码中，“剩余节点键（remaining node key)”表示存储在叶子节点中的键的一部分，例如图 10.29 中的 D 和 SP。

```
AddValue(string new_key, string new_value)
    <如果 new_key 不为空，并且与剩余节点键相匹配，
     则将此值放置于该节点中，并且返回>

    <如果 new_key 为空，并且剩余节点键也为空，
     则将此值放置于该处，并且返回>

    <如果 new_key 为空，但是剩余节点键不为空，
     则将该节点的剩余键（除去第一个字母）
     移动到子节点，并将该值放置于该处，然后返回>

    // 如果程序运行至此，则我们需要创建一个子节点
    If <子节点数组为空> Then
        // 创建子节点数组
        Children = New TrieNode[26]

        <如果节点的剩余键不为空，
         则将其移动到合适的子节点中>
    End If

    // 将字母减去 A 从而将其转换为整数
    Integer: index = new_key[0] - 'A'

    // 搜索相应的子字符串树
    If (Children[index] == null)
        // 子节点不存在。创建该子节点
        // 以使其表示新键的所有剩余部分
        Children[index] = New TrieNode()
        Children[index].RemainingKey = new_key.Substring(1)
        Children[index].Value = new_value
        Return
    End If

    // 搜索相应的子字符串树
    Children[index].AddValue(new_key.Substring(1), new_value)
End AddValue
```

这是一个相当复杂的算法。如果我们画一棵树，然后遍历算法，以各种方式做相应的更新，则可能有助于理解。

当算法在字符串树中移动时，从根节点开始，获取新键在字符串树中的分支路径，并依

次删除该分支路径上对应的字母。然后，算法检查新键剩下的当前值。

首先，如果新键非空，并且它与剩余的节点键匹配，算法会将新值放入当前节点。例如，如果在图10.29中为WANTED设置值，则会出现这种情况。当算法到达标记为D的节点时，新的键值为D，节点的剩余键为D。

接下来，如果新键为空，而节点的剩余键也为空，则算法会将该值放置在此节点中。例如，如果在图10.29中设置WAN的值，就会出现这种情况。当算法跨越N的分支时，新的键将被缩减为空字符串。该分支末尾的节点没有任何剩余的键（只有叶子节点可以有剩余的键值），因此这是WAN的值所属的位置。

接下来，如果新键为空，但节点的剩余键不为空，则算法会将节点的剩余键移到子节点中。如果字符串树包含WANE和WANTED，但不包含WANT，就会发生这种情况。在这种情况下，WANTED的路径将是W、A、N、T、ED。添加WANT并穿过T分支时，新的键值为空，因为该路径表示整个新的键WANT。但是那个节点有值ED，算法将ED向下移动到一个子节点，创建一个新的E分支和一个新的节点，D作为其剩余的键。

如果算法历经了前面的所有步骤，则必须移动到一个子节点的子字符串树（subtrie）。在尝试执行此操作之前，算法将确定节点的Children数组是否已初始化。如果没有，算法将创建该数组。如果节点的剩余键不是空的，算法还会将剩余键（减去其第一个字母）移动到相应的子节点中。

然后，算法检查应该包含新键的子节点。如果该子节点不存在，则算法创建该子节点并将其余的新键和新值存储在其中。如果该子节点已经存在，则该算法递归地调用自身，以将新的键（减去其第一个字母）添加到该子节点的子字符串树中。

10.9.5.2　查找数据项

在字符串树中搜索一个值遵循与字符串树相同的路径，但是使用更简单的算法，因为要考虑的特殊情况更少。以下伪代码显示了适用于字符串树的搜索算法：

```
// 在该节点的字符串树中搜索一个值
Data: FindValue(String: target_key)
    // 如果剩余键与节点的剩余键
    // 匹配，则返回该节点的值
    If (target_key == RemainingKey) Then Return Value

    // 搜索相应的子树
    If (Children == null) Then Return null

    Integer: index = target_key[0] - 'A'
    If (Children[index] == null) Then Return null
    Return Children[index].FindValue(target_key.Substring(1))
End FindValue
```

算法首先将目标键与节点的剩余键值进行比较。如果二者是相同的，可能存在两种情况。首先，算法可能已经用完了目标键并且到达了一个没有剩余值的节点。（如果在图10.28中搜索WAN，则会发生这种情况。）其次，算法可能已经到达了一个节点，其中剩余的目标键与该节点的剩余键匹配。（如果我们在图10.28中搜索WANTED，则会发生这种情况。）在这两种情况下，结果都与目标键匹配，因此算法返回其值。

如果剩余的目标键与节点的剩余键不匹配，则算法必须搜索子节点。如果当前节点没有子节点，则目标键不在字符串树中，因此算法返回空。如果节点有子节点，算法将计算目标键的子节点的索引。如果该子节点不存在，则目标键不在字符串树中，因此算法同样返回空。

最后，如果目标键的子节点存在，则算法递归地调用该子节点以查找目标键（减去它的第一个字母）。

10.10　本章小结

树可以用于存储和操作分层数据。构建一棵树后，就可以按照不同的顺序枚举其值并在树中搜索值。

大多数树算法的性能与树的高度有关。如果包含 N 个节点的树相对较矮且较宽，则其高度为 $O(\log N)$，并且这些算法运行速度相当快。如果树又高又细，则其高度可能为 $O(N)$，从而导致其中一些算法的性能很差。例如构建一棵排序的二叉树，在最好的情况下其运行时间为 $O(N\log N)$，在最坏的情况下其运行时间为 $O(N^2)$。

由于树的高度对这些算法至关重要，因此研究者设计了特殊的树来重新平衡它们自己，这样树就不会长得太高和太细。下一章将介绍几种平衡树，包括许多数据库系统用来有效存储和搜索索引的 B 树和 B+ 树。

10.11　练习题

练习题的参考答案请参见附录。带星号的题目表示有相当难度的练习题，带两个星号的题目表示非常困难或者耗时的练习题。

1. 一棵完美二叉树可以包含偶数个节点吗？
2. 一棵完美树既是完满树又是完全树，但并不是所有既是完满树又是完全树的树都是完美树。请绘制一棵树，它既是完满树又是完全树但却不是完美树。
3. 使用归纳法证明，对于一棵包含 N 个节点的二叉树，其分支数目 $B = N - 1$。
4. 不使用归纳法证明，对于一棵包含 N 个节点的二叉树，其分支数目 $B = N - 1$。

*5. 使用归纳法证明，对于一棵高度为 H 的完美二叉树，其叶子节点的数目 $L = 2^H$。

**6. 使用归纳法证明，对于一棵包含 N 个节点的二叉树，其缺失的分支（可以添加子节点的位置）数目 $M = N + 1$。

7. 图 10.30 所示的树的前序遍历结果是什么？
8. 图 10.30 所示的树的中序遍历结果是什么？
9. 图 10.30 所示的树的后序遍历结果是什么？
10. 图 10.30 所示的树的广度优先遍历结果是什么？
11. 编写一个程序，查找图 10.30 所示树的前序遍历、中序遍历、后序遍历和广度优先遍历结果。
12. 如果在 10.4.4 节描述的广度优先遍历算法中使用队列而不是堆栈，会发生什么情况？如何递归地生成相同的遍历结果？
13. 编写一个类似于图 10.31 的程序，该程序使用前序遍历来显示图 10.30 所示树的文本表示。

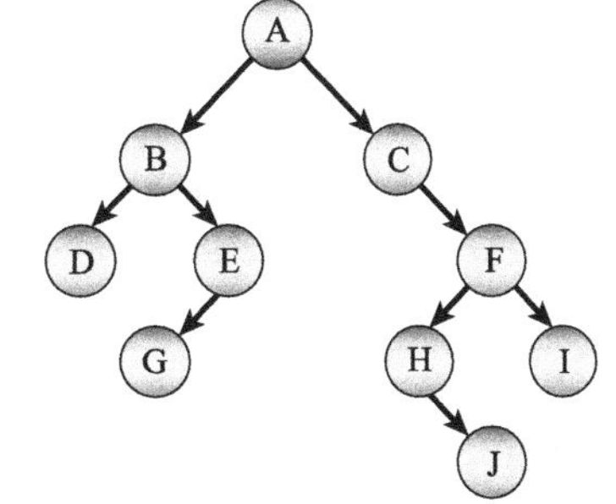

图 10.30　为练习题 7 到练习题 10，找到这棵树的遍历结果

*14. 编写一个类似于图 10.32 所示的程序，显示一棵树更直观的可视化图。（提示：为节点类实现一个 PositionSubtree 方法，用于定位节点的子树。该方法将节点子树可以占用的最小 x 和 y 坐标作为参数，并计算子树可以覆盖的矩形范围。该方法需要递归调用其左右子树的 Position-Subtree 方法，并使用子树的大小来计算生成原始子树的大小。同时，为节点类实现用于递归地

绘制树的链接和节点的方法。)

*15. 图 10.32 中所示的树特别适用于无序树，但是对于有序二叉树，则很难判断节点是其父节点的左子节点还是右子节点。例如，在图 10.32 中，无法判断节点 C 是节点 D 的左子节点还是右子节点。

修改为练习题 14 编写的程序，以生成类似于图 10.33 所示的树。在这里，如果一个节点只有一个子节点，程序会为缺失的子节点留出一些空间，这样我们就可以判断另一个子节点是左子节点还是右子节点。

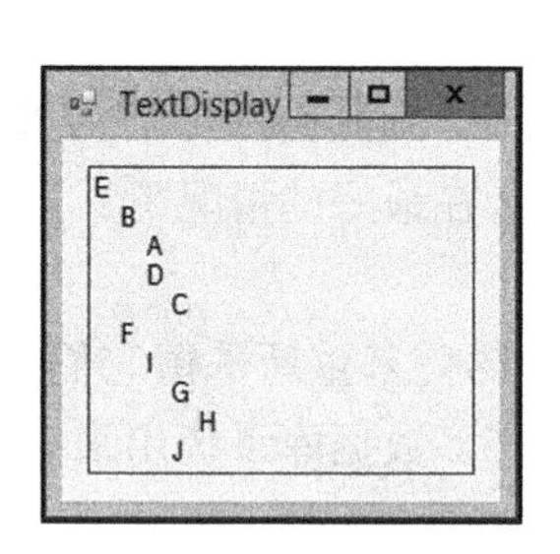

图 10.31 前序遍历可以生成树的文本表示，类似于使用 Windows 文件资源管理器显示目录结构

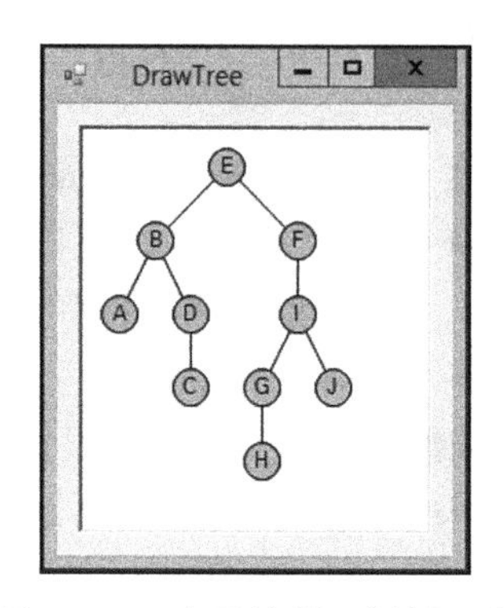

图 10.32 为了绘制一棵树，程序必须首先对这棵树定位

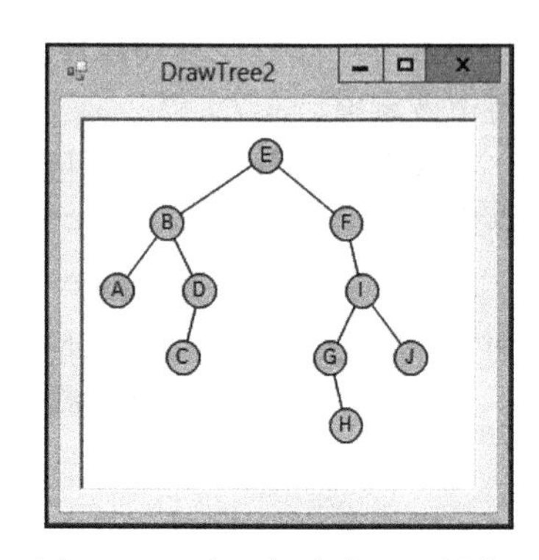

图 10.33 在一棵有序二叉树中，我们可以为缺失子树留出点空间

16. 编写一个算法的伪代码，实现在有序线索树上执行反向中序遍历。

*17. 编写一个程序，构建一棵有序线索树，并显示其中序遍历和反向中序遍历的结果。

**18. 拓展为练习题 17 构建的程序，使其显示如图 10.34 所示的树。图形中的圆圈显示节点的值及其线索指向的节点的值。例如，节点 4 的左线索设置为空（在程序中显示为 --），右线索指向节点 5。

19. 请分析算法 FindLcaSortedTree 的运行时间性能。

*20. 编写一个程序，实现算法 FindLcaSortedTree。

21. 请分析算法 FindLcaParentPointers 的运行时间性能。

*22. 编写一个程序，实现算法 FindLcaParentPointers。

23. 请分析算法 FindLcaParentsAndDepths 的运行时间性能。

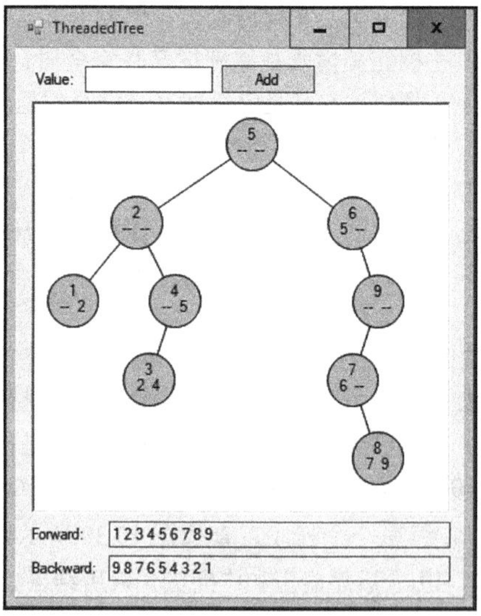

图 10.34 本程序构建和显示有序线索树

*24. 编写一个程序，实现算法 FindLcaParentsAndDepths。

25. 在 ContainsNodes 算法中，对该算法的递归调用设置值 has1 和 has2，以指示特定子树是否包含任一目标值。代码使用这些值更新 contains1 和 contains2，如果这两个值都为 true，则返回当前节点。在这种情况下，我们如何知道当前节点是 LCA，而不是子树中更深的某个节点？换而言之，如果 has1 和 has2 均为 true，那么 LCA 是不是应该在子树中而不应该在当前节点上？

26. 如果 ContainsNodes 算法的一个实例返回空，那么对于 contains1 和 contains2 变量的各种值组合，我们应该如何确认 LCA 的位置？

27. 请分析算法 `ContainsNodes` 的运行时间性能。

*28. 编写一个程序，实现算法 `ContainsNodes`。

29. 如果一棵树包含 N 个节点，那么其欧拉回路有多长？请比较使用欧拉回路和使用 `ContainsNodes` 来查找 LCA 的算法。

*30. 编写一个程序，使用欧拉回路来查找 LCA。

31. 使用欧拉环游查找 LCA 时，任一节点都可能在欧拉路径中出现多次。通过搜索欧路径中两个节点出现位置之间的区间，就可以找到 LCA。例如，考虑图 10.14 中树的欧拉路径 0, 1, 3, 6, 3, 1, 4, 7, 4, 1, 0, 2, 5, 2, 0，并假设我们希望找到节点 1 和 2 的 LCA。我们可以搜索以下任何欧拉路径中的区间。

    1, 3, 6, 3, 1, 4, 7, 4, 1, 0, 2, 5, 2

    1, 3, 6, 3, 1, 4, 7, 4, 1, 0, 2

    3, 6, 3, 1, 4, 7, 4, 1, 0, 2, 5, 2

    3, 6, 3, 1, 4, 7, 4, 1, 0, 2

    3, 1, 4, 7, 4, 1, 0, 2, 5, 2

    3, 1, 4, 7, 4, 1, 0, 2

    每个区间都以 3 开始，以 2 结束，但有些区间比其他区间长。如何快速确定这两个节点所处的位置，以便搜索尽可能短的区间？

*32. 编写一个程序，实现练习题 31 中提出的算法。

33. 一般来说，动物游戏使用的知识树是否是完满树？是否是完全树？是否是完美树？或者都不是？或者是它们的组合？

34. 动物游戏可以使用以下节点类来存储信息：

```
Class AnimalNode
    String: Question
    AnimalNode: YesChild, NoChild
End Class
```

    如果使用这个类，如何判断节点代表的是一个问题还是一种动物？

35. 编写一个程序，实现动物游戏算法。

36. 绘制以下表达式的表达式树：

$$(15 \div 3) + (24 \div 6)$$

$$8 \times 12 - 14 \times 32$$

$$1 \div 2 + 1 \div 4 + 1 \div 20$$

37. 编写一个对数学表达式进行求值的程序。由于通过解析表达式来构建数学表达式树的方法将在随后的第 15 章中阐述，所以这个程序不需要通过解析表达式来构建表达式树。可以替代的方法是，在程序中使用代码来构建和计算练习题 36 中的表达式。

38. 绘制以下表达式的表达式树：

$$\sqrt{(36 \times 2) \div (9 \times 32)}$$

$$5! \div ((5-3)! \times 3!)$$

$$\sin^2(45°)$$

*39. 拓展为练习题 37 编写的程序，以计算练习题 38 中的表达式。

*40. 编写一个程序，让用户利用鼠标左键单击并拖曳来定义水平区间。当用户单击按钮时，为区间构

建一棵区间树。如果用户创建了区间树，此时单击鼠标右键，将绘制一条穿过该单击点的垂直线，并更改包含该点 x 坐标的区间的颜色。

*41. 修改为练习题40编写的程序，搜索所有与目标区间重叠的区间，目标区间是指与用户选择的目标 x 坐标的任一侧相距25像素的区间。

*42. 编写一个类似于图10.25所示的程序。让用户单击以选择一个圆。如果用户在所有圆之外单击，则没有选择任何圆。在绘制地图时，如果选择了圆，请用不同的颜色绘制所选定的圆。

43. 绘制一棵字符串树，以表示以下键和值：

键	值	键	值
APPLE	10	ANT	40
APP	20	BAT	50
BEAR	30	APE	60

*44. 编写一个程序，实现向字符串树中添加数据项，以及在字符串树中查找数据项的功能。

第 11 章 平衡树

前一章阐述了有关树的一般概念和一些基于树的算法。一些算法，例如树遍历，其运行时间依赖于树的大小。其他一些算法，比如在有序树中插入一个节点的算法，其运行时间取决于树的高度。如果包含 N 个节点的有序树相对较矮且较宽，则插入一个新节点需要 $O(\log N)$ 个步骤。但是，如果按排序顺序将节点添加到树中，则树会变得又高又细，因此添加新节点需要 $O(N)$ 时间，耗费的时间要长得多。

本章将阐述有关平衡树的概念。*平衡树*（balanced tree）是一种特殊的树，平衡树会根据需要重新排列节点，以确保树不会变得太高和太细。这些树可能不是完美平衡的，或者对于给定数量的节点其高度并不是最小，但是它们的平衡程度足以使自顶而下遍历算法的运行时间为 $O(\log N)$。

注意：本章没有使用本书其他章节中包含的伪代码来描述算法，而是采用图示的方式描述算法，这更有助于解释和理解有关平衡树的算法。

以下章节将描述三种平衡树：AVL 树、2-3 树和 B 树。

11.1 AVL 树

AVL 树（Adelson-Velskii 和 Landis 树，自平衡二叉搜索树）是一种有序二叉树，其中任何给定节点上的两个子树的高度最多相差 1。例如，如果节点的左子树的高度为 10，则其右子树的高度必须为 9、10 或者 11。当在 AVL 树中添加节点或者移除节点时，如果需要，将重新平衡树，以确保子树的高度相差不超过 1。

注意：AVL 树是以其发明者——两位俄罗斯数学家 G. M. Adelson-Velskii 和 E. M. Landis 的名字命名的。他们在 1962 年的一篇论文中首次提及这种最古老的平衡树。

因为 AVL 树是一个有序二叉树，所以树的搜索非常容易。有关如何搜索有序树，请参见上一章。向 AVL 树添加值和从 AVL 树中删除值的算法稍微复杂一些。以下章节将介绍这两种操作。

11.1.1 添加值

通常，AVL 树节点的实现包括一个平衡因子，用于指示节点的子树是偏左的、平衡的还是偏右的。我们可以将平衡因子定义为 < *左子树的高度* >-< *右子树的高度* >。这意味着如果平衡因子为 –1，则表示节点是偏右的；如果平衡因子为 0，则表示两棵子树具有相同的高度；如果平衡因子为 +1，则表示节点是偏左的。

将一个新节点添加到 AVL 树的基本策略是递归地在树中向下移动，直到找到新节点所属的位置。当递归展开并向上移动节点到根节点时，程序会更新每个节点的平衡因子。如果程序发现具有平衡因子小于 –1 或者大于 +1 的节点，程序将使用一次或者多次“旋转”来重新平衡该节点上的子树。

算法具体使用哪种旋转取决于哪个后代子树包含新节点。新节点的位置包括四种情况：

左子节点的左子树，左子节点的右子树，右子节点的左子树，以及右子节点的右子树。图 11.1 所示的树演示了新节点位于左子节点的左子树 A1 中的情况，我们称之为*左 – 左情况*(left-left case)。

图 11.1 中的三角形区域表示可能包含许多节点的平衡 AVL 子树。在本例中，新节点位于子树 A1 中。树在节点 B 处是不平衡的，因为以节点 A 为根的子树（包括子树 A1）比节点 B 的另一个子树 B2 高 2 个层级。

我们可以通过向右旋转树，将节点 B 替换为节点 A，并移动子树 A2 使其成为节点 B 的新左子树来重新平衡树。图 11.2 显示了结果。这种重新平衡的方法被称为*右旋转*（right rotation）。

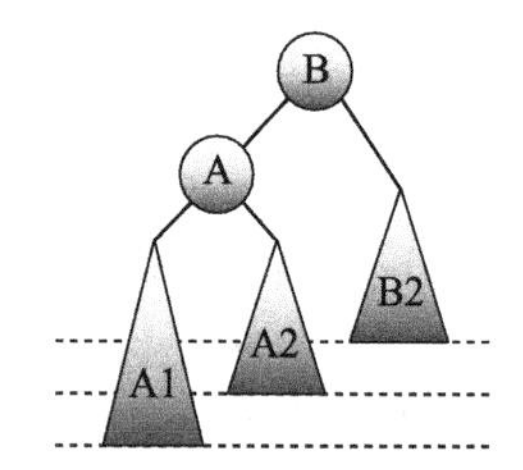

图 11.1　在左 – 左情况下，左子节点的左子树包含新节点

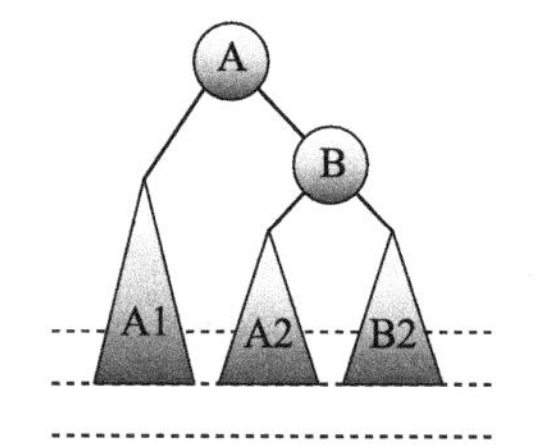

图 11.2　向右旋转使得图 11.1 中的树重新变成平衡 AVL 树

右 – 右情况（right-right case）与左 – 左情况相似的。在右 – 右情况下，可以使用*左旋转*(left rotation）重新平衡树，如图 11.3 所示。

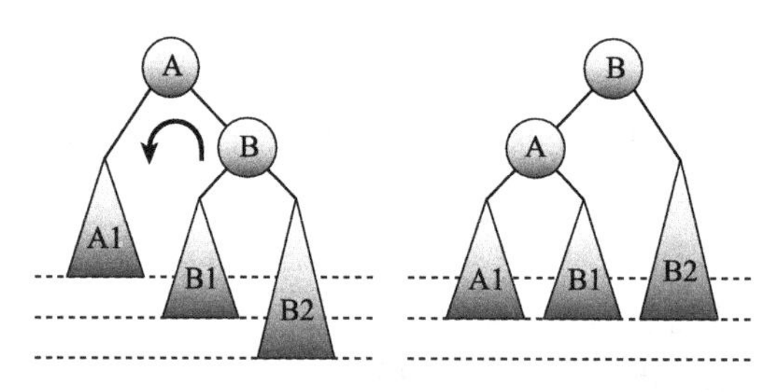

图 11.3　如果新节点位于右子节点的右子树中，则向左旋转使得树重新变成平衡 AVL 树

图 11.4 的上部显示了*左 – 右情况*（left-right case），此时新节点位于左子节点的右子树中。该子树包括节点 A 及其两个子树。新节点是在子树 A1 还是子树 A2 中并不重要。无论哪种情况下，以节点 A 为根的子树比子树 B2 深 2 个层级。这意味着以节点 C 为根的子树比子树 B2 的深度大 2，因此该树在节点 B 处不平衡。

在这种情况下，我们可以先使用一个左旋转然后再使用一个右旋转来重新平衡 AVL 树。图 11.4 中的第二幅图像显示了左旋转以更改节点 A 和 C 的位置后的树。此时，树处于左 – 左情况，与图 11.1 所示的情况类似。左子节点的左子树比节点 B 的右子树深 2 个层级。现在，我们可以通过使用右旋转来重新平衡这棵树，就像在左 – 左情况下一样。图 11.4 中下部的图显示了生成的平衡树。

采用类似的技术，可以在右 – 左情况下重新平衡树。可以先使用一个向右旋转将树转换为右 – 右的情况，然后再使用一个向左旋转重新平衡树。

11.1.2　删除值

无论我们是添加新节点还是删除现有节点，都可以使用相同的旋转方法来重新平衡树。

例如，图 11.5 显示了从 AVL 树中删除节点的过程。图 11.5 上部的图显示了原始树。删除节点 1 后，图 11.5 中间图中的树在节点 3 处不平衡，因为该节点的左子树的高度为 1，右子树的高度为 3。通过向左旋转可以重新平衡树，结果如图 11.5 底部的图所示。

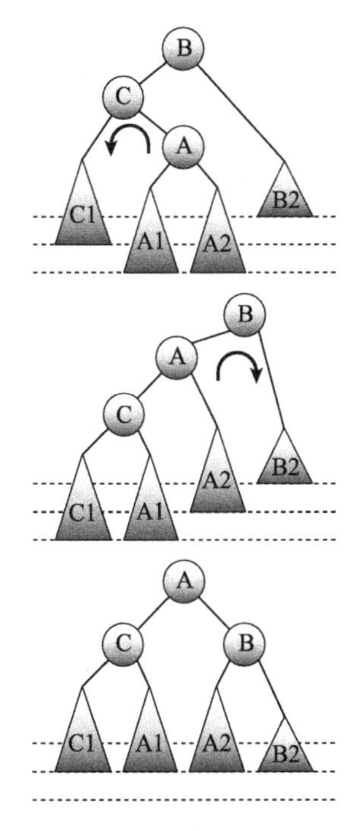

图 11.4 如果新节点位于左子节点的右子树中，则左旋转后再右旋转将使得树重新变成平衡 AVL 树

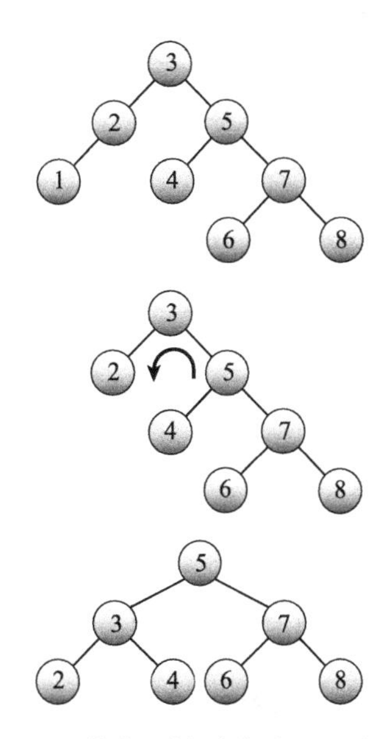

图 11.5 节点 1 被删除后，通过一个左旋转使得树重新变成平衡 AVL 树

在任何时候，一棵包含 N 个节点的 AVL 树的高度都不超过 $O(\log N)$，因此它相当矮和宽。这意味着在树中移动的操作（比如搜索一个值）所需的运行时间为 $O(\log N)$。重新平衡树最多也需要 $O(\log N)$ 时间，因此添加或者删除值需要 $O(\log N)$ 时间。

11.2 2-3 树

为了保持 AVL 树的平衡，我们在相对较大的范围内考察树的结构。任何节点的子树在高度上最多相差 1。如果需要检查子树以确定其高度，我们需要搜索该子树直到其叶子节点。

为了保持一棵 2-3 树（2-3 tree）的平衡，我们在相对较小的范围内考察其节点。我们不需要检查给定节点上的整个子树，只需要检查每个节点所拥有的子节点总数即可。

在 2-3 树中，每个内部节点都有两个或者三个子节点。有两个子节点的节点称为 2- 节点（2-node），有三个子节点的节点称为 3- 节点（3-node）。因为每个内部节点至少有两个子节点，所以包含 N 个节点的树的高度最多为 $\log_2(N)$。

具有两个子节点的节点的工作方式与普通二叉树中的节点相同。具有两个子节点的 2- 节点包含一个值。在搜索树时，可以向下查看节点的左分支或者右分支，这取决于目标值是否小于或者大于节点的值。

具有三个子节点的 3- 节点包含 2 个值。在搜索树时，如果目标值小于该节点的第一个值，则向下查看该节点的左分支；如果目标值介于其第一个值和第二个值之间，则向下查看该节点的中间分支；如果目标值大于其第二个值，则向下查看该节点的右分支。

实际上，可以使用相同的类或者结构来表示这两种节点。只需创建一个最多可以容纳两个值和三个子节点的节点。然后添加一个属性，以指示目前使用的值的个数。（请注意，叶子节点可能包含一个或者两个值，但没有子节点。）

图 11.6 显示了一棵 2-3 树的示例。为了查找值 76，需要将 76 与根节点的值 42 进行比较。目标值 76 大于 42，因此向下移动节点 42（即根节点）的右分支。在下一个节点，将 76 与 69 和 81 进行比较。目标值 76 在 69 到 81 之间，所以我们向下移动到中间分支。然后在叶子节点中查找到值 76。

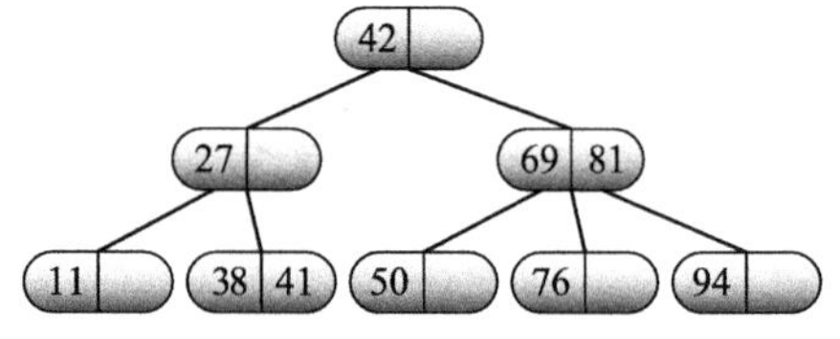

图 11.6　在一棵 2-3 树中，每个内部节点都有两个或者三个子节点

搜索 2-3 树相当简单，但是添加值和删除值要比普通的二叉树困难一些。

11.2.1　添加值

要向 2-3 树中添加新值，首先需要搜索有序树以查找新值所属的叶子节点。根据叶子节点是否已满，分以下两种情况进行处理。

首先，如果叶子节点只包含一个值，则只需将新值添加到该节点，保持其与节点现有值的排序顺序即可。其次，假设应该保存新值的叶子节点已经包含了两个值，因此该节点已满。在这种情况下，将叶子节点拆分为两个新节点，将最小值放在左侧节点，将最大值放在右侧节点，并将中间值上移到父节点。这称为*节点拆分*（node split）。

图 11.7 显示了将值 42 添加到左边所示的 2-3 树中的过程。值 42 大于根节点中的值 27，因此新值应该放在根节点的右分支下。该分支下的节点是一个叶子节点，因此这是新值所属的理想位置。但是，该节点已满，如果在该节点再添加新值将为其提供三个值：32、42 和 57。为了腾出空间，我们将该叶子节点拆分为两个新节点，分别包含较小的值 32 和较大的值 57，然后将中间的值 42 向上移动到父节点。生成的结果树显示在图 11.7 中的右侧。

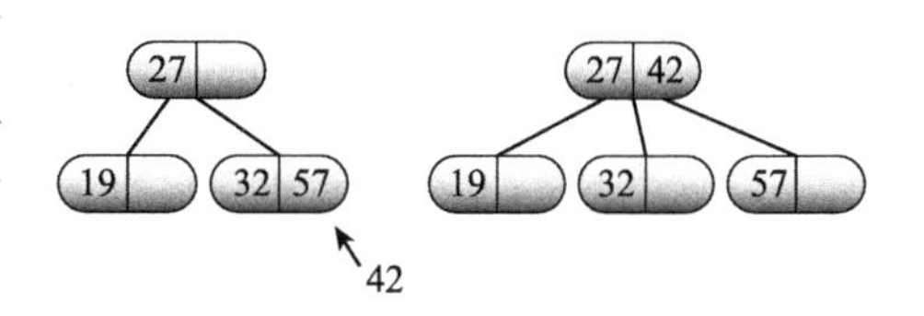

图 11.7　将一个新值加到一个满的叶子节点中将导致节点的拆分

节点拆分时，需要将值向上移动到其父节点。这可能会导致父节点包含的值太多，因此父节点也会拆分。在最坏的情况下，一系列的拆分会一直向上级联到树的根节点，从而导致*根拆分*。拆分树的根节点时，树就会长高。这是 2-3 棵树长高的唯一方法。

在有序二叉树中，按排序顺序添加值是最坏的情况，会生成一个又高又细的树。如果向树中添加 N 个节点，则树的高度为 N。

图 11.8 显示了一个 2-3 树，把值 1 到 7 按数字顺序添加到树中。树可以在根节点中保存值 1 和 2，因此第一个图中显示已经包含这些值的树。每个图中都显示要添加的下一个值及其在树中所属的位置。如果逐步完成这些阶段，我们将看到添加值 5 会导致节点拆分，添加值 7 会导致根拆分。

11.2.2　删除值

理论上，从 2-3 树中删除一个值，应该是添加一个值的逆操作。我们可以进行节点合并，而不是节点拆分。但实际操作上，细节相当复杂。

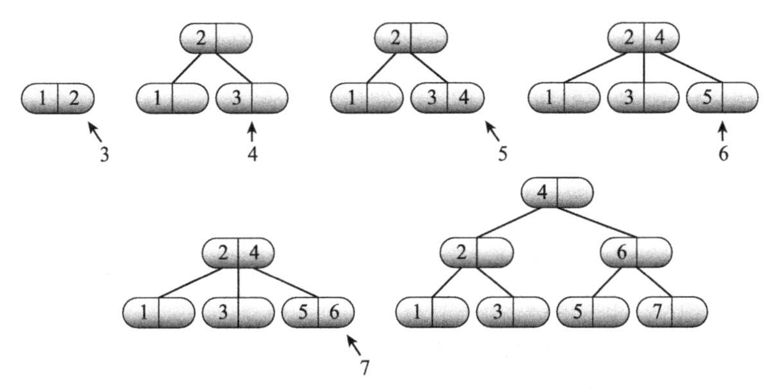

图 11.8 将一个新值加到一个满的叶子节点中将导致节点的拆分

如果可以将所有删除视为来自叶子节点，则可以简化问题。如果目标值不在叶子节点中，则将其替换为该节点左子树中最右边的值，就像在排序树中一样。替换节点将位于叶子节点中，因此现在可以将该情况视为从该叶子节点中移除最右边的值。

从节点中移除值后，该节点包含零个值或者一个值。如果节点只包含一个值，则删除操作完成。如果节点现在包含零个值，则可以从其兄弟节点借用一个值。如果节点的兄弟节点有两个值，则将其中一个移到空节点中，删除操作完成。

例如，考虑图 11.9 顶部所示的树。假设要从根节点中删除值 4。首先将值 3 移到删除的位置，结果如图 11.9 中第二个图所示。此树不再是 2-3 树，因为内部节点 A 只有一个子节点。在本例中，节点 A 的兄弟节点 B 有三个子节点，因此节点 A 可以从节点 B 中取走一个子节点。移动包含值 5 的节点，使其成为节点 A 的子节点。删除该节点时，还必须删除用于确定何时从节点 B 向左移动到包含 5 的节点的值 6。图 11.9 中的第三棵树显示了新的情况。

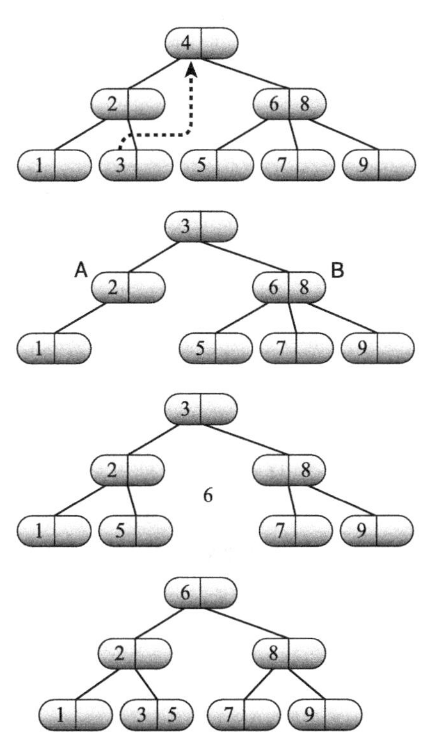

图 11.9 当删除 2-3 树节点中的值时，如果节点包含零个值，则可以从其兄弟节点借用一个值

此时，值 6 没有节点，树中的值不再按排序顺序排列，因为值 5 位于值 3 的左侧。值 6 大于 A 的子树中的任何值，因此将其移到 A 的父级。位于该位置的值（本例中为 3）大于 A 的原始子树中的值，小于从其兄弟节点（5）借用的值，因此将 3 放在借用值 5 的左侧。图 11.9 底部的树显示了最终结果。

删除值时可能还会发生另一种情况。假设我们从节点中移除一个值。如果该节点只有一个子节点，并且该节点的兄弟节点只包含一个值，则不能从兄弟节点借用节点。在这种情况下，可以合并节点及其兄弟节点。自然而然，这称为节点合并（node merge）。

合并两个节点时，它们的父节点将失去一个子节点。如果父节点只有两个子节点，则违反 2-3 树中的每个内部节点都必须有两个或者三个子节点的条件。在这种情况下，向上移动树并在该节点的父节点处重新平衡树，可以重新分配节点，也可以将父节点与其兄弟节点合并。

例如，考虑图11.10顶部的树，并假设我们想要删除值3。这样做会生成图中所示的第二棵树。此树不再是2-3树，因为内部节点A只有一个子节点。

节点B也只有两个子节点，因此节点A不能从中借用子节点。相反，我们需要合并节点A和B。在它们之间，节点A和B包含两个值并有三个子节点，因此从空间的角度来看这是可行的。合并这两个节点时，其父节点将失去一个子节点，因此也必须失去一个值。我们可以将该值移到合并节点的子树中。

重新排列后，值不再按排序顺序排列，因此需要重新进行排序。图11.10的底部显示了生成的结果树。

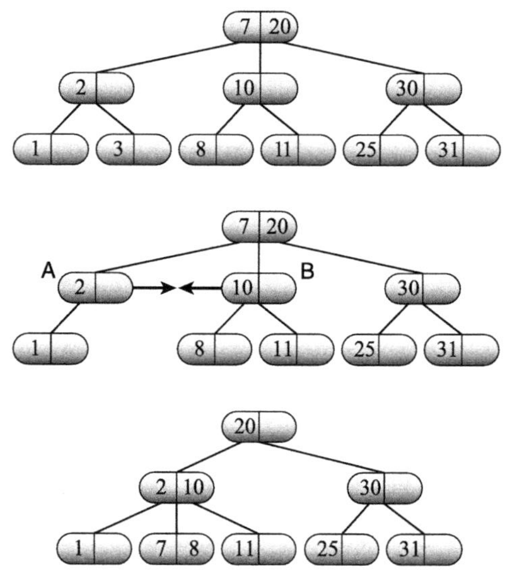

图11.10　有从2-3树中删除一个值时，需要合并两个节点

在本例中，顶部节点（最终包含值20）有两个子节点。如果没有，则必须在该节点级别重新平衡树，要么借用子节点，要么与该节点的兄弟节点合并。在最坏的情况下，一系列的合并会一直到树的根上，从而导致根合并。这是2-3树变矮的唯一方法。

11.3　B树

B树（B-tree，发音为bee trees）是2-3棵树的扩展。（或者，我们也可以认为2-3树是B树的特例。）在一棵2-3树中，每个内部节点都包含一个或者两个值，并且具有两个或者三个分支。在K阶B树中，每个内部节点（可能根节点除外）都包含K到$2\times K$个值，并且具有$K+1$到$2\times K+1$个分支。

因为B树中的内部节点可以包含许多值，所以B树中的内部节点通常称为桶（bucket）。B树节点可以包含的值的数量由树的阶（order）决定。K阶B树具有以下性质：

- 每个节点最多包含$2\times K$个值。
- 除根节点外，每个节点至少包含K个值。
- 包含M个值的内部节点，具有$M+1$个分支，通向$M+1$个子节点。
- 树上所有的叶子节点都位于同一个层级上。

由于每个内部节点至少有$M+1$个分支，所以B树不会长得太高和太细。例如，9阶B树中的每个内部节点都至少有10个分支，因此一棵包含100万个值的树大约需要$\log_{10}(1\ 000\ 000)=6$层的高度。（一个完全二叉树需要20层才能容纳相同数量的值。）

注意：回想一下，树的度是它的任何节点可以拥有的最大分支数。这意味着K阶B树的度为$2\times K+1$。

搜索B树的方法和搜索2-3树的方法一样。在每个节点上，找到目标值所处区间的值，然后向下移动相应的分支。

图11.11显示了2阶B树的节点。如果在树中搜索值35，则会向下移动到分支B，因为

35 位于节点的值 27 和 36 之间，而分支 B 位于这些值之间。如果我们想查找值 50，则会向下移动到分支 D，因为这是节点的最后一个分支，并且值 50 大于节点的所有值。

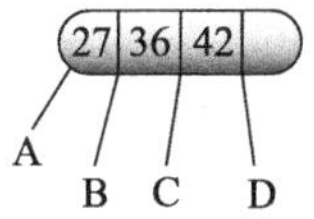

图 11.11 在 B 树中，每个内部节点都包含若干个值，并且这些值之间具有若干个分支

正如在 B 树中搜索类似于在 2-3 树中搜索一样，在 B 树中添加值和移除值也类似于在 2-3 树中添加值和移除值。

11.3.1 添加值

若要在 B 树中插入值，需要先定位应包含该值的叶子节点。如果该节点包含的值的个数少于 2×*K*，只需添加新值即可。如果节点包含 2×*K* 个值，则没有空间容纳新值。如果节点的任何一个兄弟节点包含的值的个数小于 2×*K*，则可以重新排列兄弟节点中的值，以便容纳新值。

例如，考虑图 11.12 顶部所示的树，并假设要添加值 17。可以包含新值的叶子节点已满。在图底部的树中，已经重新排列该节点及其右侧兄弟节点中的值，以便为新值腾出空间。请注意，图中已在父节点中更改了分割值。

如果所有兄弟节点都已满（或者如果我们不想在兄弟节点之间重新排列值，因为重新排列值会非常复杂），则可以将节点拆分为两个节点，每个节点包含 2×*K* 个值。将新值添加到节点的现有值中，将中间值移到父节点中使其成为分割值，并将其余值放入两个新节点中。

例如，考虑图 11.13 顶部所示的树，并假设要添加值 34。叶子节点及其兄弟节点都已满，因此无法重新分配值以腾出空间。因此，我们可以拆分节点，如图 11.13 底部所示。

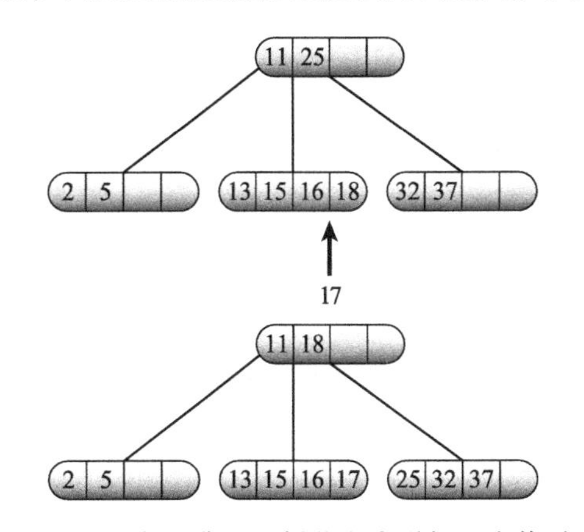

图 11.12 当在满的 B 树节点中增加一个值时，有时我们需要在节点的兄弟节点中重新分配值以为新值腾出空间

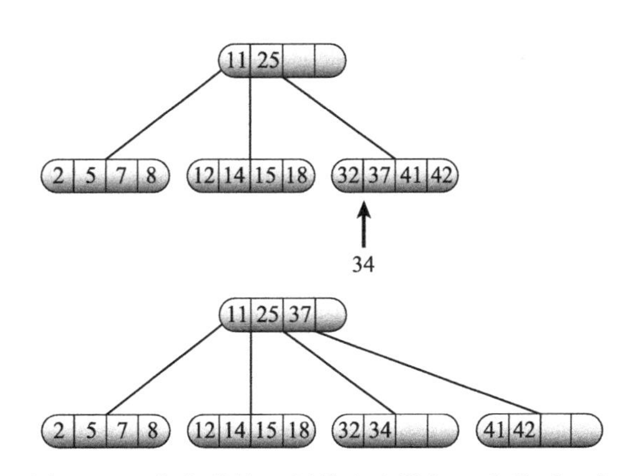

图 11.13 当在满的 B 树节点中增加一个值时，有时我们需要拆分节点

将新值向上移动到父节点时，该节点可能会变得太满。在这种情况下，必须对父节点重复该过程，或者在该节点的兄弟节点之间重新排列值，或者拆分该节点并将值向上移动到其父节点。

在最坏的情况下，节点拆分会沿着树一直到根节点，从而导致根节点拆分。这是 B 树长高的唯一方法。

11.3.2 删除值

要从内部节点中移除值，需要将其与树中左子树的最右边值进行交换，就像通常对已排序的树所做的那样。然后将此情况视为从叶子节点中删除值。

删除该值之后，如果叶子节点至少包含 K 个值，则删除操作完成。如果叶子节点包含的值的个数少于 K，则必须重新平衡树。如果节点的任何一个兄弟节点包含的值的个数超过 K 个，则可以重新分配这些值以调整目标节点包含 K 个值。

例如，考虑图 11.14 顶部所示的树，并假设要删除值 32。这将使它的叶子节点只保留一个值，这对于 2 阶的 B 树是不允许的。在图 11.14 底部的树中，节点及其兄弟节点中的值已重新排列，以便每个节点都包含两个值。

如果没有一个节点的兄弟节点包含超过 K 个值，则可以将该节点与其兄弟节点之一合并，以生成包含 $2\times K$ 个值的节点。

例如，考虑图 11.15 顶部的树，并假设我们想要删除值 12。它的叶子节点及其所有兄弟节点都包含 K 个值，因此不能重新分配值。相反，我们可以将叶子节点与其兄弟的某个节点合并，如图 11.15 底部所示。

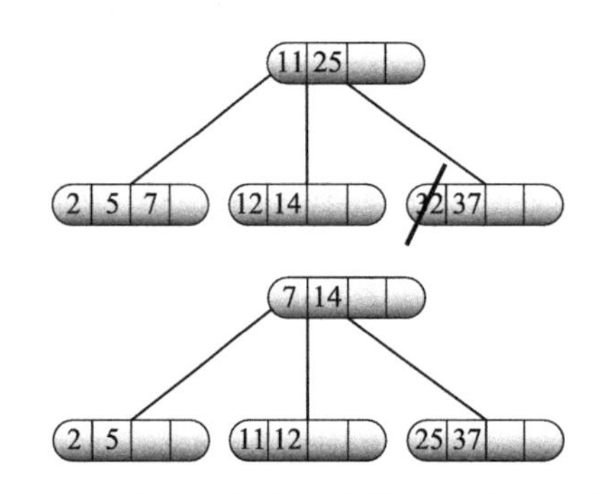

图 11.14　当从 B 树节点删除一个值时，有时我们可以在节点的兄弟节点之间重新分配值以平衡该树

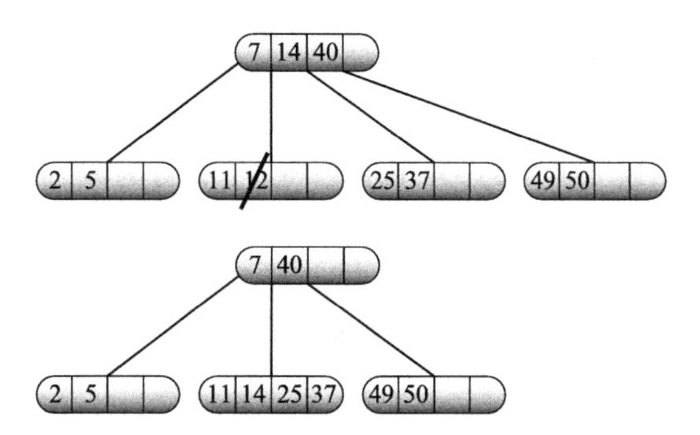

图 11.15　当从 B 树节点删除一个值时，有时我们需要将节点与其兄弟节点合并

合并两个节点时，父节点可能不包含 K 个值。在这种情况下，必须对父节点重复执行该过程，要么在该节点的兄弟节点之间重新排列值，要么将该节点与其兄弟节点之一进行合并。

在最坏的情况下，合并会一直沿着树向上移动到根节点，从而导致与根节点合并。这是 B 树变短的唯一方法。

11.4　平衡树的变种

一些文献中描述了许多其他类型的平衡树结构和平衡树的变种。以下章节将介绍对 B 树进行的两种改进。这些改进针对 B 树进行描述，但它们也适用于其他类型的平衡树。特别地，因为 2-3 树实际上只是 1 阶 B 树，所以这些技术可以直接应用于 2-3 树。

11.4.1　自顶向下的 B 树

将数据项添加到 B 树时，首先递归地向下移动到树中，以找到应该容纳该数据项的叶子节点。如果该存储桶已满，则可能需要将其拆分并将数据项上移到父节点。当递归调用返回时，则可以添加一个已上移到当前节点的值，如果该节点被拆分，则将另一个值上移到树上。因为这些桶的拆分发生在递归调用返回树的时候，所以这种数据结构有时被称为自底向上的 B 树（bottom-up B-tree）。

另一种策略是让算法在向下移动到树的过程中拆分任何完整的节点。如果算法必须将值上移到树上，则这将在父节点中创建空间。例如，如果本应该保存新值的叶子节点已满，则算法知道该叶子节点的父节点有空余空间，因为如果没有空余空间，该父节点早就会被拆分。因为这些桶的拆分是在递归向下移动到树中时发生的，所以这种变化有时称为自顶向下的 B 树（top-down B-tree）。

在自顶向下的 B 树中，桶拆分发生的时间比其他情况要早。自顶向下的算法分割一个完整的节点，即使其子节点包含许多未使用的数据项。这意味着树包含的未使用的数据项远远超过必需，因此比自底向上的 B 树要高。然而，所有的空闲空间也减少了添加一个新值将导致一系列长桶拆分的机会。

不幸的是，不存在自顶向下的桶合并算法。当节点自顶向下移动到树中时，算法无法判断节点是否会丢失一个子节点，因此算法并不知道是否应该将该节点与一个兄弟节点合并。

11.4.2 B+ 树

B 树通常用于存储大型记录。例如，B 树可用于保存雇员记录，每个记录占用几千字节的空间。如果记录中包括员工的照片，那么每个记录都可能有几兆字节。B 树将使用某种键值（比如员工 ID）来组织数据。

在这种情况下，重新排列桶中的数据项会相当慢，因为程序可能需要在多个节点之间移动许多兆字节的数据。级联的桶拆分需要算法移动大量数据。

避免移动大量数据的一种方法是只将键值放在 B 树的内部节点中，然后使每个节点也存储一个指向其余记录数据的指针。现在，当算法需要重新排列存储桶时，它只移动键和记录指针，而不是整个记录。这种类型的树称为 B+ 树（发音为 bee plus tree）。

图 11.16 显示了 B+ 树背后的思想。这里虚线表示从键到相应数据的链接（指针），数据显示在框中。

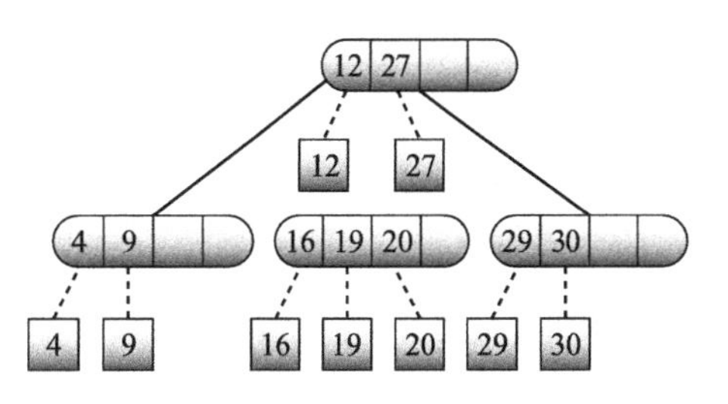

图 11.16 在 B+ 树中，值链接到相应的数据，数据则使用框来表示

B+ 树除了可以更快地重新排列值外，还有两个优点。首先，它们允许程序轻松地使用多棵树来管理同一数据的不同键。例如，程序可以使用一棵 B+ 树按员工 ID 排列员工记录，而使用另一棵 B+ 树按社会安全号码（Social Security Number，SSN）排列相同的记录。每棵树将使用相同的指针来引用员工记录。若要按 ID 或者社会安全号码查找员工，我们可以搜索相应的树，然后跟踪指向实际数据的正确指针。

B+ 树的第二个好处是节点可以在同一空间中保存更多的值。这意味着我们可以增加树的度并使树变矮。

例如，假设构建一个 2 阶 B 树，这样每个节点都有三到五个子节点。为了保存 100 万条记录，这棵树需要一个介于 $\log_5(1\ 000\ 000)\approx 9$ 和 $\log_3(1\ 000\ 000)\approx 13$ 之间的高度。要在此树中查找数据项，程序可能需要搜索多达 13 个节点。树的所有记录不太可能一次全部载入内存，因此可能需要 13 次磁盘访问，这相对来说比较慢。

现在假设我们使用与原始节点相同的字节数在 B+ 树中存储同样的 100 万条记录。因为 B+ 树只在节点中存储键值，所以它的节点可以保存更多的键。

假设新的 B+ 树可以在同一个节点空间中存储多达 20 个员工 ID（实际值可能要大得多，

这取决于雇员记录的大小)。在这种情况下，树中的每个节点都有 11 到 21 个子节点，因此树可以存储相同的 100 万个值，高度在 $\log_{21}(1\ 000\ 000)\approx 5$ 和 $\log_{11}(1\ 000\ 000)\approx 6$ 之间。要找到一个数据项，程序最多只需要搜索 6 个节点，最多执行 6 次磁盘访问，将搜索时间大约减少了一半。

注意：由于 B+ 树提供了相对较少的磁盘访问以及快速的搜索时间，关系数据库经常使用它们来实现索引。

11.5　本章小结

与其他排序树一样，平衡树允许程序快速存储和查找值。通过保持自身的平衡，诸如 AVL 树、2-3 树、B 树和 B+ 树这样的树可以确保不会长得太高和太细，从而不会破坏程序的性能。

在平衡树中添加值和移除值所需的时间比在普通（非平衡）排序树中所需的时间长。然而，这些操作仍然只需要 $O(\log N)$ 时间，因此即使实际时间稍长，理论运行时间也是相同的。花费额外的时间使得算法能够保证这些操作不会增长到线性时间。

第 8 章描述了哈希表。哈希表存储和检索值的速度甚至比平衡树更快。但是，哈希表不允许使用某些相同的功能，例如按排序顺序快速显示数据结构中的所有值。

本章和前一章描述了通用树算法，这些算法允许我们构建和遍历树以及平衡树。下一章介绍决策树，我们可以使用它来建模和解决各种各样的问题。

11.6　练习题

练习题的参考答案请参见附录。带星号的题目表示有相当难度的练习题。

1. 绘制一张类似于图 11.4 所示的图，展示如何在右 – 左情况下重新平衡 AVL 树。
2. 绘制一系列图，显示按数字顺序向 AVL 树中添加值 1 到 8 时 AVL 树的变化情况。
3. 在图 11.17 所示的 AVL 树中，移除节点 33 后，重新平衡 AVL 树。
4. 绘制一系列类似于图 11.7 所示的图，展示在向图 11.18 中所示的 2-3 树添加值 24 后重新平衡 2-3 树的过程。

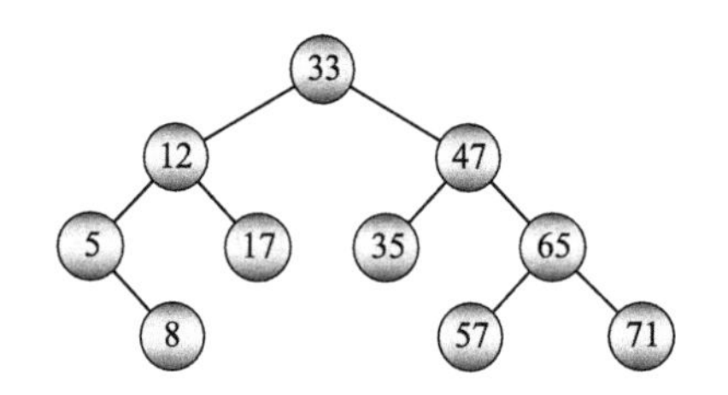

图 11.17　从这颗 AVL 树中移除值 33，然后重新平衡这棵树

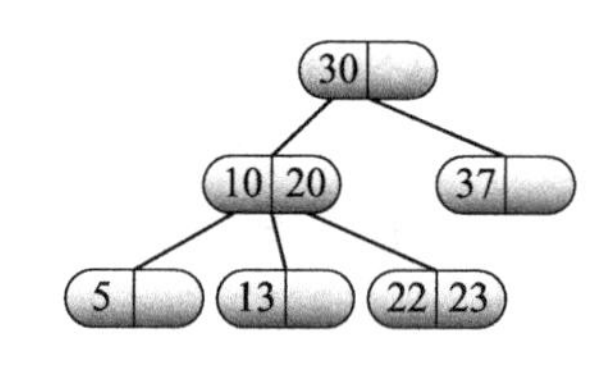

图 11.18　向这棵 2-3 树中添加值 24，然后重新平衡这棵树

5. 绘制一系列类似于图 11.9 所示的图，展示从图 11.18 所示的 2-3 树中移除值 20 的过程。
6. 绘制一系列类似于图 11.13 所示的图，展示将值 56 添加到图 11.19 所示的 B 树中的过程。

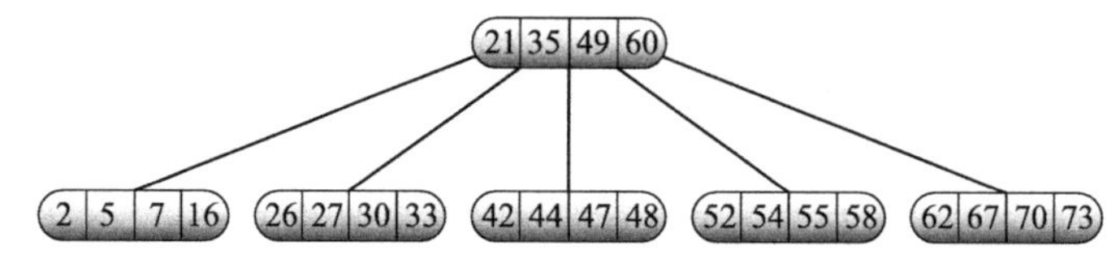

图 11.19　向这棵 B 树中添加值 56，然后重新平衡这棵树

7. 绘制一系列类似于图 11.14 所示的图，说明如何从 B 树中删除值 49，这是上面练习题 6 的最终解决方案。
8. 绘制一系列图，展示如何向 2 阶 B 树添加连续数字 1, 2, 3, …，直到根节点包含 4 个子节点为止。请问此时 B 树一共包含多少个值？
9. 计算机通常从硬盘上分块读取数据。假设一台计算机的块大小为 2KB，并且我们希望构建一个 B 树或者 B+ 树，该树使用每个桶四个块的方式存储客户记录。假设每条记录占用 1KB，并且我们希望树存储的键值是客户的名称，最多占用 100 个字节。还假设节点之间的指针（或者指向 B+ 树中的数据）各占用 8 个字节。当使用四个块的桶时，B 树或者 B+ 树的最大阶是什么？如果 B 树和 B+ 树拥有 10 000 条记录，那么树的最大高度是多少？

决 策 树

第 10 章描述了树的通用算法，第 11 章重点讨论了平衡树算法。这两章虽然阐述了可以用来构建和维护树的算法，但是并没有描述任何使用树来解决特定问题的算法。

本章将介绍决策树，我们可以使用决策树来模拟通过一系列决策来解决问题的情况。树中的每个分支都代表一个选择。叶子节点表示生成最终解决方案的完整决策集。我们的目标是找到树中可能的最佳选择集或者最佳叶子节点。

例如，在划分问题（partition problem）中，我们希望将一组具有不同重量的对象划分为具有相同总重量的两组。我们可以使用二叉树来模拟这个问题，树的 K 级左分支对应于将第 K 个对象包含在第一堆中，右分支对应于将第 K 个对象包含在第二堆中。穿过树的完整路径对应于两堆对象的完整分配。我们的目标是找到一条重量分布最均匀的路径。

决策树用途非常广泛，可以模拟各种情况。借助决策树，我们可以使用一系列步骤来生成解决方案。不幸的是，决策树往往非常巨大。例如，上一段中描述的二叉树表示将 N 个对象分成两堆，该树有 2^N 个叶子节点，因此可能无法搜索整棵树。更具体地，一棵对 50 个对象进行划分的二叉树具有大约 1.13×10^{15} 个叶子节点。即使我们可以每秒检查 100 万个这样的节点，也需要 2100 多年的时间来检查完所有的节点。

本章将描述几种不同的决策树，阐述可以用于高效搜索这些树的技术，以便求解超越暴力破解法能力范围的大规模问题。本章还将讨论启发式方法。当无法完全搜索一棵树时，我们可以使用启发式方法来求解一些问题的近似解。

下一节将讨论决策树搜索算法，首先讨论一种非常特殊的搜索：博弈树搜索。

12.1 搜索博弈树

我们可以用一棵博弈树来模拟类似国际象棋、跳棋、围棋和井字棋游戏（○和 ×）这样的游戏，其中每个分支代表一个玩家的走子。如果一个玩家在博弈的某个点上有 10 种可能的走子方式，那么这个点上的树就有 10 个可能的分支。从根节点穿过树到叶子节点的完整路径对应于一个完整的博弈。

像所有的决策树一样，博弈树生长得非常快。例如，假设一个棋局持续 40 步（每个棋手各走子 20 步），并且平均每个回合有大约 30 种可能的走子方式。在这种情况下，通过博弈树的路径总数约为 $30^{40}\approx1.2\times10^{59}$。用一台每秒能检查 1 亿条可能路径的计算机彻底搜索这样的一棵树大约需要 2.3×10^{44} 年。（具体请参见 https://en.wikipedia.org/wiki/Shannon_number 有关香农数（Shannon Number）的讨论，这是关于国际象棋复杂性的一个估算）。

井字棋游戏则是一个相对容易处理的问题，尽管博弈树仍然较大。在第一步中，玩家 × 最初有 9 种选择。在第二步中，玩家○有 8 种选择，因为 × 已经占据了一个位置。在每一步走子中，当前玩家比上一步中的对手玩家少了一种选择，所以博弈树中总共有 $9\times8\times7\times\cdots\times1 = 9! = 362\ 880$ 个可能的路径。

其中有一些路径是非法的。例如，如果玩家 × 在第一步走子中占据顶部的三个棋盘方格，则博弈就结束了，所以在这种情况下，不存在可以一直走到树的第九层的任何路径。如果删除所有提前结束的路径，博弈树仍然包含大约 25 万个叶子节点，因此树仍然相当大。

以下各节描述可以用于搜索井字棋游戏博弈树的算法和技术。讨论使用井字棋游戏是因为这个问题规模不大，但同样的技术也适用于任何类似的博弈，例如象棋、跳棋或者围棋。

12.1.1 极小极大算法

在博弈中，为了确定一种走子方式是否比另一种走子方式更有效，我们需要确定不同的棋盘局面各自具有什么价值。例如，在井字棋游戏中，如果我们把 × 放在一个特定的方格中，结果可以使其赢棋，那么该棋盘局面就有很高的价值。相反，如果把 × 放在一个不同的位置，结果导致○稍后获胜，那么这个棋盘局面就有一个较低的价值。

其他博弈例如国际象棋，使用不同的棋盘局面价值，这取决于许多因素，例如玩家是否获胜，对手是否获胜，玩家的棋子是否占据棋盘的某些部分，以及玩家的棋子是否会威胁某些棋盘局面等。在井字棋游戏中，可以定义四种棋盘局面的价值。

- 价值 4：棋盘局面会导致玩家获胜。
- 价值 3：不能确定当前棋盘局面是否会导致赢棋、输棋还是平局。
- 价值 2：棋盘局面会导致平棋。
- 价值 1：棋盘局面会导致玩家输棋。

图 12.1 显示了具有这些价值的棋盘局面。在左上方的棋盘局面中，× 将在下一步中赢棋。在右上方的棋盘局面中，× 将输棋，因为无论 × 在下一个回合走子到哪里，○都会赢棋。左下方的棋盘局面是不确定的，假设我们只能在博弈树中搜索几个级别。最后，在右下方的棋盘排列中，无论 × 和○在最后一步走子到哪里，都将以平局结束。

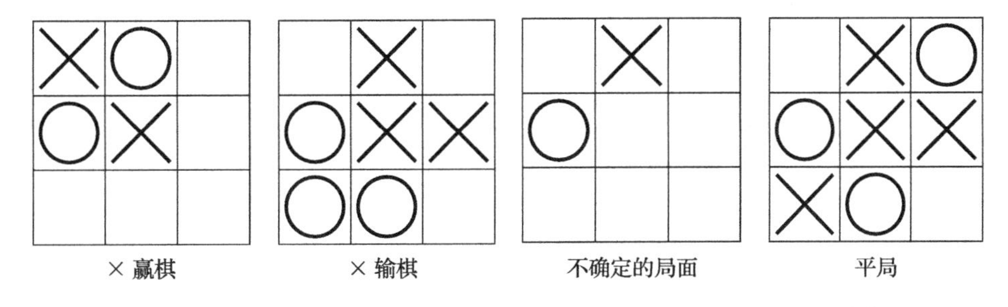

图 12.1 为了选择下一步的走子方式，程序必须给棋盘局面赋予价值

这些价值之间存在着明显的关系。如果玩家 1 赢棋，那么玩家 2 就输棋。如果博弈以玩家 1 的平局结束，则也以玩家 2 的平局结束。如果玩家 1 棋盘局面的价值是未知的，那么玩家 2 棋盘局面的价值也是未知的。

对于复杂的博弈，由于程序无法彻底搜索博弈树以检查所有可能的结果，因此特定棋盘局面的结局往往是不确定的。在这样的情况下，程序必须为不同的棋盘局面分配近似的价值，以便程序可以选择最好的方案。

在一台相当快的计算机上，井字棋游戏程序可以搜索整棵博弈树，因此价值 3 不是真正必要的。这里之所以包括价值 3，是为了让我们了解如何处理更复杂的博弈。（不允许程序通过博弈树搜索多个级别，在井字棋游戏程序中也可以获得相同的效果。）

注意： 因为我们可以搜索整个井字棋游戏博弈树，很明显，从第一步走子开始，× 可以强制赢棋，O也可以强制赢棋，或者其中某个玩家可以强制平局。如果两个玩家都完全理解博弈树，则不存在真正的博弈了。唯一可能影响结果的情况是其中一个玩家不小心犯了错误。

对于更复杂的博弈，比如象棋，情况就不那么明显了。如果玩家对博弈树有很好的了解，一方或者另一方可以毫无疑问地赢棋或者平局。由于博弈树太大，我们无法完全理解，所以博弈很有趣。

极小极大（minimax）是一种博弈树搜索策略，在每次走子时，我们尽量最小化对手可以达到的最大价值。例如，如果我们有两种走子选择，第一种走子方式会导致对手赢棋，第二种走子方式会导致对手输棋，则应该采取第二种走子方式。

实现极小极大算法的伪代码如下所示：

```
// 为玩家player1找到最好的走子方式
Minimax(Board: board_position, Move: best_move, Value: best_value,
  Player: player1, Player: player2, Integer: depth, Integer: max_depth)
    // 检查程序是否超出了我们所允许的最大递归深度
    If (depth > max_depth) Then
        // 已经超出了所允许的最大递归深度
        // 当前棋盘局面的结局未知
        best_value = Unknown
        Return
    End If

    // 找到了导致对手玩家player2具有最低价值的走子方式
    Value: lowest_value = Infinity
    Move: lowest_move

    For Each <可能的测试走子方式>
        <更新棋盘局面以实施本次的测试走子方式>

        // 重新评估本局棋盘局面的价值
        If <本局棋盘局面会导致赢棋或者输棋或者平局> Then
             <适当设置最低价值lowest_value以及相应的走子方式lowest_move >
        Else
            // 递归测试其他将来的可能走子方式
            Value: test_value
            Move: test_move
            Minimax(board_position, test_move, test_value,
                player2, player1, depth, max_depth)

            // 检查我们是否为对手玩家player2找到了最差的走子方式
            If (test_value < lowest_value) Then
                // 本局棋盘局面是一种改进，予以保存
                lowest_value = test_value
                lowest_move = test_move
            End If
        End If

        <撤销本次测试走子方式，恢复棋盘局面>
    Next <可能的测试移动方式>

    // 保存最佳走子方式
    best_move = lowest_move
```

```
    // 将对手玩家player2 的棋盘局面价值转换为玩家player1 的棋盘局面价值
    If (lowest_value == Win)
        best_value = Loss
    Else If (lowest_value == Loss)
        best_value = Win
    Else
        ...
    End If
End Minimax
```

算法首先检查递归的深度。如果递归深度超过了算法所允许的最大递归深度，则算法无法从该局棋盘局面确定博弈的最终结果，因此算法将 best_value 值设置为 Unknown（未知），并返回。

为了找到玩家 player1 的最佳走子方式，算法必须找到导致对手玩家 player2 最低棋盘局面价值的走子方式。该算法创建变量以跟踪对手玩家 player2 迄今为止找到的最低棋盘局面价值（lowest_value）。算法将 lowest_value 设置为 Infinity（无穷大），这样算法找到的任何棋盘局面价值都将替换该初始值。

接下来，算法循环遍历玩家 player1 可以执行的所有走子方式。极小极大算法每走子一次，就会递归地调用自身以找到对手玩家 player2 在 player1 进行本局测试走子之后可以进行的最佳走子方式。

递归调用返回后，算法将 player2 可以获得的最佳结果与 lowest_value 中保存的价值进行比较。如果测试值较低，则算法会更新 lowest_value 和 lowest_move，因此算法获知本次移动是玩家 player1 的最佳走子方式。

在检查完所有可能的测试走子方式之后，算法获取了应该让 player1 选择哪种走子方式，以使 player2 处于最坏的可能棋盘局面。算法保存本次走子方式，然后将 player2 的棋盘局面价值转换为 player1 的棋盘局面价值。例如，如果最佳的棋盘局面会导致 player2 输棋，则 player1 会赢棋，反之亦然。

在 player2 不赢棋也不输棋的情况下，如何将 player2 的棋盘局面价值转换为 player1 的棋盘局面价值就不那么明朗了。对于井字棋游戏中的两个玩家，Unknown 和 Draw（平局）具有相同的价值。例如，如果一个棋盘局面会导致 player2 平局，则也将导致 player1 平局。

对于象棋等更复杂的博弈，棋盘局面的价值可能是介于 -100 和 +100 之间的数字，其中 +100 表示赢棋，-100 表示输棋。在这种情况下，对于同一个棋盘局面，player2 的棋盘局面价值可能是 player1 的棋盘局面价值的相反数。

这种简单的极小极大策略存在的一个副作用（有时可能导致问题）是，程序认为具有相同棋盘局面价值的所有解决方案都是同样可取的。要了解为什么这会成为一个问题，假设一个博弈已经接近尾声，如果程序意识到无论做什么都会失败。在这种情况下，程序会在搜索博弈树时选择所考虑的第一个走子方式，因为所有的走子方式都会给出相同的结局。结局可能看起来是随机的，甚至是愚蠢的。例如，程序可能会选择一个让对手在下一次走子中赢棋的走子方式，或者选择再进行两个或三个以上的走子方式，但无论如何，本局棋盘排列最终还是会失败。相比之下，人类则可能会选择让博弈持续更长时间的走子方式，希望对手犯错或者没有意识到博弈实际上差不多大局已定。或者，人类可能也会选择放弃，而不是垂死挣扎地再随机走子几步以试图延缓不可避免的败局。

相反，程序可能会找到并选择一种在六次走子之后赢棋的策略，而不是选择另一个只要再走子两次后就会赢棋的策略。如果计算机先找到在六次走子之后赢棋的策略，随后就不会选择两次走子后就会赢棋的策略，因为这并不能改变最终的结局。

我们可以通过选择导致输棋或者平局的长走子序列以及导致赢棋的短走子序列来解决这些问题。

一个简单的极小极大策略对于一个成功的井字棋游戏来说已经足够了，但是对于更复杂的博弈，程序不能搜索整棵博弈树。以下章节将描述一些可以用于搜索较大博弈树的策略。

12.1.2　初始移动和响应

减少博弈树大小的一种方法是存储预先计算的初始移动和响应。如果我们提前搜索博弈树以找到可能的最佳初始走子方式，那么如果程序在第一个回合首先走子，我们就可以直接选择最佳初始走子方式，而不需要花大量时间寻找第一步走子方式的策略。

接下来轮到用户走子，所以在两次走子之前，计算机不需要再次走子。此时博弈树的大小取决于所做的特定走子方式，但该树将比原始博弈树小得多。例如，整个井字棋游戏的博弈树包含 255 168 种可能的对局。如果 × 选择左上角的方格，O 选择最上面一行中间的方格，则剩余的博弈树只包含 3668 种可能的对局。这种规模对于人类而言可能仍然太大，无法手工处理；但对于计算机，该规模足够小，计算机可以搜索处理。

如果用户先走子，则博弈树也会急剧缩小。如果用户第一步走子选择左上角的方格，则剩余的博弈树只包含 27 732 种可能的博弈。这比第二次走子后的对局数量要多得多，但仍然比整棵博弈树要小得多。只需再做一次更改，就可以使该数字更小。

第一步走子 × 只有 9 种选择。如果预先计算对这些第一步走子的所有最佳响应，则可以使程序只需要查找适当的响应。程序不需要搜索包含 27 732 种可能的游戏博弈树，只需要查找 9 种可能响应中的一种。

然后用户再次走子，所以程序不需要搜索博弈树。前三次走子（用户首先走子，计算机基于预先计算的响应走子，用户再次走子）之后，博弈树要小得多。例如，如果 × 选择左上角的方格，O 选择最上面一行中间的方格，接着 × 选择右上角的方格，则剩余的博弈树只包含 592 种可能的对局。这棵博弈树实际上规模很小，如果愿意的话，我们甚至可以手工来搜索这棵树。

在像国际象棋这样更复杂的博弈中，博弈树在实际应用中是无限大的，所以修剪树的顶部几层并没有多大帮助。跳过前三步走子可能会让我们将可能的博弈数量从大约 1.2×10^{59} 减少到大约 4.5×10^{54}，但这仍然太大，根本无法完全搜索。

然而，使用预先计算的移动和响应确实可以让国际象棋程序快速确定最初的几次走子方式。预先计算的移动和响应可以让我们花点时间研究博弈的开场，这样我们就可以在规划这些初始走子上投入额外的时间。预先计算的移动和响应还可以让程序避免最初会给它带来很大不利影响的空缺。

12.1.3　博弈树启发式算法

除了最简单的博弈外，所有的博弈树都太大，根本无法完全搜索。因此一般来说，我们无法知道某个特定的走子是否会导致比另一个走子更好的解决方案。虽然我们不能总是确定某个特定的走子是有益的，但有时我们可以使用启发式方法来评估某次走子的价值。

启发式（heuristic，发音为 hyoo riss tik）方法是一种可能产生良好结果的算法，但不能保证一定会产生良好结果。启发式算法不能帮助我们搜索整棵博弈树，但可以为我们提供某种规则，来决定博弈树的哪些部分应该避免，哪些部分值得特别注意。

一种博弈启发式方法是在棋盘局面中寻找模式。例如，一些棋手使用的启发式方法是“领先时，无情地兑子”（When ahead, trade mercilessly），这意味着如果处于优势，则可以用我们的一个棋子换一个等价值的棋子，并且强烈建议应该这样去做。这可以使我们的相对优势更大，并使博弈树更小，以便在未来更容易搜索。

在国际象棋程序中，其他可取的模式包括：长序列交易（long sequences of trades），王车易位的走子举措（castling moves），威胁多个棋子的走子（moves that threaten multiple pieces），闪将（discovered check，移动一子以将对方的军），威胁国王或王后的走子（moves that threaten the king or queen），兵的升变（promotion），吃过路兵（en passant），等等。

当程序识别出其中一种模式时，就可以改变搜索博弈树的策略。例如，如果程序看到一系列长的交换，会跟随交换直至其结束，从而可能超过程序正常的最大递归深度，这种情况下应该考虑是否可以提前结束该博弈模式。

另一种启发式算法是将价值分配给棋盘上的各个方格位置，然后根据玩家棋子占据或威胁的方格位置的价值修改棋盘的总价值。例如，在井字棋游戏中，我们可以为每个方格位置赋予一个数值，以指示包含该位置的赢棋机会数。左上角的价值是 3，因为有三种方法可以通过使用该方格位置来赢棋。图 12.2 显示了这种启发式方法下各方格位置的价值。

3	2	3
2	4	2
3	2	3

图 12.2 在井字棋游戏中，为每个方格位置赋予的数值表示可以通过使用该方格位置来赢棋的方法数量

在国际象棋中，中间的四个方格占据了关键局面，所以我们可以给这些方格赋予更大的价值。我们可能还希望分别为被棋子占据的方格以及被棋子威胁的方格赋予不同的价值。

在大多数博弈中，棋盘方格位置的价值会随着时间而改变。例如，在国际象棋的早期阶段，中央四个方格位置是很重要的。然而，在博弈的最后，最重要的棋局是玩家是否能完成一次“将军”，而不是玩家是否控制了这些方格位置。

注意：编写 Reversi 游戏（翻转棋，又称黑白棋、奥赛罗棋、苹果棋或正反棋）是博弈编程中一个有趣的练习题。其规则比国际象棋简单得多，但是博弈树比井字棋游戏的博弈树要大得多，所以不能完全搜索。棋子的走子方式比国际象棋简单得多，所以至少更容易识别一些模式。通过单独使用棋盘局面的价值和一些树搜索，我们可以构建一个功能相当强大的 Reversi 程序。有关 Reversi 的更多信息，包括规则和一些关于策略的注释，请参见 https://en.wikipedia.org/wiki/Reversi。

12.2.4 节将进一步阐述更多有关启发式算法的内容。

12.2 搜索常规决策树

通过将一个博弈的走子方式建模为一棵树，我们可以将选择一个好的走子方式的问题转化为寻找穿越树的最佳路径的问题。类似地，我们可以使用树对许多其他决策过程建模。

例如，考虑本章开头描述的划分问题。给定一个重量（或成本、价值等其他度量）的对象集合，需要将对象集合分成两个具有相同总重量的组。在某些情况下，这很容易。如果有

四个对象的重量分别为 2、4、1 和 1，很明显，可以将大对象 4 放在第一组中，而将其他对象放在第二组中。类似地，如果有偶数个对象都具有相同的重量，则只需将一半放在一个组中，另一半放在另一个组中。

如果有大量具有不同重量的对象，则问题会非常困难。在这种情况下，我们可以使用二叉决策树对决定将哪些对象分配到哪个组的过程进行建模。这里树的第 *K* 层表示关于第 *K* 个对象的决策。左分支表示将对象放入第一组，右分支表示将对象放入第二组。

图 12.3 显示了一棵完整的决策树，该决策树包含四个重量分别为 2、4、1 和 1 的对象。通过树的路径表示将对象分配到两个组的完整方案。例如，从根节点的左分支到接连三个右分支的路径将第一个对象（重量 2）放在第一个组中，其他对象（重量 4、1 和 1）放在第二个组中。树下的数字显示了两个组（在本例中为 2 和 6）的总重量。

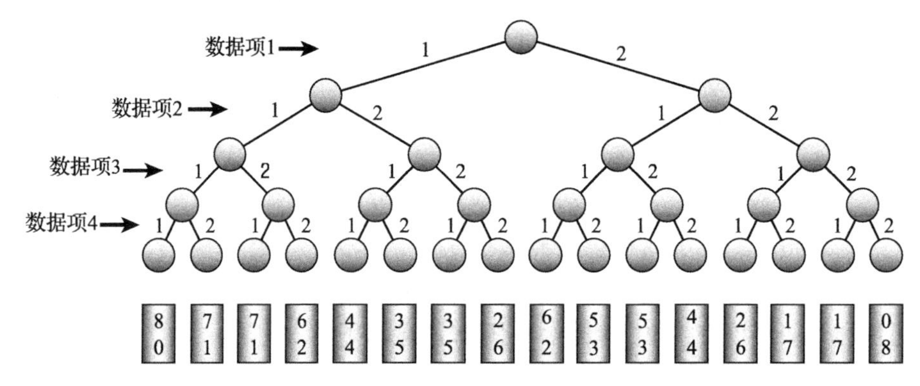

图 12.3　我们可以使用决策树对划分问题建模

注意，在图 12.3 中，只有两个叶子节点对应于将对象的重量平均分配的情况，即这两个组的总重量均为 4。这两个解基本上是相同的解，两个组中的对象是彼此交换关系。

注意：事实上，我们寻找到的任何一个解都有一个互补解，即两组互为交换。如果在开始搜索之前任意选择一个数据项并将其放在第一个组中，则可以将树缩短一个级别。这将消除在第二组中具有所选数据项的解决方案，但如果存在任何解决方案，则树仍将包含该解决方案。

尽管只表示了四个对象的问题，但图 12.3 所示的决策树仍然相当大。对于更大的问题，决策树是非常巨大的。例如，如果需要将 50 个对象分为两组，则树包含 2^{50} 个叶子节点，表示大约 1.13×10^{15} 种可能的解决方案。如果只有少数几种分配可以产生等分的重量分配，则很难找到一个好的解决方案。

下一节将解释两个版本的问题（例如划分问题）之间的区别：一个是很难求解的问题，另一个是非常难求解的问题。随后的章节将阐述可以用于有效搜索决策树的一般方法。

12.2.1　优化问题

对于像划分问题这样的问题，通常有两个密切相关的问题。第一个问题是特定的解决方案是否可行，第二个问题是如何寻找可能的最佳解决方案。

对于划分问题，第一个问题询问是否可以将对象划分为两个总重量相等的组。第二个问题要求我们将对象分为两组，总重量尽可能接近相等。第二个问题称为优化问题（optimization problem），因为我们可以用多种方法划分对象，并且必须找到最佳划分。

针对问题的优化求解方法在某些方面更容易，因为它允许近似的解决方案。问题的其他求解方法，则要求严格的是或否的答案。

例如，假设我们需要把100个总重量为400的数据项分为两组。如果搜索决策树并找到一个完全相等的分组，我们可以确定第一个问题的答案是肯定的。但是，可能会在决策树上搜索数小时甚至数天，却找不到完全相等的分组。在这种情况下，并不能断定不存在这样的分组，可能只是我们还没有找到而已。

相反，我们可以轻松找到问题的优化求解方法的解决方案。这些解决方案可能不是很好，但至少我们可以找到一个接近最佳解决方案的答案。如果搜索决策树足够长的时间，通常我们也可以找到一个相当好的解决方案，即使它不是最完美的解决方案。当然，可能会很幸运，找到一个能将物体完全均匀划分开来的解决方案。如果没有找到这样的解决方案，就不能断定不存在这样的解决方案，但至少已经找到了一个近似的解决方案。

以下各节讨论可以用于搜索决策树的方法。前两种方法可以用于求解问题的优化求解方法或者非优化求解方法。最后一节阐述的决策树启发式算法，则只适用于问题的优化求解方法。

12.2.2 穷举搜索

搜索决策树的最简单方法是访问树的所有节点，寻找最佳解决方案。请注意，实际上不需要构建决策树来进行搜索，我们只需要一种方法来跟踪算法在树上的位置。许多算法使用递归来选择树中不同层次的分支，而且这些递归调用可以跟踪它们在树中的位置。

例如，下面的伪代码显示了一个基本的穷举搜索算法，该算法对划分问题的优化方法采用穷举方式来搜索解决方案。

```
StartExhaustiveSearch()
    <初始化最佳解决方案，以使其可以被第一个测试解决方案所替代>
    ExhaustiveSearch(0)
End StartExhaustiveSearch

ExhaustiveSearch(Integer: next_index)
    // 检查我们是否已经完成任务
    If <next_index > max_index>
        // 我们已经分配了所有数据项，所以位于一个叶子节点
        <如果测试解决方案优于目前为止找到的解决方案，则予以保存>
    Else
        // 我们还没有分配完所有的数据项，
        // 所以不在叶子节点上
        <将位于 next_index 的数据项分配给组 0>
        ExhaustiveSearch(next_index + 1)
        <将位于 next_index 的数据项从组 0 中撤回>

        <将位于 next_index 的数据项分配给组 1>
        ExhaustiveSearch(next_index + 1)
        <将位于 next_index 的数据项从组 1 中撤回>
    End If
End ExhaustiveSearch
```

StartExhaustiveSearch 方法初始化迄今为止找到的最佳解决方案。通常，它只是将该解决方案的值（在划分问题中，这是两个组的重量之差）设置为一个较大的数值，以使

得第一个有效的测试解决方案成为一种改进方案。

然后，StartExhaustiveSearch方法调用ExhaustiveSearch来完成所有实际操作。ExhaustiveSearch方法将其应分配给各个组的数据项的索引作为参数。这与递归的深度和决策树中的级别相同。

如果ExhaustiveSearch方法已经将所有的数据项分配给一个组或另一个组，则将比较测试解决方案，以查看它是否优于目前发现的最佳解决方案。如果测试解决方案有所改进，则该方法将其保存为新的最佳解决方案。

如果ExhaustiveSearch方法尚未将每个数据项分配给某个组，则将尝试将索引为next_index的数据项分配给组0，然后递归调用自身以分配其余数据项。在递归调用返回后，该方法尝试将索引为next_index的数据项分配给组1，然后再次递归调用自身以分配剩余的数据项。

最后，递归调用沿着树向下移动，直到到达叶子节点，并在适当时更新最佳解决方案。这个基本算法是相当灵活的，可以适应许多不同的问题。

对于划分问题，可以使用数组存储测试解决方案和迄今为止找到的最佳解决方案。数组中的第K项元素应为0或1，以指示第K项元素是分配给组0还是组1。当算法到达一个叶子节点时，应该将每组中的数据项重量相加，并将差异与目前发现的最佳解决方案进行比较。

该算法相当简单，并且有效，但由于算法需要搜索整个决策树，因此速度相对较慢。这种方法的运行速度永远不会很快，但是如果可以对其进行改进，有时会大大缩短搜索时间。

如果算法到达一个叶子节点，测试分配使两个组具有完全相等的总重量，则算法可以停止，不用继续搜索决策树的其余部分。如果树包含许多最优解，用这种“短路”（short circuit）搜索方法可能会让算法相对快速地找到一个解，并跳过树的大部分搜索。

例如，在一个测试中，当尝试将20个数据项分成两组相等重量时，完全穷举搜索访问了2 097 150个节点。当允许在找到最优解后停止搜索时，算法只访问了4098个节点。根据数据项具体重量的差异，结果将差别很大。

12.2.3　分支定界搜索

分支定界法（branch and bound）是一种比穷举搜索更有效的树搜索技术。在向下移动树中的一个分支之后，该算法将计算向下移动该分支可能实现的最佳结果。如果可能的最佳结果不是对已经找到的最佳解决方案的改进，则算法将放弃该分支，并且不再继续沿着该分支的子树进行下去。根据具体的数据值，这可以节省大量时间。

例如，假设一个划分问题算法跟踪它正在构建的两个组中每个组的当前总重量，以及尚未分配给组的数据项的总重量。现在假设算法到达了这样一个点：组0的总重量为100，组1的总重量为50，而未分配数据项的总重量为20。假设算法已经找到一个解，其中两组的重量相差20。

如果算法将所有剩余数据项分配给组1，则组0的总重量为100，组1的总重量为70，二者相差30。然而，该算法已经找到了一个总重量相差只有20的解。当前测试解决方案的改进程度不足以使其优于当前最佳解决方案。在这种情况下，算法可以在不分配其余数据项的情况下停止处理当前解决方案。

实现划分问题优化方法的分支定界算法的伪代码如下所示：

```
StartBranchAndBound()
    <初始化最佳解决方案，以使其可以被第一个测试解决方案所替代>
    BranchAndBound(0)
End StartBranchAndBound

BranchAndBound(Integer: next_index)
    // 检查我们是否已经完成任务
    If <next_index > max_index>
        // 我们已经分配了所有数据项，所以位于一个叶子节点
        <如果测试解决方案优于目前为止找到的解决方案，则予以保存>
    Else
        // 我们还没有分配完所有的数据项，
        // 所以不在叶子节点上

        If <测试解决方案的改进程度不足以使其优于当前最佳解决方案>
                Then Return

        <将位于 next_index 的数据项分配给组 0>
        BranchAndBound(next_index + 1)
        <将位于 next_index 的数据项从组 0 中撤回>

        <将位于 next_index 的数据项分配给组 1>
        BranchAndBound(next_index + 1)
        <将位于 next_index 的数据项从组 1 中撤回>
    End If
End BranchAndBound
```

该算法与穷举搜索算法相似，但如果当前测试解决方案不能得到足够的改进以超越当前最佳解决方案，则直接返回，不需要继续递归。

分支定界法经常从决策树中修剪出许多分支及其子树，因此该方法比穷举搜索要快得多。例如，在一个测试中，当尝试将 20 个数据项分成相等重量的两组时，完全穷举搜索将访问 2 097 150 个节点，而分支定界搜索仅访问 774 650 个节点。当允许这两种算法使用前一节中描述的“短路”提前停止时，穷举搜索访问了 4082 个节点，但分支定界搜索仅访问了 298 个节点。

分支定界法是一种有用的技术，但在讨论下一节的决策树启发式方法之前，需要总结两个重要的事实。第一，分支定界法搜索树中每一条路径并找到一个可能比迄今为止所能找到的最佳解决方案还要好的解决方案。这意味着，分支定界法会像穷举搜索法一样，总是能够找到最优解。第二个重要的事实是，尽管分支定界搜索常常能避免搜索决策树的大部分分支，但决策树可能是巨大的，因此分支定界搜索仍然可能是相当缓慢的。

在某个测试中，穷举搜索可以在大约 6.6 秒的时间内搜索包含 25 个数据项的划分问题的决策树。分支定界搜索则可以在大约 2 秒内搜索同一棵树。这是很大的改进，但是在这个问题上添加一个新的数据项大约会使树的大小增加一倍。再添加一个数据项后，分支定界搜索大约需要 4 秒，添加第二个数据项后，分支定界搜索则需要 7.9 秒。

虽然分支定界搜索比穷举搜索要快得多，但它仍然不够快，无法搜索真正大的决策树，例如一棵具有 40 个数据项的划分问题的 2.2 万亿节点树。

12.2.4 决策树启发式算法

穷举搜索和分支定界搜索可以用于寻找最优解。不幸的是，决策树会非常大，这些算法只能处理相对较小的问题。

为了搜索更大的树，我们需要使用启发式算法。启发式算法未必能寻找到最好的解决方案，但可能找到一个相当好的解决方案，至少适用于一个近似解有意义的问题。以下各章节描述了用于划分问题的四种启发式算法。

12.2.4.1 随机搜索

用于搜索决策树的最简单的启发式算法之一是沿着随机路径搜索决策树。在每个节点上，只需随机选择一个分支。如果尝试了足够多的随机路径，则可能会偶然发现一个相当好的解决方案。下面的伪代码展示了如何随机搜索决策树：

```
RandomSearch()
    <初始化最佳解决方案，以使其可以被第一个测试解决方案所替代>
    For i = 1 To num_trials
        For index = 0 To max_index
            <将数据项随机分配到组 0 或者组 1>
        Next index

        // 检查该解决方案是否有改进
        <如果测试解决方案有改进，则予以保存>
    Next i
End RandomSearch
```

算法首先像往常一样初始化最佳解决方案。然后算法进入一个循环，执行一些尝试。对于每个尝试，该算法循环遍历要划分的数据项的索引，并将每个数据项随机分配给组 0 或组 1。在将每个数据项随机分配给一个组之后，算法会检查该解决方案是否优于迄今为止找到的最佳解决方案，如果是，则保存新的解决方案。

如果我们试图把 N 个物体按重量分成两组，每次尝试只需要 N 个步骤，所以这个启发式方法非常快。因为在一个大的决策树中，找到一个好的解决方案的概率可能很小，所以我们可能需要进行大量的尝试。

有几种方法允许我们选择要运行的测试数。我们可以做固定数量的尝试，比如 1000 次。这对于小型决策树是有效的，但是最好根据树的大小来选择一个数字用作尝试次数。

另一个策略是使尝试次数成为被划分的重物数量的多项式函数。例如，如果要分割 N 个重物，可以使用 `num_trials` $= 3\times N^3$。函数 $3\times N^3$ 随着 N 的增加而快速增长，但增长速度没有 2^N 快，所以仍然只搜索决策树的一小部分。

另一种方法是继续尝试随机路径，直到若干随机路径数找不到改进为止。使用这种方法，只要算法很容易找到改进，它就不会停止。

也许最理想的方法是让算法连续运行，在发现改进时更新其最佳解决方案，直到用户停止算法的运行。这样，如果不需要一个快速的解决方案，则可以让算法运行数小时甚至数天。

12.2.4.2 改进路径

如果选择一个随机路径并尝试改进它，则可以使随机路径选择更加有效。从随机路径开始，然后随机选择一个数据项，并将其从所在的组切换到另一个组。如果结果可以改善划分，则保持这种更改。如果结果并没有改善，则撤销更改并重试。重复此过程多次，直到无法再改进路径为止。

这项技术有很多改进方法。例如，我们可以尝试一次交换一个数据项，而不是一次交换若干随机数据项。我们可能需要多次重复该过程，因为交换一个数据项可能会更改两个组的重量，以便可以交换以前无法交换的其他数据项。以下伪代码显示了此算法：

```
MakeImprovements()
    <初始化最佳解决方案，以使其可以被第一个测试解决方案所替代>
    For i = 1 To num_trials
        // 制定一个随机初始解决方案
        For index = 0 To max_index
            <将数据项随机分配到组 0 或者组 1>
        Next index

        // 尝试改进解决方案
        Boolean: had_improvement = True
        While (had_improvement)

            // 假设这次我们没有任何改进
            had_improvement = False

            // 尝试交换数据项
            For index = 0 To max_index
                <将数据项交换到其他组>

                // 检查测试解决方案是否有改进
                If <本次交换改进了测试解决方案> Then
                    had_improvement = True
                Else
                    <撤销数据交换，恢复原始数据项>
                End If
            Next index
        Loop

        // 检查改解决方案是否有改进
        <如果测试解决方案有改进，则予以保存>
    Next i
End MakeImprovements
```

算法进入一个循环来执行一定数量的尝试。对于每个尝试，算法都会选择一个随机测试解决方案。

然后算法进入一个循环，只要算法找到随机测试解决方案的改进，循环就继续执行。每次通过这个改进循环，算法都会尝试将每个数据项交换到当前未分配给它的组中。如果交换改进了测试解决方案，则算法会保留交换结果。如果交换不能改进测试解决方案，则算法会撤销交换结果。在无法找到更多的改进后，算法将测试解决方案与迄今为止找到的最佳解决方案进行比较，如果更好，则保留测试解决方案。

我们可以选择要运行的尝试数量，方法与上一节中描述的随机启发式算法相同。我们可以让算法运行固定数量的尝试，或者基于被划分重物的个数计算尝试次数，或者选择一直运行直到无法找到进一步得到改进的最佳解决方案，或者直到用户手工停止运行为止。

有时候，不可能通过一次交换来改进路径。例如，假设我们正在划分重量 6、5、5、5、3 和 3。还假设我们选择一个随机路径，结果分成了两个组 {6, 3, 3} 和 {5, 5, 5}，两个组的重量分别为 12 和 15。因此，两个组的总重量相差 3。

将数据项从第一组移动到第二组只会使重量差异更大，因此这不会改进解决方案。如果将重量为 5 的数据项从第二个组移动到第一个组，那么两个组将分别为 {6, 5, 3, 3} 和 {5, 5}，因此两个组的总重量将是 17 和 10，结果也不是一个改进。

任何一次交换都不能改进这个解决方案。但是，如果将重量为3的数据项从第一组移动到第二组，并且将重量为5的数据项从第二组移动到第一组，则得到的两个组分别为{6, 5, 3}和{5, 5, 3}。结果两组的重量分别为14和13，这是对原始解决方案的改进。

本节中描述的单次交换策略无法寻找这种改进，因为它要求我们同时进行两次交换。其他改进策略尝试同时交换两个项。当然，还有一些改进是不能通过交换两个数据项来实现的，但也许可以通过交换三个数据项来实现，所以这种策略也不总是有效的。不过，一次交换两个数据项并不太困难，况且还有可能带来一些改进，因此该方法值得实施。

12.2.4.3　模拟退火

模拟退火（simulated annealing）是前一节描述的简单改进启发式算法的升级版本。模拟退火最初会对一个解决方案进行较大更改，然后随着时间的推移，会进行越来越小的更改以尝试改进解决方案。

如前一节所述，原始的改进启发式方法存在一个问题，有时仅将一个数据项从一个组移动到另一个组不会改进解决方案，但同时移动两个数据项则可能改进解决方案。即使是这种方法也有局限性。在某些情况下，同时移动两个数据项不会带来改进，但是移动三个数据项则会带来改进。

模拟退火通过允许算法对初始解决方案进行大的修改来解决这个问题。随着时间的推移，允许更改的幅度会减小。该算法尝试越来越小的变化，直到最终达到一个测试解决方案，该解决方案超越迄今为止找到的最佳解决方案。

注意：模拟退火是以晶体在冷却金属或矿物中的生长方式为模型的。当材料非常热的时候，分子移动很快，所以它们的排列变化很大。当材料冷却时，分子运动减少，结构形成。但如果要形成更稳定的排列，仍然有足够的能量允许一些结构与其他结构合并。最终，材料冷却到足够的程度，以至于没有足够的能量来破坏分子结构。如果冷却的速度足够慢，那么这种材料应该只包含几个非常大的晶体，代表一种非常稳定的分子排列。

实现模拟退火的另一种方法是考虑任意复杂度的随机变化。如果更改导致改进，则算法接受并继续。如果某次更改并没有导致改进，算法会以一定的概率接受这次更改。随着时间的推移，这种可能性会降低，因此最初的算法可能会使解决方案变得更糟，这样就为以后能够得到更好的最终结果提供了机会。最终，接受非改进性更改的概率降低，直到算法只接受改进解决方案的更改为止。

12.2.4.4　爬山算法

想象一下你是一位迷路的徒步旅行者。现在是晚上，所以你的视觉范围有限，而且你需要找到山顶。你可以采用的一个策略是永远向上爬最陡的斜坡。如果这座山的形状相当平滑，并且这座山的周围也没有峰峦或山丘，你最终会到达山顶。然而，如果这座山的一侧有一座小山丘，你可能会被困在小山丘的山顶，直到天亮才知道该走哪条路。

这种方法叫作*爬山启发式算法*（hill-climbing heuristic），也可以被称为*梯度上升算法*（method of gradient ascent）；或者，如果目标是最小化某个值而不是最大化某个值，则爬山启发式算法又称为*梯度下降算法*（method of gradient descent）。

在爬山启发式算法中，算法总是做出一个选择，使其更接近更好的解决方案。对于划分问题，这意味着将下一个数据项放在组中，以最小化各组之间重量的差异。这相当于将数据项添加到总重量较小的组中。

例如，假设数据项具有重量 3、4、1、5 和 6。第一个数据项 3 可以放在任一组中，所以假设 3 被放在第一组中。现在算法考虑第二个数据项，重量为 4。如果算法将第二个数据项放在第一个组中，则两个组分别为 {3, 4} 和 {}，因此它们的总重量之差是 7。如果算法将第二个数据项放在第二个组中，则两个组分别为 {3} 和 {4}，因此它们的总重量之差为 1。为了在此时做出最佳选择，算法将该数据项 4 放入第二组。

接下来，算法考虑重量为 1 的第三个数据项。如果算法将此项放在第一个组中，则两个组分别为 {3, 1} 和 {4}，因此它们的总重量之差为 0。如果算法将数据项放入第二个组中，则两个组分别为 {3} 和 {4, 1}，因此它们的总重量之差为 2。为了在此时做出最佳选择，算法将数据项 1 放在第一组中。

该算法以这种方式继续，直到将所有数据项放入组中。以下伪代码显示了爬山算法：

```
HillClimbing()
    For index = 0 To max_index
        Integer: difference_0 =
            <如果把当前数据项放在组 0 中，两个组的总重量差异>
        Integer: difference_1 =
            <如果把当前数据项放在组 1 中，两个组的总重量差异>
        If (difference_0 < difference_1)
            <Place<把当前数据项放在组 0 中>
        Else
            <Place<把当前数据项放在组 1 中>
        End If
    Next index
End HillClimbing
```

如果要划分 N 个重物，此算法只执行 N 个步骤，因此速度非常快。在一棵大型决策树中，该算法不太可能找到最好的解决方案，但有时会找到一个合理的解决方案。

爬山算法是如此之快，我们可以花费一些额外的时间来改进其解决方案。例如，我们可以尝试使用上一节中描述的技术来改进初始解决方案。

12.2.4.5 排序爬山算法

对爬山算法进行改进的一种简单方法是对重量进行排序，然后按递减的重量进行处理。其思想是，算法的早期阶段将较重的对象分组，后期使用较小的数据项来尝试平衡两个组。以下伪代码显示了此算法：

```
SortedHillClimbing()
    <按重量降序排列所有的数据项>
    For index = 0 To max_index
        Integer: difference_0 =
            <如果把当前数据项放在组 0 中，两个组的总重量之差>
        Integer: difference_1 =
            <如果把当前数据项放在组 1 中，两个组的总重量之差>

        If (difference_0 < difference_1)
            <把当前数据项放在组 0 中>
        Else
            <把当前数据项放在组 1 中>
        End If
    Next index
End SortedHillClimbing
```

改进的算法与前一节中描述的爬山算法相同，只是增加了排序步骤。这看起来像是一个小修改，但排序爬山算法往往比爬山算法能找到更好的解决方案。

如果划分 N 个重物，则排序爬山算法需要 $O(N \log N)$ 步对重量进行排序，然后用 N 步生成解决方案。排序步骤使得排序爬山算法比普通的爬山算法慢，但是仍然是非常快的。

事实上，排序爬山算法是如此之快，以至于我们可以花费一些额外的时间来改进其解决方案，就像我们可以改进普通爬山算法的解一样。

12.2.5 其他决策树问题

前面几节主要讨论划分问题，但是我们可以使用决策树来建模许多其他困难的问题。本节描述了一些我们可以使用决策树进行研究的算法问题。

许多问题都是成对出现的，一个问题是研究是否存在最优解决方案，另一个问题则是研究如何寻找最优解决方案。

12.2.5.1 广义划分问题

在划分问题中，目标是将一组对象划分为两组具有相同重量的组。在广义划分问题（generalized partition problem）中，目标是将一组对象划分为 K 个相同重量的组。

这个问题的决策树在每个节点上都有 K 个分支，对应于将树中该级别的数据项放入 K 个不同划分中的其中一个。如果有 N 个数据项，则树高 N 层，因此该树包含 K^N 个叶子节点。

适用于划分问题的启发式算法同样也适用于广义划分问题，尽管广义划分问题更复杂。例如，对划分问题的随机改进可能会尝试将一个对象从一个组移动到另一个组。在广义划分问题中，需要考虑将对象从一个组移动到任何其他 $K-1$ 个组中。

广义划分问题的优化方法要求我们寻找一种将数据项划分为 K 个组的方法，但我们需要决定如何判断最佳解决方案。例如，我们可以尝试计算每个组的重量和平均组重量之间差的绝对值之和，并使其最小化。具体而言，假设有四个组，总重量分别为 15、18、22 和 25。这些重量的平均值是 20，因此各个组的重量和平均组重量之间的差的绝对值分别是 5、2、2 和 5，这些差的绝对值之和为 14。这种度量方式可能使得有些组的重量更接近平均值，而有些组的重量则与平均值相差甚远。

或者，我们可能希望最小化各个组的重量和平均值之间差的平方和。对于前面的例子，差的平方分别是 25、4、4 和 25，所以总和是 58。这种度量方式有利于所有组的权重均接近平均值的解决方案。

12.2.5.2 子集求和

在子集求和（subset sum problem）问题中，假设有一组数值，我们希望确定是否存在总和为 0 的子集。例如，考虑集合 {–11, –7, –5, –3, 4, 6, 9, 12, 14}。这个集合中存在一个零和子集 {–7, –5, –3, 6, 9}。这个问题的优化方法要求我们寻找一个总和接近 0 的子集。

我们可以采用与划分问题的决策树相似的决策树来建模此问题。实际上，我们需要将这些数据项分为两组：一组保存要放入零和子集中的对象，另一组保存要丢弃的对象。

与划分问题的决策树一样，如果使用 N 个数据项，则此树有 N 个级别，每个节点都有两个分支，一个分支对应于将数据项添加到零和子集中，另一个分支对应于丢弃数据项，因此该树有 2^N 个叶子节点。

我们可以在这个问题的优化方法中使用分支定界算法和启发式算法，但在非优化方法中不能使用。

12.2.5.3 装箱问题

在装箱问题（bin-packing problem）中，有一组不同重量的物品和一系列容量相同的箱子。（在广义装箱问题中，箱子的容量可以不同。）目标是将物品打包到箱子中，以便尽可能少地使用箱子。

我们可以将装箱问题建模为决策树，其中每个分支对应于将物品放入特定的箱子中。如果有 N 个物品和 K 个箱子，则树将有 N 个级别，每个节点有 K 个分支，因此树将有 K^N 个叶子节点。这是一个优化问题，我们可以使用分支定界算法和启发式算法来尝试寻找最佳解决方案。

一个相关的问题是寻找一种方法，将物品打包到箱子中，要求只使用⌈< 所有物品的总重量 >÷< 箱子容量 >⌉ 个箱子，其中⌈⌉表示向上取整。例如，如果物品的总重量是 115，而箱子的容量是 20，问题是能否找到一种方法将物品恰好装进 6 个箱子。我们可以用启发式算法找到一个好的解决方案，但是如果找不到解决方案，也并不意味着不存在解决方案。

12.2.5.4 下料问题

下料问题（cutting stock problem）基本上是二维版本的装箱问题。在下料问题中，要求从一组板、布或其他原材料中剪切出一组特定形状（通常是矩形）的零件。目标是尽可能少地使用原材料。

将下料问题建模为决策树要比装箱问题困难得多，因为如何在一块原材料上定位形状会更改可以在该原材料上放置的件数。这意味着仅仅给一块原材料指定一个形状是不够的，还必须指定形状在原材料中的位置。

如果我们做一些简化的假设，则仍然可以用决策树来解决这个问题。例如，如果一块原材料是 36 英寸 ×72 英寸，并且允许一个形状仅定位在 X 和 Y 是整数英寸数的 (X, Y) 位置，则一共有 36×72 = 2592 个位置可以用于将一个形状放置在一块原材料上。这意味着树中的每个节点都有 K×2592 个分支。

幸运的是，许多树枝很容易从树上修剪下来。例如，一些分支将形状放置在离原材料边缘很近的位置，以至于根本无法安置；其他分支将一个形状与另一个形状重叠。如果避免跟踪这些类型的分支，则可以通过搜索树至少找到一些解决方案。不过，树仍然非常巨大，因此我们需要使用启发式方法来找到合理的解决方案。

还要注意，简化假设可能会排除一些解决方案。例如，假设我们想要在 20 英寸 ×20 英寸的纸上绘制 5 个 7 英寸 ×7 英寸的正方形。如果我们放置正方形时，使其边缘与原材料的侧面平行，则只能在每一块原材料上垂直和水平放置两个正方形，如图 12.4 左边所示。但是，如果旋转其中一个正方形，则可以在一块原材料上容纳 5 个正方形，如右图所示。

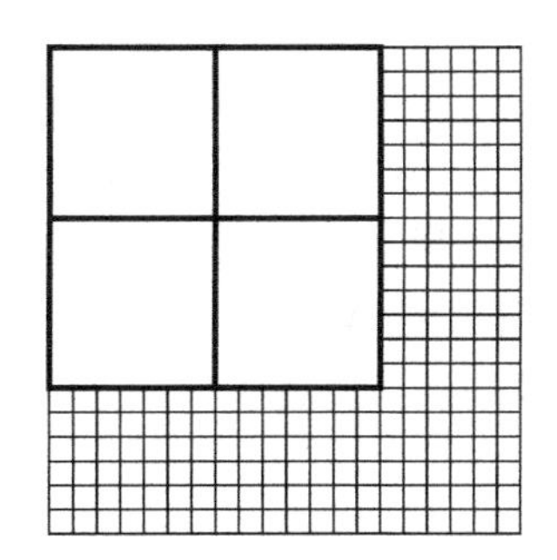
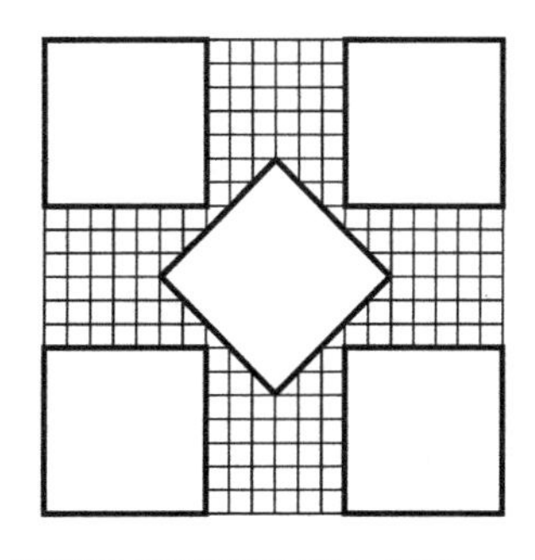

图 12.4 如果允许形状旋转，则可以得到某种解决方案

下料问题的一个常见变体涉及非常长的原材料，例如一卷纸。其目标是尽量减少所用原材料的长度。

12.2.5.5　背包问题

在背包问题（knapsack problem）中，给定一组重量和价值的对象，以及一个可以容纳给定重量的背包。我们的目标是寻找背包中可以容纳的总价值最大的物品。例如，我们可以在背包中放入一些价值较高但较重的物品，或者放入价值较低但较轻的物品。

背包问题类似于划分问题。在划分问题中，我们尝试将物品分成两组，一组物品放进背包，另一组物品放在外面。在背包问题中，目标是使第一组的物品总价值尽可能高，并确保背包能容纳第一组中的物品。

由于背包的基本结构类似于划分问题，因此可以使用类似的决策树。两者主要的区别在于，由于背包可容纳的重量的限制，并非所有的组合都是合法的，并且两者的目标不同。适用于划分问题的技术也同样适用于背包问题。随机搜索算法、改进路径算法和模拟退火算法的工作方式，与相应划分问题算法的工作方式基本相同。

如果总重量已经超过背包的容量，则分支定界算法可以停止继续检查部分解决方案。如果未处理的数据项的总价值不足以提高当前解决方案的价值，使之足以超过迄今为止找到的最佳解决方案，则分支定界算法可以停止继续搜索。例如，假设我们找到了一个价值 100 美元的解决方案，并且正在检查一个价值 50 美元的部分解决方案。如果所有剩余数据项的总价值仅为 20 美元，则无法对该解决方案进行足够的改进以超过当前的最佳解决方案。

在每一步中，爬山启发式式算法可以给解决方案增加一个仍能装入背包的最高价值数据项。排序爬山启发式算法则可以按物品重量的递减顺序依次处理物品，以便以后的选择可以填补背包的剩余空间。一种更好的排序爬山启发式算法可以按照物品的价值 - 重量比（value-to-weight ratio）的递减顺序来考虑这些数据项，因此算法会首先考虑每磅（或其他计量单位）价值最多的数据项。

一个具有 N 个数据项的背包问题的决策树包含 2^N 个叶子节点，所以这是一个复杂的问题，但是我们至少可以尝试一些启发式算法。

12.2.5.6　旅行商问题

假设一个旅行推销员必须去地图上的若干个地方，最后回到出发位置。在旅行商问题（Traveling Salesman Problem，TSP）中，要求必须按总距离最短的路径，依次顺序访问这些位置。

注意：TSP 对于拥有车队的企业具有重要的实际意义。例如，美国邮政局的邮政货车和卡车司机每年要行驶 13 亿英里。如果更好地规划路线可以削减百分之零点几的总行程，则节省的燃料费和车辆磨损费将是非常可观的。

可以将旅行商问题建模为决策树，树的第 K 级对应于选择要访问路径中的第 K 个位置的数据项。如果要访问 N 个位置，则根节点有 N 个分支，对应于第一站访问的每个位置。树的第二级节点有 $N–1$ 个分支，对应于所有尚未访问的位置。在树的第三级节点有 $N–2$ 个分支，依此类推到没有分支的叶子节点。树上的叶子节点总数为 $N\times(N–1)\times(N–2)\times\cdots\times1 = N!$。

这棵树非常巨大，因此我们需要使用启发式算法来寻找最佳解决方案（对于非常小的问题，则不需要使用启发式算法）。

12.2.5.7　可满足性问题

给定一个逻辑语句，例如 A and B or (A and not C)，可满足性问题（SATisfability problem，

SAT）要求寻找是否存在一个方法，通过将值 true 和 false 赋给变量 *A*、*B* 和 *C*，以使该逻辑语句的结果为 true。一个相关的问题要求寻找到这样的赋值方法。

我们可以使用一棵二叉决策树来对这个问题进行建模。在对应的二叉决策树中，左分支和右分支表示将变量设置为 true 或 false。每个叶子节点表示对所有变量的值赋值，并确定整个逻辑语句是 true 还是 false。

这个问题比划分问题更困难，因为没有近似解。任何叶子节点都会使逻辑语句为 true 或 false。这个逻辑语句不能是"近似真实的"（但是，如果我们使用概率逻辑，其中的变量存在为 true 的概率，而不是绝对的 true 或 false，我们也许能找到一种方式使逻辑语句可能是 true）。

对树的随机搜索可能会找到一个解决方案，但是如果没有找到解决方案，并不能得出没有解决方案的结论。我们可以尝试改进随机搜索算法。不幸的是，任何改变都会使得逻辑语句要么为 true 要么为 false，所以不可能逐步改进解决方案。这意味着我们不能真正使用前面描述的路径改进策略算法。因为不能逐步改进解决方案，我们也不能使用模拟退火算法或者爬山算法。通常，我们也无法判断部分赋值是否使逻辑语句为 false，因此也不能使用分支定界算法。

唯一可行的方法是使用穷举搜索算法和随机搜索算法，我们可以只解决相对较小的问题的可满足性。

注意：读者可能疑惑为什么要求解 SAT 问题。答案是可以将许多其他问题简化为 SAT 的一个实例。对于某些其他问题的实例，例如划分问题，我们可以构建一个逻辑表达式，使 SAT 的解决方案与划分问题的解决方案相对应。换而言之，如果能解决一个问题，那么我们就能解决另一个对应的问题。

通过证明不同的问题可以简化为 SAT，我们可以证明它们和 SAT 的求解难易度等同。如果没有已知的简单方法来求解 SAT 问题，则意味着也没有已知的简单方法来求解对应的其他问题。

SAT 与 3SAT（3-SATisfability problem，3SAT）有关。在 3SAT 问题中，逻辑语句是由 and 运算符组合的项组成的。每个项都包括三个变量或变量的取反，这些项通过运算符 or 结合。例如，逻辑语句 (*A* or *B* or not *C*) and (*B* or not *A* or *D*) 采用的就是 3SAT 格式。

可以证明 SAT 和 3SAT 是等价的（但证明过程远远超出了本书的范围），所以两者的求解难易度等同。请注意，相同类型的决策树可以解决问题的任何一个版本。

12.3 群集智能

群集智能（Swarm Intelligence，SI）是一个由大多数独立对象或进程组成的分布式集合的结果。通常，SI 系统由一组非常简单的对象组成，这些对象与其环境和其他附近的对象交互。大多数 SI 系统都是由类似于自然界中的模式驱动的，例如蚂蚁觅食、蜜蜂采蜜、鸟群和鱼群。

群集智能为决策树搜索提供了一种选择。大多数群集算法提供了一种似乎是解决方案空间的混沌搜索，尽管许多算法使用与看起来更有组织的算法相同的基本技术。例如，一些 SI 算法使用爬山或增量改进策略。我们还可以改进一些 SI 策略，以直接在决策树上工作。例如，我们可以让一群蚂蚁在决策树上随机爬行。

请注意，通常可以采用其他方法来解决特定的问题。例如，可以使用粒子群来寻找图上的近似最小点，但是我们也可以使用微积分来精确地找到最小值。

然而，基于以下几个原因，群集智能仍然非常有用。首先，即使分析方法很困难，也可以将SI应用于问题。当我们处理由真实世界的进程生成的数据时，SI也可以适用，因为不可能有一个封闭的解决方案。只要略作修改，SI也可以适用于许多范围广泛的问题。最后，群集智能是非常有趣的问题。以下各节描述了构建SI系统的一些最常用方法。

12.3.1　蚁群优化算法

在自然界中，蚂蚁的觅食方式是在离开巢的（近乎）直线上移动。在一段距离内，蚂蚁开始随机地转圈寻找食物。当蚂蚁找到一个好的食物来源时，它就会回到巢里。

蚂蚁一边走，一边留下一条信息素踪迹来帮助导航。当一只随机游荡的蚂蚁穿过一条信息素踪迹时，它有可能会转向并跟随这条踪迹，并加入自己的信息素。如果食物来源足够理想，许多蚂蚁最终会沿着这条踪迹走，并建造一条信息素“高速公路”，强烈鼓励其他蚂蚁跟着这条踪迹走。然而，即使一只蚂蚁正在跟随一条强大的信息素踪迹，它也有可能会离开踪迹，探索新的领域。

12.3.1.1　全局优化

一个简单的蚁群优化策略可以将由软件创建的“蚂蚁”（对象）发射到搜索空间的不同部分。然后，他们将返回“蚁巢”（主程序），并对找到的解决方案的质量进行评估。然后，蚁巢会把更多的蚂蚁送到“最多收益”的地方进行进一步的调查。

12.3.1.2　旅行商问题

蚁群算法可以用于求解旅行商问题。算法将蚂蚁送入网络，这些蚂蚁遵循以下简单规则：

1. 每只蚂蚁必须访问每个节点有且仅有一次。
2. 蚂蚁使用以下规则随机选择要访问的下一个节点：
   a. 蚂蚁选择邻近节点的概率比选择更远节点的概率大。
   b. 蚂蚁选择标记有更多“信息素”的链接的概率更大。
3. 当一只蚂蚁穿过一个链接时，它会用信息素标记这个链接。
4. 当一只蚂蚁完成其巡游后，如果路径相对较短，它会沿着路径放置更多的信息素。

在这种方法中使用信息素的目的是，如果一个链接被许多路径使用，那么它可能是一个重要的链接，因此该链接也应该被其他路径使用。一条路径被使用的次数越多，它所提取的信息素就越多，因此该路径在未来的应用也就越多。

12.3.2　蜂群算法

*蜂群算法*与蚁群算法非常相似，但不使用信息素。在蜂巢里，侦察蜂在蜂巢周围随机游荡。当一只侦察蜂找到一个有希望的食物来源时，它会返回蜂巢，去一个称为*舞池*（dance floor）的特殊区域，然后表演“摇摆舞”来告诉觅食蜜蜂食物在哪里。蜜蜂会调整舞蹈的持续时间以显示食物的质量。更好的食物来源导致更长的舞蹈，更长的舞蹈招募更多的觅食者。

在程序中，侦察员（对象）访问解决方案空间中的不同区域，并评估他们找到的解决方案的质量。接下来，根据解决方案的质量招募觅食者（其他对象），并更彻底地探索最有希望的区域。

一群觅食者检查其指定区域，寻找改进的解决方案。随着时间的推移，搜索区域围绕找到的最佳解决方案逐渐缩小。最后，当蜜蜂在某个区域找不到任何改进时，记录下最佳解决方案，然后该区域被丢弃。

在整个过程中，其他的侦察员继续探索解决方案空间的其他部分，看看他们是否能找到其他有希望的区域以进行搜索。

12.3.3 群集仿真

在*群集仿真*（swarm simulation）中，程序使用简单的规则使粒子的行为就像它们在群集中一样。例如，群集仿真可能会模仿那些在建筑物之间飞来飞去的鸟群、在街道上穿梭的人群或者一群追逐食物来源的鱼群的行为。

群集仿真之所以被发明，一个主要原因就是研究群集行为。尽管它们也可以作为一种并行爬山算法技术用于优化问题。

12.3.3.1 Boids

1986 年，克雷格·雷诺兹（Craig Reynolds）建立了一个名为 Boids（bird-oid object 的缩写）的人工智能程序来模拟鸟群。原始的 Boids（仿真鸟群）程序使用三种基本的*操控行为*（steering behavior）来控制 boid（鸟）对象。

- *避开规则*（separation rule）：boid 通过转向来避开它们的邻居，从而避免过度拥挤。
- *对齐规则*（alignment rule）：boid 通过转向以更接近其邻居的平均方向。
- *凝聚规则*（cohesion rule）：boid 通过转向以更靠拢其邻居的平均位置，从而保持鸟群相对集中。

一个特定的 boid 只考虑位于该 boid 一定距离范围内并且与该 boid 所面对的方向在一个设定的角度距离内的群聚伙伴。（它看不到身后的 boid。）

图 12.5 显示了 boid 如何评估它的邻居。白色 boid 的邻居是那些在阴影区域中的鸟。这些 boid 在虚线圆圈指示的邻域距离内，并且在 boid 方向的指定角度（在本例中是 135°）内。

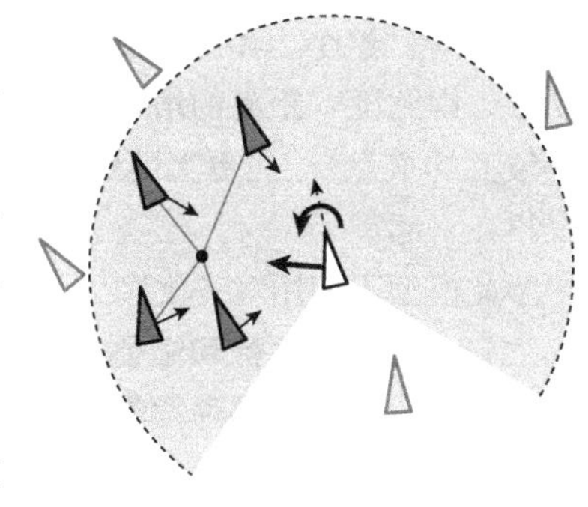

图 12.5 一个 boid 只看得见位于该 boid 一定距离范围内并且与该 boid 所面对的方向在一个设定角度距离内的群聚伙伴

避开规则通过添加向量将 boid 与其邻居分离。在图 12.5 中，这些向量是由指向中心 boid 的远离邻居的细箭头表示的。

对齐规则使 boid 点与相邻点的方向更加一致。在图 12.5 中，中心 boid 应稍微向左旋转，如弯曲箭头所示。

凝聚规则使 boid 更接近邻居的平均位置。在图 12.5 中，平均位置用一个小黑点表示。偏离中心 boid 的粗箭头显示了这个向量的方向。

为了模拟运动，每个 boid 都有一个位置 (x, y) 和一个速度向量 $<vx, vy>$。在每个时间步长之后，boid 通过将速度向量添加到位置中来更新自己的位置，从而得到 boid 的新位置 $(x + vx, y + vy)$。

实际上，速度可能以像素 / 秒为单位存储。在这种情况下，程序会将向量的分量乘以自 boid 上次移动以来经历的时间。例如，如果已经经历了 0.1 秒，那么 boid 的新位置将是 $(x + 0.1\times vx, y + 0.1\times vy)$。这使得程序可以周期性地更新 boid 的位置，以提供一个平滑的动画。

为了在动画中生成帧，程序将计算由避开规则、对齐规则和凝聚规则定义的向量。程序会将这些向量按经历的时间缩放，然后乘以权重。例如，一个特定的模拟可能使用相对较小的权重实施避开规则，使用较大的权重实施凝聚规则，以产生更紧密分布的鸟群。然后程序将加权向量添加到 boid 的速度中，并使用该速度更新位置。

有很多方法可以修改克雷格·雷诺兹使用的原始规则。例如，我们可以让 boid 看到它后面的邻居。结果仍然相当好，代码也更简单。

12.3.3.2　伪经典力学

另一种群集仿真的方法是模仿经典力学，并且可以获得很好的结果。每个 boid 都有一个质量，这些质量在不同方向上贡献力，就像 boid 如行星般在引力作用下相互作用一样。

程序使用力并通过方程式 $F = m \times a$ 来更新 boid 的速度。这里 F 是一个作用于 boid 上的力矢量，m 是 boid 的质量，a 是产生的加速度。我们将所有 boid 邻居的加速度相加，调整所经历的时间，然后使用结果更新 boid 的速度。最后使用速度更新 boid 的位置。

凝聚力（cohesion force）是指从当前正在更新的 boid 指向其他 boid 的力。另一个 boid 施加的力由方程式 $F = m_1 \times m_2 / d^2$ 确定。这里 F 是产生的力，m_1 和 m_2 是两个 boid 的质量，d 是它们之间的距离。

这个方程表明，随着 boid 之间距离的增加，boid 所施加的力会迅速下降，因此近处 boid 所施加的力比远处的 boid 所施加的力要大。这意味着在这个模型中，我们要考虑所有其他的 boid，而不仅仅是某个距离内的 boid。但远处的 boid 对总作用力的贡献很小，因此它们实际上可以被忽略。

避开力（separation force）是从另一个 boid 指向正在更新的 boid 的力，避开力将两个 boid 推开。这个力由方程式 $F = m_1 \times m_2 / d^3$ 决定。因为计算中要除以两个 boid 之间距离的立方，因此随着距离的增加，避开力下降很快。对于很小的距离，避开力可能很强（如果赋予较大的重量）。在更大的距离上，避开力会减弱，而凝聚力占主导地位，这样就能把鸟群聚集在一起。

此模型不使用对齐规则，当然如果我们愿意，也可以使用对齐规则。

12.3.3.3　目标和障碍

无论我们使用哪种群集模型，为群集添加飞行目标和躲避障碍都相对容易。为了添加目标，首先创建一个对象，该对象的行为非常类似于 boid，但它提供了一个强大的凝聚组件，很少或没有对齐组件和避开组件，这将使鸟群转向靠近物体。

相反，为了制造一个障碍，首先创建一个对象，该对象提供一个强大的避开组件（至少在 boid 接近时），很少或没有对齐组件和凝聚组件。这将使 boid 可以避开障碍物。

12.4　本章小结

决策树是处理复杂问题的有力工具，但并不是解决所有问题的最佳方法。例如，我们可以用决策树来建模第 9 章中描述的八皇后问题，该决策树有八层高，每个节点有 64 个分支，总共有 $6^{48} \approx 2.8 \times 10^{14}$ 个叶子节点。然而，利用问题的结构特点，我们可以在不探索树的大部分分支的情况下消除这些分支，只检查 113 个棋盘布局。把这个问题看作常规决策树可能是一个错误，因为这可能会让我们错过高效解决问题的简化方法。

然而，决策树是一种强大的技术，在没有更好的解决问题的方法时，我们至少应该考虑使用决策树。和决策树算法一样，群集算法有时可能为在大型解决方案空间中寻找解提供另一个方法。当问题的结构不足以帮助我们缩小搜索范围时，群集算法会特别有效。

本章和前两章描述了构建树、维护树和搜索树的算法。接下来的两章讨论网络（图）。与树一样，网络也是彼此链接的数据结构。与树不同的是，网络没有层次结构，因此可以包含环。环结构使得网络比树更复杂，但也让网络能够建模和解决一些树不能解决的有趣问题。

12.5 练习题

练习题的参考答案请参见附录。带星号的题目表示有相当难度的练习题。

1. 编写一个程序，穷举搜索井字棋游戏的博弈树，并分别计算 X 胜的次数、O胜的次数以及平局的次数。结果意味着什么？可能的博弈总数是多少？这些统计数据对一个玩家有利还是对另一个玩家有利？
2. 修改为练习题 1 编写的程序，以便用户可以在井字棋游戏的棋盘上放置一个或多个初始棋子，然后计算 X 胜的次数、O胜的次数和平局的次数。对于从 X 开始的 9 种初始走子方式，总共有多少种博弈方式？（请问我们是否需要把所有九种都计算出来？）
3. 写一个程序，让玩家和电脑一起玩井字棋游戏。让玩家选择 X 或O。提供三种技能等级：随机（计算机随机移动）、初学者（计算机仅使用三级递归的极小极大算法）和专家级（计算机使用完全的极小极大搜索）。
4. 编写一个使用穷举搜索来解决优化划分问题的程序。允许用户单击按钮，以创建若干位于由用户设置的范围内的重量列表。并提供一个复选框，以指示是否允许算法“短路”并提前结束。
5. 拓展为前一个练习题编写的程序，以便可以执行分支定界算法，无论是否存在“短路”。

*6. 使用为练习题 4 编写的程序，并分别使用穷举搜索和分支定界算法来解决划分问题。要求使用值 1 到 5、1 到 6、1 到 7，以此类推，最多是 1 到 25。然后为这两种方法绘制图，显示访问的节点数与要划分的重量个数之间的关系。最后，再绘制另一张图，显示访问的节点数的对数与要划分的重量个数之间的关系。对于这两种方法访问的节点数量，得出的结论是什么？

7. 扩展为练习题 5 编写的程序，以使用随机启发式算法来寻找解决方案。
8. 扩展为前一个问题编写的程序，以使用改进启发式方法找到解决方案。
9. 对于重量 {7, 9, 7, 6, 7, 7, 5, 7, 5, 6}，如果使用爬山启发式算法，则划分程序会找到哪些组？各组的总重量是多少？总重量之间的差异是多少？如果重量最初按递增顺序排序呢？如果重量最初按降序顺序排列呢？对于按不同顺序给出的解决方案，请问可以得出哪些结论？
10. 对于重量 {5, 2, 12, 1, 2, 1}，请重复前一个问题。
11. 请问是否存在一组按降序顺序排序时不会得到最佳解决方案的重量？
12. 扩展为练习题 8 编写的程序，使用爬山启发式方法寻找解决方案。
13. 扩展为前一个问题编写的程序，使用有序爬山启发式方法寻找解决方案。

*14. 创建一个程序，使用克雷格·雷诺兹的原始 Boids 规则来模拟鸟群。使鼠标位置成为目标，以便当鼠标在绘图区域上移动时，使鸟群追逐鼠标。如果目标（鼠标位置）保持不变，boid 会怎么做？

*15. 修改为上一个练习题构建的程序，将人添加为障碍。当用户单击绘图区域时，将一个人放在该点上，并使 boid 避开该点。

*16. 创建一个程序，使用伪经典力学来模拟鸟群。使鼠标位置成为目标，以便当鼠标在绘图区域上移动时，使鸟群追逐鼠标。如果目标（鼠标位置）保持不变，boid 会怎么做？

*17. 修改为上一个练习题构建的程序，将人添加为障碍。当用户单击绘图区域时，将一个人放在该点上，并使 boid 避开该点。

*18. 编写一个程序，使用群集算法求以下函数的最小值：

$$z = 3e^{-r^2}\sin(2\pi r)\cos(3\theta)$$

其中，r 和 θ 是区域 $-3 \leqslant \{x, y\} \leqslant 3$ 中的点（x, y）的极坐标值。可以使用以下函数计算 r 和 θ：

$$r = \sqrt{x^2 + y^2}$$

$$\theta = \arctan(y, x)$$

图 12.6 显示了作者的另一本教科书 *WPF 3d: Three-Dimensional Graphics with WPF and C#*（Rod Stephens, 2018）中的函数显示的图形。

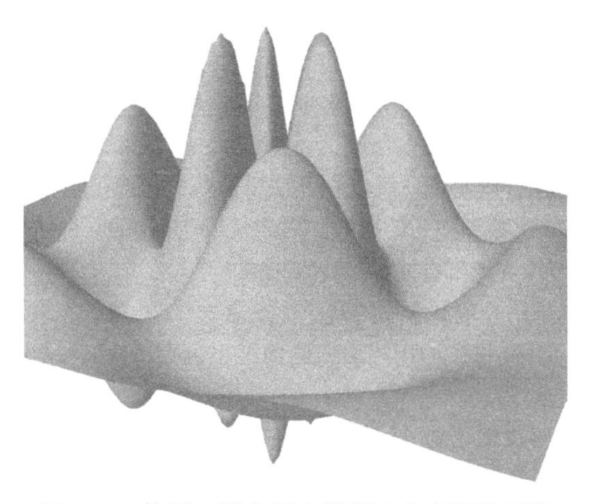

图 12.6　使用一群虫子来模拟这个奇怪的函数

可以使用以下代码片段计算此函数：

```
// 返回函数 F(x, y) 的值
private double Strange(Point2d point)
{
    double r2 = (point.X * point.X + point.Y * point.Y) / 4;
    double r = Math.Sqrt(r2);

    double theta = Math.Atan2(point.Y, point.X);
    double z = 3 * Math.Exp(-r2) *
        Math.Sin(2 * Math.PI * r) *
        Math.Cos(3 * theta);
    return z;
}
```

为了使用群集算法，创建一个 Bug 类。使用属性 Location 和 Velocity 来跟踪它当前的位置、方向和速度。同时使用属性 BestValue 和 BestPoint 来跟踪 bug 已经找到的最佳解决方案。

当计时器开始计时时，主程序应该调用每个 bug 的 Move 方法。该方法应该使用两种加速方法来更新 bug 的位置：认知加速和社交加速。认知加速应该从错误的当前位置指向它找到的最佳位置，社交加速应该从 bug 的当前位置指向任何 bug 找到的全局最佳位置。

将每个加速度乘以一个权重因子（由用户设置）和一个介于 0 和 1 之间的随机比例因子，然后将它们添加到 bug 的当前速度中。我们可能需要设置一个最大速度来防止 bug 运行得太远。然后使用结果更新 bug 的位置。

移动一个 bug 后，更新其最佳值和全局最佳值（如果需要）。当一个 bug 在一定的圈数内没有提高最佳值时，锁定它的位置，并且不要再移动它。

最后，在每个时间周期之后，以不同的颜色显示 bug、它们的最佳位置和全局最佳位置。以不同的颜色显示锁定的 bug。图 12.7 显示了搜索最小值的 SwarmMinimum 示例程序。

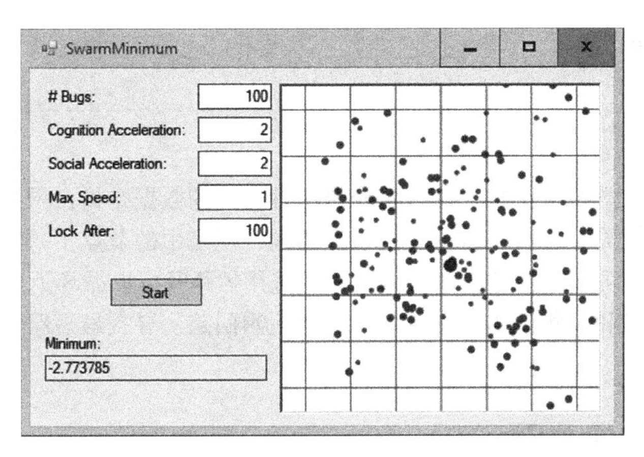

图 12.7 显示 bug、它们的最佳位置以及全局最佳位置

第 13 章

Essential Algorithms: A Practical Approach to Computer Algorithms Using Python and C#, Second Edition

基本网络算法

第 10 章到第 12 章描述了树。本章将介绍一种相关的数据结构：网络。与树一样，网络由链接连接的节点构成。然而，与树中的节点不同，网络中的节点不一定具有层次关系。特别是，网络中的链接可能会创建回路，因此跟随链接的路径可以循环返回其起始位置。

本章介绍了网络和一些基本的网络算法，如检测回路、寻找最短路径以及寻找网络中包含每个节点的树。

13.1 有关网络的术语

有关网络的术语不像树的术语那么复杂，因为网络没有从家谱学中借用众多术语，但是仍然值得花几分钟来回顾一下。

网络（network）由一组通过*链接*（link）连接的*节点*（node）组成。(有时，特别是在研究数学算法和定理时，网络被称为*图*（graph），节点被称为*顶点*（vertice），链接被称为*边*（edge）。) 如果节点 A 和节点 B 被链接直接连接，则它们是相邻的，并且被称为*邻居*（neighbor）。

与树的情况不同，网络没有根节点，尽管根据网络的不同可能有特定的感兴趣节点。例如，交通网络可能包含特殊的枢纽节点，其中公共汽车、火车、渡轮或其他车辆在这些节点上开始和结束其常规路线。

链接可以是*无向的*（undirected，我们可以沿无向链接的任意方向遍历网络）或*有向的*（directed，我们只能沿有向链接的一个方向遍历网络）。根据其包含的链接类型，网络可以分为有向网络或无向网络。

路径（path）是节点和链接的交替序列，通过网络路径从一个节点到另一个节点。假设从任何节点到任何相邻节点只有一个链接（换而言之，从节点 A 到节点 B 不存在两个链接），在这种情况下，可以通过列出所访问的节点或者使用链接来指定路径。

循环（cycle）或者*环路*（loop）是返回到其起点的路径。

与树的情况一样，离开节点的链接的数量称为节点的*度*（degree）。网络的度是其中所包含节点的最大度。在有向网络中，节点的*入度*（in-degree）和*出度*（out-degree）是进入和离开节点的链接的数量。

节点和链接通常具有与其关联的数据。例如，节点通常具有如下属性：名称、ID 号或物理位置（例如纬度和经度）。链接通常具有相关的*成本*（cost）或*权重*（weight）属性，例如在街道网络中穿过链接所需的时间。链接还可以具有最大*容量*（capacity）属性，例如，通过电路网络中的电线可以发送的最大电流量，或者每单位时间内通过链接穿过街道网络的最多车辆数。

可到达节点（reachable node）是指可以从给定节点通过链接到达的节点。根据网络的不同，可能无法从每个节点访问所有其他的节点。

在有向网络中，如果可以从节点 A 到达节点 B，则节点 A 和节点 B 被称为*连通状态*

(connected)。注意，如果节点 A 可以连通到节点 B，而节点 B 可以连通到节点 C，则节点 A 一定可以连通到节点 C。

无向网络中的连通组件（connected component）是指一组节点和链接，其中每对节点都通过这组节点的链接路径进行连接。如果网络的所有节点都相互连接，则整个网络称为连通网络。

如果一个有向网络的所有节点都是相互连通的，那么这个网络称为强连通（strongly connected）网络。如果一个有向网络在使用无向链接替换其有向链接后变为连通网络，则该网络称为弱连通（weakly connected）网络。

如果网络的一个子集中的任意两个节点之间存在一条路径，并且该子集是最大状态，即在不破坏其强连通性的情况下，不能向该子集添加另一个节点，则将这个子集称为强连通组件（strongly connected component）。

图 13.1 显示了小型有向网络的一些组成部分。其中带箭头的线段表示链接，箭头表示链接的方向。无向链接表示为没有箭头或者两端都有箭头。

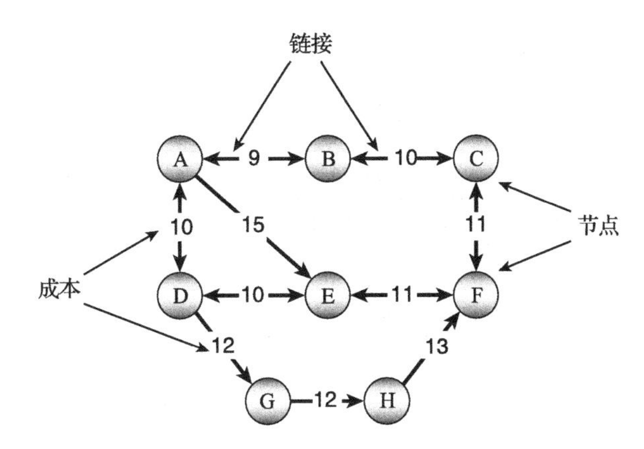

图 13.1 在有向网络中，箭头表示链接的方向

链接上的数字表示链接的成本。本例假设相反的链接具有相同的成本。实际上该假设不一定成立，但表示不同的链接成本在绘制网络时会比较困难。

图 13.1 所示的网络是强连通网络，因为存在从任意节点到其他所有节点的路径。请注意，节点之间的路径可能不是唯一的。例如，A-E-F 和 A-B-C-F 都是从节点 A 到节点 F 的路径。

表 13.1 总结了这些网络术语，以方便读者加强记忆。

表 13.1 有关网络的术语一览表

术 语	含 义
相邻的	如果两个节点通过链接连通，则它们是相邻的
容量	可以通过一个节点或链接的最大量，例如通过电网中的电线所能达到的最大电流，或每单位时间内通过街道网络链接的汽车的最大数量
连通网络	在无向网络中，如果可以从节点 A 到达节点 B，则节点 A 和节点 B 是连通的，反之亦然。如果从每个节点都可以到达其他所有的节点，则该无向网络称为连通网络
连通组件	一系列相互连通的节点

（续）

术　语	含　义
成本	链接可能有相关的成本。一个节点偶尔也可能会有成本
循环，回路	返回其起点的一条路径
度	在无向网络中，离开一个节点的链接数；在有向网络中，节点有入度和出度
有向的	如果只能沿一个方向遍历链接，则链接是有向的。如果网络包含有向链接，则称为有向网络
边	链接
图	网络
出度	在有向网络中，进入一个节点的链接的数目
链接	网络中表示两个节点之间关系的对象。链接可以是有向的或无向的
回路	循环
邻居	如果两个节点相邻，则它们是邻居
节点	网络中表示点状位置的对象。节点通过链接相互连通
出度	在有向网络中，离开一个节点的链接的数目
路径	从一个节点到另一个节点的节点和链接的交替序列。如果从任何节点到相邻节点只有一个链接，则可以通过列出其节点或链接来指定路径
可到达节点	如果存在从节点A到节点B的路径，则节点B是从节点A可到达的
强连通网络	如果从每个节点都可以访问其他所有节点，则该有向网络被称为强连通网络
强连通组件	一个网络的最大子集，其中任何两个节点之间存在一条路径
无向的	如果可以沿任意方向遍历链接，则链接是无向的。如果网络只包含无向链接，则称为无向网络
顶点	节点
弱连通网络	如果把有向链接替换为无向链接后，从每个节点都可以访问其他所有节点，则该有向网络称为弱连通网络
权重	成本

13.2 网络的表示

使用对象来表示网络非常直观。我们可以用Node类来表示节点。具体如何表示链接取决于如何使用链接。例如，如果我们正在构建有向网络，则可以将链接作为对存储在Node类中的目标节点的引用。如果链接包含成本或其他数据，也可以将其添加到Node类中。下面的伪代码显示了这种情况下的一个简单Node类：

```
Class Node
    String: Name
    List<Node>: Neighbors
    List<Integer>: Costs
End Node
```

这种表示方法适用于简单的问题，但通常需要创建一个单独的类来表示链接。例如，一些算法（如本章后面介绍的最小生成树算法）会生成链接列表。如果链接是对象，那么很容易在列表中放置链接。如果链接是由存储在 Node 类中的引用表示的，那么很难将它们放入列表中。以下伪代码显示了一个将链接存储为单独对象的无向网络的 Node 类和 Link 类：

```
Class Node
    String: Name
    List<Link>: Links
End Node

Class Link
    Integer: Cost
    Node: Nodes[2]
End Link
```

其中，Link 类包含一个由两个 Node 对象组成的数组，表示它所连接的节点。

在无向网络中，Link 对象表示两个节点之间的链接，节点的顺序无关紧要。如果一个链接连接节点 A 和节点 B，则 Link 对象将存储在两个节点的 Neighbors 列表中，因此我们可以沿任一方向跟踪 Link 对象。

在链接的 Nodes 数组中，由于节点的顺序无关紧要，因此尝试查找节点邻居的算法必须将当前节点与链接的 Nodes 中的数据项进行比较，以查看哪个节点是邻居。例如，如果算法试图找到节点 A 的邻居，则必须查看链接的 Nodes 数组，以查看哪一个元素是节点 A，哪一个元素是邻居。

在有向网络中，Link 类只需要知道它的目标节点。下面的伪代码显示了这种情况下的类：

```
Class Node
    String: Name
    List<Link>: Links
End Node

Class Link
    Integer: Cost
    Node: ToNode
End Link
```

但是，使 Link 类包含对其两个节点的引用仍然有作用。例如，如果网络的节点具有空间位置属性，并且链接具有对其源节点和目标节点的引用，则链接更容易绘制自身。如果链接只存储对其目标节点的引用，则节点对象必须将额外信息传递给链接，以使其绘制自身。

如果使用 Nodes 数组的 Link 类，则可以将节点的源节点存储在数组的第一个元素中，将其目标节点存储在数组的第二个元素中。

在文件中存储网络的最佳方法取决于程序设计环境中可用的工具。例如，尽管 XML 是一种分层语言，非常适用于树等分层数据结构，但是一些 XML 库也可以保存和加载网络数据。

为了简单起见，本书提供的下载示例中使用了一个简单的文本文件结构。文件的第一行包含网络中的节点数量。从第二行开始，每个节点一行文本。这行文本包含节点的名称及其 x 和 y 坐标。接下来是节点的链接列表。每个链接的数据项包括目标节点的索引、链接的成本和链接的容量。

存储网络信息的文本文件的格式如下所示：

```
number_of_nodes
name,x,y,to_node,cost,capacity,to_node,cost,capacity,...
name,x,y,to_node,cost,capacity,to_node,cost,capacity,...
name,x,y,to_node,cost,capacity,to_node,cost,capacity,...
...
```

例如，表示图 13.2 所示网络的文件内容如下所示：

```
3
A,85,41,1,87,1,2,110,4
B,138,110,2,99,4
C,44,144,1,99,4
```

文件的第 1 行表示节点数 3。其他各行分别表示不同的节点。第 2 行表示节点 A，以其名称 A 开始，接下来的两个数据项表示节点的 x 和 y 坐标，因此该节点位于位置（85, 41）。

然后，该行包含一系列描述链接的值。第一组值为“1, 87, 1”，表示第一条链接通向节点 B（索引 1），成本为 87，容量为 1。第二组值为“2, 110, 4”，表示第二条链接通向节点 C（索引 2），成本为 110，并且容量为 4。文件中的其他行定义了节点 B 和 C 及其链接。

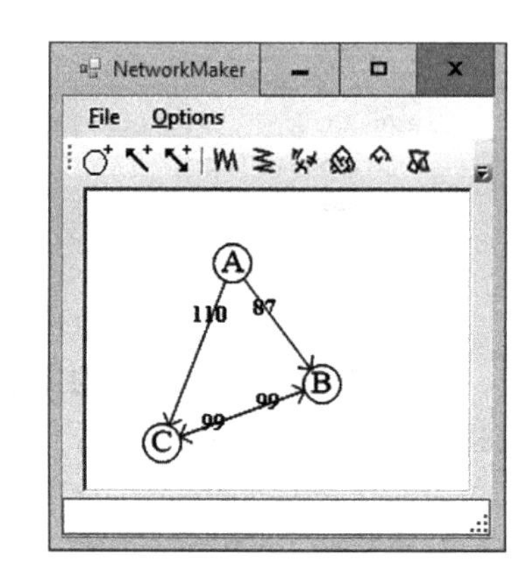

图 13.2　网络包含四条链接，两条连接节点 A 和节点 C，两条连接节点 B 和节点 C

注意：在设计网络算法程序之前，我们需要先构建网络。我们可以编写代码来构建网络，一次创建一个节点和一条链接。但是如果可以编写一个用来交互式地创建测试网络的程序，将大大提高构建网络的效率。有关如何编写自动构建网络的程序，请参见本章末尾的练习题 1。

13.3　遍历

许多算法都需要以某种方式遍历网络。例如，本章后面描述的生成树和最短路径算法都将遍历网络中的节点。以下章节将描述几种使用不同类型遍历来解决网络问题的算法。

13.3.1　深度优先遍历

第 10 章描述的树的前序遍历算法几乎同样适用于网络。下面的伪代码显示了略作修改以使用网络节点类的算法（正常情况下完全正确）：

```
Traverse()
    <Process node>
    For Each link In Links
        link.Nodes[1].Traverse
    Next link
End Traverse
```

该算法首先处理当前节点，然后循环遍历节点的链接并递归地调用自身来处理每个链接的目标节点。

上述算法基本上可行，但存在一个严重的问题。与树不同，网络可能包含回路。如果网络中包含回路，则该算法将进入无限循环，递归将跟随这个回路无限循环。解决这个问题的一个办法是为算法设定一种判断它以前是否访问过某个节点的方法。一个简单的方法是向

Node 类添加一个 Visited（已访问）属性。基于 Visited 属性，重写该算法的伪代码如下所示：

```
Traverse()
    <Process node>
    Visited = True

    For Each link In Links
        If (Not link.Nodes[1].Visited) Then
            link.Nodes[1].Traverse
        End If
    Next link
End Traverse
```

在改进的算法中，算法访问当前节点并将其 Visited 属性设置为 True。然后循环遍历节点的链接。如果链接的目标节点的 Visited 属性为 False，则算法递归调用自身来处理该目标节点。

这个版本的算法可以正常工作，但是可能导致非常深层的递归。如果网络包含 N 个节点，算法可能会调用自己 N 次。如果 N 很大，则可能会耗尽程序的调用堆栈空间，从而导致程序崩溃。

如果使用第 9 章中描述的技术来删除递归，则可以避免此问题。以下伪代码显示了使用堆栈而不是递归的改进算法：

```
DepthFirstTraverse(Node: start_node)
    // 访问这个节点
    start_node.Visited = True

    // 创建一个堆栈，将开始节点置于其中
    Stack(Of Node): stack
    stack.Push(start_node)

    // 只要堆栈不空，则一直重复此过程
    While <stack isn't empty>
        // 从堆栈中获取下一个节点
        Node node = stack.Pop()

        // 处理节点的链接
        For Each link In node.Links
            // 仅当目标节点未被访问时，才使用该链接
            If (Not link.Nodes[1].Visited) Then
                // 将节点标注为已访问
                link.Nodes[1].Visited = True

                // 把节点压入栈
                stack.Push(link.Nodes[1])
            End If
        Next link
    Loop // 继续处理直至栈为空为止
End DepthFirstTraverse
```

该算法访问开始节点并将其压入堆栈中。然后，只要堆栈不为空，就会从堆栈中弹出下一个节点并对其进行处理。为了处理节点，算法检查节点的链接。如果链接的目标节点没有

被访问，算法会将其标记为已访问，并将其添加到堆栈中以供以后处理。

由于所采用的将节点压入堆栈中的方式，该算法以深度优先的顺序遍历网络。为了了解原因，假设算法从节点A开始，节点A有邻居B_1、B_2等。当算法处理节点A时，将邻居压入堆栈中。稍后，当处理邻居B_1时，会将该节点的邻居C_1、C_2等压入堆栈中。因为堆栈按后进先出的顺序返回数据项，所以算法在处理B节点之前先处理C节点。继续运行时，该算法在网络中快速移动，在返回处理该节点的近邻之前，算法会离开起始节点A很远的距离。

因为遍历在访问所有更接近根的节点之前先访问远离根节点的节点，所以该算法称为深度优先遍历（depth-first traversal）。图13.3显示了深度优先遍历，其中节点根据遍历顺序进行标记。

仔细思考一下，我们可以了解节点是如何添加到遍历中的。算法从标记为0的节点开始，然后将标记为1、2和3的节点添加到堆栈中。

因为节点3是最后添加到堆栈中的，所以算法接下来处理节点3，并将节点4和5添加到堆栈中。因为节点5是最后添加的，所以算法下一步处理节点5，并将节点6、7、8和9添加到堆栈中。

如果我们愿意的话，可以继续研究图13.3，以找出算法按此顺序访问节点的原因。但是，此时我们应该能够观察到，在处理某些靠近开始节点的节点之前，算法会先处理远离开始节点的一些节点。例如，在访问节点11和节点12（距离开始节点只有3个链接）之前，将先访问节点10（距离开始节点有4个链接）。

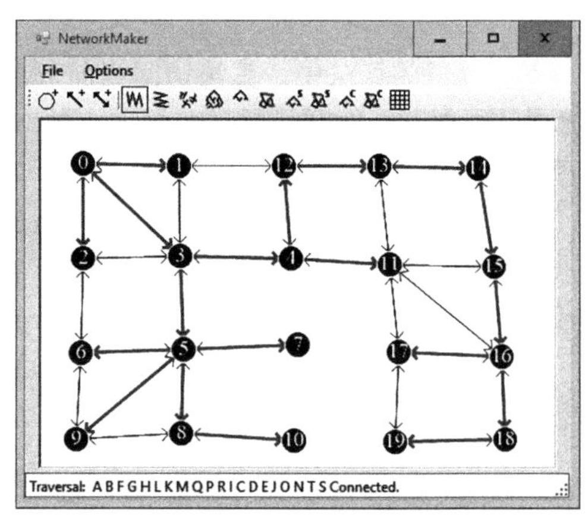

图13.3　在深度优先遍历算法中，先访问远离开始节点的节点，然后才访问开始节点附近的节点

13.3.2　广度优先遍历

在一些算法中，在访问距离较远的节点之前，最好先访问距离起始节点较近的节点。深度优先遍历算法在访问较近的节点之前，先访问远离起始节点的一些节点，因为它使用堆栈来处理这些节点。如果使用队列而不是堆栈，则按先进先出的顺序处理节点，并且首先处理靠近开始节点的节点。

由于此算法在访问任何其他节点之前访问节点的所有近邻，因此称为广度优先遍历（breadth-first traversal）。图13.4显示了广度优先遍历，节点根据遍历顺序进行标记。

与深度优先遍历一样，我们可以研究图13.4，了解算法是如何访问网络节点的。算法从标记为0的节点开始。然后，将标记为1、2和3的邻居添加到队列中。

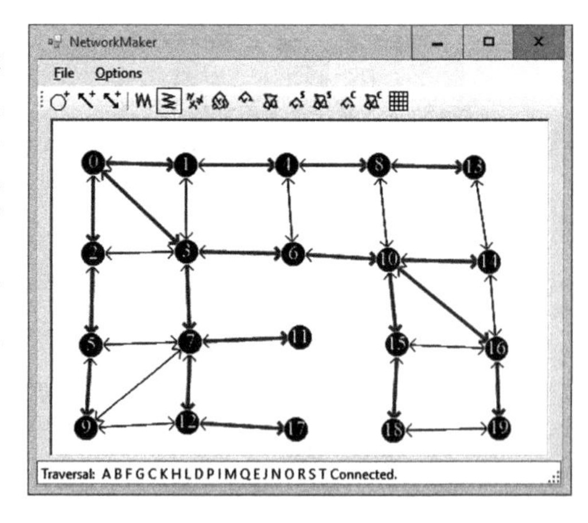

图13.4　在广度优先遍历算法中，先访问开始节点附近的节点，然后才访问远离开始节点的节点

因为队列按先进先出的顺序返回数据项，所以算法下一步处理节点 1 并将其邻居添加到队列中。该节点尚未被访问的唯一邻居是节点 4。接下来，算法将节点 2 从队列中移除，并将其邻居（标记为 5）添加到队列中。然后，从队列中移除标记为 3 的节点，并将其邻居 6 和 7 添加到队列中。

如果我们愿意的话，可以继续研究图 13.4，以确定算法访问节点的顺序。但是，此时，我们应该能够观察到，最靠近开始节点的所有节点都是在任何较远的节点之前被访问的。

13.3.3 连通性测试

前两节中描述的遍历算法只需稍作修改，就可以立即生成其他两个算法。例如，遍历算法访问从开始节点可以到达的所有节点。对于无向网络，这意味着如果网络是连通网络，则算法将访问网络中的所有节点。因此，可以使用以下简单算法来确定无向网络的连通性：

```
Boolean: IsConnected(Node: start_node)
    // 从 start_node 开始遍历整个网络
    Traverse(start_node)

    // 检查是否还有未被访问的节点
    For Each node In <all nodes>
        If (Not node.Visited) Then Return False
    Next node

    // 因为所有的节点均被访问，所有该网络是连通的
    Return True
End IsConnected
```

该算法使用前面描述的遍历算法，然后检查每个节点的 `Visited` 属性，以查看该节点是否已被访问。

我们可以扩展此算法以查找网络的所有连通组件。只需从前面未访问的节点开始，重复使用遍历算法，直到访问所有节点。下面的伪代码显示了一种算法，该算法使用深度优先遍历来查找网络的连通组件：

```
List(Of List(Of Node)): GetConnectedComponents
    // 跟踪已访问节点的数量
    Integer: num_visited = 0;

    // 创建结果列表的列表
    List(Of List(Of Node)): components

    // 一直重复直到所有节点均位于连通组件中
    While (num_visited < <number of nodes>)
        // 查找还未被访问的节点
        Node: start_node = <first node not yet visited>

        // 将开始节点添加到堆栈中
        Stack(Of Node): stack
        stack.Push(start_node)
        start_node.Visited = True
        num_visited = num_visited + 1

        // 将该节点加入一个新的连通组件中
```

```
        List(Of Node): component
        components.Add(component)
        component.Add(start_node)

        // 继续处理直至栈为空为止
        While <stack isn't empty>
            // 从堆栈中获取下一个节点
            Node: node = stack.Pop()

            // 处理节点的链接
            For Each link In node.Links
                // 仅当目标节点未被访问时，才使用该链接
                If (Not link.Nodes[1].Visited) Then
                    // 将节点标注为已访问
                    link.Nodes[1].Visited = True

                    // 将链接标注为树的一部分
                    link.Visited = True
                    num_visited = num_visited + 1

                    // 将节点添加到当前的连通组件中
                    component.Add(link.Nodes[1])

                    // 将节点压入堆栈中
                    stack.Push(link.Nodes[1])
                End If
            Next link
       Loop // While <stack isn't empty>
    Loop // While (num_visited < <number of nodes>)

    // 返回连通组件
    Return components
End GetConnectedComponents
```

此算法返回一个列表的列表，每个列表包含一个连通组件中的节点。算法首先设置变量`num_visited`来跟踪已经访问了多少个节点，然后创建用于返回结果列表的列表。

然后，算法进入一个循环，只要存在还没有被访问的节点，则继续循环。在循环中，程序找到一个尚未被访问的节点，将其添加到遍历算法的堆栈中，并将其添加到表示网络连通组件的新节点列表中。

然后，算法进入一个循环，该循环类似于先前用于处理堆栈的遍历算法所使用的循环，循环直到堆栈为空。两个算法的唯一区别在于，该算法除了将访问的节点添加到堆栈之外，还将其添加到当前正在生成的列表中。

当堆栈为空时，表明算法访问了连接到上一个开始节点的所有节点。此时，算法会找到另一个未被访问的节点并重新启动。当每个节点都被访问时，算法返回连通组件的列表。

13.3.4 生成树

如果无向网络具有连通性，则可以将任何节点作为根节点，生成一个从根节点到网络中所有其他节点的路径。此树之所以被称为生成树（spanning tree)，是因为它跨越网络中的所有节点。

例如，图 13.5 显示了以节点 H 为根节点的生成树。如果遵循以粗线表示的链接，则可以跟踪从根节点 H 到网络中任何其他节点的路径。例如，到节点 M 的路径访问节点 H、C、B、A、F、K、L 和 M。

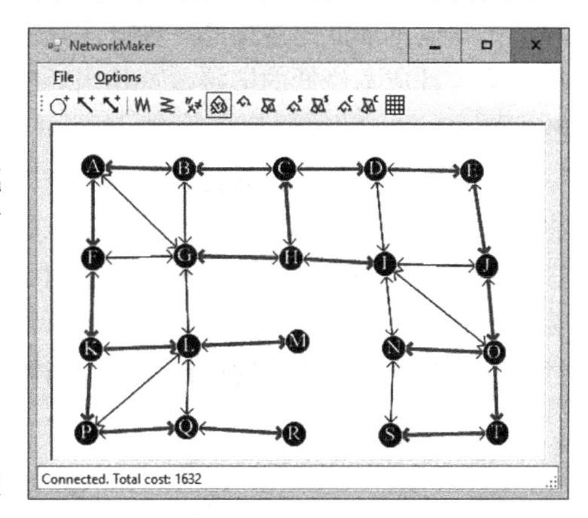

图 13.5　生成树连接网络中的所有节点

前面描述的遍历算法实际上找到了一棵生成树，但是没有记录树中使用的链接。要修改前面的遍历算法以记录使用的链接，只需在将新节点标记为 Visited 的语句之后添加以下代码行：

```
// 将链接标记为生成树中的一部分
link.Visited = True
```

算法从生成树中的根节点开始。在每个步骤中，算法都会选择与生成树相邻的另一个节点并将其添加到树中。新算法简单地记录了将节点连接到生长生成树的链接。

13.3.5　最小生成树

前面描述的生成树算法可以使用许多不同的链接组合来连接网络的所有节点，因此存在多个生成树。成本最小的生成树被称为*最小生成树*（minimal spanning）。请注意，一个网络可能有多棵最小生成树。

以下步骤描述了一个简单的用于查找根节点为 R 的最小生成树的算法：

1. 将根节点 R 添加到初始生成树。
2. 重复以下操作，直到每个节点都在生成树中：
   a. 查找将生成树中的节点连接到尚未在生成树中的节点的最低成本链接。
   b. 将该链接的目标节点添加到生成树中。

该算法是贪婪算法的一个示例，因为每一步算法都选择一个成本最低的链接。通过在局部做出最佳选择，算法可以在全局范围内实现最佳解决方案。

例如，考虑图 13.6 左侧所示的网络，并假设粗线表示的链接和节点是基于根节点 A 生长的生成树的一部分。在步骤 2a 中，检查将树中的节点与树中尚未存在的节点连接起来的链接。在本例中，这些链接的成本为 15、10、12 和 11。使用贪婪算法，添加最小成本链接（成本为 10），结果如图 13.6 右侧所示的树。

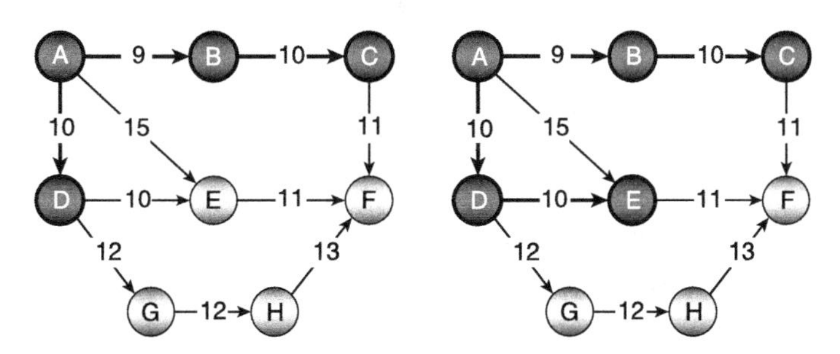

图 13.6　在每一步中，将连接树中的节点与树中尚未存在的节点之间成本最低的链接添加到生成树

此算法中最耗时的步骤是步骤 2a，它会寻找要添加到树中的下一个链接。这一步需要

多长时间取决于我们使用的方法。

找到成本最低的链接的一种方法是遍历树的节点，检查它们的链接以找到一个连接到树外部节点且成本最低的链接。这相当耗时，因为算法必须多次检查树节点的链接，即使这些链接指向树中已经存在的其他节点。

更好的方法是保留候选链接列表。当算法将一个节点添加到正在增长的生成树中时，还将从该节点到树外节点的任何链接添加到候选列表中。为了找到最小的链接，算法通过候选列表查找最小的链接。在搜索列表时，如果找到指向树中已存在的另一个节点的链接（因为该节点是在将链接添加到候选列表后添加到树中的），则算法会将其从列表中移除。这样，算法以后就不需要再考虑该链接了。当候选列表为空时，算法完成。

13.3.6 欧几里得最小生成树

点集合的欧几里得最小生成树（Euclidean Minimum Spanning Tree，EMST）将这些点与具有与其长度相等权重的链接连接起来。另一种方法是EMST用最小的总链接长度连接点。图 13.7 显示了一个点集合的 EMST 程序。

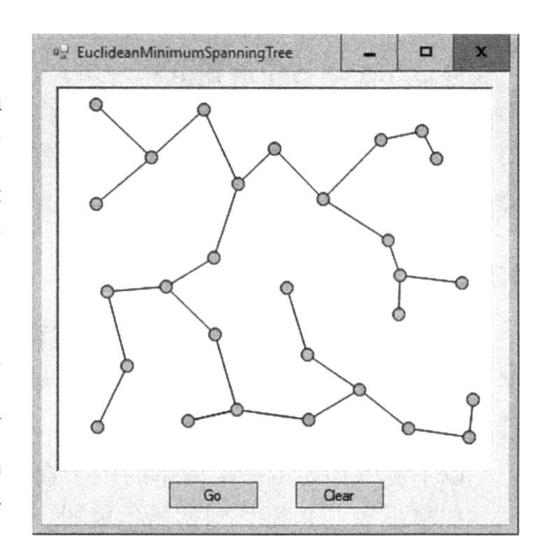

图 13.7 EMST 是连接一个点集合的最经济实惠的方法

EMST 可以用于计算连接点集合的最小代价。例如，可以使用 EMST 来构建连接一个点集合的电线、排水管或电信线网络。然而，在现实世界中，我们可能更愿意在额外的链接上多花一点代价，以提供更好的吞吐量，或者使网络具有容错性，以便即使其中一个链接断开也能继续工作。

构建 EMST 最直接的方法是创建一个包含每对节点之间的链接的网络，将每个链接的权重设置为其长度，然后使用前一节中描述的贪婪算法来找到网络的最小生成树。

寻找 EMST 有更高效的算法，但是它们要复杂得多，所以本书不再赘述。读者可以在网上找到更多的信息，例如 https://wikipedia.org/wiki/Euclidean_minimum_spanning_tree。

13.3.7 构建迷宫

我们可以使用生成树相对容易地创建迷宫。首先，创建一个由墙分隔的正方形房间组成的区域。在每个房间的中间放置一个节点，并将每个节点连接到其北邻、南邻、东邻和西邻。接下来，为节点生成一个随机生成树。只要树的连接穿过房间的墙，就把那堵墙移开。

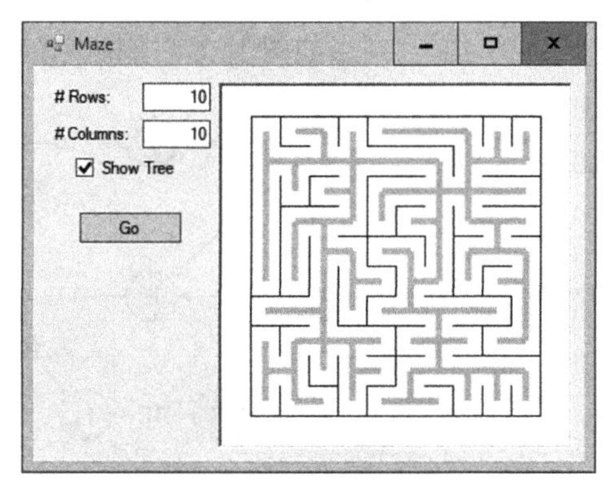

图 13.8 我们可以使用一棵随机生成树来构建迷宫

图 13.8 显示了一个使用此技术创建迷宫的程序。迷宫房间之间的墙壁用又细又暗的线表示。粗灰色的线表示生成树。

构建迷宫的生成树和构建其他生成树差不多一样。选择一个随机根节点并将其链接添加到候选列表。只要候选列表不为空，就从列表中选择一个随机链接，并像通常的算法一样将其添加到树中。此算法与其他生成树算法的唯一区别是从候选列表中随机选择下一个链接。

13.4 强连通组件

如果网络中的节点子集中的每个节点都可以访问该集合中的所有其他节点，则该子集是*强连通的*（strongly connected）。网络的*强连通组件*（strongly connected component）是网络内的最大强连通子集。换而言之，该子集是强连通的，但如果向该子集中添加任何其他节点，则它就不再是强连通的。

网络的强通接组件对网络进行分区。例如，图 13.9 显示了一个网络，其强连通组件用虚线圈在一起。

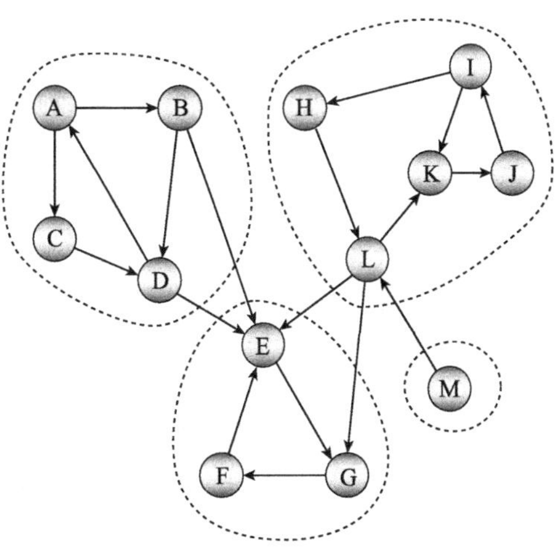

图 13.9　网络的强通接组件对网络进行分区

下一节将描述一种查找强连通组件的算法。后面的章节将阐述该算法的工作原理。

13.4.1 Kosaraju 算法

1978 年，约翰霍普金斯大学计算机科学教授 Sambasiva Rao Kosaraju 提出了一种查找网络强连通组件的方法。该算法现在被称为 Kosaraju 算法。（它也被称为 Kosaraju-Sharir 算法，部分以以色列数学家和计算机科学家 Micha Sharir 命名，他在 1981 年独立发现并发表了该算法。）

该算法相当简单，不过理解该算法的工作原理有点困难。以下步骤从较高的层次概述了算法：

1. *准备工作*。为节点类提供以下字段：
   a. `Visited`：一个布尔字段，指示该节点是否在算法的第一部分中被访问。
   b. `ComponentRoot`：表示该节点所属的强连通组件的 `Node`。
   c. `InLinks`：指向此节点的链接列表。
2. *初始化*。循环遍历节点并按如下方式初始化节点：
   a. 将每个节点的 `Visited` 字段设置为 `false`。
   b. 将每个节点的 `ComponentRoot` 字段设置为 `null`（空）。
   c. 将节点的链接添加到相邻节点的 `InLinks` 列表中。
   d. 创建一个空的 `visited_nodes` 列表，以跟踪已访问的节点。
3. *访问*。遍历节点，并调用每个节点的递归方法 `Visit`（稍后描述）。
4. *分配*。循环访问 `visited_nodes` 列表中的节点，并调用节点的递归分配方法 `Assign`（稍后描述）。

算法首先执行一些设置操作。这个步骤中最有趣的部分是为每个节点创建一个 `InLinks` 列表。稍后，`Assign` 方法将使用这些列表遍历节点的*导入链接*（incoming link）。

注意：`InLinks` 列表本质上允许每个节点找到其导出链接（outbound link）的反向链接。反向链接被称为转置链接（transpose link）。每一个链接都反向的网络被称为转置网络（transpose network）。

然后，算法为每个节点调用以下 Visit 方法：

```
// 递归访问从本节点开始可以访问的所有节点
Void: Visit(Node: node, List<Node>: visited_nodes)
    If (node.Visited) Then Return

    node.Visited = True
    For Each link In node.Links
        Visit(link.ToNode, visited_nodes)
    Next link
    visited_nodes.Insert(0, node)
End Visit
```

Visit 方法使用节点的 Links 列表递归地遍历从该节点可以访问的所有节点，但是跳过已经访问过的任何节点。请注意，该方法在递归处理节点的导出链接之后，才会将节点本身添加到 visited_nodes 列表的开头。这会使该节点比从列表中可以访问的任何节点更靠近列表的开头。

访问步骤完成后，算法循环遍历访问 visited_nodes 列表中的节点，并为每个节点调用以下 Assign 方法：

```
// 递归分配节点到一个连通组件的根节点中
Void: Assign(Node: node, Node: root)
    If (node.ComponentRoot != null) Then Return

    node.ComponentRoot = root
    For Each link In node.InLinks
        Assign(link.FromNode, root)
    Next link
End Assign
```

第一次调用该方法时，传入该方法的节点将成为其连通组件的根节点。它将同一根节点传递到该方法所做的任何递归调用中。

对于初始调用和递归调用，代码将当前节点的 ComponentRoot root 字段设置为组件的根节点。然后，代码递归地遍历节点的导入链接，将其他节点分配给同一个连通组件。当 Assign 方法访问了每个节点后，算法就完成了，并且每个节点的 ComponentRoot 字段表示包含了各个节点的强连通组件。

在执行算法之后，程序可以执行其他任务，例如为每个强连通组件中的节点分配名称、数字或者颜色。

13.4.2 关于 Kosaraju 算法的讨论

为了理解 Kosaraju 算法的工作原理，需要了解的关键事实是，强连通组件中的节点恰恰是那些既可以使用正向链接的路径又可以使用转置链接的路径访问的节点。另一种表述方式是使用以下两个事实。

- 事实 1。如果 A 和 B 在同一个强连通组件中，则存在使用正向链接从节点 A 到节点 B 的路径 P_{AB}，以及使用反向链接从节点 A 到节点 B 的反向路径 R_{AB}。(强连通组件中的每对节点之间都有相似的正向路径和反向路径。)
- 事实 2。对于位于包含节点 A 的强连通组件之外的任何一个节点 E，至少缺少路径

P_{AE} 或 R_{AE} 中的一个。换而言之，要么缺少正向路径 P_{AE}，要么缺少反向路径 R_{AE}，要么同时缺少这两条路径。(类似地，缺少正向路径 P_{EA}，或者缺少反向路径 R_{EA}，或者这些路径都不存在。)

为了了解事实 1 为真的原因，假设节点 A 和节点 B 位于同一个强通接组件中。因此，必须存在一条从节点 A 到节点 B 的路径 P_{BA}，还存在另一条从节点 B 到节点 A 的路径 P_{BA}（这正是强连通组件的定义）。现在让我们反转这些路径。路径 P_{AB} 的反转提供了反向路径 R_{BA}，该路径沿着反向链接将节点 B 连接到节点 A。类似地，路径 P_{BA} 的反转给出了反向路径 R_{AB}，该路径沿着反向链接将节点 A 连接到节点 B。这表明存在路径 P_{AB} 和 R_{AB}。

要了解事实 2 为真的原因，假设节点 E 与节点 A 不在同一个强连通组件中。因为两个节点不在同一个强通接组件中，所以要么缺少路径 P_{AE}，要么缺少路径 P_{EA}。在这种情况下，要么缺少反向路径 R_{EA}，要么缺少反向路径 P_{AE}，要么同时缺少反向路径 R_{EA} 和 P_{AE}，这就是事实 2 所陈述的内容。

如果再仔细观察图 13.9，我们将发现节点 E 并不是强连通组件 {A, B, C, D} 中的一部分，因为虽然存在从这些节点到节点 E 的路径，但是在节点 E 和这些节点中的任何一个节点之间都没有路径。如果进一步研究这个图，还可以验证在强连通组件 {A, B, C, D} 中的任意一对节点之间都存在正向路径和反向路径。

基于上述分析结果，我们可以得到一种用于寻找强连通组件的算法。从节点 A 开始，沿着正向链接尽可能地遍历整个网络。然后再次从节点 A 开始，这次使用反向链接遍历整个网络。包含节点 A 的强连通组件由两次遍历中到达的节点组成。剩下的唯一任务是如何高效地执行这些遍历。这就是 Kosaraju 算法的用武之地。

算法首先使用正向链接执行遍历，将每个节点插入 visited_nodes 列表的开头，因此它位于从该节点开始访问的所有节点之前。接下来，算法访问列表中的节点，并使用反向链接遍历网络。最后，Assign 方法到达了一个死胡同，要么是因为该方法命中了已经被分配的节点，要么是因为该方法用完了要跟踪的转置链接。不管是哪种情况，算法都已经完成了这个强连通组件的构建。

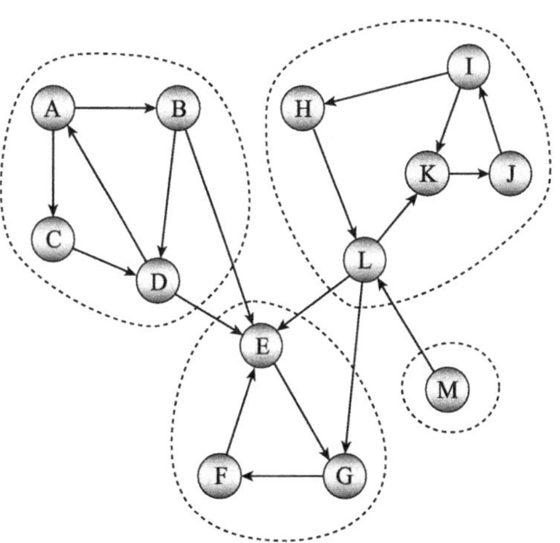

图 13.10 Kosaraju 算法首先正向遍历网络，然后反向遍历网络

为了更好地了解算法的工作原理，有必要更仔细地分析一个示例。再次考虑图 13.9 所示的网络和图 13.10 所示的网络。

当算法访问节点 A 时，尽可能地跟踪正向链接。完成遍历后，visited_nodes 列表包含以下节点。其中突出显示的节点 A 表示从 A 开始遍历：

```
A C B D E G F
```

注意，这些节点包括节点 A 的强连通组件中的所有节点以及一些附加节点。

算法执行的下一个非平凡的遍历是从下一个未访问的节点（即节点 H）开始。在该遍历之后，visited_nodes 列表包含以下节点：

```
H L K J I A C B D E G F
```

剩下的最后一个非平凡遍历是从节点 M 开始，并简单地将该节点添加到列表的开头：

```
M H L K J I A C B D E G F
```

接下来，该算法使用 Assign 方法来分配节点。算法从 visited_nodes 列表中的第一个节点（即节点 M）开始，并使用反向链接执行遍历。该节点没有反向链接，因此遍历无法进行，故节点 M 是其强连通组件中的唯一节点。

然后，该算法为列表中的下一个节点（即节点 H）调用 Assign 方法。新的遍历跟随反向链接来分配节点 I、J、K 和 L（再次查看图 13.10 以确认它所跟随的反向链接）。算法将访问节点 M，但该节点已被分配。

该算法继续在 visited_nodes 列表中移动，为各节点调用 Assign 方法。节点 L、K、J 和 I 已经被分配了，所以这些调用不会做任何有趣的事情。下一个非平凡的调用是针对节点 A，反向遍历分配节点 D、B 和 C。

该算法再次通过一些先前已分配的节点，然后从节点 E 开始执行反向遍历。该遍历分配节点 F 和 G。该遍历还将访问节点 B、D 和 L（以及可从它们访问的其他节点），但是这些节点已经被分配。

至此，算法完成了对 visited_nodes 列表的循环遍历，找不到未分配的节点，因此算法到此完成。如果我们仍然没有很好地理解算法的可视化工作方式，则可能需要实现算法，然后在调试器中单步执行。

13.5 查找路径

在网络中查找路径是一项常见的任务。一个日常的例子是在街道网络中找到从一个地点到另一个地点的路线。以下各节介绍一些通过网络查找路径的算法。

13.5.1 查找任意路径

本章前面介绍的生成树算法为我们提供了一种在网络中的任意两个节点之间查找路径的方法。以下步骤描述了用于查找从节点 A 到节点 B 的路径的简单算法：

1. 查找从根节点 A 开始的生成树。
2. 在生成树中沿着反向链接从节点 B 到节点 A。
3. 逆转第 2 步中形成的链接顺序。

该算法创建根节点为 A 的生成树，然后从节点 B 开始，对于路径中的每个节点，在生成树中找到指向该节点的链接。算法记录该链接并移动到路径中的下一个节点。

不幸的是，在生成树中找到指向特定节点的链接比较困难。使用到目前为止描述的生成树算法，我们需要遍历每个链接，以确定该链接是否是生成树的一部分，以及是否在当前节点结束。

我们可以对生成树算法略作改进以解决此问题。首先，向 Node 类添加一个新的 FromNode 属性。然后，当生成树算法将一个节点标记为在树中时，将该节点的 FromNode 属性设置为其链接用于将新节点连接到树的节点。现在要在步骤 2 中找到从节点 B 到节点 A 的路径，只需使用节点的 FromNode 属性即可。

13.5.2 标签设置最短路径

前一节中描述的算法查找从开始节点到目标节点的路径，但不一定是最佳路径。这条路径是从生成树中提取的，并且不能保证是有效的。图 13.11 显示了从节点 M 到节点 S 的路径。如果链路成本是它们的长度，那么就不难找到一条较短的路径，例如 M → L → G → H → I → N → S。

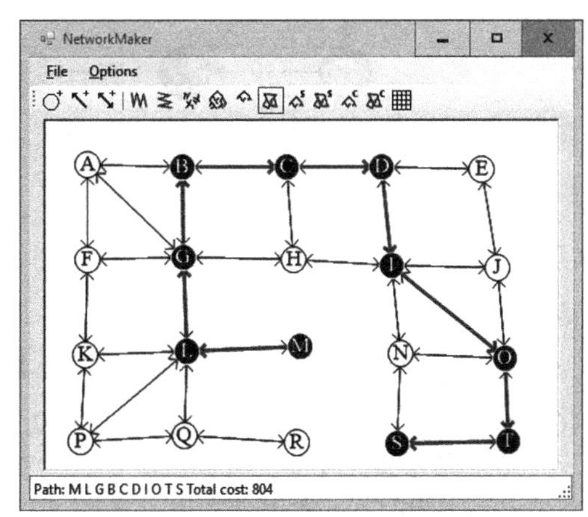

图 13.11 从生成树中提取从一个节点到另一个节点的路径可能不是很有效的

一个更有用的算法可以找到两个节点之间的最短路径。最短路径算法分为两大类：*标签设置*（label-setting）和*标签校正*（label-correcting）。本节介绍一种标签设置算法，下一节介绍一种标签校正算法。

标签设置算法从起始节点开始，并以某种类似于前面描述的最小生成树的方式创建一棵生成树。在每个步骤中，最小生成树算法选择将新节点连接到生成树的最低成本链接。相反，最短路径算法选择一个链接，该链接向树中添加一个与起始节点距离最小的节点。

为了确定哪一个节点与起始节点的距离最小，该算法使用其与起始节点的距离标记每个节点。处理链接时，算法会将到该链接的源节点的距离与该链接的成本相加，并确定到该链接的目标节点的当前距离。

当算法将每个节点都添加到生成树中时，表明算法完成了所有任务。通过树的路径显示了从起始节点到网络中每个其他节点的最短路径，因此该树称为*最短路径树*（shortest path tree）。

以下步骤是对算法的高层次描述：

1. 将起始节点的距离设置为 0，并将其标记为树的一部分。
2. 将起始节点的链接添加到可用于扩展树的候选链接列表中。
3. 当候选列表不是空的时候，循环遍历列表来检查链接。
   a. 如果链接指向树中已经存在的节点，则将该链接从候选列表中删除。
   b. 假设链接 L 从树中的节点 N_1 连接到不在树中的节点 N_2。如果 D_1 是到节点 N_1 的距离，C_L 是链接的代价，那么我们可以通过先到节点 N_1，然后沿着链接到达节点 N_2，距离为 $N_1 + C_L$。假设 $D_2 = N_1 + C_L$ 是从节点 N_1 使用该链路的可能距离。在遍历候选列表中的链接时，跟踪给出最小可能距离的链接和节点。设 L_{best} 和 N_{best} 为给出最小距离 D_{best} 的链接和节点。
   c. 设置 N_{best} 的距离为 D_{best}，并标记 N_{best} 为最小路径树的一部分。
   d. 对于离开节点 N_{best} 的所有链接 L，如果 L 指向的某个节点尚未位于树中，则把 L 添加到候选列表中。

例如，考虑图 13.12 中左边所示的网络。假设粗线所示的链接和节点是生长中的最短路径树的一部分。树的节点被标记为它们到根节点的距离，根节点被标记为 0。其他节点用它们的名称标记。

为了将下一个链接添加到树中，先检查从树到树中不存在的节点的链接，并计算到这些节点的距离。这个例子有三条可能的链接。

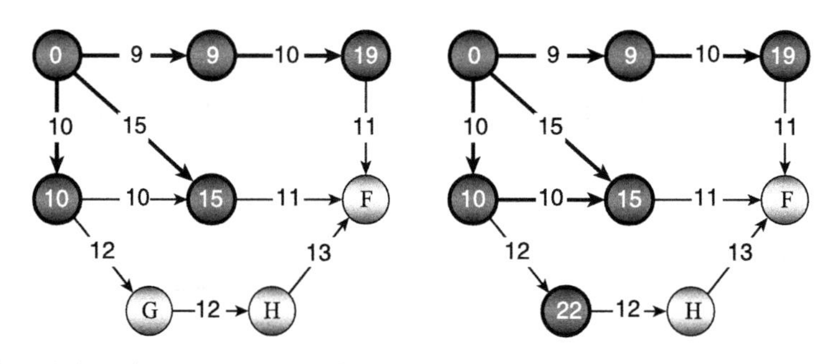

图 13.12 在每一步中，将从根节点到不在树中的节点之间的总距离最短的链接添加到最短路径树中

第一条链接从标记为 19 的节点到达节点 F。从根节点到标记为 19 的节点之间的距离为 19（这正是该节点被标记为 19 的原因），从标记为 19 的节点到节点 F 的链接成本为 11，因此从根节点开始到节点 F 的总链接距离为 19 + 11 = 30。

第二条链接从标记为 15 的节点到达节点 F。从根节点到标记为 15 的节点之间的距离为 15，从标记为 15 的节点到节点 F 的链接成本为 11，因此从根节点开始到节点 F 的总链接距离为 15 + 11 = 26。注意，此链接与前条链接一样到达节点 F，但此链接的路径距离较短。

第三条链接从标记为 10 的节点到达节点 G。该链接的成本为 12，因此通过此链接的总距离为 10 + 12 = 22。这是计算的三条链接中距离最短的一条链接，因此应该把该链接添加到生成树中。结果如图 13.12 右侧所示。

图 13.13 显示了该算法构建的完整最短路径树。在这个网络中，链接的成本是以像素为单位的长度。每个节点都是按照被添加到树中的顺序标记的，而不是该节点到根的距离。首先添加根节点，所以其标签为 0，然后添加根节点左边的节点，所以其标签为 1，以此类推。

注意节点的标签如何随着与根节点的距离的增加而增加。这类似于在广度优先遍历中将节点添加到树中的顺序。不同的是，广度优先遍历添加节点的顺序是根节点和节点之间的链接数，而这个算法是按照根节点和节点之间的链接距离添加节点的。

在构建了最短路径树之后，我们就可以按照节点的 FromNode 值来查找从目标节点到开始节点的反向路径，如前一节所述。图 13.14 给出了原网络中节点 M 到节点 S 的最短路径。与图 13.11 中使用生成树的路径相比，该结果更加合理。

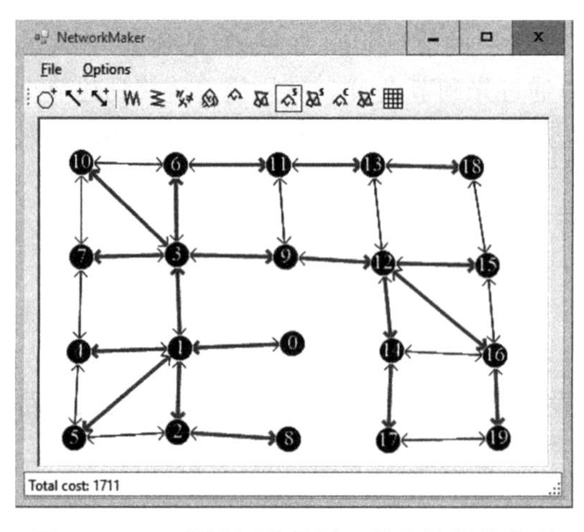

图 13.13 一棵最短路径树，其中从根节点到网络中的任意节点都具有最短路径

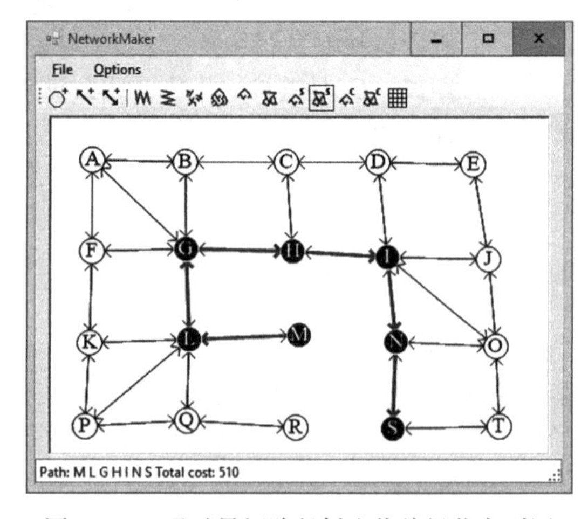

图 13.14 通过最短路径树查找从根节点到网络中指定节点的最短路径

13.5.3 标签修正最短路径

在标签设置最短路径算法中，最耗时的步骤是查找下一个要添加到最短路径树的链接。要向树中添加新链接，算法必须搜索候选链接，以找到以最低成本到达新节点的链接。

另一种策略是将任何候选链接添加到最短路径树中，并像往常一样用与根的距离标记其目标节点。随后，当算法处理候选列表中的链接时，可能会找到比已经在最短路径树中的节点更好的路径。在这种情况下，算法会更新节点的距离，将其链接添加到候选列表（如果它们还不在列表中），然后继续处理候选列表中的链接。最后，当算法无法找到更多的改进路径时，完成并结束算法。

在标签设置算法中，节点的距离只设置一次，并且保持不变。在标签修正算法中，一个节点的距离被设置一次，但以后可以多次校正。

以下步骤从较高的层次描述了标签修正算法：

1. 将起始节点的距离设置为 0，并将其标记为树的一部分。
2. 将起始节点的链接添加到候选链接列表。
3. 当候选链接列表不为空时，重复下列步骤：
   a. 处理候选列表中的第一个链接。
   b. 计算到链接的目标节点的距离：< 距离 > = < 源节点的距离 > + < 链接的成本 >。
   c. 如果新距离小于目标节点的当前距离，则执行以下步骤：
      i. 更新目标节点的距离。
      ii. 将目标节点的所有链接添加到候选列表中。

这个算法表面上可能显得更复杂，但实际的实现代码更精简，因为我们不需要搜索候选列表中的最佳链接。

由于此算法可能多次更改指向某个节点的链接，因此不能简单地将链接标记为树所使用的链接并将其保留在该链接上。如果采用这种方法，则需要更改指向节点的链接，还需要找到其旧的导入链接并取消标记。一个简单的方法是为 Node 类设置一个 FromLink 属性。当我们更改指向节点的链接时，可以更新此属性。如果仍要标记最短路径树使用的链接，则首先构建树。然后在节点上循环，并标记存储在其 FromLink 属性中的链接。

图 13.15 显示了使用标签修正方法寻找的网络最短路径树。同样，在这个网络中，链接的成本是以像素为单位的长度。每个节点都用其距离（和 FromLink 值）被更正的次数进行标记。根节点标记为 0，因为它的值是最初设置的，从未更改过。

图 13.15 中的大多数节点被标记为 1，这意味着它们的距离被设置了一次，然后再也没有修正。还有一些节点被标记为 2，这意味着它们的值被设置，然后修正了一次。对于大型的复杂网络，在最短路径树完成之前，节点的距离有可能被多次修正。

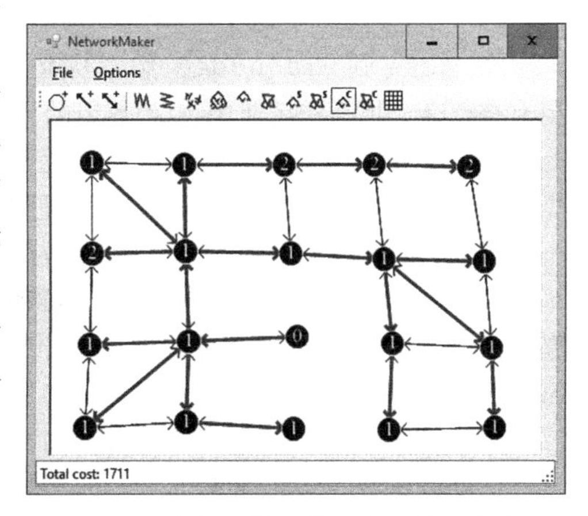

图 13.15　在标签修正算法中，某些节点的距离可能会被修正多次

13.5.4　所有节点对的最短路径

到目前为止所描述的最短路径算法在网络中寻找从一个起始节点到其他所有节点的最短路径树。另一种最短路径算法要求我们为网络中的每对节点找到最短路径。

Floyd-Warshall 算法从一个名为 Distance 的二维数组开始，其中 Distance[start_node, end_node] 是节点 start_node 和节点 end_node 之间的最短距离。

若要构建数组，先初始化数组，将表示节点到其自身距离的对角线元素设置为 0。将表示两个节点之间直接链接的元素设置为链接的成本。将数组的其他元素设置为无穷大。

假设 Distance 数组是部分填充的，并考虑数组中从节点 start_node 到节点 end_node 的路径。还假设对于某些 via_node，路径仅使用节点 0, 1, 2, …, via_node - 1。

添加节点 via_node 可以缩短路径的唯一方法是，判断改进的路径是否访问了中间某个节点。换而言之，路径 start_node → end_node 变为路径 start_node → via_node 以及路径 via_node → end_node。

为了更新 Distance 数组，我们检查所有节点对 start_node 和 end_node。如果 Distance[start_node, end_node] > Distance[start_node, via_node] + Distance[via_node, end_node]，则通过将 Distance[start_node, end_node] 设置为较小的距离来更新数组元素。

如果使用 via_node=0, 1, 2, …, $N-1$ 重复此操作，其中 N 是网络中的节点数，则 Distance 数组将保存任意两个节点之间最终的最短距离，使用其他节点作为最短路径上的中间节点。

到目前为止，算法尚未指明如何找到从一个节点到另一个节点的最短路径。它只是解释了如何找到节点之间的最短距离。幸运的是，我们可以通过创建另一个名为 Via 的二维数组来添加路径信息。

Via 数组沿着从一个节点到另一个节点的路径跟踪其中一个节点。换而言之，Via[start_node, end_node] 保存沿着从 start_node 到 end_node 的最短路径访问的节点的索引。

如果 Via[start_node, end_node] 是 end_node，则存在从 start_node 到 end_node 的直接链接，因此最短路径仅由节点 end_node 组成。如果 Via[start_node, end_node] 是另一个 via_node 的节点，那么可以递归地使用数组查找从 start_node 到 via_node，然后从 via_node 到 end_node 的路径。（如果上述描述显得有些复杂，那么稍后使用 Via 数组的算法将澄清这些描述的含义。）

为了构建 Via 数组，先将其所有元素初始化为 -1。如果节点之间存在直接链接，则把 Via[start_node, end_node] 设置为 end_node。

接下来，当我们构建 Distance 数组并通过将路径 start_node → end_node 替换为路径 start_node → via _ node 和 via_node → end_node 来改进路径。我们还必须设置 Via[start_node, end_node] = via_node，以表示从 start_node 到 end_node 的最短路径是经过中间点 via_node 的。

以下步骤描述了构建 Distance 和 Via 数组的完整算法（假设网络包含 N 个节点）：

1. 初始化 Distance 数组：

   a. 对于所有数组元素，设置 Distance[i, j] = infinity（无穷大）。

   b. 对于所有 i = 1 到 $N-1$，设置 Distance[i, i] = 0。

c. 如果节点 i 和 j 通过链路 i → j 连接，则将 Distance[i, j] 设置为该链接的成本。

2. 初始化 Via 数组：

a. 对于所有的 i 和 j：

i. 如果 Distance[i, j] < infinity，则设置 Via[i,j] 为 j，以表示从 i 到 j 的路径经过了节点 j。

ii. 否则，将 Via[i, j] 设置为 –1，以表示从节点 i 到节点 j 不存在任何路径。

3. 执行以下嵌套循环以查找改进：

```
For via_node = 0 To N - 1
    For from_node = 0 To N - 1
        For to_node = 0 To N - 1
            Integer: new_dist =
                Distance[from_node, via_node] +
                Distance[via_node, to_node]
            If (new_dist < Distance[from_node, to_node]) Then
                // 这是一条改进的路径。更新之
                Distance[from_node, to_node] = new_dist
                Via[from_node, to_node] = via_node
            End If
        Next to_node
    Next from_node
Next via_node
```

via_node 循环遍历节点的索引，这些节点可能是中间节点，并改进现有路径。循环完成后，将查找到所有最短路径。

下面的伪代码演示如何使用构建的 Distance 数组和 Via 数组在从开始节点到目标节点的最短路径中查找节点：

```
List(Of Integer): FindPath(Integer: start_node, Integer: end_node)
    If (Distance[start, end] == infinity) Then
        // 在这些节点中不存在任何路径
        Return null
    End If
    // 从这条路径中获取 via 节点
    Integer: via_node = Via[start_node, end_node]

    // 检查是否存在一条直接的连接
    If (via_node == end_node)
        // 存在一个直接的连接
        // 返回一个只包含 end_node 的列表
        Return { end_node }
    Else
        // 不存在直接的连接
        // 返回 start_node --> via_node 以及 via_node --> end_node
        Return
        {
            FindPath(start_node, via_node] +
            FindPath(via_node, end_node]
        }
    End If
End FindPath
```

例如，考虑图 13.16 顶部所示的网络。上面的数组显示 Distance 值如何随时间变化，下面的数组显示 Via 值如何随时间变化。更改的值使用粗体突出显示，以使其易于识别。

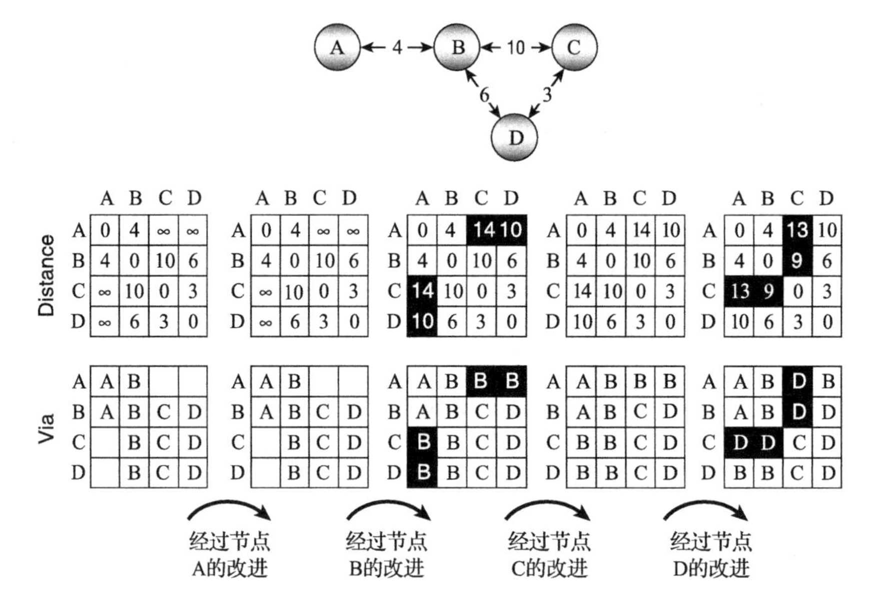

图 13.16 网络中所有节点对之间的最短路径可以通过使用一个 Distance 数组（上面一行数组）和一个 Via 数组（下面一行数组）来表示

左上角的数组显示 Distance 数组中元素的初始值。每个节点到自身的距离为 0。由链接相连接的两个节点之间的距离设置为链接的成本。例如，节点 A 和节点 B 之间的链接成本为 4，因此 Distance[A, B] 为 4。（为了使示例更易于理解，节点的名称被用作数组索引。）其余数组元素的链接成本被设置为无穷大。

左下角的数组显示了 Via 数组中的初始值。例如，存在一条从节点 C 到节点 B 的链接，所以 Via[C, B] 是 B。

在初始化数组之后，算法会寻找改进。首先，算法寻找可以通过使用节点 A 作为中间点来改进的路径。节点 A 位于网络的末端，因此无法改进任何路径。

接下来，该算法尝试使用节点 B 来改进路径，并发现了四个改进。例如，查看第二个 Distance 数组，可以看到 Distance[A, C] 是无穷大，但是 Distance[A, B] 是 4，Distance[B, C] 是 10，因此路径 A → C 可以改进。为了进行改进，该算法将 Distance[A, C] 设置为 4 + 10 = 14，并设置 Via[A, C] 为中间节点 B。

仔细观察一下网络，我们可以发现其变化所在。初始路径 A → C 的距离被设置为无穷大。路径 A → B → C 是一个改进，我们可以在网络中看到该路径的总距离是 14。类似地，我们可以处理路径 A → D、C → A 和 D → A 中的更改。

接下来，该算法尝试使用节点 C 作为中间节点来改进路径。节点 C 不允许任何改进。最后，该算法尝试用节点 D 作为中间节点来改进路径。算法可以使用节点 D 改进四条路径 A → C、B → C、C → A 和 C → B。

对于通过构建最终的 Via 数组查找路径的示例，请观察图 13.16 右下角的数组。以下步骤描述如何找到路径 A → C：

- Via[A, C] 是 D，因此 A → C = A → D + D → C。
- Via[A, D] 是 B，因此 A → D = A → B + B → D。
- Via[D, C] 是 C，所以存在一条从节点 D 到节点 C 的链接。
- Via[A, B] 是 B，所以存在一条从节点 A 到节点 B 的链接。
- 最后，Via[B, D] 是 D，所以存在一条从节点 B 到节点 D 的链接。

最后一条路径通过节点 B、D 和 C，因此完整路径是 A → B → D → C。图 13.17 显示了递归调用。

构建好 Distance 数组以及 Via 数组后，可以快速查找网络中任意两点之间的最短路径。缺点是这两个数组占用了大量存储空间。例如，中等规模城市的街道网络可能包含 30 000 个节点，因此这两个数组将包含 $2 \times 30\ 000^2$ = 1.8 亿个元素。如果每个元素是 4 字节整数，那么这两个数组将占用 14.4 GB 的内存。

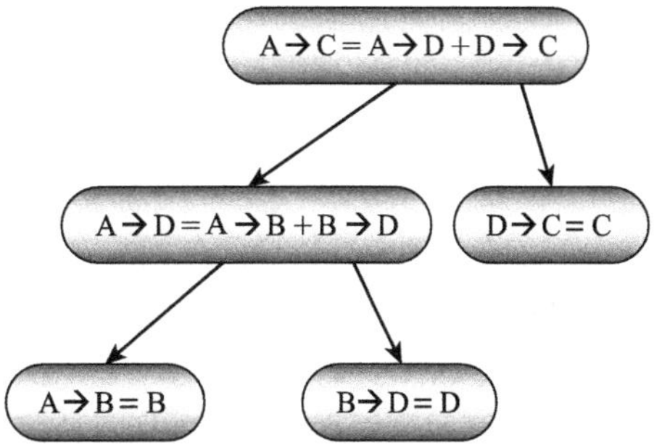

图 13.17　为了找到经过中间点 via_node 从 start_node 到 end_node 的路径，我们递归地查找从 start_node 到 via_node，再从 via_node 到 end_node 的路径

即使我们可以支持使用那么多内存，构建数组的算法也需要使用三个从 1 到 N 的嵌套循环，其中 N 是节点数，因此算法的总运行时间是 $O(N^3)$。如果 N 是 30 000，则需要 2.7×10^{13} 步。一台每秒运行 100 万步的计算机需要 10 个多月的时间来构建数组。

对于真正的大型网络，此算法是不切实际的，因此我们需要使用其他最短路径算法来根据需要查找路径。如果我们需要在较小的网络（可能只有几百个节点）上查找许多路径，则可以使用此算法预计算所有最短路径，从而节省查找时间。

13.6　传递性

与查找路径密切相关的两个主题是*传递闭包*（transitive closure）和*传递归约*（transitive reduction）。从某种意义上说，这两种思想是互补的。网络的传递闭包在逻辑上向网络添加链接，以直接表示其所有连接。与此相反，传递归约在不改变网络连接的情况下尽可能多地删除链接。

下面两节内容将更详细地解释传递闭包和传递归约，并描述实现它们的算法。

13.6.1　传递闭包

在传递闭包问题中，目的是建立一个数据结构，该结构能够有效地确定任意两个给定节点之间是否存在网络路径。例如，我们可以构造一个名为 PathExists 的数组，如果存在从节点 A 到节点 B 的网络路径，则 PathExists[A, B] 为 true。

从概念上讲，可以将闭包看作添加链接，以显示哪些节点可以从其他节点访问。例如，图 13.18 的左侧显示了一个小型网络。在图的右侧，虚线箭头表示为了使网络能够传递闭包而添加的新链接。如果左侧网络中存在从节点 X 到节点 Y 的路径，则右侧网络中存在从节点 X 到节点 Y 的直接链接（虚线箭头）。

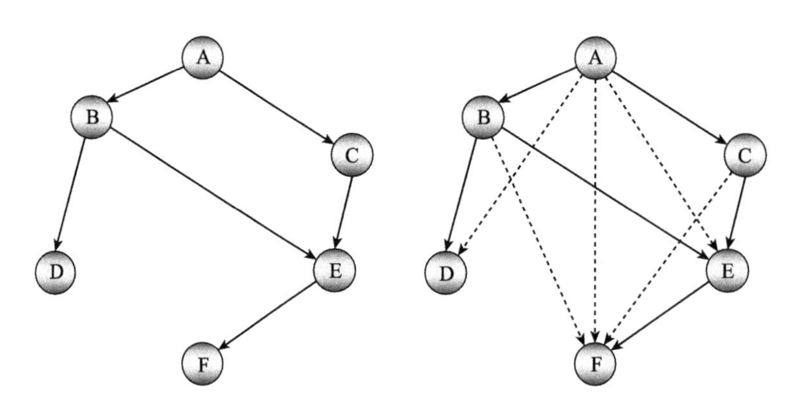

图 13.18 在网络的传递闭包中，每个节点通过一条链接就可以与其所能到达的所有节点相连

存在好几种查找传递闭包的方法。最简单的方法是从每个节点开始遍历网络，并跟踪遍历到达的所有顶点。如果网络包含 N 个节点和 E 条边，那么每次遍历都需要 $O(N+E)$ 步，所以整个过程需要 $O(N\times(N+E))$ 步。如果网络是稠密的，则 E 的量级为 N^2，因此算法的运行时间为 $O(N^3)$。对于小型网络，算法的运行速度足够快；但对于大型网络来说，运行时间将不切实际。

第二种方法是使用 13.5.4 节描述的 Floyd-Warshall 算法，该算法的运行时间同样为 $O(N^3)$。该算法生成一个数组，给出每对节点之间的最短距离。通过检查节点之间的距离是否小于无穷大，可以使用该数组测试两个节点之间的可达性。

如果网络相对密集，那么第三种方法可能比较适用。由于网络是密集的，它的许多节点应该包含在强连通组件中。在这种情况下，我们可以找到这些强连通组件，然后检查它们之间的链接。如果组件 A 与组件 B 之间存在链接，则组件 B 中的所有节点都是从组件 A 中的所有节点可达的。

13.6.2 传递归约

网络的传递归约，也称为最小等价有向图（minimum equivalent digraph），是另一个具有相同节点的网络，但具有尽可能少的满足相同可达性的链接。换而言之，如果原始网络中的两个节点之间有一条路径，那么在传递归约后的网络中，这两个节点之间也有一条路径。

另一种关于传递归约的思想是，在不改变可达性的情况下从原始网络中删除尽可能多的链接。

注意，无环网络的传递归约是唯一的。例如，图 13.19 的左边显示了一个无环网络，在其右边则显示了传递归约后的网络。

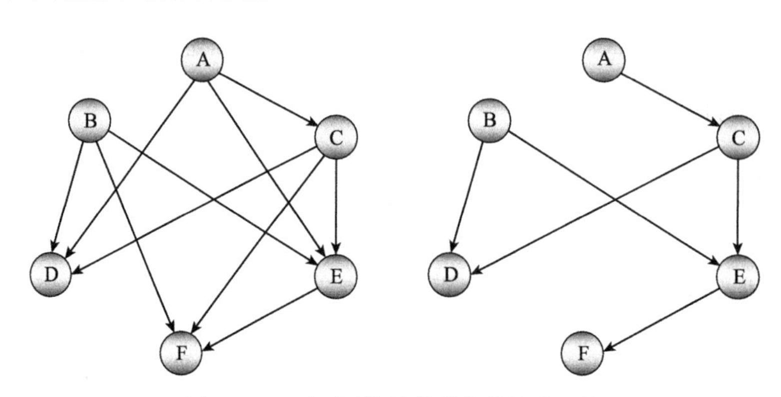

图 13.19 无环网络的传递归约是唯一的

通过研究图 13.19 所示的两个网络，我们将发现它们的节点具有相同的可达性集。表 13.2 总结了网络的可达性。

表 13.2　无环网络的可达性

	A	B	C	D	E	F
A	×		×	×	×	×
B		×		×	×	×
C			×	×	×	×
D				×		
E					×	
F					×	×

相反，有环网络可以具有多个传递归约，甚至具有边数可能最少的多个最小归约（minimum reduction）。图 13.20 的左侧为一个有环网络，右侧为两个传递归约，每个传递归约都包含 6 条链接。

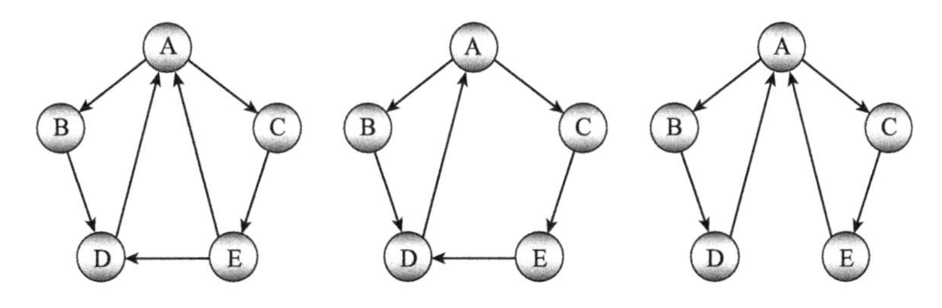

图 13.20　有环网络的传递归约可能不是唯一的

注意，有环网络的传递归约也可能是唯一的。例如，图 13.20 中所示的两个传递归约都是有环网络，并且它们都是自己唯一的传递归约。

一般而言，为网络寻找传递归约十分困难，但是存在一些特殊的情况可以实现。例如，如果网络的链接是无向的，那么找到一个最小传递归约就相当于找到一棵最小生成树，而且我们已经学习了相关算法。

下面的两个小节将解释可以用于查找其他类型网络的传递归约的算法。

13.6.2.1　无环网络

查找无环网络的传递归约相对简单。其基本思想是删除可以替换为由访问中间节点的其他两条路径组成的复合路径的链接。

例如，考虑链路 A → B，如果存在一个节点 C，从而形成路径 A → C 和 C → B，那么链路 A → B 是不必要的，并且我们可以在不改变网络可达性的情况下将其从网络中移除。这种方法为无环网络提供了以下算法：

```
// 查找传递规约
Void: FindTransitiveReduction(Boolean[,]: reachable)
    // 删除自链接
    For i = 0 To <Number of nodes>
        reachable[i, i] = False

    // 删除其他不必要的链接
```

```
    For i = 0 To <Number of nodes> - 1
        For j = 0 To <Number of nodes> - 1
            // 考虑链接 i --> j
            If (reachable[i, j]) Then
                // 检查是否存在一个中间节点 k,
                // 使得存在路径 i --> k 和 k --> j
                For k = 0 To <Number of nodes> - 1
                    If reachable[i, k] And reachable[k, j] Then
                        Reachable[i, j] = False
                    End If
            End If
End FindTransitiveReduction
```

参数 reachable 是一个布尔数组，如果存在从节点 i 到节点 j 的路径，则 reachable[i, j] 为 true。对于所有的 i，代码首先将 reachable[i, i] 设置为 false，以便删除节点与其自身之间的任何自链接。

接下来，算法在所有可能的节点对之间的链接上循环。对于每一个链接 i→j，代码循环遍历所有节点 k，并检查是否存在路径 i→k 和 k→j。如果存在这些路径，则移除链接 i→j。

13.6.2.2　通用网络

为了找到通用有环网络的传递归约，首先要找到网络的强连通组件。用一个有向哈密顿回路连接每个分量中的节点。(基本而言，就是要创建一个连接连通组件上所有节点的大回路。)

注意：一组节点的哈密顿路径（Hamiltonian path）是访问每个节点仅仅一次的路径。哈密顿回路（Hamiltonian cycle）是返回到起点的哈密顿路径。

将每个强连通的组件替换为单个压缩节点，并移除组件中的任何链接。如果原始网络中的一个链接连接了两个不同强连通组件中的节点，则添加一条链接来连接相应的压缩节点。

这一结果被称为原始网络的*压缩网络*（condensation）。压缩网络是无环网络，因此我们可以使用上一节中描述的技术来找到压缩网络的传递归约。接下来，使用压缩网络归约中保留的链接来定义原始网络中的归约链接。

13.7　最短路径算法的改进

最短路径算法的用途非常广泛，存在诸多直接和间接的用途，包括数据包路由、金融交易规划、网络流量计算、可靠的基础设施设计、社交网络分析、人工智能应用的路径规划等。如今，几乎所有拥有智能手机的人都直接使用这些算法来定位附近的餐馆，或者寻找到朋友家的最快路线。

由于这些算法非常重要，人们对其基本设计进行了各种改进。以下各节总结了一些可能的改进方法。

13.7.1　形状点

许多网络包括两种类型的链接：表示网络结构的链接和表示网络形状的链接。例如，曼哈顿的街道网络中的链接可能是短而直的路段，但在旧金山的部分地区，街道的弯度相当大。即使一段路没有交叉口，也不代表这段路是直的。

例如，图 13.21 显示了两条笔直的垂直道路和两条主要沿河流的水平弯曲道路（显示为灰色）。为了绘制弯曲的道路，需要许多紧密排列的点，但网络的拓扑结构仅仅取决于街道部分之间的连接。在图中，大点显示了与最短路径算法相关的连接，小点记录了弯曲街道的形状。

为了简化最短路径的计算，我们可以构建仅包含连接（大点）的网络。例如，图 13.21 所示的每一段弯曲的道路都将由一个单独的连接线表示。每个链接上附加的 ShapePoints 列表将提供绘制链接形状所需的详细信息（小点）。

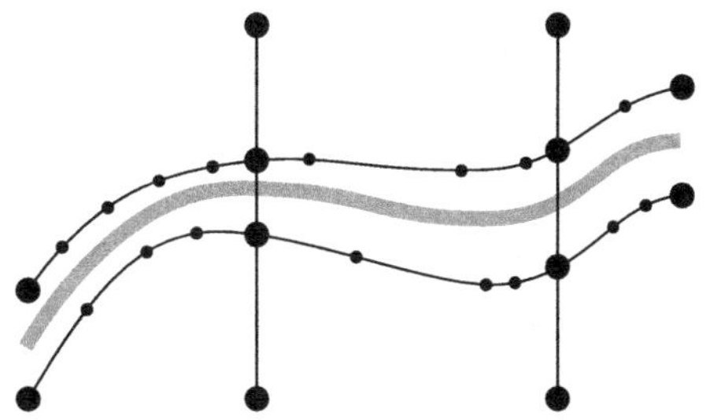

图 13.21　为了绘制弯曲的道路需要许多点，这些点并不真正与网络的连接性相关

13.7.2　提前终止

标签修正算法通常比标签设置算法快，因为它们不需要选择要添加到最短路径树的最佳链接。但是，如果我们知道目的地相对靠近起始点，则最好使用标签设置算法，然后在到达目的地节点时停止。

例如，假设我们在波士顿，想找到一条从目前位置到一英里外一家餐馆的路径。波士顿的完整街道网络包括成千上万个链接，但我们的路径只需要使用其中几百个链接。在这种情况下，可以使用标签设置算法，然后在标记了目的地后停止。

13.7.3　双向搜索

许多最短路径算法创建一棵最短路径树的方法是，从一个节点开始，然后分支到另一个节点。遗憾的是，该树的大部分都不在起始节点和目标节点之间的最短路径附近，因此许多工作都被浪费了。如果开始节点和目的节点很接近，那么上一节中描述的提前终止策略可能会有帮助。但是，如果开始节点和目标节点相距很远，则该方法将没有任何帮助，并且还可能会降低总体性能。

除了从单个根节点向外查找外，另一种方法是同时从起始节点和目标节点开始构建最短路径树。搜索从两个节点向外展开，大致呈圆形模式，直到相交。此时，我们可以通过两棵树找到连接两个节点的最短路径。

13.7.4　最佳优先搜索

基本的标签修正算法（最短路径算法）是在最短路径树上随机添加链接。有时，如果可以快速选择要添加到树中的最佳链接，则可以提高性能。例如，我们可以使用链接的方向或链接终点的位置来指示该链接向目标移动的程度。例如，如果目标节点位于起始节点的西面，则可能希望使用大约指向西面的链接。

在某些情况下，我们甚至可以预先计算链接排名，以用来决定哪个链接可能是最有希望的。例如，在街道网络中，高速公路往往比地面街道快，因此我们可以给高速公路更高的排名。然后，当程序构建最短路径树时，将快速探索高速公路链接，以创建靠近目标节点的路径。

即使如此，一些优先链接仍可能比其他链接更有用。例如，如果我们想找到一条从洛杉矶到芝加哥的路，可能不需要探索佛罗里达州的高速公路。

13.7.5　转弯惩罚和禁行

在许多网络中，路径都是通过转弯惩罚和禁行来修正的。例如，在街道网络中，左转弯通常比右转弯需要更长的时间，直行通常是最快的。左转弯也比其他动作更危险。UPS甚至禁止左转弯（大多数情况下），因为左转弯需要更长的时间，在车辆等待转弯机会时会使用额外的燃油，并导致更多的事故。像UPS、联邦快递（FedEx）和美国邮政服务公司这样的庞大车队每年要行驶数十亿英里，所以即使是少量的节省也能累积成巨额的效益。

偶尔，街道网络也会包括转弯或者转向禁行。例如，交叉路口可能不允许左转。或者转弯是不可能的，因为转弯会让我们沿着一条单行道走错方向。有时，如果街道从双向交通转为单向交通，甚至可能禁止直行。

简单的无向街道网络使得最短路径算法很难处理转弯惩罚和禁行。例如，如果几个链接在一个交叉口相遇，那么在一个简单的网络中没有任何提示可以告知算法不允许进行特定的转弯。

以下各节介绍处理这些情况的一些不同方法。

13.7.5.1 几何计算

处理转弯惩罚的一种方法是，在向最短路径树添加新链接时使用网络的几何图形添加转弯惩罚。当算法考虑一个特定的链接时，它会计算该链接与最短路径树中位于该链接之前的链接之间的角度。例如，如果右转角度大于30°，可能会加上30秒的惩罚；如果左转角度大于30°，可能会加上60秒的惩罚。

这种方法存在几个缺点。首先，该方法假设所有的转弯惩罚都可以从网络的几何结构中推导出来。例如，该方法可能会假设90°的左转应该得到较高的转弯罚款，即使这就是主干道的方向，所以这种情况应该只有小额的罚款。此方法也不能处理禁止转弯的情形，例如被中间分隔器阻塞的转弯。这种方法存在的第二个问题是，这会给原本非常快的循环增加很多计算，并将大大降低性能。

我们可以通过向每个节点添加一张查找表来解决第二个问题（在一定程度上也可以解决第一个问题）。当算法要使用某个节点的一条链接时，使用该表查找与从导入链接转弯到导出链接相关联的惩罚。不过，这张查找表非常大，因此使用起来会相对缓慢。

13.7.5.2 扩展节点网络

另一种模拟转弯惩罚的方法是在网络中移动时将转弯视为单独的一步。例如，假设我们要从节点A移动到节点B，左转，然后到达节点C。节点A、B和C已经是网络的一部分。我们需要做的是添加一个新节点来表示从A-B链接转到B-C链接。

通常，我们可以扩展节点（在本例中为节点B）使其包含子节点，以表示驾驶员进入交叉路口的各种方式。然后，将这些子节点与表示各种转弯的链接连接起来。

图13.22左侧显示了一个简单的网络。中间的图显示了扩展节点B以处理转弯惩罚。灰色细线的链接代表转弯，它们的成本则表示转弯惩罚。灰色粗线的链接表示从节点A经由节点B到节点C的左转弯。

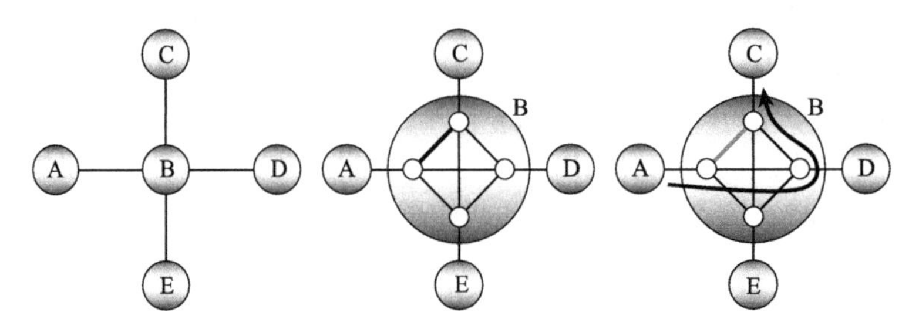

图13.22 我们可以扩展节点来表示转弯惩罚

请注意，转弯链接包括两个直链接（一个垂直链接，一个水平链接），表示交叉点处没有转弯。还要注意，这里显示的链接应该是真正的有向链接。例如，粗链接表示从节点 A 到节点 C 的左转，但也应该存在从节点 C 到节点 A 的右转链路，并且这两个链接可能具有不同的惩罚成本。

这种方法几乎是可行的，但它的限制性还不足以防止最短路径算法作弊。图 13.22 中右侧的粗线路径显示了算法如何在不支付左转惩罚的情况下从节点 A 左转到节点 C。路径直接穿过交叉点向节点 D 移动，做 180° 大转弯，然后沿着表示从节点 D 到节点 C 右转的链接移动。或者，该算法可以从节点 A 向节点 E 右转，快速掉头，然后径直穿过交叉点到达节点 C。

为了防止这些恶作剧，可以将每个子节点分成两部分：一部分表示向原始节点移动，另一部分表示从节点向外移动。图 13.23 显示了新结构的一部分。这里节点 B 的入站子节点为白色，出站子节点为灰色。

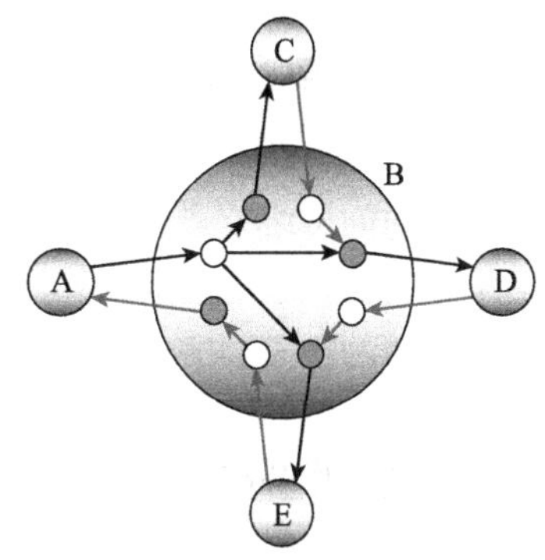

图 13.23 重新设计改造后的算法就不能在十字路口走捷径做 180° 大转弯

图 13.23 只显示了扩展节点的某些链接。从节点 A 出来的路径是黑色的，其他的是灰色的。每个入站子节点和每个出站子节点之间也应该有链接，这样不会造成 U 形大转弯。例如，应该有从节点 D 的入站子节点到指向节点 A 和节点 C 的出站子节点的链接。

在这个新设计中，如果算法试图从节点 A 直接穿过交叉路口，那么它就不能在到达节点 D 之前掉头。

13.7.5.3 交换网络

前一节中描述的扩展节点技术允许我们处理单个节点上的转弯。如果我们想将该技术应用于整个网络，结果将比原来的网络大得多。

另一种方法是将网络由内向外翻转，使节点表示链接，链接表示转弯。这种网络有很多种名称，包括*交换网络*（interchange network）、*线路网*（line network）、*覆盖网络*（covering network）、*边 / 顶点对偶*（edge/vertex dual）、*边图*（edge graph）等。

图 13.24 显示了如何将一个网络转换为对应的交换网络。左边的图显示的是原始的网络。第一步是创建一个新节点来表示原始网络的每个链接，如中间的图所示。为了更容易查看哪些新节点表示哪些原始链接，我们以相应的链接端点为新节点命名。例如，新节点 A-B 表示连接节点 A 和节点 B 的旧链接。

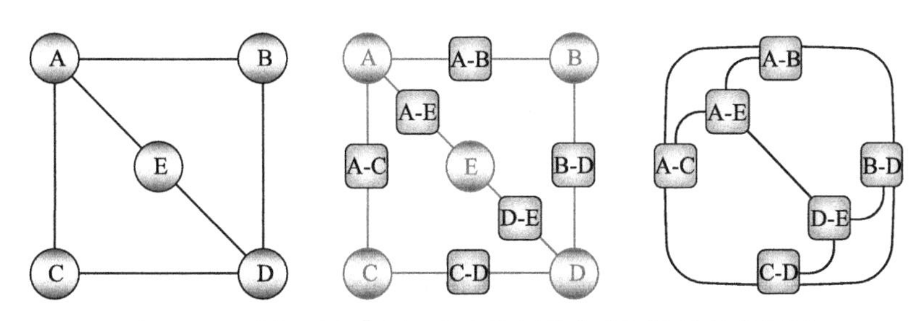

图 13.24 我们可以使用一个交换网络代表网络的转弯惩罚

下一步，如果两个新节点对应的原始链接在原始网络中共享一个公共节点，则连接这两个新节点。我们还可以在新节点的名称中看到该连接。例如，新节点 A-B 和 B-D 的名称中都有B，因为它们在原始网络的对应链接中共享节点B。这意味着这两个新节点在交换网络中应该使用一条链接进行连接。

这条新链接表示原始网络中的一个转弯点，从节点A开始，移动到节点B，然后转弯到节点D。我们可以把该链接命名为A-B-D，以明确表示转弯的含义。图13.24中右侧的图显示了完整的交换网络。A-B-D链接位于最终网络的右上角。

接下来，我们可以在交换网络中找到最短路径树，而不是在原始网络中找到最短路径树。当我们访问一个节点时，可以添加该节点的成本，这相当于原始网络中一个链接的成本。当我们通过一个链接时，添加该链接的成本，这代表了原始网络中的转弯惩罚。

13.8 本章小结

本章描述的许多算法都是对网络的遍历。深度优先遍历算法和广度优先遍历算法以不同的顺序访问网络节点。连通性、生成树、最小生成树和最短路径算法也都以不同的方式遍历网络。例如，最小生成树算法按成本顺序遍历链接，标签设置最短路径算法按每个节点与根节点之间的距离顺序遍历链接。

下一章将继续讨论网络，解释更先进的算法以解决现实世界的问题，如任务排序、地图着色以及工作分配。

13.9 练习题

练习题的参考答案请参见附录。带星号的题目表示有相当难度的练习题。

*1. 构建一个类似于图13.25所示的程序，该程序允许我们构建、保存和加载测试网络。要求工具栏上的前几个工具允许用户添加节点、单向链接和双向链接（或者两个链接，在两个方向上连接被单击的节点）。为“文件”菜单提供“新建”“打开”和“另存为”命令，以便用户创建、加载和保存网络。（如果采用的程序设计环境为C#或者Python，并且不想构建整个程序，则可以从本书的网站下载示例程序，并用自己的代码替换其中的代码。）

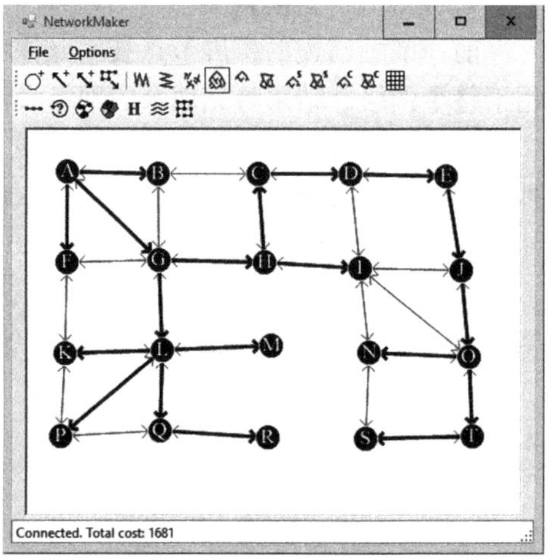

图13.25 NetworkMaker示例程序可以构建、保存和加载测试网络

2. 拓展为上一道练习题编写的程序，允许用户执行网络的深度优先遍历或者广度优先遍历。如果用户选择了一种遍历工具，然后单击一个节点，则显示相应的遍历。

3. 拓展为上一道练习题编写的程序，以添加显示网络连通组件的功能。

4. 用于查找网络连通组件的算法是否适用于有向网络？请说明理由。

5. 拓展为练习题3编写的程序，添加一个功能，查找并显示以用户单击的节点为根节点的生成树。

6. 请指出一个简单的网络特征，该特征可以表明所有可能的生成树都是最小生成树。

7. 拓展为练习题3编写的程序，添加一个功能，查找并显示以用户单击的节点为根节点的最小生成树。

8. 拓展为上一道练习题编写的程序，添加一个功能，使用生成树查找并显示用户选择的两个节点之间的路径。

9. 最短路径树总是最小生成树吗？如果是，为什么？如果不是，请举出一个反例。

10. 拓展为练习题 8 编写的程序，添加一个功能，查找并显示以用户单击的节点为根节点的标签设置最短路径树。

11. 拓展为上一道练习题编写的程序，添加一个功能，使用标签设置最短路径树，查找并显示用户选择的两个节点之间的路径。

12. 拓展为上一道练习题编写的程序，添加一个功能，查找并显示以用户单击的节点为根节点的标签修正最短路径树。

13. 拓展为上一道练习题编写的程序，添加一个功能，使用标签修正最短路径树，查找并显示用户选择的两个节点之间的路径。

14. 如果网络包含总权重为负数的环路，则标签修正最短路径算法会发生什么情况？标签设置算法会发生什么情况？

15. 假设想要查找从我们所在位置到一个大型街道网络中相对较近的甜甜圈店的最短路径。如何使标签设置算法在不构建整个最短路径树的情况下找到路径？这种改进能节省时间吗？

*16. 对于上一道练习题中的场景，如何使标签修正算法在不构建整个最短路径树的情况下找到路径？这种改进能节省时间吗？

*17. 假设我们要开车去一个博物馆，频繁的道路规划使得我们偏离了最短的路径。每次更改后，我们需要计算一个新的最短路径树，以找到从新位置到博物馆的最佳路径。请问应该如何避免这些重新计算呢？

*18. 拓展为练习题 13 编写的程序，添加一个功能，用于查找和显示网络的 `Distance` 数组和 `Via` 数组。请在类似于图 13.16 所示的网络上验证程序。

*19. 拓展为上一道练习题编写的程序，实现“每对节点之间的最短路径算法”功能，使用文本输出显示网络中每对节点之间的最短路径。请在类似于图 13.16 所示的网络上验证程序。

20. 假设我们的计算机在构建“每对节点之间的最短路径算法”的 `Distance` 数组和 `Via` 数组时，每秒可以执行 100 万步，那么为 100 个节点的网络构建数组需要多长时间？ 1000 个节点的网络需要多长时间？ 10 000 个节点的网络需要多长时间？

21. 使用图 13.26 所示的网络，参照图 13.16 中所示的演化过程，绘制 `Distance` 数组和 `Via` 数组的内容。从节点 A 到节点 C 的初始最短路径和最终最短路径分别是什么？

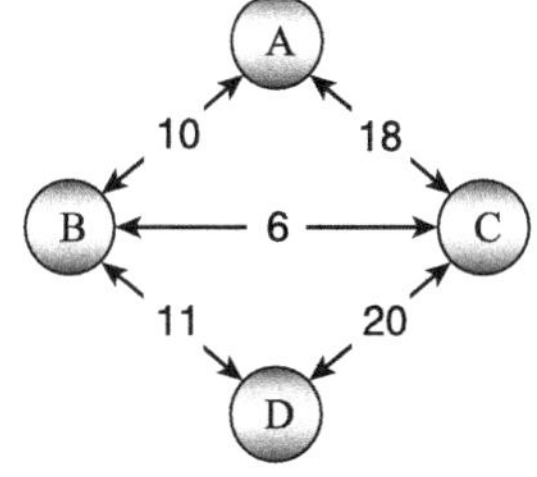

图 13.26　为该网络绘制 `Distance` 数组和 `Via` 数组的内容

22. 在 13.3.1 节中，当在包含 N 个节点的网络上执行深度优先遍历时，一个简单的递归遍历算法可能会达到 N 级递归深度。请问读者能指出一种无论选择哪个节点作为起始节点都会发生这种情况的网络结构吗？

23. 关于通用传递归约的讨论中，将一个网络转化为一个压缩网络，其中压缩网络的节点表示原始网络的强连通组件。随后的讨论提到，由此产生的压缩网络是无环网络。请解释上述结论为什么是正确的？

24. 在图 13.21 中，如果网络分别表示每个点，将包含多少个节点和链接？如果网络分别表示连通性和形状信息，将包含多少个节点和链接？

25. 在图 13.23 所示的扩展节点中，需要总共多少个链接才能完全表示每个转弯？请绘制完全扩展节点。

高级网络算法

第 13 章重点讨论了网络遍历算法，包括使用广度优先遍历和深度优先遍历来寻找网络节点之间的最短路径的算法。本章继续讨论网络算法。第一种算法相对简单，用于执行拓扑排序和循环检测。本章后面描述的算法则更具挑战性，包括图着色和最大流计算等。

14.1 拓扑排序

假设我们要完成一项复杂的工作，其中涉及许多任务，而且一些任务必须在其他任务之前执行。例如，假设我们想改造厨房。在开始之前，可能需要获得当地政府的许可。接着需要订购新的电器，在安装这些电器之前，则需要对厨房的线路做必要的改动。这可能需要拆除墙壁、更改布线，然后重建墙壁。诸如整修整栋房子或者商业建筑这种复杂的项目，可能涉及数百个步骤和一组复杂的依赖关系。

表 14.1 显示了改造厨房时可能存在的一些依赖关系。

表 14.1 改造厨房时任务之间的依赖关系

任 务	先决条件	任 务	先决条件
获得政府许可	—	铺设地板	粉刷墙壁
买电器	—	铺设地板	粉刷天花板
安装电器	买电器	最后检验	铺设地板
拆毁	获得政府许可	瓷砖后挡板	修补墙面
布线	拆毁	安装照明	粉刷天花板
修补墙面	布线	最后检验	安装照明
管道铺设	拆毁	安装橱柜	铺设地板
初步检验	布线	最后检验	安装橱柜
初步检验	管道铺设	安装工作台面	安装橱柜
修补墙面	管道铺设	最后检验	安装工作台面
修补墙面	初步检验	铺设地板	修补墙面
粉刷墙壁	修补墙面	安装电器	铺设地板
粉刷天花板	修补墙面	最后检验	安装电器

我们可以将作业的任务表示为一个网络。如果存在一个从任务 A 到任务 B 的链接，则表示任务 B 必须在任务 A 之前执行。图 14.1 中的网络表示表 14.1 中列出的任务。

偏序关系（partial ordering）是一组依赖项，它为集合中的某些对象（但不一定是所有对象）定义排序关系。表 14.1 和图 14.1 所示的依赖关系定义了厨房改造任务的偏序关系。

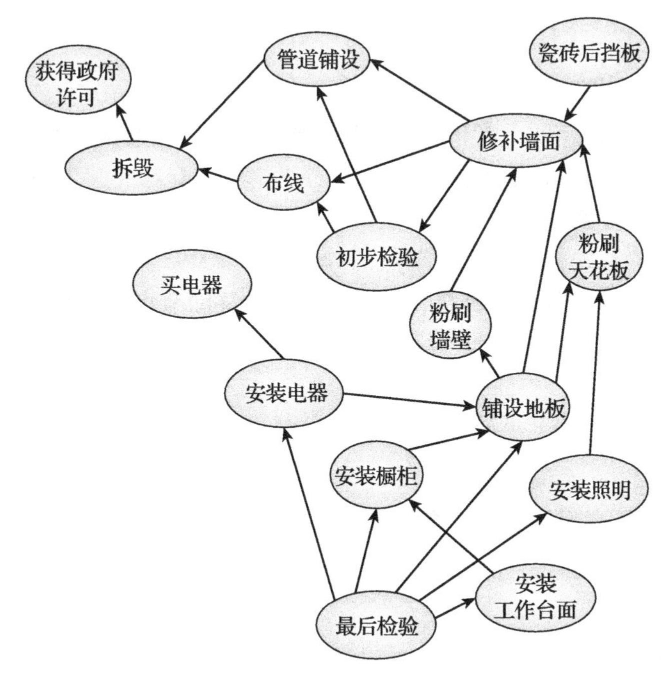

图 14.1 我们可以将一系列偏序关系的任务表示为一个网络

如果确实要执行这些任务，则需要将偏序关系扩展为完全有序关系，以便可以按有效的顺序执行这些任务。例如，表 14.1 中列出的条件并没有明确禁止在进行管道铺设之前铺设地板，但是如果仔细研究表或者网络，我们会发现无法按此顺序完成这些任务。铺设地板必须在粉刷墙壁之后开始，而粉刷墙壁则必须在修补墙面之后开始，而修补墙面则必须在管道铺设之后开始。

拓扑排序（Topological sorting）是将网络上的偏序关系扩展到完全有序关系的过程。

有一种扩展偏序关系的算法非常简单。如果任务可以以任何有效的顺序完成，则必须有一些没有先决条件的任务可以先执行。找到该任务，将其添加到扩展的完全有序关系中，然后将其从网络中删除。之后重复这些步骤，找到没有先决条件的另一个任务，将其添加到扩展的完全有序关系中，并将其从网络中删除，直到完成所有任务。

如果达到某个时间点，剩余任务都有一个先决条件，则这些任务具有循环依赖关系，因此偏序关系不能扩展为完全有序关系。实现该基本算法的伪代码如下所示：

```
// 返回具有完全有序关系的所有节点
List(Of Node) ExtendPartialOrdering()
    // 创建完全有序关系的节点列表
    List(Of Node): ordering

    While <网络中包含有节点>
        // 查找不存在先决条件的节点
        Node: ready_node
        ready_node = <a node with no prerequisites>
        If <ready_node == null> Then Return null

        // 将节点移动到结果列表中
        <将节点 ready_node 添加到有序列表中>
        <从网络中移除节点 ready_node>
```

```
    End While
    Return ordering
End ExtendPartialOrdering
```

算法的基本思想直截了当。关键在于有效地实现算法。如果只是在每一步通过网络查找一个没有先决条件的任务，那么每次执行 $O(N)$ 个步骤，总运行时间为 $O(N^2)$。

一个更好的方法是赋予每个网络节点一个新的 NumBeforeMe 属性，该属性保存节点的先决条件的数量。首先初始化每个节点的 NumBeforeMe 值。现在，当我们从网络中移除一个节点时，将跟随该节点的链接，并将依赖于已移除节点的节点的 NumBeforeMe 属性的值减 1。如果一个节点的 NumBeforeMe 计数变为 0，它就可以被添加到扩展的完全有序关系中。

实现改进算法的伪代码如下所示：

```
// 返回具有完全有序关系的所有节点
List(Of Node) ExtendPartialOrdering()
    // 创建完全有序关系的节点列表
    List(Of Node): ordering

    // 创建一个没有先决条件的节点列表
    List(Of Node): ready

    // 初始化
    <初始化每个节点的 NumBeforeMe 计数值>
    <将无先决条件的节点添加到 ready list 列表中>

    While <ready list 仍然包含节点>
        // 添加一个节点到扩展的完全有序关系中
        Node: ready_node = <ready list 列表中的第一个节点>
        <添加 ready_node 节点到扩展的完全有序关系列表中>

        // 更新 NumBeforeMe 计数值
        For Each link In ready_node.Links
            // 更新该节点的 NumBeforeMe 计数值
            link.Nodes[1].NumBeforeMe = link.Nodes[1].NumBeforeMe - 1

            // 检查该节点目前是否已准备好输出
            If (link.Nodes[1].NumBeforeMe == 0) Then
                ready.Add(link.Nodes[1])
            End If
        Next link
    End While

    If (<Any node has NumBeforeMe > 0>) Then Return null
    Return ordering
End ExtendPartialOrdering
```

该算法假设网络是完全连通的。如果不是，则对每个连通的组件重复使用该算法。

14.2 回路检测

回路检测（cycle detection）是确定网络是否包含回路的过程。换而言之，回路检测是确定是否有一条路径通过网络返回到它的起始点的过程。

如果把回路检测问题看作拓扑排序问题，那么回路检测就很容易。一个网络包含循环，前提是当且仅当它不能进行拓扑排序。换而言之，如果我们将网络视为拓扑排序问题，那么如果一系列任务 A, B, C, …, K 形成了一个依赖循环，则网络中包含回路。

基于上述分析结果，回路检测的算法非常容易。实现该算法的伪代码如下所示：

```
// 如果网络包含一个回路，则返回 True
Boolean: ContainsCycle()
    // 尝试对该网络进行拓扑排序
    If (ExtendPartialOrdering() == null) Then Return True
    Return False
End ContainsCycle
```

该算法假设网络是完全连通的。如果不是，则对每个连通的组件重复使用该算法。

14.3 地图着色

在地图着色（map coloring）中，目标是给地图中的区域上色，使得共享同一条边的区域的颜色各不相同。显然，如果给每个区域一种不同的颜色，就可以实现该功能。真正的问题是，我们能用来给一张特定地图着色的最少颜色数量是多少？一个相关的问题是，我们能用来给任意一张地图着色的最少颜色数量是多少？

为了使用网络算法研究地图着色问题，我们需要将问题从一个着色区域转化为一个着色节点。只需为每个区域创建一个节点，如果两个节点的对应区域共享一条边界，则在两个节点之间建立无向链接。

根据地图的不同，我们可以用两种、三种或四种颜色给地图着色。以下各节描述了这些地图和算法，我们可以使用这些方法实现地图着色。

14.3.1 双色地图

有些地图（如图 14.2 所示）仅使用两种颜色就可以实现地图着色。

图 14.2 有些地图仅使用两种颜色就可以实现地图着色

注意： 生成一张两种颜色的地图非常容易。用铅笔在纸上绘制出一个回到起点的形状。可以绘制任何形状，只要曲线不沿着它自己的早期部分形成“双边”。换而言之，曲线可以在某个点交叉，但不能在一定距离内与自己合并。图 14.3 显示了这种形状。

注意： 无论曲线如何与自己相交，结果都是可以使用两种颜色着色的图形。如果用同样的方法在第一个图形上绘制另一个图形，结果仍然是可以使用两种颜色着色的图形。

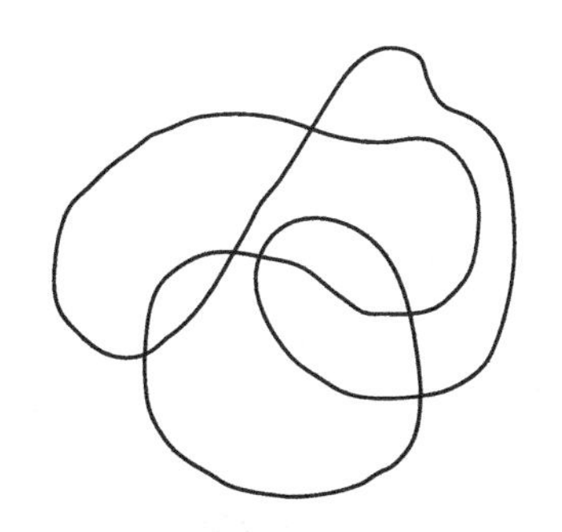

图 14.3 用铅笔一笔绘制出一条封闭的曲线，该曲线不能形成任何“双边”，结果就是双色图形

给双色地图着色十分容易。选择任意一个区域并填充任意一种颜色，然后给该区域的每个邻域填充另一种颜色。接着递归地访问并着色邻域。如果某个节点的邻域已经与该节点具有相同颜色，则该地图不能使用两种颜色着色。实现此算法的伪代码如下所示：

```
TwoColor()
    // 创建一个已着色的节点队列
    Queue(Of Node): colored

    // 对第一个节点着色，然后将其添加到列表中
    Node: first_node = <Any node>
    first_node.Color = color1
    colored.Enqueue(first_node)

    // 遍历网络，对各个节点着色
    While (colored contains nodes)
        // 从着色列表中获取下一个节点
        Node: node = colored.Dequeue()

        // 计算节点的相邻颜色
        Color: neighbor_color = color1
        If (node.Color == color1) Then neighbor_color = color2

        // 给节点的邻居着色
        For Each link In node.Links
            Node: neighbor = link.Nodes[1]

            // 检查邻居是否已经被着色
            If (neighbor.Color == node.Color) Then
                <该地图不能使用两种颜色着色>
            Else If (neighbor.Color == neighbor_color) Then
                // 邻居已经被正确着色
                // 其他什么也不用做
            Else
                // 邻居还未被着色，现在为该邻居着色
                neighbor.Color = neighbor_color
                colored.Enqueue(neighbor)
            End If
        Next link
    End While
End TwoColor
```

该算法假设网络是完全连通的。如果不是，则对每个连通的组件重复使用该算法。

14.3.2 三色地图

事实证明，确定一张地图是否可以使用三种颜色进行着色是一个非常困难的问题。确切地说，目前已知的算法中没有一个可以在多项式时间内解决这个问题。

一种相当直接的方法是为节点尝试三种颜色中的每一种，看看是否有任何有效的组合。如果网络包含 N 个节点，则运行时间为 $O(N^3)$，N 很大时，这将相当缓慢。我们可以使用树遍历算法（例如第 12 章中描述的决策树算法之一）来尝试组合，但这仍然是一个非常缓慢的搜索过程。

我们可以通过简化网络来改进搜索。如果一个节点的邻居少于三个，那么这些邻居最多可以使用两种可用颜色，因此原始节点可以使用其中一种未使用的颜色。在这种情况下，我们可以从网络中移除少于三个邻居的节点，为较小的网络着色，然后还原移除的节点，为其提供邻居不使用的颜色。

从网络中删除一个节点会减少剩余节点的邻居数量，因此我们可以删除更多的节点。如果幸运的话，网络会缩小，直到只剩下一个节点。我们可以为该节点着色，然后将其他节点添加回网络中，一次一个，依次着色。

以下步骤描述了使用此方法的算法：

1. 重复以下步骤，直到网络节点的度小于 3：

   a. 移除度小于 3 的节点，跟踪该节点的位置，以便以后可以还原该节点。

2. 使用网络遍历算法对剩余的网络使用三种颜色进行着色。如果对于较小的网络没有解决方案，那么对于原始网络也没有解决方案。

3. 按最后移除最先还原的顺序，依次还原先前移除的节点，并使用其邻居尚未使用的颜色为它们着色。

该算法假设网络是完全连通的。如果不是，则对每个连通的组件重复使用该算法。

14.3.3 四色地图

四色定理（four-coloring theorem）指出，任何地图最多可以用四种颜色着色。这一定理最早由弗朗西斯·古思里（Francis Guthrie）于 1852 年提出，在肯尼斯·阿佩尔（Kenneth Appel）和沃尔夫冈·哈肯（Wolfgang Haken）于 1976 年最终证明之前，该定理被广泛研究了 124 年。不幸的是，他们的证明只是详尽地检验了一组特别挑选的 1936 张地图，并没有提供一个更好的方法来验证任何地图最多可以用四种颜色着色的结论。

注意：四色定理假设网络是平面的，这意味着我们可以在一个平面上绘制网络，而没有任何链接相交。链接不需要是直线，所以它们可以在所有地方摆动和扭曲，但不能交叉。

如果网络不是平面的，则不能保证可将该网络四色化。例如，假设有 10 个节点，我们可以使用 90 个链接来分别连接每对节点。因为每个节点都连接到其他节点，所以需要 10 种颜色来为该网络着色。

但是，如果根据普通地图创建网络，则会得到平面网络。

我们可以使用类似于上一节中描述的针对三色地图的技术实现四色地图的绘制，算法的步骤如下：

1. 重复以下步骤，直到网络节点的度小于 4：

   a. 移除度小于 4 的节点，跟踪该节点的位置，以便以后可以还原该节点。

2. 使用网络遍历算法对剩余的网络使用 4 种颜色进行着色。如果对于较小的网络没有解决方案，那么对于原始网络也没有解决方案。

3. 按最后移除最先还原的顺序，依次还原先前移除的节点，并使用其邻居尚未使用的颜色为它们着色。

同样，该算法假设网络是完全连通的。如果不是，则对每个连通的组件重复使用该算法。

14.3.4 五色地图

尽管没有简单的构造性算法可以对地图使用四种颜色着色，但是存在一个算法，可以对地图使用五种颜色着色，尽管该算法有些复杂。

与前面两节中描述的算法一样，该算法反复简化网络。与前面两个算法不同的是，这个算法总是可以简化网络，直到网络最终只包含一个节点。然后我们可以撤销简化以重建原始网络，并在该过程中为节点着色。

该算法采用两种简化方法。第一种算法与前两种算法使用的方法相似。如果网络包含少于5个邻居的节点，则将其从网络中删除。还原节点时，为其指定一种邻居不使用的颜色。我们称之为“规则1”。

如果网络不包含少于5个邻居的任何节点，则使用第二个简化方法。可以证明（尽管它超出了本书的范围内），这样的网络必须至少包含一个节点K，其邻居M和N满足如下条件：

- K正好有5个邻居。
- M和N最多有7个邻居。
- M和N不是彼此的邻居。

为了简化网络，查找满足上述条件的节点K、N和M，并要求节点M和N具有相同的颜色。我们知道节点M和N不是彼此的邻居，所以允许它们具有相同的颜色。因为节点K正好有5个邻居，节点M和N使用相同的颜色，所以K的邻居不能使用所有5种可用颜色。这意味着节点K至少可以使用剩下的一种颜色。

简化的方法是从网络中删除节点K、M和N，并创建一个新的节点M/N来表示节点M和N将具有的颜色。为新节点提供与节点M和N先前拥有的邻居相同的邻居。我们称之为“规则2”。

当我们还原使用“规则2”移除的节点K、M和N时，为节点M和N指定与节点M/N相同的颜色。然后为节点K选择一个其邻居不使用的颜色。

我们可以使用类似于上一节中描述的针对三色地图的技术。实现此算法的步骤如下：

1. 重复以下步骤，直到网络剩下一个节点为止：
   a. 如果某个节点的度小于5，则将其从网络中移除，并跟踪其位置，以便以后可以还原该节点。
   b. 如果网络不包含度小于5的节点，则如前所述，找到一个度正好为5的节点K以及两个子节点M和N。将节点K、M和N替换为新节点M/N，如“规则2”所述。
2. 当网络剩下单个节点时，为其指定颜色。
3. 还原先前移除的节点，并对其进行适当着色。

如果网络不是完全连通的，则可以对每个连通的组件使用该算法。

图14.4显示了一个正在简化的小示例网络。如果仔细观察左边的网络，我们会发现每个节点都有5个邻居，所以不能使用“规则1”来简化网络。

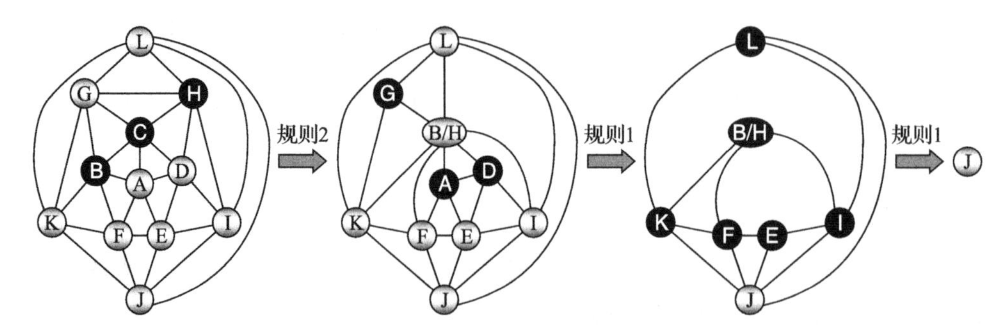

图14.4　我们可以使用“规则2”一次、“规则1”若干次来简化此网络，直至包含一个单独的节点

虽然不能在此网络上使用“规则 1”，但可以使用“规则 2”。在“规则 2”中，满足 K、M 和 N 角色的节点有几种可能的选择。本例使用了节点 C、B 和 H，这些节点在左侧的网络中以深色显示。删除这些节点，并添加一个新的节点 B/H，其子节点与节点 B 和 H 以前拥有的子节点相同。图 14.4 中的第二个网络显示了修改后的网络。

将节点 C、B 和 H 替换为新节点 B/H 后，节点 G、A 和 D 的邻居少于 5 个，因此将其移除。这些节点在图 14.4 的第二个网络中以深色突出显示。对于这个示例，假设节点按 G、A、D 的顺序被移除。图 14.4 中的第三个网络显示了结果。

在这些节点被移除之后，节点 L、B/H、K、F、E 和 I 的邻居都少于 5 个，所以接下来会移除它们。这些节点在图 14.4 的第三个网络中以深色突出显示。此时，网络仅包含单个节点 J，因此该算法任意为节点 J 分配颜色并开始重新组合网络。

假设该算法按顺序为节点提供红色、绿色、蓝色、黄色和橙色。例如，如果一个节点的邻居是红色、绿色和橙色，那么算法会给该节点提供第一个未使用的颜色，在本例中是蓝色。从图 14.4 所示的最终网络开始，算法遵循以下步骤：

1. 算法将节点 J 着色为红色。

2. 恢复最后被删除的节点（节点 I)。节点 I 的邻居 J 为红色，因此算法将节点 I 着色为绿色。

3. 恢复倒数第二个被删除的节点（节点 E)，节点 E 的邻居 J 和 I 是红色和绿色的，因此算法将节点 E 着色为蓝色。

4. 恢复节点 F，节点 F 的邻居 J 和 E 分别为红色和蓝色，因此算法将节点 F 着色为绿色。

5. 恢复节点 K，节点 K 的邻居 J 和 F 为红色和绿色，因此算法将节点 K 着色为蓝色。

6. 恢复节点 B/H，节点 B/H 的邻居 K、F 和 I 分别为蓝色、绿色和绿色，因此算法将节点 B/H 着色为红色。

7. 恢复节点 L。节点 L 的邻居 K、B/H 和 I 为蓝色、红色和绿色，因此算法将节点 L 着色黄色。(此时，网络看起来像图 14.4 中最右侧的网络，但是节点是彩色的。)

8. 恢复节点 D。节点 D 的邻居 B/H、E 和 I 为红色、蓝色和绿色，因此算法将节点 D 着色为黄色。

9. 恢复节点 A。节点 A 的邻居 B/H、F、E 和 D 是红色、绿色、蓝色和黄色，因此算法将节点 A 着色为橙色。

10. 恢复节点 G。节点 G 的邻居 L、B/H 和 K 分别为黄色、红色和蓝色，因此算法将节点 G 变为绿色。(此时，网络看起来像图 14.4 中间的网络，但是节点是彩色的。)

11. 撤销“规则 2”的步骤。算法恢复节点 B 和 H，并为它们提供与节点 B/H 相同的颜色，即红色。最后，算法恢复节点 C。它的邻居 G、H、D、A 和 B 为绿色、红色、黄色、橙色和红色，因此算法将节点 C 着色为蓝色。

此时，网络看起来与图 14.4 左侧的原始网络相似，但颜色如图 14.5 所示（使用了不同灰度来表示不同颜色）。

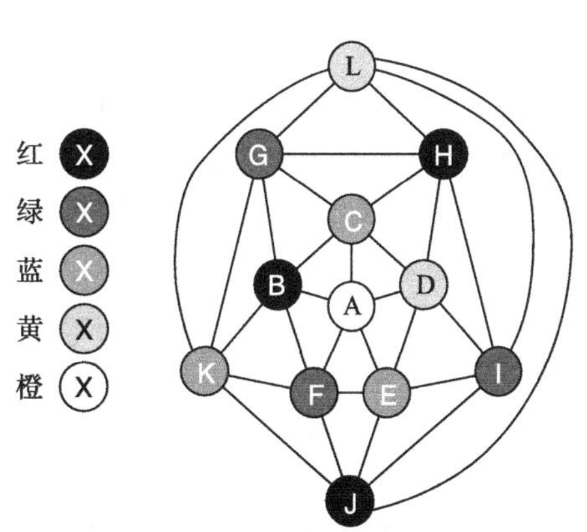

图 14.5 这个网络是五色的

14.3.5 其他地图着色算法

除了前文描述的地图着色算法，还存在其他地图着色算法。例如，爬山策略可以遍历网络的节点，并为每个节点提供其邻居尚未使用的第一种颜色。这可能并不总是能使用尽可能少的颜色给网络着色，但它非常简单和快速。如果网络不是平面的，并且可能无法对网络进行四色化，爬山策略也可以工作。例如，该算法可以为图14.6所示的非平面网络着色。

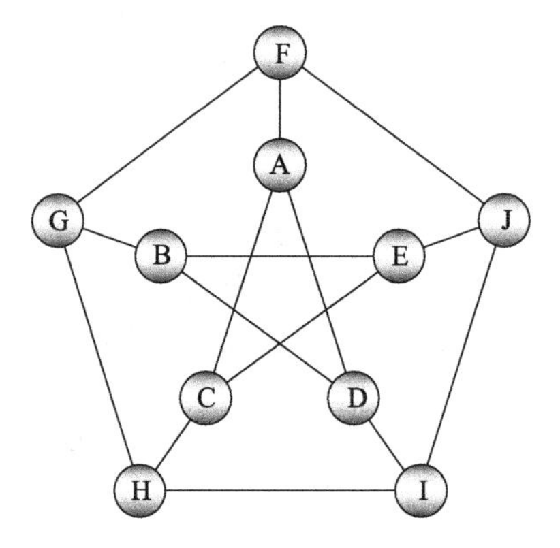

图14.6 这个网络不是平面的，但是可以进行三色化

通过一些努力，我们可以应用第12章中描述的其他启发式技术来尝试找到为特定平面或非平面网络着色所需的最少颜色数。例如，我们可以尝试使用随机分配或增量改进策略，在这些策略中，可以切换两个或多个节点的颜色。我们甚至可以为地图着色创建一些有趣的群集智能算法。

14.4 最大流量

在有限容量网络（capacitated network）中，每个链接都具有最大容量，以表明可以跨越该链接的某种类型流的最大容量。这里的容量可以是每分钟通过管道的加仑数、每小时通过街道的车辆数量，或者电线可以携带的最大电流量。

在最大流量问题（maximal flow problem）中，目的是将流量分配给不同的链接，以最大化从指定的源节点到指定的汇聚节点的总流量。

例如，考虑图14.7所示的网络。链接上的数字显示链接的流量和容量。例如，左边网络中节点B和C之间的链接的流量为1，容量为2。

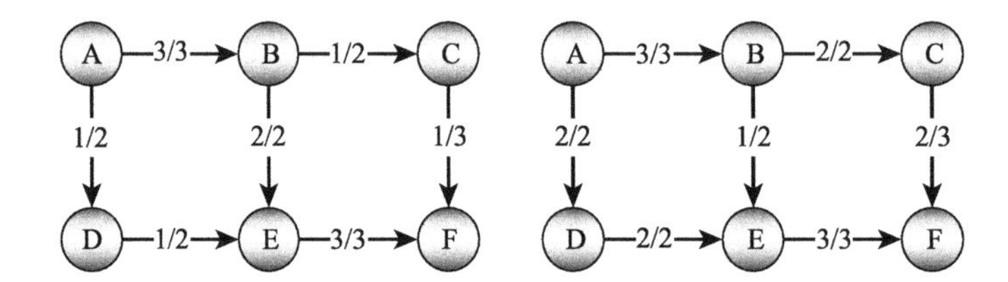

图14.7 在最大流量问题中，目标是最大化从源节点到汇聚节点的总流量

左侧网络从节点A到节点F的总流量为4，离开源节点A的总流量为A→D链路上的1个单位加上A→B链路上的3个单位，共4个单位。类似地，流入汇聚节点F的总流量是沿E→F链路的3个单位加上沿C→F链路的1个单位，总共4个单位。（如果网络中没有流量增加或减少，则流出汇聚节点的总流量与流入汇聚节点的总流量相同。）

我们不能简单地通过增加一些链接的流量来增加总流量。在本例中，我们无法向A→B链接添加更多流量，因为该链接已满负荷使用。我们也不能在A→D链接中添加更多的流量，因为E→F链接已经满负荷使用，所以额外的流量将无处可去。

但是，我们可以通过从路径B→E→F移除1个流量单位并将其移动到路径B→C→F来改进解决方案。这将为E→F链接提供未使用的容量，因此我们可以沿路径A→D→E→F添加新的流量单位。图14.7右侧的网络显示了新流量，从节点A到节点F的总流量为5。

寻找最大流量的算法相当简单（至少在高级别描述层面上），但要想理解其工作原理则有一定困难。为了理解算法，我们需要了解一些相关概念，包括残存容量、残存容量网络和增广路径。这些术语看起来比较陌生，但很容易理解。这些概念对于理解算法是有用的，但不需要构建许多新的网络来计算最大流量。残存容量、残存容量网络和增广路径都可以在原始网络中找到，而不需要太多额外的工作。

链接的*残存容量*（residual capacity）是可以添加到链接中的额外流量。例如，图 14.7 中左侧的 C → F 链路的残存容量为 2，因为该链路的容量为 3，但当前的负载流量仅为 1。

除了网络的正常链接外，每个链接还定义了一个*虚拟反向链接*（virtual backlink），该反向链接实际上可能不是网络的一部分。例如，在图 14.7 中，链接 A → B 隐式地定义了一个反向链接 B → A。这些反向链接很重要，因为它们可以有残存容量，而且我们可以通过反向链接向后推送流量。

反向链接的残存容量是通过相应的正常链接向前移动的流量。例如，在图 14.7 的左侧，链接 B → E 的流量为 2，因此反向链接 E → B 的残存容量为 2。（为了改进左侧的解决方案，算法必须通过反向链接 E → B 将流量推回，以释放链接 E → F 上的更多容量。这就是算法使用反向链接的残存容量的方法。）

残存容量网络（residual capacity network）是由标记有残存容量的链接和反向链接组成的网络。图 14.8 显示了图 14.7 左侧网络的残存容量网络。反向链接用虚线绘制。

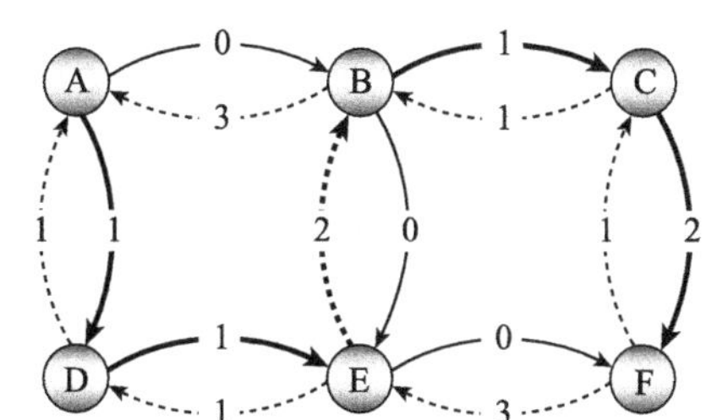

图 14.8 残存容量网络显示网络链接和反向链接的残存容量

例如，图 14.7 中左侧的链接 C → F 的容量为 3，流量为 1。它的残存容量是 2，因为我们可以再增加两个单位的流量。它的反向链接的残存容量是 1，因为我们可以从链接中移除一个单位的流量。在图 14.8 中，我们可以看到链接 C → F 被标记为其残存容量 2。反向链接 F → C 标有其残存容量 1。

为了改进解决方案，我们需要寻找一条从源节点到汇聚节点的路径，该节点使用具有正残存容量的链接和反向链接。然后沿着这条路径增加流量。向路径中的正常链接添加流量，表示向原始网络中的该链接添加更多流量。向路径中的反向链路添加流量，表示从原始网络中相应的正常链路移除流量。因为路径到达汇聚节点，所以会增加到该节点的总流量。因为路径改进了解决方案，所以称之为*增广路径*（augmenting path）。图 14.8 中的粗线链接显示了图 14.7 左侧所示网络通过残余容量网络的增广路径。

为了确定路径可以携带多少流量，沿着从汇聚节点返回到源节点的路径，找到具有最小残余容量的链接或者反向链接。接着，我们可以通过路径来移动流量以更新网络的流量。如果我们按照图 14.8 中的增广路径来更新图 14.7 左侧的网络，结果将得到图 14.7 右侧的网络。

这看起来很复杂，但是在理解了这些术语之后，算法就不会太混乱了。以下步骤描述了该算法，称为 *Ford–Fulkerson 算法*：

1. 只要可以通过残余容量网络找到增广路径，就一直重复以下步骤：
   a. 查找从源节点到汇聚节点的增广路径。
   b. 沿着增广路径，找到最小的残余容量。
   c. 再次沿着增广路径并推送新的流量以更新链接的流量。

值得注意的是，实际上并不需要构建残余容量网络。我们可以使用原始网络，通过比较流量和容量来计算每个链接和反向链接的残余容量。

注意：向每个节点添加一个反向链接列表可能会简化操作，这样我们就可以轻松地找到指向每个节点的链接（同时还可以反向跟踪每个节点），但这需要更改网络的结构。

网络流量算法除了计算实际流量（例如水流量或者电流流量）外，还有其他一些应用。接下来的两小节将描述其中的两个应用：执行工作分配和寻找最小流量切割。

14.4.1　工作分配

假设有 100 名员工，每位员工都有一套专业技能。现有一套 100 份工作，只能由具备一定技能组合的员工来完成。工作分配问题（work assignment problem）要求我们为员工分配工作，目的是最大化工作量。

乍看起来，这似乎是一个复杂的组合问题。我们可以尝试所有可能的员工工作分配，然后查看哪一种分配完成的工作量最多。总共有 100!≈9.3×10^{157} 种员工排列方式，所以算法需要大量的运行时间。我们也许可以应用一些在第 12 章中描述的启发式方法来找到近似的解决方案，但是现在可以采用更好的方法来解决该问题。

采用最大流量算法可以实现一个简单的解决方案。首先创建一个工作分配网络，每名员工占用一个节点，每份工作占用一个节点。创建从员工到员工专业技能所对应工作的链接。创建一个连接到每位员工的源节点，并将每份作业连接到汇聚节点。将所有链接的容量设为 1。

图 14.9 显示了一个工作分配网络，其中 5 名员工用字母表示，5 份工作用数字表示。所有链接都是有向的（指向右侧），并且容量为 1。为了保持简洁性，图中没有显示箭头和容量。

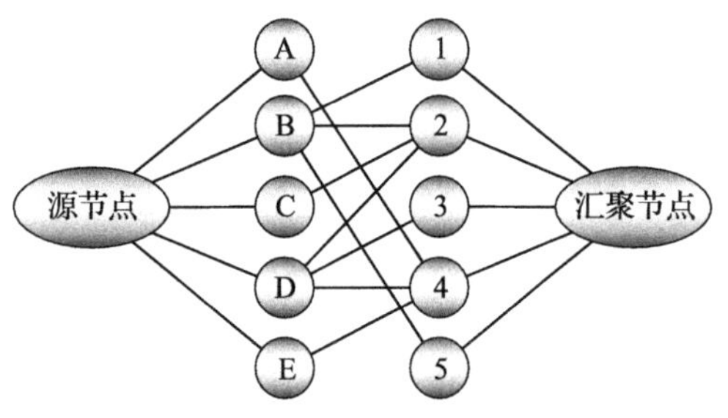

图 14.9　工作分配网络中的最大流量给出了最佳工作分配方式

接下来，查找从源节点到汇聚节点的最大流量值。每一个从一名员工到一份工作的单位流量，表示将该份工作分配给该名员工。总流量给出了可以执行的作业数。

注意：在二分网络（bipartite network）中，节点可以分为 A 组和 B 组，每个链接将 A 组中的一个节点和 B 组中的一个节点连接起来。如果删除图 14.9 所示网络中的源节点和汇聚节点，则结果是一个二分网络。

二分匹配（bipartite matching）是将 A 组中的节点与 B 组中的节点进行匹配的过程，本节介绍的方法为二分匹配问题提供了一个很好的解决方案。

14.4.2　最小流量切割

在最小流量切割问题（minimal flow cut problem，也称为 min flow cut、minimum cut 或 min-cut）中，目标是从网络中移除链接，以将源节点与汇聚节点分离开来，要求最小化移除链接的容量。

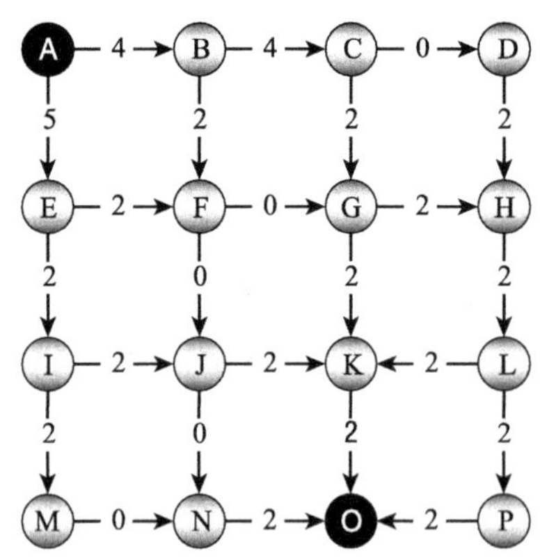

图 14.10　尝试找到要删除的最佳链接以将源节点 A 与汇聚节点 O 分离开来

例如，考虑图 14.10 所示的网络。尝试找到要删除的最佳链接以将源节点 A 与汇聚节点 O 分离开来。我们可以删除链接 A → B 和 A → E，它们的组合容量为 9。但是如果删除链接 K → O、N → O 和 P → O，则可以获得更好的解决方案，因为它们的总容量只有 6。读者可以花点时间，查看是否可以找到更好的解决方案。

对于一个相对较小的网络来说，穷举所有可能的删除链接组合也将是一项艰巨的任务。每一个链接要么被删除，要么留在网络中，所以如果网络包含 *N* 个链接，那么对于删除链接和留下链接，就可能有 2^N 种组合方式。图 14.10 所示的相对较小的网络包含 24 条链接，因此有 $2^{24}≈1680$ 万种可能的组合需要考虑。在一个有 100 条链接的网络中，对于许多应用程序（例如街道网络建模）来说，规模仍然比较小，但需要处理 $2^{100}≈1.3×10^{30}$ 种组合。如果我们的计算机每秒可以处理 100 万种组合，那么处理所有这些组合也将大约需要 $4.0×10^{16}$ 年的时间。毫无疑问，我们可以想出一些启发式方法来简化搜索，但这将是一个令人望而生畏的方法。

幸运的是，最大流量算法提供了一个更容易的解决方案。以下步骤从较高的层次描述了该算法：

1. 在源节点和汇聚节点之间执行最大流量计算。
2. 从汇聚节点开始，只使用残余容量大于 0 的链接和反向链接访问所有可以访问的节点。
3. 将步骤 2 中访问的所有节点放置在集合 *A* 中，并将所有其他节点放置在集合 *B* 中。
4. 移除从集合 *A* 中的节点到集合 *B* 中的节点的链接。

算法比较简单，然而，它的工作原理相当复杂。首先，考虑一个最大流量集，假设总最大流量为 *F*，并考虑该算法产生的切割。此切割必须分离源节点和汇聚节点。如果不能分离源节点和汇聚节点，那么就存在一条从源节点到汇聚节点的路径，我们可以通过此路径传输更多的流量。在这种情况下，通过残余容量网络，存在相应的增广路径，因此在步骤 1 中执行的最大流量算法无法正确地完成工作。

请注意，任何阻止从源节点到汇聚节点的流量切割都必须在其链接上存在净流量 *F*。流量可能在切割处来回移动，但最终 *F* 单位的流量到达汇聚节点，因此切割处的净流量为 *F*。

这意味着由算法生成的切割中的链接必须具有至少 *F* 的总容量。剩下的只是理解为什么这些链接只有总容量 *F*。通过切割的净流量是 *F*，但可能有些流量在切割中来回移动，增加了切割链接的总流量。

假设情况如此，那么一条链接 L 从集合 *B* 中的节点回流到集合 *A* 中的节点，然后另一条链接将流量从集合 *A* 移回集合 *B*。从集合 *B* 移到集合 *A*，再从集合 *A* 移回集合 *B* 的流量将被取消，最终结果为 0。

然而，如果存在这样的链接 L，则它从集合 *B* 到集合 *A* 具有正流量。在这种情况下，其反向链路具有正残余容量。但是在第二步中，算法跟随所有残余容量为正的链接和反向链接来创建集合 *A*。由于链接 L 在集合 *A* 中的节点处结束并且具有正的残余容量，所以算法应该跟随链接 L，并且链接 L 另一端的节点也应该在集合 *A* 中。

所有这一切都意味着，集合 *B* 与集合 *A* 之间不可能存在正向流量的链接。由于穿过切割的净流量为 *F*，并且不存在向后穿过切割进入集合 *A* 中节点的流量，因此穿过切割的流量必须正好为 *F*，并且被切割移除的总容量也为 *F*。（前面我们已经提及算法的原理非常让人困惑。图理论学家使用的技术解释更令人困惑。）

接下来，我们将处理图 14.10 所示的问题，下面是其解决方案。最佳切割是移除总容量为 4 的链接 E → I、F → J、F → G、C → G 和 C → D。图 14.11 显示了删除这些链接后的网络。

注意，最小流量切割问题的解决方案可能不是唯一的。例如，链接M→N、J→N、K→O和P→O的总成本也为4，并且从图14.10所示的网络中移除这些链接，同样可以将节点A和O分离开来。

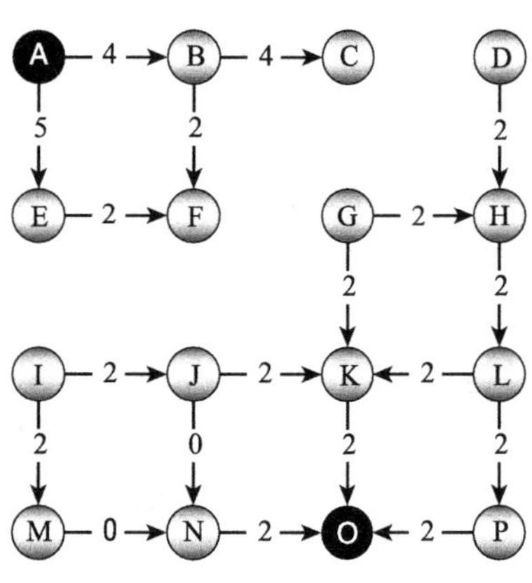

图14.11 此网络显示了图14.10中所示网络的最小流量切割问题的一种解决方案

14.5 网络克隆

假设我们需要对现有网络进行克隆。遍历算法（如本章前面所述）允许我们访问网络中的节点。我们可以遍历网络并复制其节点，但无法将复制的节点通过链接连接起来，以模拟原始网络中的链接。

克隆了网络节点后，需要使用适当的链接将这些网络节点连接起来。为了克隆链接，需要找到与原始网络中链接的节点相对应的两个克隆节点。

以下各节介绍了两种简单的方法，以便我们可以找到这些节点，从而克隆链接。这两种方法都假设我们是使用一个列表或者数组来包含对原始网络所有节点的引用。我们可以使用遍历来构建该列表或者数组。

14.5.1 字典

查找对应于链接原始节点的新节点的一种方法是使用字典。克隆节点时，将新节点存储在字典中，并使用原始节点作为密钥。然后可以使用原始节点查找克隆的版本。下面的伪代码演示如何使用此方法克隆网络：

```
// 克隆一个网络
Node[]: CloneNetwork(Node[]: nodes)
    // 创建一个字典来保存新节点
    Dictionary<Node, Node>: nodeDict = New Dictionary<Node, Node>()

    // 克隆节点
    Node[]: newNodes = new Node[nodes.Length]
    For i = 0 To nodes.Length -1
        Node: oldNode = nodes[i]
        Node: newNode = <Clone of oldNode>
        newNodes[i] = newNode
        nodeDict.Add(oldNode, newNode)
    Next i

    // 克隆链接
    For i = 0 To nodes.Length - 1
        Node: oldNode = nodes[i]
        Node: newNode = newNodes[i]
        For Each link In oldNode.Links
            Node: newNeighbor = nodeDict[link.Neighbor]
            <在 newNode 和 newNeighbor 之间添加链接>
        Next neighbor
    Next i

    return newNodes
End CloneNetwork
```

该算法首先创建一个字典，使用节点对象作为键和数据值。接下来，算法创建一个数组来保存克隆的节点。然后，算法遍历所有现有的节点，并将它们的克隆放置在新数组中。算法还使用其原始节点作为键将克隆的节点放在字典中。

克隆完节点后，该算法再次遍历原始节点并遍历每个原始节点的链接。对于每个链接，算法都会在链接的另一端找到节点的邻居。然后使用字典查找邻居的克隆。最后，算法在节点的克隆和邻居的克隆之间建立新的链接。

克隆节点的具体细节取决于存储网络的方式。克隆节点时，需要将所有重要的详细信息从旧节点复制到克隆中。例如，我们可能需要复制节点的名称、位置、颜色或者其他属性。

类似地，克隆链接的方式取决于存储链接的方式。例如，如果节点直接在列表中存储对其相邻节点的引用，则需要将对克隆的相邻节点的引用添加到克隆节点的列表中。相反，如果节点的链接存储在单独的链接对象中，则需要创建新的克隆链接对象，将任何重要属性（例如成本或者容量）复制到克隆中，并将克隆的节点对象设置为克隆的节点和克隆的邻居。

14.5.2 克隆引用

网络克隆最困难的部分是在克隆链接的末尾找出对应的克隆节点。上一节描述的算法使用字典将原始节点映射到克隆节点，但还有其他方法可以采用。例如，我们可以向 Node 类添加新的 ClonedNode 字段。然后在克隆节点时，将对克隆的引用保存在原始节点内，以供以后引用。

事实上，这种方法比使用字典更有效，因为它只为每个节点存储一个克隆引用，并且允许我们立即找到节点的克隆。相反，字典需要更复杂的数据结构，例如链表或者哈希表。这些数据结构占用了额外的空间，需要额外的步骤来保存和检索值。

下面的伪代码演示如何修改前面的算法以使用 ClonedNode 字段。修改后的代码以粗体突出显示。

```
// 克隆网络
Node[]: CloneNetwork(Node[]: nodes)
    // 克隆节点
    Node[]: newNodes = new Node[nodes.Length]
    For i = 0 To nodes.Length -1
        Node: oldNode = nodes[i]
        Node: newNode = <Clone of oldNode>
        newNodes[i] = newNode
        oldNode.ClonedNode = newNode
    Next i

    // 克隆链接
    For i = 0 To nodes.Length - 1
        Node: oldNode = nodes[i]
        Node: newNode = newNodes[i]
        For Each link In oldNode.Links
            Node: newNeighbor = link.Neighbor.ClonedNode
            <在 newNode 和 newNeighbor 之间添加链接>
        Next neighbor
    Next i

    return newNodes
End CloneNetwork
```

在改进的算法中，并不将克隆的节点存储在字典中，而是将每个节点的克隆存储在其 `ClonedNode` 字段中。然后就可以在以后需要时轻松地找到节点的克隆。

在节点中存储克隆的另一种方法是将克隆的索引存储在 `newNodes` 数组中。然后，我们可以使用索引在需要时检索克隆。

14.6 节点团

节点团（clique）是无向图中所有相互连接的节点的子集。***K*节点团**（k-clique）是包含*K*个节点的节点团。**极大节点团**（maximal clique）是一个不可扩展（如果再扩展就会破坏其集团性）的节点团。

注意：clique的发音可以是“kleek”或“klick”，除了它的图论定义外，clique（团伙）也指一小群不愿意让外人加入的派系。不知道为什么，在谈论人的时候我会将其读作“klick”，在我谈论图的时候会将其读作“kleek”。

图14.12显示了一个小网络，其中两个极大节点团用虚线圈出。一个节点团包括节点{A，B，D}，另一个节点团包括节点{B，C，D，E}。两者都是极大节点团，因为它们都是能够保持节点团属性的最大节点集合。

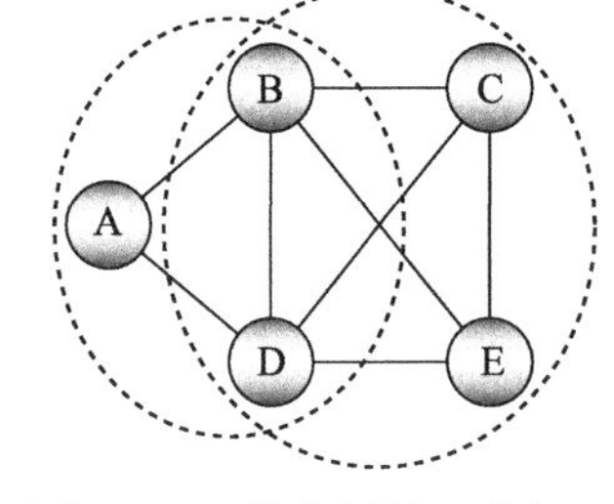

图14.12　节点团是一个相互连接的节点子集

存在许多不同类型的节点团问题，包括：

- 寻找**最大节点团**（maximum clique，图中最大的节点团）。
- 列出所有极大节点团（不能再扩大的节点团）。
- 找到最大权重节点团（具有最大的总边权重）。
- 确定是否存在一个团的大小（团中包含的顶点数）为*K*的节点团。

例如，在图14.12所示的图中，{B，C，D，E}是最大的节点团，因为没有更大的节点团。节点团{A，B，D}是极大的，因为在保持所有节点相互连接的同时，不能再向其添加另一个节点。

注意，每个节点形成一个单节点团，任何通过链接连接的节点对形成一个双节点团。以下各节将介绍一些解决特定节点团问题的算法。

14.6.1 暴力破解方法

暴力破解方法通常并不是解决问题的最佳方法，但很容易理解。找到K节点团的一种方法是枚举*K*个节点的所有可能选择，然后检查它们是否构成节点团。如果网络包含*N*个节点，则可以使用二项式系数给出可能的组合数，二项式系数由以下公式计算：

$$\text{可能的}K\text{节点团组合数} = \binom{N}{K} = \frac{N!}{K!(N-K)!}$$

例如，如果网络包含10个节点，则可以选择4个节点的组合数如下：

$$\binom{10}{4} = \frac{10!}{4!(10-4)!} = \frac{3\,628\,800}{24 \times 710} = 210$$

这意味着我们需要检查多达210种4个节点的组合，以查找4节点团。

注意：在C#中，需要编写代码来生成组合。在Python中，可以使用 `itertools.`

`combinations` 方法轻松生成组合。

若要查看某个节点团是否是极大节点团，可以遍历网络的其余节点，并且检查将每个节点添加到该节点团后，其是否仍然是一个节点团。如果在添加一个剩余节点之后，节点组合仍然是一个节点团，那么该节点团就不是极大节点团。

为了列出一个网络的所有节点团，我们可以遍历所有的组合，包括 1 个节点、2 个节点、3 个节点等，并查看哪些组合是节点团。（正如所料，这将是一项艰巨的工作！）

为了列出一个网络的所有极大节点团，我们可以列出所有的节点团，然后测试每个节点团，看看是否是极大节点团。（下一节将介绍一种更好的方法。）

为了找到一个网络中最大节点团，只需尝试找到大小为 1、2、3 等的节点团，直到不存在节点团。如果一个节点团包含 *K* 个节点，那么这些节点的任何 *K*–1 子集也是节点团。这意味着如果没有包含 *M* 个节点的团，那么也就没有包含超过 *M* 个节点的节点团。

所有这些方法都是有效的，而且相对简单，但它们也相当低效。下一节描述了一个更好的算法，用于寻找一个网络中所有的极大节点团。

14.6.2 Bron-Kerbosch 算法

Bron-Kerbosch 算法是由荷兰计算机科学家科恩拉德·布隆（Coenraad Bron）和乔普·克尔博什（Joep Kerbosch）于 1973 年提出的。这是一个相对简单的递归回溯算法。

在最高层，算法从一个节点团开始，然后通过尝试添加其他节点来扩大该节点团。当节点团不能再扩大时，此时的节点团是极大的，算法返回该结果。如果算法将一个节点添加到节点团后，破坏了节点团的属性，则算法将回溯到添加该节点之前的点。

算法的聪明之处在于使用簿记（bookkeeping）来有效地扩展节点团。该算法有些复杂，接下来几个小节将展开阐述其原理。

14.6.2.1 设置 *R*、*P* 和 *X*

该算法使用三个集合来跟踪网络中的节点，它们分别是 *R*、*P* 和 *X*。集合 *R* 包含当前节点团中的节点，集合 *P* 包含我们将尝试添加到节点团中的节点，集合 *X* 包含不被考虑的节点。对于集合 *X*，因为我们已经尝试使用了其中的节点，并且包含 *R* 中的节点加上 *X* 中的节点的极大节点团已经被报告，换而言之，如果 x 是 *X* 中的一个节点，并且有一个包含 *R*+x 的极大节点团，则表明我们已经报告过这个极大节点团。（这可能是算法中最令人困惑的部分，因此务必充分理解。）

注意：我不知道为什么布隆和克尔博什决定把这三个集合分别命名 *R*、*P* 和 *X*，也许它们代表荷兰语。在英语中，我们可以假设 *R* 代表“结果”，*P* 代表“可能”，*X* 代表“排除”。

这三个集合的一个重要特征是，连接到 *R* 中所有节点的任何节点都在这三个集合中的一个集合中。特别是，如果节点 n 当前不在 *R* 中，并且 n 连接到 *R* 中的每个节点，则节点 n 要么在 *P* 中（因此我们稍后将尝试将其添加到 *R* 中），要么在 *X* 中（因此表明我们已经报告了包含 *R* 和 n 的节点团）。

最初集合 *R* 为空，因此初始节点团不包含任何节点。请注意，我们可以将空集（或包含单个节点的集）视为一个节点团，因为节点团包含的每对节点之间都有一条路径，但空集没有这样的节点对。最初集合 *P* 包括网络中的每个节点。换而言之，每个节点都是一个候选节点，可以添加到最初的空节点团中。最初集合 *X* 为空，因为我们尚未尝试并丢弃任何节点。

初始化后，算法检查集合 *P* 和 *R*。如果 *P* 和 *R* 都是空的，那么就没有更多的节点可以添加到节点团中，所以当前的节点团是极大节点团。

如果 P 是空的，而 X 不是，则意味着没有更多的节点可以添加到节点团中。但是，由于 X 不是空的，所以存在包含 R 中的节点和 X 中的节点的节点团。这些节点团比 R 大（并且我们已经报告过这些节点团），所以当前节点团不是极大的。

14.6.2.2 递归调用

现在我们已经了解了 R、P 和 X 这三个集合，还需要了解算法如何递归地调用自己。

假设我们已经构建了一个节点团 R，P 中的节点是扩大节点团的候选节点，因此我们循环遍历这些节点并尝试将 P 中每个节点添加到 R 中。

当我们将一个新的节点 n 添加到 R 时，应该更新 P，这样 P 只包含我们可能要添加到新的节点团 R+n 中的节点。如果节点 q 在 P 中，并且它不是节点 n 的邻居，那么节点 q 不能用于进一步扩大节点团，所以我们应该将它从 P 中删除。

我们还应该更新 X，这样它就不会包含任何我们不考虑添加到节点团的节点。如果节点 q 不是节点 n 的邻居，那么它就不能在 P 中，因为我们删除了节点 n 的非邻居。在这种情况下，我们不需要通过将节点 q 保留在集合 X 中来排除它，所以我们可以移除节点 q。

14.6.2.3 伪代码

以下伪代码显示了 Bron-Kerbosch 算法：

```
List Of (Set Of Node): BronKerbosch(R, P, X)
    cliques = New Set()
    If (P is empty) And (X is empty) Then cliques.Add(R)
    For Each n In P
        New_R = R + n
        New_P = P ∩ Neighbors(n)
        New_X = X ∩ Neighbors(n)
        cliques.AddRange(BronKerbosch(new_R, new_P, new_X))
        P = P - n
        X = X + n
    Next node
    return cliques
```

该算法返回一个节点团列表，每个节点团都是一组节点。首先创建一个空的 `cliques` 节点团列表，以保存查找到的所有极大节点团。接下来，如果集合 P 和 X 都是空的，则将 R 添加到极大节点团的列表中。然后，该算法循环遍历 P 中的节点 n，并尝试依次将它们添加到 R 中。为此，算法创建三个集合的更新版本。算法将节点 n 添加到 R 以扩大这个节点团。然后取集合 P 和 X 与节点 n 邻域的交集。

注意： 符号∩表示集合交集运算符。如果 A 和 B 是集合，那么 $A \cap B$ 包含两个集合中共同的数据项。

然后，代码将新的集合传递给 `BronKerbosch` 方法进行递归调用。递归调用返回后，代码将节点 n 从 P 中移除，以便将来的递归调用不会将其包含在集合 `new_P` 中，因此也不会将其包含在包含 R 中节点的将来的节点团中。算法还将节点 n 添加到集合 X 中，以便算法不会再报告任何包含 R 中节点和节点 n 的节点团。

在算法对 P 中的所有节点进行处理后，返回所找到的极大节点团。

14.6.2.4 示例

Bron-Kerbosch 算法非常短，但也相当令人困惑。为了更容易理解，让我们通过一个例子来理解算法。考虑图 14.13 所示的网络。

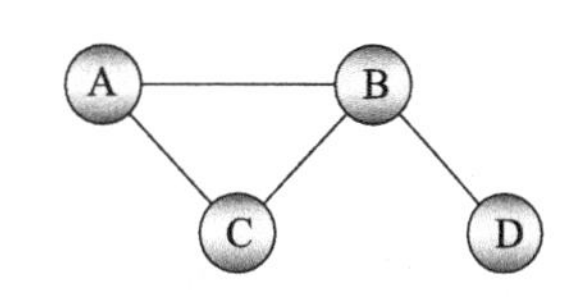

图 14.13　我们可以使用 Bron-Kerbosch 算法来查找这个网络的极大节点团

即使网络很小，但这个示例仍比较长。如果我们仔细跟随其处理过程，应该能够理解示例结果。以下伪代码显示了对算法的第一次调用：

```
BronKerbosch({ }, {A, B, C, D}, { })        // 第一级调用
```

集合 *P* 和 *X* 并不都为空，算法开始遍历集合 *P* 中的节点。

在大多数程序设计语言中，访问集合中数据项的顺序没有明确定义，因为集合意味着成员关系，而不是顺序关系。这意味着算法并不一定按某个特定顺序访问节点。对于这个例子，假设程序首先访问节点 A。

为了更新集合，算法将节点 A 添加到集合 *R* 中，并从集合 *P* 和 *X* 中移除节点 A 的非邻居。这意味着 `new_R = {A}`，`new_P = {B, C}`，`new_X = { }`。下面的伪代码显示了对算法的第二次调用：

```
BronKerbosch({A}, {B, C}, { })        // 第二级调用
```

集合 *P* 和 *X* 并不均为空，算法继续遍历集合 *P* 中的节点。假设算法先尝试节点 B。结果设置 `new_R = {A, B}`，`new_P = {C}`，`new_X = { }`。下面的伪代码显示了对算法的第三次调用：

```
BronKerbosch({A, B}, {C}, { })        // 第三级调用
```

集合 *P* 和 *X* 仍然不均为空，因此算法继续递归调用自己一次，如以下伪代码所示：

```
BronKerbosch({A, B, C}, { }, { })        // 第四级调用
```

此时，集合 *P* 和 *X* 都为空，因此 *R* = {A, B, C} 是极大节点团。调用返回该节点团，并返回到调用堆栈中的第三级，第三级是如下调用：

```
BronKerbosch({A, B}, {C}, { })        // 第三级调用
```

集合 *P* 中不存在多余的需要遍历的节点，因此算法返回到调用堆栈中的第二级：

```
BronKerbosch({A}, {B, C}, { })        // 第二级调用
```

递归调用只是尝试把节点 B 添加到节点团。当递归调用返回时，第二级调用把节点 B 从集合 *P* 中移除，并添加到集合 *X*。因此 *P* = {C}，*X* = {B}。

这是示例中一处让人困惑的地方。每次递归调用返回时，调用方法会更新集合 *P* 和 *X*。然后，方法会继续遍历最初属于集合 *P* 中的节点。例如，在第二级调用中，集合 *P* 最初为 {B, C}。当第一次递归调用返回时，代码设置 *P* = {C}，但仍然需要继续遍历最初集合中剩余的节点，即节点 C。

在这种情况下，意味着递归方法将尝试把节点 C 添加到节点团。算法将创建新的集合 `new_R = {A, C}`，`new_P = { }`，`new_X = {B}`。然后，算法执行以下递归调用：

```
BronKerbosch({A, C}, { }, {B})        // 第三级调用
```

此时，集合 *P* 为空，但集合 *X* 不为空。集合 *X* 中包含节点 B，这表明我们已经报告了某个包含集合 *R* 中的节点和节点 B 的极大节点团。事实上，我们的确报告了集合 {A, B, C}

是极大节点团，因此结论成立。递归调用直接返回，不执行任何无意义的操作。递归调用返回第二级调用的结果，因此我们通过以下调用返回到第一级：

```
BronKerbosch({ }, {A, B, C, D}, { })          // 第一级调用
```

我们刚刚尝试了把节点 A 添加到节点团，因此算法更新集合 *P* 和 *X*，把节点 A 从集合 *P* 移动到集合 *X*。结果 *P* = {B, C, D}，*X* = {A}。

然后，算法尝试把节点 B 添加到节点团。实现方法如下：把节点 B 添加到集合 *R*，结果 `new_R = {B}`。同时，算法从集合 *P* 和 *X* 中移除节点 B 的非邻居，结果 `new_P = {C, D}`，`new_X = {A}`。然后继续执行递归调用：

```
BronKerbosch({B}, {C, D}, {A})                // 第二级调用
```

假设该调用先访问节点 C。在这种情况下，算法把节点 C 添加到集合 *R*，并从集合 *P* 和 *X* 中移除节点 C 的非邻居。结果 `new_R = {B, C}`，`new_P = { }`，`new_X = {A}`。然后继续执行递归调用：

```
BronKerbosch({B, C}, { }, {A})                // 第三级调用
```

此时，集合 *P* 为空，但集合 *X* 包含节点 A，这表明我们已经报告了某个包含节点 {B, C} 和节点 {A} 的极大节点团。递归调用再次直接返回，不执行任何无意义的操作。

第二级调用把节点 C 从集合 *P* 移动到集合 *X*，然后访问节点 D。算法把节点 D 添加到集合 *R*，并从集合 *P* 和 *X* 中移除节点 D 的非邻居，结果 `new_P = { }`，`new_X = { }`。然后继续执行递归调用：

```
BronKerbosch({B, D}, { }, { })                // 第三级调用
```

因为集合 *P* 和 *X* 都为空，因此算法报告 {B, D} 是另一个极大节点团，并返回。(第一次观察图 14.13 时，我们很可能没有发现 {B, D} 是一个极大节点团，但事实上它是一个极大节点团。)

第二级调用完成了最初属于集合 *P* 的节点的遍历（即节点 C 和 D），因此通过以下调用，返回下一个更高级别：

```
BronKerbosch({ }, {A, B, C, D}, { })          // 第一级调用
```

我们刚刚尝试了把节点 B 添加到集合 *R*，因此算法更新集合 *P* 和 *X*，把节点 B 从集合 *P* 移动到集合 *X*。结果 *R* = { }，*P* = {C, D}，*X* = {A, B}。

接下来，算法必须递归调用自己，处理最初属于集合 *P* 的下一个节点，即节点 C。实现方法如下：把节点 C 添加到集合 *R*，并从集合 *P* 和 *X* 中移除 C 的非邻居，结果 `new_R = {C}`，`new_P = { }`，`new_X = {A, B}`。然后继续执行递归调用：

```
BronKerbosch({C}, { }, {A, B})                // 第二级调用
```

集合 *P* 为空，但集合 *X* 不为空，因此递归调用直接返回，不执行任何无意义的操作。算法再次返回到第一级：

```
BronKerbosch({ }, {A, B, C, D}, { })          // 第一级调用
```

我们刚刚尝试了把节点 C 添加到节点团。算法更新集合，把节点 C 从集合 *P* 移动到集合 *X*，结果 *P* = {D}，*X* = {A, B, C}。

接下来，算法必须递归调用自己，处理最初属于集合 P 的下一个节点，即节点 D。实现的方法如下：把节点 D 加到集合 R，并从集合 P 和 X 中移除 C 的非邻居，结果 $P=\{\}$，X = {B}。然后继续执行递归调用：

```
BronKerbosch({D}, { }, {B})            // 第二级调用
```

同样，集合 P 为空，但集合 X 不为空，因此递归调用直接返回，不执行任何无意义的操作。算法再次通过如下调用返回到上一级：

```
BronKerbosch({ }, {A, B, C, D}, { })   // 第一级调用
```

我们完成了最初属于集合 P 的所有节点的遍历，因此调用返回找到的节点团，算法至此完成。最终的结果包含两个极大节点团 {A, B, C} 和 {B, D}。

14.6.2.5 改进的算法变体

Bron-Kerbosch 算法是对暴力搜索算法的巨大改进，但对于包含许多非极大节点团的网络，其性能仍然较差。该算法为每个节点团递归调用自身，因此如果网络包含许多非极大节点团，则会浪费大量的时间。

该算法有若干改进版本，可以减少集合 P 中必须考虑的节点数。我们可以在互联网上查找有关这些改进算法的描述。例如，可以查看以下 URL：

- Wikipedia：https://en.wikipedia.org/wiki/Bron%E2%80%93Kerbosch_algorithm。
- University of Glasgow：http://www.dcs.gla.ac.uk/~pat/jchoco/clique/enumeration/report.pdf。
- Inria Sophia Antipolis：ftp://ftp-sop.inria.fr/geometrica/fcazals/papers/ncliques.pdf。

14.6.3 查找三角形节点团

前几节解释了如何找到不同类型的节点团。一个特别简单但有趣的节点团是*三角形节点团*（triangle clique）。以下几个小节描述了三种查找网络三角形节点团的方法。

14.6.3.1 暴力破解方法

查找网络三角形节点团最直接的方法是使用暴力破解方法。只需枚举所有可能的三元组节点，看看它们是否构成三角形节点团。

这种方法的一个缺点是需要处理三个可能没有机会形成三角形节点团的节点。例如，考虑一个街道网络。暴力破解方法会检查网络最左边、右边和顶端的节点是否形成三角形节点团，尽管这显然是不可能的。这种方法将花费大量的时间检查三元组节点，这些节点不可能在与节点数量相比链接较少的任何网络中形成三角形节点团。

14.6.3.2 检查局部链接

避免检查相距较远的三个节点的一种方法是在局部范围查看每个节点的邻居。从选定的某个节点开始，我们可以跟随该节点到其邻居的链接。然后可以查看哪些邻居彼此相连。（我们已经知道这些节点连接到原始节点，因为它们是原始节点的邻居。）

当我们检查所有可能的邻居对时，即使是这种方法也会让人感到困惑。跟踪可能的节点对的一个简便方法是循环遍历邻居并标记这些邻居。接下来，遍历每个邻居的邻居。如果我们找到一个被标记的节点，那么就知道该标记的节点可以从其他邻居中的某一个到达，因此形成一个三角形节点团。

举一个更具体的示例，假设节点 A、B 和 C 形成三角形节点团。首先，标记 A 的邻居，其中包括节点 B 和 C。然后，循环遍历节点 B 的邻居。结果我们将找到节点 C 并注意到它

已经被标记了。这意味着原始节点 A、邻居 B 和它的邻居 C 形成一个三角形节点团。基于上述分析结果，可以用于查找网络的三角形节点团的算法伪代码如下所示：

```
For Each node In AllNodes:
    // 标记所有的邻居
    For Each neighbor In node.Neighbors
        neighbor.Marked = True
    Next neighbor

    // 搜索三角形节点团
    For Each nbr In node.Neighbors:
        // 搜索三角形节点团中的第三个节点
        For Each nbr_nbr In nbr.Neighbors:
            If nbr.Marked Then <{node, nbr, nbr_nbr} is a triangle.>
        Next nbr
    Next nbr

    // 解除所有邻居的标记
    For Each neighbor In node.Neighbors
        neighbor.Marked = False
    Next neighbor
Next node
```

该算法工作正常，也不会浪费时间检查间隔很远的三元节点组，但算法存在另一个问题。当遍历节点 A 的所有邻居时，会先找到节点 B，然后再找到节点 C，这意味着我们会找到三角形节点团 {A，B，C}，然后会找到同一个三角形节点团 {A，C，B}。

更糟糕的是，稍后我们会使用节点 B 作为起始节点，因此还将找到三角形节点团 {B，A，C} 和 {B，C，A}。然后使用节点 C 作为起始节点时，会找到三角形节点团 {C，A，B} 和 {C，B，A}。总而言之，该算法以不同的节点顺序查找每个三角形节点团 6 次。

防止这种情况发生的一种方法是比较节点的名称、索引或者其他一些独特的特性，并且只报告三个节点具有特定顺序的三角形节点团。例如，如果比较节点的名称，则我们只报告满足 A.Name < B.Name < C.Name 的三角形节点团。如果每个节点的名称不同，那么在六种排列中，只有一种满足排序，因此算法只生成一次三角形节点团。

14.6.3.3 Chiba 和 Nishizeki 算法

前一节描述的算法实际上是 1985 年日本计算机科学家 Norishige Chiba 和 Takao Nishizeki 描述的算法的简化版本。他们的算法首先根据节点的度数对节点进行排序。然后，按照度数从大到小的顺序检查节点，并使用前面的算法查找三角形节点团。

当检查节点 N 时，该算法与前一个算法的工作原理相同。算法标记节点 N 的所有邻居，然后搜索邻居的邻居以找到三角形节点团。在找到所有包含节点 N 的三角形节点团后，算法将取消节点 N 所有邻居的标记。然后从网络中删除节点 N。这就阻止了算法以后再查找包含节点 N 的相同三角形。这样还减少了网络的规模，因此当算法再次遇到节点 N 的邻居时，节点 N 的邻居将拥有更少的搜索链接。

当然，Chiba 和 Nishizeki 的算法也会破坏网络，因为算法会删除网络中的节点。为了避免这种情况，我们可能需要处理网络的副本。或者，可以将链接标记为已删除，而不是真正删除链接。

14.7 社区检测

一些网络具有明显的社区结构。例如，一个社交网络中可能包含很多由互相认识的人组成的社区。社区检测算法（community detection algorithm）试图找到这些社区。以下章节描述了一些社区检测算法，我们可以使用这些算法来尝试在网络中查找社区。

14.7.1 极大节点团

一种检测网络社区的方法是寻找其极大节点团。我们已经知道采用上一节阐述的方法可以通过使用暴力破解方法或者 Bron-Kerbosch 算法来寻找极大节点团,。

请注意，社区不一定都是节点团。例如，你可能和一些朋友一起打垒球，但在社交媒体上你可能不是他们所有人的好友。在这种情况下，社交媒体上包括你和你的垒球队好友的极大节点团就不包括整个团队。事实上，如果每个团队成员都不是某个其他成员的好友，那么这个极大节点团可能相当小，尽管添加更多的链接会使它更大。

检测更大的社区的一种方法是考虑极大节点团的成员，并查看不属于其成员的邻居。如果其中一个邻居是大多数节点团成员的邻居，那么我们可能希望将其添加到社区中。

例如，同样以垒球队为例。假设 Amanda 和 15 个队友中的 12 个是 Facebook 上的好友。在这种情况下，她可能属于社区，所以 Facebook 可以把她作为好友推荐给那些在这个圈子里的人。

请记住，极大节点团可能会重叠，这是因为一个节点可能是多个社区的成员。例如，我们可能同时是垒球队和读书俱乐部的成员。

14.7.2 Girvan-Newman 算法

极大节点团通过寻找非常紧密连接的节点来检测社区。另一种方法是寻找由相对较少的关键链接分隔的节点组。如果两组节点仅由一个或者两个链接分隔，则这些组可能是社区。

Girvan-Newman 算法（以物理学家米歇尔·格文（Michelle Girvan）和描述该算法的马克·纽曼（Mark Newman）命名，他们首先提出了该算法）为每个链路分配一个边介数（edge betweenness，衡量网络的连边紧密度），以指示链路对网络结构的重要性。该算法将链路的边介数设置为网络中通过该链路的所有节点对之间的最短路径数。边介数最高的链接是连接社区的链接。

举一简单的示例，请考虑图 14.14 所示的网络。它包含两个社区，每个社区都是一个三元节点团。社区通过粗线标识的链接连接起来。

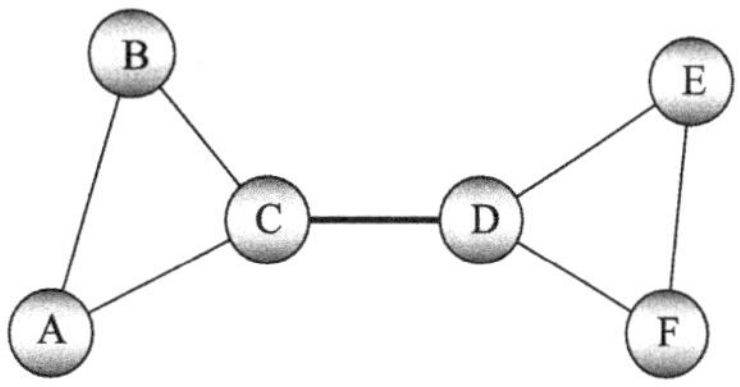

对于本例，假设所有链接的成本为 1。表 14.2 显示了每对节点之间的最短路径。每对节点只列出一次。例如，从节点 B 到节点 E 的路径与从节点 E 到节点 B 的路径相同，因此表中只显示第一个。

图 14.14　具有紧密连边的链接连接的社区

表 14.2　每对节点之间的最短路径清单

	A	B	C	D	E	F
A		A-B	A-C	A-C-D	A-C-D-E	A-C-D-F
B			B-C	B-C-D	B-C-D-E	B-C-D-F
C				C-D	C-D-E	C-D-F
D					D-E	D-F
E						E-F

若要计算链接的边介数，我们将该链接在表 14.2 所示最短路径中使用的次数相加。图 14.15 显示了一个各链接上标有相应边介数的网络。

因为每个社区都是紧密相连的（即使不是节点团），社区内的路径往往相对较短。这些路径也倾向于相当平均地使用社区的链接，因此一些链接比其他链接使用得更多。

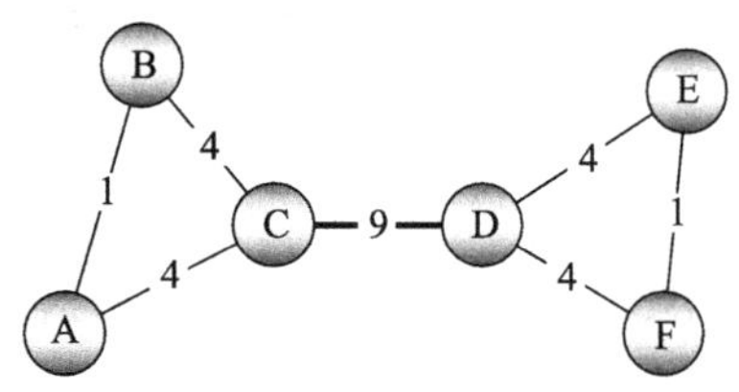

图 14.15 一个各链接上标有相应边介数的网络

相比之下，图 14.15 中粗线标识的链接是连接位于两个不同社区中的节点的每条路径的一部分，因此它们具有相对较大的边介数。

基于上述分析结果，我们可以得出 Girvan-Newman 算法的高级描述：

1. 重复以下操作，直到网络中没有链接：
   a. 计算所有链接的边介数。
   b. 移除边介数最高的链接。

结果是一个树状图（dendrogram）。树状图是一种树结构，显示了层次聚类。在本例中，树状图显示了网络的节点如何形成社区。树状图中最高的节点表示最大的结构。分支将结构分解成更小的社区。树状图的叶子节点表示原始网络的节点。

14.7.3 派系过滤法

派系过滤法（Clique Percolation Method，CPM，也称为节点团过滤法）通过组合相邻的节点团来建立社区。如果两个 k 节点团共享 k–1 节点，则将它们视为相邻的。

创建社区的一种方法是从 k 节点团开始，我们称之为*种子节点团*（seed clique）。从种子节点团中移除一个节点，使其包含 k–1 个节点。然后寻找可以添加的相邻节点来创建新的 k 节点团。将该节点添加到社区并对新的 k 节点团重复该过程。

其结果是一个社区，其中每个成员节点都链接到社区中的许多（但不一定是全部）其他节点。如果我们多次扩展社区，那么最后添加的一些节点可能不会连接到种子节点团的许多节点，但每个节点都至少连接到 k–1 个其他社区成员。

14.8 欧拉路径和欧拉回路

欧拉路径（Eulerian path）是访问网络中每一条链接仅仅一次的路径。*欧拉回路*（Eulerian cycle）是在同一个节点开始和结束的欧拉路径。包含欧拉回路的网络称为*欧拉网络*（Eulerian network）。

瑞士数学家莱昂哈德·欧拉（Leonhard Euler，Euler 发音为 oiler）在 1736 年描述著名的“哥尼斯堡的七座桥”（Seven Bridges of Königsberg）问题时，首先讨论了如何找到欧拉路径和欧拉回路。（有关该问题的描述，具体请参见 https://en.wikipedia.org/wiki/Seven_Bridges_of_Konigsberg。）欧拉得出了以下两个结论：

- 只有当每个节点的度为偶数时，才有可能存在欧拉回路。
- 如果一个连通网络中的每个节点的度都为偶数，则可能存在欧拉回路。

欧拉证明了第一个假设，但第二个假设是欧拉逝世后才由 Carl Hierholzer 于 1873 年证明的。

欧拉网络第三个有趣的特性是：

- 当且仅当至多有两个顶点的度为奇数时，该图才具有欧拉路径。

以下将描述一些查找欧拉回路的方法。

14.8.1 暴力破解方法

与许多问题一样，我们可以使用暴力破解方法来查找欧拉回路。枚举网络节点的所有可能顺序，并查看哪些可以构成欧拉回路。

如果网络包含 N 个节点，那么就有 $N!$ 个可能的节点顺序，因此该算法的运行时间为 $O(N!)$。

14.8.2 弗莱里算法

弗莱里算法（Fleury's algorithm）用于查找一条欧拉路径或者欧拉回路。如果网络存在两个度为奇数的节点，则从其中一个节点开始查找。如果所有节点的度均为偶数，则从任何节点开始查找。

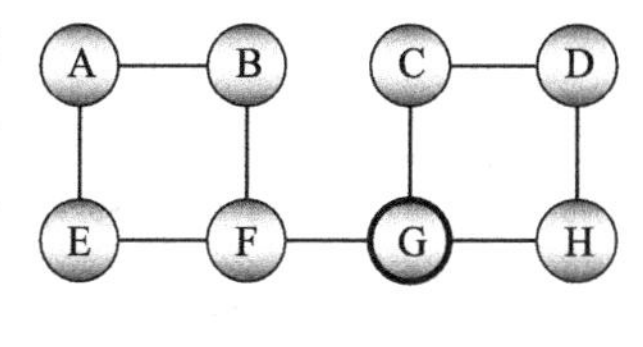

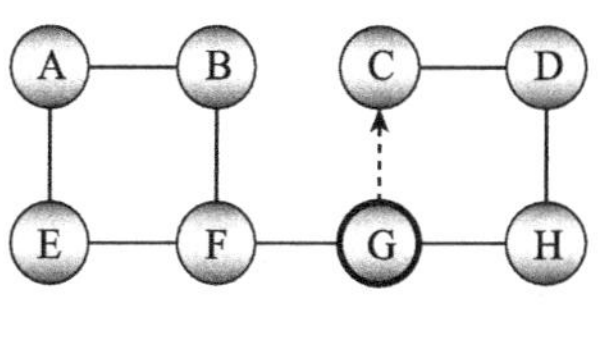

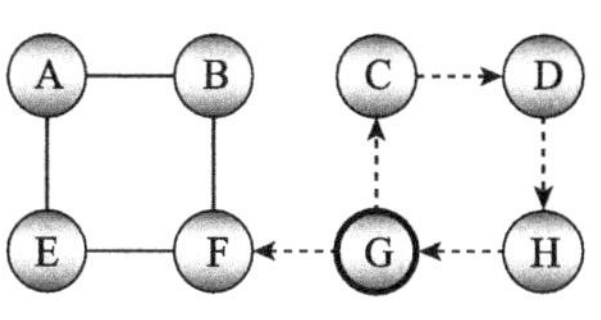

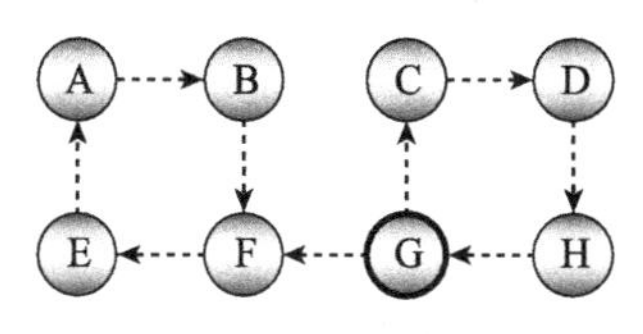

图 14.16　弗莱里算法跟随链路，注意选择非桥接链路

在每个步骤中，从当前节点沿着不会断开网络的链接移动。（我们将可以断开网络连接的链路称为*桥接链路*（bridge link）。）如果当前节点中没有不会断开网络连接的链路，则沿该节点的剩余链接移动。通过一个链接后，从网络中删除链接。当网络没有更多的链接时，则找到了一条欧拉回路或欧拉路径。

例如，考虑图 14.16 顶部的网络。在尝试查找欧拉回路或欧拉路径之前，我们可能需要验证网络中最多有两个节点的度为奇数。在本例中，节点 F 和节点 G 的度为奇数，因此我们从其中一个开始。假设任意选择节点 G 作为起始节点。

然后，算法沿着节点 G 的一个链接移动。从节点 G 到节点 F 的链路是桥接链路，因为将其从网络中移除会断开网络。我们必须选择非桥接链路，因此可以转到节点 C 或节点 H。假设任意选择移动到节点 C。

我们从节点 G 转到节点 C 并移除 G-C 链接。图 14.16 中的第二张图显示了新的网络。我们使用一个虚线箭头替换了删除的链接，以便更容易看到所遵循的网络路径。在接下来的几个节点上，只有一个链接可供选择。接着我们访问节点 D、H、G 和 F。图 14.16 中的第三张图显示了新的情况。

此时，我们到达一个具有多个剩余链接的节点。我们可以跟踪到节点 E 的链接或到节点 B 的链接。这次，假设任意选择到节点 E 的链接。剩下的移动是预先确定的，因为每个节点在我们进入后只有一个剩余的链接。图 14.16 中的最后一张图显示了完整的欧拉路径。

14.8.3 Hierholzer 算法

弗莱里算法相当简单，如果手动执行算法步骤的话，更容易理解其原理。不幸的是，该算法检测桥接链路时相对比较困难。当我们需要离开一个有多个链接的节点时，需检查桥接链路，因此该算法相当慢。*Hierholzer 算法*为查找欧拉回路提供了一种更快的方法。

从任意节点V开始并跟随链接，直到返回到节点V。如果每个节点的度均为偶数，则在进入一个节点后，将至少有一个链接引出，这样就不会被困在那里。

例外情况是起始节点V。因为我们是从该节点出发的，所以它有奇数个未使用的链接。当我们再次回到起始节点时，可能会占用它的最后一个链接并陷入困境。因为我们不会被困在其他地方，因此必须最终回到起始节点V。

当我们返回到起始节点V时，可能已经跨越了网络中的每条链路。那样的话，我们就找到了一条欧拉回路。如果还没有跨越每条链接，那么请回顾刚才从节点V到节点V所形成的环路。该环路中的某些节点还有剩余的链接。选择其中一个节点（称为W），并从该节点开始形成另一个环路。完成后，将新环路连接到节点W处的旧环路。

重复此过程，直到合并的环路包含所有原始网络的链接。例如，考虑图14.17顶部的网络。试图在网络中找到欧拉回路之前，我们可能需要验证所有节点的度均为偶数。假设任意选择节点E作为起始节点。

我们现在跟踪链接，直到返回到节点E。对于本例，假设我们从节点E移动到节点B，然后返回到节点E，如图14.17中的第二张图所示。

因为我们还没有访问每一个链接，所以回顾初始环路E-B-E中的节点，寻找一个具有未使用链接的节点。在这种情况下，E和B都有未使用的链接。假设任意选择节点B开始下一个循环。

从节点B开始，假设任意链接到节点C。从此刻起，在每个节点上只有一个选择，因此我们快速构建环路B-C-F-E-D-A-B。图14.17中的第三张图显示了新旧循环。新循环是黑色的，旧循环是灰色的，以便把它们区分开来。

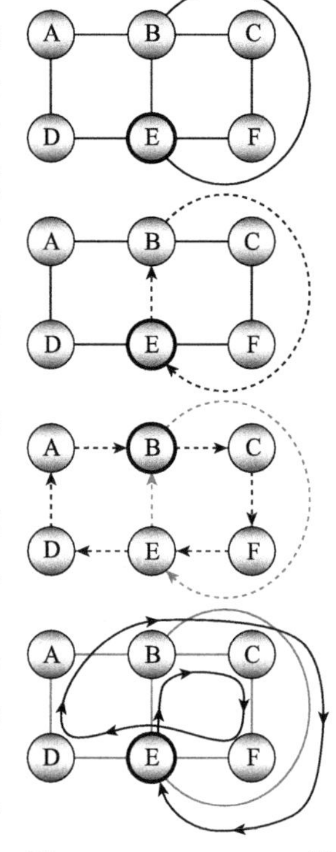

图14.17　Hierholzer算法合并了循环

最后一步是连接环路E–B–E和环路B-C-F-E-D-A-B。我们在节点B开始第二条环路，因此在该处打破第一条环路并插入第二条环路。第一条环路变成了E-B和B-E两个部分。拼接到第二条环路中得到整条环路E-B-**C-F-E-D-A-B**-E。这里我们使用粗体突出显示了第二条环路，以便可以看到其在第一条环路中的位置。图14.17中的最后一张图显示了绘制成一条长曲线的最终欧拉回路。

14.9　本章小结

某些网络算法以相当直接的方式模拟现实世界的情况。例如，最短路径算法可以帮助我们寻找通过街道网络的最快方式。其他网络算法没有那么明显的用途。例如，最大流量算法不仅能够确定网络能承载的最大量，而且还允许我们分配工作给员工。

下一章将描述的编辑距离算法也以间接方式使用网络。算法使用一个网络来确定一个字符串与另一个字符串的区别。例如，该算法可以确定字符串peach和peace要比字符串olive和pickle更相似。

下一章将讨论有关字符串的算法，例如编辑距离算法，这些算法允许我们研究和操作字符串。

14.10 练习题

练习题的参考答案请参见附录。带星号的题目表示有相当难度的练习题，带两个星号的题目表示非常困难或者耗时的练习题。

1. 拓展为第 13 章练习题编写的网络程序，以实现拓扑排序算法。
2. 在某些应用程序中，我们可以同时执行多个任务。例如，在厨房改造场景中，电工和水管工可能同时完成他们的工作。如何修改拓扑排序算法以允许这种并行性？
3. 如果我们知道每个任务的预计时长，如何拓展在上一道练习题中设计的算法来计算所有任务的预期完成时间？
4. 本章描述的拓扑排序算法使用这样一个事实：如果任务可以完全排序，则其中一个任务必须没有先决条件。采用相应的网络术语描述为节点出度为 0。对于入度为 0 的节点，请问可以做出类似的声明吗？这会影响算法的运行时间吗？
5. 拓展为练习题 1 编写的程序，应用到双色网络的节点。
6. 当使用规则 2 简化图 14.4 所示的网络时，示例使用节点 C、B 和 H。如果使用 C 作为中间节点，请列出可以使用的所有节点对。换而言之，如果在规则 2 中，节点 C 扮演节点 K 的角色，那么可以将哪些节点用于节点 M 和节点 N？有多少种不同的方法可以使用这些节点对来简化网络？

*7. 拓展练习题 5 中使用的程序，执行穷举搜索，以使用尽可能少的颜色为平面网络着色。（提示：首先使用双色着色算法快速确定网络是否可以双色着色。如果不行，则需要尝试三色着色和四色着色。）

8. 使用上一道练习题中使用的程序，来查找图 14.5 所示网络的四色着色方法。
9. 拓展练习题 5 中实现的程序，以实现 14.3.5 节描述的爬山启发式算法。请问该算法使用多少颜色为图 14.5 和图 14.6 中所示的网络着色？
10. 对于图 14.18 所示的具有源节点 A 和汇聚节点 I 的网络，绘制残存容量网络，找到一条增广路径，并更新网络以改善流量。请问是否可以进一步改进？

**11. 拓展在练习题 9 中实现的程序，以找到在有限容量网络中源节点和汇聚节点之间的最大流。

12. 使用为上一道练习题编写的程序，为图 14.9 所示的网络找到最佳工作分配。请问可以分配的最大作业数是多少？

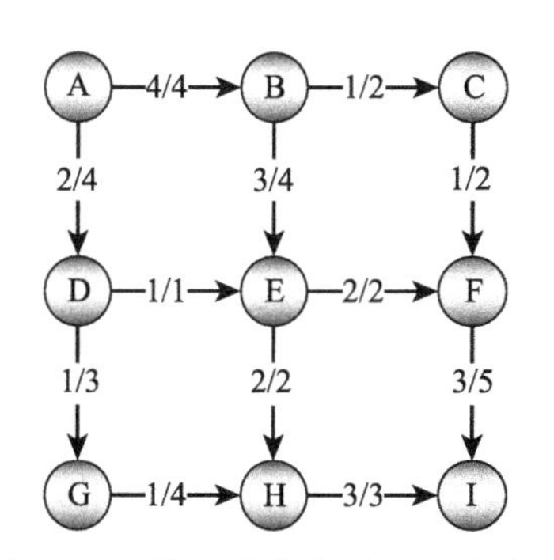

图 14.18　使用残存容量网络来为该网络寻找一条增广路径

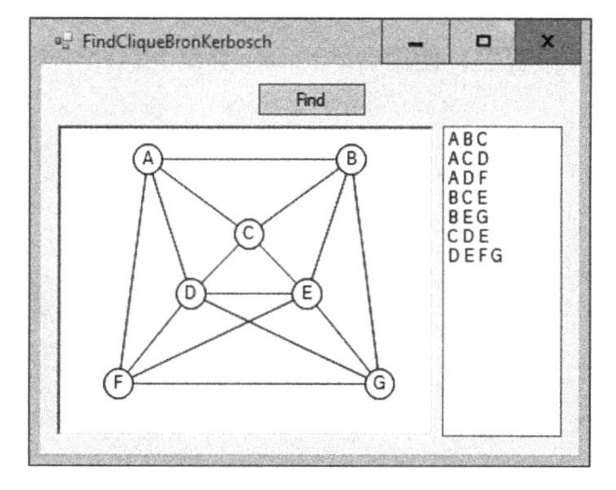

图 14.19　该程序使用 Bron-Kerbosch 算法寻找极大节点团

13. 为了确定计算机网络的健壮程度，我们可以计算两个节点之间不同路径的数目。如何使用最大流量网络来查找不共享两个节点之间的任何链接的路径数？如何找到不共享链接或者节点的路径数？
14. 请问为一个二分网络着色需要多少颜色？为工作分配网络着色需要多少颜色？

**15. 拓展为练习题 12 编写的程序，以找到有限容量网络中源节点和汇聚节点之间的最小流量切割。

16. 使用为上一道练习题编写的程序，查找图 14.18 所示网络的最小流量切割。请问删除了哪些链接？切割的总容量是多少？
17. 请问网络可以有不同大小的极大节点团吗？如果是强连通网络呢？
18. 编写一个程序，使用暴力破解方法查找给定大小（由用户输入）的节点团。
*19. 编写一个类似于图 14.19 所示的程序，该程序使用 Bron-Kerbosch 算法寻找极大节点团。
20. 编写一个程序，通过检查局部链接以查找网络的三角形节点团。
21. 回顾一下通过扩展极大节点团建立社区的方法。例如，假设我们发现了一个包含 15 个垒球运动员的极大节点团。考虑这些节点的邻居，并添加那些与该节点团的许多节点相邻的节点。例如，假设有 15 个垒球运动员节点，如果 Amanda 是其中 12 个垒球运动员节点的邻居，那么她很有可能属于该社区。

    现在考虑两个相邻的社区。例如，假设 Amanda 同时也是一个读书俱乐部的成员。那么扩展垒球队和读书俱乐部的节点团，结果是否会使它们合并为一个社区？请问合并的结果是好还是坏？
22. 假设使用节点团过滤（或称派系过滤法）来构建社区。我们从一个 k 节点团开始，然后把它扩展 M 倍，其中 $M < k$。

    a. 这个社区包含多少个节点？

    b. 社区中的两个节点可以相隔多远？

    c. 最远的节点间相距多远？

    d. 如果将社区扩展 k 倍，两个节点之间的距离会有多远？

    e. 如果将社区扩展 k 倍，最远的节点之间的距离是多少？
23. 直观地解释为什么一个网络不能有欧拉回路，除非它的所有节点的度都是偶数。
24. 直观地解释为什么一个网络不能有欧拉路径，除非它有两个或更少的度为奇数的节点。
25. 一个网络可以正好只有一个度为奇数的节点吗？
26. 考虑一个 $M \times N$ 的节点网格，其中每个节点通过一个链路连接到北面、南面、东面和西面的邻居。当 M 和 N 为何值时，可以找到欧拉回路？当 M 和 N 为何值时，可以找到欧拉路径？
27. 编写一个程序，使用 Hierholzer 算法在网络中寻找一条欧拉回路。

字符串算法

字符串操作在许多程序中很常见，因此人们对它们进行了广泛的研究，许多程序库都有很好的字符串工具。因为这些操作非常重要，所以可用的字符串工具可能已经使用了目前最佳的算法，因此我们不太可能用自己编写的代码超越程序库中的字符串工具。

例如，本章中描述的 Boyer-Moore 算法允许我们在一个字符串中查找第一次出现的子字符串。因为这是一种常见的操作，所以大多数高级程序设计语言都有这样的工具。（在 C# 中，该工具是 `string` 类的 `IndexOf` 方法。在 Python 中，该工具是一个字符串变量的 `find` 方法。）

这些工具可能使用了 Boyer-Moore 算法的一些变体，因此我们自己的实现不太可能更好。事实上，许多库是使用汇编语言或其他低级语言编写的，因此即使在代码中使用相同的算法，它们也可能提供更好的性能。

如果我们的编程库包含执行这些任务的工具，建议直接使用这些工具。本章之所以介绍这些算法，是因为它们很有趣，而且这些算法是基础算法教学的重要组成部分，并且提供了一些有用的技术示例，我们可以将其用于其他目的。

15.1 匹配括号

某些字符串值（例如算术表达式）可以包含嵌套的括号。为了正确嵌套圆括号，我们可以在一对匹配的圆括号内放置另一对匹配的圆括号，但不能在一对匹配的圆括号内放置单个圆括号。例如，()(()(())) 圆括号嵌套正确，但 (() 和 (())) 圆括号嵌套不正确。

从图形上讲，可以绘制连接左括号和右括号的线，以便每个括号都连接到另一个括号，如果所有的线都在表达式的同一侧（要么顶部要么底部），并且没有相交，则可以判断表达式的圆括号是正确嵌套的。图 15.1 显示了 ()(()(())) 圆括号嵌套是正确的，但是 (() 和 (())) 圆括号嵌套是错误的。

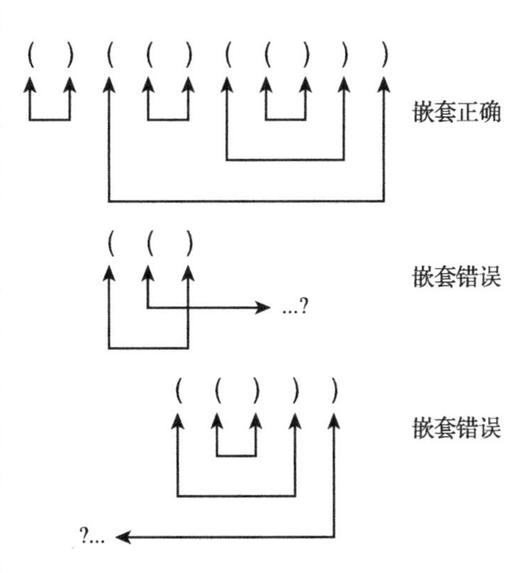

图 15.1　用线连接配对的左括号和右括号

在算法上，通过计数器来跟踪不匹配的左括号的数量，可以很容易看出括号是否正确匹配。将计数器初始化为 0，并在表达式中循环。当我们找到一个左括号时，给计数器加上 1。当我们找到一个右括号时，从计数器中减去 1。一旦计数器的值小于 0，则表明圆括号嵌套不正确（右括号多了）。在检查完表达式后，如果计数器的值不是 0，则表明圆括号嵌套不正确。

实现该算法的伪代码如下所示：

```
Boolean: IsProperlyNested(String: expression)
    Integer: counter = 0
    For Each ch In expression
        If (ch == '(') Then counter = counter + 1
        Else If (ch == ')') Then
            counter = counter - 1
            If (counter < 0) Then Return False
        End If
    Next ch
    If (counter == 0) Then Return True
    Else Return False
IsProperlyNested
```

例如，当算法扫描表达式 ()((()(()))) 时，读取每个字符后计数器的值分别为 1、0、1、2、1、2、3、2、1、0。计数器的值从未小于 0，并且最终其值为 0，因此该表达式的圆括号嵌套正确。

有些表达式包含括号以外的文本。例如，算术表达式 (8×3) + (20 / 7 – 3) 包含数字、运算符（如 × 和 +）和圆括号。为了查看算术表达式的圆括号是否正确嵌套，可以使用前面的 `IsProperlyNested` 算法，但忽略任何不是圆括号的字符。

15.1.1 算术表达式求值

我们可以将全括号表示法的算术表达式以递归形式定义为下列表达式之一：

- 字面量，例如 4 或者 1.75。
- 包括在圆括号中的表达式（expr）。
- 由运算符分隔的两个表达式，例如 expr1 + expr2 或者 expr1×expr2。

例如，表达式 8×3 使用第三条规则，两个表达式 8 和 3 由运算符 × 分隔。根据第一条规则，字面量 8 和 3 都是表达式。

我们可以使用递归定义来创建算术表达式求值的递归算法。以下步骤从较高的层次描述了该算法：

1. 如果表达式是字面量，则使用程序设计语言的工具来解析并返回结果。（在 C# 中，可以使用 `double.Parse`。在 Python 中，可以使用 `float` 函数。）

2. 如果表达式的形式为（expr），则移除外层的圆括号，递归地使用算法计算 expr 的值，并返回结果。

3. 如果表达式的形式是 expr1 ？ expr2，其中 expr1 和 expr2 是表达式，？是运算符，则递归地使用算法计算 expr1 和 expr2 的值，然后使用运算符？结合计算 expr1 和 expr2 的结果值，并返回结果。

基本方法很简单。可能最困难的部分是确定这三种情况中的哪一种适用，并在第 3 种情况中将表达式分为两个操作数和一个运算符。我们可以使用类似于上一节中描述的 `IsProperlyNested` 算法所使用的计数器来完成此操作。

当计数器为 0 时，如果找到运算符，则适用于第 3 种情况，并且操作数位于运算符的两侧。如果完成了对表达式的扫描时，计数器为 0，并且未发现运算符，则第 1 种情况或者第 2 种情况都适用。如果第一个字符是左括号，则适用于第 2 种情况。如果第一个字符不是左括号，则适用于第 1 种情况。

15.1.2 构建解析树

前一节中描述的算法用于解析算术表达式，然后对它们进行求值，但是我们可能希望在解析表达式后对其执行其他操作。例如，假设我们需要对一个表达式求值，该表达式多次包含同一变量，例如对于绘制函数 $(X \times X)-7$ 的图形，其中包含变量 X 两次。一种方法是重复使用前面的算法来解析和计算表达式，并且使用不同的值替换 X。不幸的是，解析文本相对较慢。

另一种方法是解析表达式，但并不立即对其求值。然后，我们可以使用 X 的不同值多次对预解析表达式进行求值，而无须再次解析该表达式。我们可以使用与前一节中描述的算法非常相似的算法来执行此操作。但是，不采用将递归调用的结果合并到算法自身的方法，而是构建了一个包含表示表达式对象的树。

例如，为了表示乘法，该算法使用一个包含 2 个子节点的节点，其中 2 个子节点分别表示乘法的两个操作数。类似地，为了表示加法，该算法使用一个包含 2 个子节点的节点，其中两个子节点分别表示加法的两个操作数。

我们可以为每个必要的节点类型构建一个类。该类应该提供一个计算并返回节点值的求值方法，如果有子节点，则调用它的求值方法。在构建了解析树之后，我们可以为不同的 X 值调用根节点的 `Evaluate` 方法任意次数。图 15.2 显示了表达式 $(X \times X)-7$ 的解析树。

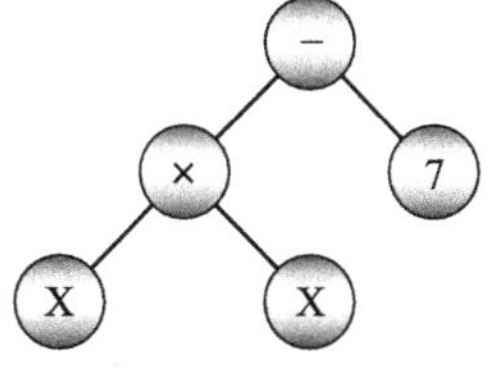

图 15.2 我们可以使用解析树来表示类似于 $(X \times X)-7$ 之类的表达式

15.2 模式匹配

前面几节描述的算法非常实用并且有效，但它们与解析和计算算术表达式的特定应用程序相关。解析是计算机程序设计中的一项常见任务，因此最好有一种更通用的方法，可以用来解析其他类型的文本。

例如，*正则表达式*（regular expression）是一个字符串，程序可以使用它来表示在另一个字符串中进行匹配的模式。程序员已经定义了几种不同的正则表达式语言。为了使讨论相对简单，本节使用其中一种正则表达式语言来定义以下符号：

- 字母字符，例如 A 或者 Q 代表该字母。
- 符号 + 表示连接。为了提高可读性，这个符号经常被省略，所以 ABC 等价于 A+B+C。但是，为了便于程序解析正则表达式，最好加上这个符号。
- 符号 * 表示上一个表达式可以重复任意次数（包括零次）。
- 符号 | 表示文本必须与前面或后面的表达式匹配。
- 括号决定操作顺序。

例如，基于上述语言限定规则，正则表达式 AB*A 匹配以 A 开头、包含任意数量的 B、以 A 结尾的字符串。该模式将匹配 ABA、ABBBBA 和 AA。更一般地说，程序可能希望在字符串中查找该模式的第一次出现。例如，字符串 AABBA 是从第二个字母开始匹配前面的模式 AB*A。

如果能够正确理解这里描述的正则表达式匹配算法，将大大有助于理解确定性有限自动机和非确定性有限自动机。以下两节将描述确定性和非确定性有限自动机。后面的章节将阐述如何使用它们执行正则表达式的模式匹配。

15.2.1 DFA

确定性有限自动机（Deterministic Finite Automaton，DFA）也被称为确定性有限状态机（deterministic finite state machine），从本质上而言它是一个虚拟计算机，使用一组状态来跟踪任务。在每个步骤中，DFA 都会读取一些输入，并基于该输入及其当前状态，进入一个

新的状态。一种状态是状态机启动的*初始状态*（initial state）。一种或者多种状态也可以标记为*接受状态*（accepting state）。

如果状态机在一种可接受的状态下结束计算，那么状态机接受该输入。对于采用正则表达式处理而言，如果状态机以一种可接受的状态结束，则输入文本与正则表达式匹配。在某些模型中，如果状态机进入一种可接受的状态，它就可以方便地接受输入。

我们可以使用*状态转换图*（state transition diagram）来表示 DFA。状态转换图本质上是一个网络，其中圆圈表示状态，有向链接表示到新状态的转换。每个链接都标有使状态机进入新状态的输入。如果状态机遇到一个没有对应链接的输入，则将暂停，处于不接受状态。

总之，DFA 可以通过以下三种方式停止：

- *它可以在一种可接受的状态下结束读取输入*。在这种情况下，DFA 接受输入。（表明正则表达式匹配。）
- *它可以在一种不可接受的状态下结束读取输入*。在这种情况下，DFA 拒绝输入。（表明正则表达式不匹配。）
- *它可以读取没有从当前状态节点引出的链接的输入*。在这种情况下，DFA 拒绝输入。（表明正则表达式不匹配。）

例如，图 15.3 显示了识别模式 AB*A 的 DFA 的状态转换图。DFA 从状态 0 开始。如果读取一个字符 A，那么将转移到状态 1。如果 DFA 看到除字符 A 以外的任何其他字符，那么状态机将停止在一个非接受状态。

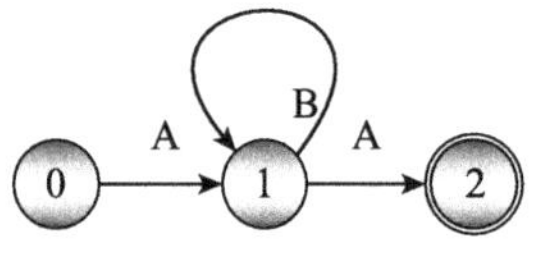

图 15.3　此网络表示识别模式 AB*A 的 DFA 的状态转换图

接下来，如果 DFA 处于状态 1，并且读取一个字符 B，那么它将跟随循环并返回到状态 1。如果 DFA 处于状态 1 并读取 A，则将转移到状态 2。如果 DFA 处于状态 1 并读取除 A 或 B 以外的任何字符，则将暂停，并处于不接受状态。

状态 2 用双圆圈标记，表示它处于接受状态。根据我们使用 DFA 的方式，仅进入此状态可能会使状态机返回一个成功的匹配。或者，它可能需要在该状态下完成输入的读取，因此如果输入字符串包含更多字符，则匹配失败。

作为另一个示例，我们考虑图 15.4 所示的状态转换图。此图表示匹配由 AB 重复任意次数或者 BA 重复任意次数组成的字符串的状态机。

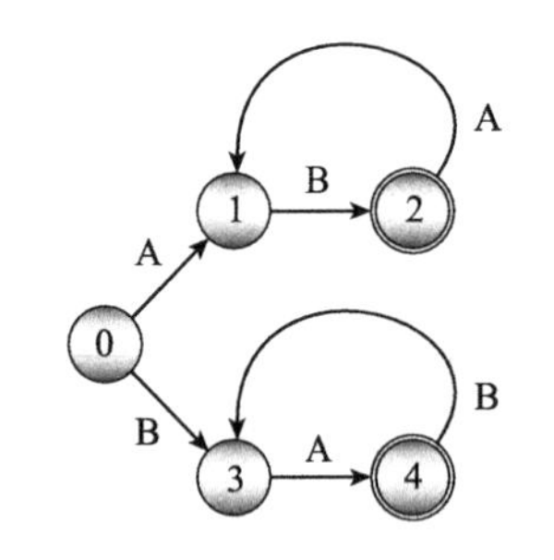

图 15.4　此网络表示识别模式 (AB)*|(BA)* 的 DFA 的状态转换图

通过编程，我们可以创建一个对象来表示状态转换图中的每个状态，从而实现 DFA。当出现输入时，程序从当前状态（对象）转移到适合该输入的状态（对象）。通常，DFA 是通过显示状态转换的一张表来实现的。例如，表 15.1 显示了图 15.3 所示的状态转换图的状态转换。

表 15.1　模式 AB*A 的状态转换表

状态	0	1	1	2
输入	A	A	B	
新状态	1	2	1	
接受?	否	否	否	是

注意：DFA 不仅适用于处理正则表达式，我们还可以使用 DFA 对任何系统的状态进行建模。在这种情况下，可以方便地使用转换图或者转换表指定系统的规则。

例如，订单处理系统可以跟踪系统中订单的状态。我们可以为状态提供直观的名称，例如已经下单、完成下单、装运货物、开具账单、取消订单、支付完成和退货处理。当事件发生时，订单的状态会相应地改变。例如，如果订单处于已经下单状态，而客户决定取消订单，则订单将转移到取消订单状态，并在系统中停止进度。

15.2.2　为正则表达式构建 DFA

对于简单的正则表达式，我们利用直觉很容易将其转换为转换图和转换表；但是对于复杂的正则表达式，则建议采用系统的方法，让程序自动化完成转换工作。

为了将正则表达式转换为 DFA 状态转换表，我们可以为正则表达式构建一棵解析树，然后使用解析树递归地生成相应的状态转换。解析树的叶子节点表示文本输入字符，例如 A 和 B。用于读取单个输入字符的状态转换图仅仅包含一个开始状态、一个可接受的最终状态以及一条从开始状态连接到可接受最终状态的链接，其中链接上标记有所需的字符。图 15.5 显示了一个用于读取输入字符 B 的简单状态转换图。

解析树的内部节点表示运算符 +、* 和 |。为了实现 + 运算符，可以获取左子树转换图的接受状态，并使其与右子树转换图的开始状态一致，因此状态机必须先执行左子树的操作，然后执行右子树的操作。例如，图 15.6 显示了左侧简单文字模式 A 和 B 以及右侧组合模式 A+B 的转换图。

为了实现 * 运算符，需要使单个子表达式的接受状态与子表达式的开始状态一致。图 15.7 的左侧显示了模式 A+B 的转换图，图 15.7 在右侧显示了模式 (A+B)* 的转换图。

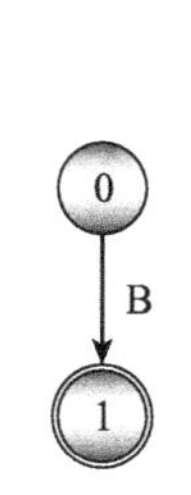

图 15.5　一个用于表示简单正则表达式 B 的状态转换图

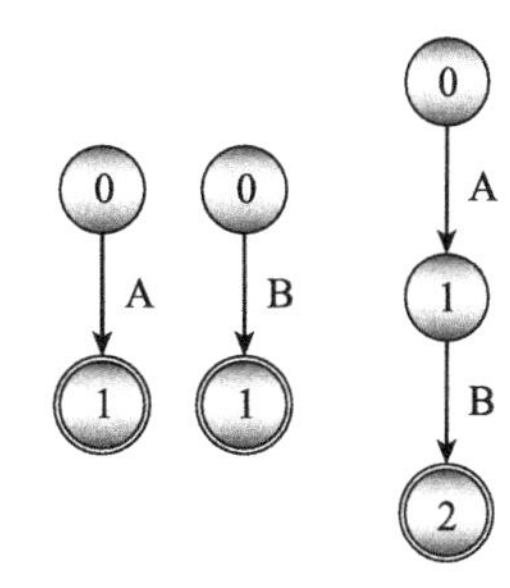

图 15.6　状态转换图的最右侧表示正则表达式 A+B

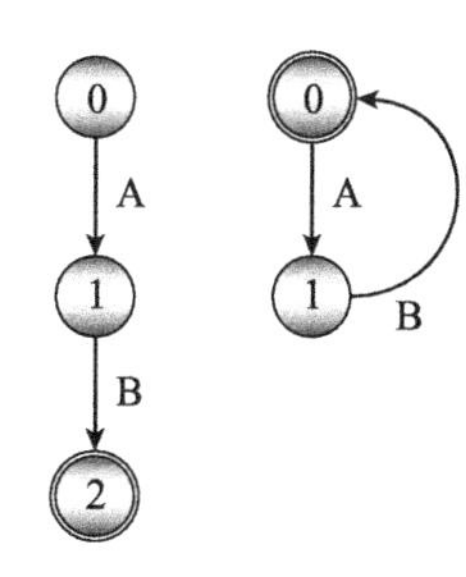

图 15.7　状态转换图的最右侧表示正则表达式 (A+B)*

最后，为了实现 | 运算符，需要使左子表达式转换图的开始状态和结束状态分别与右子表达式转换图的开始状态和结束状态相一致。图 15.8 左侧显示了模式 A+B 和 B+A 的转换图，右侧显示了组合模式 (A+B)|(B+A) 的转换图。

这种方法对于本实例有效，但在某些情况下有严重的缺陷。如果两个子表达式以相同的输入转换开始，那么 | 运算符会发生什么情况？例如，假设这两个子表达式是 A+A 和 A+B。在这种情况下，盲目地遵循前面讨论的方法会导致图 15.9 左边的转换图。转换图中存在两个离开状态 0 且标记为 A 的链接。如果 DFA 处于状态 0 并遇到输入字符 A，它应该遵循哪个链接？

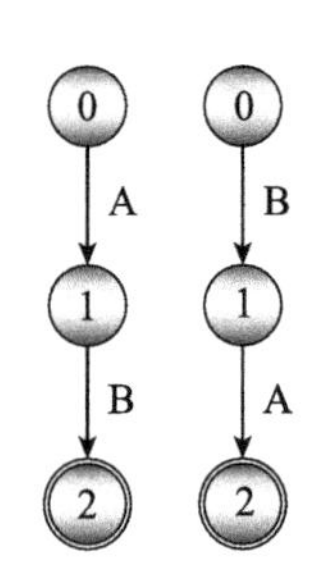

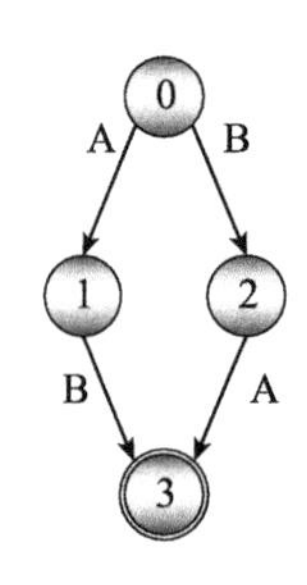

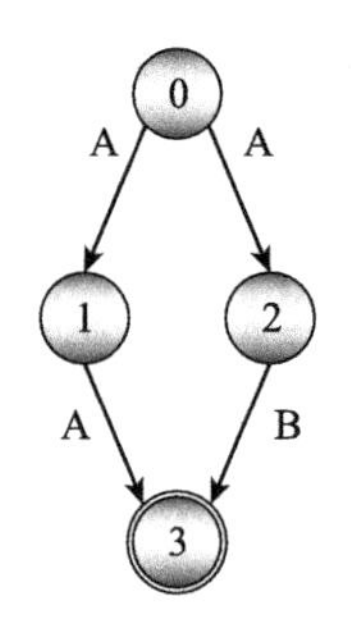

图 15.8 状态转换图的最右侧表示正则表达式 (A+B)|(B+A)

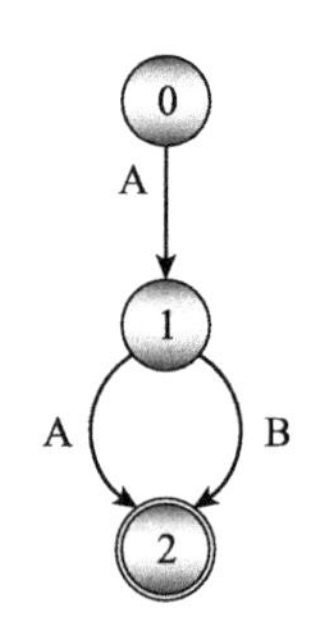

图 15.9 这些状态转换图表示正则表达式 (A+A)|(A+B)

一种解决方案是稍微重新构造一下状态图，如图 15.9 右侧所示，以便两个子表达式的图共享其第一个状态（状态 1）。这是可行的，但需要一些智慧，这些内容很难构建到程序中。如果子表达式更复杂，那么至少对于程序而言，找到一个类似的解决方案比较困难。解决这种问题的一个办法是使用 NFA 而不是 DFA。

15.2.3 NFA

确定性有限自动机之所以被称为确定性的，是因为其行为完全由当前状态和所处理的输入决定。使用图 15.8 右侧的转换图，如果 DFA 处于状态 0 并读取字符 B，则其毫无疑问地进入状态 2。

非确定性有限自动机（Nondeterministic Finite Automaton，NFA）与 DFA 类似，只是对于具有相同输入的一个状态存在多个转换链路，如图 15.9 左侧所示。在处理过程中发生这种情况时，NFA 可以猜测它应该遵循哪条路径才能最终到达一个可接受的状态。这就好像 NFA 是由一个算命先生控制的，他知道稍后会有什么输入，并且可以决定要遵循哪些链接才能到达一个接受状态。

当然，在实践中，计算机不能真正猜到应该进入哪一种状态，以最终找到一个可接受的状态。计算机能做的就是尝试所有可能的途径。为此，程序可以保留它可能处于的状态列表。当程序看到一个输入时，就会更新每个状态，从而可能会创建更多的状态。另一种思考方法是将 NFA 视为同时处于所有的状态。如果其任何当前状态是一个可接受的状态，则整个 NFA 处于接受状态。

我们可以对 NFA 的转换重新进行一次更改，使其稍微易于实现。图 15.6 到图 15.9 所示的操作要求我们使来自不同子表达式的状态最终一致，这种处理可能会比较棘手。另一种方法是引入一种新的空转换（null transition），这种转换在没有任何输入的情况下发生。如果 NFA 遇到空转换，它会立即跟随空转换。

图 15.10 显示了如何对子表达式的状态转换机进行组合以生成更复杂的表达式。这里的 Ø 字符表示空转换，而框则表示子表达式的状态网络（可能是复杂的状态网络）。

图 15.10 的第一部分显示了用以表示某个子表达式的一组状态。这既可以简单到匹配图 15.5 所示的单个输入的单个转换，也可以是一组复杂的状态和转换。从其他状态的角度来看，这个结构的唯一重要特征是它有单一的输入状态和单一的输出状态。

图 15.10 的第二部分显示了如何使用运算符 + 组合两个状态机 M_1 和 M_2。M_1 的输出状态通过空转换连接到 M_2 的输入状态。通过使用空转换，可以避免让 M_1 的输出状态和 M_2 的输入状态重合。

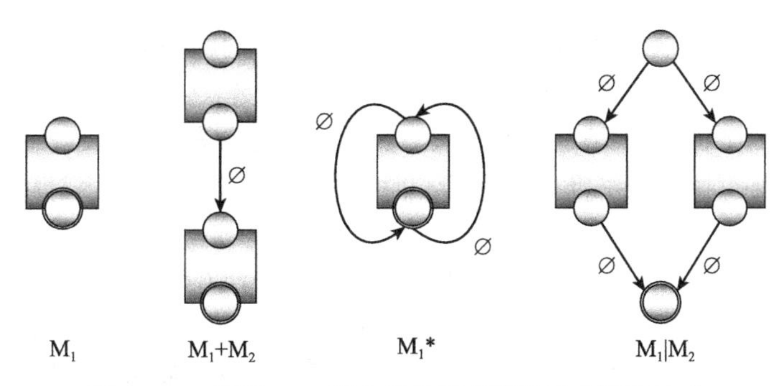

图 15.10　使用 NFA 和空转换更直观地组合子表达式

图 15.10 的第三部分显示了如何将运算符 * 添加到 M_1。M_1 的输出状态通过空转换连接到它的输入状态。运算符 * 允许后面的操作数出现任意次数，包括 0 次，因此另一个空转换允许 NFA 跳转到接受状态，而不匹配 M_1 中的任何状态。

图 15.10 的最后一部分显示了如何使用运算符 | 组合两个状态机 M_1 和 M_2。组合后的结果状态机使用一个新的输入状态，该输入状态通过空转换连接到 M_1 和 M_2 的输入状态。M_1 和 M_2 的输出状态通过空转换连接到新组合状态机的最终输出状态。

总之，可以按照以下步骤生成正则表达式解析器：

1. 为正则表达式构建解析树。
2. 使用解析树递归地为用于表示表达式的 NFA 构建各种状态。
3. 在状态 0 下启动 NFA，并使用它一次处理输入字符串的一个字符。

15.3　字符串搜索

前一节阐述了如何使用 DFA 和 NFA 在一个字符串中搜索指定模式。这些方法相当灵活，但速度相对较慢。为了搜索复杂的模式，NFA 可能需要跟踪大量的状态，因为它每次只检查一个输入字符串中的一个字符。

如果我们想在一段文本中搜索一个目标子字符串而不是一个模式，则可以使用更快速的方法。最直接的策略是循环遍历文本中的所有字符，看看目标是否位于某个位置。以下伪代码显示了这种暴力搜索方法：

```
// 返回目标在文本中的位置
Integer: FindTarget(String: text, String: target)
    For i = 0 To <last index of string>
        // 检查目标是否从位置 i 开始
        Boolean: found_it = True
        For j = 0 To <last index of target>
            If (string[i + j] != target[j]) Then found_it = False
        Next j

        // 检查我们是否找到了目标
        If (found_it) Then Return i
    Next i
    // 如果程序运行到此处，表明目标不存在
    Return -1
End FindTarget
```

在这个算法中，变量 i 在文本字符串的长度上循环。对于 i 的每个值，变量 j 在目标

子字符串的长度上循环。如果文本字符串的长度为 N，而目标子字符串的长度为 M，则总的运行时间为 $O(N \times M)$。这比使用 NFA 简单，但其效率仍然需要进一步改进。

Boyer-Moore 算法使用一种不同的方法，实现更快速地搜索目标子字符串的功能。该算法不是从头开始遍历目标子字符串的字符，而是反向检查从目标子字符串的末尾到开始的字符。

理解该算法的最简单方法是，想象目标子字符串位于文本字符串下面可能发生匹配的位置。算法从目标子字符串最左边的字符开始比较。如果找到一个目标和文本不匹配的位置，算法会将目标向右滑动到下一个可能匹配的位置。例如，假设我们想在字符串“A man a plan a canal Panama”中搜索目标子字符串“Roosevelt”，请观察图 15.11。

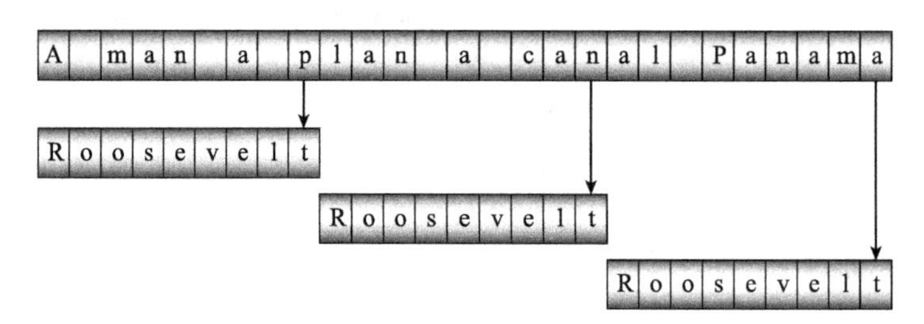

图 15.11　在字符串“A man a plan a canal Panama”中搜索目标子字符串“Roosevelt”只需要三次比较

算法首先将两个字符串在左侧对齐，并将目标子字符串中的最后一个字符与文本字符串中的相应字符进行比较。在这个位置上，目标子字符串的最后一个字符是 t，文本字符串的对应字符是 p。这两个字符不匹配，因此算法将目标向右滑动到下一个可能匹配的位置。文本字符串的字符 p 不会出现在目标子字符串中的任何位置，因此算法会将目标子字符一直向右滑动，直到经过当前位置，每次向右滑动 9 个字符。

在新的位置，目标子字符串的最后一个字符是 t，文本字符串的对应字符是 n。同样，这两个字符不匹配，所以算法将目标向右滑动。同样，文本字符串的字符 n 不会出现在目标子字符串中，因此算法将目标继续向右滑动 9 个字符。

在新的位置，目标子字符串的最后一个字符是 t，文本字符串的对应字符是 a。这两个字符不匹配，因此算法将目标子字符串向右滑动。同样，文本字符串的字符 a 不会出现在目标子字符串中，因此算法将目标子字符串继续向右滑动 9 个字符。

此时，目标子字符串超出了文本的结尾，因此不可能匹配成功，至此算法得出结论：目标子字符串不在文本字符串中。前面描述的暴力搜索算法需要 37 次比较才能确定目标不存在，但是 Boyer-Moore 算法只需要 3 次比较。

然而，实际情况并不会总是一帆风顺。我们考虑一个更复杂的示例，假设要在文本字符串“abba daba abadabracadabra”中搜索目标子字符串“cadabra”，请观察图 15.12。

算法从左对齐的两个字符串开始，将目标子字符串的字符 a 与文本字符串的字符 a 进行比较。这两个字符匹配，因此算法比较前面的字符 r 和 d。这两个字符不匹配，因此算法将目标向右滑动。然而，在这种情况下，文本字符串的字符 d 确实出现在目标中，因此有可能 d 是匹配的一部分。该算法将目标向右滑动，直到目标子字符串中的最后一个 d（图 15.12 中用深色框显示）与文本字符串中的 d 对齐。

在新的位置，目标子字符串的最后一个字符是 a，文本字符串的对应字符是空格。这两个字符不匹配，因此算法将目标向右滑动。目标子字符串中没有空格，因此算法将目标子字符串移动 7 个字符（目标子字符的长度）。

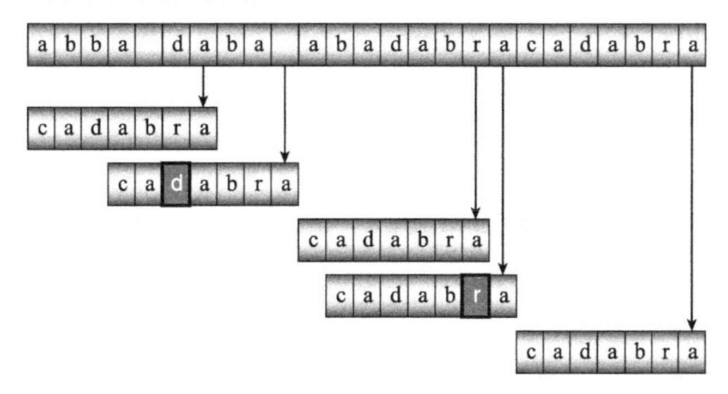

图 15.12 要在文本字符串“abba daba abadabracadabra”中搜索目标子字符串“cadabra”需要 18 次比较

在新的位置，目标子字符串的最后一个字符是 a，文本字符串的对应字符是 r。这两个字符不匹配，因此算法将目标子字符串向右滑动。字符 r 确实出现在目标子字符串中，因此算法移动目标子字符串，直到其最后一个 r（用暗框显示）与文本字符串中的 r 对齐。

在新的位置，目标子字符串的最后一个字符是 a，文本字符串的对应字符是 a。这两个字符匹配，因此算法比较前面的字符，看它们是否匹配。这些字符也匹配，因此算法反向比较目标子字符串和文本字符串，6 个字符匹配。直到算法发现目标子字符串的第一个字符不匹配。这里目标子字符串的字符是 c，而文本字符串的对应字符是 b。

目标子字符串中有一个字符 b，但它是在算法当前正在处理的目标子字符串中的位置之后。为了将这个 b 与文本字符串中的 b 对齐，算法必须将目标向左移动。所有向左的位置都已经被排除为匹配的可能位置，所以算法不会这样做。相反，它将 7 个目标字符向右移动到下一个可能发生匹配的位置。

在这个新的位置上，目标子字符串的字符都与文本字符串中相应的字符匹配，因此算法找到了一个匹配项。以下步骤从较高的层次描述了基本的 Boyer-Moore 算法：

1. 将目标子字符串与字符串在左侧对齐。
2. 重复以下步骤，直到目标子字符串的最后一个字符与文本字符串的结尾对齐：
   a. 将目标子字符串中的字符与文本字符串中相应的字符进行比较，从目标子字符串的末尾开始，然后反向移动到开头。
   b. 如果所有的字符都匹配，那么我们成功地找到了一个匹配项！
   c. 假设文本字符串中的字符 X 与目标子字符串中的相应字符不匹配。向右滑动目标，直到 X 与当前位置左侧目标子字符串中具有相同值 X 的下一个字符对齐。如果在目标子字符串中的位置左侧没有这样的字符 X，则将其目标子字符串以其全长滑动到右边。

这个算法中比较耗时的部分是步骤 2c，需要计算将目标子字符串向右滑动的位置。如果预先计算目标子字符串中不同位置的不同不匹配字符的数量，则可以加快此步骤。

例如，假设算法比较目标子字符串和文本字符串，并且第一次不匹配位于位置 3，而其文本字符串具有字符 G。然后，算法将目标子字符串向右滑动，以使字符 G 与出现在目标子字符串位置3左侧的第一个字符G对齐。如果使用一个表格来存储滑动目标所需的位置数，则只需查找该位置数，而不必在搜索过程中计算该位置数。

注意： Boyer-Moore算法的变体使用其他更复杂的规则来有效地移动目标子字符串。例如，假设算法考虑以下对齐方式：

```
... what shall we draw today ...
          abracadabra
```

算法反向扫描目标子字符串 abracadabra。前两个字符a和r匹配。然后文本字符串的d与目标子字符串的b不匹配。之前的算法将移动目标以对齐文本中不匹配的d，如下所示：

```
... what shall we draw today ...
            abracadabra
```

但是我们知道文本字符串匹配了 ra 这两个字符，所以我们知道文本字符串的字符 dra 现在不能匹配目标子字符串的字符 dab。与其移动以对齐文本字符串中不匹配的d，不如移动以对齐到目前为止匹配的整个后缀（在本例中为 ra），使其与目标子字符串中这些字符的较早出现位置对齐。换而言之，我们可以移动目标子字符串以将字符 ra 的较早出现放在匹配后缀目前所在的位置，如下所示：

```
... what shall we draw today ...
                  abracadabra
```

这使得算法可以进一步移动目标子字符串，从而使搜索速度更快。有关Boyer-Moore算法变体的更多信息，请参见https://en.wikipedia.org/wiki/Boyer-Moore_string_search_algorithm。

Boyer-Moore算法有一个不同寻常的特性，即如果目标字符串较长，它往往会更快，因为当算法找到一个非匹配字符时，可以将目标移动得更远。

15.4 计算编辑距离

两个字符串的编辑距离（edit distance）是将第一个字符串转换为第二个字符串所需更改的最少单字符编辑操作次数。我们可以通过多种方式定义允许进行的字符更改。对于本章的讨论，假设只允许删除或者插入字母。（这里不考虑另一个常见更改，即将一个字母替换为另一个字母。通过删除第一个字符，然后插入第二个字符，可以获得相同的结果。）

例如，考虑两个英文单词encourage和entourage。很容易看出，我们可以通过删除字母c，并插入字母t，实现将encourage更改为entourage，这里包含两处更改，所以这两个英文单词之间的编辑距离是2。

再举一个例子，考虑两个英文单词assent和descent。将assent转化为descent的一种方法是遵循以下步骤：

1. 移除字母a，结果为ssent。
2. 移除字母s，结果为sent。
3. 移除字母s，结果为ent。
4. 插入字母d，结果为dent。
5. 插入字母e，结果为deent。
6. 插入字母s，结果为desent。

7. 插入字母 c，结果为 descent。

这需要 7 个步骤，所以编辑距离不超过 7。然而，如何判断这是否是将 assent 转换为 descent 的最有效方式？对于较长的单词或字符串（或者，对于我们将在本节稍后讨论的文件），很难确定是否找到了最佳解决方案。

计算编辑距离的一种方法是构建一个编辑图（edit graph），该图表示从第一个单词到第二个单词可能进行的所有更改。首先创建一个类似于图 15.13 所示的节点数组。

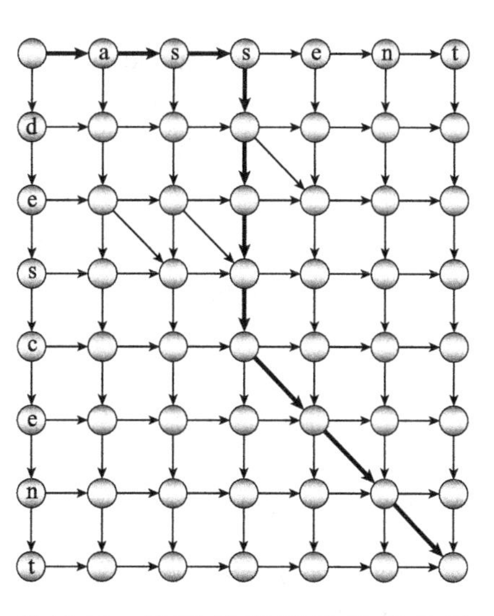

图 15.13　这张编辑图表示将单词 assent 转换为单词 decent 所有可能的更改方式

在图 15.13 中，顶部的节点表示第一个单词中的每个字母。左边的节点表示第二个单词中的每个字母。在节点之间创建指向其右边邻居和下面邻居的链接。

在两个单词中对应的字母相同的任何位置添加对角线链接。例如，assent 在第四个位置有一个 e，descent 在其第二个位置有一个 e，因此对角线连接指向 assent 中 e 下面的节点和 descent 中的第一个 e 的右侧。

每个链接表示对第一个单词的转换，使其更类似于第二个单词。指向右边的链接表示从第一个单词中删除一个字母。例如，首行指向 a 的链接表示从 assent 中删除 a，结果为 ssent。向下的链接表示在单词中添加一个字母。例如，在第一列中指向 d 的链接表示将字母 d 添加到当前单词，结果为 dassent。对角线链接表示保持字母不变。

从左上角到右下角穿过图形的任何路径都对应一系列将第一个单词转换为第二个单词的更改。例如，图 15.13 中所示的粗体箭头表示前面描述的将 assent 转换为 descent 的更改。

现在，在编辑图中找到成本最低的路径相当容易。假设每个水平和垂直链接的成本均为 1，对角线链接的成本为 0。我们只需要找到通过网络的最短路径。可以使用第 13 章中描述的技术来获取最短路径，但此网络具有特殊的结构，因此可使用更简单的方法。

首先，将第一行中节点的距离设置为它们的列号。要从左上角到达第 5 列中的节点，需要跨越五个链接，因此其距离为 5。类似地，将最左边列中节点的距离设置为它们的行号。要到达第 7 行中的节点，需要跨越 7 个链接，因此其距离为 7。

接下来遍历所有行。对于每一行，遍历所有列。到达位于位置 (r, c) 的节点的最短路径是通过位于 (r−1, c) 的上方节点和位于 (r, c−1) 的左侧节点；或者如果允许对角线移动，则还可通过对角线左上侧的位置 (r−1, c−1)。到所有这些节点的距离都已设定。我们可以确定每种可能性的成本，并将 (r, c) 处的节点距离设置为这些可能性中的最小值。当我们完成了所有行和列的遍历后，到右下角节点的距离就是编辑距离。

一旦我们知道如何找到两个单词或字符串之间的编辑距离，就很容易找到两个文件之间的编辑距离。我们可以像现在这样使用算法来逐字符比较文件。不幸的是，这可能需要非常大的编辑图。例如，如果两个文件有大约 40 000 个字符（本章的字数就在这个范围），那么编辑图将有大约 40 000×40 000 = 16 亿个节点。构建这张图需要大量内存，使用这张图也需要消耗大量的时间。

另一种方法是对算法进行修改，以便比较文件中的行而不是字符。如果每个文件包含大约 700 行，那么编辑图将包含大约 700×700 = 490 000 个节点。虽然结果依旧较大，但相对而言更加合理。

15.5 语音算法

语音算法（phonetic algorithm）是根据单词的发音对其进行分类和操作的算法。例如，假设你是一名客户服务代表，客户告诉你他的名字是Smith。您需要在数据库中查找该客户，但无法确认其姓名是否应拼写为Smith、Smyth、Smithe或Smythe。

如果输入任何合理的拼写（例如Smith），计算机可以将其转换为语音形式，然后在客户数据库中查找以前存储的语音版本。你可以查看结果，提出几个问题以验证是否找到正确的客户，然后开始故障排除。

不幸的是，从拼写中推断一个单词的发音是困难的，至少在英语中是这样。这意味着这些算法往往又冗长又复杂。

以下两节描述了两种语音算法：Soundex和Metaphone。

15.5.1 Soundex

Soundex算法是由罗伯特·拉塞尔（Robert C. Russell）和玛格丽特·金·奥德尔（Margaret King Odell）在20世纪初设计的，目的是简化美国人口普查。1918年，早在第一代计算机发明之前，他们就获得了第一代计算机的专利。

下面给出了本书的Soundex规则，与网上的规则略有不同。本书已经对它们进行了一些修改，使其更容易实现。

1. 保存名称的第一个字母，留作后用。
2. 删除第一个字符后的w和h。
3. 使用表15.2将剩余字符转换为代码。如果某一个字符没有出现在表中（例如w或h），请保持不变。
4. 如果两个或多个相邻代码相同，则只保留其中一个。
5. 将第一个代码替换为原始的第一个字母。
6. 删除代码0（第一个字母后的元音）。
7. 截断，或在右边用0填充，使得结果只有4个字符。

表15.2 Soundex字符代码

字符	代码	字符	代码
a, e, i o, u, y	0	l	4
b, f, p, v	1	m, n	5
c, g, j, k, q, s, x, z	2	r	6
d, t	3		

例如，以名称Ashcraft为例，其转换步骤如下。

1. 保存第一个字母A。
2. 删除第一个字符后的w和h，结果为Ascraft。
3. 使用表15.2将剩余字母转换为代码，结果为0226013。
4. 删除相邻的副本，结果为026013。
5. 将第一个代码替换为原始的第一个字母，结果为A26013。
6. 删除代码0，结果为A2613。

7. 截断为四个字符，结果为最终代码 A261。

多年来，在原来的 Soundex 算法上出现了一些变化。大多数 SQL 数据库系统在查找相邻代码时使用不考虑元音的微小变化。例如，在名称 Alol 中，两个 l 由一个元音隔开。基本 Soundex 算法会将它们转换成代码 4，并加以保留。SQL Soundex 算法则删除元音，结果为两个相邻的 4，并删除其中一个。

原始算法的另一个相对简单的变种是使用表 15.3 所示的字符代码。

表 15.3 改进的 Soundex 字符代码

字符	代码	字符	代码
b, p	1	d, t	6
f, v	2	l	7
c, k, s	3	m, n	8
g, j	4	r	9
q, x, z	5		

还有其他设计用于非英语名称和单词的语音算法变体。Daitch-Mokotoff Soundex（D-M Soundex）是为了更好地表示日耳曼和斯拉夫的名称而设计的。这些语音算法变体往往比原来的 Soundex 算法复杂得多。

15.5.2 Metaphone

1990 年，劳伦斯·飞利浦（Lawrence Philips）发表了一种新的语音算法——Metaphone，使用一套更复杂的规则来更准确地表示英语发音。以下给出了 Metaphone 规则：

1. 删除相邻的重复字母，C 除外。
2. 如果单词以 KN、GN、PN、AE、WR 开头，则删除第一个字母。
3. 如果单词以 MB 结尾，则删除 B。
4. 转换 C：
   a. 如果是 SCH 的一部分，则将 C 转换为 K。
   b. 如果后面跟有 IA 或者 H，则将 C 转换为 X。
   c. 如果后面跟着 I、E 或者 Y，则将 C 转换为 S。
   d. 将所有其他 C 转换为 K。
5. 转换 D：
   a. 如果后面跟着 GE、GY 或者 GI，则将 D 转换为 J。
   b. 否则将 D 转换为 T。
6. 转换 G：
   a. 如果是 GH 的一部分，就去掉 G，除非它在单词的末尾或者在元音之前。
   b. 删除单词末尾的 GN 和 GNED 中的 G。
   c. 如果 G 是 GI、GE 或者 GY 的一部分而不在 GG 中，则将 G 转换为 J。
   d. 将所有其他 G 转换为 K。
7. 如果 H 在元音之后而不是在元音之前，就删除 H。
8. 把 CK 转换成 K。

9. 把 PH 转换成 F。

10. 把 Q 转换成 K。

11. 如果 S 后面跟 H、IO 或者 IA，则将 S 转换为 X。

12. 转换 T：

    a. 如果 T 是 TIA 或 TIO 的一部分，则将 T 转换为 X。

    b. 将 TH 转换为 0。

    c. 删除 TCH 中的 T。

13. 把 V 转换成 F。

14. 如果 WH 位于单词的开头，则把 WH 转换成 W。否则，如果后面没有跟元音，则删除 W。

15. 转换 X：

    a. 如果 X 位于单词的开头，则把 X 转换成 S。

    b. 否则将 X 转换为 KS。

16. 如果 Y 后面没有跟元音，则删除 Y。

17. 把 Z 转换为 S。

18. 删除第一个字符后的所有剩余元音。

Metaphone 是对 Soundex 的改进，但 Metaphone 也有几种变体。例如，双 Metaphone 是原始 Metaphone 算法的第二个版本。之所以称其为双 Metaphone，因为它可以为单词生成主代码和次代码，以区分具有相同主代码的单词。

Metaphone 3 进一步改进了 Metaphone 的语音规则，并对美国常见的非英语单词和一些常见的名称提供了更好的效果。它是一种商业产品，也有处理西班牙语和德语发音的版本。

有关语音算法的详细信息，请参阅以下 URL：

- https://en.wikipedia.org/wiki/Phonetic_algorithm
- https://en.wikipedia.org/wiki/Soundex
- https://en.wikipedia.org/wiki/Metaphone
- http://ntz-develop.blogspot.com/2011/03/phonetic-algorithms.html

15.6 本章小结

许多程序需要检查和操作字符串。尽管编程库中包含许多字符串操作工具，但仍然有必要理解其中一些算法的工作原理。例如，使用正则表达式工具比编写自己的工具容易得多，但是使用 DFA 和 NFA 处理命令的技术可以应用于其他许多场景。Boyer-Moore 字符串搜索算法是一种众所周知的算法，所有选修算法课程的学生都应该学习该算法。编辑距离算法允许我们确定两个单词、字符串甚至文件之间的距离，并找出它们之间的差异。最后，Soundex 和其他语音算法在不确定名称或其他单词的拼写方法时，有助于识别这些名称或单词。

本章未涉及的一种字符串算法是用于加密和解密的算法，下一章将介绍一些用于加密和解密字符串和其他数据的更重要和更有趣的算法。

15.7 练习题

练习题的参考答案请参见附录。带星号的题目表示有相当难度的练习题，带两个星号的题目表示非常困难或者耗时的练习题。

1. 编写一个程序，确定用户输入的表达式是否包含正确嵌套的括号。允许表达式也包含其他字符，例如 (8×3) + (20 ÷ (7 – 3))。
2. 编写一个程序，对包含实数和运算符（+、–、* 和 /）的表达式进行解析和求值。
3. 如何修改为上一道练习道编写的程序，以处理一元求反运算符，例如 – (2 / 7)？
4. 如何修改为练习题 2 编写的程序，以处理诸如 3*sine(45) 中的 sine 之类的函数？
5. 编写一个程序，对布尔表达式进行解析和求值。例如 T&(–F | T)，其中 T 表示 True，F 表示 False，& 表示 AND，| 表示 OR，– 表示 NOT。

**6. 编写一个类似于图 15.14 所示的程序。要求程序为用户输入的表达式构建一个解析树，然后将其绘制成图形。（取决于程序绘制图形的方式，图形的默认坐标系可能在左上角 (0, 0)，坐标将向右和向下增加。坐标系也可以在每个像素的 X 和 Y 方向上使用一个单位，这意味着生成的图形将相当小。除非读者有图形编程的经验，否则不要担心缩放和转换结果以很好地适应窗体。）

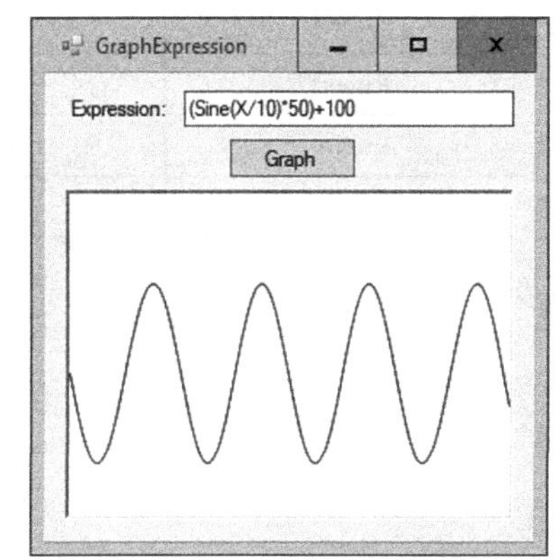

图 15.14 GraphExpression 程序为表达式构建一棵解析树，然后对该表达式多次求值以绘制表达式

7. 为图 15.4 所示的 DFA 状态转换图构建一个状态转换表。
8. 为 DFA 绘制一个状态转换图，以匹配正则表达式 ((AB)|(BA))*。
9. 为上一道练习题中绘制的状态转换图构建一个状态转换表。

*10. 编写一个程序，让用户键入 DFA 的状态转换和一个输入字符串，并确定 DFA 是否接受该输入字符串。

11. 你认为 DFA 最好是从类似于表 15.1 所示的表中获得状态转换，还是使用对象来表示状态？请阐述理由。
12. 如何为 NFA 创建一组状态以查看一个模式是否出现在字符串中的某个位置？例如，如何确定模式 ABA 是否出现在一个长字符串中的某个位置？使用方框表示模式的状态机来绘制状态转换图（如图 15.10 所示）。
13. 绘制表达式 (AB*)|(BA*) 的解析树。然后通过将本章中描述的规则应用到解析树，绘制得到的 NFA 网络。
14. 把为上一道练习题绘制的 NFA 状态转换图，转换为一个简单的 DFA 状态转换图。
15. 假设要在长度为 N 的文本字符串中查找长度为 M 的目标子字符串。请给出一个使用暴力搜索算法需要 $O(N \times M)$ 个步骤的示例。
16. 研究图 15.13 所示的编辑图。请问为了找到从左上角到右下角的最低成本路径，应该遵循什么规则？真正的编辑距离是多少？

*17. 编写一个程序，计算编辑距离。

*18. 拓展为上一道练习题编写的程序，以显示将一个字符串更改为另一个字符串所需的编辑步骤。将删除的字符显示为划线，插入的字符显示为下划线，如图 15.15 所示。

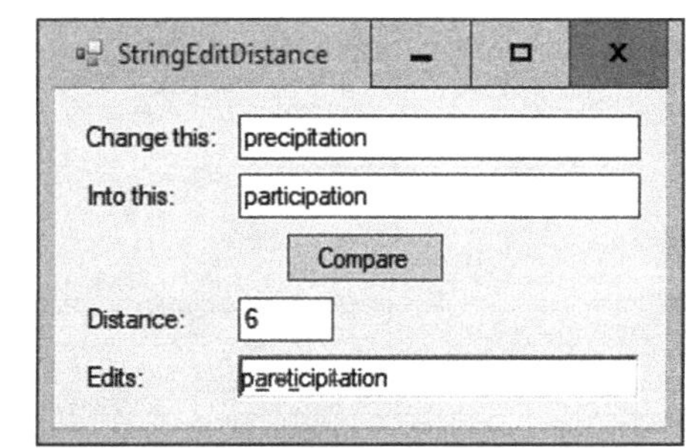

图 15.15 通过跟踪编辑图的路径，可以准确地显示要将一个字符串更改为另一个字符串需要哪些编辑步骤

19. 编辑距离是可交换的吗？换而言之，单词 1 和单词 2 之间的编辑距离是否与单词 2 和单词 1 之间的编辑距离相同？请阐述理由。

*20. 修改为练习题17编写的程序，以计算两个文件之间的编辑距离，而不是两个字符串之间的差异。

*21. 修改为练习题18编写的程序，以显示两个文件之间的差异，而不是两个字符串之间的差异。

22. 编写一个计算Soundex编码的程序。当程序启动时，让程序验证名称为Smith、Smyth、Smithe和Smythe的编码均为S530。同时让程序验证表15.4中所示的编码值。

表15.4 示例名称的Soundex编码

名称	Soundex编码	名称	Soundex编码
Robert	R163	Ashcroft	A261
Rupert	R163	Tymczak	T522
Rubin	R150	Pfister	P236
Ashcraft	A261	Honeyman	H555

第16章 密 码 学

密码学（cryptography）研究当存在想要截获信息的对手时如何进行安全通信。早期的密码学仅仅是书写文字，因为只有少数人能够阅读。后来的密码学使用的是只有消息的发送者和接收者才知道的特殊字母。这种密码学最早的例子之一是大约公元前1900年在埃及的纪念碑上雕刻的非标准象形文字。

古希腊人和斯巴达人使用的另一种密码学形式是一种称为“scytale”（与“Italy”押韵）的木棒。把一张羊皮纸条螺旋形地缠绕在木棒上，然后在上面书写文字。当羊皮纸条被拆开时，字母的顺序就乱了。为了阅读信息，收件人必须将羊皮纸包裹在直径相同的木棒上。

这些形式的密码学有时被称为*隐藏式安全*（security through obscurity），因为它们依赖于对手不知道解密诀窍的事实。如果对手知道这个秘密的字母表，或者知道这个信息是写在一个缠绕在木棒上的羊皮纸条上，那么就很容易重现信息。

更现代的密码技术假设对手知道消息是如何加密的，但不知道一些被称为密钥（key）的少量关键信息。邮件的发件人使用密钥加密消息，收件人使用密钥解密消息。由于加密方法已知，因此能够获取密钥的攻击者也可以解密消息。

这种形式的加密（攻击者知道加密方法）比隐藏式加密的安全性更强，因为即使知道加密方法的攻击者也无法解密消息。这种模型在现代社会也更为现实，因为攻击者迟早会发现加密方法。

本章将描述一些有趣和有用的密码技术。首先将描述一些经典的密码方法。这些算法不再被认为是安全的，但它们非常有趣，并且涉及一些有用的概念，例如频率分析。

密码分析（cryptanalysis）是研究如何破解加密以恢复消息的一门学科，它的出现时间与密码学一样长。接下来的章节中，在阐述经典加密算法的同时，还会解释密码分析，讲述如何破解加密算法。

本章剩余的章节将描述更安全的技术，例如置换网络和公钥加密。有关最新加密算法（例如高级加密标准（Advanced Encryption Standard，AES）和Blowfish）的完整讨论超出了本书的范围，但现有章节的内容应该可以帮助我们大致了解现代加密算法的工作原理。

16.1 术语

在开始研究密码学之前，我们应该理解一些基本的术语。密码学的目的是在没有第三方（通常称为*对手*（adversary）或者*攻击者*（attacker））能够理解消息的前提下，让*发送者*（sender）将消息发送给*接收者*（receiver）。假设攻击者会拦截加密的消息，因此只有加密才能够阻止攻击者理解消息。

未加密的消息称为*明文*（plaintext），加密的消息称为*密文*（ciphertext）。将明文转换为密文称为*加密*（encrypting）或者加密明文，从密文中恢复明文称为*解密*（decrypting）或者解密密文。

从技术上讲，*密码算法*（cipher）是用来加密和解密消息的一对算法。*密码分析*是攻击者对破解加密方法的研究。

为了使较短的消息处理起来更容易，消息通常是用全部大写字母加密的，当中没有任何空格或者标点符号。这意味着，如果人工对消息进行加密和解密，发送者和接收者不需要考虑超过必要数量的字符。这也消除了空格和标点符号可能给攻击者提供的线索。

为了使加密的消息更易于阅读，消息通常以固定宽度的字体书写，每5个字符为一块，这样字符就可以整齐地排成一行。例如，消息“This is a secret message”将被书写为THISI SASEC RETME SSAGE，它可能被加密为TSRSH AESIS TASEM GICEE之类的内容。接收者需要花费额外的时间，以确定在哪里插入空格和标点符号。

现代密码算法对字节流进行加密和解密。因此，算法可以包括大小写字母、空格、标点符号，甚至Unicode字符或者图像，具体取决于消息的类型。这些算法已经足够优秀，攻击者无法将空格和标点符号与其他字符区分开来，从而获得有关消息的额外信息。

16.2 置换加密算法

在*置换加密算法*（transposition cipher）中，明文的字母以某种特定的方式重新排列以创建密文。收件人将字母放回原来的位置以阅读消息。

如果攻击者不知道所使用的是哪种字母置换方式，那么这些密码在一定程度上是通过隐藏来实现安全性的。例如，本章开头描述的“scytale”木棒方法使用了一种置换方法，该置换方法是通过将羊皮纸条绕在一根木棒上来实现的。置换加密算法完全依赖于这样一个事实：攻击者不知道用来加密消息的方法。

大多数置换加密算法也提供了一个密钥，该密钥包含一些有关置换的信息。例如，下一节中描述的行/列置换加密算法使用列数作为密钥。然而，这些密钥的取值范围往往非常有限，因此猜测密钥并破坏加密并不困难，特别是在使用运算速度快的计算机的情况下。

置换加密方法很容易通过纸和笔来实现，因此是一个十分有趣的练习。（如果算法非常简单，我们甚至可以尝试心算。）

16.2.1 行/列置换加密算法

在*行/列置换加密算法*（row/column transposition cipher）中，明文消息按行写入数组，然后按列从数组中读取密文。例如，图16.1显示了按行写入一个4行5列数组的明文“THIS IS A SECRET MESSAGE”。（通常，如果消息不是完全对齐的，则使用X或者随机字符将其填充对齐。）

T	H	I	S	I
S	A	S	E	C
R	E	T	M	E
S	S	A	G	E

图16.1 在行/列置换加密算法中，明文消息按行写入数组，然后按列从数组中读取密文

为了获取密文，我们需要按列读取数组的内容。在这个示例中，密文结果为TSRSH AESIS TASEM GICEE。密钥是置换中使用的列数。为了解码密文消息，基本上是执行撤销加密操作。首先构建数组，然后按列将密文字符写入数组中，最后按行读取解码后的消息。

如果使用程序来实现该加密算法，则不需要把文本写进数组中。如果列数为`num_columns`，则可以从明文字符串中读取字符，每两个字符之间跳过`num_columns`个位置。实现该算法的伪代码如下所示：

```
String: ciphertext = ""
For col = 0 To num_columns - 1
    Integer: index = col
    For row = 0 To num_rows - 1
        ciphertext = ciphertext + plaintext[index]
        index += num_columns
    Next row
Next col
```

为了使用程序来解密消息，请注意，要解码的消息必须保存在 *R* 行和 *C* 列的数组中，与加密时保存在 *C* 行和 *R* 列的数组中的消息相同。

前面的示例将消息写入一个 4×5 的数组。图 16.2 显示了将密文 TSRSH AESIS TASEM GICEE 逐行写入一个 5×4 的数组。通过观察图 16.2，我们会发现可以按列阅读明文。

行 / 列置换加密算法非常容易，而且是一种有趣的练习，但它是一个相对容易破解的加密算法。密钥是数组中的列数。如果把密文的长度考虑进去，我们可以猜测出密钥的选择范围。

例如，前面的密文包含 20 个字符。20 的因子是 1、2、4、5、10 和 20，所以这些是列数的取值范围。大小为 1×20 和 20×1 的数组使密文与明文相同，因此实际上只有两种检查方法。如果简单地尝试每一个值，结果会发现当使用 4 列的时候，字符会拼写出乱七八糟的单词，但是使用 5 列的时候，字符会拼写出单词。

T	S	R	S
H	A	E	S
I	S	T	A
S	E	M	G
I	C	E	E

图 16.2 对 $R \times C$ 的数组解密等价于对 $C \times R$ 的数组加密

发送者可以尝试通过在密文末尾添加一些额外的随机字符来让攻击者的思维变得更加混乱，因为这样数组的大小就不会完全由消息的长度决定。例如，我们可以将 9 个字符添加到先前的密文中，以获得 29 个字符长的消息。这样数组必须有 4 列或者 5 列的结论就不那么明显了。

即使如此，我们也很容易编写一个程序，尝试 2 到密文长度 –1 之间的所有可能列数。当程序看到相应的解密文本包含单词时，它将获取密钥。

16.2.2 列置换加密算法

在列置换加密算法中，与在行 / 列置换加密算法中一样，明文消息按行写入数组，然后重新排列列，并按行读取消息。

图 16.3 左侧的数组显示了将明文“THIS IS A SECRET MESSAGE”按行写入 4 行 5 列的数组后的结果。然后重新排列列。数组上方的数字显示了右边重新排列的数组中列的顺序。从右边的数组中按行读取消息会得到密文 HTIIS ASSCE ERTEM SSAEG。

2	1	3	5	4
T	H	I	S	I
S	A	S	E	C
R	E	T	M	E
S	S	A	G	E

H	T	I	I	S
A	S	S	C	E
E	R	T	E	M
S	S	A	E	G

图 16.3 在列置换加密算法中，明文消息按行写入数组，然后重新排列列，并按行读取密文

在这种情况下，加密的密钥是数组中的列数加上列的排列。我们可以将本例的密钥编写为21354。

一个更容易记住的密钥是长度等于列数的单词，其字母顺序指定列的排列属性。在这个例子中，密钥可能是CARTS。在这个单词中，按字母表顺序，字母A排在第1位，所以它的值是1；接下来是字母C，所以它的值是2；再接下来是字母R，所以它的值是3；依此类推。将字母的字母顺序值按它们在单词中出现的顺序排列会给出数字密钥21354，这就是列的顺序。（实际上，我们可以先选择作为密钥的单词，然后使用它来确定列的顺序。一般情况下，我们不会先排列列，然后再寻找匹配的单词。）

若要解密消息，我们先将密文写入一个数组，该数组的列数与作为密钥的单词的字母数相同。然后我们根据作为密钥的单词中各个字母的字母顺序来定义逆向映射。在本例中，数字密钥21354表示列按如下方式移动：

- 列1移到位置2。
- 列2移到位置1。
- 列3移到位置3。
- 列4移到位置5。
- 列5移到位置4。

简单地反转映射，按如下方式移动：

- 列2移到位置1。
- 列1移到位置2。
- 列3移到位置3。
- 列5移到位置4。
- 列4移到位置5。

接下来，我们可以重新排列列并按行读取明文。与行/列置换加密算法一样，执行列置换加密算法的程序实际上不需要将值写入数组，只需要仔细跟踪字符需要移动的位置。实际上，程序可以使用前面段落中描述的逆向映射来确定哪个字符进入密文的哪个位置。

假设 `mapping` 是用于指定列置换的整数数组。例如，如果列2移动到位置1，则 `mapping[2] = 1`。类似地，假设 `inverse_mapping` 是用于指定逆向映射的数组，因此在本例中，`inverse_mapping[1] = 2`。实现列置换加密明文算法的伪代码如下所示：

```
String: ciphertext = ""
For row = 0 to num_rows - 1
    // 按照置换的顺序读取本行内容
    For col = 0 to num_columns - 1
        Integer: index = row * num_columns + inverse_mapping[col]
        ciphertext = ciphertext + plaintext[index]
    Next col
Next row
```

注意，上述伪代码使用逆向映射来加密明文。为了查找映射到密文中特定列号的字符，必须使用逆向映射来查找字符所来自的列。我们可以使用前向映射来解密密文。

为了破解列置换加密算法，攻击者会将消息写入一个数组，该数组的列数由关键字的长度给定。然后，攻击者将交换列以尝试猜测正确的顺序。如果数组有 C 列，那么就有 $C!$ 种列的可能顺序，因此可能需要查看许多组合。例如，10 列将产生 3 628 800 种可能的列排列。

这似乎有很多种可能性，特别是在攻击者不使用计算机的情况下，但攻击者可能以增量方式解密消息。攻击者可以从尝试在明文中查找前 5 列开始，如果前 5 列是正确的，那么第一行将显示 5 个字符的有效单词。可以显示一个完整的单词或至少一个单词的前缀。其他行可能以部分单词开头，但之后也将包含单词或前缀。从 10 列中选择 5 列只有 $10\times9\times8\times7\times6 = 30\ 240$ 种可能的排列，大大减少了检查组合的数量，虽然这仍然是一项艰巨的任务。

16.2.3 路由加密算法

在路由加密算法中，明文被写入数组或者其他排列中，然后按照路由通过该排列确定的顺序读取。例如，图 16.4 显示了按行写入数组的明文消息。密文是按照数组的对角线读取的，从左下角开始，所以密文是 SRSSE ATATG HSMEI EESCI。

T	H	I	S	I
S	A	S	E	C
R	E	T	M	E
S	S	A	G	E

图 16.4 在路由加密算法中，我们将明文按行写入一个数组，然后按照其他顺序读取密文

理论上，通过数组的可能路由数量非常巨大。如果数组包含 N 个元素，那么就有 $N!$ 条可能的路由。图 16.4 所示的示例有 $20!\approx2.4\times10^{18}$ 条可能的路由。

然而，一条好的路由应该相当简单，以便接收者能够记住该路由。图 16.4 所示的对角线路由很容易记住，但是如果路由在数组中随机跳转，那么接收者需要将该路由记录下来，这使得密钥的长度与消息的长度基本上相同。(在本章后面，我们将看到一次性便笺加密器也有一个与消息长度相同的密钥，而且它还更改了消息中的字母，因此攻击者无法获取额外信息，例如消息中不同字母的频率。)

一些路由也会保留较大的消息片段，使其保持原样或者反转。例如，从左上角开始的向内顺时针旋转很容易记住，但是消息的第一行在密文中显示为未加密。这些类型的路由会给攻击者提供额外的信息，并可能使其更容易猜测出路由。

如果我们消除了不容易记住的路由和包含大量明文的路由，那么可用路由的数量远远小于理论最大值。

16.3 替换加密算法

在*替换加密算法*（substitution cipher）中，明文中的字母被其他字母替换。以下各节描述四种常见的替换加密算法。

16.3.1 恺撒替换加密算法

大约 2100 年前，尤利乌斯·恺撒（Julius Caesar，公元前 100 年—公元前 44 年）使用了一种现在被称为*恺撒替换密码*的技术来对发给官员的信件进行加密。在这个加密算法中，他把消息中的每个字母替换为其在字母表中三个位置之后的字母。即 A 变成 D，B 变成 E，依此类推。为了解密消息，接收者把每个字母向前移动 3 个位置，所以 Z 变成 W，Y 变成 V，依此类推。例如，字母向后移动 3 个位置后，消息“This is a secret message”变为

WKLVL VDVHF UHWPH VVDJH。

恺撒的侄子奥古斯都使用了一个相似的加密计算，但采用后移 1 个位置而不是 3 个位置的方法。一般来说，我们可以将明文中的字母移动任意数量的字符。

攻击者可以通过检查密文中字母出现的频率来尝试破译使用此方法加密的消息。在英语中，字母 E 比其他字母出现的频率要高得多，大约为 12.7%，下一个最常见的字母 T 出现的频率是 9.1%。如果攻击者计算每个字母在密文中使用的次数，则出现频率最高的字母可能是加密的 E。找到密文字母和 E 之间的字符数，就可以计算出用于加密消息的偏移量。

这种攻击方法针对长消息最有效，因为短消息可能不具备典型的字母分布。表 16.1 显示了密文 WKLVL VDVHF UHWPH VVDJH 中字母的出现次数。

表 16.1　示例密文中字母的出现次数

字母	D	F	H	J	K	L	P	U	V	W
出现次数	2	1	4	1	1	2	1	1	5	2

如果假设 V 是字母 E 的加密，那么偏移量必须是 17。使用该偏移量对消息进行解密，结果为 FTUEU EMEQO DQFYQ EEMSQ，其中并不包含有效的单词。如果假设第二个最常用的字符 H 是 E 的加密，则偏移量为 3，结果可以解码原始消息。

16.3.2　维吉尼亚加密算法

恺撒替换密码的一个问题是只使用 26 个密钥，攻击者可以很容易地尝试所有 26 个可能的偏移量，以查看哪个偏移量会生成有效的单词。*维吉尼亚加密算法*（Vigenère cipher）改进了恺撒加密算法，其改进方法是对消息中的不同字母使用不同的偏移量。

注意：维吉尼亚密码最初是由吉奥万·巴蒂斯塔·贝拉索（Giovan Battista Bellaso）于 1553 年描述的，但后来被认为是布莱斯·德·维吉尼亚（Blaise de Vigenère）于 19 世纪发明的，并且这个名字一直沿用至今。

在维吉尼亚加密算法中，使用密钥关键字指定消息中不同字母的偏移量。密钥关键字中的每个字母都根据其在字母表中的位置指定一个偏移量。A 表示偏移量 0，B 表示偏移量 1，依此类推。

若要加密消息，我们在密钥关键字副本下面写入明文。根据需要，密钥关键字副本可以重复多次，使其长度与消息相同。图 16.5 显示了在重复多次的密钥关键字 ZEBRAS 下面的明文消息。

Z	E	B	R	A	S	Z	E	B	R	A	S	Z	E	B	R	A	S	Z	E
T	H	I	S	I	S	A	S	E	C	R	E	T	M	E	S	S	A	G	E

图 16.5　在维吉尼亚加密算法中，密钥关键字重复多次以使其长度与明文相同

接下来，我们可以使用相应的字母生成密文。例如，密钥字母 Z 表示偏移量 25，所以将明文字母 T 偏移 25 以得到 S。为了使移动字母更容易，我们可以使用如图 16.6 所示的“乘法表”。为了用密钥字母 Z 加密明文字母 T，请查看 T 行 Z 列。

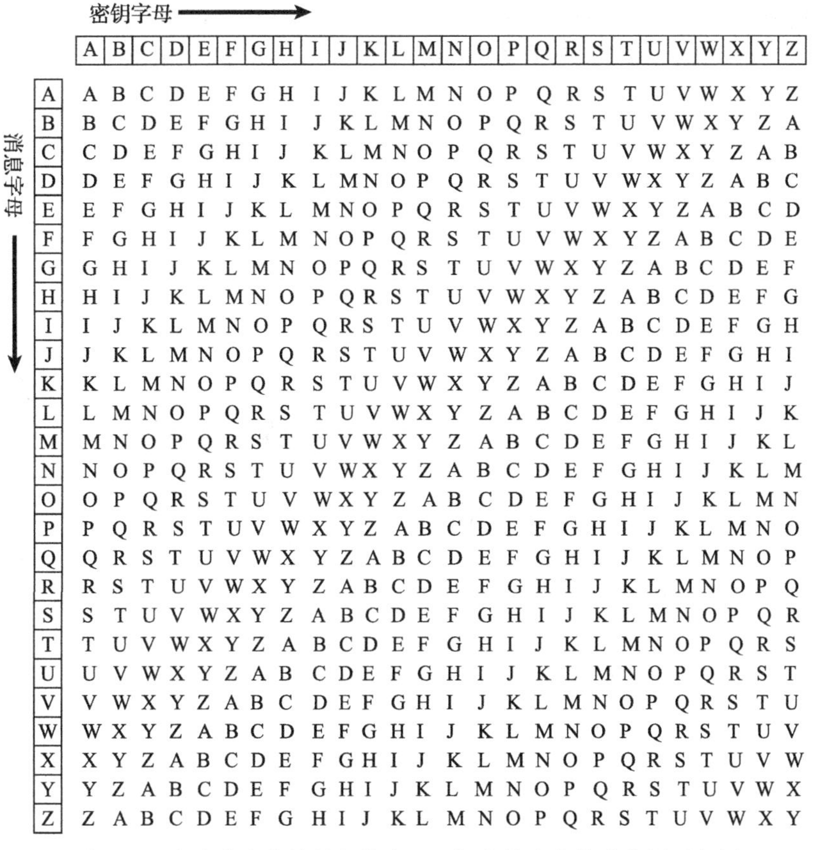

	A	B	C	D	E	F	G	H	I	J	K	L	M	N	O	P	Q	R	S	T	U	V	W	X	Y	Z
A	A	B	C	D	E	F	G	H	I	J	K	L	M	N	O	P	Q	R	S	T	U	V	W	X	Y	Z
B	B	C	D	E	F	G	H	I	J	K	L	M	N	O	P	Q	R	S	T	U	V	W	X	Y	Z	A
C	C	D	E	F	G	H	I	J	K	L	M	N	O	P	Q	R	S	T	U	V	W	X	Y	Z	A	B
D	D	E	F	G	H	I	J	K	L	M	N	O	P	Q	R	S	T	U	V	W	X	Y	Z	A	B	C
E	E	F	G	H	I	J	K	L	M	N	O	P	Q	R	S	T	U	V	W	X	Y	Z	A	B	C	D
F	F	G	H	I	J	K	L	M	N	O	P	Q	R	S	T	U	V	W	X	Y	Z	A	B	C	D	E
G	G	H	I	J	K	L	M	N	O	P	Q	R	S	T	U	V	W	X	Y	Z	A	B	C	D	E	F
H	H	I	J	K	L	M	N	O	P	Q	R	S	T	U	V	W	X	Y	Z	A	B	C	D	E	F	G
I	I	J	K	L	M	N	O	P	Q	R	S	T	U	V	W	X	Y	Z	A	B	C	D	E	F	G	H
J	J	K	L	M	N	O	P	Q	R	S	T	U	V	W	X	Y	Z	A	B	C	D	E	F	G	H	I
K	K	L	M	N	O	P	Q	R	S	T	U	V	W	X	Y	Z	A	B	C	D	E	F	G	H	I	J
L	L	M	N	O	P	Q	R	S	T	U	V	W	X	Y	Z	A	B	C	D	E	F	G	H	I	J	K
M	M	N	O	P	Q	R	S	T	U	V	W	X	Y	Z	A	B	C	D	E	F	G	H	I	J	K	L
N	N	O	P	Q	R	S	T	U	V	W	X	Y	Z	A	B	C	D	E	F	G	H	I	J	K	L	M
O	O	P	Q	R	S	T	U	V	W	X	Y	Z	A	B	C	D	E	F	G	H	I	J	K	L	M	N
P	P	Q	R	S	T	U	V	W	X	Y	Z	A	B	C	D	E	F	G	H	I	J	K	L	M	N	O
Q	Q	R	S	T	U	V	W	X	Y	Z	A	B	C	D	E	F	G	H	I	J	K	L	M	N	O	P
R	R	S	T	U	V	W	X	Y	Z	A	B	C	D	E	F	G	H	I	J	K	L	M	N	O	P	Q
S	S	T	U	V	W	X	Y	Z	A	B	C	D	E	F	G	H	I	J	K	L	M	N	O	P	Q	R
T	T	U	V	W	X	Y	Z	A	B	C	D	E	F	G	H	I	J	K	L	M	N	O	P	Q	R	S
U	U	V	W	X	Y	Z	A	B	C	D	E	F	G	H	I	J	K	L	M	N	O	P	Q	R	S	T
V	V	W	X	Y	Z	A	B	C	D	E	F	G	H	I	J	K	L	M	N	O	P	Q	R	S	T	U
W	W	X	Y	Z	A	B	C	D	E	F	G	H	I	J	K	L	M	N	O	P	Q	R	S	T	U	V
X	X	Y	Z	A	B	C	D	E	F	G	H	I	J	K	L	M	N	O	P	Q	R	S	T	U	V	W
Y	Y	Z	A	B	C	D	E	F	G	H	I	J	K	L	M	N	O	P	Q	R	S	T	U	V	W	X
Z	Z	A	B	C	D	E	F	G	H	I	J	K	L	M	N	O	P	Q	R	S	T	U	V	W	X	Y

图 16.6 这张乘法表使得在维吉尼亚加密算法中偏移字母更方便

为了解密一个密文字母（例如 S），我们向下查看密钥字母的列（Z 列），直到找到密文字母 S，其对应的行（即 T 行）为明文字母。

可以用来攻击恺撒替换加密算法的简单频率分析方法不能用于破解维吉尼亚加密算法，因为各个字母的偏移量并不相同。但是，可以使用密文的字母出现频率以不同的方式攻击维吉尼亚加密算法。

假设密钥关键字包含 K 个字母。在这种情况下，第 K 个字母都有相同的偏移量。例如，位置 1、$K+1$、$2\times K+1$ 等处的字母具有相同的偏移量。这些字母与明文字母不同，但它们出现的相对频率相同。

为了开始攻击，我们先尝试猜测密钥关键字的长度。然后检查那些偏移量相同的字母。例如，假设我们猜测密钥长度为 2，然后检查密文中位置 0、2、4、6 等处的字母。如果密钥的长度的确是 2，那么字母的出现频率应该与普通英语（或者读者使用的任何语言）中的出现频率相似。特别是，一些与明文字母（例如 E、S 和 T）相对应的字母应该比与其他明文字母（例如 X 和 Q）相对应的字母出现的频率更高。

如果密钥的长度不是 2，那么字母的出现频率应该是相当均匀的，没有字母比其他字母出现的频率更高。在这种情况下，我们尝试猜测一个新的密钥长度，然后重新检查。

当我们找到某个密钥长度，其结果能给出类似于英语的频率分布时，我们将看到指定的频率，就像破解恺撒加密算法一样。出现频率最高的字母可能是加密的 E。

类似地，我们可以查看具有相同偏移量的其他字母，以确定它们的偏移量是多少。例如，如果密钥的长度为5，则首先查看0、5、10等位置的字母组。接下来，查看位置1、6、11等处的一组字母。不同的组具有不同的偏移量，但是每组中的所有字母都有相同的偏移量。

基本上，在这个步骤中，我们可以为密钥中的每个字母解密恺撒替换密码。处理完成后，我们应该能确定密钥的每个字母的偏移量。破解工作比破解恺撒替换加密算法更困难，但仍然是可能的。

16.3.3 简单替换加密算法

在*简单替换加密算法*（simple substitution cipher）中，每个字母都有固定的替换字母。例如，我们可以用H替换A、用J替换B、用X替换C，等等。在这个加密算法中，密钥是明文字母到密文字母的映射。如果消息只能包含字母A到Z，则存在4.0×10^{26}种可能的映射。

如果手工加密和解密消息，则需要记录映射方式。如果使用计算机实现加密和解密，则可以使用伪随机数生成器来重新创建映射。发送者选择一个数字K，使用K来初始化伪随机数生成器，然后使用生成器随机化字母A到Z并生成映射。值K成为密钥。接收者遵循相同的步骤，使用K初始化随机数生成器，并生成与发送者相同的映射。

记住单个数字密钥比记住整个映射要容易得多，但是大多数随机数生成器可能的内部状态比4.0×10^{26}少得多。例如，如果用于初始化随机数生成器的数字是带符号的32位整数，则密钥只能有大约20亿个值。这仍然很多，但是计算机很容易尝试所有可能的20亿个值，以检查哪一个密钥数字能够产生有效的单词。

我们还可以使用字母频率分析来简化处理过程。如果字母W经常出现在密文中，那么它可能是加密的E。

16.3.4 一次性便笺加密器

一次性便笺加密器（one-time pad）与维吉尼亚加密算法有些类似，其中密钥的长度和消息的长度一样长。每个字母都有自己的偏移量，因此我们不能使用密文中字母出现的频率来确定偏移量。

由于任何密文字母都可以有任意偏移量，因此相应的明文字母可以是任何内容，并且攻击者无法从密文获得任何信息（除了消息的长度之外，我们甚至可以通过在消息中添加额外的字符来进行伪装）。

在手动实现系统中，发送者和接收者各有一个包含随机字母的记事本（密码本）。为了加密消息，发送者使用密码本上的字母对消息进行加密，在使用后划掉这个字母，这样密码本上的字母就不会再重复使用了。为了解密消息，接收者在密码本中使用相同的字母来解密消息，同时在使用过这些字母后将它们划掉。因为每个字母实际上都有自己的偏移量，所以只要攻击者没有获得这个一次性密码本，就无法破解密码。

一次性便笺加密器的一个缺点是发送者和接收者必须拥有相同的密码本，而将密码本安全地发送给接收者与发送安全消息一样困难。历史上，密码本是由信使发送的。如果攻击者截获了信使，那么密码本就会被丢弃，并发送一个新的密码本。

注意：如果我们使用计算机软件实现一次性便笺加密器，则可以使用按位异或（XOR）运算符来加密每个字符，而不是使用字母偏移量。如果“密码本”中的字节是介于0和255

之间的随机值，则加密结果也将是介于 0 和 255 之间的随机值。此技术允许我们加密除字母 A 到 Z 以外的消息，例如图像、二进制文件或者 Unicode 消息。

16.4 分组加密算法

在分组加密算法（block cipher）中，消息被分成块，每个块单独加密，并且将加密的块组合起来形成加密的消息。许多分组加密算法还通过对数据进行多次转换的方式来加密块。转换必须是可逆的，以便以后可以解密密文。为块指定一个固定大小意味着我们可以将转换设计为使用该大小的块。

分组加密算法还有一个有用的特性，即它们允许加密软件以相对较小的片段处理消息。例如，假设我们要加密一个非常大（可能是几 GB）的消息。如果使用列置换加密算法，则程序需要在消息所在的整个内存位置进行跳转。这可能会导致内存分页处理，从而大大降低程序的运行速度。

相比之下，分组加密算法可以将消息分片处理，每个消息都很容易载入内存中。程序可能仍然需要内存分页处理，但它只需要将消息的每一部分加载到内存中一次，而不是多次。以下小节将描述一些最常见的分组加密算法。

16.4.1 替换 – 置换网络加密算法

替换 – 置换网络加密算法（substitution-permutation network cipher）反复应用由替换阶段和置换阶段组成的步骤。该算法有助于可视化计算机在替换盒（Substitution boxes，S-boxes，S 盒）和置换盒（Permutation boxes，P-boxes，P 盒）中执行的各个阶段。

S 盒获取块的一小部分，并将其与密钥的一部分相结合，以生成模糊结果。为了尽可能地模糊结果，如果更改密钥中的一个位，理想情况下应该更改结果中大约一半的位。例如，如果 S 盒使用 1 个字节，则它可能使用异或操作将密钥中的第一个二进制位与明文字节中的第 1、3、4 和 7 位组合。S 盒将其他密钥位与不同模式的消息位组合在一起。我们可以为块的不同部分使用不同的 S 盒。

P 盒重新排列整个块中的位，并将它们发送到不同的 S 盒。例如，第一个 S 盒的第一个二进制位可能会转到下一个阶段的第三个 S 盒的第 7 位。

图 16.7 显示了三轮替换 – 置换网络加密算法的示意图。S 盒 S_1、S_2、S_3 和 S_4 将密钥与消息片段组合在一起。（注意，每一轮可以使用不同的密钥信息。）P 盒使用相同的置换将 S 盒的输出发送到下一轮 S 盒。

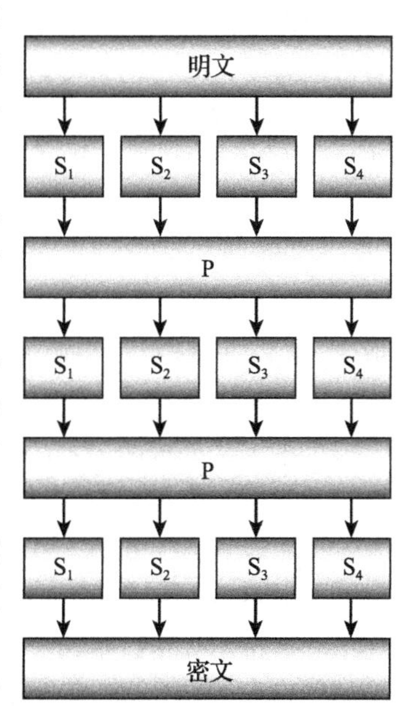

图 16.7 在替换 – 置换网络加密算法中，替换阶段和置换阶段交替更迭

为了解密消息，我们可以反向执行相同的步骤，把密文发送到倒置的 S 盒，然后把结果发送到倒置的 P 盒，并且需要重复这两个操作必要的轮数。

这种方法的一个缺点是 S 盒和 P 盒必须是可逆的，这样才能解密消息。执行加密和解密的代码也不同，因此需要编写、调试和维护更多的代码。

注意：高级加密标准（Advanced Encryption Standard，AES）

可能是当今最常用的加密方法，它使用替换－置换网络加密技术。AES使用128位的块大小和128、192或256位的密钥大小，具体取决于所需的安全级别。

为了了解这会创建多少个可能的密钥，可以考虑$2^{128}\approx 3.4\times 10^{38}$和$2^{256}\approx 1.2\times 10^{77}$。如果攻击者的计算机每秒可以测试10亿个密钥（考虑到加密消息所需的步骤有多复杂，对于典型的个人计算机来说，这似乎不太可能），则检查所有的128位密钥大约需要1.1×10^{22}年，检查所有的256位密钥大约需要3.7×10^{60}年。

AES根据密钥大小使用不同的轮数：128位密钥使用10轮，192位密钥使用12轮，256位密钥使用14轮。较大密钥的轮数越大，消息越模糊，暴力攻击速度越慢。

有关AES的更多信息，请参见https://en.wikipedia.org/wiki/Advanced_Encryption_Standard。

16.4.2 菲斯特尔加密算法

菲斯特尔加密算法（Feistel cipher）是以密码学家霍斯特·菲斯特尔（Horst Feistel）命名的加密算法。在该加密算法中，消息被分成左右两半：L_0和R_0。在右半部分应用一个函数，并使用异或操作将结果与左半部分合并。交换左半部分和右半部分，重复这个过程若干轮。

以下步骤从较高的层次描述了该算法：

1. 把明文消息分成左右两半：L_0和R_0。
2. 重复以下操作：
   a. 设置$L_{i+1} = R_i$。
   b. 设置$R_{i+1} = L_i$ XOR $F(R_i, K_i)$。

其中，K_i是用于第i轮的子密钥。这是使用消息的密钥生成的一系列值。例如，一个简单的方法是将密钥分成几个部分，然后按顺序使用这些部分，必要时重复使用这些密钥。（维吉尼亚加密算法基于同样的原理，因为该算法使用密钥中的每个字母来加密单个消息字符，然后根据需要重复密钥字母。）在完成若干轮的计算之后，密文是L_{i+1}加上R_{i+1}。

为了解密一条消息，我们把密文分成两半，得到最终的值L_{i+1}和R_{i+1}。观察前面的步骤，我们会发现R_i是L_{i+1}。因为已经知道了L_{i+1}，所以也知道了R_i。

为了恢复L_i，在步骤2b使用的公式中，使用L_{i+1}替换R_i，得到：

$$R_{i+1}=L_i \text{ XOR } F(R_i, K_i)=L_i \text{ XOR } F(L_{i+1}, K_i)$$

因为已知L_{i+1}，所以我们可以计算$F(L_{i+1}, K_i)$。如果把它和R_{i+1}结合起来，那么可以消除$F(L_{i+1}, K_i)$，只剩下L_i，所以可以恢复L_i。

以下步骤描述了解密算法：

1. 把密文分成两半：L_{i+1}和R_{i+1}。
2. 重复以下步骤：
   a. 设置$R_i = L_{i+1}$。
   b. 设置$L_i = R_{i+1}$ XOR $F(L_{i+1}, K_i)$。

菲斯特尔加密技术的一个优点是解密时不需要求解函数F的反函数，这意味着我们可以使用任何函数作为F，甚至是不容易求得反函数的函数。菲斯特尔加密技术的另一个优点是用于加密和解密的代码基本相同。唯一真正的区别是，使用子密钥的顺序与解密密文的顺序相反。这意味着加密和解密只需要同一份代码。

注意：目前为止，数据加密标准（Data Encryption Standard，DES）还是最常用的加密方法之一，它是一种菲斯特尔密码。对于高安全性应用程序，数据加密标准通常不再被认为是足够安全的技术，这主要是因为它使用的56位密钥相对较短。

数据加密标准方法的一个变种称为三重数据加密算法（Triple DES），它简单地对每个块应用DES三次。三重数据加密算法在实践中被认为是安全的，尽管现在大多数高度安全的应用程序都使用AES。

有关DES的更多信息，请参见https://en.wikipedia.org/wiki/Data_Encry-ption_Standard。

16.5 公开密钥加密与RSA

公开密钥加密（public-key encryption）使用两个单独的密钥：公钥和私钥。公钥（public key）是公开发布的密钥，因此每个人（包括攻击者）都知道该密钥。私钥（private key）则只有接收者知道。

发送者使用公钥加密消息并将结果发送给接收者。请注意，即使发送者也不知道私钥。只有接收者知道私钥，所以只有接收者才能解密消息。相反，其他形式的加密有时称为对称密钥加密（symmetric-key encryption），因为我们使用相同的密钥来加密消息和解密消息。

最著名的公开密钥加密算法之一是RSA，它是以第一次描述RSA的三个人（罗纳德·李维斯特（Ron **R**ivest），阿迪·萨莫尔（Adi **S**hamir），伦纳德·阿德曼（Leonard **A**dleman））命名的。

有关数学知识的警告

RSA算法很有趣，了解其工作原理可能在面试中有帮助。然而，RSA使用的算法同时涉及专门的数学知识，如果读者对数学不感兴趣，可以直接跳到16.5.4节。

我们按照以下步骤生成算法的公钥和私钥：

1. 选取两个大素数p和q。
2. 计算$n = p \times q$。将其作为公钥模（public key modulus）发布。
3. 计算$\varphi(n)$，其中φ是欧拉函数。（稍后将展开阐述。）
4. 选择一个整数e，其中$1 \leqslant e \leqslant \varphi(n)$，并且$e$和$\varphi(n)$是互素数。（换而言之，它们没有共同的因子。）将其作为公钥指数（public key exponent）发布。
5. 求e模$\varphi(n)$的乘法逆元d。换而言之，就是求解满足$e \times d \equiv 1 \bmod \varphi(n)$的$d$。（稍后我们也将详细展开阐述。）则值$d$为私钥。

公钥则由值n和e组成。为了加密数字消息M，发送者使用公式$C = M^e \bmod n$。为了解密一条消息，接收者只需要计算$C^d \bmod n$。

注意：第2章介绍了实现RSA所需的几种技术，例如，如何使用概率检验来确定一个数是否是素数。为了找到一个大素数，我们选择一个随机的大数，看它是否是素数。重复这个过程，直到找到一个大素数为止。

第2章还说明了如何进行快速求幂，以及如何使用GCD算法快速确定两个数是否为互素数。

RSA的强大之处在于分解一个大数的因子十分困难。攻击者要从公钥模n中分解出素

数 p 和 q，而且要获取公钥指数 e，才能得到私钥并破解密码。这就是为什么素数 p 和 q 必须很大，是为了防止攻击者轻易地分解 n。

注意：尽管因子分解被认为是一个非常困难的问题，但许多人花费了大量的精力来研究因子分解，说不定哪一天就会研究出一种快速对巨大数进行因子分解的算法。

16.5.1　欧拉函数

RSA 密钥生成算法的第三步要求计算欧拉函数（Euler's totient function）$\varphi(n)$。欧拉函数也被称为 phi 函数（phi function），它是这样一个函数：给定一个数 n，欧拉函数返回小于 n 的、与 n 为互素数的正整数个数。例如，$\varphi(12)$ 的结果是 4，因为存在 4 个小于 12 且与 12 为互素数的正整数：1、5、7 和 11。

因为素数与小于它自身的每个正整数都是互素数，所以如果 p 是素数，则 $\varphi(p)=p-1$。如果 p 和 q 是互素数，那么 $\varphi(p\times q)=\varphi(p)\times\varphi(q)$。如果 p 和 q 都是素数，那么它们是互素数，所以在步骤 3 中，$\varphi(n)=\varphi(p\times q)=\varphi(p)\times\varphi(q)=(p-1)\times(q-1)$。如果已知 p 和 q，则计算非常简单。例如，假设 $p=3$ 和 $q=5$，则 $\varphi(15)=\varphi(3)\times\varphi(5)=(3-1)\times(5-1)=2\times4=8$。结果为真，因为小于 15 且和 15 为互素数的正整数有 8 个：1、2、4、7、8、11、13 和 14。

16.5.2　乘法逆元

RSA 密钥生成算法的第 5 步需要我们求解 e 模 $\varphi(n)$ 的乘法逆元（multiplicative inverse）d。换而言之，求解满足 $e\times d\equiv1 \bmod \varphi(n)$ 的 d。例如，假设 $\varphi(n)=40$ 和 $e=7$。现在的问题是，7 模 40 的乘法逆元是多少？在这个例子中，$23\times7=161\equiv1 \bmod 40$，所以 23 是 7 模 40 的乘法逆元。

求解乘法逆元的一个简单方法是计算 $(1\times d) \bmod \varphi(n)$、$(2\times d) \bmod \varphi(n)$、$(3\times d) \bmod \varphi(n)$ 等，直到找到一个使结果为 1 的值。

我们还可以使用第 2 章中描述的扩展 GCD 算法更有效地查找值 e。有关扩展 GCD 算法的详细信息，请参阅 2.2.2 节。有关使用该算法计算乘法逆元的信息，请参见以下网页：https://en.wikipedia.org/wiki/Extended_Euclidean_algorithm# Computing_multiplicative_inverses_in_modular_structures。

16.5.3　RSA 示例

首先，考虑以下选择公钥和私钥的示例：

1. 选取两个大素数 p 和 q。对于本示例，我们选择 $p=17$ 和 $q=29$。在实际的应用程序中，这些值应该大得多，例如以二进制形式写入时的 128 位数字，因此它们的数量级约为 1×10^{38}。

2. 计算 $n=p\times q$。将其作为公钥模发布。在本示例中，公钥模 n 为 $p\times q=493$。

3. 计算 $\varphi(n)$，其中 φ 是欧拉函数。结果 $\varphi(n)=(p-1)\times(q-1)=16\times28=448$。

4. 选择一个整数 e，其中 $1\leqslant e\leqslant\varphi(n)$，并且 e 和 $\varphi(n)$ 为互素数。对于本示例，需要选择 e，其中 $1\leqslant e\leqslant448$，并且 e 和 448 为互素数。448 的素因子分解是 $2^6\times7$，因此 e 不能包含因子 2 或者 7。对于这个例子，设 $e=3\times5\times11=165$。

5. 求 e 模 $\varphi(n)$ 的乘法逆元 d。换而言之，求解满足 $e\times d\equiv1 \bmod \varphi(n)$ 的 d。对于本示例，

需要求解 165 mod 448 的乘法逆元。换而言之，求解满足 $d \times 165 \equiv 1 \bmod 448$ 的 d。在这个例子中，$429 \times 165 \equiv 1 \bmod 448$，所以乘法逆元是 429。（读者可以从本书官网下载本章的示例程序 `MultiplicativeInverse`，该程序使用穷举算法求解乘法逆元，反复尝试直到发现满足条件的 429。）

结果，公钥指数 $e=165$，公钥模 $n=493$，密钥 $d=429$。

现在假设我们要加密消息 321。加密值 C 应该是 $C=M^e \bmod n=321^{165} \bmod 493$。C# 示例程序 `ExponentiateMod`（读者可以从本书官网下载第 2 章中练习题 12 的解答示例程序）可以快速计算大数的乘幂值。该程序计算 $321^{165} \bmod 493=359$，因此加密值为 359。

为了解密值 359，接收者计算 $C^d \bmod n$。对于本例，即 $359^{429} \bmod 493$。C# 示例程序 `ExponentiateMod` 计算 $359^{429} \bmod 493=321$，结果解密的消息应该是 321。

16.5.4 实际考虑

即使使用快速的模幂运算算法，生成好的私钥和计算大的指数也可能需要一些时间。请记住，p 和 q 是非常大的数字，因此使用私钥加密以足够小的块（小到可以表示为数字）对长消息进行加密可能需要相当长的时间。为了节省时间，一些加密系统使用公开密钥加密来允许发送者和接收者交换私钥，以便与对称密钥加密一起使用。

注意：流行的优良保密（Pretty Good Privacy，PGP）程序使用公开密钥加密进行至少一部分计算。为了在密文中获得良好的模糊度、合理的消息长度和可接受的速度，PGP 实际上通过一系列操作来处理消息，包括散列、压缩、公开密钥加密和私钥加密。有关 PGP 的更多信息，请参见 https://en.wikipedia.org/wiki/Pretty_good_privacy。

16.6 密码学的其他应用场景

本章中描述的算法侧重于加密消息和解密消息，但密码学还有其他用途。例如，**加密哈希函数**（cryptographic hash function）将数据块（如文件）作为输入，并返回标识数据的哈希值。然后，我们可以将文件和哈希值公开。想要使用该文件的接收者可以执行相同的哈希函数，以查看新的哈希值是否与发布的哈希值匹配。如果有人篡改了文件，那么哈希值可能不匹配，接收者就可以知道文件不是其原始形式。

好的哈希函数应该具有以下属性：

- 哈希函数应该很容易计算。
- 对于攻击者来说，创建具有给定哈希值的文件应该极其困难（因此攻击者不能用假文件替换真实文件）。
- 在不改变哈希值的情况下修改文件应该极其困难。
- 找到具有相同哈希值的两个文件应该极其困难。

加密哈希的一个应用是密码验证。我们创建一个密码，系统将存储其哈希值。系统不存储实际密码，因此闯入系统的攻击者无法窃取密码。然后，当我们需要登录系统时，要求再次输入密码。系统对其进行哈希运算，并验证新哈希值是否与保存的哈希值匹配。

数字签名（digital signature）是一种加密工具，与加密哈希有点类似。如果我们想证明的确是我们自己撰写了一份特别的文件，那就要在上面签字。然后，其他人可以检查文档以验证我们是否已对其签名。修改文档的其他人无法以我们的名义对其进行签名。

通常，数字签名系统包括三个部分：

- 创建私钥和公钥的密钥生成算法。
- 使用私钥签署文档的签名算法。
- 使用我们发布的公钥来验证的确是我们签署了文档的验证算法。

从某种意义上说，数字签名是私钥加密系统的对立面。在私钥加密系统中，任何数量的发送者都可以使用公钥对消息进行加密，而唯一的接收者使用私钥对消息进行解密。在数字签名中，一个发送者使用私钥对消息进行签名，然后任何数量的接收者都可以使用公钥来验证签名。

16.7 本章小结

本章介绍了几种密码学算法。较简单的算法包括置换加密算法和替换加密算法，它们从密码学角度来说并不安全，但提供了一些有趣的练习。学习算法的学生都应该了解这些较简单的算法，尤其是恺撒加密算法和维吉尼亚加密算法。

本章后面描述的算法解释了当前一些最先进的密码学算法的工作原理。使用替换 – 置换网络的 AES 和使用公开密钥加密的 RSA 是当今最常用的两种算法。尽管 DES 不再被认为是完全安全的，但它使用了菲斯特尔加密算法，因此仍然具有一定的吸引力，并且可以产生安全的加密方案，如三重数据加密算法。

本章只介绍了目前已经开发的密码算法的一小部分内容。有关更多信息，可以在线搜索或者查阅有关密码学的书籍。读者可以从以下两个网站开始在线搜索：https://en.wikipedia.org/wiki/Cryptography 和 http://mathworld.wolfram.com /Cryptography.html。如果读者倾向于阅读教科书，我强烈推荐 *Applied Cryptography*: *Protocols*, *Algorithms*, *and Source Code in C* 的第2版，作者是 Bruce Schneier（Wiley，1996）。该书描述了大量用于加密和解密、数字签名、身份验证、安全选举和数字货币的算法，但并没有涵盖最新的算法（显然其最新的版本中也未涉及），但该书对背景知识的介绍非常出色。

所有这些加密算法都依赖于这样一个事实：如果我们知道密钥，则可以相对轻松地执行某些计算，而攻击者在不知道密钥的情况下无法执行相同的操作。例如，在 RSA 中，接收者很容易解密消息，但攻击者因为无法因子分解两个大素数的乘积而无法破解消息。人们认为，因子分解大数是很困难的，因此攻击者无法破解 RSA 加密。

在算法的研究中，有两类非常重要的问题：P 问题和 NP 问题。第一类问题包括相对容易解决的问题，例如两个数字相乘或者在二叉树中搜索一条信息。第二类问题包括更难的问题，例如第 12 章中描述的装箱、背包和旅行商问题。

下一章将讨论 P 问题和 NP 问题，并解释一些关于这些重要问题的有趣议题，虽然目前为止这些问题仍然没有得到解答。

16.8 练习题

练习题的参考答案请参见附录。带星号的题目表示有相当难度的练习题，带两个星号的题目表示非常困难或者耗时的练习题。

1. 编写一个程序，使用行 / 列置换加密算法加密消息和解密消息。
2. 编写一个程序，使用列置换加密算法加密消息和解密消息。
3. 列置换加密算法使用其密钥字母的相对字母顺序来确定列映射。如果密钥包含重复的字母，如 PIZZA 或 BOOKWORM，则会发生什么？请问我们应该怎样解决这个问题？这种方法有什么优点吗？

4. 列置换加密算法将消息写入数组并交换消息数组中的列。请问通过同时交换列和行可以获得额外的安全性吗？
5. 编写一个类似于列置换加密算法的程序，通过同时交换列和行以实现加密。
6. 编写一个程序。使用恺撒替换加密算法来加密和解密消息。请问消息“Nothing but gibberish”在偏移量为 13 时的密文是什么？

*7. 编写一个程序，显示消息中字母出现的频率。按频率对结果进行排序，对于每个字母，显示将 E 映射到该字母的偏移量。

　　然后使用该程序和为练习题 6 编写的程序来解密消息 KYVIV NRJRK ZDVNY VETRV JRIJL SJKZK LKZFE NRJKY VJKRK VFWKY VRIK。请问加密的偏移量是多少？

8. 编写一个程序，使用维吉尼亚加密算法加密和解密消息。使用该程序，用密钥 VIGENERE 解密密文 VDOKR RVVZK OTUII MNUUV RGFQK TOGNX VHOPG RPEVW VZYYO WKMOC ZMBR。
9. 当使用完一次性便笺加密器中的所有字母之后，为什么不能重新开始循环使用这些字母？
10. 假设我们正在使用很大的一次性便笺加密器和另一个人通信，在发送和接收的许多信息中，其中一条信息会被解密成乱码。请问可能发生了什么情况？应该怎么处理？
11. 使用一次性便笺加密器时，假设我们将密文消息与用于加密这些消息的第一个字母的索引一起发送。请问这会泄密加密内容吗？
12. 编写一个使用一次性便笺加密器的程序。与其制作一个真正随机的一次性便笺加密器，还不如在程序中硬编码一系列随机字符。我们可以手动生成字符，使用伪随机数生成器，或者使用其他随机源（例如 http://www.dave-reed.com/Nifty/randSeq.html）。

　　在我们加密消息和解密消息时，使程序跟踪用于加密和解密的字符。

13. 请解释一个完全安全的密码随机数生成器为什么等价于一个不可破解的加密方案。换而言之，如果有一个加密安全的随机数生成器，我们如何使用这个生成器来创建不可破解的加密方案？与之相反的过程又如何实现？
14. 消息的长度和时效有时会向攻击者提供信息。例如，攻击者可能会注意到，我们总是在重要事件（例如贵宾来访或者大额股票购买）之前发送一条长消息。请问我们应该如何避免向攻击者提供此类信息？
15. 假设我们使用的是 RAS 加密算法，其中参数 $p = 107$，$q = 211$，$e = 4199$。在这种情况下，n、$\varphi(n)$ 和 d 分别是什么？值 1337 的加密密文是什么？值 19 905 的解密明文是什么？（我们可能需要使用第 2 章中的 `ExponentiateMod` 程序。可能还需要编写一个程序来查找模中的逆元，当然我们也可以使用本章下载的乘法逆元程序 `MultiplicativeInverse`。）

计算复杂性理论

当我们尝试解决一个问题时，算法的性能总是非常重要。如果一个算法在一台计算机上实际运行所需的时间太长，或者占据太多的内存或其他资源，那么该算法就没有多少实际用处。

计算复杂性理论（computational complexity theory），或者简称为复杂性理论，是研究计算问题难度的理论。计算复杂性理论的关注点不是特定的算法，而是问题本身。

例如，第 6 章中描述的合并排序算法对包含 N 个数值的列表进行排序，其总的运行时间为 $O(N\log N)$。计算复杂性理论的重点是掌握排序的一般规律，而不是学习特定的排序算法。结果表明，在最坏的情况下，任何使用比较方法进行排序的排序算法的运行时间至少大于 $N\times\log N$。

$N\log N$ 排序

为了理解在最坏的情况下，任何使用比较法对列表进行排序的算法的运行时间至少大于 $N\times\log N$ 的原因，假设我们有一个由 N 个互不相同的元素组成的数组。因为它们是互不相同的，所以有 $N!$ 种可能的排列方式。换一个角度看待这个问题，根据数组中的元素值，算法可能需要 $N!$ 种方式重新排列元素以将其排序。这意味着算法必须能够遵循 $N!$ 种可能的执行路径，以产生每一个可能的排列结果。

该算法用于跳转到不同执行路径的唯一方法是将两个值进行比较。因此，我们可以将可能的执行路径看作一棵二叉树，其中每个节点表示一次比较，并且每个叶子节点表示数组中各元素的最终排列方式。

数组中各元素总共有 $N!$ 种可能的排列方式，因此执行树必须有 $N!$ 个叶子节点。因为这是一棵二叉树，所以其高度为 $\log_2(N!)$。展开该表达式将得到 $\log_2(N!)=\log_2(N)+\log_2(N-1)+\log_2(N-2)+\cdots+\log_2(2)$。其中一半的项至少是 $\log_2(N\div 2)$，所以 $\log_2(N!)\geqslant N\div 2\times\log_2(N\div 2)$，因此其运行时间量级为 $N\log N$。

计算复杂性理论是一个广泛而复杂的主题，限于篇幅，本书无法覆盖其所有的知识点。然而，每一个研究算法的程序员都应该至少大体上了解复杂性理论，尤其是 P 和 NP 这两类问题。本章介绍了计算复杂性理论，并描述 P 和 NP 这两个重要的问题类别。

17.1 标记法

第 1 章对大 O 符号进行了一些直观的描述。大 O 符号描述一个算法在最坏情况下的性能是如何随着问题规模的增加而增加的。

对于大多数应用场合而言，该定义足够满足要求。但在计算复杂性理论中，大 O 符号被赋予更有技术性的定义。如果一个算法的运行时间是 $f(N)$，那么对于某个常数 k 和足够大的 N，如果 $f(N) < g(N)\times k$，则该算法具有大 O 性能 $g(N)$。换而言之，函数 $g(N)$ 是实际运行时间函数 $f(N)$ 的上界。

在讨论算法复杂性时，有时候还会使用类似于大 O 符号的另外两个符号。大 Ω 符号（big omega notation）记为 $\Omega(g(N))$，表示运行时间函数的下界函数 $g(N)$。例如，正如前文所述，对于使用比较方法排序的所有算法，$N\log N$ 是一个下限，因此这些算法是 $\Omega(N \log N)$。

大 Θ 符号（big theta notation）意味着运行时间函数的上界和下界函数都是 $g(N)$，记为 $\Theta(g(N))$。例如，合并排序算法的运行时间上界为 $O(N\log N)$，而任何使用比较方法排序的算法的运行时间下界为 $\Omega(N\log N)$，因此合并排序算法的性能为 $\Theta(N\log N)$。

总而言之，大 O 符号表示上界，大 Ω 符号表示下界，大 Θ 符号表示上界和下界。

注意，有些算法有不同的上界和下界。例如，与所有使用比较方法排序的算法一样，快速排序算法的下界是 $\Omega(N\log N)$。在最佳情况和预期情况下，快速排序算法的性能实际上为 $\Omega(N \log N)$。然而，在最坏的情况下，快速排序算法的性能是 $O(N^2)$。算法的上界和下界是不同的，所以无法使用一个函数表示快速排序算法的大 Θ 符号。然而，在实际应用中，快速排序算法通常比其他上下界为 $\Theta(N\log N)$ 的排序算法（例如合并排序算法）要快，因此它仍然是一种流行的算法。

17.2 算法复杂性类别

有时，可以按照在某种假设计算机上运行时的相似运行时间（或者空间要求），将算法问题分成若干类别。最常见的两种假设计算机是确定性计算机和不确定性计算机。

确定性（deterministic）计算机的行为完全由一组有限的内部状态（程序的变量和代码）及其输入决定。换而言之，如果我们使用同一组输入，在确定性计算机中其运行结果是完全可预测的。（更严格地说，用于这个定义的“计算机”是图灵机（Turing machine），它与第 15 章中描述的确定性有限自动机非常相似。）

图灵机

图灵机的概念是由艾伦·图灵（Alan Turing）在 1936 年提出的（尽管他称之为“一台机器”）。图灵机的思想是制造一台非常简单的概念机器，这样我们就可以证明关于这样一台机器能够计算的定理以及不能计算的定理。

图灵机是一台简单的有限自动机，它使用一组内部状态来确定机器在读取输入时的行为。这与第 15 章中描述的 DFA 和 NFA 非常相似。主要的区别在于图灵机的输入是以 0 和 1 的字符串形式给出的，在一个单端无限长的磁带上，机器可以读和写。当图灵机从磁带中读取 0 或 1 时，由图灵机的状态确定如下操作：

- 图灵机是否应该将 0 或者 1 写入磁带的当前位置。
- 图灵机的“读 / 写头”是向左移动还是向右移动，或者保持在磁带上的相同位置。
- 图灵机应该进入的新状态。

尽管图灵机非常简单，但它提供了一个相当好的实际计算机模型，尽管创建一个图灵机程序来模拟复杂的现实世界程序可能相当困难。

图灵机有几个变种。有些图灵机使用的磁带在两个方向上都是无限长的。其他图灵机使用多个磁带和多个读 / 写磁头。还有一些图灵机是不确定的，所以它们可以同时处于多个状态。有些图灵机允许空转换，以便机器可以在不读取任何内容的情况下移动到新的状态。

研究图灵机的一个有趣的结果是，所有这些不同类型的机器都具有相同的计算能力。换而言之，它们都可以执行相同的计算。

有关图灵机的更多信息，请参见 https://en.wikipedia.org/wiki/Turing_machine。

相反，不确定性（nondeterministic）计算机可以同时处于多种状态。这类似于第 15 章中描述的可以同时处于多个状态的 NFA。不确定性计算机可以通过它的状态沿着任意数量的路径到达一个可接受的状态，其实际工作就是使用所有可能状态的输入，验证其中一条执行路径是否有效。从本质上说（也不太准确），这意味着不确定性计算机可以猜测正确的解决方案，然后简单地验证解决方案是正确的。

请注意，不确定性计算机不需要证明负面的结果。如果存在解决方案，就允许计算机猜测并验证该解决方案。如果不存在解决方案，计算机就不需要加以证明。例如，为了查找一个整数的素因子，确定性计算机需要以某种方式查找这些因子，或者通过尝试所有可能的因子直到这个数的平方根，或者使用埃拉托斯特尼筛法（有关这些方法的更多信息，请参阅第 2 章）。查找素因子将需要很长时间。

相反，不确定性计算机可以猜测因子分解，然后通过将因子相乘来验证因子分解是正确的，从而确定因子相乘的结果是原始数。这种方法只需要很少的时间。

通过上下文理解了确定性和不确定性这两个术语之后，理解大多数常见的计算复杂性类别就相对比较容易。下面总结了最重要的确定性复杂性问题类别：

- **DTIME($f(N)$) 问题**。使用确定性计算机可以在 $f(N)$ 时间内求解的问题。对于某些函数 $f(N)$，这些问题可以使用运行时间为 $O(f(N))$ 的算法来求解。例如，DTIME($N \log N$) 包括可以在 $O(N \log N)$ 时间内求解的问题，如使用比较方法进行排序的问题。
- **P 问题**。可以由确定性计算机在多项式时间内求解的问题。这些问题都可以使用运行时间为 $O(N^P)$ 的算法来求解（不管指数 P 为多大），即使是 $O(N^{1000})$。
- **EXPTIME（或 EXP）问题**。可以由确定性计算机在指数时间内求解的问题。对于某些多项式函数 $f(N)$，这些问题可以使用运行时间为 $O(2^{f(N)})$ 的算法来求解。

下面总结了最重要的非确定复杂性类别：

- **NTIME($f(N)$) 问题**。一台不确定性计算机能在 $f(N)$ 时间内求解的问题。对于某些函数 $f(N)$，这些问题可以使用运行时间为 $O(f(N))$ 的算法来求解。例如，NTIME(N^2) 包括这样的问题：算法可以猜测到问题的答案并在 $O(N^2)$ 时间内验证答案的正确性。
- **NP 问题**。可以由不确定性计算机在多项式时间内求解的问题。对于这些问题，算法猜测正确的解，并在多项式 $O(N^P)$ 时间内验证其正确性。
- **NEXPTIME（或 NEXP）问题**。可以由不确定性计算机在指数时间内求解的问题。对于某些多项式函数 $f(N)$，算法可以猜测到问题的答案并在 $O(2^{f(N)})$ 时间内验证答案的正确性。

类似地，我们可以定义使用不同数量的内存空间所能解决问题的类别。顾名思义，可以把它们取名为 DSPACE($f(N)$) 问题、PSPACE（多项式空间）问题、EXPSPACE（指数空间）问题、NPSPACE（不确定性多项式空间）问题和 NEXPSPACE（不确定性指数空间）问题。

这些问题之间的一些关系是已知的。例如，P⊆NP。（符号 $A \subseteq B$ 的意思是“A 是 B 的子集”，所以这个语句的意思是“P 问题是 NP 问题的子集”（所有的 P 问题都是 NP 问题）。）换而言之，如果一个问题在 P 中，那么它也在 NP 中。

为了解释这个命题为什么为真，假设一个问题在 P 中，然后有一个确定性算法可以在多项式时间内查找问题的解。在这种情况下，我们可以使用相同的算法在不确定性计算机上求解问题。换而言之，如果算法有效，其算法查找的解必须是正确的，并且简单地证明了该解是正确的，因此不确定性算法也有效。

其他的一些关系则不太明显。例如，PSPACE = NSPACE 和 EXPSPACE = NEXSPACE。

算法复杂性理论中最深刻的问题是："P 问题等价于 NP 问题吗？"许多问题（例如排序）都属于 P 类别中的问题，许多其他问题（例如第 12 章中描述的背包问题和旅行商问题）都属于 NP 类别中的问题。最大的问题是，NP 问题也属于 P 问题吗？

很多人花了大量时间来判断二者是否相同。没有人发现求解背包问题或者旅行商问题的多项式时间确定性算法，但这并不能证明这种算法是不可能的。

对两种算法的难度进行比较的一种方法是将一种算法归约到另一种算法，这将在下一节中展开阐述。

17.3 归约

为了把第一个问题*归约*（reduce）到第二个问题，我们必须想出一种方法来求解第二个问题，从而求解第一个问题。如果我们可以在一定的时间实现归约，则这两种算法的最大运行时间与在归约时所花费的时间相同。

例如，我们知道素因子分解属于 NP 问题，排序则属于 P 问题。假设我们可以查找一个算法，将因子分解简化为排序问题。换而言之，如果有一个因子分解问题，那么可以将其转换为排序问题，从而得到排序问题的解决方案。如果能把因子分解问题转换为排序问题，然后用多项式时间来求解排序问题，那么就可以用多项式时间来求解因子分解问题。（当然，没有人知道如何将因子分解问题归约为排序问题。如果有人发现了这样的归约方法，那么因子分解就没那么困难了。）

多项式时间归约非常重要，因为这样我们可以将 NP 类别中的许多问题归约为 NP 类别中的其他问题。实际上，NP 类别中的所有问题都可以归约为某些问题，这些问题称为 *NP 完全*（NP-complete）*问题*。

已知的第一个 NP 完全问题是*可满足性问题*（SATisfability problem，SAT）。在这个问题中，我们将得到一个布尔表达式，其中包含可能为真或者假的变量，例如 (*A* AND *B*) OR (*B* AND NOT *C*)。目的是确定是否有办法将值真和假赋给变量以使语句为真。

库克－莱文定理（Cook-Levin theorem，简称库克定理）证明了 SAT 是 NP 完全问题。该定理的证明细节是相当技术性的（具体请参见 https://en.wikipedia.org/wiki/CookLevin_theorem），但基本思想并不复杂。

为了证明 SAT 是 NP 完全问题，我们需要做两件事：首先证明 SAT 问题属于 NP 问题，然后证明 NP 类别中的任何其他问题都可以归约为 SAT 问题。因为我们可以猜测变量的赋值，然后验证这些赋值是否使语句为真，因此 SAT 问题属于 NP 问题。

证明 NP 类别中的任何其他问题都可以归约为 SAT 问题则有点棘手。假设一个问题是 NP 问题。在这种情况下，我们必须能够使用一个带内部状态的不确定性图灵机来求解该问题。证明背后的想法是建立一个布尔表达式，表示输入被传递到图灵机，如果状态正常工作，则图灵机停止在一个可接受的状态。

布尔表达式包含三种变量，分别命名为 T_{ijk}、H_{ik} 和 Q_{qk}，i、j、k 和 q 可取各种值。下面解释了每个变量的含义：

- 在计算步骤 k，如果磁带单元 i 包含符号 j，则 T_{ijk} 为真。

- 在计算步骤 k，如果图灵机的读 / 写磁头在磁带单元 i 上，则 H_{ik} 为真。
- 在计算步骤 k，如果图灵机处于状态 q，则 Q_{qk} 为真。

表达式还必须包含一些表示图灵机如何工作的术语。例如，假设磁带只能容纳 0 和 1，那么语句 (*T*001 AND NOT *T*011) OR (NOT *T*001 AND *T*011) 意味着在计算步骤 1，单元格 0 包含一个 0 或一个 1，但不能同时包含 0 和 1。

表达式的其他部分确保读 / 写头在计算的每一步骤都位于单一位置，图灵机以 0 状态启动，读 / 写头从磁带单元 0 开始，依此类推。

对于 NP 类别中的问题，完全布尔表达式等价于原始图灵机。换而言之，如果设置变量 T_{ijk} 的值来表示一系列输入，那么布尔表达式的结果将表示原始的图灵机是否会接受这些输入。

这将原来的问题归约为判断布尔表达式是否满足的问题。由于我们可以将任意问题归约为 SAT 问题，因此 SAT 问题是 NP 完全问题。一旦我们发现了一个 NP 完全问题，比如 SAT，那么就可以通过将它们归约为第一个问题来证明其他问题是 NP 完全问题。如果问题 A 可以在多项式时间内归约为问题 B，则可以表示为 $A \leqslant_{p} B$。

以下各章节提供了将一个问题归约为另一个问题的示例。

17.3.1　3SAT

3SAT 问题是确定一个布尔表达式是否满足三项合取范式的规范。三项合取范式（Three-term Conjunctive Normal Form，3CNF）是指布尔表达式由一系列 AND 和 NOT 相结合的子句组成，每个子句正好由 OR 和 NOT 结合 3 个变量组成。例如，以下语句都属于 3CNF：

- (*A* OR *B* OR NOT *C*) AND (*C* OR NOT *A* OR *B*)
- (*A* OR *C* OR *C*) AND (*A* OR *B* OR *B*)
- (NOT *A* OR NOT *B* OR NOT *C*)

很显然，3SAT 属于 NP 类别，因为和 SAT 问题一样，我们可以猜测变量的赋值是真还是假，然后检查语句是否为真。

我们可以尝试在多项式时间内将任何布尔表达式转换为 3CNF 中的等效表达式。这意味着 SAT 问题在多项式时间内可以归约为 3SAT(SAT$\leqslant_{p}$3SAT)。因为 SAT 问题是 NP 完全问题，所以 3SAT 也是 NP 完全问题。

17.3.2　二分图匹配

二分图（bipartite graph，又称为二部图、偶图）是指这样的图：所有节点被划分为两个集合，并且同一集合中没有连接两个节点的链接，如图 17.1 所示。

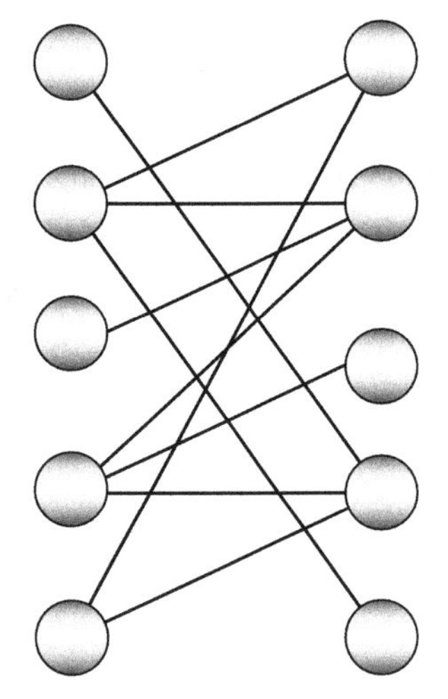

图 17.1　在二分图中，所有节点被划分为两个集合，并且只能将一个集合中的节点与另一个集合中的节点链接在一起

在二分图中，匹配（matching）是指点一组链接，其中任何两个链接都没有共享端节点。在二分图匹配问题（bipartite matching problem）中，给定一个二分图和一个数字 k，目的是确定是否存在一个至少包含 k 个链接的匹配。

14.4.1 节解释了如何使用最大流量问题来执行工作分配。工作分配仅仅是表示雇员的节点和代表工作的节点之间的最大二分图匹配，因此算法也解决了二分图匹配问题。

若要将工作分配应用于此问题，我们可以添加一个源节点并将其连接到一个集合中的所有节点。接下来，创建一个汇聚节点，并将另一个集合中的所有节点连接到汇聚节点。现在最大流量算法等价于查找最大二分图匹配问题。查找到匹配后，将最大流量与数值 k 进行比较，以解决二分图匹配问题。

17.4 NP 难问题

如果一个问题是 NP 完全问题，且 NP 中的其他问题都可以在多项式时间内归约到该问题，则该问题是 NP 完全问题。如果 NP 中的其他问题都可以在多项式时间内归约到某个问题，则该问题是 NP 难（NP-hard）问题。NP 完全问题和 NP 难问题的唯一区别是 NP 难问题可能属于 NP 问题。注意，所有的 NP 完全问题都是 NP 难问题，而且都是 NP 问题。

从某种意义上说，NP 难问题意味着这个问题至少和 NP 中的任何问题一样难，因为我们可以将 NP 中的任何问题归约为该问题。

通过证明一个问题在多项式时间内可以归约为另一个 NP 完全问题，可以证明该问题是 NP 完全问题。类似地，通过证明一个问题在多项式时间内可以归约为另一个 NP 难问题，可以证明该问题是 NP 难问题。

17.5 检测问题、报告问题和优化问题

许多有趣的问题可以分为以下三类问题：检测、报告和优化。*检测问题*（detection problem）要求我们确定给定质量的解决方案是否存在，*报告问题*（reporting problem）要求我们查找给定质量的解决方案，*优化问题*（optimization problem）要求我们查找可能的最佳解决方案。

例如，在*零和子集问题*（zero sum subset problem）中，给定一组数字，目的是查找这些数字的一个子集，这些数字加起来的累积和等于 0。那么存在三个相关问题：

- **检测问题**：是否存在一个子集，其中的数字累积和在 0 的正负 k 范围?（换而言之，是否有一个子集的总和介于 $-k$ 和 $+k$ 之间?）
- **报告问题**：如果存在这样的子集，则查找一个数字累积和在 0 的正负 k 范围的子集。
- **优化问题**：查找总和尽可能接近 0 的数字子集。

乍一看，有些问题似乎比其他问题容易。例如，检测问题只要求我们证明一个子集在一定数量内加起来位于 0 的一定数值范围之内。因为它不能像报告问题那样需要查找子集，所以我们可能认为检测问题更容易。事实上，我们可以使用归约方法来证明三种形式的问题都有相同的难易度，至少就计算复杂性理论而言。

为了证明，我们需要执行以下四种归约：

- 检测问题 $\leqslant_p$ 报告问题
- 报告问题 $\leqslant_p$ 优化问题
- 报告问题 $\leqslant_p$ 检测问题
- 优化问题 $\leqslant_p$ 报告问题

图 17.2 以图形方式显示了上述关系。

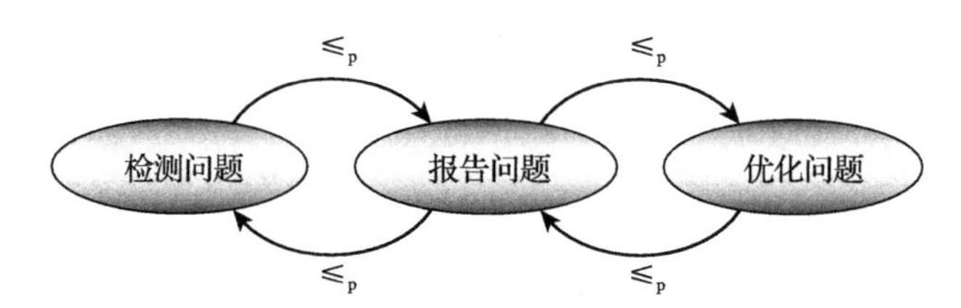

图 17.2 检测问题、报告问题和优化问题具有相同的复杂度

归约具有传递性，因此前两个归约表明：检测问题$\leqslant_p$报告问题$\leqslant_p$优化问题。后两个归约表明：优化问题$\leqslant_p$报告问题$\leqslant_p$检测问题。

17.5.1 检测问题$\leqslant_p$报告问题

“检测问题$\leqslant_p$报告问题”这一归约问题比较显而易见。如果存在报告问题子集的一个算法，则可以使用该算法来检测子集。对于某个值 k，使用报告算法查找一个子集，其累加和位于 0 的正负 k 范围之内。如果算法找到了一个这样的子集，那么对检测问题的答案是，“是的，存在这样的子集”。

从另一个角度来看，假设 ReportSum 是一个用于“子集和”问题的报告算法。换而言之，如果存在这样的子集，则 ReportSum(k) 返回一个位于 $-k$ 和 $+k$ 之间的累加和的子集。然后 DetectSum(k) 可以简单地调用 ReportSum(k)，如果 ReportSum(k) 返回一个子集，则 DetectSum(k) 返回真。

17.5.2 报告问题$\leqslant_p$优化问题

“报告问题$\leqslant_p$优化问题”这一归约问题也相当显而易见。假设存在一个寻找最优解决方案的算法。换而言之，该算法查找一个子集，其累加和尽可能接近于 0。然后我们可以使用该算法来求解报告问题。

假设我们希望查找一个子集，其累加和位于 0 的正负 k 范围之内。首先使用优化算法查找累加和最接近于 0 的子集。如果该子集的累加和在 0 的正负 k 范围之内，则返回该子集。如果最优子集的累加和大于 k 或者小于 $-k$，则此报告问题没有解决方案。

从另一个角度来看，假设 OptimizeSum(k) 返回一个子集，其累加和尽可能接近于 0。然后 ReportSum(k) 可以调用 OptimizeSum(k) 并查看返回的子集的累加和是否小于 k。如果累加和小于 k，ReportSum(k) 将返回该子集。如果累加和大于 k，则 ReportSum(k) 不返回任何子集，表示没有此类子集的信息。

17.5.3 报告问题$\leqslant_p$检测问题

相对于前面的归约问题，“报告问题$\leqslant_p$检测问题”这一归约问题没有那么显而易见。首先，使用检测问题算法检查是否存在一个可能的解决方案。如果不存在解决方案，则报告问题算法无须进一步操作。

如果检测问题算法存在一个解决方案，尝试把报告问题归约为一个等价问题，然后使用检测问题算法检查是否依旧存在一个可能的解决方案。如果还是不存在解决方案，则删除该归约，并尝试另一种归约。当我们尝试了所有可能的归约，并且没有一个归约满足要求时，那么剩下的一定是报告算法应该返回的解决方案。

从另一个角度来看，假设 DetectSum(k) 返回真，前提是有一个子集的累加和介于 $-k$ 和 $+k$ 之间。下面的伪代码演示如何使用该算法构建 ReportSum 算法：

1. 在整个集合上使用 DetectSum(k) 来检查是否有可能查找到一个解决方案。如果不存在解决方案，那么 ReportSum 算法将返回不存在解决方案的结果，算法完成。

2. 对于集合中的每个值 V_i:

   a. 将 V_i 从集合中移除，并针对集合中剩余的所有值调用 DetectSum(k)，以查看是否仍有一个子集的累加和介于 $-k$ 和 k 之间。

   b. 如果 DetectSum(k) 返回假，则将 V_i 恢复到集合中，并继续步骤 2 的循环。

   c. 如果 DetectSum(k) 返回真，则保持 V_i 从集合中移除的状态，并继续步骤 2 的循环。

当第 2 步中的循环完成时，集合中剩下的所有值形成一个子集，其累加和介于 $-k$ 和 k 之间。

17.5.4 优化问题$\leqslant_p$报告问题

证明三种问题具有相同复杂度的最后一步是证明优化问题$\leqslant_p$报告问题。假设存在一个报告算法 Report(k)，然后优化算法可以调用 Report(0)、Report(1)、Report(2)，以此类推，直到查找一个解决方案。这个解决方案将是最佳解决方案。

这些归约表明：检测问题$\leqslant_p$报告问题$\leqslant_p$优化问题，并且优化问题$\leqslant_p$报告问题 $\leqslant_p$检测问题。因此这些问题都具有相同的复杂性。

17.5.5 近似优化

尽管检测问题、报告问题和优化问题具有相同的复杂性，但优化问题与其他两个问题略有不同，因为优化问题可以近似求解。检测问题询问是否存在某种解决方案。答案是“是”或“否”，回答不可以是“大约是”。同样，报告问题要求我们查找一个特定的解决方案。结果是一个解决方案，而不是一个近似值。例如，“子集和”问题的报告问题算法应该返回一个子集。如果它返回一个子集并陈述：“这些数据项中的大多数都是满足要求的子集的成员”，则结果没有意义。

相比之下，优化问题必须定义某种可以用来评估解决方案的标准，这样我们就可以判别哪一个解决方案是最好的。即使我们找不到一个最优解决方案，或者不能证明一个特定的解决方案是最优的，仍然可以确定某些解决方案比其他的解决方案更好。

所有这些都表明，通常我们可以编写一个程序来搜索最佳解决方案。随着时间的推移，这个程序可以产生越来越好的解决方案。根据问题，我们可能不能确定最新的解决方案是否是最好的，但至少我们能够找到一些近似的最佳解决方案。

相比之下，检测问题和报告问题的算法可以继续搜索解决方案，但在查找到一个解决方案之前，检测问题算法和报告问题算法都只能生成结果，或者报告“仍然没有查找到解决方案”。

17.6 NP 完全问题

迄今为止已经发现了 3000 多种 NP 完全问题，因此下面的讨论只是其中的一小部分。之所以罗列这些内容，目的是让读者对这些 NP 完全问题有所了解。

注意，NP 完全问题没有已知的多项式时间解决方案，所以这些问题都被认为是非常困难的问题。许多问题只有在非常小的问题规模下才能得到精确的解决方案。因为这些问题都是NP完全问题，所以存在可以将其中一个问题归约为另一个问题（尽管这种归约可能不是很实用）的方法。

- 艺术画廊警卫问题（art gallery problem）：给定艺术画廊中房间和走廊的布置，查找巡视整个艺术画廊所需的最少警卫人数。
- 装箱问题（bin packing）：给定一组不同大小或重量的物品和若干箱子，查找一种方法以将这些物品打包到尽可能少的箱子中。
- 瓶颈旅行商问题（bottleneck traveling salesman problem）：通过一个加权网络查找一条哈密顿路径，该路径具有最大可能链路权重的最小值。
- 中国邮递员问题（Chinese postman problem，或路径检测问题（route inspection problem））：给定一个网络，查找访问每个链接的最短线路。
- 色数（chromatic number，或称顶点着色（vertex coloring）或网络着色（network coloring））：给定一个图，查找对该图中所有节点进行着色所需的最小颜色数（图不一定是平面的）。
- 节点团（clique）：给定一个图，查找图中最大的节点团。（更多信息请参见14.6节。）
- 节点团覆盖问题（clique cover problem）：给定一个图和一个整数 k，查找一种方法以将该图划分成 k 个集合，并且每个集合都是节点团。
- 度约束生成树（degree-constrained spanning tree）：给定一个图，查找具有给定最大度的生成树。
- 支配集（dominating set）：给定一个图，查找最小的节点集 S，使得其他每个节点都与集合 S 中的一个节点相邻。
- 精确覆盖问题（exact cover problem）：假设给定一组数字 X 和一组子集 $S = \{S_1, S_2, S_3, \cdots\}$，其中每个 S_i 包含 X 中的一些数字。精确覆盖是满足以下条件的 S 的集合：X 中的每个值都包含在这些子集中，并且在每个子集中只出现一次。精确覆盖问题的目标是对于一个特定的 X 和子集 S 的集合，确定是否存在一个精确覆盖。
- 反馈顶点集（feedback vertex set）：给定一个图，查找移除后使图不存在回路的最小顶点集。
- 图同构问题（graph isomorphism problem）：给定两个图 G 和 H，确定它们是否同构。（如果我们能够找到一个从 G 中的节点到 H 中的节点的映射，使得任何一对顶点 u 和 v 在 G 中都是相邻的，并且当且仅当对应的节点 u' 和 v' 在 H 中是相邻的，则称图 G 和图 H 是同构的。）
- 哈密顿完备（Hamiltonian completion）：查找需要添加到图中使其成为哈密顿路径的最小边数（换而言之，使图包含哈密顿路径）。
- 哈密顿回路（HAMiltonian Cycle，或称哈密顿线路（HAMiltonian Circuit），HAMC）：确定是否存在一条路径，该路径从起点开始恰好访问图中每个节点一次，然后返回其起点。
- 哈密顿路径（HAMiltonian path，HAM）：确定是否存在一条路径，该路径恰好访问图中每个节点一次。
- 车间作业调度（job shop scheduling）：给定 N 个不同规模的作业和 M 台相同的机器，为机器安排作业，以最小化完成所有作业的总时间。
- 背包（knapsack）：给定一个具有给定容量的背包和一组具有重量和价值的对象，查找背包中可能装入的最大价值的对象集。

- 最长路径（longest path）：给定一个网络，查找不访问同一节点两次的最长路径。
- 最大独立集（maximum independent set）：给定一个图，查找节点的最大集合，该集合中每个节点之间都互不相连。
- 最多叶子节点生成树（maximum leaf spanning tree）：给定一个图，查找一棵生成树，它具有最多可能的叶子节点数。
- 最小度生成树（minimum degree spanning tree）：给定一个图，查找一棵具有最小可能度的生成树。
- 最小 k-切割（minimum k-cut）：给定一个图和一个整数 k，查找可以移除的最小权重边的集合，该集合将图分成 k 个部分。
- 划分（partitioning）：给定一组整数，查找一种方法将这些值分成两个具有相同总和的集合。（划分问题的变体可以使用两个以上的集合。）
- 可满足性（SATisfability，SAT）：给定一个包含变量的布尔表达式，查找变量真和假的赋值，使得表达式为真。（具体请参见 17.3 节。）
- 子图同构问题（subgraph isomorphism problem）：给定两个图 G 和 H，确定 G 是否包含与 H 同构的子图。
- 子集和（subset sum）：给定一组整数，查找具有给定总和的子集。
- 三划分问题（three-partition problem）：给定一组整数，查找一种方法，将集合分成三个总和相同的集合。
- 三元可满足性（three-SATisfability，3SAT）：给定一个合取范式的布尔表达式，查找变量真和假的赋值，使表达式为真。（详见 17.3.1 节。）
- 旅行商问题（Traveling Salesman Problem，TSP）：给定一个城市列表和城市之间的距离，查找访问所有城市并最终返回起始城市的最短路径。
- 无界背包（unbounded knapsack）：这与背包问题类似，只是可以多次选择同一个物品。
- 车辆路径（*vehicle routing*）：给定一组客户位置和一队车辆，查找车辆访问所有客户位置的最有效路径。（这个问题有很多变体。例如，路线可能只需要送货，或者同时需要收货和送货；物品可能需要按最后收货、最先送货的顺序；车辆可能具有固定的容量或者不同的容量，等等。）
- 顶点覆盖（vertex cover）：给定一个图，找到一个最小的顶点集，使图中的每条链接都连接到该顶点集中的顶点。

17.7 本章小结

本章简要介绍了计算复杂性理论，解释了什么是计算复杂性类别，并描述了一些比较重要的类别，包括 P 类别的问题和 NP 类别的问题。我们并不一定需要知道每一种计算复杂性类别的细节，但是一定要理解 P 类别问题和 NP 类别问题。

本章解释了如何使用多项式时间归约来证明一个问题至少和另一个问题一样困难。这些类型的问题归约对于研究计算复杂性理论非常有用，但是将一个问题归约到另一个问题的概念对于使用现有的解决方案来解决一个新问题更为普遍。本章并没有描述任何你可能想在计算机上实现的实用算法，但是归约技术说明了如何使用解决一个问题的算法来解决另一个问题。

本章中描述的问题也可以帮助我们意识到，当尝试解决一个非常困难的问题时，完美的解决方案可能不存在。如果我们面对的程序设计问题可能是哈密顿路径问题、旅行商问题或背包问题的另一个版本，那么我们就知道只能在小规模情况下解决该问题。

阅读完本章之后，读者应该了解计算机科学中最深刻的问题之一：P问题等于NP问题吗？这个问题具有深刻的哲学意义。在某种意义上，这个问题等同于“什么是可知的？”我怀疑，当大多数学生学习完第一堂程序设计课后，都会自信满满，相信只要自己足够努力，并且给计算机足够的时间，每一个问题都是可以解决的。但是，即使是对NP问题的简单研究也会否定学生的这种观念。

正如计数排序算法和桶排序算法通过“技巧”在小于$O(N \log N)$时间内对数据项进行排序一样，也许有一天人们会发现一种“技巧”，并在合理的时间内解决NP完全问题。也许量子计算可以完成这项工作。除非有人最终证明了P = NP，或者有人构建了一种新的计算机来解决这些问题，否则一些问题将仍然悬而未决。

第12章讨论了可以用来解决其中一些非常困难的问题的方法。相对于使用简单的暴力破解方法，分支定界算法允许我们解决更大更难的问题。启发式算法可以让我们找到更大问题的近似解。

另一种可以解决更大问题的技术是并行算法。如果我们能在多个CPU或多台计算机上分配工作，就可以解决在一台计算机上无法求解的问题。下一章将介绍一些并行算法，这些算法在使用多个CPU或计算机解决问题时非常有用。

17.8 练习题

练习题的参考答案请参见附录。带星号的题目表示有相当难度的练习题，带两个星号的题目表示非常困难或者耗时的练习题。

1. 如果任何使用比较方法排序的算法在最坏的情况下必须至少使用$O(N\log N)$时间，那么第6章中描述的计数排序和桶排序等算法的排序速度为何更快？
2. 给定一个网络，*二分图检测问题*（bipartite detection problem）的目标是确定一张图是否是二分图。查找将这个问题归约为一个地图着色问题的多项式时间归约方法。对于包含二分检测的复杂性类别问题，读者能得出什么结论？
3. 给出一个网络，*3回路问题*（three-cycle problem）的目标是确定图中是否包含任何长度为3的回路。请查找这个问题到另一个问题的多项式时间归约方法。对于包含3回路问题的复杂性类别，读者能得出什么结论？
4. 给定一个网络，*奇数回路问题*（odd-cycle problem）的目标是确定图中是否包含任何奇数长度的回路。请查找这个问题到另一个问题的多项式时间归约方法。关于包含奇数回路问题的复杂性类别，读者能得出什么结论？这与3回路问题有什么关系？
5. 给定一个网络，哈密顿路径问题（HAM）的目标是找到一条恰好访问每个节点一次的路径。证明HAM问题属于NP问题。
6. 给定一个网络，哈密顿回路问题（HAMC）的目标是找到一条恰好访问每个节点一次，然后返回其起始节点的路径。证明这个问题属于NP问题。

**7. 查找HAM到HAMC的多项式时间归约方法。

**8. 查找HAMC到HAM的多项式时间归约方法。

9. 给定一个网络和一个整数k，网络着色问题的目标是找到一种方法，用最多k种颜色给网络的节点着色，以确保不会有两个相邻的节点具有相同的颜色。证明这个问题属于NP问题。
10. 给定一组数字，零和子集问题的目标是确定这些数字中是否有加起来为零的子集。证明这个问题属于NP问题。

11. 假设给定一组具有重量 W_i 和价值 V_i 的对象，以及一个可以容纳总重量 W 的背包，下面描述了背包问题的三种形式：

- 检测问题：对于一个值 k，是否存在一个能装入背包的对象子集，并且总价值至少为 k？
- 报告问题：对于一个值 k，如果存在一个能装入背包并且总价值至少为 k 的对象子集，则找出一个这样的子集。
- 优化问题：找到一个子集，确保对象子集能装入背包，并且有最大的可能总价值。

找到一个将报告问题归约为检测问题的方法。

*12. 对于练习题 11 中定义的问题，将优化问题归约为检测问题。

*13. 假设给定一组值为 V_i 的对象，下面描述了分区问题的两种形式：

- 检测问题：有没有办法把这些对象分成两个子集 A 和 B，它们的总值是一样的？
- 报告问题：找到将对象分割为具有相同总值的子集 A 和 B 的方法。

找到一个将报告问题归约为检测问题的方法。为了更多地实践本章中描述的概念，请编写一些程序来求解本章中描述的一些 NP 完全问题。因为这些问题是 NP 完全问题，读者可能无法找到一个能快速求解大规模问题的解决方案。但是，读者应该能够使用暴力破解方法求解小规模问题，也可以使用启发式算法来求解一些问题的近似解。

分布式算法

在 1965 年发表的一篇论文中，戈登 · E. 摩尔（Gordon E. Moore）注意到，从 1958 年发明集成电路到 1965 年，集成电路上的晶体管数量大约每两年翻一番。根据这一观察，他预测这一趋势将至少再持续 10 年。这个现在被称为摩尔定律（Moore's law）的预测，在过去的 50 年里被证明具有惊人的准确性，但该定律的有效性可能很快就会终止。

制造商可以放在芯片上的晶体管数量已经达到了当前技术的极限。即使制造商找到了一种在芯片上放更多晶体管的方法（制造商非常聪明，所以这是肯定可能的），最终晶体管将达到量子尺寸，而在量子尺寸里，物理规律变得如此怪异，以至于当前的技术将不起作用。量子计算或许能够利用其中的一些效应创造出令人惊叹的新计算机，但似乎摩尔定律不会永远成立。

在不增加芯片上晶体管数量的情况下提高计算能力的一种方法是同时使用多个处理器。当今出售的大多数计算机都包含一个以上的中央处理器（CPU）。通常，这些计算机在一个芯片上就包含多个核心、多个 CPU。智能操作系统也许能利用多核的优势，好的编译器能够识别出程序中可以并行执行的部分，并在多个内核上同时运行这些程序。然而，为了真正充分利用多个 CPU 系统，我们需要了解如何编写并行算法。

注意：一些开发人员也会在计算机的图形处理单元（GPU）上运行进程。计算机的 GPU 通常比 CPU 多得多，并且 GPU 是为并行计算而设计的。但是，GPU 主要还是为图形处理而设计的，因此其并行计算操作并不适合所有程序。

本章将解释在尝试使用多个处理器解决单个问题时会出现的一些问题。本章还将描述不同的并行处理模型，并解释一些可以用来更快地解决可并行化问题的算法和技术。

本章描述的一些算法相当复杂。这些算法可能会令人困惑，部分原因是人们通常不怎么考虑并行处理。有些可能最棘手和最复杂的算法会以失败的方式告终，这也会令人困惑。

18.1 并行计算的类型

存在几种并行计算模型，每种模型都依赖于各自特定的一组假设，例如可用的处理器数量以及处理器的连接方式。目前，分布式计算是大多数人最常用的模型。本章稍后将详细阐述分布式计算。

然而，其他形式的并行计算模型也很有趣，所以本章将用一定的篇幅来描述其中的一些模型，从脉动阵列开始。可能读者没有可用的大型脉动阵列处理器，但了解其工作原理可能会为读者提供其他算法的思想——读者可能希望为分布式系统编写这些算法。

18.1.1 脉动阵列

脉动阵列（systolic array）是一个被称为单元（cell）的数据处理单元（Data Processing Unit，DPU）阵列。阵列可以是一维、二维甚至更高维度。

每个单元都连接到阵列中与其相邻的单元，这些相邻单元是每个单元可以直接与之通信的唯一单元。每个单元与其他单元采用锁步（lockstep）技术执行同一程序。这种形式的并行称为数据并行（data parallelism），因为处理器在不同的数据块上执行相同的程序。（术语“脉动阵列”来自这样一个事实：数据以固定的间隔通过处理器泵送，就像跳动的心脏泵送血液通过身体一样。）

脉动阵列非常高效，但它们也往往非常专业，而且构建成本很高。脉动阵列的算法通常假设数组中包含的单元格数量取决于输入的数量。例如，一个将 $N\times N$ 矩阵相乘的算法可能假设使用 $N\times N$ 的单元数组，这个假设将可以解决的问题规模限制为可以构建的数组大小。

虽然我们可能从未使用过脉动阵列，但它们的算法相当有趣，因此本节将介绍一种算法，让我们了解其工作原理。

假设我们想要对包含 N 个单元格的一维脉动阵列上的 N 个数字序列进行排序。以下步骤描述每个单元格处理数据的方法：

1. 为了输入前半部分的数值，需要重复以下步骤 N 次：
   a. 每个单元格都应将其当前值向右移动。
   b. 如果这是一个奇数步骤，则将新数值推入第一个单元格。如果这是一个偶数步骤，则无须在第一个单元格中添加新数值。
2. 为了输入后半部分的数值，需要重复以下步骤 N 次：
   a. 如果单元格包含两个值，则应比较这两个数值，将较小的值向左移动，将较大的值向右移动。
   b. 如果第一个单元格包含一个数值，则应将其向右移动。
   c. 如果最后一个单元格包含一个数值，则应将其移回左侧。
   d. 如果这是一个奇数步骤，则将新数值推入第一个单元格。如果这是一个偶数步骤，则无须在第一个单元格中添加新数值。
3. 为了输出排序后的列表，需要重复以下步骤 N 次：
   a. 如果单元格包含两个值，则应比较这两个数值，将较小的值向左移动，将较大的值向右移动。
   b. 如果单元格包含一个值，则应将其向左移动。

图 18.1 显示了使用四个单元格的脉动阵列对值 3、4、1 和 2 进行排序的算法。图中的第一行显示空单元格脉动阵列，需要排序的数值位于左侧。之后的各行显示每次“节拍”(tick) 完成后单元格的内容。图中之所以称其为节拍，是为了避免与算法中的步骤混淆。例如，在 4 次节拍之后，第 2 个和第 4 个单元格包含值 1 和 2。

前 4 次节拍将前两个值（2 和 1）推入阵列。这些节拍对应于算法中的步骤 1。注意，步骤 1 只在奇数节拍时向单元格 1 添加一个新值，因此其他每个单元格都是空的，如图 18.1 中的第二行所示。

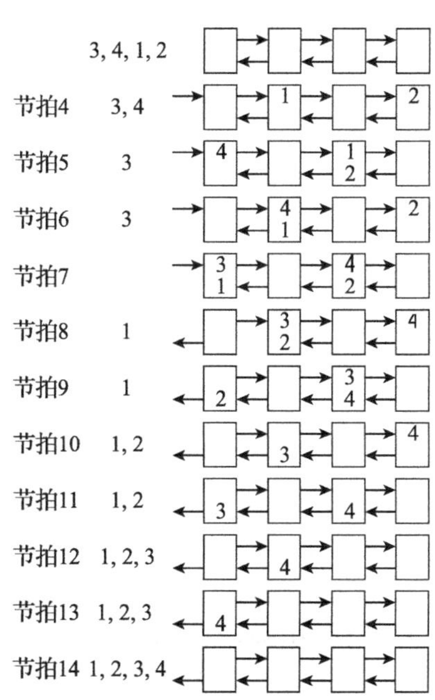

图 18.1 一个包含 4 个单元的脉动阵列可以对 4 个数字经历 14 次节拍后排序

当算法的第 2 步开始时，算法中有趣的部分从第 5 次节拍开始。在第 5 次节拍期间，算法将新值 4 推入单元格 1。单元格 2 将其值（1）向右移动，单元格 4 将其值（2）向左移动。在第 5 次节拍之后，单元格 3 包含值 1 和 2。

在第6次节拍期间，单元格3比较其中的两个值1和2。然后向左移动较小的值（1），向右移动较大的值（2）。同时，第一个单元格将其值（4）向右移动。

在第7次节拍期间，数值列表中的最后一个值（3）移动到单元格1中。单元格2比较其中的两个值4和1，向左移动较小的值（1），向右移动较大的值（4）。单元格4将其包含的单个值（2）向左移动。

在第8次节拍期间，单元格1比较其中的两个值3和1，返回较小的值（1），并将较大的值（3）向右移动。类似地，单元格4比较其中的两个值4和2，向左移动较小的值（2），向右移动较大的值（4）。

在第9次节拍期间，单元格2比较其中的两个值3和2，向左移动较小的值（2），向右移动较大的值（3）。同时，单元格4将其中包含的单个值（4）向左移动。

在第10次节拍期间，单元格3比较其中的两个值3和4，向左移动较小的值（3），向右移动较大的值（4）。同时，单元格1返回其包含的单个值（2）。

至此，算法又变得平淡无奇了。列表的一半值（1和2）已经按排序顺序返回。列表的另一半值按排序顺序存储在单元格中。它们再也不会在任何一个单元格中发生碰撞，所以只需按部就班地向左移动，直到所有的值都按顺序弹出。

对上述4个数据项进行排序，该方法好像有许多步骤，但是数值列表越大，算法就会越令人印象深刻。对于N个数据项，该算法需要N个步骤将一半的数字移入数组中（步骤1），需要N个步骤将其余的数字移动到数组中并“拉”出一半已排序的值（步骤2），再需要N个步骤弹出其余已排序的值。

总的操作步骤数是$O(3 \times N) = O(N)$，这比任何使用比较法对N个数进行排序的非并行算法所需的$O(N\log N)$步骤都快。由于这些数值分布在最多$N/2$个单元格中，因此这些单元格可以同时执行最多$(N/2)^2$次个比较。

这个算法还有几个有趣的特性。首先，在第7次节拍期间，最后一个数值进入阵列。然后，在第8次节拍期间，第一个排序的值被弹出。由于在输入最后一个数值之后，第一个排序的数值恰好就会弹出，使得算法看起来好像根本不需要时间来对数据项进行排序，因此该算法有时称为*零时间排序*（zero-time sort）。

算法的另一个有趣的特点是，在任何一个时刻只有一半的单元格包含数据。这意味着我们可以将第二个数值序列的值打包到未使用的单元格中，并使阵列同时对两个列表进行排序。

18.1.2 分布式计算

在*分布式计算*（distributed computing）中，多台计算机通过网络协同工作来完成一项任务。计算机不共享内存，尽管它们可能共享磁盘。

由于网络与单个计算机内CPU之间的通信相比相对较慢，分布式算法必须尽量减少计算机之间的通信。通常，分布式算法将数据发送到计算机，计算机花一些时间处理问题，然后将处理结果发送回计算机。两种常见的分布式环境是集群计算和网格计算。

集群（cluster）是密切相关的计算机的集合。通常，这些计算机通过内联网或专用网络连接。专用网络只能有限制地访问外部网络。出于许多实际目的，我们可以将集群视为具有独特内部通信方式的巨型计算机。

在*网格计算*（grid computing）中，计算机集合的集成度要低得多。它们可以通过公共网络进行通信，甚至可以包括运行不同操作系统的不同类型的计算机。

在网格计算中，计算机之间的通信可能相当慢，而且可能不可靠。由于计算机只是松散关联的，因此任何一台给定的计算机在其使用者关机之前都可能无法完成分配的计算任务，因此系统需要能够在必要时将子问题重新分配给其他计算机。

尽管存在通信速度相对较慢和单个计算机不可靠的缺点，但网格计算允许一个项目创建一台“虚拟超级计算机”，使其可以潜在地对一个问题应用大量的处理能力。以下总结了一些公共网格计算项目：

- 伯克利开放式网络计算平台（Berkeley Open Infrastructure for Network Computing，BOINC），https://boinc.berkeley.edu。许多独立的项目利用这个开源项目平台来研究天体物理学、数学、医学、化学、生物学和其他领域的问题。伯克利开放式网络计算平台大约有 65 万台电脑，提供超过 26petaflops（每秒浮点运算次数）的运算能力。我们可以在 https://boinc.berkeley.edu/projects.php 上找到 BOINC 项目的列表。
- SETI@home，https://setiathome.berkeley.edu。这个项目使用了大约 500 万台计算机，提供 892teraflops 的运算能力，用于分析寻找外星智慧的无线电信号。
- Einstein@Home，https://einsteinathome.org。这个项目使用大约 270 万台计算机，提供 904teraflops 的运算能力，用于搜索引力波数据以寻找脉冲星的迹象。
- 互特网梅森素数大搜索（Great Internet Mersenne Prime Search，GIMPS），https://www.mersenne.org.。这个项目使用了大约 180 万台，提供 615teraflops 的运算能力，用于搜索梅森素数。（对于某些整数 n，梅森素数是 2^n-1 形式的素数。目前已知的最大素数是梅森素数 $2^{82\,589\,933}-1$，具有 24 862 048 位数字。）
- Rosetta@home，https://boinc.bakerlab.org。这个项目使用 160 万台计算机，提供 124 teraflops 的运算能力，用于研究蛋白质折叠在疾病研究中的作用。

欢迎加入网格计算项目平台

如果用户对这些项目感兴趣，可以访问这些项目的网站，下载并运行相应的软件。当用户的计算机空闲时，就可以贡献 CPU 运算能力。

flops

通常，用于执行密集数学计算的计算机的速度是以每秒浮点运算次数（floating-point operations per second，flops）来衡量的。1teraflop（tflop）是 10^{12} 次浮点运算，即 1 万亿次浮点运算。1petaflop（pflop）是 10^{15} 次 flop，即 1000 万亿次浮点运算。相比之下，一个典型的桌面计算机系统可能可以 0.25 到 10 千兆次浮点运算的速度运行，尽管通过构建自定义计算机系统，我们可以获得更强的运算能力。例如，请参阅文章“以低于 10 000 美元的价格构建一个 270teraflops 的深度学习计算机系统”（https://medium.com/intuitionmachine/building-a-270-teraflopsdeep-learning-box-of-under-10-000-2d790b0ae2ec），还可以通过链接 https://tinyurl.com/y4sw3soq 访问这篇文章。）

由于分布式计算机上的进程可以执行不同的任务，这种方法被称为任务并行（task

parallelism)。与此相对应的是数据并行，在数据并行中，重点是跨多个处理器分发数据。

18.1.3 多 CPU 处理

大多数现代计算机都包含多个处理器，每个处理器在一个芯片上都包含多个内核。同一台计算机上的 CPU 可以比分布式网络中的计算机更快地进行通信，因此根本不存在那些可能困扰分布式网络的通信问题。例如，分布式网络必须在计算机之间传递尽可能少的数据，这样系统的性能就不会受到通信速度的限制。相比之下，同一台计算机上的 CPU 可以很快地进行通信，因此它们可以交换更多的数据，而不必付出很大的性能代价。

同一台计算机上的多个 CPU 也可以访问同一个磁盘驱动器和内存。交换更多数据和访问相同内存和磁盘的能力可能会大有裨益，但也可能导致竞争条件和死锁等问题。这些情况在任何分布式系统中都可能发生，但它们在多 CPU 系统中最为常见，因为 CPU 很容易争夺相同的资源。

18.1.4 竞争条件

在竞争条件（race condition）下，两个进程几乎同时尝试写入资源，第二次写入资源的进程（即最后一次写入资源的进程）获胜。

为了了解竞争条件的工作原理，假设两个进程使用启发式方法来查找哈密顿路径问题的解决方案（在第 17 章中讨论），然后使用以下伪代码来更新共享变量，这些变量保存了迄今为止找到的最佳路由以及该路由的总长度：

```
// 执行启发式算法
...

// 保存最佳解决方案
If (test_length < BestLength) Then
    // 保存新的解决方案
    ...
    // 保存新的总长度
    BestLength = test_length
End If
```

上述伪代码首先使用启发式算法查找一个好的解决方案。然后，伪代码将找到的最佳总路由长度与存储在共享变量 `BestLength` 中的值进行比较。如果新的解决方案比以前的更好，伪代码将保存新的解决方案和新路由的长度。

不幸的是，我们无法判断多个进程何时访问共享内存。假设两个进程碰巧按照以下伪代码时间线所示的顺序执行代码：

```
// 执行启发式算法
...
                                             // 执行启发式算法
                                             ...

// 保存最佳解决方案
If (test_length < BestLength) Then
                                             // 保存最佳解决方案
                                             If (test_length < BestLength) Then
```

```
    // 保存新的解决方案
    ...
                                                  // 保存新的解决方案
                                                  ...
                                                  // 保存新的总长度
                                                  BestLength = test_length
                                              End If
    // 保存新的总长度
    BestLength = test_length
End If
```

时间线显示了左侧进程 A 执行的操作和右侧进程 B 执行的操作。进程 A 执行其启发式算法，然后进程 B 执行其启发式算法。

然后，进程 A 执行 `If` 测试，以查看是否找到了改进的解决方案。假设对于本例，初始最佳解决方案的路由长度为 100，并且进程 A 找到了总长度为 70 的路由。进程 A 进入 `If Then` 语句块。接下来，进程 B 执行其 `If` 测试。假设进程 B 查找到的路由总长度为 90，因此它也进入其 `If Then` 语句块。

过程 A 保存其解决方案。接下来，进程 B 保存其解决方案。它还将共享变量 `BestLength` 更新为新路由的长度 90。

现在进程 A 将 `BestLength` 更新为找到的路由的长度 70。此时，共享的最佳解决方案保存进程 B 的解决方案，这是两个进程分别找到的两个解决方案中最差的一个。变量 `BestLength` 保存值 70，它是进程 A 的解决方案的长度，而不是实际保存的解决方案的长度。

我们可以使用互斥锁来防止竞争条件。**互斥锁**（mutex，名称来自“mutual exclusion”（互斥））是一种确保一次只能有一个进程执行特定操作的方法。互斥锁对于共享变量的关键特性是一次只能有一个进程读写共享变量。

实现互斥锁

一些计算机可能会提供硬件来提高互斥锁的实现效率。在其他计算机上，互斥锁必须用软件实现。

下面的伪代码演示如何将互斥锁添加到以前的算法中以防止出现竞争条件：

```
// 执行启发式算法
...

// 获取互斥锁
...

// 保存最佳解决方案
If (test_length < BestLength) Then
    // 保存新的解决方案
    ...
    // 保存新的总长度
    BestLength = test_length
End If

// 释放互斥锁
...
```

在这个版本的代码中，进程像以前一样执行其启发式算法。算法在不使用任何共享内存的情况下执行此操作，因此不会导致竞争条件。

当进程准备好更新共享解决方案时，首先获取互斥锁。具体的工作方式取决于所使用的程序设计语言。例如，在 .NET 语言 C# 和 Visual Basic 中，进程可以创建一个 `Mutex` 对象，然后使用其 `WaitOne` 方法来获取对互斥锁的拥有权。

在第一个进程获取互斥锁后，如果第二个进程也试图获取互斥锁，则第二个进程将被阻塞并等待，直到第一个进程释放互斥锁为止。在进程获取互斥锁之后，它操纵共享内存。由于第二个进程此时无法获取互斥锁，因此在第一个进程使用共享内存时，第二个进程无法更改共享内存。当一个进程检查并更新共享解决方案后，进程会释放互斥锁，以便等待互斥锁的任何其他进程可以继续执行。

下面的代码显示了当进程 A 和 B 使用互斥锁时，如果前面的事件序列发生时会发生什么情况：

```
// 执行启发式算法
...
                                            // 执行启发式算法
                                            ...

// 获取互斥锁
...

// 保存最佳解决方案
If (test_length < BestLength) Then
                                         // 进程 B 尝试获取互斥锁，
                                         // 但是进程 A 已经拥有了互斥锁，
                                         // 所以进程 B 被阻塞
    // 保存新的解决方案
    ...
    // 保存新的总长度
    BestLength = test_length
End If

// 释放互斥锁
...
                                         // 进程 B 获取了互斥锁，
                                         // 阻塞解除，继续运行

                                         // 保存最佳解决方案
                                         If (test_length < BestLength) Then
                                             // 保存新的解决方案
                                             ...
                                             // 保存新的总长度
                                             BestLength = test_length
                                         End If

                                         // 释放互斥锁
                                         ...
```

现在这两个进程互不干扰共享内存的使用，因此不存在竞争条件。注意，在这个场景中，进程 B 在等待互斥锁时被阻塞。为了避免浪费大量时间等待互斥锁，进程不应该太频繁地请求互斥锁。

对于这个例子，当进程执行哈密顿路径启发式算法时，进程不应该将它找到的每个测试解决方案与共享的最佳解决方案进行比较。相反，它应该跟踪所找到的最佳解决方案，并将其与共享解决方案进行比较，只有当它找到关于自己的最佳解决方案的改进时，才与共享的最佳解决方案进行比较。

获取互斥锁时，进程还可以更新其私有的最佳路由长度，因此用于比较的总长度会更短。例如，假设进程 A 找到一条长度为 90 的新的最佳路由。进程 A 获取互斥锁并发现共享的最佳路由长度当前值为 80（因为进程 B 找到了具有该长度的路由）。此时，进程 A 应将其私有路由长度更新为 80。进程 A 不需要知道最好的路由是什么，它只需要知道只有长度小于 80 的路由才是有趣的。

不幸的是，如果我们通过如下几种方式使用互斥锁将会导致错误：

- 获取互斥锁但不释放互斥锁
- 释放一个从未获得的互斥锁
- 长时间保持互斥锁
- 不先获取互斥锁而使用资源

即使我们正确使用互斥锁，也可能会出现其他问题。例如：

- *优先级反转*（priority inversion）：因为等待拥有互斥锁的低优先级进程，导致高优先级进程被阻塞。在这种情况下，最好从低优先级进程中释放互斥锁，并将其交给高优先级进程。这将意味着低优先级进程需要能够以某种方式撤销它正在进行的任何未完成的更改，然后再重新获得互斥锁。另一种策略是使每个进程拥有互斥锁的时间尽可能短，这样高优先级进程就不会被阻塞很长时间。
- *饥饿*（starvation）：进程无法获得完成任务所需的资源。有时，当操作系统试图解决优先级反转问题时会发生这种情况。如果高优先级进程使 CPU 保持忙碌，则低优先级进程可能永远没有机会运行，因此低优先级进程永远不会完成。
- *死锁*（deadlock）：两个进程相互等待对方释放互斥锁从而造成的一种阻塞现象。

下一节将更详细地展开对死锁问题的讨论。

18.1.5 死锁

在*死锁*中，两个进程在等待对方持有的互斥锁时产生了互相阻塞的现象。例如，假设进程 A 和进程 B 都需要由互斥锁 1 和互斥锁 2 控制的两个资源。然后假设进程 A 获取互斥锁 1，进程 B 获取互斥锁 2。现在，进程 A 由于等待互斥锁 2 而被阻塞，进程 B 由于等待互斥锁 1 而被阻塞。这两个进程都被阻塞，所以这两个进程都不会释放各自已经持有的互斥锁来释放另一个进程。

防止死锁的一种方法是让每个进程将按数字顺序获取互斥锁（假设互斥锁按数字编号）。在前面的示例中，进程 A 和进程 B 都试图获取互斥锁 1。其中一个进程成功获取互斥锁 1，而另一个进程被阻塞。无论哪个进程成功获取互斥锁 1，随后就可以获取互斥锁 2。当进程完成任务时，将释放两个互斥锁，这样另一个进程就可以获取两个互斥锁。

在诸如操作系统这样的复杂环境中，防止死锁问题会更为困难。在复杂环境中，数十个或数百个进程会同时争夺共享资源，并且没有定义请求互斥锁的明确顺序。

本章后面描述的“哲学家进餐”问题是死锁问题的一个特殊例子。

18.1.6 量子计算

量子计算机（quantum computer）使用纠缠（entanglement，其中多个粒子即使在被分离的情况下仍保持相同的状态）和叠加（superposition，一个粒子同时存在于多个状态中）等量子效应来操纵数据。

目前量子计算还处于初级阶段，但世界各地的实验室在过去几年里取得了惊人的进展。事实上，IBM 已经推出了第一个集成量子系统 IBM Q 系统一号（IBM Q System One）。我们甚至可以在 IBM Q 系统一号上运行自己的程序，尽管该系统只有 20 个量子位（qubit，量子计算机中的最小信息单位），因此 IBM Q 系统一号可以解决的问题的规模是有限的。可以通过以下 URL 了解有关 IBM Q 系统一号的更多信息：

- https://quantumexperience.ng.bluemix.net/qx/experience
- https://www.research.ibm.com/ibm-q/system-one/

目前的量子计算机能完成的工作还十分有限，但是所有的先进技术都是从这些微小的概念证明开始的，而且量子计算机有可能最终变得司空见惯。在这种情况下，制造商也许有一天能够制造出真正的不确定性和概率性计算机，精确地解决 NP 中的问题。

例如，Shor 算法可以在多项式时间内对数值进行因子分解。这比目前已知最快的因子分解算法——普通数域筛选法要快得多。（普通数域筛选法在次指数时间内运行，比任何多项式时间都慢，但比指数时间要快。）

量子计算是非常专业和令人困惑的，所以本书没有展开阐述。有关量子计算机和 Shor 算法的更多信息，请参见以下内容：

- https://en.wikipedia.org/wiki/Quantum_computing
- https://en.wikipedia.org/wiki/Shor%27s_algorithm

18.2 分布式算法

前几节中描述的一些并行计算形式相当少见。很少有家用计算机或者商用计算机包含脉动阵列（尽管我们可以看到构建一个芯片来执行零时间排序的情况）。估计可能还要等待几十年，量子计算机才能真正出现在商店里。

然而，分布式计算现在已经得到了广泛的应用。大型网格计算项目使用成千上万甚至数百万台计算机对复杂问题应用大量计算能力。小型网络集群就足以让数十台计算机协同工作。即使是现在的大多数台式机和笔记本电脑系统也包含多个内核。其中一些依赖于单个芯片上内核之间的快速通信，而另一些则使用缓慢、不可靠的网络连接，但所有这些情况都使用分布式算法。

接下来的两小节将讨论分布式算法面临的通用问题：调试和识别令人困惑的并行问题。再后面的章节将描述一些最有趣的经典分布式算法。其中一些算法看起来更像智商测试或者猜谜问题而不是实际的算法，但它们非常有用，原因如下。首先，这些算法强调了一些可能影响分布式系统的问题。算法演示了思考问题的方法，这些问题鼓励我们在分布式算法中寻找潜在的故障点。

其次，这些算法实际上是在一些真实场景中实现的。在许多应用程序中，一组进程中的其中一个没有成功执行任务并不会造成重要影响。如果某个网格计算进程并没有返回一个值，我们可以简单地将其分配给另一台计算机并继续完成任务。然而，如果一组处理器正在控制一个病人的生命支持系统、一架大型客机或者价值十亿美元的宇宙飞船，那么即使其中一个处理器产生了不正确的结果，也需要付出额外的努力以确保这些处理最终会实现正确的决策。

18.2.1 调试分布式算法

由于不同 CPU 中的事件可以按任何顺序发生，因此调试分布式算法可能非常困难。例如，考虑前面描述的哈密顿路径示例。只有当进程 A 和进程 B 中的事件完全按照正确的顺序发生时，才会出现竞争条件。如果这两个进程不会频繁地更新共享的最佳解决方案，则它们尝试同时更新解决方案的机会就很小。在出现差错之前，这两个进程可能已经运行很长一段时间了。

即使出现了问题，我们也可能没有注意到。只有当我们注意到进程 B 认为最佳解决方案比当前保存的解决方案更好时，才会检测到问题。甚至有可能其中一个进程找到了一个更好的解决方案，并在我们注意到之前覆盖了错误的解决方案。

有一些调试器允许我们同时检查多个进程使用的变量，以便可以在分布式系统中查找问题。不幸的是，如果通过暂停进程来检查它们的变量，就会中断定时从而可能导致错误。

另一种方法是让进程将它们正在执行的操作信息写入一个文件中，以便以后可以对该文件进行检查。如果进程需要频繁地写入文件，那么这些进程可能必须使用单独的文件，这样进程就不会在访问文件的权限上发生冲突，从而避免产生导致问题产生的另一个可能原因。在这种情况下，还应该在文件中写入时间戳，这样我们就可以确定数据条目的生成顺序。不过，即使我们拥有良好的日志，每个进程也可能在出现问题之前的数小时甚至数天内执行数百万个步骤。

可能调试分布式算法的最佳方法是首先避免出现错误。仔细考虑算法中多个进程可能相互干扰的关键代码，然后使用互斥锁来防止出现问题。

在编写应用程序时，我们还应该尽可能彻底地测试所有的代码。我们可以通过添加额外的代码来检查频繁使用的共享变量，以查看它们是否包含正确的值。在测试完代码并认为代码运行可靠之后，就可以注释掉额外的日志记录和值检测代码，以获得更好的性能。

18.2.2 密集并行算法

密集并行算法（embarrassingly parallel algorithm，又称为尴尬并行计算、易并行计算）是可以自然分割成不同部分且每一部分很容易被不同的进程求解的算法。这种算法几乎不需要进程间的通信，理想情况下，只需要很少的工作就可以将不同进程的结果组合起来。下面描述了一些密集并行算法问题。

光线追踪（ray tracing）。光线追踪是一种计算机图形学技术，它从一个角度跟踪一束光线到一个场景中，以查看光线击中了哪些对象。光线可以穿过透明物体，从反射物体上反弹。光线追踪是一个密集并行问题的原因是，每束光线所需的计算是独立的，因此很容易将这些光线分配给多个处理器处理。如果有 10 个处理器，则可以对图像进行分割，让每个处理器生成图像的十分之一。每个处理器都需要了解场景的几何结构，但不需要知道其他处理器正在执行什么计算。每个进程都将其结果写入图像的不同部分，因此它们甚至不需要任何互斥锁来控制对共享内存的访问。

分形图形（fractal）。许多分形图形，例如曼德勃罗特集（Mandelbrot set），需要一个程序

对结果图像中的每个像素执行一系列的计算。和光线跟踪一样，每个像素的计算是完全独立的，因此很容易将问题进行划分并分配给尽可能多的处理器进行并行处理。

暴力搜索（brute-force search）。如果很容易划分搜索空间，则我们可以使用不同的进程来查找搜索空间的不同部分。例如，假设我们希望准确地解决背包问题，并且希望将该问题建模为决策树，如第12章所述。假设有一台八核的计算机。决策树的每一个分支都有两个分支，分别表示我们将一个物品放入背包或者不放入背包中。在这种情况下，树的第三级就有八个节点。我们可以指定每个处理器在该级别搜索八棵子树中的一棵子树，并返回处理器找到的最佳解决方案。

随机搜索（random search）。如果要随机搜索解决方案空间，我们可以使任意数量的处理器分别搜索并更新共享的当前最佳解决方案。处理器可能偶尔会检查相同的可能解决方案，因此会浪费一些时间，但是如果解决方案空间很大，则这种情况只会偶尔发生。这种方法非常适用于某些类型的群集智能算法。

无索引数据库搜索（nonindexed database search）。如果需要搜索无索引的大型数据库，我们可以先对数据库进行分区，并将不同的分区分配给不同的进程。例如，假设我们有一个包含100 000张人脸照片的库，并且希望找到与新照片最匹配的照片。则可以将照片库分成10个分别包含10 000张照片的分区，然后让10个进程分别搜索这10个分区。

文件处理（file processing）。假设我们要对大量文件执行慢速操作。例如，有一个包含100 000个图像的数据库，并且我们希望制作缩略图、创建浮雕版本或对这些图像执行其他图形操作。我们可以把文件分配给一组处理器，让这些处理器独立分开工作。

避免磁盘竞用

无索引数据库和文件处理示例将使用大量文件。当我们希望多个处理器处理大量文件时，就需要了解读取和写入文件分别需要多长时间。在硬盘上读取和写入文件要比在内存中处理数据慢得多。如果我们对文件执行的操作相对较快，则进程可能会花费大量时间争夺磁盘，等待轮到它们可以读取和写入文件的机会。在最坏的情况下，进程花费大量时间等待文件，从而导致应用程序的速度由磁盘访问时间而不是处理时间来决定。（这种应用程序称为磁盘绑定（disk bound）。）

我们通常可以通过将文件写入多个磁盘驱动器或者使进程在单独的计算机上运行来避免磁盘竞用，其中每个计算机都有一个包含部分数据库的磁盘驱动器。

有时当我们研究一个问题时，可以找到一种并行处理的方法，并且可以充分利用现有的处理器。有时我们甚至可以找到一些自然就适合并行算法的问题。我们可能无法将整个应用程序分配给一组处理器，但可以将问题的一部分发送到不同的处理器以节省时间。

下一节将阐述如何在多个处理器上执行合并排序。接下来的章节将描述分布式处理中的一些经典算法。其中一些算法是相当深奥的，在实践中可能并不常见，但它们指出了分布式系统中可能出现的一些低级问题。

18.2.3 合并排序算法

第6章中描述的合并排序（mergesort）算法是自然递归的。以下步骤提供了合并排序算法的高级描述：

1. 将值列表分成两个大小相等的子列表。
2. 递归调用合并排序算法对两个子列表进行排序。
3. 将两个排好序的子列表合并到最终的排序列表中。

以下步骤描述如何使合并排序算法在 *P* 个处理器上工作，其中 *P* 是一个相对较小的固定数字：

1. 将值列表拆分为 *P* 个大小相等的子列表。
2. 启动 *P* 个进程分别对 *P* 个子列表进行排序。
3. 将 *P* 个排好序的子列表合并到最终的排序列表中。

注意，每个处理器不一定都需要使用合并排序算法对子列表进行排序。根据体系结构的不同，在步骤 1 中将值列表拆分为子列表可能只需要很少的时间。例如，如果每个处理器都可以访问内存中的列表，那么我们只需要告诉每个处理器应该对列表的哪个部分进行排序。

如果处理器使用的是比较排序算法（例如快速排序），则步骤 2 的运行时间为 $O(N/P \log(N/P))$。在步骤 3 中合并已排序的子列表的运行时间为 $O(N)$。结果表明，排序的总运行时间为 $O(N/P \log(N/P) + N)$。

表 18.1 显示了当 N=1 000 000 时，$N/P \log(N/P) + N$ 在不同处理器数量下的值。最后一列显示给定处理器数量所需的运行时间比例。例如，最后一行表明，16 个处理器所需的排序时间大约是 1 个处理器所需排序时间的 0.05 倍。

表 18.1　不同数量的处理器排序所需的运行时间

P	*N/P*log(*N/P*)+*N*	时间比例	*P*	*N/P*log(*N/P*)+*N*	时间比例
1	6 000 000	1.000	8	637 114	0.106
2	2 849 485	0.475	16	299 743	0.050
4	1 349 485	0.225			

18.2.4 哲学家就餐问题

在哲学家就餐问题（dining philosophers problem）中，*N* 位哲学家围坐在一张圆形餐桌旁。每位哲学家面前都有一盘意大利面，每一对相邻的哲学家之间都有一把餐叉。哲学家们使用双手来吃意大利面，所以每人需要两把餐叉来吃面。哲学家的生活方式就是交替地进行思考和进餐，即进餐，放下两把餐叉思考一会儿，然后再进餐。他们重复这个过程，直到彻底想清楚宇宙的所有奥秘为止。为了增加问题的难度，假设哲学家们不能互相交谈。（估计他们太忙于思考了。）

注意：在现实世界的应用程序中，哲学家就餐问题实际上是分布式进程争夺稀缺资源的一个练习。我们并不是真的关心一群留着胡子的男人如何吃意大利面，而是关心一组需要获取多个共享资源（比如内存位置）的进程。

以下步骤描述了哲学家就餐问题可能使用的一种算法：

1. 重复以下步骤：
    a. 思考问题，直到左边的餐叉可用。把餐叉拿起来。
    b. 思考问题，直到右边的叉子可用。把餐叉拿起来。
    c. 进餐直到吃饱为止。

d. 放下左边的餐叉。

e. 放下右边的餐叉。

f. 继续思考问题，直到感觉饥饿。

不幸的是，这个算法会导致死锁。假设哲学家们都很相似，他们同时开始算法。最初，每一位哲学家都发现他左边的餐叉是可用的，所以每一位哲学家都拿起左边的餐叉。此时，每一把餐叉都被它右边的哲学家拿起，所以每一位哲学家都会等待右边的餐叉。因为算法不允许哲学家在进餐结束之前放下左餐叉，所以他们都进入死锁状态。

这个问题有几种可能的解决办法。

18.2.4.1　随机化算法

试图打破僵局的一种方法是如果一位哲学家已经等待右边的餐叉超过 10 分钟，则该哲学家放下左边的餐叉，然后等待 10 分钟。这可以防止死锁，但可能会创建*活锁*（livelock）。当进程没有被永久地阻塞，但是由于它们仍然试图访问资源，却仍然无法完成任何工作时，就会发生活锁。在这个例子中，所有的哲学家同时拿起他们左边的餐叉，同时等待 10 分钟，又同时放下左边的餐叉，再同时等待 10 分钟，然后再同时拿起餐叉，同时放下餐叉，再同时拿起餐叉，同时放下……如此循环，即出现活锁的状态。

有时，简单的随机分组可能会打破僵局。哲学家们不必在放下餐叉前等待 10 分钟，而是可以随机等待一段时间，例如在 5 到 15 分钟之间。最终，哲学家们会变得不再同步，以至于终于有哲学家能够拿起两把餐叉开始进餐。

根据具体情况，这个解决方案可能需要相当长的时间。例如，如果多个进程正在争夺多个共享资源，则在其中一个进程获得所需的所有资源之前，进程之间可能需要步调非常不一致。

注意：我们还需要确保哲学家们的伪随机数生成器没有同步，这样他们就不会选择相同的“随机”等待时间。例如，可以使用哲学家的 ID 作为种子来初始化生成器。

18.2.4.2　资源分层结构算法

在*资源分层结构*（resource hierarchy）的解决方案中，资源是被排序的，每位哲学家都必须尝试按照顺序来获取资源。例如，我们可以将餐叉编号为 1 到 *N*，并且每位哲学家必须在尝试拿起编号较高的餐叉之前尝试拿起编号较低的餐叉。如果所有的哲学家同时伸手去拿一把餐叉，他们中的大多数会拿起左边的餐叉（假设餐叉编号按照从左到右或者按照逆时针方向依次增大）。

然而，最后一位哲学家的左边有 *N* 号餐叉，右边有 1 号餐叉，所以他就伸手去拿右边的餐叉。根据这位哲学家是否可以成功地拿起 1 号餐叉，存在以下两种可能情况。

如果最后一位哲学家成功地拿起 1 号餐叉，他就会伸手去拿左边的 *N* 号餐叉。同时，他左边的哲学家已经拿起了 *N*–1 号餐叉，现在也伸手去拿 *N* 号餐叉。他们中的一个拿起了 *N* 号餐叉。现在成功拿起 *N* 号餐叉的人手里有两把餐叉，就可以进餐了。

但是，如果最后一位哲学家右边的哲学家先拿起 1 号餐叉，则最后一位哲学家就无法拿到 1 号餐叉。在这种情况下，最后一位哲学家左边的哲学家拿起 *N*–1 号餐叉。因为最后一位哲学家在等待 1 号餐叉，所以他左边的哲学家现在可以毫无异议地拿起 *N* 号餐叉，并且可以进餐。

如果任何一位哲学家开始进餐，则导致活锁的同步时间就会被打破。一旦哲学家们不同步，他们可能偶尔需要等待一把餐叉，但是不会陷入一个永无止境的活锁。

18.2.4.3 服务生算法

活锁问题的另一个解决方案是引入一名服务生（waiter）作为一种仲裁过程。哲学家在拿起餐叉之前，必须征得服务生的同意。服务生可以看到谁拿着每把餐叉，这样就可以避免死锁的发生。如果一位哲学家请求一把餐叉后会导致一个死锁，服务生就会告知哲学家要等到另一把餐叉被释放才能享受服务。

18.2.4.4 Chandy/Misra 算法

1984 年，K. Mani Chandy 和 J. Misra 提出了另一种解决方案，允许任何数量的进程争夺任何数量的资源，尽管这需要哲学家们相互交谈。

每把餐叉都可以被认为是干净的或脏的。最初，假设所有的餐叉都是脏的。以下步骤描述了该算法：

1. 最初，将每把餐叉交给 ID 较低的相邻哲学家（如果餐叉和哲学家的编号如 18.2.4.2 节所述，除哲学家 1 和 *N* 外，其他所有哲学家都持有其左边的餐叉）。

2. 当某位哲学家想要餐叉时，就向邻居索要。

3. 当某位哲学家被邻居索要餐叉时，如果餐叉是干净的，这位哲学家会保留自己干净的餐叉。如果餐叉是脏的，他就把餐叉擦干净，然后交给请求者。

4. 哲学家进餐后，他的餐叉就脏了。如果有人向他请求他正在使用的餐叉，哲学家会在他进餐结束后，把餐叉擦干净交给请求者。

假设餐叉和哲学家按顺序从 1 到 *N* 排列，那么哲学家 *K* 获得他左边的 *K* 号餐叉。最初，每个哲学家都有一把餐叉，除了哲学家 *N* 没有餐叉，哲学家 1 有 1 号餐叉和 *N* 号餐叉。在这一点上，不对称性阻止了同步哲学家可能出现的活锁。

餐叉的干净和肮脏状态基本上保证了哲学家可以轮流进餐。如果某位哲学家使用完餐叉，那么餐叉就是脏的，所以这位哲学家的邻居如果想要这把餐叉的话，就可以向其发出请求，哲学家把餐叉擦干净后交给请求者。

18.2.5 两个将军问题

在两个将军问题（two generals problem）中，两个将军的军队分别驻扎在敌人城市的两端。只有两个将军同时攻城，他们才会赢，但是如果只有一个将军攻城，敌人就会赢。

现在假设将军们唯一能交流的方法就是派信使穿过敌城，但是信使可能会被敌人俘虏。最终目标是让将军们同步攻击，以便他们两人同时攻城。

注意：当然，两个将军问题并不是一个典型的现实场景。这实际上是关于分布式进程在消息可能随机消失时试图进行通信。例如，如果两个玩家正在玩一个远程国际象棋游戏，那么很重要的一点是，即使他们通过不可靠的网络进行通信，玩家的计算机也需要针对每个玩家的动作达成一致。

一个明显的办法是 A 将军派一个信使告诉 B 将军 A 军队将在黎明时进攻。不幸的是，A 将军不知道信使是否可以通过敌人的城市传达消息。如果 A 将军进攻，B 将军不进攻，A 军队就会被歼灭。这给了将军 A 一个强烈的动机，除非他知道 B 将军得到了确认回信，否则他不会进攻。

为了告诉将军 A 消息已被接收，将军 B 可以发送确认回信。如果将军 A 收到确认回信，他就知道两军意见一致，进攻可以按计划进行。但是，将军 B 怎么知道将军 A 会收到确认回信呢？如果将军 A 没有收到确认回信，那么将军 B 就不知道进攻是否还会按时进行，以及进攻是否安全。当然，解决方案是让将军 A 向将军 B 发送一份确认回信。

现在我们可能已经看到了问题所在。不管将军们相互发送多少次确认回信，都无法确定最后一个信使是否安全到达，所以也无法确定将军们是否达成一致。

解决这一困境的一个办法是让将军们发送足够多的同一信息副本，以确保信使能够通过敌人城市传达消息的概率尽可能高。例如，假设一个特定的信使被捕获的概率是 1/2。如果一个将军发送了 N 条信息说“黎明时进攻”，那么所有的信使都有 $1/2^N$ 的概率会被抓获。双方达到 100% 的完全确定性是不可能的，但是将军们可以将分歧的可能性降低到任何期望的确定程度。

但是将军们怎么知道信使被俘的概率呢？他们可以通过互相发送信息来了解这一点。首先，将军 A 给将军 B 发送了 10 条信息，内容为“这是 10 条信息中的 1 条。黎明时进攻。”在一段合理的时间后，将军 B 收到了一些信息。收到的消息数量（事实上应该有 10 条消息）告诉他消息送达的概率。（当然，这些信息的内容还告诉他要在黎明时发动攻击。）

将军 B 使用捕获概率来计算他必须发送的确认回信数，以确保至少有一条确认回信能够以某种期望的置信水平送达。

如果将军 B 接收到任何一条消息，一切就会顺利进展。但是如果第一批的 10 条消息都没有顺利送达呢？在这种情况下，将军 A 永远不会收到确认回信，所以他就不知道将军 B 是否收到任何消息。

为了解决这个问题，将军 A 耐心地等待了一段合理的时间。如果他没有收到任何确认回信，将军 A 会再发送一批新的信息，内容为“这是 20 条信息中的 1 条。”如果他仍然没有得到确认回信，就再发送一批 30 条信息，以此类推，直到将军 A 最终收到确认回信为止。

最后，一些消息顺利送达，将军 B 计算并发送适当数量的确认消息，将军 A 将接收确认回信。

18.2.6　拜占庭将军问题

在拜占庭将军问题（Byzantine Generals Problem，BGP）中，一组将军必须就行动计划达成一致协定。不幸的是，一些将军可能是叛徒，他们会通过向其他人发出反动信号来散布混乱。拜占庭将军问题算法的目标如下：

- 忠诚的将军必须采取同样的行动。
- 如果忠诚的将军们真的同意采取同一个行动，那么叛徒就不能诱使忠诚的将军们同意采取另一个行动。

更一般地，我们可以定义问题以便每个将军都有一个值 V_i，所有忠诚的将军们都必须互相学习对方的值。那么忠诚的将军们的目标如下：

- 学习其他忠诚将军的 V_i 值。

注意：术语“拜占庭”一词来源于古城拜占庭。（这座城市有许多名字，包括君士坦丁堡、斯坦布尔以及现在的名字伊斯坦布尔。）它的历史充满了战争、阴谋和政治内讧，拜占庭一词的意思是复杂和狡猾的行动。想了解更多关于这座城市及其所在的拜占庭帝国，请参见 https://en.wikipedia.org/wiki/Byzantine_Empire。

除非读者在为中情局工作，否则可能不需要担心分布式算法中真正的叛徒。拜占庭将军问题实际上是假设一个进程可能以想象得到的最坏的方式失败。这个过程不是简单地产生一个错误的答案，而是向其他过程显示不同的错误答案。

这个问题之所以出现困难，是因为叛徒可以向其他将军提供反情报。叛徒可能会给将军A发送一个值，给将军B发送另一个不同的值。叛徒甚至可以告诉将军A说将军B告诉他一些事情（事实上将军B并没有告诉叛徒），从而让将军A怀疑将军B。

如果我们把这个问题简化为相关的将军和副官问题（general and lieutenants problem），就更容易解决。在这个问题中，统帅将军向所有的副官下达行动命令，但是将军和副官中都存在叛徒。忠诚的副官们的目标如下：

- 所有忠诚的副官遵守一个共同的行动命令。
- 如果将军不是叛徒，那其执行的行动必须是统帅将军下令的行动。

注意，如果只有两个副官和一个叛徒，则无法解决将军和副官的问题。为了了解其原因，请考虑图18.2中所示的两种情况。

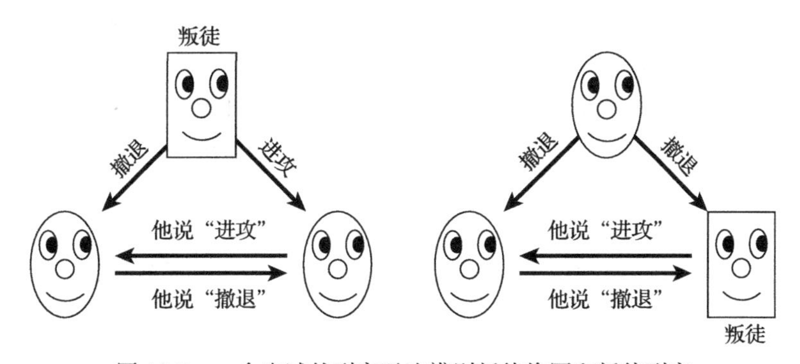

图18.2 一个忠诚的副官无法辨别叛徒将军和叛徒副官

在图18.2左图所示的情况下，统帅将军是叛徒，他向他的副官们发出相反的行动命令，副官们诚实地向对方报告他们收到的命令。在图18.2右图所示的情况下，统帅将军是忠诚的，他让两个副官都撤退，但是右边的副官对统帅将军的命令撒谎。

在这两种情况下，左边的副官看到了同样的结果：从统帅将军那里得到的撤退命令和从另一个副官那里得到的进攻命令。他不知道哪个命令是真的。

如果至少有三名副官（加上统帅将军总共四人），并且四人中只有一名叛徒，那么就有一个简单的解决方案。

1. 统帅将军向所有的副官们发布命令。

2. 每一名副官都告诉其他人他从统帅将军那里得到了什么命令。

3. 每一名副官将他听到的所有命令（包括从统帅将军那里得到的命令）汇总，将代表大多数人意见的命令作为他的行动指令。

为了了解其工作原理，请参见图18.3。如图18.3左图所示，如果统帅将军是叛徒，他可以向副官们下达相反的行动命令。在这种情况下，所有的副官们都是忠诚的，所以他们忠实地报告自己收到的命令。这意味着所有的副官们都得到了关于他们收到的命令的相同信息，所以他们都得出了关于哪条命令占多数的相同结论。对于图18.3左边的情况，三名副官都看到了两条进攻命令和一条撤退命令，所以他们都决定进攻，并且达成了共同的决定。

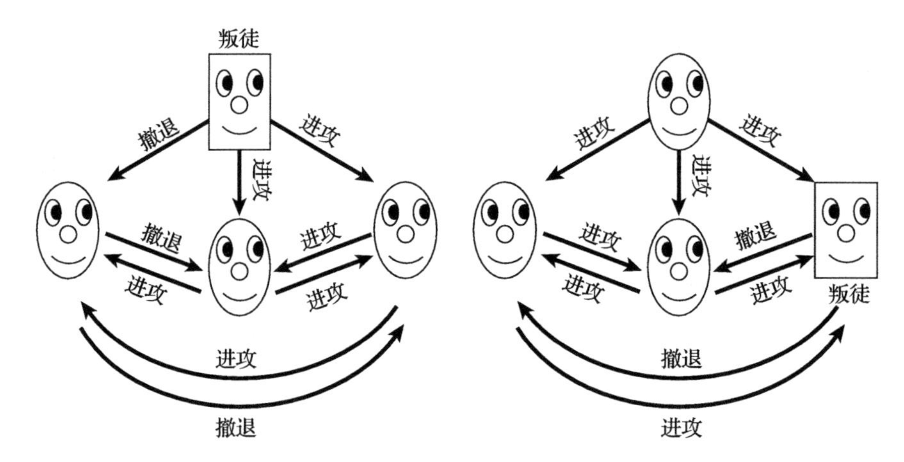

图 18.3　三名副官可以达成共同决定，无论谁是叛徒

如果其中一名副官是叛徒，如图 18.3 右侧所示，那么统帅将军会给所有副官们下达同样的命令。叛徒可以向其他副官报告相反或者错误的命令，以试图混淆这个问题。然而，另外两名副官得到相同的命令（因为统帅将军是忠诚的），并且他们忠实地报告自己收到的一致命令。根据叛徒报告的内容，其他两名副官可能不会收到相同的报告命令，但存在足够多的忠诚副官来确保真正的行动命令是所有副官们所做的大多数决定。

注意：如果存在 T 名叛徒，则只要有 $3\times T$ 名以上的副官，就可以使用多数投票表决的方法解决将军和副官问题。

在理解了如何解决将军和副官的问题之后，就可以把拜占庭将军问题简化为将军和副官问题。假设每个将军都有一个值 V_i，以下是所有忠诚将军如何提供给其他忠诚将军真实值的操作步骤：

1. 对于每位将军 G_i：
   a. 运行将军和副官算法，其中，G_i 作为统帅将军，其他将军作为副官，值 V_i 作为统帅将军的命令。
   b. 每一个作为副官的将军都应该使用多数投票表决法为将军 G_i 提供值 V_i。

在第一步的所有回合之后，每位将军都知道所有忠诚的将军所拥有的值。他们对叛徒的值可能有不同的看法，但这不是问题的需求。

18.2.7　一致性问题

在一致性问题（consensus problem）中，即使某些进程失败，多数进程也必须在某个数据值上达成一致。（这与拜占庭将军问题非常相似，即使有叛徒，将军们也必须就行动计划达成一致。）具体规则如下：

- 终止性（termination）：每个有效进程最终都会选择一个值。
- 有效性（validity）：如果所有有效的进程最初都建议值 V，那么它们最终都决定选择值 V。
- 完整性（integrity）：如果一个有效的进程决定选择一个值 V，那么值 V 必须是由某个有效的进程提出的。
- 一致性（agreement）：所有有效的进程最终必须在相同的值上达成一致。

注意：很明显，一致性问题比哲学家就餐问题或者拜占庭将军问题更适用于分布式计算。此问题与一个或多个进程失败有关。为了安全起见，这个问题假设一个失败的过程可能以拜占庭式的方式失败，并产生最坏可能的结果。

阶段王算法（phase king algorithm）解决了当多达 F 个进程失败并且至少共有 $4 \times F + 1$ 个进程时的一致性问题。例如，要允许 1 个进程失败，则算法至少共需要 5 个进程。

假设有 N 个进程，最多有 F 个进程失败。最初，每个进程都会猜测并自认为最终值应该是什么。假设进程 P_i 猜测的值为 V_i。

为了允许最多 F 个进程失败，该算法使用了一系列 $F + 1$ 个阶段。在每个阶段中，其中一个进程被指定为“阶段王”。只要每个阶段有不同的阶段王，我们就可以基于进程 ID 或者其他任意值指定阶段王。

每一个 $F + 1$ 阶段都由两个回合组成。在第一回合中，每个进程都告诉其他进程它当前的猜测值。每个进程检查它接收到的猜测值，加上自己当前的猜测值，并找到大多数值。如果不存在大多数值，则进程使用预定义的默认值。假设 M_i 为进程 P_i 找到的大多数值。

在第一个阶段的第二回合中，当前的阶段王进程 P_k 将自己的大多数值广播给其他所有的进程，以用作决胜分（tiebreaker）。每个进程（包括阶段王）各自检查找到的大多数值 M_i。如果 M_i 出现的次数大于 $N/2+F$，则该进程通过设置 $V_i=M_i$ 更新其猜测值。如果 M_i 出现的次数不大于 $N/2+F$，则该进程将 V_i 设置为阶段王发送的决胜分值。

为了理解其工作原理，举一个简单的示例，假设有 5 个进程，并且可能有一个无效的进程，但是实际上所有的进程都正常工作。设第一阶段的阶段王为进程 P_i，并假设进程的初始猜测分别为进攻、撤退、撤退、进攻和进攻。

- 第一阶段第一回合。所有的进程诚实地相互向对方传播各自的值，所以每个进程都认为有三票的“进攻”和两票的“撤退”。
- 第一阶段第二回合。阶段王将其大多数值“进攻”广播给其他进程。每个进程都把自己观察到的大多数值（“进攻”）出现的次数与 $N/2+F$ 相比较。每个进程观察到的大多数值（“进攻”）出现的次数均为 3。值 $N/2+F=5/2+1=3.5$。由于大多数值出现的次数不超过 3.5 次，所有的进程都将自己的猜测值设置为决胜分“进攻”。
- 第二阶段第一回合。所有的进程诚实地相互向对方传播各自的值，所以每个进程都认为“进攻”。
- 第二阶段第二回合。阶段王将其大多数值“进攻”广播给其他进程。这一次，每一个进程都会看到 5 次大多值“进攻”。值 5 大于 3.5，因此每个进程都接受此值作为其猜测值。

因为这个示例最多允许一个进程失败，所以示例在两个阶段之后完成。在这个例子中，每个进程都投票“进攻”，这恰好是真正的大多数投票结果。

下面讨论一个更加复杂的例子，假设仍然有 5 个过程，但是第 1 个进程以拜占庭式方式失败（它是一个叛徒）。假设 5 个进程最初的猜测值分别是 <叛徒>、进攻、进攻、撤退、进攻。叛徒没有提供初始猜测值，他只想搅乱其他人的判断。

- 第一阶段第一回合。在这个阶段，阶段王是叛徒进程 P_1。5 个进程相互广播它们各自最初的猜测值。叛徒告诉每一个进程，它同意每个进程的任何猜测值，因此 5 个进程分别收到这些猜测值：

  P_1 <叛徒不在意值的正确性>

  P_2 进攻、进攻、进攻、撤退、进攻

  P_3 进攻、进攻、进攻、撤退、进攻

P_4 撤退、进攻、进攻、撤退、进攻

P_5 进攻、进攻、进攻、撤退、进攻

这5个进程各自的大多数值及其出现次数分别为<叛徒>、进攻×4、进攻×4、进攻×3、进攻×4。

- 第一阶段第二回合。阶段王 P_1（叛徒）向其他进程发送其自相矛盾的决胜分。P_1 告诉 P_2 和 P_3 决胜分是“进攻”，但是告诉 P_4 和 P_5 决胜分是“撤退”。进程 P_2、P_3 和 P_5 看到大多数值“进攻”4次，因此它们接受该值作为更新的猜测值。进程 P_4 只看到大多数值“进攻”3次。3小于确定性所需的值3.5，因此 P_4 使用决胜分“撤退”。5个进程各自的新猜测值分别为<叛徒>、进攻、进攻、撤退、进攻。(叛徒似乎在制造混乱方面取得了一些进展。)
- 第二阶段第一回合。在这个阶段，阶段王是有效进程 P_2。5个进程相互广播它们各自的新猜测值。在最后一次试图混淆这一问题的努力中，叛徒告诉其他所有进程，它认为应该撤退，因此这些进程获得如下选票：

  P_1 <叛徒不在意值的正确性>

  P_2 撤退、进攻、进攻、撤退、进攻

  P_3 撤退、进攻、进攻、撤退、进攻

  P_4 撤退、进攻、进攻、撤退、进攻

  P_5 撤退、进攻、进攻、撤退、进攻

  这5个进程各自的大多数值及其出现次数分别为<叛徒>、进攻×3、进攻×3、进攻×3、进攻×3。
- 第二阶段第二回合。阶段王 P_2 的大多数值是“进攻”（出现了3次），因此 P_2 向其他进程广播其决胜分“进攻”。所有的有效进程（包括阶段王 P_2 本人）看到大多数值“进攻”出现的次数为3，3小于确定性所需的值3.5，因此所有的有效进程接受决胜分“进攻”作为更新的猜测值。

此时，所有有效进程都将“进攻”作为其当前猜测。该算法之所以有效，是因为运行了 F+1个阶段。如果最多有 F 个失败进程，那么至少有一个阶段存在一个诚实的阶段王。在此阶段，假设有效进程 P_i 的大多数值出现次数不超过 $N/2+F$ 次。在这种情况下，该进程使用阶段王的决胜分。

这意味着，所有没有看到值出现的次数超过 $N/2+F$ 次的有效进程 P_i 最终都使用相同的值。但是如果一些有效的进程 P_j 确实看到一个值出现的次数大于 $N/2+F$ 次呢？因为最多有 F 个无效进程，所以超过 $N/2+F$ 个出现次数的进程包含超过 $N/2$ 个有效出现次数的进程。这意味着这个值是一个真正的大多数值，所以每一个看到大多数值出现次数超过 $N/2+F$ 次的进程都必须看到相同的大多数值。因为在这种情况下有一个真正的大多数值，所以当前的阶段王必须将该值视为其大多数值（即使该阶段王不一定看到该值出现次数超过 $N/2+F$ 次）。

这意味着，在诚实的阶段王统治之后，所有有效的进程都会投票给相同的值。在那之后，一个无效的阶段王想做任何欺骗行为并不重要。此时，$N-F$ 个有效进程都一致接受同一个值的协定。因为 $F<N/4$，有效进程的数目是 $N-F>N-(N/4)=3/4\times N=N/2+N/4$。因为 $N/4>F$，所以该值为 $N/2+N/4>N/2$。但是如果一个有效的进程看到的一致猜测值的数目超过了这个数目，它将使用这个值来更新猜测值。这意味着所有有效的进程都保留它们的原值，不管无效的阶段王如何试图迷惑它们。

18.2.8 领导选举

有时，一组进程可能需要一名中央领导来协调操作。如果中央领导进程崩溃或与中央领导进程的网络连接失败，那么这一组进程就必须以某种方式选举新的中央领导。

霸道选举算法（bully algorithm）使用进程的 ID 来选举新的中央领导。ID 最大的进程获胜。尽管描述如此简短，实际上完整的霸道选举算法并没有想象中那么简单。该算法必须处理网络以各种方式出现故障时可能出现的一些奇奇怪怪的情况。例如，假设一个进程声明它自己是中央领导，然后另一个 ID 较低的进程也声明自己是中央领导。具有更高 ID 的第一个进程应该是中央领导，但很显然其他进程并没有得到该消息。

以下步骤描述了霸道选举算法：

1. 如果进程 *P* 决定当前的中央领导失败（因为中央领导进程已经超时），那么进程 *P* 将广播一条“你还活着吗”的消息给具有较大 ID 的所有进程。

2. 如果进程 *P* 在一定的超时时间内没有从任何具有更高 ID 的进程处接收到“我还活着”的消息，则进程 *P* 通过向所有进程发送“我是中央领导”的消息而成为新一任中央领导。

3. 如果进程 *P* 确实收到来自具有更高 ID 的进程发送的“我还活着”的消息，进程 *P* 将等待来自该进程的“我是中央领导”的消息。如果进程 *P* 在某个超时时间内并没有收到该消息，进程 *P* 将假设假定的中央领导进程失败，并返回步骤 1 开始新一轮选举。

4. 如果进程 *P* 接收到从具有较低 ID 的进程发送的“你还活着吗”的消息，进程 P 会用“我还活着”进行回复，然后从步骤 1 开始新一轮选举。

5. 如果进程 *P* 接收到从具有较低 ID 的进程发送的“我是中央领导”的消息，则从步骤 1 开始新一轮选举。

在步骤 5 中，当一个具有较低 ID 的进程发送消息说它是中央领导时，具有较高 ID 的进程基本上会说“不，你不是”，将具有较低 ID 的进程推到一边，并重新开始新一轮选举。这种行为就是霸道选举算法名称的由来。

18.2.9 快照技术

假设我们有一个分布式进程的集合，并且希望获取整个系统状态的快照，该快照表示每个进程在给定时刻所做的操作。

实际上，拍摄快照的时间有点难以确定。假设进程 A 发送一条消息给进程 B，而该消息当前正在传输中。系统的状态应该在消息发送之前、消息传输期间还是在消息到达之后获取呢？

我们可能想在消息发送之前保存系统的状态。不幸的是，进程 A 可能不记得它当时的状态，所以这个想法行不通（除非我们要求所有的进程记住它们经历的所有状态，这可能是一个很大的负担）。

如果仅仅存储消息传输过程中进程的状态，则进程的状态可能不一致。例如，假设我们希望通过将所有进程的状态重置为其保存的状态来还原系统的状态。这样做并不能真正还原整个系统，因为在快照后不久进程 B 第一次收到的消息，可能在还原的版本中不会体现。

举一个具体的例子，假设进程 A 和进程 B 存储了客户 A 和客户 B 的银行余额。现在假设客户 A 想向客户 B 转账 100 美元。进程 A 减去 100 美元并向进程 B 发送一条消息，告诉进程 B 向客户 B 的账户添加 100 美元。当消息在传输过程中时，我们可以拍摄系统的快照。如果稍后从快照中还原系统，则客户 A 已经发送出了 100 美元，但客户 B 尚未收到，因此

100美元就丢失了。(这将是管理银行账户的糟糕方式。如果网络故障使信息消失，钱款也会损失。我们需要使用一个更安全的一致性协议（consensus protocol)，以确保两个进程对资金已转移的事实一致认可。)

因此，要对系统拍摄有效的快照，不仅需要保存每个进程的状态，还需要保存在这些进程之间传输的任何消息。

以下步骤描述了由得克萨斯大学奥斯汀分校的K. Mani Chandy和斯坦福大学的Leslie Lamport开发的快照算法：

1. 任何进程（称为观察者（observer））都可以启动快照进程。启动快照的步骤如下：
   a. 观察者保存自己的状态。
   b. 观察者向所有其他进程发送一条快照消息。该消息包含观察者的地址和快照标记（指示该快照是哪个快照）。
2. 如果一个进程第一次收到特定快照令牌：
   a. 它将其保存的状态发送给观察者。
   b. 它将快照令牌附加到它发送给任何其他进程的所有后续消息之后。
3. 假设进程B接收到了快照令牌，稍后又从进程A接收到了一条未附加快照令牌的消息。在这种情况下，表明拍摄快照过程时消息正在传输中。消息在进程A启动快照进程之前发送，但在进程B将其快照发送给观察者之后到达。这意味着快照没有考虑进程B的保存状态。为了确保这些信息不会丢失，进程B将消息的副本发送给观察者。

当所有的消息都在系统中传输完毕之后，观察者会记录下每个进程的状态以及拍摄快照过程中传输的所有消息。

18.2.10 时钟同步

由于共享网络中消息的传输时间不一致，因此精确的时钟同步可能很困难。如果进程在不使用网络的情况下直接通信，问题就变得容易多了。例如，如果两台计算机在同一个房间里，我们使用一根电线把两台计算机连接起来，接着我们就可以测量电线的长度，并计算信号穿过电线所需的时间，然后可以使用计算结果来同步计算机的时钟。

虽然该方法可行，但非常麻烦，而且在相隔很远的计算机之间可能行不通。幸运的是，如果假设网络的消息传输时间在短时间内变化不大，那么通过使用网络可以很好地同步两个进程的时钟。

假设我们希望进程B将其时钟与进程A使用的时钟同步，让我们把进程A的时间称为“真”时间。以下步骤描述了进程间应该交换的消息：

1. 进程A向进程B发送一条包含T_{A1}（进程A的当前时间）的消息。
2. 进程B接收消息并向进程A发送一条包含T_{A1}和T_{B1}（进程B的当前时间）的应答消息。
3. 进程A接收应答消息并向进程B发送一条包含T_{A1}、T_{B1}和T_{A2}（进程A的新的当前时间）的新消息。

现在，进程B可以执行一些计算以使其时钟与进程A同步。假设E是两个时钟之间的误差，对于任何给定时间，$T_B = T_A + E$。同时还假设D是在两个进程之间发送一条消息所需的时延。当进程B记录时间T_{B1}时，从进程A到进程B的初始消息花费了时间D，因此将得到以下公式：

$$T_{B1} = (T_{A1} + E) + D$$

同样，当进程 A 记录时间 T_{A2} 时，进程 B 的应答消息花费了时间 D 到达进程 A，所以以下公式成立：

$$T_{A2} = (T_{B1} - E) + D$$

把第一个公式减去第二个公式，结果如下：

$$T_{B1} - T_{A2} = (T_{A1} + E + D) - (T_{B1} - E + D) = T_{A1} - T_{B1} + 2 \times E$$

基于上述公式，可以求得：

$$E = (2 \times T_{B1} - T_{A2} - T_{A1}) / 2$$

现在进程 B 有一个 E 的估计值，因此可以相应地调整它的时钟。

该算法假设在来回传递消息的过程中，延迟大致保持不变。算法还假设从进程 A 到进程 B 的消息所花费的时间与从进程 B 到进程 A 的消息所花费的时间大致相同。

18.3 本章小结

本章讨论了涉及并行处理的问题，并解释了一些不同的并行计算模型，描述了在分布式系统中运行的几种算法。我们可能不需要使用其中一些非常深奥的算法，例如脉动阵列上的零时间排序算法，或者哲学家就餐问题算法，但是所有这些算法都强调了分布式系统中可能出现的一些问题。这些问题包括竞争条件、死锁、活锁、一致性和同步等问题。

分布式环境包括具有多核的台式机和笔记本电脑，以及使用数百万台计算机来攻克单个问题的大型网格项目。即使摩尔定律可以再坚持十年或者二十年，仍然存在大量未充分利用的处理能力，因此在分布式计算中尝试利用这些资源非常有意义。为了充分利用当今的计算环境和日益增加的并行环境，我们必须了解这些问题以及可以用来解决这些问题的方法。

18.4 练习题

练习题的参考答案请参见附录。带星号的题目表示有相当难度的练习题。

1. 绘制一张类似于图 18.1 的图，显示零时间排序算法如何同时对两个列表 3、5、4、1 和 7、9、6、8 进行排序。用粗体或者不同颜色绘制一组数字，以便在算法运行时更容易将两个列表区分开来。请问要对两个列表（而不是一个列表）进行排序，还需要多少次“节拍”？

2. 在许多系统中，一个进程可以安全地读取共享内存位置，因此只需要一个互斥锁就可以安全地写入该位置。（我们称这种系统具有原子读功能，因为读操作不能被中断。）哈密顿路径示例中，如果进程在 `If` 语句中读取共享总路由长度，然后在 `If Then` 语句块内的第一条语句获取互斥锁，那么结果会发生什么？

*3. 考虑求解哲学家就餐问题的 Chandy/Misra 算法。假设哲学家是同步的，并且假设他们都立即尝试就餐。假设一个哲学家在就餐后思考了很长一段时间，所以哲学家们都不需要在其他人进餐之前再吃第二餐。

   请问哲学家们按什么顺序进餐？换而言之，谁第一个进餐，谁第二个进餐，谁第三个进餐，以此类推？（提示：画一系列图来展示发生的事情可以帮助理解。）

4. 在两个将军的问题中，如果将军 A 发送的初始消息有一些被成功发送到将军 B，而将军 B 发送的确认回信没有一条成功反馈给将军 A，结果会发生什么？

5. 在两个将军的问题中，设 P_{AB} 为从将军 A 到将军 B 的信使被截获的概率。同样，设 P_{BA} 为从将军 B 到将军 A 的信使被截获的概率。原算法假设 $P_{AB} = P_{BA}$，如果该假设不成立，则将军们如何获取这两种概率？

6. 考虑图 18.2 所示的 3 名将军和副官的问题。我们可以尝试通过制定一条规则来解决以下问题：任何听到冲突命令的副官都应该遵守将军下达的命令。为什么这种尝试不成功？
7. 再次考虑图 18.2 所示的 3 名将军和副官的问题。我们可以尝试通过制定一条规则来解决以下问题：任何听到冲突命令的副官都应该撤退。为什么这种尝试不成功？
8. 在图 18.3 所示的 4 名将军和副官的问题中，忠诚的副官可以猜出谁是叛徒吗？如果判断不出，请问需要多少个副官才能够猜出谁是叛徒？
9. 在图 18.3 所示的 4 名将军和副官的问题中，找出一种允许副官辨别谁是叛徒的解决方案。在该解决方案中，副官应该采用什么行动？（当然，如果叛徒很狡猾，他永远不会让身份暴露这样的事情发生。）
10. 请问应该如何修改哲学家就餐问题，以使用领导选举算法来求解哲学家就餐问题？
11. 请问霸道选举算法可以用来解决哲学家就餐问题吗？
12. 定义一个饥肠辘辘哲学家就餐问题，该问题类似于哲学家就餐问题，除了这次每位哲学家总是饥肠辘辘。哲学家吃完饭后，放下餐叉。如果没有其他哲学家马上把餐叉拿起来，这位哲学家就会把餐叉拿起来再吃。请问这种情况会导致什么问题？可以使用什么样的算法解决这些问题？
13. 在时钟同步算法中，假设从进程 A 到进程 B 发送一条消息所需的时间与从进程 B 到进程 A 发送一条消息所需的时间不同。请问这种差异会给进程 B 时钟的最终值引入多少误差？
14. 时钟同步算法假设在消息交换期间的消息发送时间大致恒定。如果在算法过程中网络的速度发生了变化，那么这会给进程 B 时钟的最终值带来多少误差？
15. 假设网络的速度随时间变化很大。如何使用前一道练习题的答案来改进时钟同步算法？

面试难题

在求职面试中，常常会出现一些需要运用技能来解决的问题。本书的每一章都包含了一些练习题，这些练习题可能会成为很好的面试难题。如果应聘者精通算法的话，这些问题应该不难。然而，如果面试者不了解相关算法的话，则这些问题中有很多都是相当困难的。

不久前，微软和谷歌等公司在面试求职者时，就使用了这些类型的面试难题。一些科技公司已经停止了这种做法，但一些公司仍然在使用这些面试难题。

这些面试难题旨在衡量应聘者的创造力和批判性思维能力。不幸的是，这些面试难题伴随着大量的假设，而这些假设可能不是真的。即使是在程序设计中，大多数业务情况也不会使用涉及平衡秤、弹珠游戏、摇摇晃晃的桥和山羊等难题来表达。大多数业务情况通常不涉及聪明的“伎俩”或者惊人的洞察力。显而易见，如果面试时碰到这类难题，几乎不可能在有限的 10 分钟面试时间里想出解答方案。

诚然，找到一个现实世界问题的最佳解决方案往往需要创造力，但许多此类面试难题并不能衡量创造力。相反，面试官衡量的是我们是否在互联网上搜索了足够长的时间来查找面试官所问的问题。例如，考虑以下问题：

1. 为什么井盖是圆的？

2. 汽车的油箱盖在哪一边？

3. 短语“dead beef”的含义是什么？

4. 在序列 17、21、5、19、20、9、15 中，下一个数字是什么？

请花一点时间（但只允许花一点点时间）思考这些问题。以下是答案和一些解释：

1. 井盖之所以是圆的，是因为圆形的每一条直径都是相等的，这样无论从哪一边翻起井盖，井盖都不会掉到井里去。

这个设计很聪明（虽然其他形状也可以，特别是如果开口比较小，盖子比较厚的话），但是这个问题要求我们从解决方案的角度逆向推理寻找问题的解决方法。在实际的程序设计环境中，这种情况发生的频率是多少？

2. 汽车的油箱盖与排气管的位置相反（除非排气管或者油箱盖在汽车的中间，在这种情况下，就没法猜了）。这个问题也需要我们从解决问题的角度（如何防止汽油溅到热的排气管上）反向寻找问题的解决方法。

3. 在大型机和汇编语言程序设计时代，程序员可以将十六进制值 0xDEADBEEF 放在代码中，以便于识别特定的位置（表示程序出错崩溃或者发生了死锁）。这个问题并不考验应聘者的创造力或者理解力，只是判断应聘者是否有汇编语言的编程经验，而且清楚并记住了这种技巧。只需询问应聘者在汇编编程方面有多少经验就容易多了。（为准确起见，我还专门研究和学习了一些汇编语言程序设计知识，但我并没有遇到这个技巧。）

4. 答案是 14。如果给字母分配数字，使得 A = 1，B = 2，C = 3，以此类推，那么问题中的数字序列就拼写为 QUESTIO。如果弄明白了这个规律，就很容易猜出最后一个字母应该是 N，它被分配到数字 14。这个问题欺骗了应聘者，如果仅仅考虑数字上的规律就会一筹莫展，但是如果考虑字母和编码的话，就会柳暗花明。除非面试官要雇用一名密码学专家，否则这可能与面试内容无关。（如果面试官真的要雇用一名密码学专家，那么最好向应聘者询问有关拉普拉斯变换和双曲曲线方面的难题。）

《应用心理学杂志》（*Journal of Applied Psychology*）刊登了一篇文章——《为什么井盖是圆的？对面试难题反应的实验室研究》，对这类面试难题的有用性提出了质疑。该文章指出，这类问题并不是衡量应聘者推理能力的非常有效的方法。应聘者也可能觉得这些问题不公平或者很随意，这可能导致应聘者变得不合作，或者获得录取通知时拒绝这份工作。

这是否意味着这些问题在面试中毫无价值？如果滥用这些面试难题，它们肯定一无是处。接下来的两个章节将讨论如何作为面试官和作为应聘者来处理这些问题。

19.1 面试官提出面试难题

前一节给出了一些糟糕的面试难题示例。它们依赖于琐碎的知识，或者充其量是从一个解决方案逆向推理到解决问题的能力。逆向推理确实需要创造力，但没有这种能力，我们也可以具有创造力。

最重要的是，这些问题仅仅告诉面试官，应聘者为之仔细梳理了互联网，以寻找潜在的面试难题。应聘者为面试做了充分的准备是有好处的，但仅凭这一点，任何人都无法真正判断出应聘者的创造力或者解决问题的能力。

为了从面试难题中获得有用的信息，面试官需要使用应聘者以前从未见过的问题。另一方面，这个面试难题不能太难，否则应聘者会惊慌失措。这个面试难题不应该仅仅依靠一种技巧或者一些琐碎的知识点，来衡量应聘者是否碰巧看到某个不知名杂志的某一期上相应的内容。

不幸的是，这条规则排除了很多面试难题。剩下的面试难题包括一些要求应聘者执行计算、做出估计的问题，或者以其他方式做一些可能很简单的问题，但给应聘者留出了探索可能解决方法的空间。

例如，一个很受欢迎的面试难题类似于以下形式："一辆校车中可以装下多少个棒球？"应聘者不太可能记住这个事实，所以这个问题实际上要求应聘者设法做出估算。优秀的答案将列出所有用于估算的假设情况，然后进行计算（假设一辆校车长36英尺，车内高7英尺，棒球直径3英寸，等等）。假设是否正确并不重要，只要这个估算的过程有意义。这个问题反映了应聘者是否可以执行与软件工程相关的粗略计算。

另一种面试计算难题类似于以下问题："如果我的年龄是我弟弟的3倍，两年后我的年龄将是他的2倍，我现在多少岁？"（请参见附录中第19章的练习题6，以了解这个问题的答案。）这主要是将文字问题转化为一组方程式的练习。这种技巧当然非常有用，但是很多人不喜欢文字问题，而且大多数现实世界的程序设计问题都不采用这种形式。

有关时钟的面试难题形式如下："在正午和午夜之间，时钟上的时针和分针相互重合多少次？"（请参见附录中第19章的练习题7，以了解这个问题的答案。）这道面试难题和其他时钟面试难题通常可以通过使用表格并插入一些值来解决。这种方法并不能真正展示应聘者的创造力，但它确实可以展示应聘者的逻辑思维能力。

另一种从面试难题中获得信息的方法是和应聘者讨论面试难题。例如，面试官可以提出一个相对简单的问题，并且面试官非常确定应聘者能够解决。之后，面试官可以和应聘者一起讨论解决方案的工作原理、应聘者如何找到解决方案、哪种其他方法即使不起作用也值得尝试，等等。

或者，面试官可以向应聘者提出一个非常难的面试难题，给他们时间思考一下，这样面试官就可以确定应聘者理解这些约束条件，然后一起讨论解决方案。现在，面试官和应聘者就可以一起讨论实现该解决方案时可能采取的不同方法。

拯救一个糟糕的问题

给应聘者提出一个没有足够时间去解决的不可能解决的问题，这对面试官和应聘者双方都没有帮助。但是如果应聘者没有解决面试官认为很容易解决的问题呢？面试官可以在面试的剩余时间里询问应聘者失败的原因，指出如果应聘者以某种方式看待问题的话，问题就很容易解决。当然，有些面试官也可能通过折磨可怜的应聘者来膨胀自我。

一个更有效的方法是尽量减少问题的重要程度，然后继续面试。面试官可以说："没关系。几乎没人解答出这个问题。这只是对你如何应对困难情况的一次考验。"然后，面试官再将面试拉回正轨。

可能比简单的面试难题更好的方法是描述一个类似于在业务中实际遇到的情况。例如，面试官可以这样阐述："让我们设计一个数据库来存储外星人的度假计划。"这个问题足够大，可以让应聘者有足够的空间展示他的数据库设计技能和创造力；但这个问题也可能足够糟糕，以至于应聘者会惊慌失措。如果面试官愿意的话，也可以和应聘者共同解决问题，来考察应聘者如何与他人互动。面试官可以假设一些特殊的甚至刁钻的情况，并询问应聘者在不同情况下可能出现的问题，看看他如何创造性地处理意外问题。这种互动式的挑战很难控制，不同的应聘者可能会提出非常不同的解决方案，因此很难在其中做出判断。然而，这个挑战将比简单的面试难题提供更多的有用信息。

面试难题具有趣味性和娱乐性，但它们可能不是衡量应聘者素质的最佳方法。

19.2 应聘者回答面试难题

前一节认为，面试难题并不能真正衡量雇主对应聘者的要求。他们不是衡量应聘者的创造力和批判性思维能力，而是衡量应聘者记忆琐碎知识的能力，以及在互联网上搜索和发现这些问题的能力。

尽管这些面试难题无法衡量应聘者的能力，但并不意味着在面试中不会出现这些面试难题。有些面试官可能会用它们来了解应聘者如何处理压力，如何回应不合理的要求，如何处理不可能解决的问题。这些面试难题可能无法衡量创造性思维能力，但它们可能提供有关应聘者心理素质的信息。

那么，应聘者应该如何回答这种面试难题呢？首先，也是最重要的是，不要惊慌。无论面试官希望应聘者真正解决问题，还是只是想看看应聘者的反应，惊慌失措根本无济于事。惊慌失措会使问题几乎不可能解决，而且会给人留下不好的印象。相反，集中精力解决问题。一旦应聘者开始解决这个问题，就没有那么多时间惊慌失措了。

技术面试中的许多面试难题都与程序设计有关。面试官可能会要求应聘者反转字符串中的字符、以不寻常的方式为对象排序、复制数据结构，或者执行其他一些简单但令人困惑的任务。在这些情况下，应聘者可以仔细回想自己了解的算法技术。以下是一些应该考虑的技巧：

- *分而治之*：可以把问题分解成规模较小的更容易解决的若干子问题吗？
- *随机化*：问题是否包括可以通过随机化来避免的最坏情况？
- *概率*：可否设计出一种概率方法，用猜测来找到一个解决方案，或者用给定的概率来解决问题？
- *自适应技术*：能否设计出一种方法来关注问题的特定部分？是否关键点只有几个真正感兴趣的领域，其余的问题都是为了混淆这个问题？
- *数据结构*：某个数据结构（链表、数组、堆栈、队列、树、平衡树、网络）是否可以自然地映射到这个问题上？某个数据结构是否具有与解决问题所需的行为相似的行为？
- *问题结构*：问题的结构是自然递归的、分层的还是类似于网络的？可以使用树或网络算法来搜索数据吗？
- *决策树*：可以把决策树搜索方法应用到这个问题上吗？（通常是可以的，但这需要很长的时间。）因而可以回答："好吧，我们可以试着检查所有可能的数据组合，但这需要很长时间。也许分而治之的办法会更好。"

如果应聘者陷入困境，也可以尝试以下解决问题的一般技巧：

- *确保理解问题所在*。如果问题中包含歧义，则主动问清楚并加以澄清。
- *重述问题以确保理解问题*。如果我们做了一个错误的假设，面试官可能会纠正我们的错误。
- *将这个问题与我们过去看到的其他问题进行比较*。
- *把问题分解成小的子问题*。如果问题很大，寻找我们可以单独解决的子问题。
- *关注细节*。有时候小细节更容易处理。
- *关注全局*。有时，细节是没有意义的，由细节组成的整体才有意义。
- *将我们所知道的事实罗列成一份清单*。
- *将我们想知道的事实罗列成一份清单*。罗列出我们想从这些事实中学习的方法。
- *制作值表*。查看我们是否可以将表扩展到新值。
- *猜测和检验*。我们可以通过猜测来解决一些问题，然后适当调整以得到我们所需要的结果。
- *跳出传统的思维框架（打破常规创造性思考）*。如果问题是关于数字的，请考虑字母、形状和其他非数字值。如果问题是关于字母的，那就想想数字。
- *头脑风暴*。大声说出我们可能采取的方法。这可能是一个让面试官知道我们懂什么技巧的好时机。"二进制细分可能行不通……该问题是自然递归的，但这将导致无限的操作……"同样，面试官可能会纠正我们。至少，我们会告诉面试官一些我们知道的技巧。
- *如果行得通的话就画一幅画*。有时候，采用图形而不是文本来看待问题会有帮助。
- *如果一种方法行不通，则尝试另一种方法*。面试官不想看到我们在很长一段时间内努力使用错误的方法，因为错误的方法显然行不通。
- *坚持或放弃*。如果我们有时间，而面试官显然希望应聘者花点时间来解决问题，这样的话就应该坚持。如果看起来没有足够的时间，最好主动问问面试官我们是否应该继续。

无法解答面试难题并不一定意味着面试失败。如果应聘者努力尝试，用尽所有能想到的方法，但仍然无法成功，则最好问问是否应该停止面试过程。我们可能会说："看起来递归方法很有希望，但我想我遗漏了一些东西。请问您想让我继续努力吗？"如果面试官希望我们继续，他会告诉应聘者的。

即使应聘者没能成功地解决问题，面试官也可能会从应聘者的尝试中了解一些信息。如果我们一边工作一边说话，面试官可能会了解一些我们知道的方法，以及我们如何思考问题。面试官也会看到我们在试图解决问题之前做了什么来理解问题，以及我们在放弃之前工作了多长时间。

聪明的回答技巧

应聘者可以给出一个好像有道理的回答，但必须准备好才能开始工作。例如，一种常见的面试难题是估算问题，例如"一辆校车内可以容纳多少个棒球？"或者"佛罗里达州坦帕市有多少理发师？"

这些问题往往容易通过聪明的技巧来回答。例如，如果面试官问："清洁底特律所有的烟囱，你应该收多少钱呢？"应聘者可以回答"市场上可以承受的价格"或者"每个烟囱30美元"，应聘者可以停下来笑一笑，但是接着应该开始做出估算。如果面试官只想得到一个聪明的答案，他就不会继续追问下去。不过，更可能的是，面试官想看看应聘者如何处理充满未知值的计算过程。

如果关于某个值我们毫无头绪，可以将其作为变量留在计算中。在设法得出一个方程式后，插入一些值，看看会发生什么，然后猜测这个值是否合理。对于烟囱清理费的例子，应聘者可能会得出以下公式：

$$\text{总费用} = \text{时薪} \times \text{工时} \times \text{总人口} \times \text{百分比}$$

其中：

- 总费用是应收的总费用。
- 时薪是每小时的工资（例如，每小时20美元）。
- 工时是清理一个烟囱耗费的时间（例如，1小时）。
- 总人口是底特律的总人口（例如，100万）。
- 百分比是拥有烟囱的人口占总人口的百分比（例如，25%）。

最后一个值可能需要做进一步的估算。我们可以试着估计每家每户的居住人数和住在每间房子里的人数，而不是估计没有烟囱的公寓。

当这些估算完成后，我们就可以把各个估算值代入方程式中，计算最后的总费用。例如：

$$\text{总费用} = 20 \times 1 \times 1\,000\,000 \times 0.25 = \$5\,000\,000$$

问题的关键点不在于答案是否正确（极有可能不正确），而是在于计算的方法是否正确。

有一件事要提醒应聘者，千万不要对面试官提出的问题吹毛求疵，以证明面试官有多么愚蠢。在寻找包含面试难题的网站时，我偶然发现一篇文章，作者居然针对面试难题"如何设计一个复制文件的例行程序"提出了一系列"快速回复"的方法！这篇文章怂恿应聘者向面试官提出各种各样的问题，比如它是什么样的文件、文件的权限是否应该复制、文件是否应该加密、是否应该标记为备份，以及其他详细的问题，直到面试官沮丧到说："好吧，只需要把那该死的文件复制下来即可。”

这篇文章的观点是面试官提出的关于复制文件的面试难题是一个愚蠢的问题，因为没有人会编写自己的例程来复制文件。这在大多数情况下都是正确的，尽管我本人在一些项目中亲自编写过复制文件的例程，但是由于文件锁定等问题，复制文件的确特别难以处理。事实上，在客户的整个操作过程中，最大的瓶颈是每天在执行各种操作的一系列计算机上多次复制成千上万个文件。即使是在复制文件时的一个小失误也会导致文件丢失或者成百上千个文件的积压。即使一个问题看起来毫无意义，我们也不能妄下结论，除非我们知道问题的背景。

应聘者试图证明自己有多聪明，或者面试官提出的问题有多愚蠢，都不会让应聘者得到这份工作。充其量表明应聘者在遇到问题时只会表现出不耐烦和缺乏兴趣。最坏的情况是，这样的应聘者只会疏远面试官，暗示自己解决不了难题，给人的印象是应聘者毫不关心雇主的问题。

一个更好的方法是询问面试官为什么要问这个问题，这样应聘者就可以理解他的观点，并给出适当的回答。

19.3 本章小结

面试官有时会用面试难题来衡量应聘者的创造力和批判性思维能力。虽然这些面试难题并不能很好地衡量应聘者的这些能力，但是至少可以提供一些关于应聘者如何处理令人沮丧的情况的见解。

如果我们的角色是面试官，请避免那些依赖于琐碎之事的面试难题——要求应聘者从解决方案的角度逆向推理寻找问题的解决方法，或者是面试问题太难了以至于应聘者必须异常幸运才能够解决难题。要求应聘者进行粗略估算的面试难题相对更好。

更好的面试难题是与应聘者在工作中可能遇到的问题相类似的问题。面试官还可以使用类似于本书或其他算法和编程书籍中包含的练习题。不过，应该尽量避免挑选太难的问题。只有那些精通算法或最近研究过算法的人才会记住平衡树旋转的细节，或者如何证明优化问题$\leq_p$报告问题（甚至理解其中包含的含义）。

通常，相对于仅仅通过提出一个可能恰好超出应聘者经验范围的难题而言，面试官可以通过提出问题和讨论解决问题的方法，更多地了解应聘者所掌握的知识和技能。

如果我们是应聘者，请千万不要惊慌或者被面试难题困扰。要确保我们理解所提的问题并尽最大努力解决问题。记住，没能解决问题并不一定意味着我们也没能通过面试。

我们可以在互联网上找到大量的面试难题，阅读一大堆相关文章，了解面试官提出的各种问题以及解决这些问题所需的各种方法。即使在面试中我们并没有碰到这些难题，这些难题也会很有趣，所以不会浪费我们的时间。

不过，别忘了在面试技巧的其他方面下功夫。认真复习，努力提高自己的算法、数据库设计、架构、项目管理和其他相关技能。最后但并非最不重要的一点是，别忘了仔细阅读一两本关于如何准备面试的好书。

一些网站提供了特别有趣的面试难题，微软和谷歌等公司使用过的面试难题，以及有关面试难题的信息，具体请参见以下链接：

- 为什么脑筋急转弯不属于面试难题：https://www.newyorker.com/tech/annals-of-technology/why-brainteasers-dont-belongin-job-interviews。

- 10个谷歌面试难题：http://www.mytechinterviews.com/10-google-interview-questions。
- 10个著名的微软面试难题：http://www.mytechinterviews.com/10-famous-microsoft-interview-puzzles。
- 如何在谷歌面试中脱颖而出：https://online.wsj.com/article/SB10001424052970204552304577112522982505222.html。
- 技术面试：http://www.techinterview.org。
- Facebook 面试难题小组：https://www.facebook.com/interviewpuzzles。
- Haidong Wang 的面试难题（注意，这些问题的答案并没有在他的网站上公布）：http://www-cs-students.stanford.edu/~hdwang/puzzle.html。
- 微软排名前5的面试问题：http://dailybrainteaser.blogspot.com/2010/08/top-5-microsoft-interview-questions.html。
- A2Z 面试：面试难题（有答案但没有解释）：http://www.a2zinterviews.com/Puzzles/logical-puzzles。
- CoolInterview 面试难题：http://www.coolinterview.com/type.asp?iType= 619。
- CareerCup：https://www.careercup.com。
- 数学奥林匹克：http://www.moems.org。

注意：数学奥林匹克组织为四年级到八年级的学生组织数学竞赛。很多问题都类似于面试难题，而且相当有趣。

许多书也涵盖了这类面试难题。读者可以在最喜欢的书店里寻找。

注意：事实上，在编写本书的第1版时，我发现这类面试难题非常有趣，于是我编写和出版了一本相关的书：*Interview Puzzles Dissected: Solving and Understanding Interview Puzzles*（Rod Stephens，2016）。该书对本章讨论的内容进行了拓展，并详细阐述了200多道面试难题。

19.4 练习题

下面的练习是一些常见的面试难题的简单例子。

1. 一位男士有一个抽屉，里面放有10只棕色袜子和10只黑色袜子。他起得很早，想找出一双袜子，却不想打开卧室的灯，以免吵醒他的妻子。他应该带多少只袜子进客厅（到客厅里他就可以开灯了）以保证有一双相配对的袜子？
2. 给你10个黑色弹珠，10个白色弹珠，以及两个碗。你可以用自己喜欢的任何方式把20个弹珠分配并放进两个碗里。然后你被蒙上眼睛，碗被移动，你把手伸进一个碗里，拿出一个弹珠。请问你应该如何分配弹珠，以最大化选择白色弹珠的概率？
3. 如果我们随机将4个红色弹珠和8个蓝色弹珠排列成一个圆圈，那么相邻的两个弹珠没有相同颜色的概率是多少？
4. 如果我们随机将4个红色弹珠和8个蓝色弹珠排列成一个圆圈，那么相邻的两个弹珠都不是红色的概率是多少？
5. 在不使用额外内存的情况下，反转客户记录列表的最佳数据结构是什么？
6. 如果我的年龄是弟弟年龄的3倍，再过2年我的年龄是他的2倍，请问我现在多少岁？
7. 从正午到午夜，钟表盘上的时针和分针相互重合几次？
8. 有一个国家的人特别重男轻女，所以每对夫妇都想生男孩，如果他们生的孩子是女孩，就再生一个，直到生下的是男孩为止。假设生男孩和生女孩的概率相等，那么女孩在人口中的总比例是多少？

9. 假设我们雇了一名希望得到黄金报酬的顾问。这项工作需要一到七天完成（事先并不能预知确切的工作时长）。如果这项工作花了整整七天的时间，我们会付给顾问一块金子。如果这项工作花费的时间较少，我们将给顾问每天 1/7 块金子。请问必须把金子切分成多少块，这样不管顾问工作多少天，我们都可以付给顾问相应的报酬？
10. 我们有 8 个金蛋，但其中有一个是镀金的，所以这个镀金的比其他的都轻。我们还有一架双盘天平。请问我们怎么能在两次称重中就找到这个镀金的蛋呢？
11. 我们有 5 个没有标签的药瓶，每个药瓶里有 10 到 20 粒药丸。其中有 4 个药瓶中装有真正的药丸，每粒重 1 克。还有 1 个药瓶中放的是安慰剂，每粒重 0.9 克。请问我们怎么使用数字秤（以克为重量显示单位的数字秤，而不是双盘天平）仅仅通过一次称重就能确定哪个药瓶里含有安慰剂？

推荐阅读

算法导论（原书第3版）

作者：Thomas H.Cormen, Charles E.Leiserson, Ronald L.Rivest, Clifford Stein

译者：殷建平 徐 云 王 刚 刘晓光 苏 明 邹恒明 王宏志

ISBN：978-7-111-40701-0 定价：128.00元

全球超过50万人阅读的算法圣经！算法标准教材。

世界范围内包括MIT、CMU、Stanford、UCB等国际名校在内的1000余所大学采用。

“本书是算法领域的一部经典著作，书中系统、全面地介绍了现代算法：从最快算法和数据结构到用于看似难以解决问题的多项式时间算法；从图论中的经典算法到用于字符串匹配、计算几何学和数论的特殊算法。本书第3版尤其增加了两章专门讨论van Emde Boas树（最有用的数据结构之一）和多线程算法（日益重要的一个主题）。”

—— Daniel Spielman，耶鲁大学计算机科学系教授

“作为一个在算法领域有着近30年教育和研究经验的教育者和研究人员，我可以清楚明白地说这本书是我所见到的该领域最好的教材。它对算法给出了清晰透彻、百科全书式的阐述。我们将继续使用这本书的新版作为研究生和本科生的教材及参考书。”

—— Gabriel Robins，弗吉尼亚大学计算机科学系教授

推荐阅读

数据结构与算法分析：C语言描述（原书第2版）典藏版

作者：Mark Allen Weiss ISBN：978-7-111-62195-9 定价：79.00元

数据结构与算法分析：Java语言描述（原书第3版）

作者：Mark Allen Weiss ISBN：978-7-111-52839-5 定价：69.00元

数据结构与算法分析——Java语言描述（英文版·第3版）

作者：Mark Allen Weiss ISBN：978-7-111-41236-6 定价：79.00元